Big

Data

Analytics

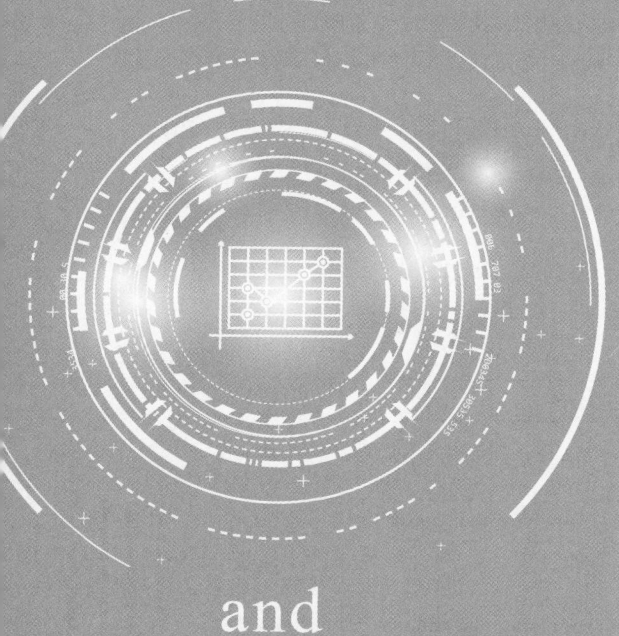

and

Computation

大数据分析与计算

◎ 汤羽 林迪 范爱华 吴薇薇 编著

清華大学出版社

北京

内容简介

大数据应用已成为行业热点和产业发展新增长点，数据科学与计算技术也是最新的前沿领域，其中，大数据计算分析提供了核心的技术支撑。本书从大数据计算系统的三个层次对数据模型、处理算法、计算模型与架构、开发技术标准等内容进行了综合性的介绍，重点阐述了各类数据分析算法和MapReduce，图并行计算，交互式处理，流计算，内存计算等计算架构。本书适合作为数据科学与大数据计算技术、计算机科学与技术、互联网应用系统、物联网工程等专业相关课程的教材。

图书在版编目(CIP)数据

大数据分析与计算/汤羽等编著. —北京：清华大学出版社，2018（2023.1重印）
ISBN 978-7-302-48586-5

Ⅰ. ①大… Ⅱ. ①汤… Ⅲ. ①数据处理－高等学校－教材 Ⅳ. ①TP274

中国版本图书馆CIP数据核字(2017)第316141号

责任编辑：贾 斌 薛 阳
封面设计：刘 键
责任校对：梁 毅
责任印制：刘海龙

出版发行：清华大学出版社
网　　址：http://www.tup.com.cn，http://www.wqbook.com
地　　址：北京清华大学学研大厦A座　**邮　　编**：100084
社 总 机：010-83470000　**邮　　购**：010-62786544
投稿与读者服务：010-62776969，c-service@tup.tsinghua.edu.cn
质量反馈：010-62772015，zhiliang@tup.tsinghua.edu.cn
课件下载：http://www.tup.com.cn，010-83470236
印 装 者：三河市龙大印装有限公司
经　　销：全国新华书店
开　　本：185mm×260mm　**印　　张**：31.25　**字　　数**：759千字
版　　次：2018年3月第1版　**印　　次**：2023年1月第8次印刷
印　　数：7001～7500
定　　价：89.00元

产品编号：070307-01

前言

FOREWORD

大数据(Big Data)已被视为硬件、软件、网络之外的第四种计算资源，随着各类大数据应用的兴起，大数据的采集、存储、建模及计算处理已成为分布式计算领域的热门研究课题，也引起产业界极大的兴趣和关注。大数据的计算处理不仅涉及各类数据分析挖掘算法，其计算系统的性能更多依赖于计算模型与计算架构。目前，比较一致的看法是大数据计算系统大致可分为三个层次：数据存储层、数据处理层和数据应用层。数据存储层提供海量数据存储架构与数据访问界面；数据处理层提供对数据分析算法和计算模型的支持；数据应用层则包含各种基于大数据计算分析的应用软件系统。这三个层面都涉及不同的数据模型、计算架构及开发技术标准，目前主流的有两个主线：以 Google 为代表的商业产品和以 Hadoop 为代表的开源技术。在学习和研究大数据计算技术时，需要对上述计算架构、技术和标准有一个总体的了解，这样才能做到不限于一点而把握全局。

针对国家“互联网＋”的战略发展需求，近期国内不少高校新开设了数据科学与大数据计算技术专业，大数据分析与计算成为其主干专业课程，其他如计算机科学与技术、互联网应用系统、物联网工程等专业都需要开设大数据计算课程，因此迫切需要一本对大数据处理与计算有一个较全面的论述、适合高年级本科生或研究生学习的教材，正是基于这种需求，本书作者编著了此书，希望对大数据计算系统的各类分析算法、计算模型、计算架构与开发技术做出一个综合性的介绍与阐述，为大家进一步学习大数据技术及应用开发打下基础。

全书共计 20 章，第 1～3 章介绍大数据计算的概念、计算体系总体架构、技术标准等，让读者建立大数据计算的基本概念；第 4～6 章介绍数据采集方法、数据建模及各类分析算法；第 7～10 章介绍文本数据读取、数据处理与分析、数据可视化技术；第 11 章和第 12 章详细介绍 Hadoop 计算平台，包括 HDFS 分布式文件系统与 MapReduce 计算模型；第 13～16 章具体介绍各类大数据计算模型与架构，包括图并行计算、交互式计算、流计算、内存计算等，其中重点阐述了 Pregel、Hama、Storm、Spark 等计算架构；第 17～20 章则介绍了大数据计算技术在医疗保险系统、互联网电子商务、金融信贷系统等领域的应用。本书包含内容较多、篇幅较长，教师在讲授时可根据自己的需要对章节进行选取裁剪。

汤羽教授负责本书的总体结构及第 1～3 章、第 11 章和第 12 章的撰写，林迪副教授负责第 4～10 章，范爱华副教授负责第 13～16 章，吴薇薇硕士负责第 17～20 章。本书部分图片取自互联网，部分文字也参考了网页内容，作者尽可能将引用链接在参考文献罗列中给出，少部分无法给出引用的，作者在此一并致谢。

大数据计算是一个新兴技术领域且仍在高速发展中，新的概念、方法和技术不断涌现。作者因学识有限，本书必然会存在不足，希望得到学界同仁的批评指正，以利我们改进完善。“业精于勤荒于嬉、行成于思毁于随”，作者愿与科学界同行一起努力在这个领域耕耘。

汤　羽

2017 年 7 月于蓉城

目录

CONTENTS

第1章

绪　论

进入21世纪，人类发现自己正面临着中国唐代诗人李白描述的“黄河之水天上来”(图1-1)的大数据场景：互联网搜索引擎Google每天完成10亿次查询，社交网站Facebook每天处理80亿条信息；在科学领域，2003年基本完成的基因组计划完成了四十多种生物全基因组测序以及3.2×10^9人类基因组碱基对测序，到2006年DNA碱基数目已超过1300亿，目前全世界每年生物数据产出量估计已达10^{15}B(1PB)，且以每三年翻一番的速度增长；在金融领域，中信银行2008年发卡500万张，2010年则翻了一倍，带来了海量数据需要处理；2012年，国家工业和信息化部宣布，中国移动互联网用户已达7.5亿。与此同时，随着智慧城市、物联网等新兴应用模式的发展，各种摄像头、数字标牌、感应装置、检测装置以及嵌入式终端的数量也在急剧增加，有关数据预测显示：作为物联网一个重要组成部分的射频识别(RFID)标签，其销量将从2011年的不到30亿个发展到2021年

图1-1　黄河之水天上来

的 2090 亿个。在互联网浏览搜索、物联网传感数据、移动终端与 GPS 系统、以及社交网络等领域,全世界的信息量以每两年翻番的速度增长。据国际研究机构 IDC 报告：2011 年,全球数据量为 1.8ZB($1ZB=10^6PB=10^9TB=10^{12}GB$),2015 年达到 8ZB,2020 年将达到 35ZB。

1.1 数据与数据科学

1. 数据定义

数据(Data)被看作现实世界中自然现象和人类活动所留下的轨迹[1]。在计算机科学中,数据的定义是指所有能输入到计算机并被计算机程序处理的符号的总称,是具有一定意义的数字、字母、符号和模拟量的统称。《韦伯斯特大词典》(*Merriam-Webster Dictionary*)把数据定义为“用于计算、分析或计划某种事物的事实或信息；由计算机产生或存储的信息(facts or information used usually to calculate, analyze or plan something; information that is produced or stored by a computer)”[2]。事实上,数据的形式多样化,可以表现为数值、文字、图像、音频、视频或其他计算机可以识别和处理的形式,数据来源也可以是社会数据(商业数据、生产数据、系统数据、媒体数据等)、个人数据(社交网络、个人消费)、政府数据(统计数据、人口普查、经济年报等)。人类四千年历史所产生的所有的文明记录,包括历史、文学、艺术、哲学、考古及一切的科学成就,都可以数据的形式存储和保留下来。

2. 数据简史

在人类文明有记载的四千年历史中,人类活动记录从早期古埃及的结绳记事(图 1-2)到中国殷商时期(公元前 1320—1046 年)的甲骨文(图 1-3),从东汉宦官蔡伦(公元 61—121 年)发明造纸术(图 1-4)到北宋布衣毕昇(公元 61—121 年)发明活字印刷术(图 1-5),文明的记录无不以文字(数据的一种形式)传承下来。

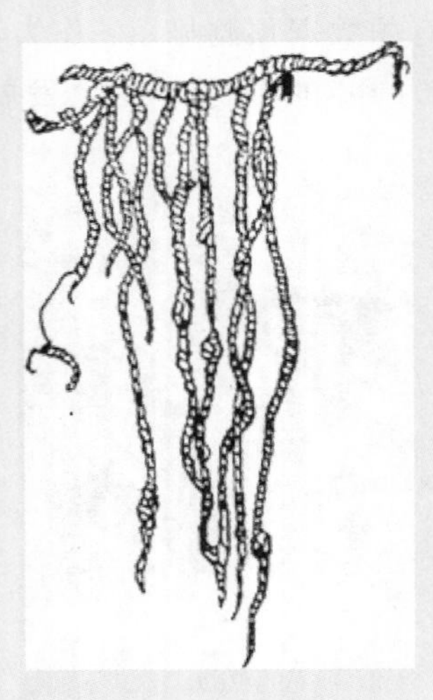

图 1-2 结绳记事

图 1-3 殷商甲骨文

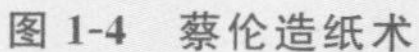

图 1-4 蔡伦造纸术

图 1-5 毕昇活字印刷术

到了近代，面对日益增长的计算量，人工计算的方式已难以应对，人类进入了机械计算时代。这一时期的代表有：1642 年，法国数学家布莱士·帕斯卡(Blaise Pascal)发明的机械式加减法计算机；1671 年，德国数学家戈特弗里德·莱布尼茨(Gottfried W. Leibniz)制成了第一台能够进行加减乘除运算的机械式计算机；1833 年，英国科学家查尔斯·巴贝奇(Charles Babbage)提出了自动化分析机的设计，第一次提出了机器可执行预先记录在穿孔卡上的指令来完成计算的思路。与之合作的艾达·洛夫莱斯伯爵夫人(Augusta Ada Lovelace)更进一步为巴贝奇机器写出了计算注释笔记，其中包含由机器执行的计算伯努利数的算法和步骤，被认为是人类完成的第一个可执行的计算机程序，艾达也因此作为人类历史上的第一个计算机程序员而被纪念。

进入 20 世纪，1904 年，英国工程师约翰·弗莱明(John A. Fleming)发明了真空二极管；1906 年，美国工程师李·弗雷斯特(Lee de Forest)发明了真空三极管；1947 年，美国贝尔实验室的科学家威廉·肖克利(William B. Shockley)、约翰·巴丁(John Bardeen)和沃尔特·布拉顿(Walter Brattain)组成的研究小组发明了晶体管；1958 年，美国物理学家杰克·基尔比(Jack Kilby)发明了集成电路技术。电子管、晶体管、集成电路技术及随后的超大规模集成电路(VLSI)的诞生使得人类真正进入了电子计算机时代。1946 年 2 月，世界上第一台电子管计算机“埃尼阿克”(ENIAC)在美国宾夕法尼亚大学诞生；1956 年，美国贝尔实验室研制出第一台晶体管计算机 TRADIC；1964 年，美国 IBM 公司推出第一代采用集成电路的电子计算机 IBM360 系列，这以后各种计算能力更为强大、数据处理能力呈爆炸式增长的超级计算机、高端服务器、图形工作站以及计算机集群层出不穷，使得计算机处理数据的能力从早期的 KB、MB 级别达到了今天的 TB 或 PB 量级。2015 年，美国著名社交网站 Facebook 每天需处理 100 亿条消息和 3.5 亿张新图片，而谷歌(Google)每天应对的查询请求达到 30 亿次，后台处理的数据量达到 85TB。

应当注意的是，数据(Data)、信息(Information)、知识(Knowledge)与价值(Value)这 4 个词在信息科学中既相互关联，又具有不同的含义。数据体现的是一种过程、状态或结果的记录，这类记录被数字化后可以被计算机存储和处理。信息则是包含在数据之中的能够为人脑理解和思维推理和结论。例如，“01001000 01100101 01101100 01101100 01101111

00100000 01110111 01101111 01110010 01101100 01100100 00100001”是一串二进制数值，是一组能被计算机识别、存储和处理的数据。经计算机程序识别转换(ASCII 码值字符转换)，我们知道它代表“Hello world!”这样一个字符串，包含向世界问好的特殊信息。更进一步，在计算机编程语言世界，“Hello world!”实际上是一个约定俗成的机器或程序语言启动显示语句，这就上升为知识。最终，如果有人把这一固有的显示方法拿去注册了专利并因此获利，就产生了价值。图 1-6 表征了这一从数据到信息到知识到价值的过程。

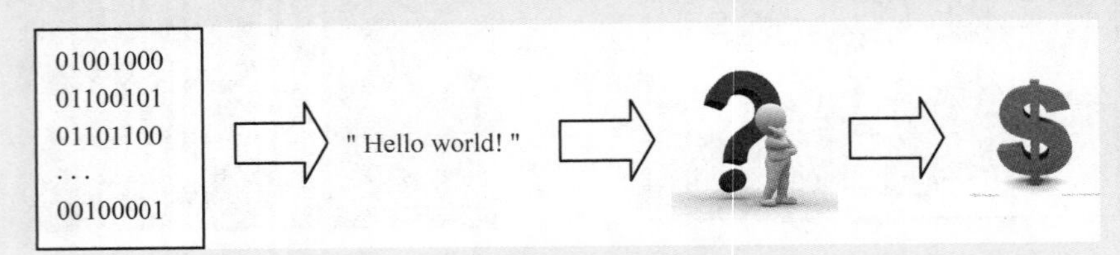

图 1-6　数据-信息-知识-价值的转换过程

3. 数据科学

当信息科学处理的数据发展到 Facebook 和 Google 的数据规模，数据本身(类型、规模、属性、用途等)及相关的大规模数据分析计算技术就形成了一门新的学科领域：数据科学(Data Science)或数据工程(Data Engineering)。早在 1974 年，丹麦计算机科学家、2005 年图灵奖得主彼得·诺尔(Peter Naur)即提出了“数据学”(Datalogy)的概念[3]，但他更多指的是以数据为对象的计算机科学和编程，认为“数据学”是计算机科学的延伸，其研究对象是数值化的数据。事实上，在个人计算机(PC)出现之前的早期的计算机确实是更多地用于处理数据和科学计算，计算机大大加快了数据处理的速度、效率和准确性，但作为计算机运算对象和输出结果的数据本身尚未引起科学家们的特别注意。

1996 年，在日本神户的一个国际会议上第一次正式使用“数据科学”这一名称[4]。1997 年，密歇根大学教授杰夫·吴(Jeff C. Wu)在演讲中提出“统计学＝数据科学?”的观点并建议将统计学改名为数据科学，统计学家改名为数据科学家[5]。2001 年，贝尔实验室科学家威廉·克里富兰(William S. Cleveland)第一次提出数据科学应作为由统计学延伸出来的一个独立研究领域，认为统计学中与数据分析有关的技术内容(区别于概率论)在下面 6 个方面扩展后形成一个新的独立学科“数据科学”(Data Science)[6]。

(1) 多学科研究(Multidisciplinary Investigations)；

(2) 数据模型与分析方法(Models and Methods for Data)；

(3) 数据计算(Computing with Data)；

(4) 数据学教程(Pedagogy)；

(5) 工具评估(Tool Evaluation)；

(6) 理论(Theory)。

在 2002 年和 2003 年，国际科学委员会(International Council for Science)和哥伦比亚大学分别创办了数据科学杂志，为这一学科领域的研究工作发表和交流建立了国际学术平台。大规模数据计算的特点和重要性已引起科学界注意，数据科学或数据处理技术被有些科学家认为将成为一个与计算科学并列的新科学领域。已故著名图灵奖获得者 Jim Gray 在 2007 年的一次演讲中提出，数据密集型科学发现(Data-Intensive Scientific Discovery)将成为科学研究的第 4 范式，科学研究将从实验科学、理论科学、计算科学，发展到目前兴起的数据科学[7]。

数据科学实际上可以理解为基于传统的数学和统计学理论和方法、运用计算机技术进行大规模数据计算、分析和应用的一门学科。美国应用统计学和计算机技术研究社会动力学和恐怖问题的 Drew Conway 博士采用如图 1-7 所示的韦恩图来描述数据科学的知识结构[8]。图中，Math & Statistics Knowledge 指传统的数学和统计学理论，Hacking Skills 可以理解为进行数据计算所需要的计算机知识和技术，Substantive Expertise 指实际行业经验。将数学统计学理论应用于解决实际业务问题是传统的研究方法、将数学统计学理论方法与计算机技术结合则构成机器学习领域、将黑客技能（计算机技术）应用于行业领域则造成危险后果！而数学统计学理论、计算机技术、行业知识三者的结合，就构成了数据科学体系。

美国数据科学家 Rachel Schutt 在她的数据课程课堂上对修课学生的知识结构做过一个调查统计[1]，得出了如图 1-8 所示的数据科学家的知识结构。从中可以看出，数据科学家的主要知识技能包括如下学科领域（按重要性依次排列）。

（1）统计学；
（2）数学；
（3）计算机科学；
（4）机器学习；
（5）数据可视化；
（6）沟通技巧；
（7）领域知识。

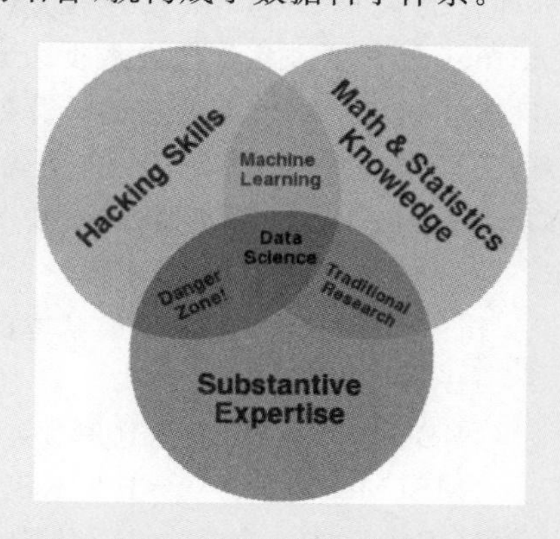

图 1-7 数据科学知识结构韦恩图

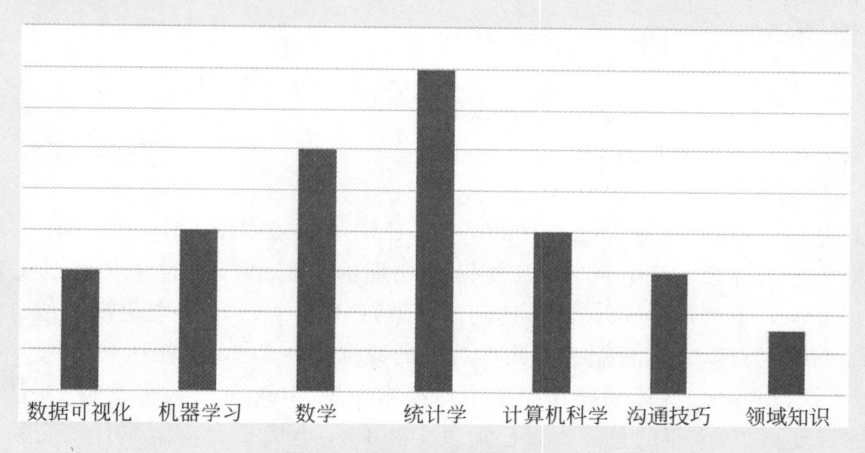

图 1-8 数据科学家知识结构

从图中可看出，统计学、数学、计算机科学和机器学习在数据科学知识结构中占据了主要部分，因此一种观点认为数据科学不过是数学和统计学的一个延展，只是将数学统计学理论辅之以计算机强大计算能力来解决实际问题。美国 Carnegie Mellon University 的 Cosma R. Shalizi 博士就认为数据科学不过是统计学换了个新说法[1]，美国统计协会（ASA）主席 Nancy L. Geller 认为“21 世纪各行各业都涌现出海量数据，无论是科学、工程还是医学，从文学史到动物学在处理这些数据时人们都用到了统计学技术。这种数据大爆炸为统计学者提供了源源不断的研究课题”[9]。

可是数据科学、大数据分析真的仅仅是数学统计学的逻辑延伸吗？

1.2 大数据概念

2001 年 2 月，Meta Group 公司的分析师 Douglas Laney（后供职于 Gartner 公司）在一篇题为 *3D Data Management: Controlling Data Volume, Velocity and Variety*（《三维数据管理：控制数据规模、处理速度，及多样性》）的研究报告中[10]第一次明确提出了大数据所具有的规模（Volume）、速度（Velocity）和多样化（Variety）三个重要特征。2012 年，Gartner 公司更进一步把大数据表述为“所谓大数据就是具有极大规模、快处理速度、种类多样化的数据集合，需要新的计算处理方法来支持决策强化、洞察发现和流程优化”[11]。后来人们再加上价值（Value）这一属性，被称为表示大数据特征的 4V（Volume，Velocity，Variety and Value）属性或 4 个基本特点。

在讨论大数据的数据规模之前，先列出数据存储单位如下。

bit（比特）：位，二进制最基本的存储单位。

1Byte（字节）＝8bit

1KB(KiloByte) ＝1024B ＝2^{10} Byte

1MB(MegaByte) ＝1024KB ＝2^{20} Byte

1GB(GigaByte) ＝1024MB ＝2^{30} Byte

1TB(TeraByte) ＝1024GB ＝2^{40} Byte

1PB(PetaByte) ＝1024TB ＝2^{50} Byte

1EB(ExaByte) ＝1024PB ＝2^{60} Byte

1ZB(ZettaByte) ＝1024EB ＝2^{70} Byte

1YB(YottaByte) ＝1024ZB ＝2^{80} Byte

1BB(BrontoByte) ＝1024YB ＝2^{90} Byte

1GPB(GeopByte) ＝1024BB ＝2^{100} Byte

简化起见，有时我们写成 1KB＝1000bytes，1MB＝1000KB，1GB＝1000MB，…。

大数据的超大规模（Volume）特点使得它处理的数据量级超过了传统的 GB（1GB＝1024MB）或 TB（1TB＝1024GB）规模，达到了 PB（1PB＝1024TB）甚至更高量级。以全球社交网站 Facebook 为例，它后台服务器集群处理的数据量在 2012 年就达到了每天要处理 80 亿条信息，要执行 750 亿次读写操作[12]；全球搜索引擎 Google 每天需支持 10 亿次搜索请求；中国的百度在 2014 年的总数据量已超过 1000PB；电商平台淘宝累计的交易数据量高达 100PB；Twitter 每天发布超过两亿条消息；新浪微博每天发帖量达到 8000 万条。据世界权威 IT 信息咨询分析公司 IDC 报告预测：全世界数据量从 2009 年的 0.8ZB 将增长到 2020 年的 35ZB（1ZB ＝ 1024EB ＝ 1024×1024PB），10 年将增长 44 倍，年均增长 40%[13]，这导致需要处理的数据量达到惊人的规模。

超大规模的数据量对数据存储架构、计算模型和应用软件系统都提出了全新的挑战。在后面可以看到，传统的基于行键（row key）表格存储格式的关系型数据库（RDBS）已很难适应大数据海量存储和快速检索查询的需要，基于分布式文件系统的分布式数据库设计越来越多地用于大数据存储与管理系统。另外，如此大规模数据量的计算分析也给计算模型与计算方法带来了挑战，除了传统的离线批处理计算 MapReduce 模型[14]外，基于 BSP (Bulk-Synchronous Parallel)模型[15]的图并行计算框架 Pregel[16]、Hama[17]、基于列存储结构(Columnar Storage Structure)和内存驻存(in-memory)技术的交互式计算模型[18]，以及基于集中共享式内存结构的大内存计算系统 MemCloud[19]、HANA[20]等新的计算模型与计算架构都在研究探索之中。

Velocity 特征意指大数据的计算处理速度是可用性和效益性的一个重要衡量指标。20 世纪 90 年代开启的互联网时代所产生的互联网数据是大数据的一个主要来源，如果说 1990 年以前的数据来源主要是传统制造业、商业和政府部门的话(图 1-9 中的蓝色区域部分)，1990 年以后数据规模的跳跃型增长则主要来自于互联网领域(图 1-9 中的橙色区域部分)。

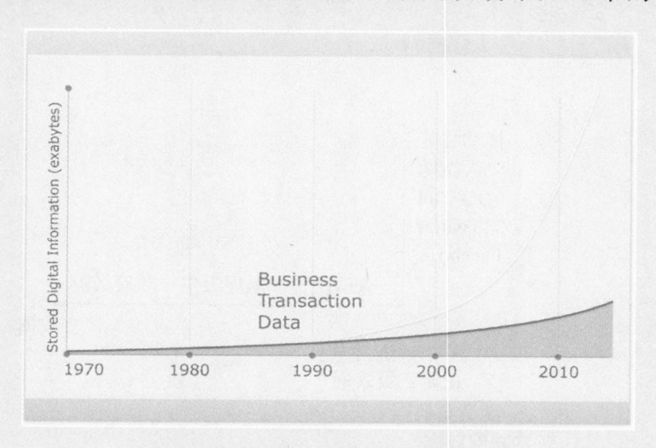

图 1-9 互联网时代的数据增长特征

互联网领域的大数据应用主要包括社交网络、网络游戏、电子商务(B2B、B2C、C2C、O2O 等模式)、精准营销、在线音频/视频、在线广告业务等。这些应用的一大特点就是强调时效性和在线用户体验，如微信用户的文字与语音交流、天猫商城用户下单与订单跟踪、在线网游玩家的实时互动、基于互联网数据的在线智能分析与精准营销、针对特定客户群体的广告投放等，无不强调数据计算处理速度和系统响应特性。没有强大计算能力支撑和良好的在线用户体验，上述各种互联网商务模式都难以达到互联网应用特有的魅力。事实上，中国国家工信部电子科技情报所在 2012 年对中国企业所做的大数据需求调查表明[21]：实时分析能力差、海量数据处理效率低、缺少高效分析软件，是目前中国企业数据分析处理面临的主要难题(图 1-10)。

Variety 特征指大数据来源种类的多样性、异构性。大数据的类型按照其结构特征可以分为结构化、半结构化、非结构化数据，按时效性又可分为离线非实时数据、在线实时数据，按关联特性又可分为非关联数据(日志型记录数据)、关联型数据，按数据类型可分为文字、语音、图片、视频、数值等类型，按数据来源又可分为个人数据、商业服务数据、社会公共数据、科学数据、物质世界数据等。图 1-11 则把大数据划分为个人数据、社会数据、物质数据三个维度。

大数据来源的多样性、异构性使得数据存储、管理和快速查询异常困难。以基于电子健康档案(Electronic Health Record，EHR)标准[22]的医疗卫生数据为例，数据类型包括文字、

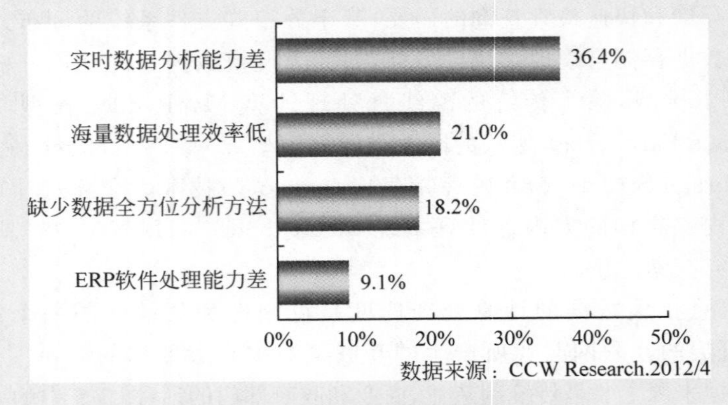

图 1-10　中国企业面临的大数据难题

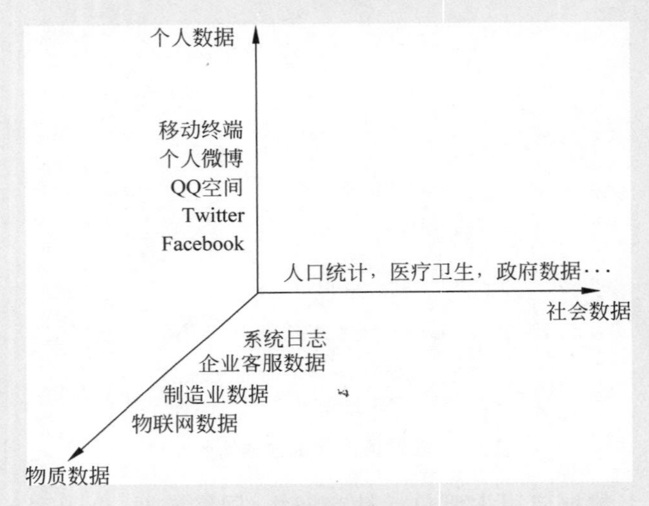

图 1-11　大数据来源的三个维度

表单、电子文档、医学影像等各种结构或非结构数据；数据采集源覆盖各级医院、基层医疗机构(乡镇卫生院等)、社区卫生中心、国家专属卫生机构(如 CDC 疾控中心)，以及各级卫生管理机构；数据属性包含居民个人健康档案数据、医院医疗服务数据、药品数据、卫生综合管理数据等。这些数据源分散、种类繁多、非结构化的数据的管理和应用集成对传统的关系型数据库系统(RDBS)而言，即使能够把数据采集存储起来，后续的快速检索查询功能及实时应用服务的开发也是难以实现，而必须采用新的存储架构和计算模型来应对大数据的多样化、异构性难题。

大数据的 Value 特点是指它的价值低密度或者说碎片数据毫无价值、但大规模整体数据体现价值的特性，这是大数据计算区别于传统数学统计学方法的关键之处。面对大规模数据统计问题时，受限于计算处理能力，统计学更倾向于采用基于抽样调查的随机分析方法，即从一个大数据集合理抽取一个代表其特征的子集(随机抽样)进行计算分析，而分析结果的正确性就取决于随机抽样模型产生的样本集的代表性，而且在样本集上采用的统计计算模型是确定的。

大数据分析计算则在两个方面区别于经典统计学。首先，大数据计算不受限于局部数据或数据子集，而是以数据整体或完整数据集作为处理对象，哪怕这个数据集达到超大规模的数据量，这就避免了统计学方法计算结果取决于其抽取样本集的合理性和代表性的弱点。其次，对这个超大规模数据集采用的计算模型与算法并不是一开始就已固定，而是引入了机器学习方法，即通过数据的积累来训练和改进算法和计算程序，即性能的改进是一个动态过程，处理数据量越大，计算结果越优化，这也是大数据计算只有在数据量达到一定规模后才呈现出价值的一个原因。

关于大数据的定义，目前在学术界或工业界尚未形成一个标准化的表述，比较为人们接受的有如下几种提法。

维基百科(Wikipedia)定义大数据为“数据集规模超过了目前常用软件工具在可接受时间范围内进行采集、管理及处理的水平”[23]。

美国国家标准技术研究院(NIST)把大数据定义为“具有规模大(Volume)、多样化(Variety)、时效性(Velocity)和多变性(Variability)特性，需要具备可扩展性的计算架构来进行有效存储、处理和分析的大规模数据集”[24]。

与他人的表述有所不同，IBM 定义的 4V 特性包括：数量(Volume)、多样性(Variety)、速度(Velocity)和真实性(Veracity)，他们认为真实性是当前企业亟须考虑的重要维度，将促使应用数据融合和先进数学方法进一步提升数据质量，从而创造更高的价值[25]。

知名咨询机构麦肯锡全球研究所(McKinsey Global Institute)给出的大数据定义是：一种规模大到在获取、存储、管理、分析方面大大超出了传统数据库软件工具能力的数据集，具有海量数据规模、快速数据流转、多样数据类型和价值低密度 4 大特征[26]。

总结大数据上述要点和定义，除了在数据特征方面表现出规模(Volume)、速度(Velocity)、多样性(Variety)、价值低密度(Value)、数据真实性(Veracity)等特性外，更需要注意大数据处理的问题是现有常规计算模型和架构难以有效解决的。

1. 全球视野下的大数据

如果说 2001 年 Douglas Laney 第一次提出大数据的三个 V 特性(Volume, Velocity and Variety)尚未引起学术界和工业界主流的注意的话，自 2008 年起，大数据(Big Data)迅速进入人们的视野并且引起了学术界、企业界乃至各工业国政府的重视。

2008 年，著名学术杂志 *Nature* 出版了一期专刊[27]，组织了系列文章 *The Next Google*，*Data Wrangling*，*Distilling Meaning from Data*，*Welcome to the Petacentre* 明确提出了 Big Data 的概念，讨论了大数据领域相关的一系列技术问题和挑战。

2011 年，国际学术杂志 *Science* 也组织了一期专刊 *Dealing with Data*[28] 对大数据分析在科学研究各个领域(天文学、气象学、生态学、生物学、社会科学、神经科学、信号处理等)的应用及数据的采集、分析、挖掘和可视化等问题进行了探讨。

2011 年，麦肯锡(McKinsey & Company)发布题为《大数据：创新、竞争和生产力的下一个前沿》(*Big data: the next frontier for innovation, competition, and productivity*)的报告[29]，预测大数据可帮助全球个人定位服务提供商增加 1000 亿美元收入；帮助欧洲公共部门每年提升 2500 亿美元产值；帮助美国医疗保健行业每年提升 3000 亿美元产值，帮助美国零售业获得 60%以上的净利润增长。

2012 年年初，瑞士达沃斯论坛题为《大数据，大影响》(*Big Data, Big Impact*)的报告宣称数据已经成为一种新的经济资产类别，就像货币或黄金一样[30]。

国际咨询机构 Gartner 在 2012 年发布《2012—2013 年技术曲线成熟度报告》[31]，把大数据计算与社交分析、内存驻存数据分析一起列为最值得关注的 48 项新兴技术（见图 1-12）。

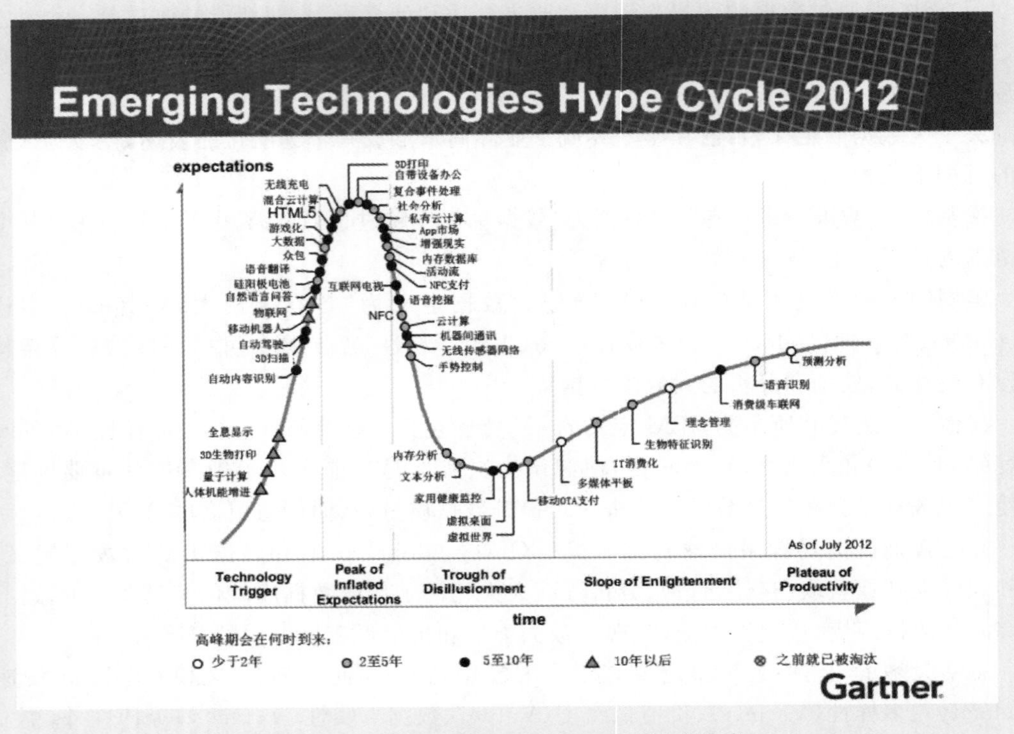

图 1-12 Gartner 2012—2013 技术曲线成熟度

《华尔街日报》在 2012 年 2 月 22 日题为《科技变革即将引领新的经济繁荣》的文章中更大胆预测"我们再次处于三场宏大技术变革的开端，它们可能足以匹敌 20 世纪的那场变革，这三场变革的震中都在美国，它们分别是大数据、智能制造和无线网络革命。"

2. 政府层面的政策

美国和欧洲一些发达国家政府都从国家战略层面提出了一系列的大数据研发计划，以推动政府机构、重要行业、学术界和工业界对大数据技术的探索研究和应用。

早在 2010 年 12 月，美国白宫下属的总统科技顾问委员会（PCAST）和信息技术咨询委员会（PITAC）即向奥巴马和国会提交了一份《规划数字化未来》[32]的研究报告，把大数据收集和使用提升到体现国家意志的战略高度。报告列举了 5 个贯穿各个科技领域的共同挑战，而第一个最重大的挑战就是"数据"问题。报告指出"如何收集、保存、管理、分析、共享正在呈指数增长的数据是我们必须面对的一个重要挑战"。报告建议："联邦政府的每一个机构和部门，都需要制定一个'大数据'的战略"。2012 年 3 月，前美国总统奥巴马签署并发布了一个"大数据研究发展创新计划"（Big Data R & D Initiative）[33]，由 6 个美国联邦政府机构（国家自然基金会（NSF）、国家卫生研究院（NIH）、能源部（DOE）、国防部（DOD）、国防部高级研究计划局（DARPA）、美国地质勘探局（USGS））联合承担，初步投资两亿美元启动大数据技术研发。其中已启动的研究项目如下。

国防部高级研究计划局（DARPA）的多尺度异常检测（ADAMS）项目，解决现实世界环境中各种可操作的信息数据及线索的收集，以及大规模数据集的异常检测和特征化问题；网络内部威胁（CINDER）研究计划，主要解决目前情报监视和侦察系统的不足，进行自动化和人机集成推理，使得能够提前对时间敏感的更大潜在威胁进行分析，并开发新的方法来追踪军事计算机网络与网络间谍活动，CINDER将适用于将不同类型的侵入活动统一成标准的内部网络活动，旨在提高对网络威胁检测的准确性和速度；视频和图像的检索和分析工具（VIRAT）计划旨在开发一个能够利用军事图像分析员收集的数据进行大规模的军事图像分析系统，使分析员能够在相关活动发生时发出警报；XDATA项目则计划开发用于分析大量的半结构化和非结构化数据的计算技术和软件工具，其核心挑战包括可伸缩的算法在分布式数据存储上的应用、如何使人机交互工具能够有效地对不同数据进行视觉化处理，以及开源软件工具在处理国防大数据中的灵活运用。

国土安全部（DHS）则启动了可视化数据分析项目（CVADA），由罗格斯大学和普渡大学以及另外三所大学的研究人员合作承担，目的在于通过对大量异构数据的分析，使得安全应急人员可以发现人为或自然灾害以及恐怖事件，以及边境安全问题。

能源部（DOE）基础能源科学办公室（BES）则启动了加速数据采集、处理和分析项目（ADARA），提供散裂中子源（SNS）的数据系统的实时分析能力，满足实验控制的工作流程需要，并已经建立X射线影像资料库，最大限度地提高数据的可用性。

美国宇航局（NASA）的先进信息系统技术项目（AIST），旨在降低美国宇航局信息系统的风险和成本，以支持未来的地球观测任务，并转化成美国宇航局气候中心的地理信息。AIST的技术方案寻求成熟的大数据计算能力，以减少地球科学部空基和陆基信息系统的风险、成本和开发时间，提高地球科学大数据的获取和使用。

国家卫生研究院（NIH）的癌症基因组图谱项目（TCGA）项目通过包括大规模基因组测序及基因组分析技术的应用，加速对癌症的分子生物学机理的认识。随着大规模基因组技术的快速发展，TCGA项目到2014年就已积累了几个PB的原始数据，随后的基因图谱数据将继续增长。

作为大数据的策源地和引领者，美国在2014年5月更进一步发布了《大数据：把握机遇，守护价值》白皮书[34]，对美国目前大数据应用与管理的现状、政策框架和改进建议进行了集中阐述。该白皮书表示，在大数据发挥正面价值的同时，应该警惕大数据应用对隐私、公平等长远价值带来的负面影响。从《白皮书》所代表的价值判断来看，美国政府更为看重大数据为经济社会发展所带来的创新动力，对于可能与隐私权产生的冲突，则以解决问题的态度来处理。

报告最后提出以下6点建议。

（1）推进消费者隐私法案；

（2）通过全国数据泄露立法；

（3）将隐私保护对象扩展到非美国公民；

（4）对在校学生的数据采集仅应用于教育目的；

（5）在反歧视方面投入更多专家资源；

（6）修订电子通信隐私法案。

英国政府是大数据的积极拥抱者。早在2011年11月，英国政府就发布了对公开数据进行研究的战略政策。英国将大数据列为战略性技术，给予高度关注。英国政府紧随美国之后，推出一系列支持大数据发展举措。首先是给予研发资金支持。英国政府通过利用和挖掘公开数据的商业潜力，为英国公共部门、学术机构等方面的创新发展提供“孵化环境”，同时为国家可持续发展政策提供进一步的帮助。2013 年 1 月，英国政府向航天、医药等 8 类高新技术领域注资 6 亿英镑研发经费，其中大数据技术获得 1.89 亿英镑的资金，是获得资金最多的领域。

其次是促进政府和公共领域的大数据应用。为了便于公众理解和判断，英国政府专门建立了“数据英国”网站(http://data.gov.uk)，将公众关心的政府开支、财务报告等数据整理汇总并发布在互联网上，并对其中的热点议题和重要开支进行进一步阐释，还对公众意见进行反馈。其效果也是明显的，据测算，通过合理、高效地使用大数据技术，英国政府每年可节省约 330 亿英镑，相当于英国每人每年节省约 500 英镑。

澳大利亚是理念与行动同时践行，自 2009 年起开始积极推动开放数据的理念和行动践行，并公开政府的愿景和目标。data.gov.au 是政府信息目录的开放数据平台，用户可以在该网站上方便地搜索、浏览和使用澳政府国家、地区政府的公共数据。澳大利亚政府通过 5 个阶段将数据开放流程化，这 5 个阶段依次是：发现数据，过程处理，授权许可，数据发布，数据完善。2013 年 8 月，澳大利亚政府信息管理办公室发布了《公共服务大数据战略》[35]，旨在推动公共行业利用大数据分析进行服务改革，制定更好的公共政策，保护公民隐私，使澳大利亚在该领域跻身全球领先水平。

2012 年 7 月，联合国在纽约发布了一本关于大数据政务的白皮书《大数据促发展：挑战与机遇》[36]，全球大数据的研究和发展进入了前所未有的高潮。这本白皮书总结了各国政府如何利用大数据响应社会需求，指导经济运行，更好地为民众服务，并建议成员国建立“脉搏实验室”(Pulse Labs)，挖掘大数据的潜在价值。图 1-13 为联合国报告描绘的大数据应用的生态系统。

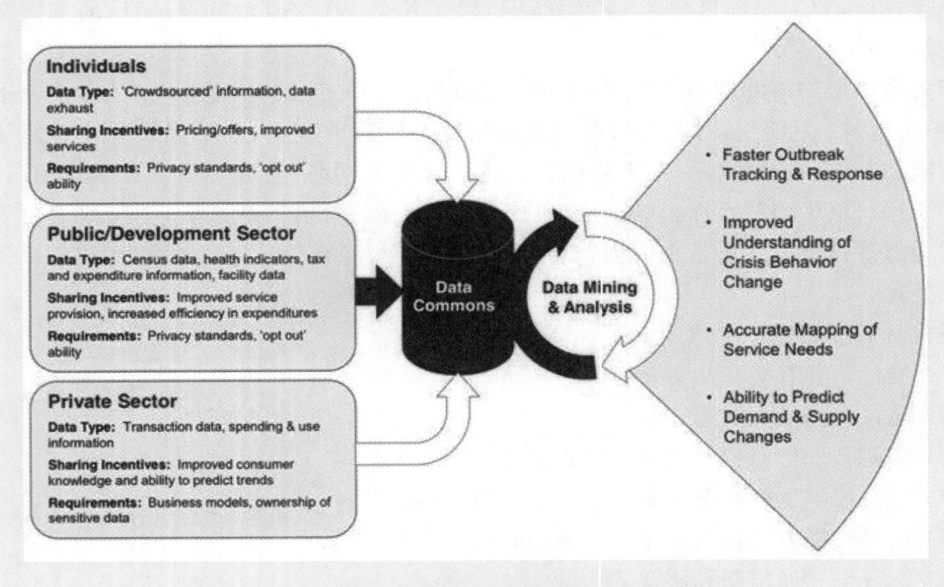

图 1-13 联合国关于大数据应用的生态系统

在中国,早在 2010 年 12 月工信部发布的物联网“十二五”规划中[37],信息处理技术作为 4 项关键技术创新工程之一被提出,其中包括海量数据存储、数据挖掘、图像视频智能分析等技术,这都是大数据计算的重要组成部分。2014 年 3 月,李克强总理在十二届全国人大二次会议的《政府工作报告》[38]中提出要设立新兴产业创业创新平台,在新一代移动通信、集成电路、大数据、先进制造、新能源、新材料等方面赶超先进,引领未来产业发展。这是“大数据”首次进入政府工作报告,也表明其作为一种新兴产业,将得到国家层面的大力促进。2015 年 9 月,经李克强总理签署,国务院印发《促进大数据发展行动纲要》[39],对大数据开放应用等工作提出指导意见。其中提到,2018 年年底前将建成国家政府数据统一开放平台。2020 年年底前,逐步实现信用、交通、医疗、卫生、就业、社保、地理、文化、教育、科技、资源、农业、环境、安监、金融、质量、统计、气象、海洋、企业登记监管等民生保障服务相关领域的政府数据集,向社会开放。

1.3 大数据技术特征

从前面对数据科学的讨论中可以看出,大数据计算采用的方法和技术主要来自于数学统计学和计算机科学,这包括数据建模、数据抽取与清洗、统计分析方法、数据存储系统、分布式计算体系、计算模型与算法、数据库技术、数据安全性、数据可视化等领域(图 1-14)。

图 1-14 大数据相关技术

但实际上,大数据的 4V 特性使得它的计算分析在方法和技术层面又区别于经典统计学和传统计算体系,具有其独有特点和技术特征。下面从数据模型、算法、计算技术几个方面来讨论大数据计算与经典统计学和传统计算体系的差别,这对于学习大数据计算技术、建立相关概念是非常重要的。

与传统数学统计学比较,大数据计算在模型和方法上具有以下几点根本区别。

(1) 传统统计学是对样本空间基于独立同分布原理随机抽取一个样本集进行统计分析,而大数据计算是以样本空间整体或完整数据集(也可能不是完整数据集,而只是研究者手中现在掌握的全部数据)作为计算对象。

对于随机抽取的样本集,美国数据科学家 Rachel Shutt 和 Cathy O'Neil 论述道[1]“所谓样本,是指在总体中选取的一个子集,用 n 来表示。研究者记录下样本的观察数据,根据样本特征推断总体的情况。采样的方法多种多样，有些采样方法会存在偏差，使得样本失真，而不能被视为一个缩小版的总体，去推断总体的特征。当这种情况发生时，基于样本分析所推断出来的结论常常是失真或完全错误的。"这表明传统统计分析方法的正确性和可信性很大程度上依赖于所选取样本集对整个样本空间的代表性，而这不是一个容易完成的任务。

（2）大数据计算可以处理整个数据集（或研究者手中现在掌握的全部数据），这就避免了只计算一个数据子集（样本集）带来的缺陷，而可以专注于改进计算模型和算法，以提高计算结果的准确性、可靠性。

（3）传统统计分析所采用的计算公式或方法是固定的，即统计学家首先建立一个确定的数学模型，再通过选定的样本集测算模型的参数，然后用这个模型去预测总体空间的结果。在这一计算推测过程中，所采用的数学模型是确定的、不变的。

大数据计算则主要采用机器学习方法，其特点是预测结果的精度改进是一个动态过程，需要一定规模的数据计算来训练和改进预测算法，这与统计学一开始就确定数学模型不同。具体而言，机器学习是从输入数据集学习或训练预测算法，通过训练数据集的大量计算来改进预测算法的性能，使其逐步逼近正确的结果。这一过程中另有一个学习算法来控制对预测模型的改进和测试。显然，大数据计算更看重预测算法的输出结果，并通过训练数据集的反复迭代计算来提高预测输出结果的精度。

大数据计算系统与传统数据库系统的差别如下。

（1）传统的关系型数据库系统（RDBS）主要围绕关系型模型构建，数据存储采用基于主键的行存储格式，一个 SQL 查询会涉及多个（在大型数据库中会达到数百个）表单，这就限制了关系型数据库处理超大规模数据的能力，因为几十到数百个表单的连接是一个非常耗时的操作。关系型数据库遇到的另一个挑战是大量非结构性或异构数据的处理，关系型模型在构建这些没有统一数据格式的表格时会遇到很大困难。在医疗卫生信息系统，可以看到大量的这类非结构性或异构型数据类型，比如既有文字，又有音频/视频，还有各种格式的医学影像图片资料等。另外，尽管现代关系型数据库产品也支持分布式部署和计算，但关系型关联模型的特点决定了多数情况下仍然是集中部署，在支持分布式计算时进行数据集划分和数据同步都是高成本的开销。

大数据计算采用的是分布式文件系统及在此基础上构建的 NoSQL 非关系型数据库，通常会在原始数据文件之上建立相关的索引表，采用哈希表映射方法来支持快速查询。由于 NoSQL 数据库在原始数据存储文件（非结构化、异构数据）之上构建了统一格式的索引表（或检索目录数据库），因此能够很好地支持非结构化或异构数据的存储和处理。分布式数据库的特点也能够很好地支持分布式系统部署，对超大规模数据集完成快速查询操作。

（2）关系型数据库采用的是基于主键的行存储格式，数据的存储是围绕数据最重要的一个属性（通常定义为主键）来构建，这比较有利于对数据个体（或单条数据记录）的计算处理。比如，在学校信息系统中，基于学生的学号（主键）来存储一个学生的完整信息（姓名、年龄、性别、专业、课程成绩等）就有利于一次查取获得该学生的全部信息，有利于个体数据处理。但这种存储模式不利于对一个超大规模数据集所有记录的某一数据特征值的提取。比如，某一大学有三万学生，假设学生总数为 N，此时 $N=30\ 000$；一个学生记录在数据库中包含 50 个值域（姓名、年龄、性别、专业、课程成绩……），假设值域数为 m，此时 $m=50$。如果需要从数据库中搜出并计算某一专业学生（含不同年级）某一门课的平均成绩，关系型数据库需要完成两步操作：①先从数据库总表中搜出满足上述条件的学生记录，操作次数是 $O(N)$ 量级；②再对搜出的每一条学生记录完成该门课程成绩的读取，操作次数是 $O(m)$。可以知道，完成该计算任务的总操作次数为 $O(N)\times O(m)$ 量级，最坏情况下需要操作 30 000×50=1 500 000 次！

而 NoSQL 数据库采用的是基于键值对的列存储格式。针对上面同一问题，NoSQL 数据库是把学生记录的属性归类进行存储。比如，所有学生的成绩都存入树状结构的某一分支（不同课程的成绩进入更低层的分支）。假设该校共开出 2000 门课，全校共有 100 个专业，每个专业学生人数最多为 1000。NoSQL 数据库首先会搜索进入该门课的分支（最坏情况下查询次数 2000），然后在该分支内搜索该专业（最多查询次数 100），然后完成符合条件的学生成绩的读取（最多读取 1000 次），这样，总的操作次数为 2000 + 100 + 1000 = 3100 次。与关系型数据库比较，同样的计算任务，NoSQL 数据库的总查询次数仅为前者的 1/484，这充分体现了基于列存储的非关系型数据库在处理大规模数据上的优势。

另外，适用于大数据分析的 MapReduce 计算模型、流计算模型、图并行计算模型都更适合匹配非关系型数据库。因此，不管是列存储格式展示的查询效率或是对计算模型的支持上，大数据计算模式都更具有优势。

大数据计算架构与传统软件开发技术的差别如下。

与传统软件开发技术比较，大数据计算架构与其最重要的差别是：传统软件开发技术是平台相关的、呈直线型模式；而大数据系统开发更倾向于采用开放标准和开放式架构，其技术架构呈分层模式，如图 1-15 所示。

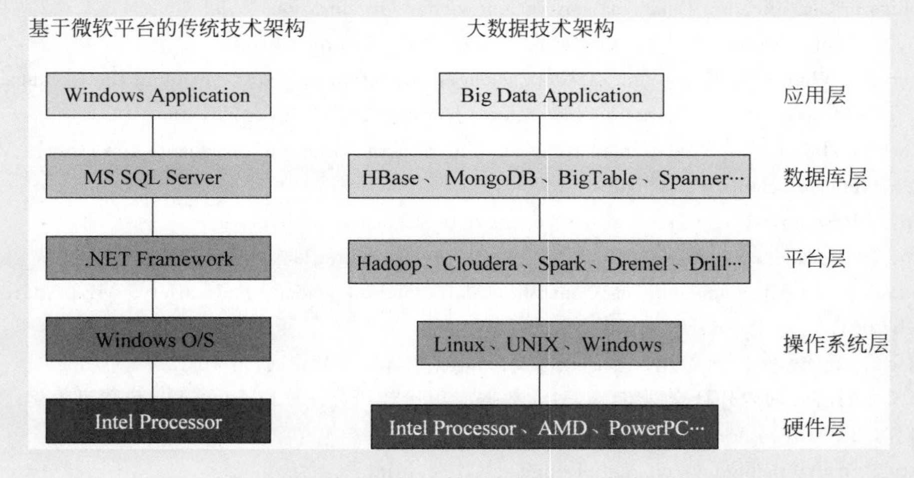

图 1-15　技术架构比较：大数据 vs. 传统架构

对比图 1-15 两种技术架构可看出：传统技术架构是基于某一平台和某一标准的线性结构，即整个技术架构是围绕一个单一的开发技术和平台标准来构造的。比如基于微软的架构主要就是基于 Windows 操作系统以及微软的一系列开发技术（NTFS、FAT32 文件系统、.NET 开发工具包、C# 编程语言、MS SQL Server 数据库等）来实现。不排除微软平台现在也试图兼容一些不同技术，但基本特点是围绕微软自己独有技术和标准来进行开发。另一例子就是苹果公司（Apple Inc.）的产品线，完全是基于自己特有的 Mac OS X/iOS/Cocoa/XCode/Objective-C 技术架构来开发，对其他标准和技术的兼容性很差。

而大数据计算的技术架构则呈现一种多层次的分层结构，即大数据采用的技术和标准是按照其功能和作用分别纳入不同的层级（在图 1-15 中分为硬件层、操作系统层、平台层、数据库层、应用层），而在每一个层级上，大数据计算兼容水平方向扩展的多种技术和标准，而不是绑定于某一种特定技术。比如，在硬件层，大数据计算可采用英特尔处理器、AMD芯片或 PowerPC 处理器；在操作系统层面，可以 Linux、UNIX、Windows 共存；在平台层，可以选用开源平台 Hadoop、Spark、Cloudera，也可选用商业平台 Google 的 Dremel/Pregel/PowerDrill 或是微软的 Azure 平台；在数据库层面和应用开发层面也是如此。

可以看出，大数据计算需要处理数据类型和数据源的复杂性和大数据应用的多样性，决定了大数据技术更多倾向于采用开放式标准和开放式架构（Open Standard and Open Architecture），在同一平台上尽可能多地兼容或集成不同的软件开发工具，这不是一个容易完成的任务。目前的大数据技术架构大致分为商业技术和开源技术两条主线，从技术架构的可扩展性、兼容性、跨平台移植性而言，基于开放标准的开源技术具有更好的前景。

参考文献

[1] RachelSchutt，Cathy O'Neil. 数据科学实战. 北京：人民邮电出版社，2015.

[2] https://www. merriam-webster. com/dictionary/data.

[3] Naur P. "Datalogy", the science of data and data processes. Dyna，2008，75(154)：167-177.

[4] Hayashi E C，Yajima K，Bock H H，et al. Data Science，Classification，and Related Methods. Studies in Classification Data Analysis & Knowledge Organization，1998.

[5] Wu，C F Jeff. Statistics = Data Science?. Retrieved 9 October 2014.

[6] Myers K，Wiel S V. Discussion of "data science：An action plan for expanding the technical areas of the field of statistics". International Statistical Review，2001，69(1)：21-26.

[7] Dozier J，Hannay T，Shneiderman B，et al. The Fourth Paradigm - Realizing Jim Gray's Vision for Data-Intensive Scientific Discovery.

[8] http://drewconway. com/zia/2013/3/26/the-data-science-venn-diagram.

[9] http://magazine. amstat. org/blog/2011/08/01/prescorneraug11/.

[10] D Laney. 3d data management：Controlling data volume，velocity and variety. META Group Inc，6 Feb 2001.

[11] 何宝宏，魏凯. 2013 大数据产业回顾与发展. 电信技术，2014，1(1)：10-12.

[12] 车凯龙，铁茜. 国内外社交网络(SNS)大数据应用比较研究——以 Facebook 和腾讯为例. 图书馆学研究，2014(18)：18-23.

[13] http://www. thebigdata. cn/YeJieDongTai/11578. html.

[14] Dean J，Ghemawat S. MapReduce：Simplified Data Processing on Large Clusters. In Proceedings of Operating Systems Design and Implementation(OSDI). 2004，51(1)：107-113.

[15] Gerbessiotis A V，Valiant L G. Direct Bulk-Synchronous Parallel Algorithms. Journal of Parallel & Distributed Computing，1994，22(2)：251-267.

[16] Malewicz G，Austern M H，Bik A J C，et al. Pregel：a system for large-scale graph processing. ACM SIGMOD International Conference on Management of Data. ACM，2010：135-146.

[17] Siddique K，Akhtar Z，Kim Y. Researching Apache Hama：A Pure BSP Computing Framework// Advanced Multimedia and Ubiquitous Engineering. Springer Singapore，2016.

[18] Sergey Melnik，et. al.，Dremel：Internactive Analysis of Web-Scale Datasets，Proceedings of the

VLDB Endoement，2010，3(1).
[19] Ousterhout，John，et al. The ramcloud storage system. ACM Transactions on Computer Systems (TOCS). 33.3(2015)：7.
[20] 胡健，和轶东. SAP in-memory computing ：HANA. 北京：清华大学出版社，2013.
[21] http://www.ccwresearch.com.cn/report_detail.htm?id=131078.
[22] Jha AK，Ferris TG，Donelan K，et al. How Common Are Electronic Health Record in the United States? A Summary of the Evidence. Health Affairs，2006，25(6)：496-507.
[23] https://zh.wikipedia.org/wiki/大数据.
[24] http://nvlpubs.nist.gov/nistpubs/SpecialPublications/NIST.SP.1500-1.pdf.
[25] K Normandeau. Beyond Volume，Variety and Velocity is the Issue of Big Data Veracity.
[26] Manyika J，Chui M，Brown B，et al. Big Data：The Next Frontier for Innovation，Comptetition，and Productivity. Analytics，2011.
[27] Doctorow C. Big data：Welcome to the petacentre. Nature，2008，455(7209)：16-21.
[28] Staff S. Dealing with data. Challenges and opportunities. Introduction. Science，2011，331(6018)：692-3.
[29] Manyika J，Chui M，Brown B，et al. Big Data：The Next Frontier for Innovation，Comptetition，and Productivity. Analytics，2011.
[30] Consulting V W. Big Data，Big Impact ：New Possibilities for International Development. 2012.
[31] https://www.aliyun.com/zixun/content/2_6_281025.html.
[32] 涂子沛. 大数据：正在到来的数据革命，以及它如何改变政府、商业与我们的生活. 桂林：广西师范大学出版社，2015.
[33] http://s3.amazonaws.com/public-inspection.federalregister.gov/2014-23444.pdf.
[34] President E O. Big Data：Seizing Opportunities，Preserving Values. 2014：1-85.
[35] The Australian Public Service Big Data Strategy[EB/OL]. [2014-01-03]. http：//agict.gov.au/policy-guides-procurement.
[36] Global Pulse White Paper，2012UN Global Pulse. 2012. Big Data for Development：Challenges & Opportunities. United Nations. UN Global Pulse(2012a).
[37] 叶美兰，朱卫未. 新时代下物联网产业的发展困境与推进原则——工信部《物联网"十二五"发展规划》解读. 南京邮电大学学报(社会科学版)，2012，14(1)：44-48.
[38] 国务院研究室编写组. 十二届全国人大二次会议《政府工作报告》辅导读本. 北京：人民出版社，2014.
[39] 中华人民共和国国务院. 促进大数据发展行动纲要. 成组技术与生产现代化，2015，32(3)：51-58.

习题

1. 数据、信息、知识与价值这 4 个词在信息科学中既相关联，又具有不同的含义。请举例说明 4 个概念的关联与区别。

2. 数据科学家的主要知识技能包括哪几方面？

3. 阐述大数据的 4 大基本特征。

4. 大数据计算与传统统计学方法有何差别？

5. 大数据计算系统与传统数据库系统有何区别？

第2章

大数据计算体系

2.1 大数据计算架构

大数据计算系统涉及软件分层化、技术复杂、应用繁多，但究其本质可归纳为三个基本系统：数据存储系统、数据处理系统、数据应用系统。图 2-1 给出了基于上述三个系统的大数据计算总体框架。

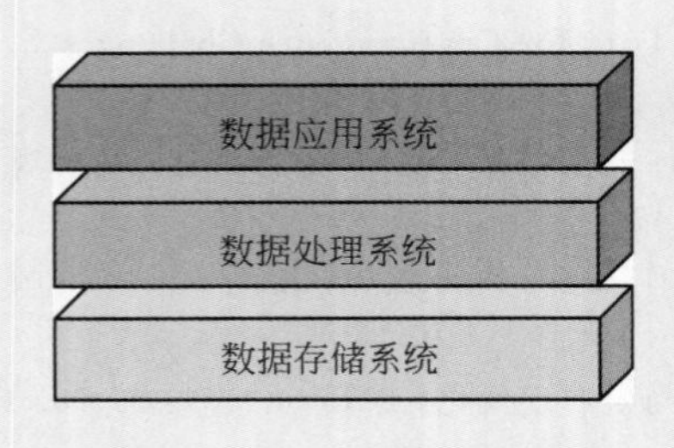

图 2-1 大数据计算总体框架

总体框架图的每一层内又包括提供不同功能服务的子系统或模块，包含不同的技术架构与技术标准，图 2-2 给出了计算系统的更多细节。

数据存储系统包括数据采集层（系统日志、网络爬虫、无线传感器网络、物联网，以及各种数据源），数据清洗、抽取与建模（将各种类型的结构化、非结构化、异构数据转化为标准存储格式数据，并定义数据属性及值域），数据存储架构（集中式或分布式文件系统、关系型数据库或分布式数据库、行存储数据结构或列存储数据结构，键值对结构，哈希表（Hash Table）检索等）。数据存储架构是大数据计算的基础，上层各种分析算法、计算模型及计算性能都依赖于数据存储系统的表现，因此，数据存储系统是大数据研究的一个重要领域。

数据处理系统包括针对不同类型数据的计算模型，如针对非结构化数据的 MapReduce 批处理模型[1]、针对动态数据流的流计算（Stream Computing）模型[2]、针对结构化数据的大规模并发处理（MPP）模型[3]、基于物理大内存的高性能内存计算（In-memory Computing）模型[4]；针对应用需求的各类数据分析算法（回归分析、聚合算法、关联规则算法、决策树算法、贝叶斯分析、机器学习算法等）；提供数据计算处理各种开发工具包和运行支持环境的计算平台，如 Hadoop[5]、Spark[6]、Storm[7]等。目前，商业公司如 Google、IBM、Oracle、微软、SAP 等都提供各自的大数据计算平台和相关技术；开源社区则提供基于 Hadoop 平台的一整套支持大数据计算及应用的开放式架构和技术标准。

数据应用系统则是基于上述存储系统和计算处理平台提供各行业各领域的大数据应用技术解决方案。目前，互联网、电子商务、电子政务、金融、电信、医疗卫生等行业是大数据应用最热门的领域，而制造业、教育、能源、环保则是大数据技术即将或已经开始拓展的行业。在中国，大数据分析与云计算系统、物联网应用相结合，为中国 21 世纪传统产业的升级和转入互联网时代提供了有力的技术支撑。

图 2-2　大数据分层计算体系

2.2　数据存储系统

数据存储系统主要提供数据采集、清洗建模、大规模数据存储管理、数据操作（添加、删减、查询、更新、数据同步）等功能。由于大数据处理的多重数据源、数据异构性、非结构化数据、分布式计算环境等特点，大数据存储系统的设计远较传统的关系型数据库系统复杂。目前的大数据存储架构主要由数据层、分布式文件系统、非关系型数据库（NoSQL），以及统一数据读取界面组成，有些设计中还会在 NoSQL 数据库之上加一个提供数据挖掘和分析功能的数据仓库层，如图 2-3 所示。

2.2.1　数据清洗与建模

数据层主要包含数据采集系统并提供数据抽取、清洗与转换（Extraction、Transform and Load，ETL）、数据建模的功能。大数据应用面对的多种数据源（企业数据、商务数据、个人社交数据、政府统计数据、互联网数据、物联网数据、系统日志数据、基因测序数据、大气物理监测数据、地球卫星观测数据等)、异构型数据(文字、图片、音频、视频)、非结构型数据(医学影像资料、银行凭证扫描件、碎片化的通信记录、截屏图等)的特点使得原始数据很难直接存入数据库,经常遇到的问题是原始数据的格式不能被数据处理平台识别和处理,很多情况下原始数据还存在记录缺失、值域缺损、数据质量参差不齐等问题。这就要求在构建数据库或数据仓库之前对原始数据完成清洗(合并或去除重复数据项,消除数据错误)、抽取(从多个数据源的数据项中抽取不同值域构成目标数据库的数据结构,或从一个数据源抽取数据项分解成多个结构装载入目标数据库)、转换(将不同格式的原始数据项转换为统一标准的目标数据库格式)等步骤。数据的抽取、清洗和转换可以是人工或采用软件工具的方式完成,常见的 ETL 工具有:OWB(Oracle Warehouse Builder)、ODI(Oracle Data Integrator)、Informatic PowerCenter、AICloudETL、DataStage、Repository Explorer 等,开源的工具有 Eclipse 的 etl 插件。

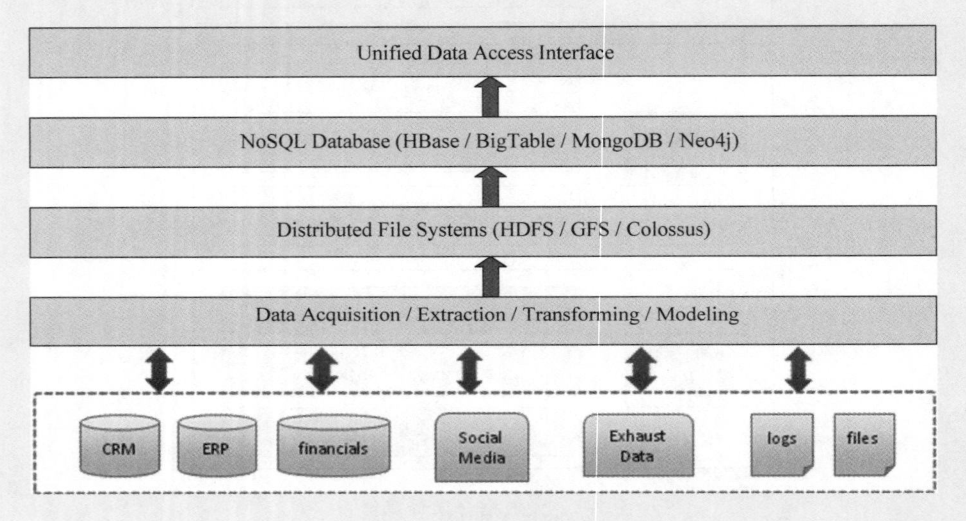

图 2-3 大数据存储架构

数据建模也是数据层工作的一个重要内容。数据建模是对实体数据(或用户对数据功能的描述)建立一个抽象模型,包括元数据、数据结构、属性、值域、关联关系、一致性、时效性等元素。数据模型为进一步的数据存储结构设计、数据库设计和计算模型提供了参考依据。

美国国家标准学会(American National Standards Institute,ANSI)把数据模型定义为三个层次[8]:概念模型、逻辑模型和物理模型。

概念模型主要基于用户的数据功能需求产生,通过与客户的交流获得对客户业务要素、功能和关联关系的理解,从而定义出该业务领域内对应于上述业务要素和功能的实体类。概念建模阶段并不拘泥于实体的实现细节或存储方式,重点是表达能够反映客户数据需求和支撑业务流程的数据实体及其相互间的关联关系。

逻辑模型则给出更多的数据实体细节,包括主键、外键、属性、索引、关系、约束甚至是视图,以数据表、数据列、值域、面向对象类、XML 标签等形式来描述。在有些建模实践中把概念模型与逻辑模型合为一个模型也是可以的。

物理模型(有时又被称为存储模型)则是考虑数据的存储实现方式,包括数据拆分、数据表空间、数据集成。有的数据建模工具(如 SparX Enterprise Architect[9])在此阶段还可按照上述逻辑模型生成与实体对应的 SQL 代码段,用于随后的数据库表格设计。

ANSI 强调,上述三个层次模型之间是相对独立的,即物理模型的改变(数据存储方式改变、数据划分调整等)不影响逻辑模型和概念模型的内容;逻辑模型的改变(数据表修改、属性的增减、值域的调整等)不影响概念模型的定义。在进行数据集成和数据库实现时,要注意三个层次数据模型描述和定义的一致性。图 2-4 描述了商业数据的建模和集成过程,请注意右侧的数据建模流程(带底色图标)与左侧的业务模型步骤的对应关系。

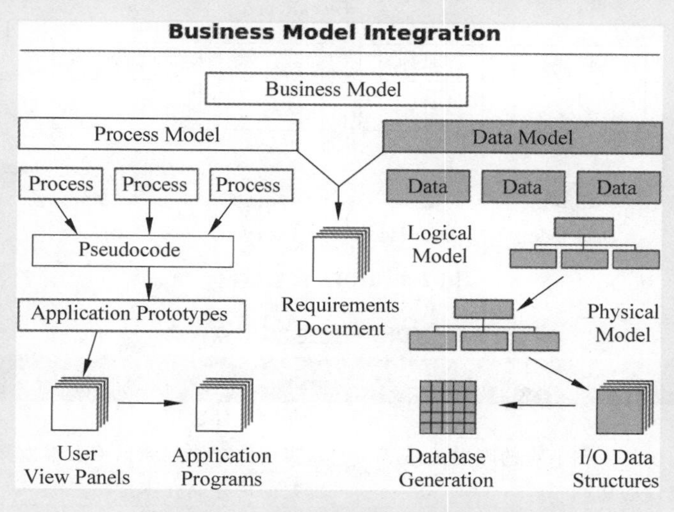

图 2-4 商务数据建模与集成流程

UML 是最常用的数据建模语言[10],常见的数据建模工具包括 PowerDesigner[11],ER/Studio[12],CA ERwin[13],IBM 的 InfoSphere Data Architect[14],Sparx Enterprise Architect[15]等。

2.2.2 分布式文件系统

数据层之上是分布式文件系统,它提供了数据的物理存储架构。目前,大数据计算架构中采用的最主要的两种文件系统是开源社区的 HDFS(Hadoop Distributed File System)[16]和 Google 的 GFS(Google File System)[17](目前已演化成 Colossus 系统[18])。

HDFS 采用主从结构,一个 HDFS 集群包括一个名称节点(NameNode)也即主节点,以及若干个数据节点(DataNode)也即从节点,如图 2-5 所示。名称节点作为中心服务节点,负责管理文件系统的命名空间、数据文件到数据块到 DataNode 的映射关系,以及客户端对文件的访问调度。HDFS 中还有一个次名称节点(Secondary NameNode),它定期与主名称节点连接,将系统目录的即时映像存储在本地磁盘上,当主名称节点失效或崩溃时,次名称节点可以提供名称节点的回滚回复或重启功能。

在 HDFS 中,每个存储文件首先被划分为固定长度(64MB)的多个数据块,然后这些数据块按照一定法则分布存储到不同的 DataNode 上,这意味着一个 DataNode 可以存储来自不同文件的数据块。每个数据节点都运行一个节点程序或进程,负责处理文件系统客户端的读/写请求,在名称节点的统一调度下进行数据块的创建、删除和复制等操作。主节点(NameNode)与从节点(NameNode)各自执行的任务见表 2-1。

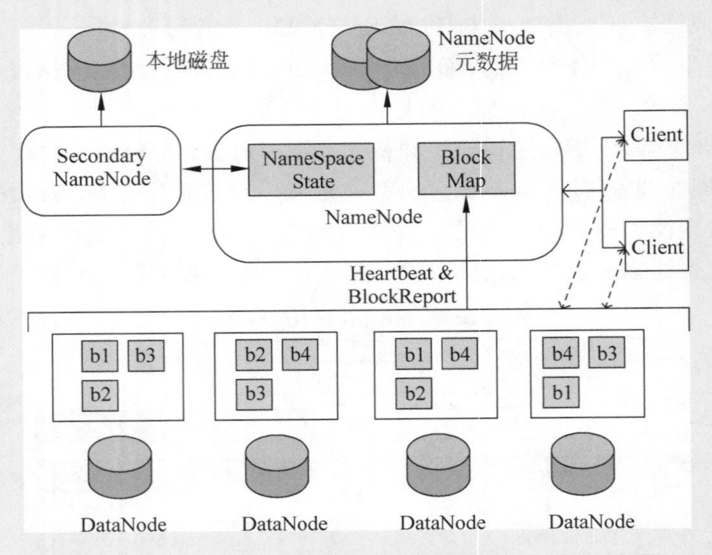

图 2-5 HDFS 体系结构

表 2-1 HDFS 系统主、从节点任务

名称节点(NameNode)	数据节点(DataNode)
管理文件系统命名空间	存储文件数据块
保存文件到数据块到数据节点的映射关系	实现数据块到数据节点本地文件系统的映射
调度客户端对文件的访问	数据块存储在本地磁盘上
元数据存储在内存中,便于快速访问	

Google 的 GFS 文件系统实际上是 Apache 的 HDFS 仿照的原本,或者说 HDFS 是一种 GFS 的开源实现版,具有简化、扩展性更好的特点。GFS 的系统结构见图 2-6,它的集群节点也分为两类:主节点(Master)和从节点(Chunkserver)。GFS 的主节点有多个备份节点,甚至是分布式部署;从节点(数据存储节点)上存储固定长度(GFS 是 64MB,后来的 Colossus 是 1MB)的数据单元。

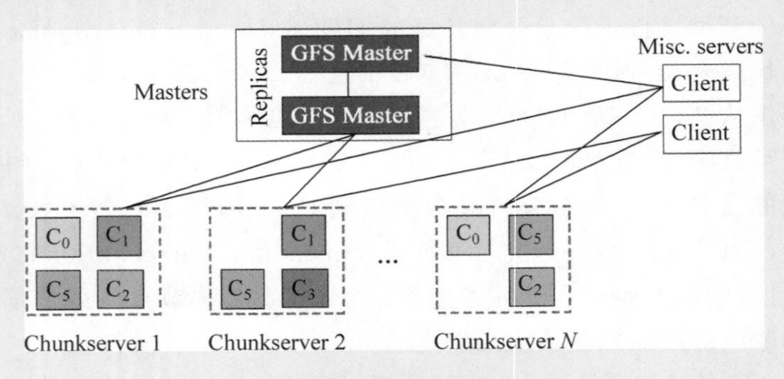

图 2-6 GFS 体系结构

与 GFS 比较,HDFS 提供了这种主从模式(Master/Slave)分布式文件系统的一个开源实现,而且 HDFS 的实现更简单、部署灵活、扩展性好、可以运行在廉价硬件设备上,不管是在学术研究和商业系统方面都得到了较广泛的应用,成为大数据存储系统的一个主要选择

之一。但 HDFS 也存在数据访问时延较长、处理小文件(文件大小＜1MB)效率低、不支持多用户写入及任意修改文件的缺点。比较之下,GFS 尤其是后来的 Colossus 系统具有快速响应、Master 节点容错能力强、处理小文件能力强(Colossus 的数据块长度缩减为 1MB)的优势,当然 Google 技术作为商业产品的成本也是较高的。

2.2.3　NoSQL 数据库

构建于文件系统之上的分布式数据库以及数据仓库,不仅实现数据的存储管理,更重要的是提供了对上层计算引擎和应用软件的数据快速查询功能和数据分析服务的支持。目前,支持大数据应用的数据库产品种类众多,其存储结构与采用的技术也各不相同。关系型数据库(RDBMS)以其数据一致性好、事务机制完善、查询语言标准化、查询效率高、技术成熟的特点一直以来是数据存储管理系统的主流,其代表产品有 Oracle、MS SQL Server 和 MySQL。在面对超大规模数据量、大量非结构化或半结构化数据的大数据计算问题时,关系型数据库面临如下挑战。

(1) 大数据超大规模(PB 量级)的存储管理要求系统具有很好的弹性,在分布式环境中可方便地扩展,但传统关系型数据库对数据一致性,完整性的强调和集中部署方式使得其扩展性较差,难以适应数据量爆炸式增长的场景。

(2) RDBMS 基于严格定义的键索引和数据表存储模式适合结构化数据的存储管理,并能提供高效的基于 SQL 的查询机制。但对于非结构化或半结构化数据,RDBMS 就难以处理,查询效率也大大降低。

(3) 大数据计算处理要求数据存储结构能够很好地支持上层的计算模型。比如 MapReduce 计算模型采用的是分治策略(Divide-and-Conquer),即先把一个大数据集划分为多个子集,然后每个子集运行 Map 程序进行处理。在完成子集的处理后,再运行 Reduce 程序完成计算结果的汇总,这就要求下层的数据存储结构能够支持这种数据集(或数据表结构)的划分和融汇功能。关系型数据库由于严格的数据一致性、完整性要求,难以对数据表进行这种分割处理,因此很难支持大数据计算的各种计算模型。

近年随着大数据处理而兴起的基于分布式文件系统的非关系型数据库(Not Only SQL,NoSQL)则以其扩展性好、能有效处理非结构化或半结构化数据、支持高并发计算模型的特点,在互联网、医疗卫生、电子商务等领域得到了广泛应用。与传统的关系型数据库(RDBMS)比较,这类 NoSQL 数据库存在如下共同特征[19]。

(1) 不需要预定义数据格式。不需要预先定义严格的数据表结构,数据的每条记录都可能有不同的属性和格式,当插入数据时,并不需要预先定义它们的格式。

(2) 无共享架构。NoSQL 数据库往往将数据集划分后存储在各个本地服务器上,从本地磁盘读取数据的性能往往好于通过网络传输读取数据的性能,从而提高了系统读写速度。

(3) 弹性可扩展。可以在系统运行的时候动态增加或者删除节点而不需要停机维护,数据可以自动迁移。

(4) 数据分区。相对于将数据存放于同一个节点,NoSQL 数据库则是将数据进行分区,将记录分散在多个节点上面。并且通常分区的同时还要做复制,这样既提高了并行性能,又能保证没有单点失效的问题。

(5) 异步复制。NoSQL 的复制往往是基于日志的异步复制,这样数据就可以尽快地写入一个节点，而不会被网络传输引起迟延，缺点是并不总是能保证一致性。NoSQL 数据库提供的是基于 BASE 原则[20]的最终一致性。

评价分布式环境中数据库系统的性能有所谓的 CAP(Consistency, Availability, and Partition-tolerance)理论[21,22]。这里 C 是指一致性(Consistency)，即在分布式环境中多个存储节点的数据在同一时间具有相同的数据值，所有数据备份的更新是同步的；A 是指可用性(Availability)，能快速读取数据，在合理的时间内返回操作结果，并保证每个请求不管成功或者失败都有响应；P 是分区容忍性(Partition-tolerance)，指数据分区的容错性，即系统中的某个分区无法与其他节点通信时不影响系统其余部分的正常运行，或者是系统部分数据的错误或丢失不影响系统的整体运行。按照 CAP 理论，一个分布式系统在运行中其数据读写操作只能满足一致性(Consistency)、可用性(Availability)和分区容忍性(Partition-tolerance)三条中的两条，而无法同时满足三条。对 CAP 三原则的取舍也导致了关系型数据库与 NoSQL 数据库的区别。

如图 2-7 所示，关系型数据库更强调数据一致性和可用性，而基于键值紧密关联的数据表也不适合拆分，因此关系型数据库是典型的基于 CA 法则(Consistency & Availability)设计的。

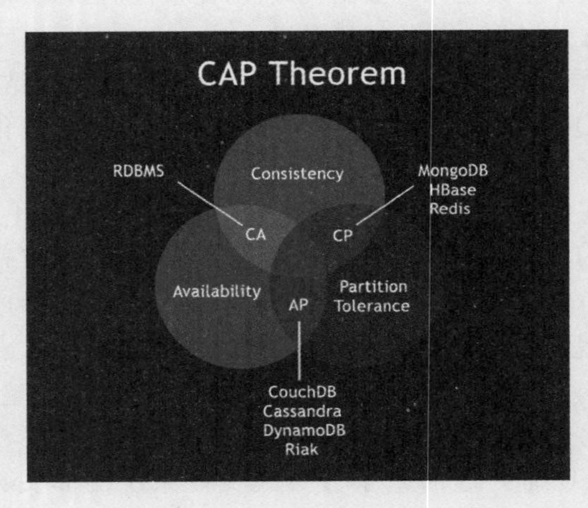

图 2-7 CAP 原则取舍：关系型数据库 vs. NoSQL 数据库

超大规模数据需要对数据进行切割划分，以支持并行计算处理，因此 NoSQL 数据库首先会选择分区容忍性(Partition-tolerance)法则。在此基础上，有一类 NoSQL 数据库倾向于支持数据一致性(事实上只能保证最终一致性)，称为 CP 型数据库，其代表有 MongoDB[23]、HBase[24]、Redis[25]等。CP 型数据库比较重视数据同步，但在节点间网络连接发生问题时，等待时延较长；另一类则选择强调数据可用性，放弃了运算过程中的数据一致性，被称为 AP 型数据库，如 CouchDB[26]、Cassandra[27]、DynamoDB[28]等。AP 型数据库强调计算处理效率，但需要面对数据不同步的问题。

相对于关系型数据库对事务严格的 ACID 要求[29]，NoSQL 数据库对事务的 BASE 要求是另一个值得注意的特点。ACID 是数据库进行事务操作时的 4 个原则，具体内容如下。

(1) Atomicity 原子性：指事务必须是原子工作单元，对于其数据修改，要么全都执行，要么全都不执行。

(2) Consistency 一致性：是指事务在完成时，必须使所有的数据都保持一致状态。

(3) Isolation 隔离性：指由并发事务所做的修改必须与任何其他并发事务所做的修改隔离。

(4) Durability 持久性：是指事务完成之后，它对于系统的影响是永久性的，该修改即使出现致命的系统故障也将一直保持。

NoSQL 数据库设计没有完全遵循 ACID 原则，而是满足 BASE 法则，具体内容如下。

(1) Basically Available 基本可用性：意指分布式系统的一部分发生问题变得不可用时，其他部分仍然可以正常使用，也就是允许出现分区失败的情形。

(2) Soft-state 软状态：意指数据状态在执行中可以有一段时间不同步，具有一定的滞后性。与此对应的是 Hard-state 硬状态，指整个过程中都必须数据同步，保证数据一致性。

(3) Eventual consistency 最终一致性：指在事务执行过程中，容许后续的读取操作暂时读不到最新数据，但在事务结束时，所有数据都要更新，达到最终一致性。

按照存储架构设计的不同，NoSQL 数据库可分为键值数据库、列存储数据库、文档数据库和图形数据库 4 个大类。键值数据库有 Cassandra[27]、Amazon SimpleDB[30]、HyperTable[31]、Kyoto Cabinet[32]、Google LevelDB[33] 等；列族数据库（也称为列存储数据库）有 HBase[24]、Redis[25]、DynamoDB[28]、Riak[34] 等；文档数据库包括 MongoDB[23]、CouchDB[26]、MarkLogic[35] 等；图形数据库则有 Neo4j[36]、InfiniteGraph[37]，如图 2-8 所示。

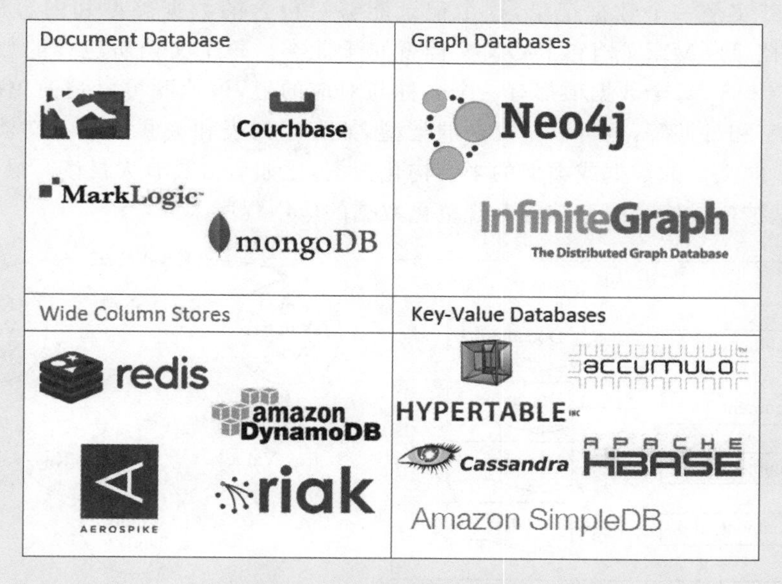

图 2-8　NoSQL 数据库的 4 大分类

键值数据库是基于键值对（key，value）实现对数据的存储和查询。其基本思想是：数据值（Value）通过键（Key）来查询（图 2-9(a)），键可以是字符串类型，值可以是任意类型的数据，比如整型、字符型、数组、列表、集合等。底层结构则可采用哈希表（Hash Table）对键进行索引和管理，支持快速查询。但键值数据库不支持基于数据值的查询。

列存储数据库采用列存储结构，也有人称之为 DSM（Decomposition Storage Model），即数据是基于值域（列）进行检索、存储和管理（图 2-9(b)）。列式存储仍然使用键，但键是指向列。列存储数据库支持高压缩比，大规模数据下对数据字段的查询非常高效，但不适合于实时删除或更新整条记录，也不支持数据表的 join 操作。

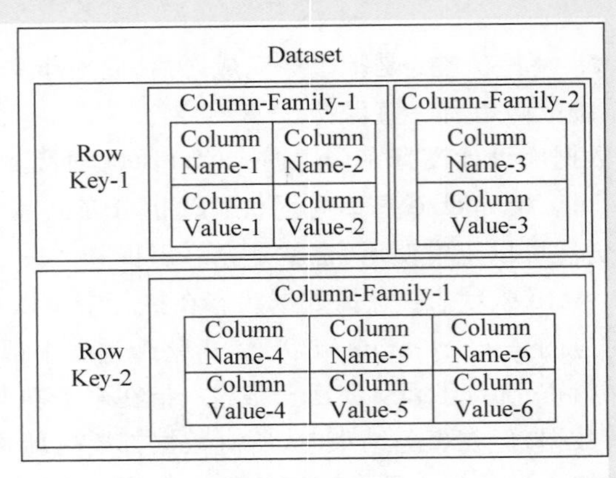

图 2-9　键值数据库与列存储数据库

文档数据库是围绕一系列语义上自包含的文档来组织数据管理(图 2-10(a))，文档没有模式，也就是说并不要求文档具有某种特定的结构。一个文档数据库实际上是一系列文档的集合，文档其实是一个数据记录，这个记录能够对包含的数据类型和内容进行“自我描述”，XML 文档、HTML 文档和 JSON 文档就属于此类。每个文档所包含的数据记录是一系列数据项的集合，每个数据项都有一个名称与对应的值，该值既可以是简单的数据类型，如字符串、数字和日期等，也可以是复杂的类型，如有序列表和关联对象。文档数据库特别适合于管理面向文档的数据或类似的半结构化数据，比如后台具有大量读写操作的网站、使用 JSON 数据结构或使用嵌套结构非规范化数据的应用程序。

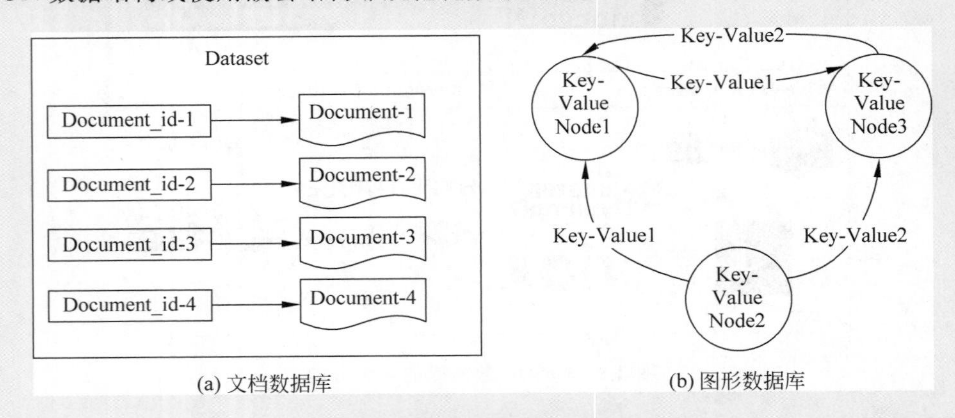

图 2-10　文档数据库与图形数据库

图形数据库将社交关系等数据描述为点(Vertex)和边(Edge)及它们的属性(Property)，每一张图(Graph)都可以看作是一个结构化数据(图 2-10(b))。这里，“点”代表实体，比如人、企业、账户或其他任何数据项，类似于关系数据库中的数据记录或文档数据库中的文件；“边”则代表点与点之间的关系；“属性”则是用户关注的与点相关的特性。关系型数据库将不同数据之间的关联关系隐含在数据值域中(如 StudentID 这个值域可以把教务系统中的一个学生信息与图书馆系统中的一个学生信息关联起来），而图形数据库则直接将这种关联关系定义并存储在数据库中，因此图形数据库擅长处理高度关联的数据，适合于社交网络、模式识别、依赖分析、推荐系统以及路径寻找等可以表达为关系图的问题。

表 2-2 给出了 4 类 NoSQL 数据库的性能特点对比。

表 2-2　4 类 NoSQL 数据库总结

分类	应用场景	数据模型	优　点	缺　点
键值	内容缓存，主要用于处理大量数据高访问负载	Key 指向 Value 的键值对，通常用 Hash Table 来实现	查找速度快	数据无结构化，通常只被当作字符串或者二进制数据
列存储数据库	分布式的文件系统	列簇式存储，将同一列数据存在一起	查找速度快，易进行分布式扩展	功能相对局限
文档型数据库	Web 应用结构化的数据	Key-Value 对应的键值对，Value 为结构化数据	数据结构要求不严格，不需预先定义表结构	查询性能不高，而且缺乏统一的查询语法
图形数据库	社交网络、推荐系统等。专注于构建关系图谱	图结构	利用图结构相关算法。比如最短路径寻址等	很多时候需要对整个图做计算才能得出需要的信息

与传统的关系型数据库比较，在处理非结构化或半结构化数据方面，NoSQL 的文档型数据库和列簇型数据库能够有效支持大规模分布式存储的嵌套结构等非规范化数据的计算处理。图 2-11 描述了 NoSQL 数据库不同技术和产品对结构化、半结构化、非结构化数据的支持。

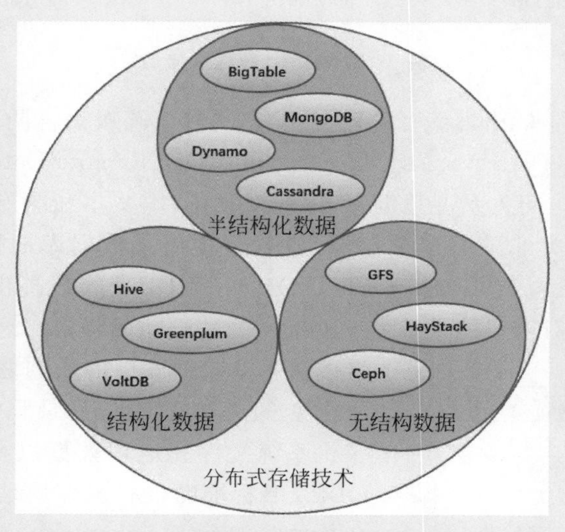

图 2-11　NoSQL 数据库对不同数据类型的支持

2.2.4　统一数据访问接口

应用程序对数据库的访问及数据交换是分布式计算系统的一个重要问题。业界较早使用的是微软公司提供的数据库访问应用程序编程接口 ODBC（Open DataBase

Connectivity)[38]，它采用 X/Open 和 ISO/IEC 的调用接口 CLI(Call-Level Interface)标准为基础，使用结构化查询语言 SQL 作为数据库访问语言。ODBC 本质上是一组数据库访问 API(应用程序编程接口)，由一组函数调用组成，核心是 SQL 语句。一个基于 ODBC 的应用程序对数据库进行操作时，用户直接将 SQL 语句传送给 ODBC，同时 ODBC 对数据库的操作也不依赖任何 DBMS，不直接与 DBMS 打交道，所有的数据库操作由对应的 ODBC 驱动程序完成(图 2-12)。ODBC 包括如下组件。

(1) ODBC API 编程接口：调用 ODBC 函数提交 SQL 查询语句并获得检索结果。

(2) 驱动程序管理器(Driver Manager)：根据应用程序需要加载/卸载驱动程序，处理 ODBC 函数调用，或把它们传送到驱动程序。

(3) 驱动程序：处理 ODBC 函数调用，提交 SQL 请求到一个指定的数据源，并把结果返回到应用程序。

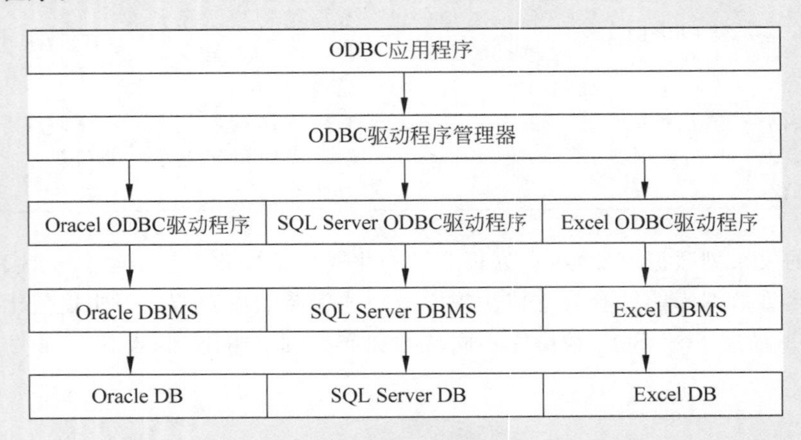

图 2-12 ODBC 数据库接口

由于 ODBC API 是 C 语言编写的底层函数，不利于高级语言调用，因此微软又提供了面向对象的接口 DAO(Data Access Object)[39] 和 RDO(Remote Data Object)[40]。ODBC、DAO、RDO 接口只能访问关系型数据库，因此对于邮件、文本和图形、目录服务数据，乃至自定义数据对象等这类非关系型数据源，微软又提出了数据库链接和嵌入对象(Object Linking and Embedding, Database，OLE DB)。OLE DB 是微软提出的基于 COM 组件且面向对象的一种技术标准，目的是提供一种统一的数据访问接口。这里所说的数据除了标准的关系型数据库中的数据之外，还包括邮件数据、Web 上的文本或图形、目录服务(Directory Services)、主机系统文件和地理数据以及自定义业务对象等。OLE DB 标准的核心内容就是要求对以上这些各种各样的数据存储(Data Store)都提供一种相同的访问接口，使得数据使用者(应用程序)可以使用同样的方法访问各种数据，而不用考虑数据的具体存储地点、格式或类型，如图 2-13 所示。

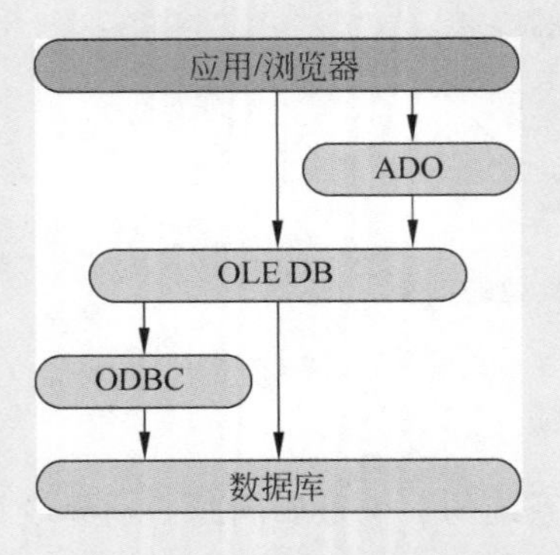

图 2-13 微软的 OLE DB 数据库接口

JDBC(Java DataBase Connectivity)[41] 是一个面向对象的数据库接口规范，定义了一个支持标准

SQL查询的通用程序编程接口(API),由Java语言编写的类和接口组成,用于支持Java应用程序对各类数据库的访问。JDBC也是基于X/Open的SQL调用接口,在设计思想上沿袭了ODBC,也包含编程接口API、驱动程序管理器、驱动程序等组件。与ODBC一样,JDBC也支持在应用程序中同时建立多个数据库连接,通过JDBC可以用SQL语句同时访问多个异构数据库。除了上述特点外,JDBC还具有对硬件平台和操作系统的跨平台支持。

ODBC和JDBC这类用于数据库连接的编程接口虽然能够支持应用程序对数据库的SQL访问,但其功能有限,不能提供分布式计算环境中诸如事务管理、并发调度、缓冲管理、异构数据转换与集成等复杂功能。这就引入了数据访问层(Data Access Layer,DAL)的概念[42]。DAL是数据库之上提供数据交换功能的一层软件,其功能主要是实现应用程序数据的持久化存储,即将数据写入数据库;另外,从数据库中读取数据并传递给应用程序,实现数据交换(图2-14)。具体而言,数据访问层需要提供的功能如下。

(1) 提供对数据库CRUD(Create, Retrieve, Update and Delete)基本操作的支持。

(2) 事务管理。这里指数据库访问的事务管理,即对数据库访问请求所产生的增加、修改、删除等操作提供数据一致性。

(3) 并发处理。一个数据库可能拥有多个应用程序访问,而这些应用程序可能以并发方式访问数据库,因此数据库中的相同数据可能同时被多个事务访问,如果没有采取必要的并发隔离措施,就会导致各种问题,破坏数据的完整性。

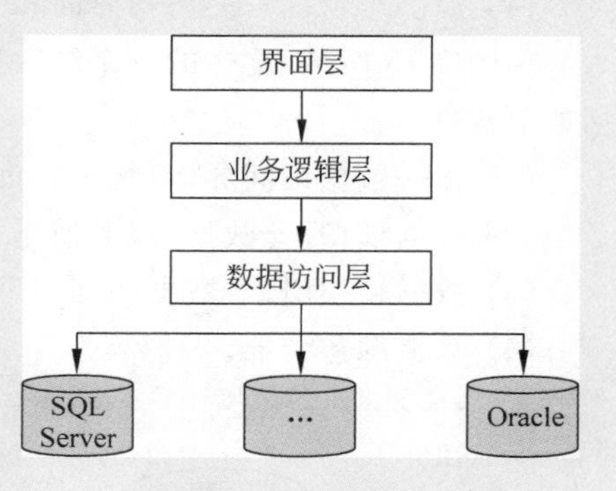

图2-14　数据访问层

(4) 异构数据转换。对于跨平台、不同数据格式的异构数据库提供数据转换、抽取和集成的功能。

数据访问层的实现方式有多种,常见的有数据存取对象(Data Access Object,DAO)、基于ORM(Object/Relation Mapping)的实现、服务数据对象(Service Data Object,SDO)、服务中间件等。

DAO(Data Access Object)[39]实际上是一种组件设计模式,即将对数据源的访问操作抽象封装在专门的接口类中,通过类的使用来支持对数据库的访问。由于采用了面向对象设计,DAO把调用它的应用程序的数据访问请求定义为对象(Object)的公共接口,而把基于底层的数据库驱动程序(ODBC或JDBC)对连接数据库的具体操作封装在对象函数(Fuction)内部。这样,即使连接的数据库发生变化,要改变的也只是函数实现代码,而不会影响应用程序调用的公共接口。这正是DAO这种设计模式带来的优点。对象关系映射(Object-Relational Mapping,ORM)就是一种对数据库访问进行封装、实现程序对象到关系数据库数据的映射的中间件[43]。ORM不再只是一种设计模式,而是一种实现的中间件产品,如Java的Hibernate[44],以及很多PHP框架里自带的ORM库。对于应用程序开发员而言,ORM提供了一种可以访问使用数据库中的数据、而无须了解数据库结构细节的工具。

当系统扩展到需要访问跨平台的异构数据库时,运行平台可能是UNIX、Linux或

Windows，要访问的数据类型可以是表单、邮件、XML 文档、EJB 组件、Web 服务、图像、音频/视频文件或其他非结构化数据，单一类型 DAO 或 ORM 就很难支持这种跨平台异构数据库的访问。而且，大数据应用层的技术也是多样化和各种标准的，数据访问层（DAL）的设计需要兼容各种标准的技术和产品，这就引入了统一数据访问接口（Unified Data Access Interface）的概念。

基于统一数据接口用于支持分布式环境中对跨平台异构数据库访问的数据访问层应具备如下功能。

（1）统一的数据展示、存储和管理。

（2）访问接口与实现代码分离的原则，底层数据库连接的更改不影响统一数据访问接口。

（3）屏蔽了数据源的差异和数据库操作细节，使得应用层专注于数据应用。

（4）提供一个统一的访问界面和一种统一的查询语言。

如图 2-15 所示，这样的一个统一数据访问层（Unified Data Access Layer，UDAL）应包括如下构件：

（1）统一数据访问界面/统一查询语言；

（2）数据模型/元数据/服务模型；

（3）数据转换引擎/数据访问引擎/数据源管理器；

（4）数据源包装器。

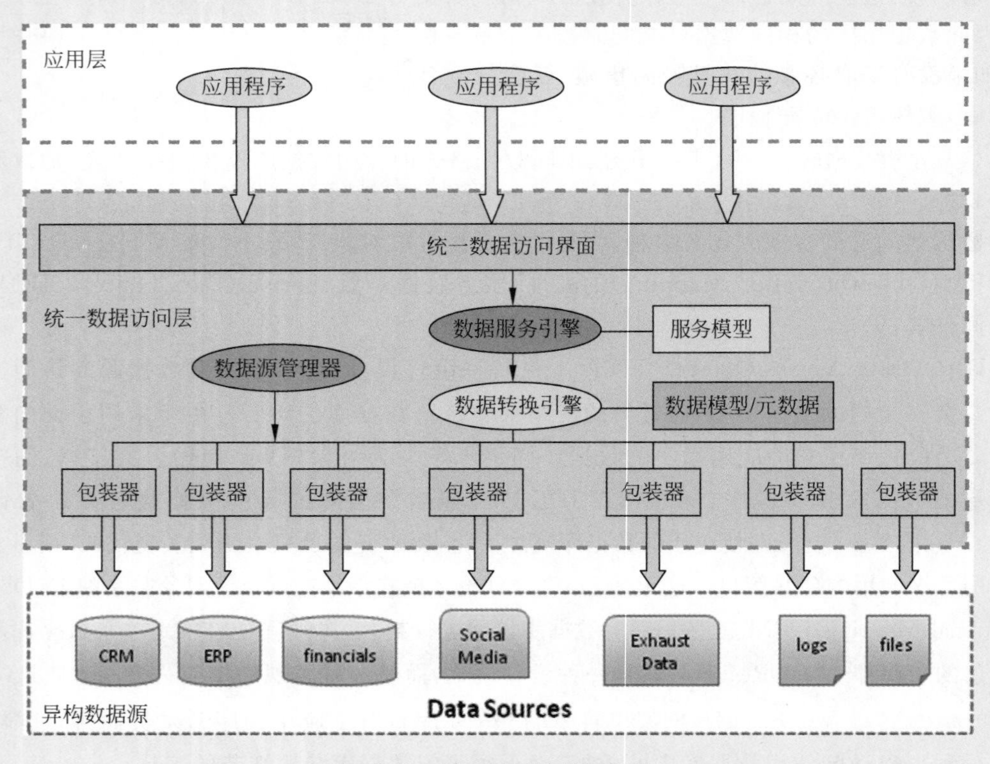

图 2-15 统一数据访问层架构

2.3 数据处理平台

数据处理系统提供了大数据计算处理能力和应用开发平台。从计算架构角度，数据处理系统可分为数据算法层、计算模型层、计算平台层、计算引擎层等层次(如图 2-16 所示)。

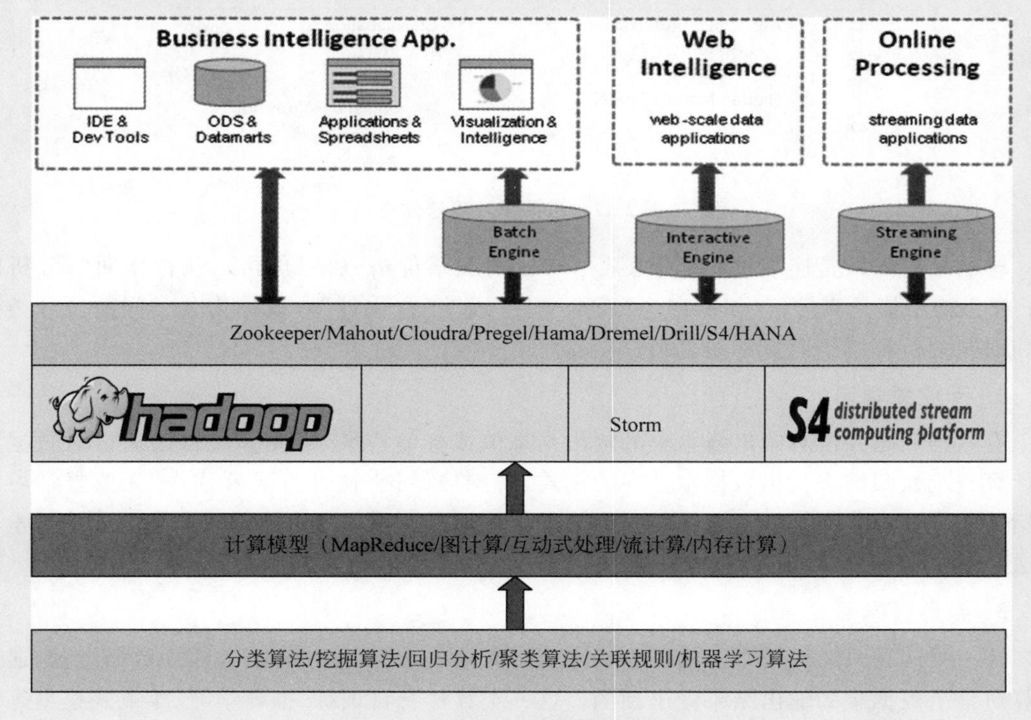

图 2-16 数据处理系统分层架构

2.3.1 数据分析算法

数据分析算法包含与数据统计、分析、预测相关的算法，大致可分为 4 大类：分类算法 Classification(包括 KNN 算法、逻辑回归、支持向量机、朴素贝叶斯分类器 Naive-Bayes 等)；回归分析 Regression Analysis(包括线性回归、决策树等)；聚类 Clustering(包括 K-means、SVD、PCA 等)；关联分析 Association Analysis(包括 Apriori algorithm，FP-Growth 等)，如图 2-17 所示。

机器学习算法按照其学习方式还可分为如下三类。

1. 监督学习

机器学习算法中有一部分采用“监督学习”的方式。具体地说，我们用一个训练样本集去训练一个算法，训练集中每个样本的输入值 x 都对应一个已知的结果值 y(或一个标签)，通过算法对一定量训练集数据的计算和调整后，最终算法模型(数学上可看作一个 $x \rightarrow y$ 的映射函数 $f(x, y)$)能够对输入的真实数据集 X 的输出结果 Y 做出符合规定精度的预测。符合这种方式的算法就被称作监督学习算法。

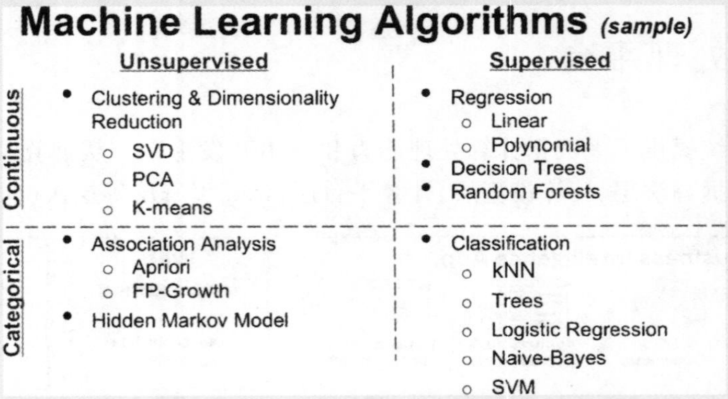

图 2-17 机器学习算法分类

输出结果如果是连续值(如预测某一时段的股票价格、房屋价格),就称作回归分析问题;如果输出值是离散值(如标定为"病毒文件"或"正常文件"),就称为分类问题。分类算法和回归分析都属于监督学习范畴。

2. 无监督学习

有一类问题并没有给出样本集的输出结果值或标签答案,需要算法自己通过对数据集的计算、校验、归纳去找出数据中存在的模式、规则或结论,这种方式就称作"无监督学习"。包括关联规则和聚类算法在内的一系列机器学习算法都属于这个范畴。典型的无监督学习算法有 K-means 聚类算法和 Apriori 关联算法。

3. 半监督学习

这一类问题只知道样本集的部分输出结果或标签,需要算法自己去建立数据结构,通过计算对整个数据集的输出结果做出预测。这一类算法有自训练、推导学习、生成式模型等。

另外,还有按照功能和相似度对不同算法进行分类的方式。

1. 回归分析类

回归算法是通过最小化预测值与实际结果值之间的差值而得到输入特征之间关系的一类算法。对于连续值预测有线性回归算法,而对于离散值/类别预测也可以把逻辑回归等视作回归算法的一种,常见的回归算法如下。

(1) Ordinary Least Squares Regression(OLSR)

(2) Linear Regression

(3) Logistic Regression

(4) Stepwise Regression

(5) Locally Estimated Scatterplot Smoothing(LOESS)

(6) Multivariate Adaptive Regression Splines(MARS)

2. 基于实例的算法

这里所谓的基于实例的算法,指的是最后建成的模型对原始数据样本实例依旧有很强的依赖性。这类算法在做预测决策时,一般都是使用某类相似度准则,去比对待预测的样本和原始样本的相近度,再给出相应的预测结果。常见的基于实例的算法如下。

(1) k-Nearest Neighbour(kNN)

(2) Learning Vector Quantization(LVQ)

(3) Self-Organizing Map(SOM)

(4) Locally Weighted Learning(LWL)

3. 决策树类算法

决策树类算法,会基于原始数据特征,构建一棵包含很多决策路径的树。预测阶段选择路径进行决策。常见的决策树算法如下。

(1) Classification and Regression Tree(CART)

(2) Iterative Dichotomiser 3(ID3)

(3) C4.5 and C5.0(different versions of a powerful approach)

(4) Chi-squared Automatic Interaction Detection(CHAID)

(5) Conditional Decision Trees

4. 贝叶斯类算法

这里说的贝叶斯类算法,指的是在分类和回归问题中,隐含使用了贝叶斯原理的算法,常见的贝叶斯类算法如下。

(1) Naive Bayes

(2) Gaussian Naive Bayes

(3) Multinomial Naive Bayes

(4) Averaged One-Dependence Estimators(AODE)

(5) Bayesian Belief Network(BBN)

(6) Bayesian Network(BN)

5. 聚类算法

聚类算法是把输入样本汇聚成围绕一些中心的“数据团”,以发现数据分布结构的一些规律。常用的聚类算法如下。

(1) K-means

(2) Hierarchical Clustering

(3) ExpectationMaximization(EM)

6. 关联规则算法

关联规则算法是这样一类算法:它试图抽取出最能解释训练样本之间关联关系的规则,也就是获取一个事件和其他事件之间依赖或关联的知识,常见的关联规则算法如下。

(1) Apriori algorithm

(2) Eclat algorithm

7. 人工神经网络类算法

这是受人脑神经元工作方式启发而构造的一类算法。需要提到的一点是,这里说的人工神经网络偏向于更传统的感知算法,主要包括以下几个。

(1) Perceptron

(2) Back-Propagation

(3) Radial Basis Function Network(RBFN)

8. 深度学习

深度学习是近年来非常引人注目的机器学习领域的算法，相对于上面列出的人工神经网络算法，它通常情况下有着更深的层次和更复杂的结构。最常见的深度学习算法如下。

(1) Deep Boltzmann Machine(DBM)

(2) Deep Belief Networks(DBN)

(3) Convolutional Neural Network(CNN)

(4) Stacked Auto-Encoders

9. 降维算法

从某种程度上说，降维算法和聚类其实有一些类似，因为它也在试图发现原始训练数据的固有结构，但是降维算法试图用更少的信息(更低维的信息)总结和描述出原始信息的大部分内容。有意思的是，降维算法一般在数据的可视化，或者是降低数据计算空间方面有很大的作用。它作为一种机器学习的算法，很多时候用它先预处理数据，再输入别的机器学习算法。主要的降维算法如下。

(1) Principal Component Analysis(PCA)

(2) Principal Component Regression(PCR)

(3) Partial Least Squares Regression(PLSR)

(4) Sammon Mapping

(5) Multidimensional Scaling(MDS)

(6) Linear Discriminant Analysis(LDA)

(7) Mixture Discriminant Analysis(MDA)

(8) Quadratic Discriminant Analysis(QDA)

(9) Flexible Discriminant Analysis(FDA)

10. 模型融合算法

严格意义上来说，这不算是一种机器学习算法，而更像是一种优化手段/策略，它通常是结合多个简单的弱机器学习算法去做更可靠的决策。以分类问题为例，直观地理解，就是单个分类器的分类是可能出错的、不可靠的，但是如果多个分类器投票，那可靠度就会提高很多。常用的模型融合增强方法如下。

(1) Random Forest

(2) Boosting

(3) Bootstrapped Aggregation(Bagging)

(4) AdaBoost

(5) Stacked Generalization(blending)

(6) Gradient Boosting Machines(GBM)

(7) Gradient Boosted Regression Trees(GBRT)

其他大数据计算还涉及的算法有预测算法(如遗传算法 BP)、推荐算法(PageRank，EdgeRank，协同过滤)等。

2.3.2　计算处理模型

针对不同数据类型(实时或非实时、数值、文本或网络图数据,连续数据或离散数据)、不同处理方式(线上或线下,数据切割划分,数据迁移或程序复制),需要不同的计算模型来提供计算范式和数据处理的逻辑步骤。目前,大数据计算分析主要用到的计算模型有 MapReduce(离线批处理)[1,45],图并行计算[46,47],交互式处理(Interactive Processing)[48,49],流计算(Streaming)[2,7],内存计算(In-memory Computing)[4,6],大规模并行处理(Massively Parallel Processing)[3]等。

MapReduce 是一种支持分布式计算环境的并行处理模型。MapReduce 程序运行在由多台计算机组成的 Master/Slave 集群架构上(一个 Master 节点,多个 Slave 节点;Master 节点负责任务调度和管理,Slave 节点执行具体的计算任务),其计算流程如图 2-18 所示,包括 Split(数据划分),Map(映射),Collect&Sort(聚合排序,也称 Shuffle),Reduce(简化),以及 Store(数据存储)5 个基本步骤。MapReduce 的编程接口对上述步骤进行了封装,用户只需定义自己的 Map()和 Reduce()函数即可完成数据集的循环迭代计算。具体过程为:程序从分布式文件系统读入大数据集并切分为 Split(分片)、Map 函数处理 Split 并输出中间结果、Shuffle 把中间结果分区排序整理后发送给 Reduce 函数、Reduce 完成具体计算任务并将最终结果写入文件系统。

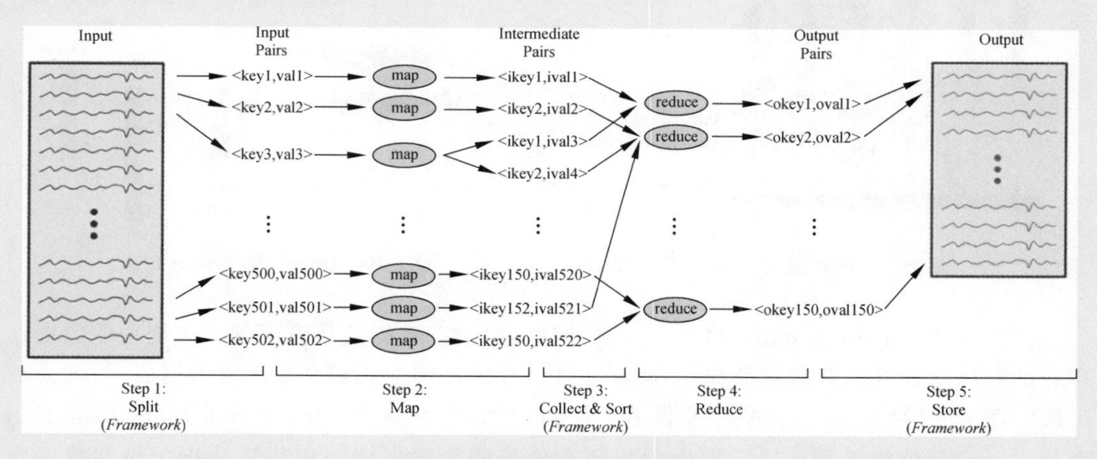

图 2-18　MapReduce 计算流程

MapReduce 模型实际上采用了分治策略,即将一个大数据集分割为多个小尺度子集,然后让计算程序靠近每个子集,同时并行完成计算处理。MapReduce 编程界面简便易用,能够在普通商业计算机集群上有效地处理超大规模数据,是目前大数据计算的一个主流计算模型。MapReduce 的不足之处是硬盘数据读取频繁,处理时效性较差,不适合于要求快速响应的在线智能分析。

图并行计算模型针对的是可以表达为有向图的一类大数据计算,比如社交网络数据。据 Google 报告,这类数据在它处理数据量中占到了 20%[46]。这类计算更适合采用基于数学中图论(Graph Theory)的算法来进行处理。基于 BSP(Bulk Synchronous Parallel)模型[50],Google 在 2008 年推出了图并行计算框架 Pregel[46],Apach 开源社区也在 2012 年启动了图并行计算项目 Hama[47]。

BSP 模型 1990 年由 Leslie G. Valiant 提出，该模型包含一组具有计算和内存能力的组件，一个用于组件之间通信的网络，以及一个用于障碍同步的同步机制。其核心思想是通过定义 SuperStep(超步)将一个大的计算任务分解为一定数量的超步，而在每一个超步内各计算节点独立地完成本节点计算任务，在完成本地存储和节点间数据通信后，在一个全局时钟控制下进入下一个超步，如图 2-19 所示。基于 BSP 模型的图并行计算框架 Pregel、Hama 的优势在于高效地支持图遍历 BFS[51]、最短路径 SSSP[52]、PageRank[53] 等图算法，弥补了 MapReduce 模型在大规模图计算处理方面的不足。

针对 MapReduce 模型时效差的问题，Google 又推出了交互式计算工具 Dremel[48]。它通过采用特殊设计的嵌套数据结构、列存储方式(图 2-20)以及 Serving Tree 计算流程来大大提高数据的处理速度。针对某些特定类型的大数据集，Google 进一步设计了采用组合范围分区和内存驻存数据技术的 PowerDrill[54] 来提高数据处理速度。对应的开源技术有 Apache 的 Drill 项目[55]。

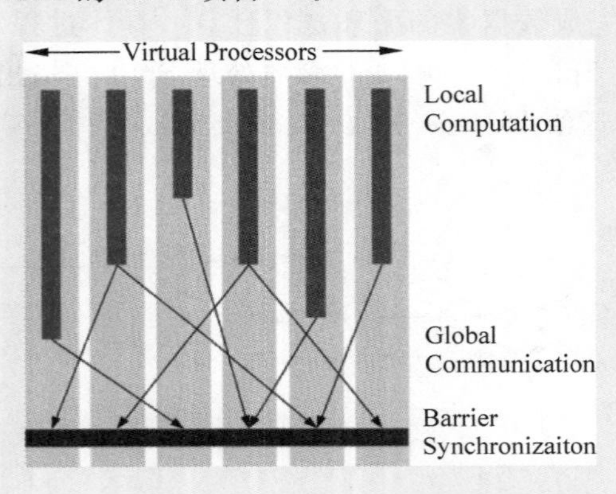

图 2-19 BSP 模型计算过程

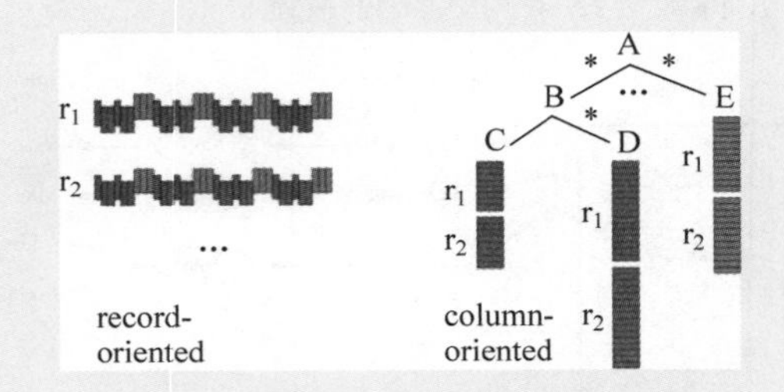

图 2-20 Dremel 的列存储方式

流计算(Stream Computing)[2]是一种处理实时动态数据的计算模型。传统企业数据库存放的是历史数据也即静态数据，即数据在进行计算处理前必须全部进入数据库，技术人员可以对数据库进行查询、更新等操作，并利用数据挖掘和 OLAP(On-Line Analytical Processing)等分析工具从静态数据中找到有价值的信息支持企业决策分析。静态数据库工作流程见图 2-21。

但在互联网应用(用户网页点击追踪、在线实时推荐系统等)、智能交通系统、无线传感器网络监控等领域，其数据产生方式与数据特征呈现如下特点和计算要求。

(1) 数据不再是分批次间隔性到达，而是动态连续不断地到达，呈现一种无穷无尽的数据流形式。

(2) 计算分析要求实时性、快速响应、低延迟性。

(3) 数据量大，但不看重数据的存储，而强调数据的即时处理分析。

(4) 看重数据整体的计算分析结果，而不关注个体数据。

(5) 数据元素到达的顺序和时序无法预测或控制，计算程序要能够做出应对。

显然，这种数据流模式的计算处理方式不同于基于静态数据批处理的 MapReduce 模

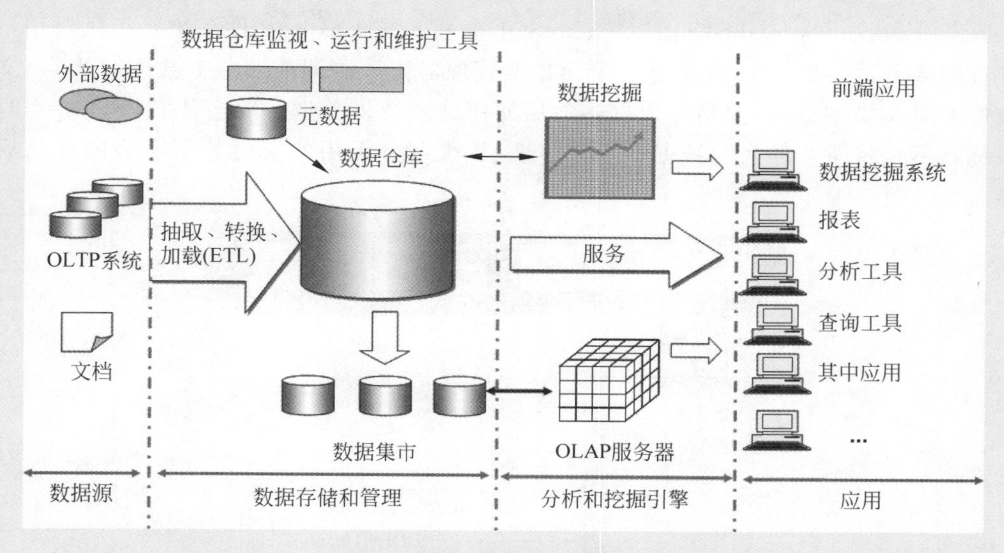

图 2-21 静态数据库工作流程

型,这两种计算处理过程的对比见图 2-22。MapReduce 是针对已进入数据库的静态数据进行离线批量计算处理,其计算结果也存入静态数据库;而流计算则是针对动态连续性数据流进行实行分析计算,获得计算结果后,数据要么导入静态数据库,要么丢弃,即数据一次性使用。

要支持这样一种数据流的计算模式,流计算框架一般包括包含三个步骤:数据实时采集、数据实时计算、实时查询服务(如图 2-23 所示)。

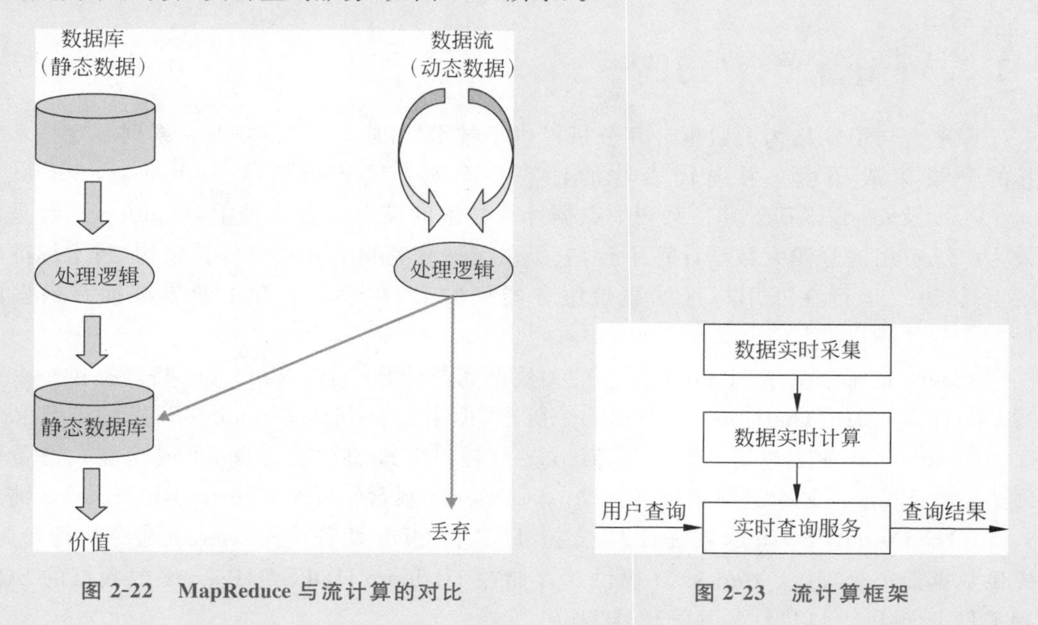

图 2-22 MapReduce 与流计算的对比

图 2-23 流计算框架

以如图 2-24 所示的流计算处理平台 Storm[7] 为例,其数据采集系统将实时数据(消息队列 MetaQ 或 Socket 导入数据、前端业务数据、Log 监控数据等)通过平台的数据接入层导入 Storm 平台;Storm 实时处理系统则承担数据实时计算分析任务;计算结果则导入数据落地层(Hadoop的HDFS存储系统、MySQL数据库或Lustre文件系统),提供对用户的实时查询服务。另外,Storm还有一个元数据管理器统一协调前端业务数据写入,定义实时数据类型及描述格式,并指导数据落地层如何处理结果数据。应当注意,Storm实时处理系统并不是将所有的实时数据都导入落地层,大部分无用的实时数据在完成计算后即丢弃。

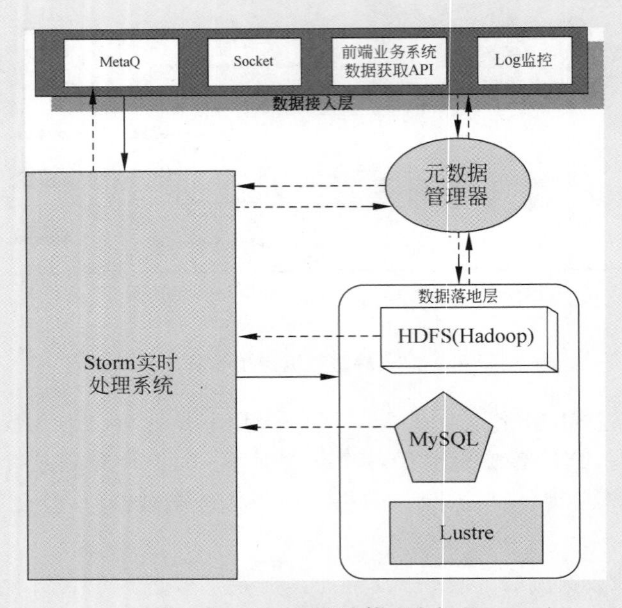

图 2-24 Storm流计算平台框架

2.3.3 计算平台与引擎

计算平台与引擎指为大数据计算分析提供了技术标准、计算架构,及一系列开发技术和工具的开发集成环境。目前代表性的计算平台有:Hadoop[5],Cloudera[56],Spark[6],Storm[7],以及Google基于其一系列大数据计算技术的商业平台。其中,Hadoop平台是目前最为广泛应用的开源大数据计算平台,它提供了一套完整的开放式计算架构、技术标准和开发工具,可以运行在通用标准的廉价服务器集群上,在学术界和工业界都拥有最多的用户。

Cloudera是一个基于Hadoop平台的大数据商业计算产品。Cloudera目前提供一个免费的CDH(Cloudera Distribution Hadoop)版本,但不包括其他Cloudera开发的工具和功能库。Cloudera商业版包括Cloudera Manager(提供管理、监控、诊断、集成功能)、海量日志采集系统Flume,支持定制数据发送方(console(控制台)、RPC(Thrift-RPC)、text(纯文本)、tail(UNIX tail)、syslog(系统日志,支持TCP和UDP两种模式),exec(命令执行))等,并提供数据简单处理。Cloudera还提供对存储在Hadoop/HDFS/HBase平台数据的SQL查询工具Impala[57],以及Web管理器Hue。

Spark是由美国加州大学伯克利分校AMP Lab提供的一个基于内存计算模型的开源大数据并行处理框架,它可以搭建在Hadoop平台上,利用HDFS文件系统存储数据,但在文件系统之上构建了一个弹性分布式数据架构(Resilient Distributed Dataset,RDD),用于支撑高效率的分布式内存计算。

Storm 是一个分布式实时处理系统，最早由 BackType 公司开发，后属于 Twitter 所有，现在成为 Apache 开源项目。与 MapReduce 模型将大规模数据首先导入数据库然后再进行计算处理的方式不同，Storm 采用连续计算模型，对输入数据流做在线连续处理，计算结果也以数据流的形式动态输出给用户，这就避免了 MapReduce 离线批处理模式带来的严重时延问题。

计算引擎为基于计算平台为特定计算模型而设计和封装的服务器端程序，用于支撑特定计算模式下的后端的大数据处理、计算和分析任务。比如，MapReduce 计算引擎提供大数据的划分、节点分配、作业调度及计算结果融汇等功能，直接支持上层应用的开发。Google 的交互式计算引擎采用 Dremel[48]、PowerDrill[54] 技术，提供了对大规模数据集的快速计算分析；开源的 Apache Drill[55] 项目基于列存储结构、数据本地化、内存存驻等技术力图实现对大规模数据的快速查询访问。

图并行计算引擎提供对网路图数据(社交网络、电信网络、脑功能连接网络这一类数据常常可用权重有向图来表征)的高效计算处理(Google 搜索引擎处理的数据量中有 20%是用图计算引擎来处理)，这方面的技术包括 Google 的 Pregel[46]、开源技术的 Hama[47]、GraphLab[58] 等。

S4(Simple Scalable Streaming System)[59] 是 Yahoo! 提供的一个流计算引擎，最初目标是提高 cost-per-click 广告点击率问题，通过实时数据计算预测用户对广告的可能的点击行为。S4 的设计理念如下。

(1) 采用一个部署在普通硬件上的高扩展集群。

(2) 在每个处理节点(PE)使用本地内存，避免磁盘 I/O 瓶颈达到最小化延迟。

(3) 使用一个去中心的对等架构：所有节点提供相同功能和职责而没有特殊的中心节点，大大简化了部署和维护。

(4) 使用可插拔架构，使设计尽可能地既可定制化又具有弹性。

(5) 提供一种简便易用的编程接口(API)来处理数据流。

2.4　数据应用系统

2.4.1　大数据应用领域

国家工信部电子科技情报所 2012 年的调查报告[60] 指出：2012 年中国大数据市场规模达到 4.7 亿元，2013 年大数据市场迎来增速为 138.3%的飞跃，到 2016 年整个市场规模逼近百亿，增长率达到 100.6%(图 2-25)。大数据市场中政府、互联网、电信、金融 4 个行业将占据一半市场份额，其他能源、医疗、制造业等领域也具有可观的份额(图 2-26)。

在这 4 个主要应用领域中，互联网行业的应用场景有社交网络、电子商务、精准营销、在线音频视频业务、广告监测等；电信业主要有实时营销、网络监控、新业务开拓、服务推送等；金融业则包括股票债券分析、险种开发、欺诈识别、电子支付等；制造业应用包括供应链优化、市场预测、仓储监控、企业管理系统等，如图 2-27 所示。

大数据的应用领域和场景不仅限于上述 4 个行业，还包括智慧城市、智能交通、在线教

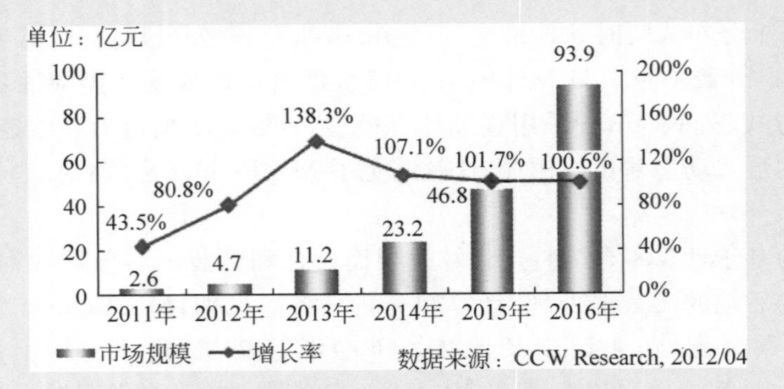

图 2-25 中国大数据市场 2011—2016 年趋势

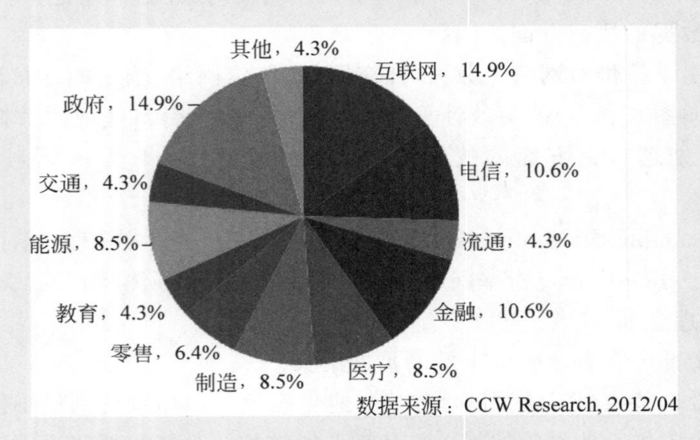

图 2-26 中国大数据市场领域分布

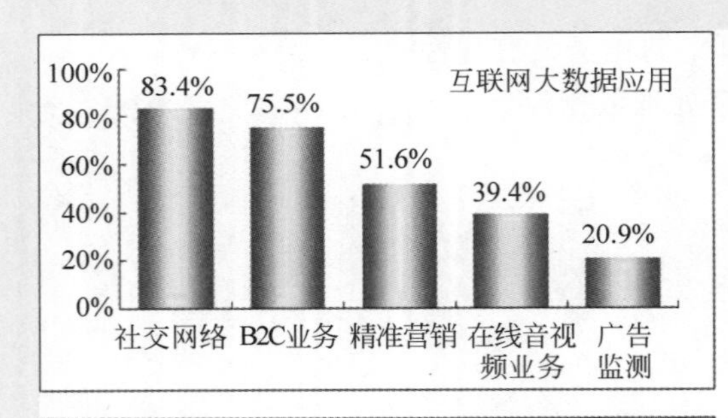

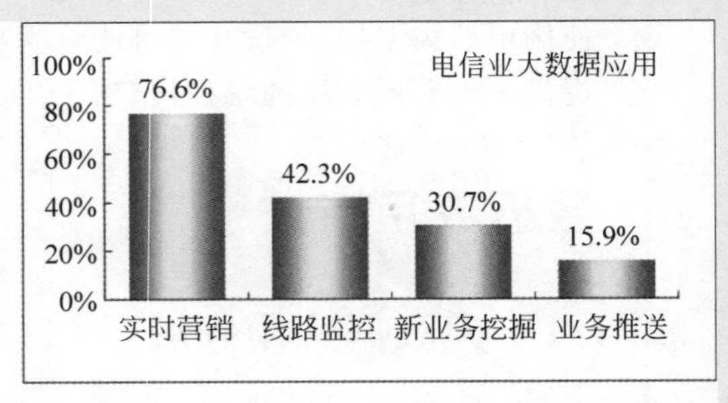

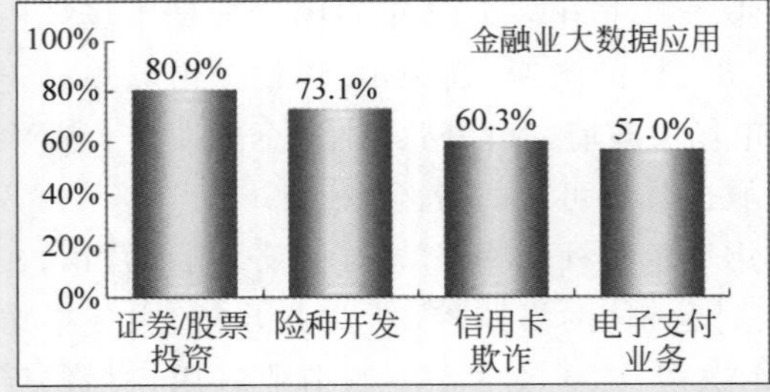

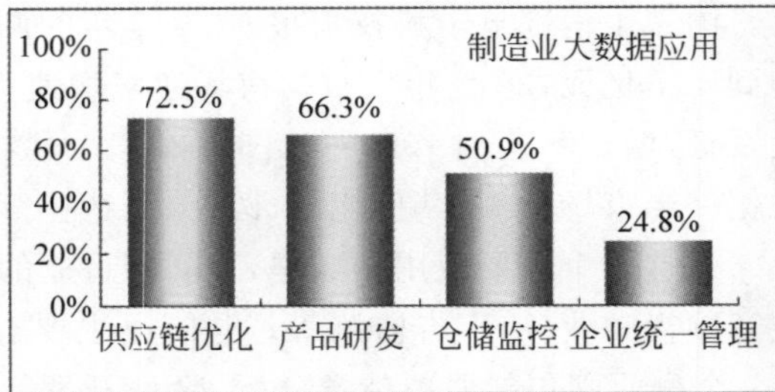

图 2-27 中国大数据 4 个主要领域的应用场景

育、医疗卫生、零售业、文化产业等领域。图 2-28[61] 给出了大数据应用行业和场景的一个总结。

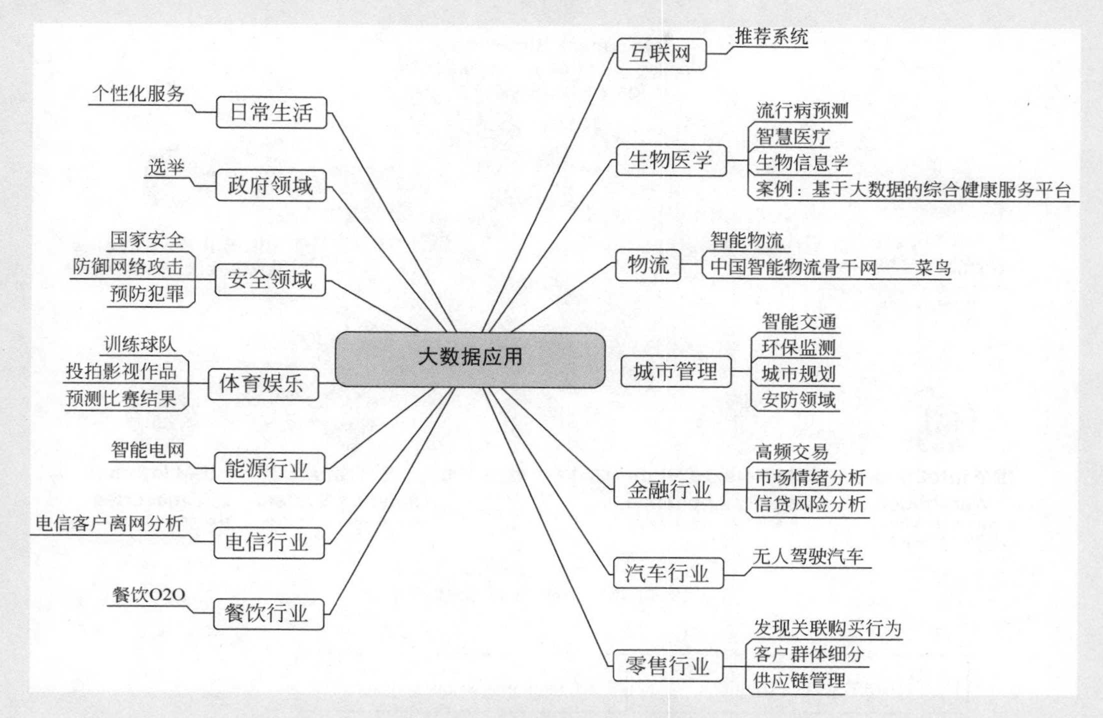

图 2-28　大数据应用行业和领域

2.4.2　大数据解决方案

在大数据应用领域，类似于 Google、IBM、Oracle、微软、SAP 这样的行业领先公司，它们基于各自的技术和产品提出了一系列技术解决方案。IBM 公司早在 2011 年即推出了基于 Hadoop 平台的大数据计算处理 InfoSphere 平台[62]（图 2-29），这一平台实际上包括 4 个支持不同模式的计算引擎：支持离线批处理的 InfoSphere BigInsights，支持流计算的 InfoSphere Streams，提供数据集成服务的 InfoSphere Information Server，以及提供数据挖掘分析功能的 MPP Data Warehouse 子系统。

IBM 大数据计算平台软件架构如图 2-30 所示，在下层（Open source foundational components）这一层主要依赖 Hadoop 计算环境，包括如下开源平台和工具包。

（1）Hadoop/HDFS：支持 MapReduce 批处理计算的软件框架和分布式计算环境。

（2）Pig：Hadoop 平台上的一种编程语言和运行环境。

（3）Jaql：基于 JSON（JavaScript Object Notation）的一种高级查询语言，也支持 SQL 查询。

（4）Hive：支持批量查询和分析的数据仓库工具。

（5）HBase：基于列存储结构的数据库软件。

（6）Flume：一种数据收集和加载工具。

（7）Lucene：一种文本搜索和索引技术。

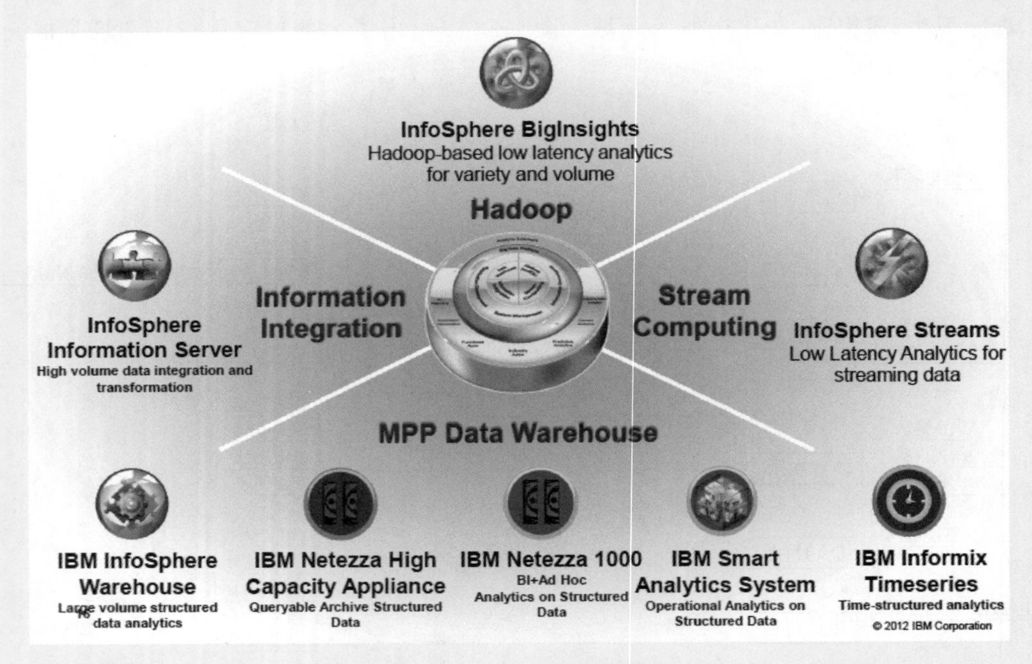

图 2-29 IBM InfoSphere 大数据平台

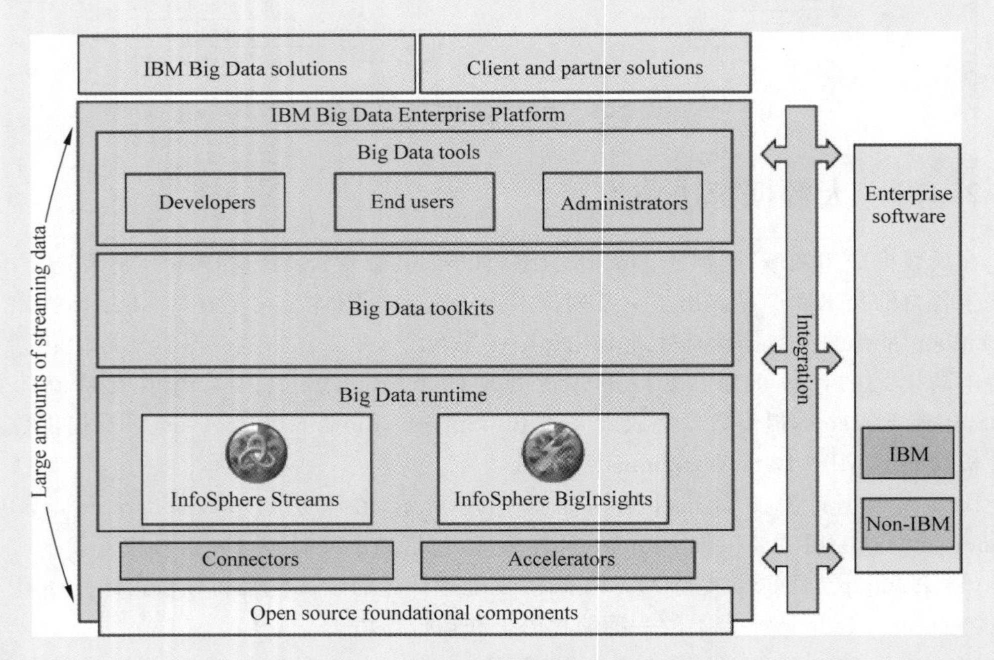

图 2-30 IBM 大数据计算平台软件架构

(8) Avro：一种数据序列化技术。

(9) ZooKeeper：Hadoop 平台的资源调度管理器。

(10) Oozie：工作流/作业编排工具。

在其上是 IBM 提供的两种计算引擎，InfoSphere Streams 用于流数据计算，提供一种高扩展性的处理流数据的低延迟平台；InfoSphere BigInsight 用于支持批处理计算，是 IBM 管理和分析互联网数据量级别的半结构化和非结构化数据的解决方案。InfoSphere BigInsights 基于 Hadoop 的框架实现，集成了资源调配、工作流、安全管理、数据分析、机器学习算法，以及文本数据挖掘等功能。InfoSphere BigInsights 有基本版和企业版两个版本，其功能配置如图 2-31 所示。

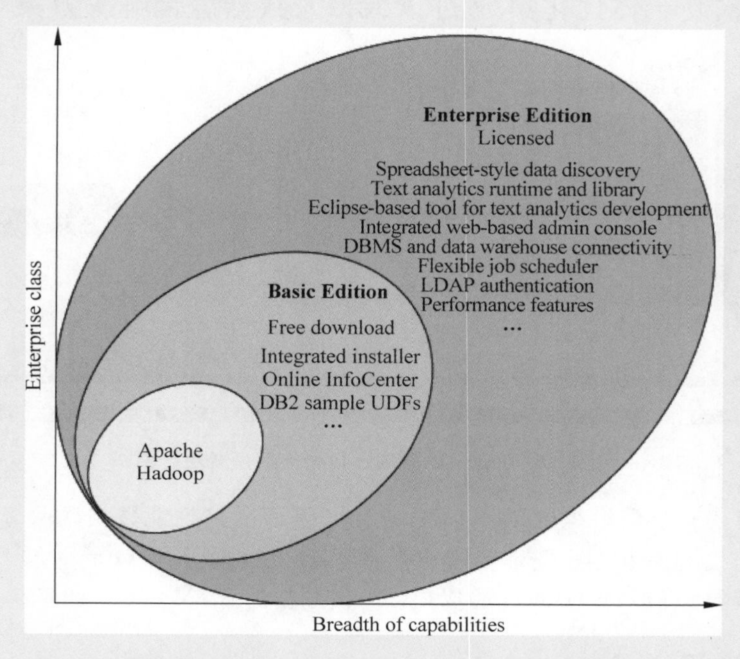

图 2-31 InfoSphere BigInsights 基本版与企业版

图 2-32 展示了该计算平台上的数据流过程。用户数据或业务数据通过数据采集层导入平台，首先经过 InfoSphere Streams 流计算引擎处理，这包括数据实时计算分析、实时和历史数据的可视化，以及需要保持的数据注入后端数据库。后台的 InfoSphere BigInsights 引擎则完成基于数据库静态数据的数据集成、数据挖掘、机器学习、统计建模等任务，并提供数据服务支持。

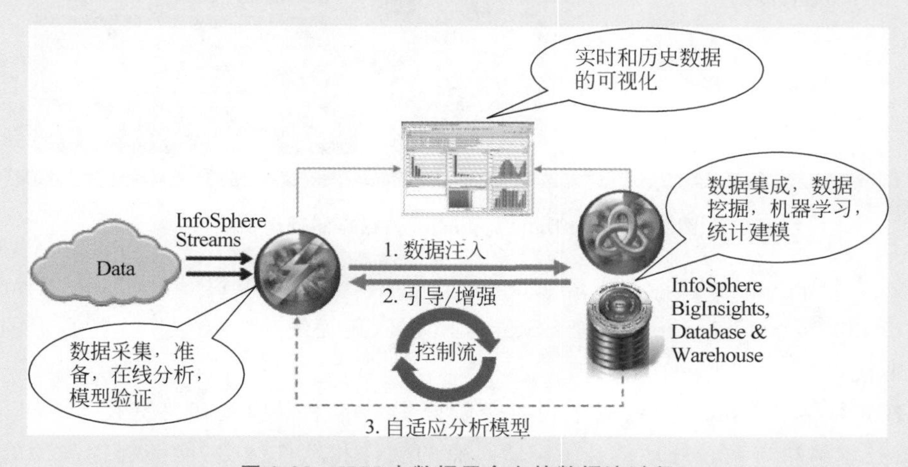

图 2-32 IBM 大数据平台上的数据流过程

Oracle(甲骨文)公司则针对企业海量数据快速处理的需求提出了软硬一体化的大数据技术解决方案(图 2-33)[63]。Oracle 的解决方案把数据处理过程分为捕获、组织、分析、决策 4 个阶段,针对每个阶段则结合 Oracle 自身在大型数据库系统在硬件和软件方面的产品优势提出了具体可供选择的方案。

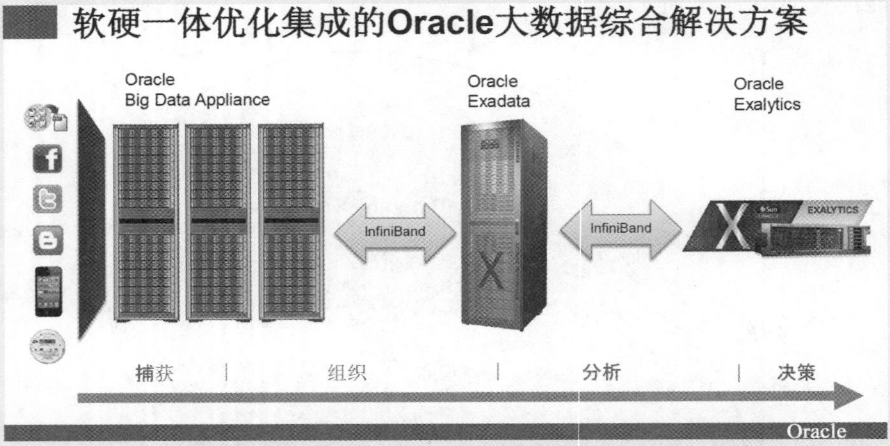

图 2-33 Oracle 的软硬一体化大数据解决方案

比如,在捕获和数据组织阶段,Oracle 提出了基于其高性能数据库服务器 Sun X4270 M2 的数据存储管理系统(图 2-34),这一存储平台上同时运行 Oracle NoSQL 数据库和 CHD(Cloudera Hadoop Distribution)以提供海量数据的 MapReduce 计算。

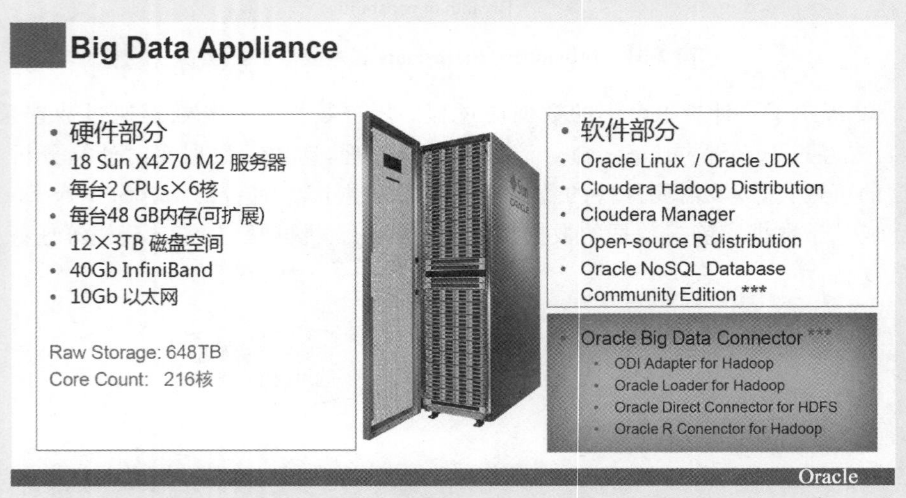

图 2-34 Big Data Appliance 数据存储管理系统

在数据分析和决策阶段,Oracle 除提供传统的 OLTP(On-Line Transaction Processing)和 ODS(Operational Data Store)工具外,还提供一个 R 引擎支持数据的快速分析与挖掘(图 2-35)。

图 2-36 总结了 Oracle 大数据平台各个阶段提供的主要功能和关键技术。可以看出,Oracle 的技术解决方案较好地结合了它所具有的硬件和软件优势,能够提供一个处理能力

强大的高性能大数据计算平台。但其应用范围受限于 Oracle 产品高昂的成本及绑定于 Oracle 软硬件平台的缺点。

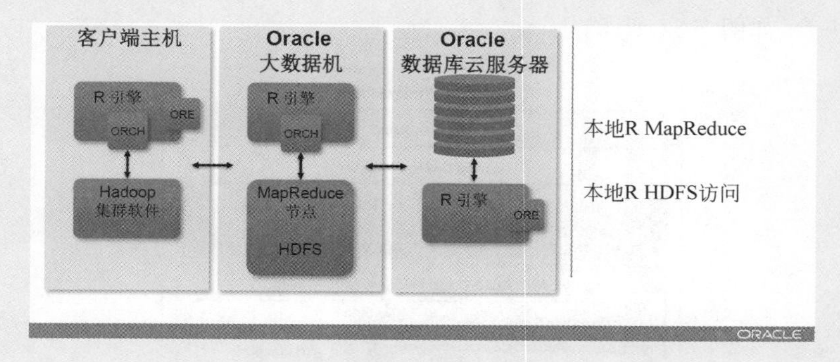

图 2-35 数据分析 R 引擎

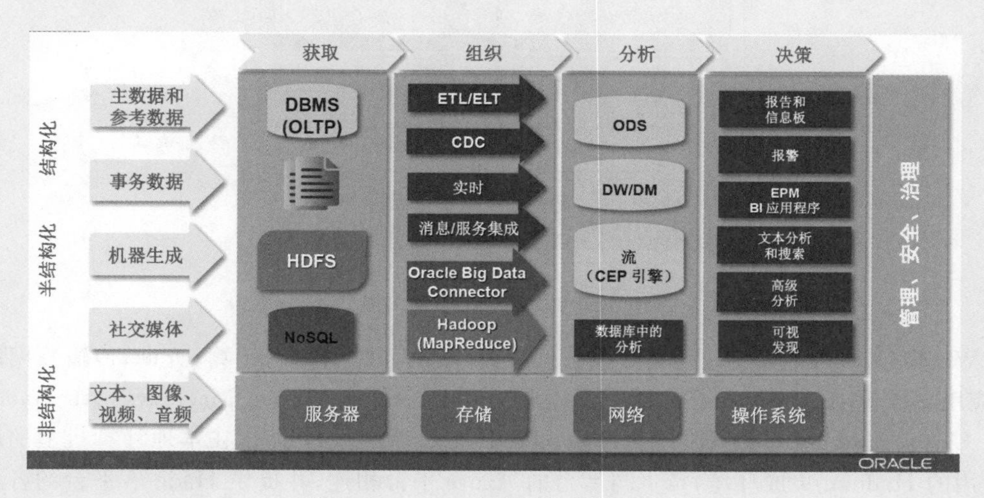

图 2-36 Oracle 大数据平台总体架构

微软公司也基于其 Azure 云平台提供了一个集成 Hadoop 生态系统的大数据解决方案 Microsoft Azure HDInsight[64]。这一方案是基于 Hortonoworks Data Platform(HDP),包括 Spark、Storm、HBase、Pig、Hive、Sqoop、Oozie、Ambari 等组件,支持 MapReduce 批处理、流数据处理及内存计算模式。操作系统可以部署成 Windows 集群,也可以部署成 Linux 集群。表 2-3 是 HDInsight 在两个平台上部署的比较。

表 2-3 HDInsight 部署配置:Linux vs. Windows

配置参数	Hadoop on Linux	Hadoop on Windows
集群 O/S	Ubuntu 12.04 Long Term Support (LTS)	Windows Server 2012 R2
集群类型	Hadoop	Hadoop,HBase,Storm
部署方式	Azure Management Portal,Azure CLI,Azure PowerShell	Azure Management Portal,Azure CLI,Azure PowerShell,HDInsight .NET SDK
用户界面	Ambari	Cluster Dashboard
远程工具	Secure Shell(SSH)	Remote Desktop Protocol(RDP)

微软的 Microsoft Azure HDInsight 解决方案的技术架构由三部分组成：运行于后台的 Windows Azure 云计算系统，Azure 支持的 Hadoop 虚拟机，及部署在前端或本地集群的 HDInsight 平台，如图 2-37 所示。

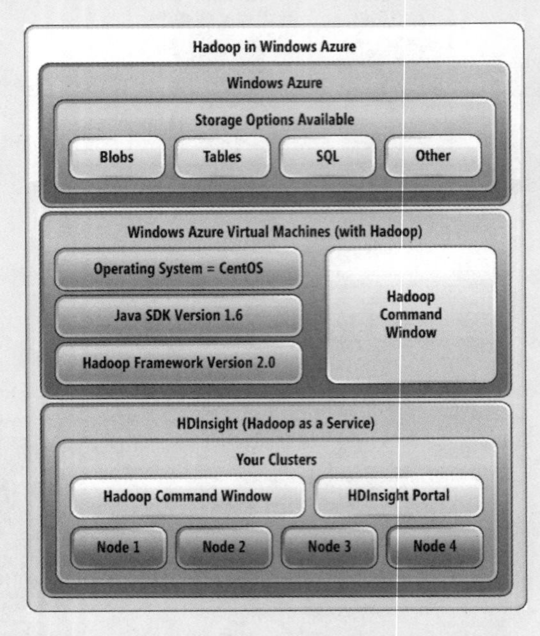

图 2-37 Microsoft Azure HDInsight 技术架构

Windows Azure 基于云架构提供数据服务（数据存储、管理、计算、查询、传输）、网络管理、应用支撑等功能（Azure 的组成体系见图 2-38）；Azure Virtual Machine（with Hadoop）提供 Linux/Hadoop 虚拟开发运行环境；HDInsight 则是一个运行在本地计算机上的即部署使用的 Hadoop 集成环境，负责与后台的 Azure 平台相连，并提供 Hadoop 平台的各项功能及 C#、Java、.NET 编程开发工具包。用户可在 HDInsight 上完成结构化、半结构化、非结构化数据的分析处理。

德国 SAP 公司的大数据解决方案主要集中在企业信息数据库及数据仓库层面[65]，其中，数据仓库解决方案主要由实时数据平台 HANA，分析型数据库 SAP Sybase IQ 和交易型数据库 Syabse ASE 提供，企业信息管理系统主要由 SAP Information Steward、SAP NetWeave、企业内容管理（ECM）来支撑。

SAP HANA 具备极强的数据分析能力，提供多用途的内存应用设备，企业可以利用它即时掌握业务运营情况，从而对所有可用的数据进行分析，并对快速变化的业务环境做出迅速响应。SAP HANA 提供灵活、节约、高效、实时的方法管理海量数据，不必运行多个数据仓库、运营和分析系统。企业通过 SAP HANA 可直接访问运营数据，可以近乎实时地将主要交易表格同步到内存中，以便在分析或查找时能够轻松对这些表进行访问。

SAP Sybase IQ 是面向大数据的高级分析工具，它打破数据分析的壁垒，并将其集成到企业级分析流程中。SAP Sybase IQ 采用三层架构：①基本层数据库管理系统（DBMS），这是一个全共享 MPP 分析 DBMS 引擎，是它最大的独特优势；②分析应用程序服务层，提供 C++ 和 Java 数据库内 API，并可实现与外部数据源的集成，包括 4 种与 Hadoop 的集成方法；

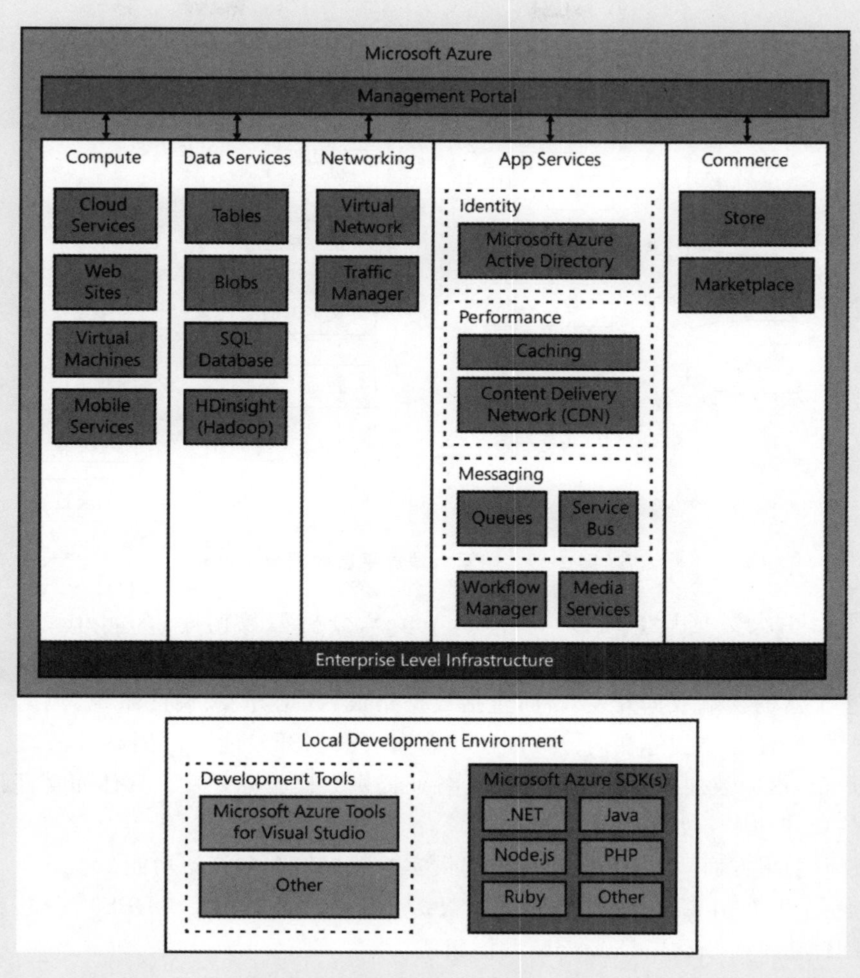

图 2-38 Microsoft Azure 组成架构

③顶层 Sybase IQ 生态系统，由 4 个强大且不同的合作伙伴和认证 ISV 应用程序组成。

Sybase IQ 提供了一个统一的 DBMS 平台，可使用各种算法分析不同的结构化或半结构化数据。Sybase IQ 15.4 通过引入以下方面扩展了上述功能：自带的 MapReduce API、全面且灵活的 Hadoop 集成、支持预测模型标记语言(PMML)，以及经过扩展的统计与数据挖掘算法库，这些算法充分利用了基于 Sybase IQ PlexQ 技术的大规模并行处理网格所带来的分布式查询处理能力。

Sybase ASE 全称为 Sybase Adaptive Server Enterprise，能够处理超大数据集的关系型数据库(RDBMS)。它是基于客户/服务器体系结构的数据库，具有多线程、高性能、事件驱动、可编程的特点，它不仅提供了数据库能力，还提供了自我管理、自动故障切换支持以及性能优化调整特性，可以大量节约运行成本。

中国电子商务巨头阿里巴巴公司于 2016 年 1 月发布了一站式大数据平台“数加”[66]，这一平台集合了阿里巴巴十年的大数据能力以及上万名工程师的开发经验，为数据存储、管理和应用提供一站式的解决方案，该平台首版产品覆盖数据采集、计算引擎、数据加工、数据分析、机器学习、数据应用等数据生产全链条(图 2-39)。

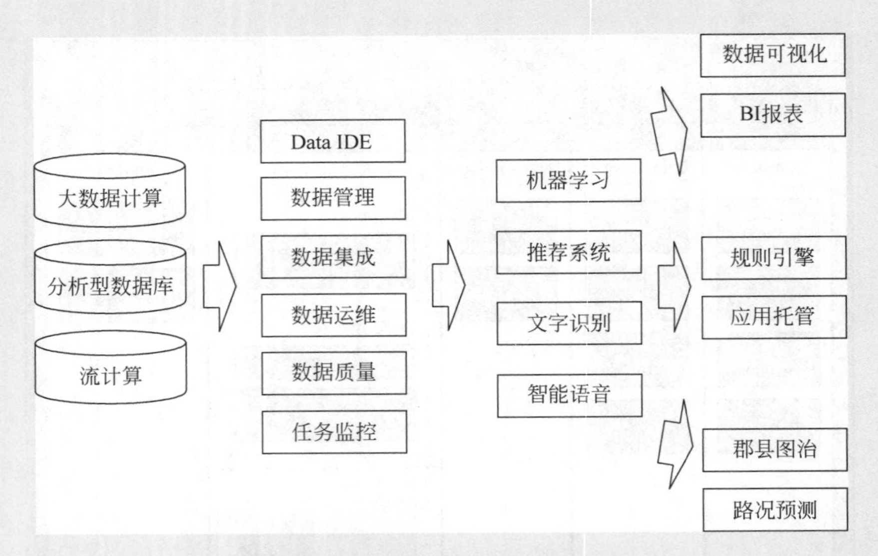

图 2-39 阿里大数据平台数据流

数加平台由大数据计算服务（MaxCompute）、分析型数据库（Analytic DB）、流计算（StreamCompute）共同组成了底层强大的计算引擎，速度更快成本更低。在计算引擎之上，数加提供了丰富的云端数据开发套件，包括数据集成、数据开发、调度系统、数据管理、运维视屏、数据质量、任务监控等在内。数加还计划向有数据开发能力的团队开放，这些团队可入驻数加平台，借助数加提供的工具为各行各业提供数据服务开发。具体而言，阿里大数据平台提供的功能和服务如下。

（1）数据采集方面：Datahub 为用户提供实时数据发布和订阅功能。

（2）底层计算引擎：由大数据计算服务 MaxCompute（原 ODPS）、分析型数据库 Analytic DB、流计算 StreamCompute 共同组成。

① 大数据计算服务可 6 小时处理 100PB 数据，相当于 1 亿部高清电影；集群规模过万台，并支持多集群联合计算。做到了速度更快，成本更低。

② 分析型数据库 Analytic DB 可实现对数据的实时多维分析，百亿量级多维查询只需 100ms。

③ 流计算 StreamCompute 对实时数据进行分析，具有低延时、高性能的特点。每秒查询率可以达到千万级，日均处理 PB 量级的数据。

（3）数据分析方面：

① Mobile Analytics 让开发者可快速搭建日志采集分析系统，从而为用户提供个性化服务。

② DataV 通过数加 BI 报表产品，三分钟即可完成海量数据的分析报告。产品支持多种云数据源，提供近二十种可视化效果。

③ 基于 DataV，数加还发布了面向政府的行业应用产品“郡县图治”，通过这款产品，县长可以在一个屏幕下统览全县各项经济民生数据，为政府决策提供辅助。

（4）机器学习方面：

① 可基于海量数据实现对用户行为、行业走势、天气、交通等的预测。

② 图形化编程让用户无须编码，只需用鼠标拖曳标准化组件即可完成应用开发。

③ 产品还集成了阿里巴巴核心算法库，包括特征工程、大规模机器学习、深度学习等。

④ 提供了全面业务应用支持，包括规则引擎、推荐引擎、文字识别、智能语音交互等。规则引擎是一款用于解决业务规则频繁变化的在线服务，可通过简单组合预定义的条件因子编写业务规则，并做出业务决策。而文字识别提供自然场景下拍摄的图片中英文文字检测、识别以及常见的证件类检测和识别。智能语音交互基于语音和自然语言技术构建的在线服务，为智能手机、智能电视以及物联网等产品提供"能听、会说、懂你"式的智能人机交互体验。

阿里基于大数据分析的业务平台架构如图 2-40 所示，其底层的计算平台包括基于 Hadoop 支持批处理数据的云梯 1，提供 ODPS(Open Data Processing Service)的云梯 2，基于 Storm 的实时计算引擎 Galaxy 和实时调度引擎 Garuda，分布式存储系统 HBase，通用关系数据库 OceanBase；应用平台层则提供元数据、数据同步、任务调度、数据质量控制等功能；数据服务层则完成数据封装，以数据产品形式(如 TCIF 淘宝用户数据、地理服务数据、ODS 数据)提供给具体业务应用；最上面的业务层则包括目前使用到大数据服务的蚂蚁金服、淘数据、数据魔方等阿里业务系统。

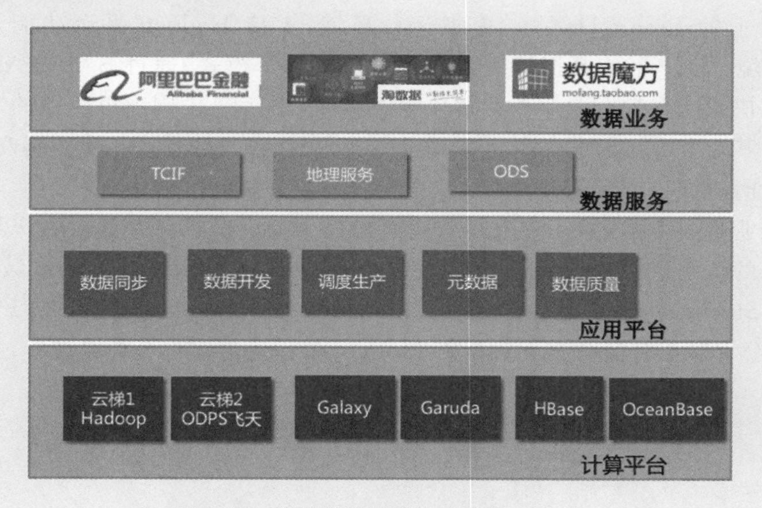

图 2-40　阿里云大数据的业务平台架构

阿里云梯的分布式计算架构见图 2-41。数据来自于阿里大数据平台的 Oracle 数据库、MySQL 数据库、日志系统或爬虫程序产生的数据；经过数据交换层(DataExchange，DBSync，TimeTunnel)进入计算平台云梯 1，完成诸如离线批处理、实时流数据计算、数据查询转换等计算任务；计算完成后，在数据平台层对数据进行打包封装，以数据产品形式提交给支付宝、搜索排行引擎、推荐系统、广告业务、B2B、数据魔方等业务系统使用。

综合上述几个典型的商业大数据应用解决方案，其结合各自的技术产品和客户对象，提出了有特点的技术解决方案。IBM InfoSphere 的特点是提供基于 Hadoop 平台的一个系统集成方案，充分利用 Hadoop 生态环境所提供的各类计算工具实现对批处理和流数据的计算分析；Oracle 公司的 Big Data Appliance 方案则强调软硬一体化综合体系，依赖 Oracle 的高性能数据库服务器完成对海量数据的处理；微软的方案则是基于其 Azure 云架构提供

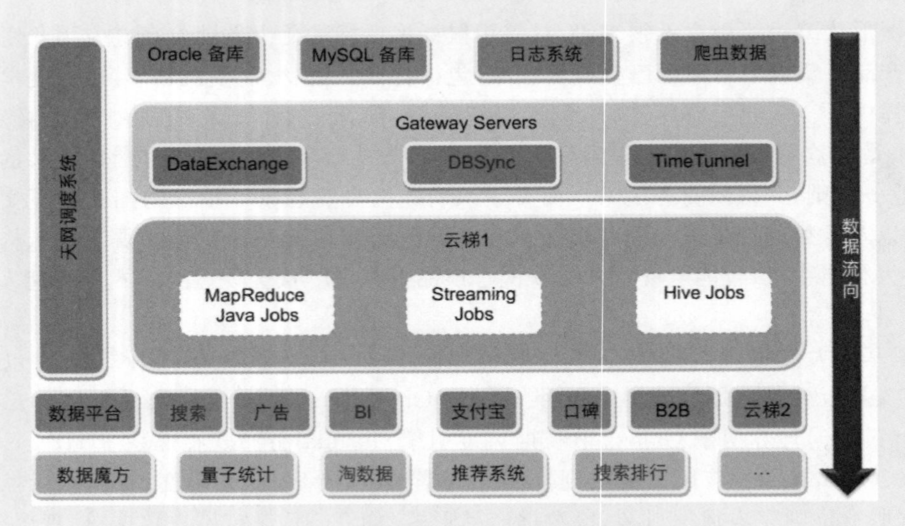

图 2-41 阿里云梯分布式计算平台架构

后端数据服务(数据存储、管理、计算、查询、传输等),前端则由 HDInsight 提供一个 Windows 平台上的 Linux/Hadoop 虚拟运行环境,支持 Hadoop 平台功能及 C#、Java、.NET 开发环境;SAP 的大数据解决方案采用内存计算模式,通过 SAP HANA 极强的数据分析能力对快速变化的企业业务运营环境做出迅速响应;中国阿里巴巴的大数据分析平台则强调针对其业务应用对各类营运数据进行打包封装,以数据产品形式提交给支付宝、搜索排行引擎、推荐系统、广告业务、B2B、数据魔方等业务系统使用。

除上述商业解决方案之外,基于开放式架构以 Hadoop 平台为基础的开源技术解决方案也得到业界的认可和广泛使用。代表性的应用有 Facebook 的 Hadoop 数据处理集群,Twitter 基于 Storm 的流数据处理系统,LinkedIn 基于 Hadoop 的开源 Espresso,美国 MetLife 保险公司基于开源分布式数据库 MongoDB 构建的客户分析系统等。

参考文献

[1] Dean J, Ghemawat S. MapReduce: Simplified Data Processing on Large Clusters. In Proceedings of Operating Systems Design and Implementation(OSDI), 2004, 51(1): 107-113.

[2] Kak S. Stream Computing. Computer Science, 2008.

[3] Greenplum Database, http://greenplum.org.

[4] Pan Minghui, Hsu Lienyin, et al. SAP HANA in-memory computing technology project implementation guide. Tsinghua University Press, 2013.

[5] http://hadoop.apache.org/.

[6] http://spark.apache.org/.

[7] http://storm.apache.org/.

[8] Ansieia B. Product Life Cycle Data Model, American Standard ANSI/EIA-724. 2010.

[9] http://www.sparxsystems.cn/products/.

[10] http://www.uml.org/.

[11] http://powerdesigner.de/.

[12] https://www.idera.com/er-studio-enterprise-data-modeling-and-architecture-tools.
[13] http://erwin.com/.
[14] http://www-03.ibm.com/software/products/en/ibminfodataarch.
[15] http://www.sparxsystems.cn/.
[16] https://wiki.apache.org/hadoop/HDFS/.
[17] Ghemawat S, Gobioff H, Leung S T. The Google file system. Acm Sigops Operating Systems Review, 2003, 37(5): 29-43.
[18] Wired. Google Remakes Online Empire With "Colossus". 2012.
[19] Stonebraker M. SQL databases v. NoSQL databases. Communications of the Acm, 2010, 53(4): 10-11.
[20] Chandra D G. BASE analysis of NoSQL database. Future Generation Computer Systems, 2015, 52(C): 12-21.
[21] Lev J J. Consistency, Availability, and Partition tolerance. Cidr, 2011.
[22] Eric Brewer. CAP twelve years later: How the "rules" have changed. Computer, Volume 45, Issue 2(2012): 23-29.
[23] https://www.mongodb.com/.
[24] http://hbase.apache.org/.
[25] https://redis.io/.
[26] http://couchdb.apache.org/.
[27] http://cassandra.apache.org/.
[28] https://aws.amazon.com/cn/dynamodb/.
[29] Jensen C S, Snodgrass R T, Chomicki J, et al. ACID Transaction[M]// Encyclopedia of Database Systems. 2009.
[30] https://aws.amazon.com/cn/simpledb/.
[31] http://www.hypertable.org/.
[32] http://fallabs.com/kyotocabinet/.
[33] http://leveldb.org/.
[34] http://basho.com/products/riak-ts/.
[35] http://www.marklogic.com/.
[36] https://neo4j.com/.
[37] http://www.objectivity.com/products/infinitegraph/.
[38] Geiger K. Inside ODBC. Microsoft Press, 1995.
[39] Data access object. Betascript Publishing, 2010.
[40] Surhone L M, Timpledon M T, Marseken S F. Remote Data Objects. Betascript Publishing, 2010.
[41] Mukhar K, Lauinger T, Carnell J. Beginning Java Databases: JDBC. Beginning Java Databases. 2001.
[42] Chatterjee A, Shah C R, Kishore M, et al. Data access layer: US, US8260757. 2012.
[43] Bohnebuck C. Object-Relational Mapping[M]// Beginning Java™ EE 6 Platform with GlassFish™ 3. Apress, 2009: 47-50.
[44] http://hibernate.org/orm/.
[45] Lämmel, R. (2008). Google's Map Reduce programming model—Revisited. Science of Computer Programming. 70: 1-30.
[46] Malewicz G, Austern M H, Bik A J C, et al. Pregel: a system for large-scale graph processing. ACM SIGMOD International Conference on Management of Data. ACM, 2010: 135-146.
[47] Apache Hama, http://hama.apache.org/.

[48] Melnik S, Gubarev A, Long J J, et al. Dremel: Interactive Analysis of Web-Scale Datasets. Communications of the Acm, 2010, 3(12): 114-123.

[49] Zhang S, Yang Y, Fan W, et al. Design and implementation of a real-time interactive analytics system for large spatio-temporal data. Proceedings of the Vldb Endowment, 2014, 7(13): 1754-1759.

[50] Gerbessiotis A V, Valiant L G. Direct Bulk-Synchronous Parallel Algorithms. Journal of Parallel & Distributed Computing, 1994, 22(2): 251-267.

[51] Gazit, Hillel, Miller, et al. An improved parallel algorithm that computes the BFS numbering of a directed graph. Information Processing Letters, 1988, 28(2): 61-65.

[52] Pettie S. Single-Source Shortest Paths. Encyclopedia of Algorithms, 2016: 1-99.

[53] Amy N. Langville, Carl D. Meyer. Deeper Inside PageRank. Internet Mathematics, 2003, 1(3): 335-380.

[54] Hall A, Bachmann O, Büssow R, et al. Processing a Trillion Cells per Mouse Click. Proceedings of the Vldb Endowment, 2012, 5(11).

[55] Apache Drill,http://drill.apache.org/.

[56] Cloudera, http://www.cloudera.com/.

[57] Apache Impala,http://impala.apache.org/.

[58] GraphLab, http://www.select.cs.cmu.edu/code/graphlab/.

[59] Apache S4, http://incubator.apache.org/s4/.

[60] http://www.ccwresearch.com.cn/report_detail.htm? id=131078.

[61] 林子雨.大数据技术原理与应用.北京：人民邮电出版社，2015.

[62] http://www.docin.com/p-657181166.html.

[63] Tom Plunkett, Brian Macdonald, Bruce Nelson 等. Oracle 大数据解决方案. 许向东,李园花,杨雷,王欣,译.北京：清华大学出版社,2015.

[64] https://azure.microsoft.com/zh-cn/services/hdinsight/.

[65] http://www.zhiding.cn/wiki-SAP_Big_Data.

[66] https://help.aliyun.com/product/43581.html? spm=5176.doc35065.3.1.QOgzcp.

习题

1. 阐述大数据计算系统涉及的三个基本系统及其含义。

2. 简述大数据存储架构的构成,并用图进行展示说明。

3. 美国国家标准学会把数据模型定义为三个层次,分别为哪三个层次？阐述每个层次的含义。

4. 关系型数据库面临的挑战有哪些？

5. 按照存储架构设计,NoSQL 数据库有哪 4 种分类？

6. 列举两种在大数据计算分析中主要用到的计算模型。

第 3 章

大数据标准与模式

3.1 大数据标准体系

近年来随着大数据计算的兴起，国际标准化组织 ISO/IEC、国际电信联盟 ITU、美国国家技术标准研究院 NIST 和我国工信部、全国信息技术标准化技术委员会均开展了大数据计算标准的研究。ISO/IEC JCT1 S32(ISO/IEC 联合技术委员会第 32“数据管理与交换”分委员会)[1]是一个致力于研制信息系统环境及之间的数据管理和交换标准、为跨行业领域协调数据管理提供技术性支持的国际组织。其主要工作内容包括：协调现有和新生数据标准化领域的参考模型和框架；负责数据域、数据类型和数据结构及相关的语义；负责用于持久存储、并发访问、并发更新和数据交换的语言、服务和协议等标准；负责用于构造、组织和注册元数据及共享和互操作相关的其他信息资源(电子商务等)的方法、语言服务和协议的制定。SC32 目前下设 4 个工作组和几个研究组，其主要工作范围如下。

1. WG1(Work Group 1)：电子业务

工作范围为研制各组织使用的信息系统间全球互操作所需的开放电子数据交换方面的通用 IT 标准，包括商务和信息技术两方面的互操作标准。

2. WG2(Work Group 2)：元数据

工作范围为研制、开发和维护有利于规范和管理元数据、元模型和本体的标准，此类标准有助于理解和共享数据、信息过程、互操作性、电子商务以及基于模型和基于服务的开发，包括：建议用于规定和管理元数据、元模型和本体的框架；规定和管理元数据、元模型和本体；规定和管理过程、服务和行数据；开发管理元数据、元模型和本体的机制，包括注册和存储；开发交换元数据、元模型和本体的机制，包括基于互联网、局域网等的语义等。

3. WG3(Work Group 3)：数据库语言

工作范围为动态规定、维护和描述多用户环境中的数据库结构和组件制定和维护语言标准；通过规定事务的提交、恢复和安全机制提供额外的对数据库管理系统完整性的支持；为存储、访问和处理多并发用户数据库制定和维护语言标准；为其他标准编程语言提供开发接口；为描述数据类型和行为的其他标准提供访问接口或为应用开发提供数据库组件。

4. WG4(Work Group 4)：SQL 多媒体和应用包

工作范围为规定各种应用领域使用的抽象数据类型的定义。抽象数据类型定义是使用数据库语言 SQL 标准中提供的用户定义类型机制来规定的，包括全文、空间、静态图像、静态图形、动画、视频、音频、地震和音乐等数据包。为应用 API 需求进行数据管理，其他数据包使用 SQL 机制的定义，而不是用户自定义类型。

2012 年，SC32 在柏林全会上决定成立下一代分析和大数据研究组(SG Next Generation Analytics and Big Data)，该研究组主要的研究内容为下一代数据分析、社会分析和底层技术领域中潜在的标准化需求。SC32 其他的研究组还包括云计算元数据研究组(SG Metadata for Cloud Computing)和基于事实基础的建模元模型研究组(SG Metamodel for Fact Based Modelling)。

2013 年 11 月，ISO/IEC JTC1 新成立了负责大数据国际标准化的研究小组 ISO/IEC JTC1 SG2，由美国国家标准与技术研究院(NIST)专家 Wo Chang 担任召集人[2]。2014 年，ISO/IEC JTC1 SG2 的工作重点包括：调研 ISO/IEC JTC1 在大数据领域的关键技术、参考模型以及用例等标准基础；确定大数据领域应用需要的术语与定义；评估分析当前大数据标准的具体需求，提出 ISO/IEC JTC1 大数据标准优先顺序；向 2014 年 ISO/IEC JTC1 全会提交大数据建议的技术报告和其他研究成果。2014 年，根据 ISO/IEC JCT1 SG2 的建议新成立了负责大数据国际标准化的大数据工作组(IS0/IEC JTC1 WG9)。

ITU 在 2013 年 11 月发布了题目为“大数据：今天巨大，明天平常”的技术观察报告[11]，这个技术观察报告分析了大数据相关的应用实例，指出大数据的基本特征、促进大数据发展的技术，在报告的最后部分分析了大数据面临的挑战和 ITU-T 可能开展的标准化工作。在这份报告中，特别提及了 NIST 和 JTC1/SC32 正在开展的工作。从 ITU-T 的角度来看，大数据发展面临的最大挑战包括数据保护、隐私和网络安全、法律和法规的完善。根据 ITU-T 现有的工作基础，开展的标准化工作包括：高吞吐量、低延迟、安全、灵活和规模化的网络基础设施；汇聚数据机和匿名；网络数据分析；垂直行业平台的互操作；多媒体分析；开放数据标准。

目前，ITU-T 的大数据标准化工作主要是在 SG13(第 13 研究组)开展[2]，具体包括该研究组下设的 Q2 课题组、Q17 课题组，以及 Q18 课题组，由 Q17 牵头开展 ITU-T 大数据标准化路标的制定工作并负责向 TSAG(电信标准化咨询委员会)汇报。其中，Q2 涉及的研究课题为“针对大数据的物联网具体需求和能力要求”，其主要内容为针对大数据在物联网数据传输、数据处理、数据存储、访问控制、数据查询和数据验证等方面的具体要求和能力要求，目前处于标准研制阶段。

Q17 涉及的研究课题为“基于云计算的大数据需求和能力”，主要研究如何使用云计算方案来解决目前大数据应用中所存的各项挑战，包括大数据定义、大数据特性、大数据功能、大数据与云计算的关系、从电信角度看基于云计算的大数据能力要求、用户案例以及应用场景等，该标准已于 2015 年 8 月发布。Q17 的另一课题“大数据交换要求和框架”主要内容为描述大数据交换应用场景、用户案例、差异分析、需求和框架，2016 年完成标准报批。

Q18 开展的研究课题为“大数据即业务的功能架构”，主要目的是描述使用云计算来构建大数据业务架构的方法，具体包括功能架构、功能部件以及部件接口（参考点）。该标准与Q17 的“基于云计算的大数据需求和能力”课题互为姊妹篇，也是该标准的后续阶段。

美国国家标准与技术研究院 NIST 建立了大数据公共工作组（NBD-PWG），其工作内容是建立产业界、学术界和政府的公共环境达成共识，完成术语定义、安全参考架构和技术路线图，提出数据分析技术应满足的互操作性、可移植性、可用性和扩展性要求，提出安全有效支持大数据应用的技术基础设施框架。NBD-PWG 是一个开放工作组，下设术语和定义、用例和需求、安全和隐私、参考体系架构和技术路线图 5 个分组，目前已初步完成《大数据互操作框架：第 1 卷　定义》[3]、《大数据互操作框架：第 2 卷　术语》[4]、《大数据互操作框架：第 3 卷　需求》[5]、《大数据互操作框架：第 5 卷　架构综述白皮书》[6]、《大数据互操作框架：第 6 卷　参考架构》[7]和《大数据互操作框架：第 7 卷　技术路线图》[8]一系列技术标准文档，初步提供了一个大数据技术标准框架。

NBD-PWG 的文档[9]提出了大数据技术架构参考模型（图 3-1），它由两个维度组成：信息链（垂直方向）和价值链（水平方向）。在信息链维度上，价值通过数据采集、集成、分析、使用结果来实现；在价值链维度上，价值通过为大数据应用的实施提供拥有或运行大数据的网络、基础设施、平台、应用工具以及其他 IT 服务来实现。5 个主要的架构模块代表在每个大数据系统中存在的不同技术角色，即数据提供者、数据消费者、大数据应用提供者、大数据框架提供者、系统协调者。另外两个架构模块是安全隐私和管理构件，为大数据系统其他模块提供服务和功能，集成在大数据技术解决方案中。

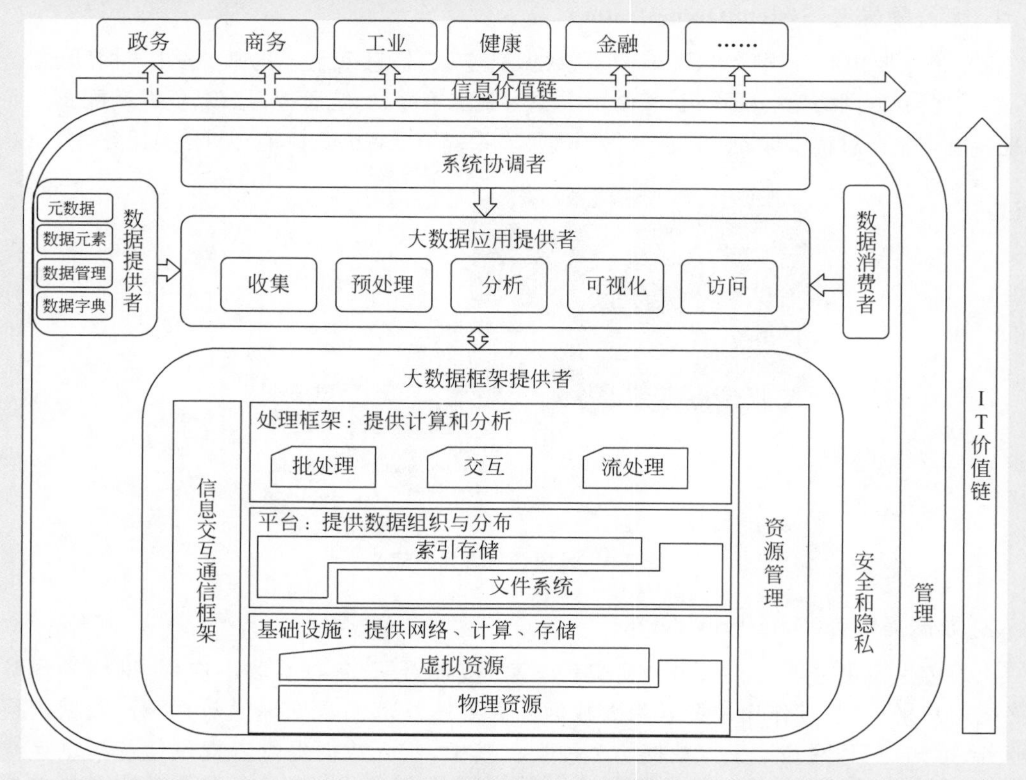

图 3-1　大数据技术架构参考模型

NBD-PWG 的文档[10]对大数据计算体系中的主要角色包括系统领导者、数据提供者、安全和隐私角色、大数据应用提供者、大数据基础框架提供者、数据消费者、管理角色、安全及隐私管理角色进行了定义(图 3-2)。

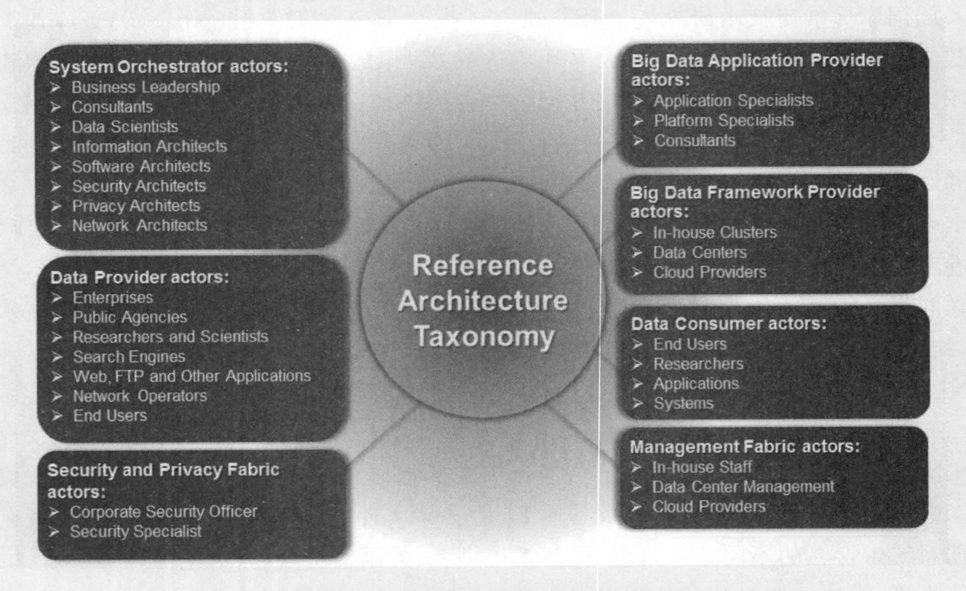

图 3-2 大数据参考架构主要角色

1. 系统领导者(System Orchestrator)

该角色主要由商务领导人、咨询专家、数据科学家、信息系统架构师、软件架构师、安全及隐私系统架构师、网络架构师承担,其作用主要为制定策略、确定管控、架构、资源调配及商业需求,监督管理整个过程以保证上述需要得到满足。系统领导者的角色定义和相关任务见图 3-3。

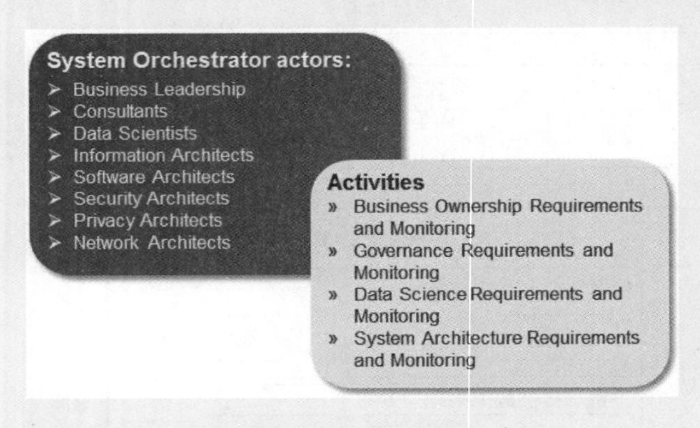

图 3-3 系统领导者角色定义

2. 数据提供者(Data Provider)

该角色主要由企业、公共机构、研究科学家、搜索引擎、各种互联网应用、网络操作员以及终端用户来承担,其作用主要是为大数据计算系统外部的数据提供数据源。数据模块包含业务、感知、互联网和第三方数据 4 个种类。其中,业务数据提供者提供传统信息系统中存在并动态产生的大量的结构化数据和异构数据;感知数据提供者提供由物联感知设备实时生成的大量数据；互联网数据提供者提供由互联网应用快速生成的大量的非结构化数据；而第三方数据提供者则提供政府、学术界、商业机构逐步对外开放的一些可管理、可信的数据集。数据提供者的角色定义和相关任务见图3-4。

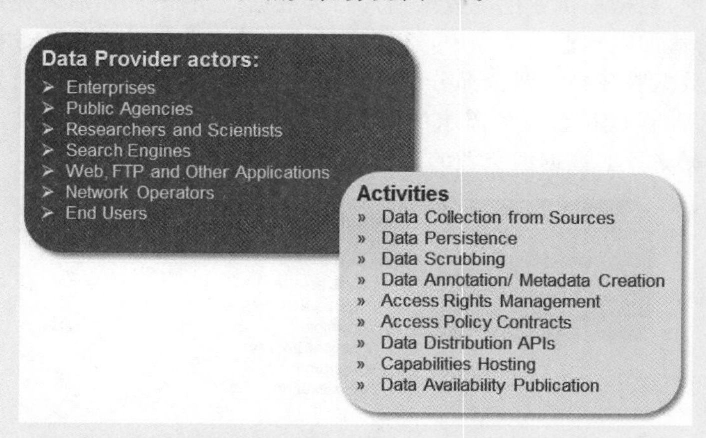

图3-4　数据提供者角色定义

3. 大数据应用提供者(Big Data Application Provider)

该角色主要由应用系统专家、平台专家及咨询顾问来承担，其作用主要为完成系统领导者所定义的数据生命周期中的各个阶段任务及安全和隐私要求，他们需要把通用的大数据技术框架转化为针对实际的数据分析系统。大数据应用提供者的角色定义和相关任务见图3-5。

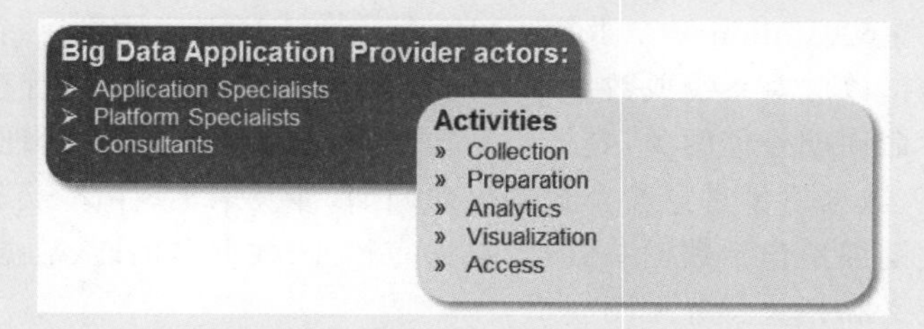

图3-5　大数据应用提供者角色定义

4. 大数据基础框架提供者(Big Data Framework Provider)

该角色包括室内计算机集群、数据中心、云平台提供者等，其作用主要为提供大数据计算系统所需要的各类资源，包括基础设施(处理器、网络带宽、存储空间、运维系统等)、数据平台(物理存储设备、文件系统)以及计算处理框架(各类数据建模、分析、计算处理、应用开发SDK或服务等)。大数据基础框架提供者的角色定义和相关任务见图3-6。

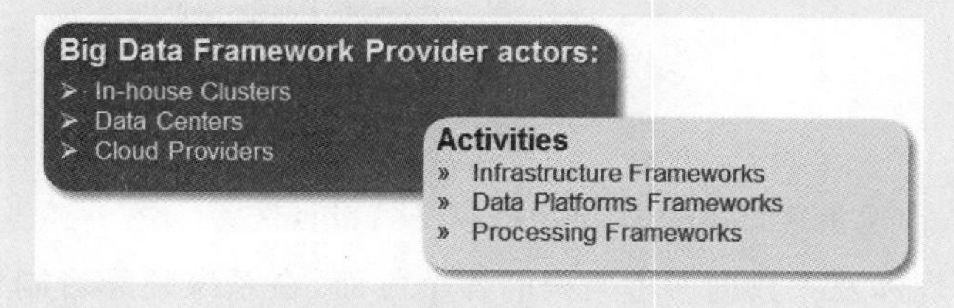

图3-6　大数据基础框架提供者角色定义

5. 数据消费者(Data Consumer)

该角色包括终端用户、研究人员、其他应用及系统等从大数据处理获得价值输出的一方。在处理过程中,数据提供者把源数据输入给大数据应用提供者,后者完成对数据的计算处理后,把使用价值加入到输出结果中,这就是数据消费者获得的数据。数据消费模块可分解为业务应用和数据服务平台两个部分,其中,业务应用主要是根据各个行业不同的数据需求进行相应的处理,形成符合业务需求的应用;而数据服务平台则是通过平台向数据需求者提供相应的数据服务。数据消费者的角色定义和相关任务见图 3-7。

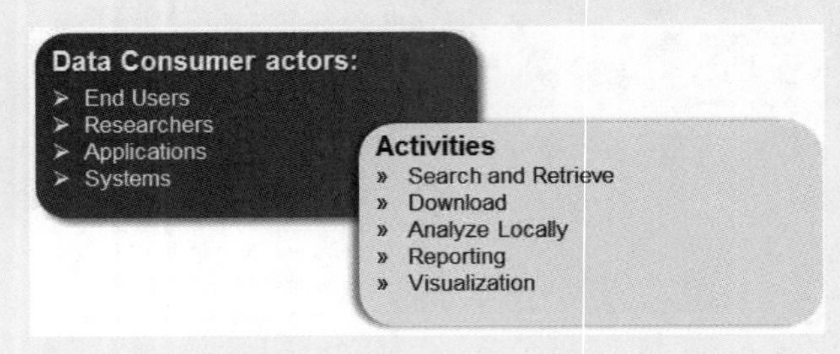

图 3-7 数据消费者角色定义

另外,数据提供者和数据消费者在不同角度下可以相互转换,数据消费者在处理使用数据之后,会形成新的数据并提供出来。而数据提供者在收集整理相关数据的时候,也会变成数据消费者。

6. 管理角色(Management Fabric)

大数据的 4V 特点(Volume, Velocity, Variaty and Value)需要一个多功能的数据存储、处理及管理平台,以应对系统或数据相关的管理需求。具体而言,管理角色的任务分为系统管理和数据生命周期管理两类,具体包括监控、配置、封装、软件管理、备份、性能、数据质量、资源管理等。数据质量贯穿整个数据生命周期,涉及采集、存储、传输、分析、展现等各方面。数据质量关键因素包括数据一致性、数据完整性、数据准确性、数据新鲜度、数据约束性等。管理角色定义和相关任务见图 3-8。

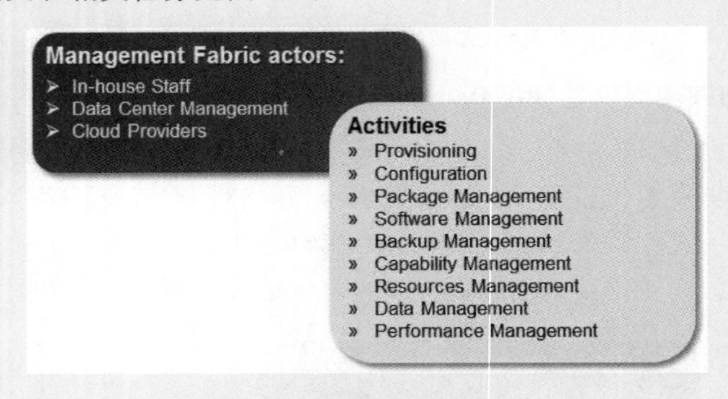

图 3-8 管理角色定义

7. 安全及隐私管理角色(Security and Privacy Fabric)

安全及隐私管理涉及大数据参考架构的各个方面,在系统领导者制定策略、定义需求、审查过程中都需要考虑安全和隐私需要,大数据应用提供者和基础框架提供者在开发、部署和运营过程中也必须考虑这一问题。安全及隐私管理角色定义和相关任务见图 3-9。

Security and Privacy Fabric actors:
➢ Corporate Security Officer
➢ Security Specialist

Activities
» Security and Privacy Policy Requirements
» Security and Privacy Monitoring

图 3-9 安全及隐私管理角色定义

大数据领域的标准化工作是支撑大数据产业发展和应用的重要基础，为了推动和规范我国大数据产业的快速发展，建立大数据的产业链，与国际标准接轨，在工信部和国家标准委领导下，2014 年 12 月成立了全国信息技术标准化技术委员会大数据标准工作组，主要负责制定和完善我国大数据领域标准体系，组织开展大数据相关技术和标准的研究，申报国家或行业标准，承担国家或行业标准制修订计划任务，宣传推广标准实施，组织推动国际标准化活动，对口 ISO/IEC JTC 1/WG9 大数据工作组，还重点关注 NIST NBD-PWG 大数据公共工作组标准制定情况，同时对 ITU 的动态进行研究跟踪。

为了更好地开展相关标准化工作，2015 年 7 月，大数据标准工作组成立 7 个专题组：总体专题组、国际专题组、技术专题组、产品和平台专题组、安全专题组、工业大数据专题组、电子商务大数据专题组，负责大数据领域不同方向的标准化工作。2016 年，工作组正在研制的国家标准有 10 项，其中，《信息技术大数据术语》国家标准进入报批阶段，《信息技术数据交易服务平台交易数据描述》《信息技术数据溯源描述模型》等 4 项国家标准进入征求意见阶段，《信息技术大数据参考架构》等 5 项标准已经完成草案。另外，全国信息技术标准化技术委员会(TC28)还在元数据、数据库、数据建模、数据交换与管理等大数据相关领域推动技术标准的研究应用，为提升跨行业领域的数据管理能力提供标准化支持。与大数据关系比较密切的标准化工作小组包括：信标委非结构化数据管理标准工作组、信标委云计算工作组、信标委 SOA 分技术委员会、信标委传感器网络工作组等。2012 年，全国信标委成立了非结构化数据管理标准工作组，对口 ISO/IEC JTC1 SC32 WG4，致力于非结构化数据管理体系结构、数据模型、查询语言、数据挖掘、信息集成、信息提取、应用模式等相关国家标准和行业标准的研究。目前正在开展《非结构化数据表示规范》《非结构化数据访问接口规范》、《非结构化数据管理系统技术要求》等国家标准的研制。

2016 年，大数据标准工作组与中国电子技术标准化研究院发布了《大数据标准化白皮书(2016 版)》[11]，对大数据技术参考架构进行了描述。白皮书采用了 NIST 工作组的大数据技术参考模型，并基于这一模型确定了大数据计算的核心技术，包括数据采集、数据预处理、数据存储、数据计算、数据分析、数据可视化等，从基础、技术、产品、应用等不同方面，初步形成了大数据标准体系框架(图 3-10)。在这一体系中，大数据标准体系由 7 个类别的标准组成，分别为基础标准、数据标准、技术标准、平台和工具标准、管理标准、安全和隐私标准、行业应用标准。其具体含义如下。

1. 基础标准

为整个标准体系提供总则、术语和参考模型等基础性标准。

2. 数据处理标准

数据处理标准包含数据整理、数据分析和数据访问三种类型的标准。数据整理标准主要是针对数据在采集汇聚后的初步处理方式和方法的标准，包括数据表示、数据注册和数据

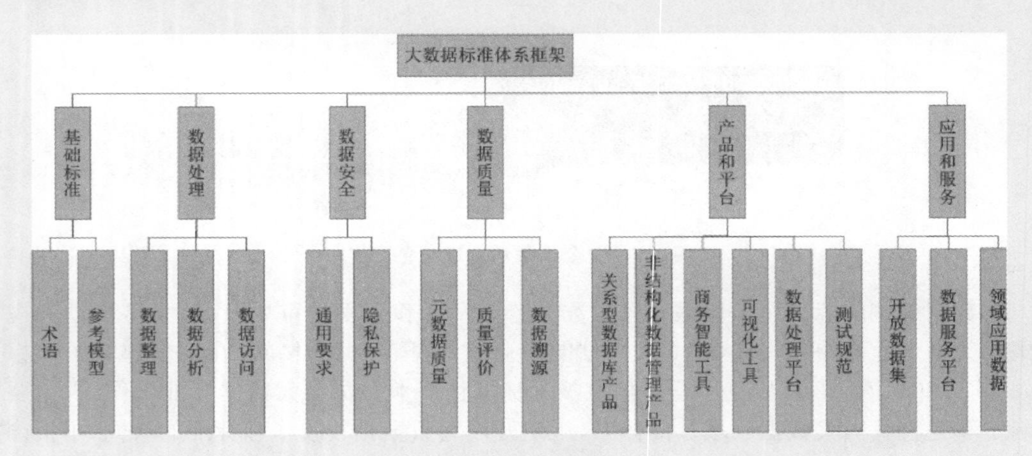

图 3-10 大数据标准体系

清理三类标准。数据分析标准主要针对大数据环境下数据分析的性能、功能等要求进行规范。数据访问标准则是提供标准化的接口和共享方式,使数据能够被广泛应用。

3. 数据安全标准

数据安全作为数据标准的支撑体系,贯穿于数据整个生命周期的各个阶段。不同于传统的网络安全和系统安全,大数据时代下的数据安全标准主要包括通用要求、隐私保护两类标准。

4. 数据质量标准

该类标准主要针对数据质量提出具体的管理要求和相应的指标要求,确保数据在产生、存储、交换和使用等各个环节中的质量,为大数据应用打下良好的基础,并对数据全生命周期进行规范化管理。主要包括元数据质量、质量评价和数据溯源三类标准。

5. 产品和平台标准

该类标准主要针对大数据相关技术产品和应用平台进行规范,包括关系型数据库产品、非结构化数据管理产品、商务智能工具、可视化工具、数据处理平台和测试规范 6 类标准。其中,关系型数据库产品标准针对存储和处理大数据的关系型数据库管理系统,从访问接口、技术要求、测试要求等方面进行规范,为关系型数据库管理系统进行大数据的高端事务处理和海量数据分析提供支持;非结构化数据管理产品标准针对存储和处理大数据的非结构化数据管理系统,从参考架构、数据表示、访问接口、技术要求、测试要求等方面进行规范;商务智能工具用来帮助用户对大数据进行分析决策,包括 ETL、OLAP、数据挖掘等工具,商务智能工具标准对商务智能工具的技术及功能进行规范;可视化工具是对大数据处理应用过程中所需用到的可视化展现工具的技术和功能要求进行规范;数据处理平台标准是针对大数据处理平台从技术架构、建设方案、平台接口等方面进行规范;测试规范针对处理大数据的产品和平台给出测试方法和要求。

6. 应用和服务标准

应用和服务类标准主要是针对大数据所能提供的应用和服务从技术、功能、开发、维护和管理等方面进行规范。主要包括开放数据集、数据服务平台和领域应用数据三类标准。其中,开放数据集标准主要对向第三方提供的开放数据包中的内容、格式等进行规范;数据服务平台标准是针对大数据服务平台的功能性、维护性和管理性所提出的标准;领域应用数据指的是各领域根据其领域特性所产生的专用数据标准。

到 2016 年为止我国已初步发布了一批大数据标准，另外有多项国家标准在报批、立项或研究过程中[11]，见表 3-1。

表 3-1　大数据国家标准列表

序号	一级分类	二级分类	国家标准编号	标准名称	采用标准号及采用程度	状态
1	基础标准	总则		信息技术大数据标准化指南		拟研制
2		术语		信息技术大数据术语		已申报
3		参考模型		信息技术大数据参考模型		已申报
4	数据处理	数据整理	GB/T 18142—2000	信息技术数据元素值格式记法	idt ISO/IEC 14957：1996	已发布
5			GB/T 18391.1—2009	信息技术元数据注册系统(MDR)第 1 部分：框架	ISO/IEC11179-1：2004,IDT	已发布
6			GB/T 18391.2—2009	信息技术元数据注册系统(MDR)第 2 部分：分类	ISO/IEC11179-2：2005,IDT	已发布
7			GB/T 18391.3—2009	信息技术元数据注册系统(MDR)第 3 部分：注册系统元模型与基本属性	ISO/IEC11179-3：2003,IDT	已发布
8			GB/T 18391.4—2009	信息技术元数据注册系统(MDR)第 4 部分：数据定义的形成	ISO/IEC11179-4：2004,IDT	已发布
9			GB/T 18391.5—2009	信息技术元数据注册系统(MDR)第 5 部分：命名和标识原则	ISO/IEC11179-5：2005,IDT	已发布
10			GB/T 18391.6—2009	信息技术元数据注册系统(MDR)第 6 部分：注册	ISO/IEC11179-6：2005,IDT	已发布
11			GB/T 21025—2007	XML 使用指南		已发布
12			GB/T 23824.1—2009	信息技术实现元数据注册系统内容一致性的规程第 1 部分：数据元	ISO/IEC TR20943-1：2003,IDT	已发布
13			GB/T 23824.3—2009	信息技术实现元数据注册系统内容一致性的规程第 3 部分：值域	ISO/IEC TR20943-3：2004,IDT	已发布
14			20051294-T-339	信息技术元模型互操作性框架第 1 部分：参考模型		已报批
15			20051295-T-339	信息技术元模型互操作性框架第 2 部分：核心模型		已报批
16			20051296-T-339	信息技术元模型互操作性框架第 3 部分：本体注册的元模型		已报批
17			20051297-T-339	信息技术元模型互操作性框架第 4 部分：模型映射的元模型		已报批
18			20080046-T-469	信息技术元数据模块(MM)第 1 部分：框架	ISO/IEC19773-1：2011	已报批
19			20080044-T-469	信息技术技术标准及规范文件的元数据		已报批
20			20080045-T-469	信息技术通用逻辑基于逻辑的语系的框架	ISO/IEC24706：2005	已报批
21			20080485-T-469	跨平台的元数据检索、提取与汇交协议		已报批
22				信息技术异构媒体数据统一语义描述		已申报
23		数据分析		信息技术大数据分析总体技术要求		拟研制
24				信息技术大数据分析过程模型参考指南		拟研制

续表

序号	一级分类	二级分类	国家标准编号	标准名称	采用标准号及采用程度	状态
25	数据处理	数据访问	GB/T 12991—2008	信息技术数据库语言 SQL 第 1 部分：框架	ISO/IEC9075-1：2003,IDT	已发布
26			20120567-T-469	信息技术云数据存储和管理第 1 部分：总则		在研制
27			20120568-T-469	信息技术云数据存储和管理第 2 部分：基于对象的云存储应用接口		在研制
28			20120569-T-469	信息技术云数据存储和管理第 5 部分：基于 Key-Value 的云数据管理应用接口		在研制
29				信息技术通用数据导入接口规范		已申报
30				信息技术通用数据导入接口测试规范		拟研制
31	数据安全	通用要求	GB/T 20009—2005	信息安全技术数据库管理系统安全评估准则		已发布
32			GB/T 20273—2006	信息安全技术数据库管理系统安全技术要求		已发布
33			GB/T 22080—2008	信息技术安全技术信息安全管理体系要求		已发布
34			GB/T 22081—2008	信息技术安全技术信息安全管理实用规则		已发布
35			20100383-T-469	信息技术安全技术信息安全管理体系实施指南		已发布
36				信息安全技术数据库管理系统安全技术要求		已立项
37				信息安全技术信息技术产品在线服务信息安全规范		已立项
38				信息安全技术云计算服务安全能力要求		已立项
39				信息安全技术大数据安全指南		拟研制
40				信息安全技术大数据安全参考架构		拟研制
41				信息安全技术大数据安全生命周期安全要求		拟研制
42		隐私保护	GB/Z 28828—2012	信息安全技术公共及商用服务信息系统个人信息保护指南		已发布
43			20130323-T-469	信息安全技术个人信息保护管理要求		在研制
44			20130338-T-469	信息安全技术移动智能终端个人信息保护技术要求		在研制
45				信息安全技术个人信息保护指南		已立项
46				信息安全技术大数据中的隐私保护规范		拟研制

续表

序号	一级分类	二级分类	国家标准编号	标准名称	采用标准号及采用程度	状态
47	数据质量	元数据质量	2010-3324T-SJ	信息技术元数据质量要求框架		在研制
48			2010-3325T-SJ	信息技术元数据质量指标		在研制
49		质量评价		软件工程软件产品质量要求和评价(SQuaRE)数据质量模型		已立项
50				数据能力成熟度模型规范		已申报
51				信息技术数据质量评价指标		拟研制
52		数据溯源		信息技术数据引用规范		拟研制
53				信息技术数据溯源描述模型		拟研制
54	产品和平台	关系型数据库产品	GB/T 28821—1012	关系数据管理系统技术要求		已发布
55			20080484-T-469	关系数据库管理系统检测规范		已报批
56			20100401-T-469	分布式关系数据库服务接口规范		在研制
57		非结构化数据管理产品	20121409-T-469	非结构化数据表示规范		在研制
58			20121410-T-469	非结构化数据访问接口规范		在研制
59			20121411-T-469	非结构化数据管理系统技术要求		在研制
60				实时数据库通用接口规范		已申报
61				非结构化数据管理系统参考模型		已申报
62				非结构化数据管理术语		拟研制
63				非结构化数据查询语言		拟研制
64		可视化工具		大数据可视化工具通用要求		拟研制
65		数据处理平台		大数据平台通用数据存储结构规范		拟研制
66				大数据平台通用软件开发工具包(SDK)规范		拟研制
67	应用和服务	开放数据集		开放数据集基本要求		拟研制
68				开放数据集标识管理		拟研制
69		数据服务平台	GB/T 29262—2012	信息技术面向服务的体系结构(SOA)术语		已发布
70			GB/T 29263—2012	信息技术面向服务的体系结构(SOA)应用的总体技术要求		已发布
71				信息技术 数据交易服务平台 通用功能要求		已申报
72				信息技术数据交易平台 交易数据描述		已申报
73				数据服务平台管理操作规程		拟研制

尽管我国在大数据标准体系的构建方面已跟上国际步伐，在某些标准领域已成为国际标准的承担者、合作者，但我国的大数据标准的研究制定仍在一个发展过程中，需要政府、工业界和科技界的共同努力。政府层面需要系统地开展大数据相关方权利和义务、大数据各个业务环节基本操作规程、数据内容保护、个人隐私保护等方面政策法规的研究，保障大数据内容安全可控，产业和应用能够规范发展。在技术标准制定方面，《大数据标准化白皮书(2016 版)》[11]指出尚需推动如下工作。

(1) 在数据资源方面，我国已经研制的一些相关标准，同样适用于大数据环境，目前急需加强这类标准的推广应用。

(2) 在交换共享方面，加快数据开放共享是国家重要任务，然而尚缺乏数据开放共享方面标准，尤其是适用于政府数据开放共享相关的标准。虽然在研两项交易类的国家标准，但是尚缺乏交易流程、交易数据管理等方面的标准。

(3) 从技术标准来看，在数据访问方面，目前发布和在研数据导入和数据库相关标准适用于大数据底层数据接口，但是尚缺乏分析、可视化类标准：数据质量是大数据应用和发展的基础，目前有多项在研标准，但是均尚未发布，较为缺乏。大数据安全方面，部分现有标准适用，但是尚缺乏针对大数据的安全框架、隐私、访问控制类标准。

(4) 针对大数据平台和工具，目前发布和在研多项数据库、非结构化数据管理产品类标准，但缺乏大数据系统级相关产品的标准；在大数据环境下，数据也已成为产品，而针对系统级和工具级产品等新兴产品，尚缺乏相应的标准。

综上所述，针对大数据我国在数据管理、信息安全等方面已经发布和在研一些标准，具备了一定的基础，但是缺乏标准化整体规划、数据开放共享、数据交易、数据安全、系统级产品等方面的标准，以及管理和评估类的标准，急待研制。

3.2 大数据计算模式

第 2 章论述了目前大数据计算架构中采用的存储体系、计算模型及计算平台等关键技术。存储体系主要包括基于关联模型的关系型数据库 RDBS 和基于分布式文件系统的 NoSQL 数据库两大类；计算模型包括 MapReduce 批处理模型、Pregel/Hama/GraphLab 图计算模型、流计算模型以及以 HANA 为代表的大内存计算模型；有代表性的计算平台包括开源社区的 Hadoop、Spark、Storm 等，商业平台包括 Google 的系列产品、Cloudera 的 CDH、IBM 的 InfoSphere、微软的 Azure HDInsight、德国 SAP 的 HANA 等。

这种“存储架构＋计算模型＋支撑平台”的特定组合构成某一类大数据应用的技术解决方案，我们也可称之为计算模式。目前，大数据处理主要采用的计算模式有批处理模式、图计算模式、交互式计算模式、流计算模式、内存计算模式，以及大规模并行处理模式(Massively Parallel Processing，MPP)。但应该注意，一些大数据计算平台或产品可以支持多个计算模式，比如加州大学伯克利分校 AMP Lab 提供的 Spark 平台[12]就既支持 MapReduce 批处理模式也支持内存计算模式。

表 3-2 列出了上述大数据计算模式所采用的各项关键技术。

计算系统单位时间完成的处理数据量即吞吐量和处理时延是衡量一个计算系统性能的两个主要指标。从前述分析对比可看出，MapReduce 批处理模式与内存计算模式采用了两种截然不同的技术思路：MapReduce 模式基于现有廉价商业硬件和成熟技术，成本低，可处理超大规模数据集，吞吐量大，但计算耗时长，无法支持在线快速智能分析这类运用；内存计算模式将 DRAM 内存集群作为主存储介质，构成大规模集中式内存结构（如内存云 MemCloud），计算数据一次装载入内存，因此计算速度快，非常适宜于低时延要求的实时在线分析。但大内存模式成本高（目前硬盘存储成本约为 0.6 美分/GB，而 MemCloud 的成本高达 60 美元/GB），大内存存储的持久性和可靠性尚未得到验证。另外，在跨数据中心应用中内存云也受到外部网络速度迟缓的限制，因此，大内存计算模式在近期内尚未成为业界的主流解决方案。

表 3-2 大数据计算模式

计算模式	代表产品	存储体系	计 算 模 型	计算平台	关 键 技 术
批处理	MapReduce	GFS, HDFS, NoSQL	MapReduce	Hadoop, Azure, InfoSphere	HDFS, Hive, ZooKeeper, Mahout, Pig, Yarn
图计算	Pregel, Hama, GraphLab	GFS, HDFS, NoSQL	BSP	Google, Hadoop	Superstep，图分割，数据融汇
交互式计算	Dremel, Drill, PowerDrill	GFS, HDFS, NoSQL	MapReduce +算法	Google, Hadop	列存储结构、内存驻存，Hash 表
流计算	Storm, S4	GFS, HDFS	流计算模型	Storm, S4	有向非循环图（DAG），Tuple/Bolt/Topology
内存计算	Spark, HANA	集中式存储	大内存计算	Spark, HANA	列存储格式、读写分离、内存数据库
MPP	Greenplum	多点存储 SQL	NUMA（非一致存储访问）	Greemplum	Shared Nothing 架构，数据分区与并发计算

图计算模式也侧重于数据吞吐量，因此更接近于批处理模式，只是其采用的 BSP 同步计算模型不同于 MapReduce 模型。但两者都具有处理数据量大、计算时延长、不支持在线实时处理的特点。

流计算模式强调对数据的实时计算处理，看重实时数据查询的快速响应，从这一点上看，流计算模式偏向于内存计算模式，属于强调计算时延而非数据吞吐量的一类计算模式。但流数据针对的是动态数据流的实时处理，其一个计算任务（或一次循环）处理的数据量并不大，这与内存计算不同。后者需要把大数据量的静态数据一次装载入内存完成一次计算，需要更大的物理内存空间。

MapReduce 批处理计算模式被证明是一种数据量大、高性价比、技术成熟的解决方案，但计算时延长（通常在小时到天的量级），不利于在线实时响应；大内存计算模式处理速度快（通常在秒到毫秒量级），利于实时智能分析，但系统成本高，与周边系统同步兼容性差。如果把 MapReduce 批处理模式和大内存模式看成同一条轴上的两个极端，那么在这两端之间是否可以找到一个折中方案？

2012 年以来，Google 提出一种新计算技术引起了业界注意并得到快速发展。这种被称为交互式分析（Interactive Analysis）的计算模式[13]采用现有的分布式系统架构（Google 的

GFS/BigTable,开源社区的Hadoop/HDFS/Hive),通过改造数据存储结构和算法创新(如列存储结构,数据本地化,提高内存驻存率等)来大大降低计算耗时,将数据处理时间从MapReduce的小时到天的量级降低到秒到分钟级。这虽然比还不上大内存模式的处理速度,但已为大数据实时计算提供了一种可行的高性价比折中方案。这种被称为交互式计算模式的重要意义在于:它不仅避免了物理大内存技术的高昂成本,而且在计算架构和网络接口方面与现有体系能更好地集成,可靠性也更好。在目前高成本的物理存储介质未有实质性突破的情况下,交互式计算模式在支持在线实时数据计算处理方面不失为一个可选择的解决方案,对于互联网在线智能商务分析、电信网络和物流系统监测、政府突发应急管理这一类应用具有实际意义。

在批处理模式、交互式计算模式、大内存模式之外,另外值得讨论的一种计算模式是大规模并行处理模式(Massively Parallel Processing,MPP)[14]。大规模并行处理系统由多个松耦合的处理单元组成(要注意这里指的是处理单元而不是处理器),每个单元内的CPU都有自己的本地资源,如总线、内存、硬盘等。在每个单元内都有操作系统和数据库系统,这种结构最大的特点在于不共享资源。MPP作为一种不共享资源的海量数据实时分析架构,其每个处理节点运行自己的操作系统、文件系统和数据库等,节点之间信息交互只能通过网络连接实现。MPP具有如下特征。

(1) 任务执行并行化;

(2) 数据分布式存储(本地化);

(3) 分布式计算架构;

(4) 计算节点私有资源;

(5) 横向扩展性好(易于加入新的处理节点);

(6) Shared Nothing架构。

支持这种大规模并行处理的MPP数据库是一种新型数据库类型,它采用Shared Nothing+MPP架构,通过列存储、高效压缩、粗粒度智能索引等多项大数据处理技术,结合MPP架构高效的分布式计算模式,完成对海量高密度结构化数据的分析类应用的支撑。这种MPP数据库被证明可以有效支撑PB级别的结构化数据的高效处理[15],它具有如下特点。

(1) 具备ACID特性:满足原子性、一致性等要求。

(2) 支持关系型模型,支持基于关系模型的数据库设计。

(3) 使用SQL标准接口(支持ODBC和JDBC),易于开发,应用迁移方便。

(4) Share Nothing架构的特点使其可以横向扩展数百个节点,支撑PB级别的数据处理。

(5) 特别擅长处理结构化数据,有明显的星状和雪花片模型结构,便于进行OLAP分析和多维分析。

(6) 可部署于开放架构的X86服务器,平台建设成本低。

MPP计算架构擅长处理高价值密度的结构化数据的特点特别适合大规模的海量数据查询、关联、分析等场景,例如,数据仓库、数据集市、企业级报表、统计分析、即席查询、多维分析等,且MPP运行环境多为低成本PC Server,具有高性能和高扩展性的特点。目前,采用MPP架构的实时查询系统有EMC Greenplum、HP Vertica和Google Dremel,这些都是实时数据处理领域得到成功运用的系统,尤其是Dremel可以轻松扩展到上千台服务器,并在数秒内完成 TB 级数据的分析。

Greenplum 是一种基于 PostgreSQL 的分布式数据库。其采用 MPP 架构，各处理节点的主机、操作系统、内存、存储都是自有和自我控制，不与其他节点共享，也即每个节点都是一个单独的数据库。节点之间的信息交互是基于网络通过信息传递来实现，其计算模式是将数据划分分布到多个节点上来实现规模数据的存储和计算，通过并行查询处理来提高系统的查询性能。Greenplum 的系统架构如图 3-11 所示。

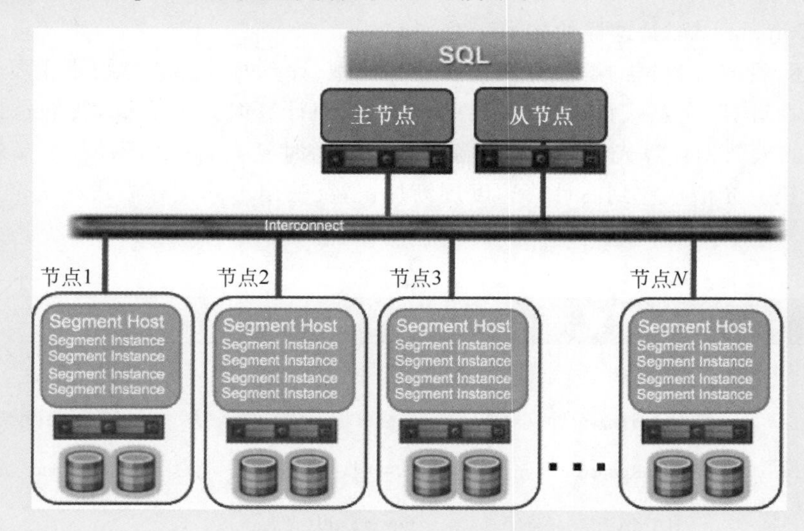

图 3-11 Greenplum 的系统架构

Greenplum 数据库的核心组件如下。

(1) 解析器：主节点收到客户端请求后，执行认证操作。认证成功建立连接后，客户端可以发送查询给数据库。解析器负责对收到的查询 SQL 字符串进行词法解析、语法解析，并生成语法树。

(2) 优化器：优化器对解析器的结果进行处理，从所有可能的查询计划中选择一个最优或者接近最优的计划，生成查询计划。查询计划描述了如何执行一个查询，通常以树状结构描述。Greenplum 最新的优化器叫 ORCA[16]。

(3) 调度器(QD)：调度器发送优化后的查询计划给所有数据节点(Segment Host)上的执行器(QE)。调度器负责任务的执行，包括执行器的创建、销毁、错误处理、任务取消、状态更新等。

(4) 执行器(QE)：执行器收到调度器发送的查询计划后，开始执行自己负责的那部分计划。典型的操作包括数据扫描、哈希关联、排序、聚集等。

(5) Interconnect 连接网络：负责集群中各个节点间的数据传输。

(6) 系统表：系统表存储和管理数据库、表、字段的元数据。每个节点上都有相应的拷贝。

(7) 分布式事务管理器：部署在主节点上，负责协调数据节点事务的提交和回滚操作，由两阶段提交(2PC)实现。每个数据节点都有自己的事务日志，负责自己节点上的事务处理。

从上面的分析可看出，MPP 计算模式擅长处理高价值密度的结构化数据，而基于

Hadoop 平台的批处理模式的优势在于处理非结构化数据。Greenplum 基于 MPP 架构的数据库(GPDB)将数据进行 Hash 切分存储到多个处理节点，一个 SQL 查询请求会被分发到多个处理节点同时并行处理，这就大大提高了查询速度。但 GPDB 的数据 Hash 存储方式也使得它的系统可扩展性不如 Hadoop/HDFS(GPDB 加入一个新的处理节点后需要重新映射 rehash)。目前的一个趋势是在 Hadoop 的底层数据存储系统之上增加相似于 MPP 架构的计算引擎，以改善 Haddop/MapReduce 计算时延长的缺点。Google 的 Dremel[13]、开源社区的 Impala[17] 都是这样的技术。

综上所述，目前大数据的解决方案按照计算模型、计算时延和关键技术主要可分为离线批处理、大内存计算、交互式计算三种计算模式。按照计算时延的高低，我们提出并绘制如图 3-12 所示的大数据计算光谱，图中左端深蓝色表示时延大、速度慢；右端橘红色则表示时延短、速度快。光谱从左到右计算速度逐渐加快，反映出不同计算模式在这个计算光谱中所处的位置。

	离线批处理计算	在线交互式计算	
数据规模	PB以上	TB~PB	GB~TB
时延性	离线计算(分钟~小时)	在线分析(秒~分钟)	实时计算(秒级)
计算模型	MapReduce Pregel HAMA	Dremel Drill Power Drill	MemCloud HANA
系统结构	分布式体系	分布式体系	集中式结构
采用技术	大数据迭代循环 硬盘读写次数多	提高数据内存存驻率 data locality columnar data structure	内存一次加载 硬件成本高

图 3-12 大数据计算光谱

(1) **离线批处理模型**：如 GFS、HDFS、NoSQL、MapReduce，业界主流模式，技术成熟，数据规模大，但时效性差。

(2) **内存计算模型**：如 HANA、Spark、MemCloud，计算速度快，但需要大规模集中式内存结构支持(若为分布式则受制于网络传输速度)，技术成熟度不够。

(3) **交互式计算模型**：Google 有 Dremel、PowerDrill，Apache 有 Drill，通过 data locality、in-memory buffer、columnar data structure 等技术来提高计算速度，以现有计算架构和软件技术为基础，具可行性；但目前技术分散，缺乏一个集成平台。

参考文献

[1] ISO/IEC JTC 1/SC 32 Data management and interchange：http://www.iso.org/iso/home/standards_development/list_of_iso_technical_committees/iso_technical_committee.htm?commid=45342.

[2] 大数据标准及应用： http://www.yidianzixun.com/home?page=article&id=news_1cdbf7206dd3fbee6db7d310911a078d.

[3] http://nvlpubs.nist.gov/nistpubs/SpecialPublications/NIST.SP.1500-1.pdf.

[4]　http://nvlpubs. nist. gov/nistpubs/SpecialPublications/NIST. SP. 1500-2. pdf.
[5]　http://nvlpubs. nist. gov/nistpubs/SpecialPublications/NIST. SP. 1500-3. pdf.
[6]　http://nvlpubs. nist. gov/nistpubs/SpecialPublications/NIST. SP. 1500-5. pdf.
[7]　http://nvlpubs. nist. gov/nistpubs/SpecialPublications/NIST. SP. 1500-6. pdf.
[8]　http://nvlpubs. nist. gov/nistpubs/SpecialPublications/NIST. SP. 1500-7. pdf.
[9]　http://nvlpubs. nist. gov/nistpubs/SpecialPublications/NIST. SP. 1500-6. pdf.
[10]　http://nvlpubs. nist. gov/nistpubs/SpecialPublications/NIST. SP. 1500-6. pdf.
[11]　http://wenku. baidu. com/link?url=XBztPkCE3TW-czFTRilRk3F1eiT6U7bd-RbKuHvCjXDICF1Hc7Cd91Zadzy4odu7pZar0r_gobnb7sEb2sDBZM3Oi0eLI4uRAMJh6a8H7TG.
[12]　http://spark. apache. org/.
[13]　Melnik S, Gubarev A, Long J J, et al. Dremel: Interactive Analysis of Web-Scale Datasets. Communications of the ACM, 2010, 3(12): 114-123.
[14]　Batcher K E. Design of a Massively Parallel Processor. IEEE Transactions on Computers, 1980, 29 (C-29): 836-840.
[15]　http://greenplum. org/.
[16]　Soliman M A, Antova L, Raghavan V, et al. Orca: a modular query optimizer architecture for big data. ACM, 2014.
[17]　http://impala. apache. org/.

习题

1. 描述大数据参考架构主要角色。

2. 阐述大数据标准体系中 6 个类别的标准。

3. 根据数据规模、时延性、计算模型、系统结构、关键技术 5 个维度，对比离线批处理计算、在线交互式计算，及大内存计算的区别。

第4章 数据采集方法

数据采集通过一种媒介，将来自外部世界的数据进行汇集，并将汇集的数据导入到内部系统中。数据采集广泛应用于各个领域，包括电子商务、金融、医疗等，数据采集的媒介包括笔记本、手机、传感器等。

在互联网高速发展的今天，数据采集已经被广泛应用于互联网相关的各个领域。总的来说，互联网背景下的数据采集方式主要包括三类：系统日志采集，网络数据采集，数据接口采集。

4.1 系统日志采集

日志是一个计算机领域中广泛使用的概念。计算机中的任何程序都可以输出日志，这些程序包括操作系统内核、各种应用服务器等。在各类程序产生的日志中，内容、规模和用途各不相同。在本章中，日志特指互联网领域的 Web 日志。

Web 日志包含各种前端 Web 服务器产生的用户访问日志，以及各种 Web 应用程序输出的日志。在 Web 日志记录中，每条日志通常代表着用户的一次访问行为。例如，下面就是一条典型的日志记录：

211.87.152.44 - [18/Mar/2005:12:21:42 +0800]"GET / HTTP/1.1"200 899 "http://www.baidu.com/""Mozilla/4.0(compatible; MSIE 6.0; Windows NT 5.1; Maxthon)"

上面这条日志反映了很多有用的信息，例如，访问者的 IP、访问时间、访问的目标网页、来源的地址以及访问者使用的客户端信息等。如果需要获取更多的信息，则需要采用特定的方法。例如，想得到用户屏幕的分辨率，一般需要使用 JS 代码单独发送请求；而如果想得到用户访问的具体新闻标题，则需要 Web 应用程序在自己的代码里输出[1]。

4.1.1 日志采集的目的

日志采集的主要目的是为了进行日志分析[1]。Web 日志中包含大量人们感兴趣的信息。例如，可以从日志记录中获取网站每个页面的页面访问量、访问用户的独立 IP 数；此外，还可以获取一些较为复杂的信息。例如，统计出关键词的检索频次排行榜、用户停留时间最长的页面，甚至可获取更复杂的信息，包括构建广告点击量模型、用户行为特征分析等。

既然日志数据中蕴藏了如此大的价值，那么当然需要一些工具帮助我们来分析它们，例如 Awstats、Webalizer，都是专门用于对 Web 服务器日志进行统计分析的开源程序。另外，还有一类产品，虽然不直接分析日志，但提供页面中嵌入 JS 代码的方式统计数据。典型的产品包括 Google Analytics、国内的 Cnzz、百度统计等。

很多读者可能会问，既然有如此多的 Web 日志分析工具，为什么还需要自己来采集日志，有必要吗？当然有。业务部门对数据分析的需求总是随着公司业务不断变化的。上述的几类分析工具虽然强大，但显然没办法满足所有的业务分析需求。无论是本地的分析工具，还是在线的分析服务，虽然能满足常规的统计分析需求，但它们的分析能力与无穷无尽的业务需求相比依然有限。想要进行稍复杂的个性化分析，依然需要自己动手来采集日志数据。

另外，绝大多数的日志分析工具都仅限于单机使用，当数据量的增长超过单机处理的范围，这些分析工具就没办法了。同时，提供在线分析服务的网站对单个站点通常也都有最大流量的限制，故对能够分析的数据样本量也有较为严格的限制。综上所述，日志采集的主要目的是为了日志分析，而日志分析是和业务部门的具体需求紧密联系的。

4.1.2 日志采集过程

日志数据的采集是通过设备中的日志记录子系统实现的，这个子系统能够在必要的时候生成日志消息。当然，具体的日志信息采集方式取决于设备。例如，可以对设备进行手工配置，也可以通过硬编码让设备自身生成一系列的预设消息。此外，必须使用日志主机来接收日志消息。日志主机是一个基于 UNIX 或者 Windows 的服务器系统，它用来集中存储日志消息。日志主机可以集中存储来自多个数据源的日志消息，可以对系统日志信息进行备份，也可以分析日志数据。

日志主机可以接收日志消息，读者可能会问：日志消息是如何传输到日志主机的？最常见的方法是通过 syslog 协议实现的，它是日志消息交换的一种标准[2]。syslog 协议常见于 UNIX 系统中，也存在于 Windows 和其他平台上，它实现了覆盖几乎所有客户端和服务器端组件间的通信，并主要采用用户数据报协议（UDP）。当然，为了提高传输的可靠性，syslog 协议同样支持传输控制协议（TCP）。客户端部分包括发送日志数据的终端设备，而服务器端通常部署在日志主机上。日志主机的主要工作就是通过 syslog 协议采集日志消息，并将其存储在一个本地磁盘上，以进行日志备份、存储和分析。

值得注意的是，syslog 协议并不是唯一的日志数据传输机制。例如，微软就为 Windows 用户开发了自己的日志记录系统，称作 Window 事件日志（Windows Event Log）。Windows 用户的登录注销操作、应用程序消息的存储都采用专有的模式。当然，为了和

syslog 日志兼容，微软也提供了 Windows 应用程序，用来将 Windows 事件日志转换成 syslog 日志，以发送给 syslog 服务器。

由于 syslog 日志和 Windows 事件日志均非常流行，人们往往将它们看作非官方承认的日志记录标准。除此之外，其他常用的日志协议如下[3]。

LEA：日志提取 API（Log Extraction API，LEA）是 Checkpoint 公司用于从它的防火墙和安全产品线收集日志的 API。

SDEE：安全设备事件交换（Security Device Event Exchange，SDEE）是思科公司用于从它的入侵预防系统（IPS）设备产品线收集日志消息的，此协议是基于可扩展标记语言（XML）的。

E-Streamer：E-Streamer 是 Sourcefire 公司为其 IPS 开发的专有协议。

4.2 网络数据采集

互联网承载了海量的信息，但如何有效地提取并利用这些信息是一个巨大的挑战。搜索引擎是一个辅助人们检索信息的工具，它可作为用户访问互联网的入口。但是，通用性的搜索引擎存在着一定的局限性，例如：

(1) 特定领域、特定背景的用户通常具有特定的检索目的，而通用搜索引擎返回的结果可能包含大量的无用网页信息。

(2) 通用搜索引擎的目标是尽可能提升网络的覆盖率，但这会造成有限的搜索引擎服务资源与无限的网络数据资源之间的矛盾。

(3) 随着网络技术的不断发展，互联网中的数据形式越来越丰富。图片、数据库、音频、视频多媒体等不同类型的数据大量出现。通用搜索引擎往往无法对这些信息含量密集且具有一定结构的数据进行获取。

(4) 目前，通用搜索引擎大多仅提供基于关键字的检索，它们难以支持基于语义信息的查询和检索。

4.2.1 网络爬虫工作原理

为了解决通用检索引擎存在的问题，以定向抓取网页资源为目的设计的聚焦爬虫技术应运而生。聚焦爬虫根据既定的抓取目标，选择性地访问互联网上的网页相关链接，从而获取所需要的信息。聚焦爬虫并不追求网页的全面覆盖，而是将目标定为抓取与某一特定主题内容相关的网页，为面向主题的用户查询准备数据资源。

网络爬虫的技术框架包括控制器、解析器、资源库三大部分。控制器的主要工作是为各个线程分配工作任务，并调度爬虫的线程资源。解析器的主要工作是批量下载网页，并对页面的格式和内容进行处理，包括清除 JS 脚本标签、CSS 代码内容、空格字符、HTML 标签等内容。资源库的主要工作是存储下载到的网页资源，其通常采用大型的数据库存储模型，如 Oracle 数据库或非关系型数据库，并对数据建立索引。

网络爬虫往往从一个初始网页的 URL 开始工作，首先获得初始网页上的 URL。在抓取网页的过程中，需要根据网页分析算法过滤与主题无关的链接，保留有用的链接并将其放入等待抓取的URL队列中。然后,网络爬虫根据某种搜索策略从队列中选择下一次要抓取的网页URL,并重复上述过程,直到达到系统的某一停止条件,例如,搜索时长或搜索页面数量达到某一阈值。另外,所有被爬虫抓取的网页会自动被系统存储,并建立索引,以便之后的查询和检索。

4.2.2 网页搜索策略

网络爬虫工作过程中的一个重要组成部分是网页搜索策略。网页的搜索策略按照搜索次序不同,可以分为深度优先、广度优先和最佳优先三种搜索策略。深度优先在很多情况下会导致爬虫的陷入问题,故使用较少。而目前常见的搜索策略是广度优先和最佳优先方法[4]。

深度优先的搜索策略表述如下:首先跳转进入起始网页的URL链接,分析这个网页中所包含的URL链接,选择其中一个URL链接进入。如此一个链接一个链接地选择并跳转进入,直到访问完路径中的最后一个URL。之后再回到上一层URL链接,处理下一条路径。深度优先搜索策略存在如下问题:起始网页通常是网站主页,其提供的链接往往最具价值,浏览和点击量最高。随着每一层URL的深入,网页的价值和点击量都会相应地有所下降。这表明重要网页通常距离起始网页的跳转次数较少,而多次跳转抓取到的网页价值往往很低。相对于其他搜索策略而言,深度优先的搜索策略在实际搜索过程中很少被使用。

广度优先的搜索策略和深度优先策略不同。它在抓取URL的过程中,只有完成当前层级的搜索后,才跳转到下一层级进行搜索。广度优先搜索算法的基本思想是:与初始网页URL在有限跳转次数范围内的网页具有主题相关性的概率很大。这个思想的正确性也在实践中被多次证明过,即门户网站首页中包含的URL往往最具有搜索价值[4]。此外,广度优先搜索通常与网页过滤技术结合使用,先用广度优先策略抓取网页,再过滤掉与主题无关的网页。然而,这种方法的缺点在于:随着抓取网页数量的增多,大量的无关网页将被下载并过滤,算法的效率将会变低。

最佳优先搜索策略是基于降低广度优先搜索策略的算法复杂度而进行优化的。最佳优先搜索策略按照特定的网页分析算法,预测候选URL与主题的相关性,筛选并抓取最相关的某些URL。最佳优先搜索策略与基于网页过滤技术的广度优先搜索的区别在于:前者是在抓取网页之前先分析网页的价值,而后者是先抓取网页,再将其中无关的网页过滤掉。因此,理论上来说,随着抓取网页的增多,最佳优先搜索策略的算法效率依然较高。研究表明,最佳优先搜索策略可以将无关网页的数量降低90%左右。然而,最佳优先策略存在的一个问题是:可能忽略掉爬虫抓取路径上的很多相关网页。为了克服最佳优先策略的这一问题,需要将最佳优先检索策略进行改进,以跳出局部最优点,降低有用网页的丢失概率。

4.2.3 网页分析算法

除了网页搜索策略外,网络爬虫的另一个重要组成部分就是网页分析算法。本节重点介绍基于拓扑分析的网页分析算法。

基于拓扑的网页分析算法是基于网页之间的链接,通过已知的网页,对与其有直接或间接链接关系的对象做出评价的算法。拓扑网页分析算法又分为网页粒度、网站粒度和网页块粒度这三种具体的分析算法[5]。

1. 网页粒度算法

PageRank 和 HITS 算法是最常见的两种网页粒度分析算法，两者都是通过对网页间连接度的递归，得到每个网页的重要度评价。PageRank 通过某页面所有的超链接关系来确定一个页面的重要等级。它把从 A 页面到 B 页面的链接解释为 A 页面给 B 页面投票，并根据投票来源和投票目标的等级来决定新的页面的等级。PageRank 算法忽略了绝大多数用户访问时带有的目的性，即网页链接与查询主题的相关性。为解决这个问题，HITS 算法提出了两个关键的指标：内容权威度(Authority)和链接权威度(Hub)，并利用这两个指标对网页质量进行评估。其基本思想是利用页面之间的引用链来挖掘隐含在其中的有用信息(如权威性)，具有计算简单且高效的特点。HITS 算法认为对每一个网页应该将其内容权威度和链接权威度分开来考虑，在对网页内容权威度做出评价的基础上再对页面的链接权威度进行评价，然后给出该页面的综合评价。内容权威度与网页自身直接提供内容信息的质量相关，被越多网页所引用的网页，其内容权威度越高；链接权威度与网页提供的超链接页面的质量相关，引用越多高质量页面的网页，其链接权威度越高[5]。

2. 网站粒度算法

基于网站粒度的爬虫算法，其算法实现的关键在于站点的划分和站点等级(SiteRank)的计算。SiteRank 的计算方法与 PageRank 类似，但是需要对网站之间的链接做一定程度的抽象，并在一定的模型下计算链接的权重。

网站划分情况分为按域名划分和按 IP 地址划分两种。本章参考文献[6]讨论了在分布式情况下，通过对同一个域名下不同主机、服务器的 IP 地址进行站点划分，构造站点图，利用类似 PageRank 的方法评价 SiteRank。同时，根据不同文件在各个站点上的分布情况，构造文档图，结合 SiteRank 分布式计算得到 DocRank。利用分布式的 SiteRank 计算，不仅大大降低了单机站点的算法代价，而且克服了单独站点对整个网络覆盖率有限的缺点。

3. 网页块粒度算法

在一个页面中，往往含有多个指向其他页面的链接，这些链接中只有一部分是指向主题相关网页的。但是，在 PageRank 和 HITS 算法中，没有对这些链接做区分，因此常常给网页分析带来广告等噪声链接的干扰。在网页块级别进行链接分析的基本思想是将网页分割为不同的网页块，然后对这些网页块建立链接矩阵。本章参考文献[6]介绍了块级别的 PageRank 和 HITS 算法，并通过实验证明，其效率和准确率都比传统的对应算法要好。

4.2.4 网络爬虫框架

网络爬虫的体系结构层出不穷，下面介绍一些比较著名的网络爬虫体系结构，包括框架中不同组件的命名及其特点的简短描述。

RBSE(Eichmann，1994)是第一个发布的爬虫。它有两个基础程序。第一个是“spider”，抓取网页中的 URL，并存储到一个关系数据库中；第二个程序是“mite”，它是一个修改后的 WWW 的 ASCII 浏览器，负责从网络中下载页面。

WebCrawler(Pinkerton，1994)是第一个公开可用的建立全文索引的程序，它使用库 www 来下载页面，使用广度优先来解析获取 URL，并对其进行排序。此外，它还包括一个根据选定文本和查询相似程度爬行的实时爬虫。

World Wide Web Worm(McBryan，1994)是一个用来为文件建立包括标题和 URL 简单索引的爬虫，其索引可以通过 grep 式的 UNIX 命令来实现。

Google Crawler(Brin and Page，1998)集成了索引处理，支持全文检索和 URL 抽取。它拥有一个 URL 服务器，用来提供发送爬虫程序时要抓取的 URL 列表。在文本解析的时候，URL 服务器负责检测某个新的 URL 是否已经存在。如果不存在，就将此 URL 加入到 URL 服务器中。

CobWeb(da Silva et al.，1999)使用了一个中央"调度者"和一系列的"分布式搜集者"。搜集者解析下载到的页面，并把获取的 URL 发送给调度者，进而分配给搜集者。调度者使用深度优先策略，并且使用平衡策略来避免服务器超载。此爬虫是使用 Perl 语言编写的。

Mercator(Heydon and Najork，1999；Najork and Heydon，2001)是一个分布式的、模块化的网络爬虫。它的模块化源自于使用可互换的"协议模块"和"处理模块"。协议模块负责获取网页(例如使用 HTTP)，处理模块负责处理页面。标准处理模块仅包括解析页面和抽取 URL，其他处理模块可以用来检索文本页面，或者搜集网络数据。

WebFountain(Edwards et al.，2001)是一个类似于 Mercator 的分布式模块化爬虫，采用 C++编写，特点是一个管理员机器控制一系列的蚂蚁机器。经过多次下载页面后，可以推测出页面的变化率。此外，通过求解非线性方程，可以获得该爬虫的最大新鲜度访问策略。

PolyBot(Shkapenyuk and Suel，2002)是一个使用 C++和 Python 编写的分布式网络爬虫。它由一个爬虫管理者、多个下载者、多个 DNS 解析者组成。抽取到的 URL 被添加到硬盘中的一个队列里，然后使用批处理的模式处理这些 URL。

WebRACE(Zeinalipour-Yazti and Dikaiakos，2002)是 Java 编写实现的、拥有检索模块和缓存模块的爬虫。系统获取用户下载页面的请求，并监视订阅网页的请求。当网页发生改变的时候，它必须让爬虫下载更新这个页面并且通知订阅者。WebRACE 最大的特点是，当大多数的爬虫都从一组 URL 开始的时候，WebRACE 可以连续地接收并抓取最初的 URL 地址。

Ubicrawer(Boldi et al.，2004)是一个使用 Java 编写实现的分布式爬虫。它没有中央程序，而是由一组完全相同的代理组成。其分配功能是通过主机前后一致的散列计算进行的，具有高伸缩性和允许失败的特点。

4.3　数据采集接口

网络应用程序分为前端和后端两个部分。当前的发展趋势是前端设备层出不穷，从桌面 PC 发展到笔记本、手机、平板等。因此，必须有一种统一的机制，方便不同的前端设备与后端进行数据通信。这导致 API 构架的流行，甚至出现 API First 的设计思想。REST API 是目前比较成熟的一套互联网应用程序的 API 设计理论。微博、微信公众号等常用的商用数据 API 都支持 REST API 的方式获取数据信息。

REST 从资源的角度来观察整个网络，分布在各处的资源由 URL 定位，而客户端应用通过 URL 来获取资源。随着不断访问 URL 来获取资源，客户端应用不断地转变状态。REST 通常基于使用 HTTP、URL、XML、HTML 这些广泛流行的协议和标准，故它是一种风格，不是一个标准。REST 对资源的操作包括获取、创建、修改和删除，这些操作正好对应

HTTP 提供的 GET、POST、PUT 和 DELETE 方法。

RESTful Web 服务(也称为 RESTful Web API)是一个使用 HTTP 并遵循 REST 原则的 Web 服务。它基于以下三方面资源进行定义[7]。

(1) URI,参见 http://example.com/resources/。

(2) Web 服务接收与返回的互联网媒体类型,比如 JSON、XML 等。

(3) Web 服务所支持的一系列资源请求方法(比如 POST、GET、PUT 或 DELETE)。

表 4-1 列出了在实现 RESTful Web 服务时,HTTP 请求方法的典型应用。

表 4-1 HTTP 请求方法的典型应用

资源	GET	PUT	POST	DELETE
一组资源的 URL,比如 http://example.com/resources/	列出 URL,以及该资源组中每个资源的详细信息	使用给定的一组资源替换当前整组资源	在本组资源中创建/追加一个新的资源。该操作往往返回新资源的 URL	删除整组资源
单个资源的 URL,比如 http://example.com/resources/142	获取指定的资源的详细信息,格式可以自选一个合适的网络媒体类型(比如:XML、JSON 等)	替换/创建指定的资源,并将其追加到相应的资源组中	把指定的资源当作一个资源组,并在其下创建/追加一个新的元素,使其隶属于当前资源	删除指定的元素

参考文献

[1] 杨清龙.基于网络日志的互联网用户行为分析.华中科技大学. 2013.

[2] 叶玲肖.基于 SYSLOG 的集中日志管理系统的研究与实现.浙江工商大学. 2011.

[3] 钱秀槟,李锦川.信息安全事件定位中的 Web 日志分析方法.信息网络安全,2010.

[4] Mark Allen Weiss.数据结构与算法分析.北京:人民邮电出版社,2007.

[5] 苗夺谦.粒计算:过去、现在与展望.北京:科学出版社,2007.

[6] 徐计,王国胤.基于粒计算的大数据处理研究.第十一届全国博士生学术年会:信息技术与安全专题论文集,2013:21.

[7] Fielding, Roy Thomas. Architectural Styles and the Design of Network-based Software Architectures. Doctoral dissertation, University of California, Irvine, 2000.

习题

1. 什么是日志采集?日志采集的主要目的是什么?

2. 日志采集的主要过程是什么?传输协议有哪些?

3. 请简述网络爬虫的工作原理。

4. 网络搜索的方法有几种?请简述每种网络搜索的原理,并比较不同搜索算法的优缺点。

5. RESTful Web 是基于哪些资源进行定义的?

第5章

数据清洗与规约方法

近年来，随着信息产业的快速发展，人们积累的数据越来越多。激增的数据背后隐藏着许多重要的信息，如何对其进行深入的分析，以便更好地利用这些数据，变得越来越重要。数据挖掘技术在这种背景下应运而生。

现实中的数据总是错综复杂的。总体而言，不可避免地存在冗余数据、缺失数据、不确定数据和不一致数据等诸多情况，这样的数据统称为"脏数据"。要在过去或现存的数据基础上为将来的企业发展做决策或预测时，数据的质量问题就变得很关键。错误的数据会导致错误的决策结果，影响信息服务的质量。因此，数据挖掘之前必须对数据进行一系列的预处理工作。大量的事实表明，在数据挖掘工作中，数据预处理所占的工作量达到了整个工作量的60%～80%[1]。

数据预处理就是在数据挖掘前，先对原始数据进行必要的清洗、集成、转换、离散和归约等一系列的处理工作，使之达到挖掘算法进行知识获取研究所要求的最低规范和标准[2]。通过数据预处理工作，可以纠正错误的数据、去除多余的数据、挑选并集成所需的数据、转换数据的格式，从而达到数据格式一致化、数据信息精练化。总而言之，经过预处理之后，可以获取数据挖掘所要求的数据集。具体来说，数据预处理的主要任务如下[3]。

(1) 数据清洗：填补缺失数据、消除噪声数据等。数据清洗的原理，就是通过分析"脏数据"的产生原因和存在形式，将"脏数据"转化为满足应用要求的数据，从而提高数据集的数据质量。

(2) 数据集成：将所用的数据统一存储在数据库、数据仓库或文件中形成一个完整的数据集，这一过程主要用于消除冗余数据。

(3) 数据转换：主要是对数据进行规格化操作，如将数据值限定在特定的范围之内。

(4) 数据归约：剔除无法刻画系统关键特征的数据属性，只保留部分能够描述关键特性的数据属性集合。

5.1 数据预处理研究现状

数据预处理技术在理论和应用上都获得了较大的进展，现阶段该领域研究最多的是数据清洗和数据归约技术，下面将国内外有关这两方面技术的研究现状概述如下。

5.1.1 数据清洗的研究现状

数据清洗技术的研究，最早是从纠正美国的社会保险号开始的[4]。后来随着信息业和商业的快速发展，加速了这方面技术的研究。研究内容主要涉及以下几方面。

(1) 对数据集进行异常检测。通常采用统计方法，检测数据的数值型属性，通过计算属性值的均值和标准差等指标，在每一个属性的置信区间内识别异常的属性和记录。

(2) 对数据对象去重。数据去重的过程就是重复清洗数据记录的过程[5]。这个过程在数据仓库应用中特别重要，因为在集成来自不同数据源的数据时，可能产生大量的重复数据记录。

(3) 对缺失数据的清洗[6]。研究者大多采用近似值替换缺失值的方法对数据进行清洗，得到近似值的方法包括贝叶斯网络、神经网络、KNN 分类、粗糙集理论等，这些方法的核心就是判断缺失记录与其他完整记录之间的相似度。

目前来说，国内对数据清洗技术的研究，还处在一个初始阶段。数据的清洗工作，主要集中在银行、保险和证券等对客户数据的准确性要求很高的行业。这些行业只做针对自己客户进行数据清洗工作，且只开发针对具体应用的软件。目前还没有一款通用的数据清洗软件。

5.1.2 数据规约的研究现状

对海量数据进行数据分析和挖掘需要很长时间。为了让数据挖掘更加有效，需要对数据进行归约。数据规约的主要研究内容如下[7]。

(1) 高维度数据的降维处理。该过程主要采用删除冗余数据属性的方法，且删除冗余的数据属性往往需要用到某领域的业务知识。常用的降维方法包括逐步向前选择法、逐步向后删除法、判定树归纳法等。

(2) 减少数据量。当处理大量数据需要花费较长的时间时，无法满足某些实时性要求较高的应用要求，此时需要对数据量进行缩减。此过程采用的主要方法包括直方图、聚类等，进而从数据集中选择较小规模的数据。

(3) 数据离散化技术。该技术可以将连续属性值转换为离散属性值，降低属性值的个数，从而降低处理数据的运算时间。

通常来说，数据归约问题是一个 NP 难题。目前为止，人们已经在规约方面做了许多工作，也提出了许多算法。当然，现有的归约方法大部分都是在属性重要性和基于分辨矩阵的基础上提出的。

5.2 数据质量问题分类

数据质量问题是由多方面原因引起的,也通常有不同的表现形式。数据质量问题不局限于数据错误。换句话说,即使数据本身没有错误,也可能随着新的数据处理要求的出现,重新对原来的数据进行清洗。例如,当历史数据库在数据结构、数据属性等方面不能满足新的数据应用的要求时,就需要通过数据清洗来提升数据质量。

数据质量问题的分类有两个维度,如图 5-1 所示。一是按照数据源的数量进行分类,数据质量问题可分为单数据源和多数据源两种类型;二是按照数据问题出现的阶段分类,数据质量问题可分为模式层问题和实例层问题。模式层面的问题能够通过改善模式设计、模式转换和模式集成加以解决。而实例层的质量问题是指在实际的数据内容中存在错误和不一致,这些问题往往在模式层是不可见的,需要在数据清洗过程中解决。下面根据数据源的个数分类,讨论单数据源和多数据源的数据质量问题。

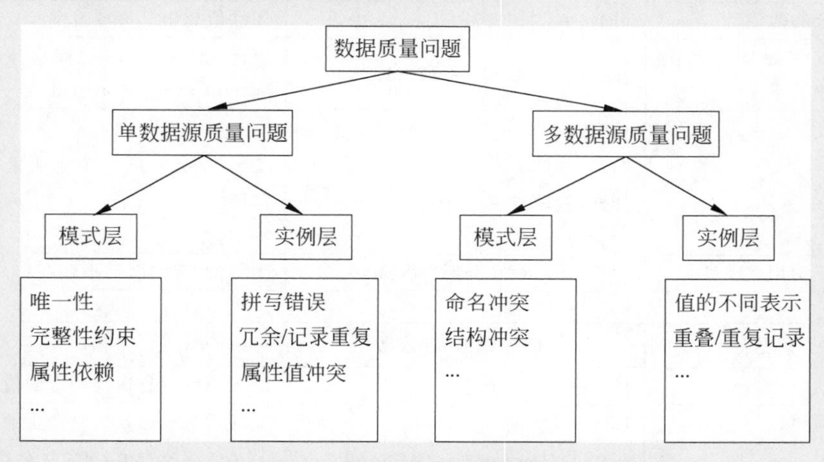

图 5-1 数据质量问题分类

5.2.1 单数据源的问题

对于单个数据源而言,其模式层面的数据质量问题很大程度上依赖于设计模式对数据的完整性约束。数据库系统中的完整性约束决定了哪些数据值是可以被接受的。例如,某个数据表示日期时,需要约束日期值的格式和类型,确保数据库中所有日期数据的格式统一。然而,对于文件、Web 数据这些没有统一约束的数据源来说,造成数据值错误和不一致的可能性大大增加。此外,对于数据库系统而言,即使有对数据的完整性约束,但由于数据应用要求的改变,仍然会造成数据质量的问题。例如,对于同一个数据库系统,由于应用场景的变化,表示时间的数据格式要求从小时精确到分钟,此时数据的格式需要调整,才能够满足新的数据应用要求。对于单个数据源而言,实例层面的数据质量问题是模式设计层面无法避免的,例如数据的输入错误等。

无论是数据模式层还是数据实例层的错误，我们可以根据问题所属的层级范围分成以下4类：①属性内部，这类错误仅局限于单个属性的值，例如年龄的值为2000；②记录内部（属性之间），这类错误表现在同一条记录中不同属性值的不一致，例如年龄和生日无法对应；③数据源内部（记录之间），这类错误表现在同一个数据源中不同的记录之间的不一致关系，例如同一个ID的姓名不一致；④数据源之间，这类错误表现在数据源中的某些属性值和其他数据源中相关值的不一致关系，例如同一个ID对应的年龄不一致。

对于不同层级范围的数据质量问题，相应的数据清洗方法也有所不同。因此，明确数据质量问题的层级范围是找到合理的数据清洗方法的基础。图5-1中两张表分别列出了单数据源在数据模式层和数据实例层常见的质量问题，并列举了相关案例。图5-2中的一些质量问题看起来比较类似，但必须注意到它们之间的本质区别：列举的质量问题可以通过改善数据模式的设计、增加必要的完整性约束等措施来解决。此外，图中列举的质量问题则往往不能通过上述措施解决，而是需要通过数据清洗的方法加以解决。

范围/问题		问题数据(脏数据)	描　述
属性	不合法的值	birth = 21.13.75	属性值超出了值域范围
记录	违反了属性之间的依赖关系	age = 20, birth = 12.11.75	属性age和birth之间应该保持age = current year − birth这样一种依赖关系
记录型	违反唯一性	雇员1：name =“马明”, wid = “1234567” 雇员2：name =“汪磊”, wid = “1234567”	工号(wid)在同一个企业里是具有唯一性的
数据源	违反引用完整性	雇员：name=“马明”,depno=32	编号为32的部门不存在

范围/问题		问题数据(脏数据)	描　述
属性	空值	birth = dd/mm/yy	该属性没有输入相应的值
	拼写错误	City =“伤害”	通常为数据录入时产生的错误
	值的不同表示	记录1：company = “Motorola” 记录2：company = “摩托罗拉公司”	企业同时存在中英文名称，没有使用统一的标准
	多值嵌入	name=“何瑛 23.02.77 杭州”	多个属性的值输入到了一个属性中(特别是自由文本的数据)
	属性值错位	City=“浙江”	某个属性的值放置到另外一个属性中
记录	违反了属性之间的依赖关系	City =“上海”,zip = 310023	城市和邮编之间应该是相关的
记录型	重复记录	记录1:(“马明”,“Motorola”...) 记录2:(“马明”,“摩托罗拉公司”...)	同一个实体的信息被多次以不同的方式输入
	冲突记录	记录1:(“马明”,“中兴通讯”...) 记录2:(“马明”,“摩托罗拉”...)	现实世界的同一个实体被不同的值描述
数据源	引用错误	雇员：name=“马明”,depno=12	存在编号为12的部门，但是该雇员不在此部门

图5-2 数据质量问题分类

5.2.2 多数据源的问题

对于多数据源的情况，需要对不同数据源的数据进行集成。每个数据源往往由特定的应用程序创建，以满足特定的用户需求，每一个数据源的数据模型设计会存在很大程度的差异。此外，每一个数据源中都可能包含脏数据，且不同数据源对同一数据可能存在不同的表示形式、数据重复或者数据冲突。因此，在单一数据源情况下存在的数据质量问题在多数据源情况下依然存在。此外，在多数据源情形下，数据清洗将面临许多新的问题，比如结构冲突、命名冲突、重复记录[8]等。

多数据源中数据模式层面的主要问题是命名冲突和结构冲突。命名冲突是对不同的数据对象采用相同的名字命名，或者对同一数据对象采用不同的名字命名。结构冲突存在很多不同的情况，通常指采用不同的方式表示不同数据源中的同一个数据对象，比如同一个对象在不同数据集中有不同属性的粒度、不同的组成结构、不同的数据类型、不同的完整性约束等。

多数据源中数据实例层面的主要问题往往不能在数据模式层面体现，数据实例层面的冲突是指具体数据的冲突。在单数据源中存在的数据质量问题，在不同的数据源中可能表现为不同的形式，比如记录重复、记录冲突等问题。即使不同的数据源之间具有相同的属性名字和数据类型，也仍然可能存在不同的数据值表示（比如对性别的描述，可以表示为'男'、'女'，也可以表示为'M'、'F'）或者对数据值的不同解释（比如美元和欧元等不同的货币衡量单位）。此外，不同数据源提供的信息可能聚合在不同的层次，比如某个数据源中单条记录描述的是某个产品的销售信息，而另一个数据源中的一条记录描述的是一组同类产品的销售信息。

对于多数据源而言，一个主要的数据清洗问题是识别重复数据，这一问题也被称为对象标识问题[9]。通常不同数据源的信息之间仅仅是部分冗余的，这些数据源可以通过提供对同一个实体的额外信息进行相互的补充。因此，为了取得对一个实体的统一描述，必须去除重复的信息，合并、整理某一实体在多个数据源的信息。

图 5-3 中给出的两个数据源 Client 和 Customer 均是关系表，它们之间存在着多种数据模式和数据实例层的冲突。在数据模式层，存在着命名冲突（不同的名字用于相同的数据对象，如“Client/Customer”，“Cid/Cno”，“Sex/Gender”）和结构冲突（比如，对地址的表示粒度不同）。在数据实例层中，两个数据源对性别有着不同的表示（如“0/1”和“F/M”），并且存在重复记录（如“马明”）。通过进一步的观察，还可以发现 Cid/Cno 都是数据源特定的内部记录标识，它们的内容在不同的数据源之间是不可比较的；不同的值（如“18/495”）可能标识同一个客户，而不同的客户也可能拥有相同的某个值（如“25”）。解决这些问题，同时需要数据模式相关的和数据实例相关的数据清洗技术，图 5-3 中的第三张表展示了一种可行的数据清洗方案得到的结果。值得注意的是，在清洗过程中，解决数据质量问题的顺序需要慎重的考虑。有些问题只有在其他问题解决后才能有效地解决，比如重复记录的检测必须基于对地址和性别的统一表示。

Client(数据源 1)

Cid	Name	Street	City	Province	Sex
18	马明	凤起路 162 号 B 座 301 室	杭州市	浙江	1
25	王丽	武川路 78 弄 513 号楼 302 室	上海市	上海	0

Customer(数据源 2)

Cno	Name	Address	Phone	Gender
495	马明	杭州市凤起路 162 号 B 座 301 室,邮 310012	0571-86805221	M
25	何瑛	杭州市西溪路 180 号 26 号楼 101 室,邮 310023	0571-85221092	F

Customers(经过数据清洗之后的数据)

No	Name	Street	City	Province	Zip	Phone	Gender	Cid	Cno
1	马明	凤起路 162 号 B 座 301 室	杭州	浙江	310012	0571-86805221	M	18	495
2	王丽	武川路 78 弄 513 号楼 302 室	上海	上海	200000		F	25	
3	何瑛	西溪路 180 号 26 号楼 101 室	杭州	浙江	310023	0571-85221092	F		25

图 5-3 数据质量问题分类

5.3 数据清洗技术

5.3.1 重复记录清洗

理想情况下,对于一个实体,数据库中应该有且仅有一条与之对应的记录。然而,在现实情况中,数据可能存在数据输入错误的问题,如数据格式、拼写上存在的差异(例如,Apple 公司、apple 公司、苹果公司是同一实体的多条记录)。这些差异会导致不能正确地识别出标识同一实体的多条记录,且对于同一实体,在数据仓库中会有多种不同的表示形式,即同一实体对象可能对应多条记录。重复记录会导致错误的分析结果,因此有必要去除数据集中的重复记录,以提高分析的精度和速度。

在消除数据集里面的重复记录时,首要的问题就是如何判断两条记录是否重复。这需要比较记录的相关属性,根据每个属性的相似度和属性的权重,加权平均后得到记录的相似度。如果两条记录的相似度超过了某一阈值,则认为这两条记录是指向同一实体的记录,反之,认为是指向不同实体的两条记录。检测数据集里面的重复记录时,常用的方法是基本近邻排序算法,该算法的基本思想是:将数据集中的记录按指定的关键字(Key)排序,并在排序后的数据集上移动一个固定大小的窗口,通过检测窗口里的记录,判定它们是否匹配,以此减少比较记录的次数。

具体来说,基本近邻排序算法的主要步骤包括以下三步[10]。

(1) 生成关键词:通过抽取数据集中相关属性的值为每个实例生成一个关键词。

(2) 数据排序:按步骤(1)生成的关键字为数据集中的数据排序。尽可能地使潜在的重复记录调整到一个邻近的区域内,从而将进行记录匹配的对象限制在一定的范围之内。

(3) 合并:在已排序的数据集上依次移动一个固定大小的窗口,数据集中每条记录仅与窗口内的记录进行比较。如果窗口的大小包含 m 条记录,则每条新进入窗口的记录都要

与先前进入窗口的 $m-1$ 条记录进行比较，以检测重复记录。在一个窗口中，当最先进入窗口的记录滑出窗口后，窗口外的第一条记录移入窗口，且把此条记录作为下一轮的比较对象，直到数据集的最后位置（如图 5-4 所示）。

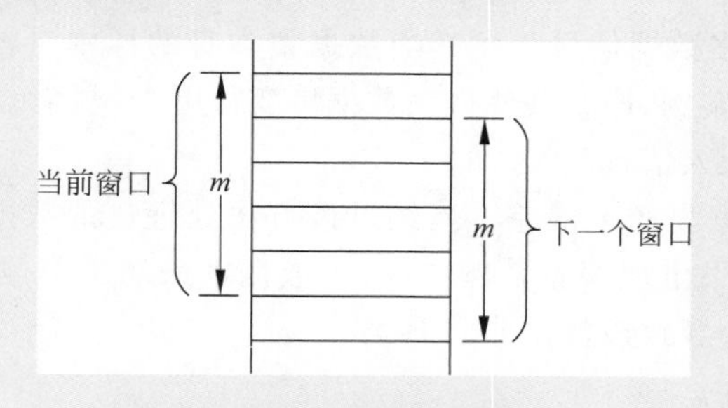

图 5-4　数据质量问题分类

5.3.2　消除噪声数据

噪声数据是一组测量数据中由随机错误或偏差引起的孤立数据，噪声数据往往使得数据超出了规定的数据域，对后续的数据分析结果造成不良的影响。消除噪声的主要数据处理方法是分箱方法。

分箱方法根据拟处理数据周围的数据值，平滑需要处理的数据。通常来说，需要处理的数据被分布到一些箱中，不同的分箱技术对这些值进行不同的平滑。现有的主要分箱方法都是把数据划分到相同深度的不同箱内。具体方法如下[10]。

1. 按箱平均值平滑

该方法把箱中的所有值进行平均，然后使用该箱中数据的平均值替代箱中拟处理的数据。

2. 按箱边界平滑

该方法首先找出箱中的最大值和最小值，并将最大值或最小值作为箱边界，进而将该箱中的每一个数据都由最近的箱边界值替换。

5.3.3　缺失值清洗

理想情况下，数据集中的每条记录都应该是完整的。然而，在现实世界中，存在大量的不完整数据。造成缺失数据的原因有很多，包括由于人工输入时的疏忽而漏掉，或者在填写调查问卷时，调查人不愿意公布一些信息等。在数据集中，若某记录的属性值被标记为空白、“Unknown”或“未知”时，则认为该记录存在缺失值，是不完整的数据。这些不完整、不准确的数据会影响数据分析结果的准确性，影响信息服务的质量。

当前有很多针对缺失值清洗的方法，这些方法大致可分为两类[11]：①忽略不完整的数据值；②填充缺失数据值的方法。第一类方法操作较为容易，往往通过删除含有不完整数据的属性或实例来去除不完整数据，但这种方法会损失很多数据信息。第二类方法是采用填充算法对不完整的数据进行填充，大多是通过分析其他完整部分的数据对缺失数据进行填充。数据清洗的具体方法如下。

1. 忽略不完整数据的方法

清洗数据的缺失值有很多简单的方法，比如删除数据属性或实例。删除属性是把含有不完整数据的属性全部删除，删除实例是把含有不完整数据的实例删除。删除属性或实例是常用的方法，很多统计工具都把该方法作为默认的处理缺失值的方法。该方法具有效率高、易于操作的特点，但它的缺点也比较明显。

(1) 该方法删除很多数据信息。尤其当数据集本身的样本量较小时，如果删除一些含有不完整数据的属性或实例，那么会使得该数据集变得更小，剩余的数据可能不具有统计意义，故分析结果也无法让人信赖。

(2) 该方法会使数据集产生偏差。当经过该方法处理过的数据用于数据分析(如聚类分析)时，会使得分析结果出现偏差。例如，一个数据本来属于A类，但由于其同类的数据样本被过多删除，可能会导致该数据分到B类。

2. 基于填充技术的方法

通过忽略缺失值来清洗数据，很有可能会将潜在的有价值信息也一并删除，这比含有不完整数据的情况还要严重。因此，相比于删除数据，更好的方法是把不完整的数据填充上，即把缺失值用最接近它的值来替代，从而提高可用数据的数量。缺失值填充算法在当前是一个研究热点，具体可以分为统计方法、分类方法、神经网络训练方法等[11]。

基于统计的填充方法：该方法通过分析数据，得出数据集的统计信息，然后利用这些信息清洗缺失值。该类方法中最常用的方法是均值填充方法，它把完整数据的算术平均值作为缺失数据的值。然而，均值填充法的有效性和整体数据的分布相关。如果数据的分布是正态分布，即所有数据都围绕在均值附近，则均值填充法会比较有效。反之，如果数据的分布是其他分布，均值附近的数据频次不高，则均值填充法不会特别有效。

基于分类的填充方法：当人们面对海量数据时，首先要对这些数据进行分类，然后再对每一类数据集进行分析，这符合对复杂问题采取的“分而治之”的策略。分类的概念是在已有数据的基础上构造出一个分类器，该分类器能够把数据库中的数据映射到给定的某一个类别，进而用该类别的均值代替缺失数据。

基于神经网络的数据填充方法：神经网络需要很长的训练时间，需要确定大量的网络参数，故适用于有足够长训练时间的应用。神经网络的优点包括其对噪声数据的高承受能力，以及它对未经训练的数据分类模式的能力。在构建神经网络时有几点需要注意：①需确定输入层的节点数；②确定输出层的节点数；③必须选择网络拓扑(比如，隐含层的层数或隐含层的节点数)结构；④随机初始化权重；⑤训练样本必须是完整数据，即如果存在缺失值则要去除该实例。神经网络的特点如下：第一，神经网络很难解释，目前还无法对神经网络做出显而易见的解释；第二，神经网络可以处理属性冗余问题，在网络训练阶段权值自动学习，冗余属性的权值较小；第三，训练一个神经网络可能需要相当可观的时间才能完成；第四，建立神经网络需要做的数据准备工作量很大。

5.4 数据归约

当数据集含有大量的数据属性时，数据的实例数量也非常庞大，这使得此类分析是不可行的。数据归约技术[11]可以降低所需分析数据的数量，且仍接近于保持原数据的完整性。因此，在归约后的数据集上分析会更有效。数据归约的技术较多，下面主要介绍维归约、属性选择和离散化技术。

5.4.1 维归约

用于分析的数据集可能包含大量的属性,其中一部分属性与分析任务并不相关。保留不相关的数据属性会导致分析算法无所适从,从而导致分析效果较差。此外,不相关的属性增加了数据冗余,使得分析进程变得缓慢。

维归约是通过减少数据集不相关属性的方法,降低数据集的维度,从而提高数据分析算法的效率。维归约方法主要的思路是属性构造,即通过合并已有的属性来构造新的属性,最常用的属性构造方法是根据领域专家的意见来合并已有的属性。

5.4.2 属性选择

属性选择方法可以减少数据集中的不相关属性。不同于维归约中采用领域知识直接将属性去掉,属性选择通过分析所有可能的属性子集,从而找到最佳的属性子集。然而,数据集的属性子集数量随着数据集属性个数呈现出指数增长,此方法费时费力,且实际用途不大。常用的属性选择策略有很多,但必须满足以下两个条件:①计算代价小;②能找到最佳或接近最佳的属性子集。当然,在实际工程中,选择策略往往是两个条件的折中方案。

选出属性子集后,评价方法要对其进行评价,以确定该属性子集对于某个特定的数据分析任务是否是最佳的。由于属性子集的个数较多,无法对子集逐个进行测试,需要一个标准来决定什么情况下可以停止选择。通常来说,选择的标准包含以下策略:迭代次数是否超过了某个阈值,属性子集的数据集大小是否低于某个阈值等。一旦选出了属性子集,应该确认一下该属性子集的性能。标准是应用到该属性子集上的数据分析结果应该与应用到整个属性集上的结果相同。

5.4.3 离散化方法

离散化技术可以用于数据转换。比如,对数据集使用分类算法时,需要把数据转换成离散的形式;而对于关联规则发现算法,则需要变为二元变量的属性格式。因此,有时需要从连续型数据转换为离散型数据,而有时需要把连续型和离散型的数据转换为二元变量形式。另外,如果离散数据的值较大,或某些值出现的频率较低,则可以通过合并这些数值来达到对离散数据归约的目的。

离散化技术通常在分类或关联规则分析中使用。把连续型数据转换为离散型数据一般包含两个子任务:①判断需要多少个离散型数据;②如何把连续型数据映射到离散型数据上。在第一步中,先对连续型数据进行排序,然后指定 $n-1$ 个点把数据分为 n 个区间。在第二步中,把落在同一个区间内的所有连续型数据都映射到相同的离散型数据上。因此,离散化问题就变成了如何划分区间的问题。

分箱方法也可以用于离散化。等深的分箱方法是把相同数量的属性值放入不同箱内,然后对每个箱里的数据进行处理。具体来说,是把箱中的所有数据取平均值,然后把每个属性值用平均值来替换,从而达到属性值离散化的目的。

5.5 数据清洗工具

专用的数据清洗工具往往应用于特定的业务领域、特定的数据清洗阶段或者特定的数据质量问题。这些工具往往依靠某些规则库来指导数据转换过程，或者通过与人的交互来完成数据转换过程。

在业务领域，对于许多企业来说，各种各样的地址数据可能成为其业务的核心。随时能和客户、供应商进行准确的联系，对这些企业来说显得非常重要。高质量的地址数据对企业的业务将给予巨大的帮助，它们不仅能够帮助企业与客户建立良好的关系，而且可以为企业节省大量的时间和金钱。因此，目前存在较多的和地址相关的数据清洗工具。比如，IDCentric（FirstLogic）、Pureintegrate、QuickAddress（QASSystems）、ReUnion（PitneyBowes）、NADIS、Trillium（TrilliumSoftware）等都是这类工具。它们提供的技术包括抽取地址信息并将它们转换为符合标准的形式，从而验证城市、邮编、街道等各种信息是否正确。这些工具往往拥有较大的预定义规则库，专门用来处理这类数据中经常出现的一些问题。比如，Trillium 的分析和匹配模块包括超过 200 000 条业务规则，而且能够根据用户的需求加入新的业务规则。

在数据质量问题中，最典型的是重复记录问题。因此，标示或去除重复记录的工具应运而生，这些工具包括 DataCleanser（EDD），Merge/PurgeLibrary（Sagent/QMSoftware），MatchLT（HelpLTSystems），MasterMerge（PitneyBowes）等。通常这些工具都要求目标数据源已经过一定的数据清洗，具备了较好的数据质量，不会影响记录匹配过程，因此，这些工具往往需要其他 ETL 工具的配合。大量的商业化工具支持数据的 ETL 过程（Extraction，Transformation，Loading），比如 CopyManager、DataStage、Extract、SagentSolutionPlatform、WarehouseAdministrator 等许多工具，这些工具往往利用 DBMS 来统一管理所有的元数据信息，比如数据源信息、目标数据模式、映射关系、脚本程序等。这些 ETL 工具通常只有较少的内建的数据清洗特性，但允许用户通过其私有的一些编程接口来定义某些数据清洗特性。

参考文献

[1] 梁文斌. 数据清洗技术的研究及其应用. 苏州大学计算机应用技术，2005.
[2] 周芝芬. 基于数据仓库的数据清洗方法研究. 东华大学计算机应用，2004.
[3] 杨宏娜. 基于数据仓库的数据清洗技术研究. 河北工业大学模式识别与智能系统，2006.
[4] 邓莎莎，陈松乔. 基于异构数据抽取清洗模型的元数据的研究. 计算机工程与应用，2004，30-0175-03.
[5] 张军鹏. 数据仓库与数据挖掘中数据清洗的研究. 华北电力大学计算机应用技术，2005.
[6] 陈松. 数据仓库中的数据质量研究及数据清洗工具 DataCleaner 的设计. 东北大学计算机应用与技术，2003.
[7] 包从剑. 数据清洗的若干关键技术研究. 江苏大学计算机应用大学，2007.
[8] 邓中国，周奕辛. 数据清洗技术研究. 山东科技大学学报（自然科学版），2004，23(2).
[9] 周奕辛. 数据清洗算法的研究与应用[D]青岛大学，2005.
[10] 王日芬，章成志，张蓓蓓，吴婷婷. 数据清洗研究综述. 现代图书情报技术（情报分析与研究），2007，12.
[11] 姜燕生，李凡. 数据挖掘中的数据准备工作. 湖北工学院学报，2003，18(6).

习题

1. 数据预处理的主要任务有哪些？
2. 数据清洗技术按照解决问题的需求可以分为哪几类？请详细阐述每一类问题。
3. 清洗数据缺失值的技术有哪些？请比较各种技术的优劣。
4. 数据规约技术有哪些？详细阐述每种技术的特点。
5. 常用的数据清洗工具有哪些？请分析每一类工具的应用场景。

第 6 章

数据分析算法

数据分析是从海量数据中提取信息的过程，以机器学习算法为基础，通过模拟人类的学习行为，获取新的知识或技能，不断改善分析的过程。机器学习从很多学科中吸收了重要的成果，包括统计学、人工智能、信息论、认知科学、计算复杂性和控制等，每个学科中机器学习的具体算法也纷繁复杂。本章的内容并不追求涵盖每一种具体的机器学习算法，而是介绍一些常用的算法。

本书参考数据领域的十大经典算法，它们是国际权威的学术组织 IEEE 于 2006 年 12 月在中国香港召开的 IEEE International Conference on Data Mining（ICDM）会议中评选出的算法，包括 C4.5 算法、k-均值算法、支持向量机、Apriori 算法、EM 算法、PageRank 算法、AdaBoost 算法、k-临近算法、朴素贝叶斯算法和回归树算法[1]。这十大算法中的任何一种都可以称得上是机器学习领域的经典算法，它们在数据分析领域都产生了极为深远的影响。

6.1 C4.5 算法

C4.5 是机器学习中常用的一种分类算法。算法的目标是通过学习，找到一个从实体属性值到类别的映射关系，并且这个映射能用于对新的未知实体进行分类[2]。

C4.5 由 J. Ross Quinlan 在 ID3 的基础上提出，ID3 算法是用来构造决策树的常用算法。决策树是一种类似流程图的树结构，其中每个内部节点（非树叶节点）表示在一个属性上的测试，每个分枝代表一个测试输出，而每个树叶节点存放一个类标号。一旦建立好了决策树，对于一个未给定类标号的实体，决策树会选择一条从根节点到叶节点的路径，该实体的预测结果就存放在该叶节点中。决策树的优势在于不需要任何领域的知识或参数设置，适合于探测性的知识发现。图 6-1 就是一个典型的决策树。数据集如图 6-2 所示，它表示的是天气情况与是否去打高尔夫球之间的关系。

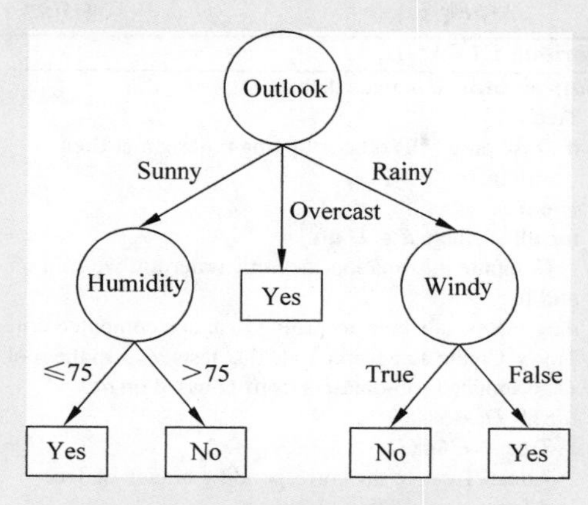

图 6-1 决策树示意图

Day	Outlook	Temperature	Humidity	Windy	Play Golf?
1	Sunny	85	85	False	No
2	Sunny	80	90	True	No
3	Overcast	83	78	False	Yes
4	Rainy	70	96	False	Yes
5	Rainy	68	80	False	Yes
6	Rainy	65	70	True	No
7	Overcast	64	65	True	Yes
8	Sunny	72	95	False	No
9	Sunny	69	70	False	Yes
10	Rainy	75	80	False	Yes
11	Sunny	75	70	True	Yes
12	Overcast	72	90	True	Yes
13	Overcast	81	75	False	Yes
14	Rainy	71	80	True	No

图 6-2 决策树案例数据

6.1.1 算法描述

C4.5 并不是一个单一的算法，而是一组算法的总称。图 6-3 给出了 C4.5 算法的基本工作流程。

读者可能有疑问，一个实体本身有很多属性，怎么知道首先要对哪个属性进行判断，接下来要对哪个属性进行判断？换句话说，在图 6-1 中，怎么知道第一个要测试的属性是 Outlook，而不是 Windy？其实，能回答这些问题的一个概念就是属性选择度量。

6.1.2 属性选择度量

属性选择度量又称分裂规则，因为它们决定给定节点上的实体属性如何分裂。属性选择度量提供了每个属性描述给定训练实体数据的秩评定，具有最好度量得分的属性被

```
Algorithm 1.1 C4.5(D)
Input: an attribute-valued dataset D
 1: Tree = {}
 2: if D is "pure" OR other stopping criteria met then
 3:     terminate
 4: end if
 5: for all attribute a ∈ D do
 6:     Compute information-theoretic criteria if we split on a
 7: end for
 8: a_best = Best attribute according to above computed criteria
 9: Tree = Create a decision node that tests a_best in the root
10: D_v = Induced sub-datasets from D based on a_best
11: for all D_v do
12:     Tree_v = C4.5(D_v)
13:     Attach Tree_v to the corresponding branch of Tree
14: end for
15: return Tree
```

图 6-3　决策树算法过程

选作给定元组的分裂属性。目前比较流行的属性选择度量包括信息增益、增益率和 Gini 指标。

假设 D 是类标记实体训练集，类标号属性具有 m 个不同的值，m 个不同类 $C_i(i=1,2,\cdots,m)$，C_iD 是 D 中 C_i 类的实体集合，$|D|$ 和 $|C_iD|$ 分别是 D 和 C_iD 中的实体个数。

1. 信息增益

信息增益是 ID3 算法中用来进行属性选择的度量指标。通常来说，它选择具有最高信息增益的属性来作为节点 N 的分裂属性，该属性使结果划分中的元组分类所需信息量最小。对 D 中的元组分类所需的期望信息为：

$$\text{Info}(D)=-\sum_{i=1}^{m}p_i\log_2(p_i) \tag{6-1}$$

$\text{Info}(D)$称为熵。

现假定按照属性 A 划分 D 中的元组，且属性 A 将 D 划分成 v 个不同的类。在该划分之后，为了得到准确的分类还需要的信息由下面的公式度量：

$$\text{Info}_A(D)=\sum_{j=1}^{v}\frac{|D_j|}{|D|}\times\text{Info}(D_j) \tag{6-2}$$

信息增益定义为原来的信息需求(即对 A 划分之前得到的)与新需求(即对 A 划分之后得到的)之间的差，即

$$\text{Gain}(A)=\text{Info}(D)-\text{Info}_A(D) \tag{6-3}$$

一般说来，对于具有多个属性的实体，用一个属性就将它们完全分开是几乎不可能的。一旦选择一个属性 A，假设将元组分成了两个部分 A_1 和 A_2，由于 A_1 和 A_2 还可以用其他属性接着再分，所以又引出一个新的问题：接下来要选择哪个属性来分类？对 D 中元组分类所需的期望信息是 $\text{Info}(D)$，那么同理，当我们通过 A 将 D 划分成 v 个子集 $D_j(j=1,2,\cdots,v)$之后，要对 D_j 的实体进行分类，故重复上面的过程，即可对子集 D_j 进行分类，直至每个实体都被归入某一分类或满足某一终止条件。

使用信息增益有一个缺点，那就是它偏向于具有较多取值个数的属性，即某个属性所取的不同值的个数越多，那么越有可能拿它来作为分裂属性。例如，一个训练集中有 10 个实

体，对于某一个属性 A，它分别取 1～10 这 10 个数。如果对 A 进行分裂将会分成 10 个类，那么对于每一个类 $\text{Info}(D_j)=0$，从而式(6-2)为 0。该属性划分所得到的信息增益最大，但是很显然，这种划分没有意义。

2. 信息增益率

基于信息增益作为属性选择度量的弊端，C4.5 采用了信息增益率这样一个概念。信息增益率使用“分裂信息”值将信息增益规范化，分类信息类似于 $\text{Info}(D)$，定义如下：

$$\text{SplitInfo}_A(D) = -\sum_{j=1}^{v} \frac{|D_j|}{|D|} \times \log_2\left(\frac{|D_j|}{|D|}\right) \tag{6-4}$$

这个值表示通过将训练数据集 D 划分成对应于属性 A 测试的 v 个输出的 v 个划分产生的信息。信息增益率定义：

$$\text{GainRatio}(A) = \frac{\text{Gain}(A)}{\text{SplitInfo}(A)} \tag{6-5}$$

此属性选择度量将具有最大增益率的属性作为分裂属性。

3. Gini 指标

Gini 指标在 CART 分类算法中使用。Gini 指标度量定义为训练实体数据集 D 的不纯度，即

$$\text{Gini}(D) = 1 - \sum_{i=1}^{m} p_i^2 \tag{6-6}$$

6.1.3 其他特征

在创建决策树时，由于数据中的噪声点较多，许多分枝反映的是训练数据中的异常点，而剪枝方法是用来去除异常数据的常用方法。通常剪枝方法都使用统计度量，剪去最不可靠的分枝。一般来说，剪枝主要分为两种方法：先剪枝和后剪枝。

先剪枝方法通过提前停止树的构造(比如决定在某个节点不再分裂或划分训练元组的子集)而对树剪枝。一旦停止，这个节点就变成树叶，该树叶取它持有的子集最频繁的类作为自己的类。先剪枝有很多方法，最常用的方法包括：①当决策树达到一定的高度就停止决策树的生长；②到达某节点的实体个数小于某个阈值的时候也可以停止树的生长；③计算每次扩展对系统性能的增益，如果小于某个阈值就可以让它停止生长。先剪枝有个缺点：在相同的标准下，也许当前扩展不能满足要求，但更进一步扩展又能满足要求，这样会过早停止决策树的生长。

另一种更常用的方法是后剪枝，它由完全成长的树剪去子树而形成，通过删除节点的分枝并用树叶来替换它，而树叶一般用子树中最频繁的类别来标记。C4.5 采用后剪枝中的悲观剪枝法，它使用训练集生成决策树，又用它来进行剪枝，故不需要独立的剪枝集。悲观剪枝法的基本思路是：先计算规则在它应用的训练实体集上的精度，然后假定此估计精度为二项式分布，并计算它的标准差。对于给定的置信区间，采用下界估计作为规则性能的度量。这样做的结果是对于大的数据集合，该剪枝策略能够非常接近观察精度；随着数据集合的减小，离观察精度越来越远。该剪枝方法尽管不是统计有效的，但是在实践中却非常有效。

6.2 k-均值算法

k-均值法是一种广泛使用的聚类方法。它将 n 个实体分成 k 个簇，保证簇内的相似度尽可能高，且簇间的相似度尽可能低。

k-均值法基于误差平方和准则，随机选择 k 个实体，每个实体代表一个簇的初始均值。对于簇中的每个实体，根据它与各个簇的均值的距离，将该实体指派到最相似的簇中(即与簇中心的距离最小)，并计算每个簇的新的均值。此过程不断重复，直至准则函数收敛(即簇分类不变)。误差平方和的定义如下[3]：

$$E=\sum_{i=1}^{k}\sum_{p\in C_i}|p-m_i|^2 \tag{6-7}$$

其中，E 是数据集中所有实体的平方误差和；p 是空间中的点，表示给定的一个实体；m_i 表示簇 C_i 的均值。E 所代表的就是所有实体到其所在聚类中心的距离之和。对于不同的聚类方式，E 的大小通常是不一样的。因此，使 E 最小的聚类是误差平方和准则下的最优结果。

在 k-均值法中，一个关键的问题是如何选取初始的实体代表点。一般来说，选取实体代表点通常采用如下几个方法。

(1) 凭借经验：根据问题的性质，用经验确定类别个数 k，并从直观上找到合适的实体代表点。

(2) 密度选择法：首先以每个实体样本为球心，用某个正数 a 为半径画圆，圆圈中的样本数则成为球心样本点的密度，进而找出密度最大的样本点作为第一类的实体代表点。此后，规定某个正数 b，在第一类实体代表点范围 b 之外，选择密度次大的代表点作为第二类实体代表点。其余各类的实体代表点按照这个原则依次进行。

(3) 递推式聚类划分：采用 k-1 聚类划分问题产生 k 聚类划分问题的实体代表点方法。思路是先把所有实体看成一个聚类，其实体代表点为所有实体样本的均值，然后将一聚类问题划分的总均值和离它最远的代表点作为确定两聚类问题的实体代表点。以此类推，可得到 k 聚类划分。

6.3 支持向量机

支持向量机(Support Vector Machine，SVM)是一种具有深厚数学原理支持的分类算法，其基本概念如图 6-4 所示。将实体的每一个属性看作一个维度，n 个属性就组成 n 个维度的空间。图 6-4 中 $n=2$。在这个 n 维空间中，如果能够找到一个线性分割平面，将观测分离开来，称为样本线性可分。我们先讨论线性可分的情况，然后再讨论如何处理线性不可分的情况[3]。

对于一个分割平面，我们定义任意实体在 n 维空间中的点与平面的最小距离为间隔。一个好的分割平面，应该使间隔越大越好。图 6-4 中，右边的分割平面就比左边的好。

分割平面右上方的实体点定义为正例，将其标示为+1；分割平面左下方的实体点定义

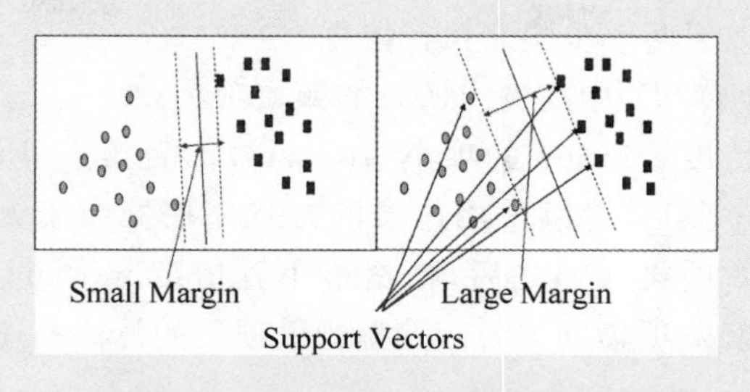

图 6-4 支持向量机原理示意图

为负例，将其标示为－1。落在图中虚线上的实体点称为支持向量。根据支持向量满足的方程(即图中的红色虚线所示的方程)，可以获得分割平面的表达式(即图 6-5 中的实线所示的方程)，进而获得间隔的表达式(即图中右下角的表达式)。

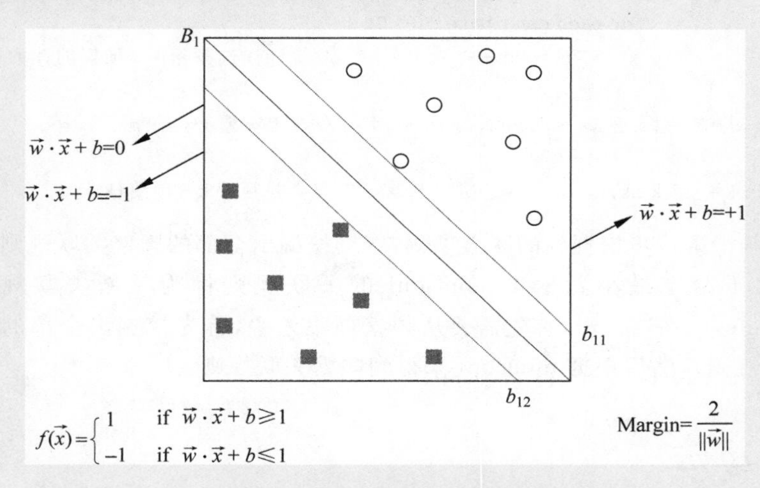

图 6-5 支持向量机算法示意图

SVM 分类问题通常可以转化为二次规划问题，该问题的最优解需要满足 K-T 条件(库恩-塔克条件)。K-T 条件的内容大致如下：目标函数中关于 w 和 b 的梯度可表示为支持向量约束梯度的线性组合。通过 K-T 条件，可以将 w 用向量的内积表示，即将新观测实体和训练实体中的支持向量做内积即可。

对于线性不可分情况，通常是把原来的低维空间向高维空间映射，使得数据在高维空间中变为线性可分。然而，这种向高维映射的方法不能保证绝对成功，因此人们引入了软间隔的概念，即允许在间隔内部出现实体点，但在目标函数中加入惩罚函数，离群点越多且程度越高，惩罚越厉害。

6.4 Apriori 算法

Apriori 算法是一种挖掘关联规则的频繁项集算法，最早由 Agrawal 等设计提出，其广泛应用于消费市场价格分析、预测顾客的消费习惯、设计网络安全领域中的入侵检测技术等[4]。

Apriori 算法采用两阶段挖掘的思想，并且基于多次扫描事务数据库来执行。Apriori

算法的设计可以分解为以下两个步骤来执行挖掘。

第一步：从事务数据库(D)中挖掘出所有的频繁项集。

支持度大于最小支持度 minSup 的项集(Itemset)称为频集(Frequent Itemset)。首先需要挖掘出频繁1-项集；然后，继续采用递推的方式来挖掘频繁k-项集($k>1$)，具体做法是：在挖掘出候选频繁k-项集(C_k)之后，根据最小置信度 minSup 来筛选，得到频繁k-项集。最后合并全部的频繁k-项集($k>0$)。挖掘频繁项集的算法描述如下。

```
(1)  L1 = find_frequent_1 - itemsets(D);           //挖掘频繁 1 - 项集,比较容易
(2)  for (k = 2;Lk - 1 ≠Φ;k++) {
(3)         Ck = apriori_gen(Lk - 1 ,min_sup);//生成候选频繁 k - 项集
(4)         for each transaction t ∈ D {          //扫描事务数据库 D
(5)              Ct = subset(Ck,t);
(6)              for each candidate c ∈ Ct
(7)                   c.count++;                 //统计候选频繁 k - 项集的计数
(8)         }
(9)         Lk = {c ∈ Ck|c.count≥min_sup}      //找出频繁 k - 项集
(10) }
(11) return L = ∪ k Lk;                          //合并频繁 k - 项集(k > 0)
```

第二步：基于第一步挖掘到的频繁项集，继续挖掘出全部的频繁关联规则。

置信度大于给定最小置信度 minConf 的关联规则称为频繁关联规则(Frequent Association Rule)。在这一步，首先需要从频繁项集入手，首先挖掘出全部的关联规则(或者称候选关联规则)，然后根据 minConf 来得到频繁关联规则。

6.5 EM 算法

在统计计算中，最大期望(EM)算法是在概率模型中寻找参数最大似然估计或者最大后验估计的算法，其经常用在机器学习和计算机视觉的数据聚类领域[4]。

EM 算法的原理可以用一个比较形象的比喻讲清楚：食堂的师傅炒了一份菜，要等分成两份给两个人吃。最简单的办法是先随意地把菜分到两个碗中，然后观察是否一样多，把比较多的那一份取出一点放到另一个碗中，这个过程一直迭代地执行下去，直到大家看不出两个碗所容纳的菜有什么分量上的不同为止。

EM 算法中，要估计 A 和 B 两个相关的未知参数。在开始状态下，二者都是未知的，但如果知道了 A 的信息就可以得到 B 的信息，反过来如果知道了 B 也就得到了 A。因此，EM 算法首先随机赋予 A 某种初值，以此得到 B 的估计值，然后从 B 的当前值出发，重新估计 A 的取值，这个过程一直持续到收敛为止。下面以估计 k 个高斯分布的均值为例，介绍 EM 算法的计算过程。

6.5.1 案例：估计 k 个高斯分布的均值

考虑 D 是一个实体数据集合，它由 k 个不同正态分布的混合分布所生成。图 6-6 中显示 $k=2$ 的情况。其中，沿着 x 轴显示的点表示实体数据。

每个实体数据的生成过程包括两个步骤。首先,随机选择 k 个正态分布中的一个,按此分布生成随机变量 x_i。不断重复上述过程,生成图中所示的一组数据点。为简化讨论,我们考虑如下一个情形:基于统一的概率对单个正态分布进行选择,并且 k 个正态分布具有相同的方差 σ^2。

学习任务是输出一个假设 $h=<\mu_1\cdots\mu_k>$,它描述了 k 个分布中每一个分布的均值。我们希望对这些均值找到一个极大似然假设,即一个使 $P(D\mid h)$最大化的假设 h。

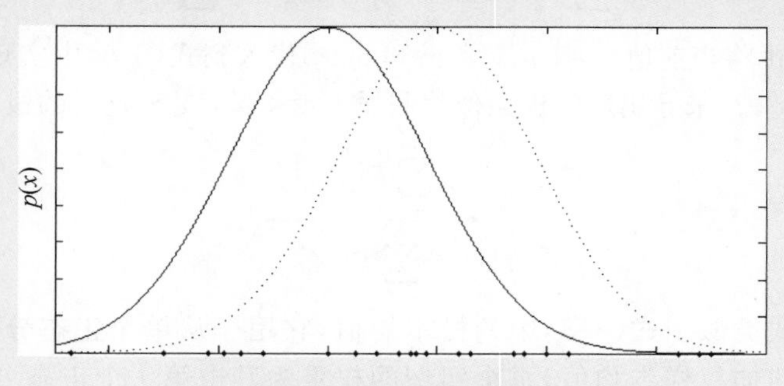

图 6-6 高斯分布的均值估计

注意到,当给定从一个正态分布中抽取的数据实体 $x_1,x_2,\cdots,x_m$ 时,很容易计算该分布的均值的极大似然假设。可以证明,极大似然假设是使 m 个训练实例上的误差平方和最小化的假设。进而,可以得到对均值的估计为:

$$\mu_{\mathrm{ML}}=\frac{1}{m}\sum_{i=1}^{m}x_i \tag{6-8}$$

在这里,我们的问题涉及 k 个不同正态分布的混合,故无法知道哪个实例是哪个分布产生的。因此,这是一个涉及隐藏变量的典型例子。

6.5.2 EM 算法步骤

在上述案例中,我们进一步简化为所有的样本只由两种不同的正态分布产生,且两种正态分布只是均值不同。从而,每个实例的完整描述看作是三元组$<x_i,z_{i1},z_{i2}>$,其中,x_i 是第 i 个实体的观测值,z_{i1} 和 z_{i2} 是二元变量,它们表示正态分布中哪个具体的分布被用于产生 x_i 的值。

确切地讲,当 x_i 由第 j 个正态分布产生时,z_{ij} 的值为 1,否则 z_{ij} 的值为 0。这里 x_i 是实体的描述中已观察到的变量,z_{i1} 和 z_{i2} 是隐藏变量。如果 z_{i1} 和 z_{i2} 的值可知,就可以计算均值 μ_1 和 μ_2。因为它们未知,因此只能用 EM 算法。

EM 算法应用于 k 均值问题,目的是搜索一个极大似然假设,方法是根据当前假设$<\mu_1\cdots\mu_k>$不断地估计隐藏变量 z_{ij} 的期望值。然后用这些隐藏变量的期望值重新计算极大似然假设。

为了估计图 6-6 中的两个均值,EM 算法首先将假设初始化为 $h=<\mu_1,\mu_2>$,其中,μ_1 和 μ_2 为任意的初始值。然后重复以下的两个步骤以重新估计 h,直到该过程收敛到一个稳定的 h 值。

步骤 1 :计算每个隐藏变量 z_{ij} 的期望值 $E[z_{ij}]$,假定当前假设 $h=<\mu_1,\mu_2>$成立。

步骤 2 :计算一个新的极大似然假设 $h'=<\mu_1',\mu_2'>$,假定由每个隐藏变量 z_{ij} 所取的值为第 1 步中得到的期望值 $E[z_{ij}]$，然后将假设 $h=<\mu_1, \mu_2>$替换为新的假设 $h'=<\mu_1', \mu_2'>$，然后循环。

现在考察步骤 1 是如何实现的。步骤 1 要计算每个 z_{ij} 的期望值。此 $E[z_{ij}]$正是实体 x_i 由第 j 个正态分布生成的概率：

$$E[Z_{ij}]=\frac{p(x=x_i \mid \mu=\mu_j)}{\sum_{n=1}^{2} p(x=x_i \mid \mu=\mu_n)}=\frac{\mathrm{e}^{-\frac{1}{2\sigma^2}(x_i-\mu_j)^2}}{\sum_{n=1}^{2} \mathrm{e}^{-\frac{1}{2\sigma^2}(x_i-\mu_n)^2}} \tag{6-9}$$

因此第一步可由将当前值$<\mu_1, \mu_2>$和已知的 x_i 代入到式(6-9)中实现。在第二步，使用第一步中得到的 $E[z_{ij}]$来导出新的极大似然假设 $h'=<\mu_1', \mu_2'>$，这时的极大似然假设为：

$$\mu_j \leftarrow \frac{\sum_{i=1}^{m} E[Z_{ij}]x_i}{\sum_{i=1}^{m} E[Z_{ij}]} \tag{6-10}$$

注意，此表达式类似于式(6-8)中的样本均值，它用于从单个正态分布中估计 μ。新的表达式只是对 μ_j 的加权样本均值，每个实例的权重为其由第 j 个正态分布产生的期望值。上面估计 k 个正态分布均值的算法描述了 EM 方法的要点：即当前的假设用于估计未知变量，而这些变量的期望值再被用于改进假设。

6.6 PageRank 算法

常言道，看一个人怎样，看他有什么朋友就知道了。也就是说，一个有着越多优秀朋友的人，他优秀的概率就越大。将这个知识迁移到网页上就是“被越多优质的网页所指的网页，它是优质的网页的概率就越大”[5]。

6.6.1 PageRank 的核心思想

PageRank 的核心思想就是上述简单却有效的观点。由这个思想可以得到一个直观的公式：

$$R(i)=\sum_{j\in B(i)} R(j) \tag{6-11}$$

$R(x)$表示 x 的 PageRank，$B(x)$表示所有指向 x 的网页。

公式(6-11)的意思是一个网页的重要性等于指向它的所有网页的重要性相加之和。粗看之下，公式(6-11)将核心思想准确地表达出来了。但仔细观察就会发现，公式(6-11)有一个缺陷：无论 j 有多少个超链接，只要 j 指向 i，i 都将得到与 j 一样的重要性。当 j 有多个超链接时，这个思想就会造成不合理的情况。例如，一个新开的网站 N 只有两个指向它的超链接，一个来自著名并且历史悠久的门户网站 F，另一个来自不为人知的网站 U。根据公式(6-11)，就会得到 N 比 F 更优质的结论。这个结论显然不符合人们的常识。

弥补这个缺陷的一个简单方法是当 j 有多个超链接(假设个数为 N)，每个链接得到的重要性为 $R(j)/N$。于是公式(6-11)就变成：

$$R(i)=\sum_{j\in B(i)} \frac{R(j)}{N(j)} \tag{6-12}$$

$N(j)$表示 j 页面的超链接数。

从图 6-7 可以看出,如果要得到 N 比 F 更优质的结论,就要求 N 得到很多重要网站的超链接或者海量不知名网站的超链接,而这是可接受的。因此可以认为公式(6-12)将核心思想准确地表达出来了。为了得到标准化的计算结果,在公式(6-12)的基础上增加一个常数 C,得到公式(6-13):

$$R(i) = C\sum_{j\in B(i)}\frac{R(j)}{N(j)} \tag{6-13}$$

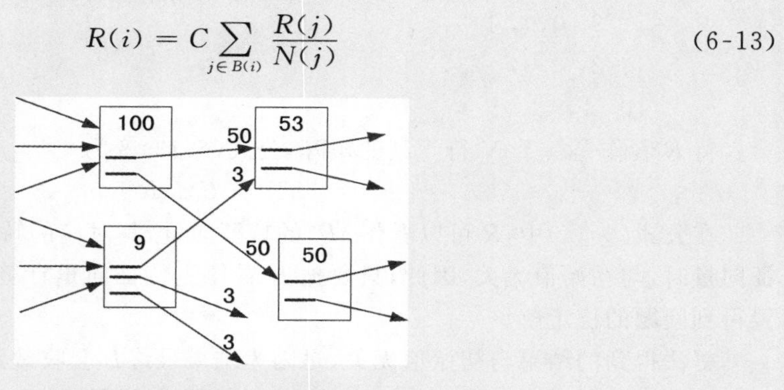

图 6-7 PageRank 过程示意图

6.6.2 PageRank 的计算过程

由公式(6-13)可知,PageRank 是递归定义的。要得到一个页面的 PageRank,就要先知道另一些页面的 PageRank,故需要设置 PageRank 的初始值。一种优秀的计算方法,可以使得无论怎样设置初始值,最后都会收敛到同一个结果。要做到这点,就要从线性代数的角度来看这个问题。

我们将页面看作节点,超链接看作有向边,整个互联网就变成一个有向图了。此时,用邻接矩阵 M 表示整个互联网,若第 i 个页面有存在到第 j 个页面的超链接,那么矩阵元素 $m[i][j]=1$,否则 $m[i][j]=0$。对于图 6-8 有

矩形 M={ 0, 1, 1, 0,
0, 0, 0, 1,
1, 0, 0, 0,
1, 1, 1, 0}

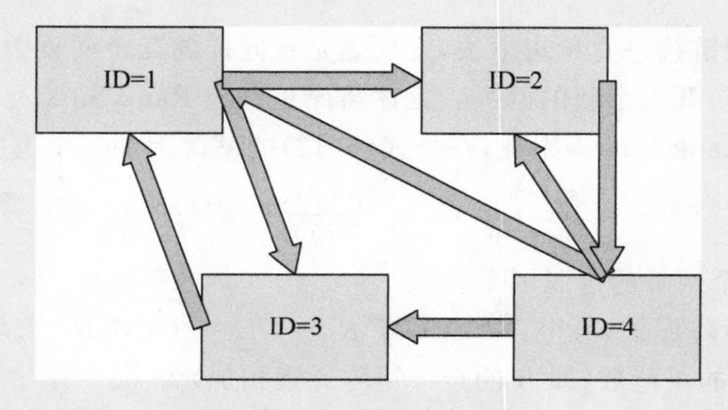

图 6-8 PageRank 网络矩阵示意图

观察矩阵 M 可发现，M 的第 I 行表示第 I 个网页指向的网页，M 的第 J 列表示指向 J 的网页。如果将 M 的每个元素都除以所在行的全部元素之和，然后再将 M 转置(交换行和列)，得到 M^{T}。M^{T} 的每一行的全部元素之和不就正好是公式(6-13)中的 $N(j)$ 吗？例如，图 6-8 可以得到这样的矩阵：

M^{T} = { 0, 0, 1, 1/3,
1/2, 0,0, 1/3,
1/2, 0,0, 1/3,
0, 1, 0, 0}

将 R 看作是一个 N 行 1 列的矩阵，公式(6-13)变为

$$R = CM^{\mathrm{T}}R \tag{6-14}$$

在公式(6-14)中，R 可以看作 M^{T} 的特征向量，其对应的特征值为 $1/C$。幂法计算主特征向量时，与初始值无关，因此，只要把 R 看作主特征向量计算，就可以不依赖初始值的设置得到问题的稳定解。

幂法得到的结果与初始值无关，是因为结果最终都会收敛到某个值。因此，使用幂法之前，要确保结果能够收敛。但是，在互联网的超链接结构中，一旦出现封闭的情况，就会使得幂法不能收敛。所谓的封闭是指若干个网页互相指向对方，但不指向别的网页，具体的例子如图 6-9 所示。

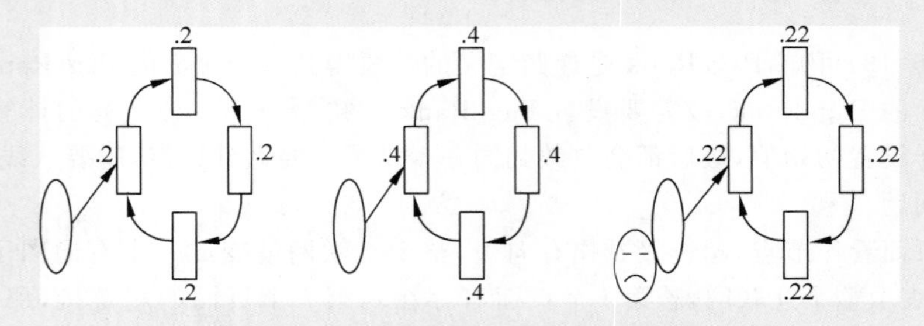

图 6-9 PageRank 网络最优解的收敛性

图 6-9 中的绿色网页就是封闭情况。这种情况会使得这些网页的 PageRank 在计算的时候不断地累加，从而使得结果不能收敛。仔细研究就会发现红色网页的 PageRank 给了绿色网页后，绿色网页就将这些 PageRank 吞掉了。Larry Page 将这种情况称为 Rank Sink。

如果沿着网页的链接一直单击下去，发现老是在同样的几个网页中徘徊，怎么办？答案是把当前页面关掉，再开一个新的网页。上述情况正好与 Rank Sink 类似，也就意味着可以借鉴这个思想解决 Rank Sink。因此，在公式(6-13)的基础上加一个逃脱因子 E，得到：

$$R(i) = C\sum_{j\in B(i)}\frac{R(j)}{N(j)} + CE(i) \tag{6-15}$$

其中，$E(i)$表示第 i 个网页的逃脱因子。

将(6-15)变成矩阵形式，可得：$R = CM^{\mathrm{T}}R + CE = C(M^{\mathrm{T}}R+E)$。

其中，列向量 R 的 1 范数(即 R 的全部矩阵元素相加)为 1。

将上式重写为

$$R = C(M^{\mathrm{T}} + E * 1)R \tag{6-16}$$

其中，1 是指一行 N 列的行向量，且每个元素都是 1。

在公式(6-16)中，只要将 R 看作(M^T+E*1)的特征向量，就可以同时解决初始值设置问题和封闭的情况。

6.7 AdaBoost 算法

6.7.1 Boosting 算法的发展历史

Boost 算法是一种把若干个分类器整合为一个分类器的方法[1]。1995 年，Freund and schapire 首次提出了 Boost 算法中最为经典的 AdaBoost 算法。AdaBoost 算法的主要框架可以描述为：①经过多次循环迭代，更新实体样本分布，寻找当前分布下的最优弱分类器，并计算弱分类器的误差率。②多次训练弱分类器，并将训练后的弱分类器整合。在图 6-10 中，可以看到完整的 AdaBoost 算法。

Given：$(x_1,y_1),\cdots,(x_m,y_m)$ where $x_i\in X, y_i\in Y=\{-1,+1\}$

Initialize $D_1(i)=1/m$.

For $t=1,\cdots,T$

- Train weak leamer using distribution D_t.
- Get weak hypothesis $h_t:X\to\{-1,+1\}$ with error

$$\varepsilon_t = \Pr_{i\sim D_t}[h_t(x_i)\neq y_i].$$

- Choose $a_t=\frac{1}{2}\ln\left(\frac{1-\varepsilon_t}{\varepsilon_t}\right)$.
- Update：

$$D_{t+1i}=\frac{D_t(i)}{Z_t}\times\begin{cases}e^{-a_t} & \text{if } h_t(x_i)=y_i\\ e^{a_t} & \text{if } h_t(x_i)\neq y_i\end{cases}$$

$$=\frac{D_t(i)\exp(-a_t y_t h_t(x_i))}{Z_t}$$

where Z_t is a normalization factor(chosen so that D_{t+1} will be a distribution).

Output the final hypothesis： $H(x)=\operatorname{sign}\left(\sum_{t-1}^{T}a_t h_t(x)\right)$

图 6-10 AdaBoost 算法过程

随着人类对 Boost 算法的探索，该算法有了很大的改进，出现了各种改进的 Boost 算法。例如，LogitBoost 算法、GentleBoost 算法等。在本节中，作为各种 Boost 算法的基础，着重介绍 AdaBoost 算法的过程和特性。

6.7.2 AdaBoost 算法及其分析

从图 6-11 中可以看到 AdaBoost 算法的详细计算过程，总结如下。

(1) AadaBoost 算法由一系列迭代组成，每次迭代会改变样本的分布。

(2) 样本分布的改变取决于样本是否被正确分类：

① 赋予分类正确的样本以较低的权值；

② 赋予分类错误的样本以较高的权值(通常是分类边界附近的样本)。

(3) 最终的结果是弱分类器的加权组合,其中,权值表示该弱分类器的性能。

下面举一个简单的例子来看看 AdaBoost 的实现过程。

图中,"+"和"-"分别表示两种类别,在这个过程中,使用水平或者垂直的直线作为分类器来进行分类。

第一步:根据分类的正确率,得到一个新的样本分布 D_2 和一个子分类器 h_1,如图 6-12 所示。其中,画圈的样本表示被错分的样本。在右边的图中,比较大的"+"表示对该样本做了加权。

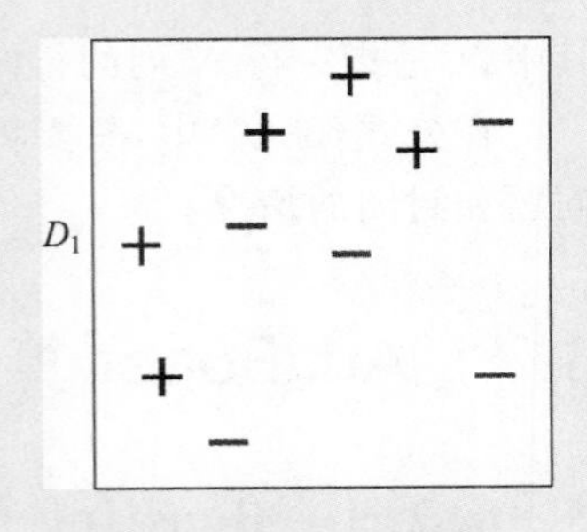

图 6-11 AdaBoost 计算过程

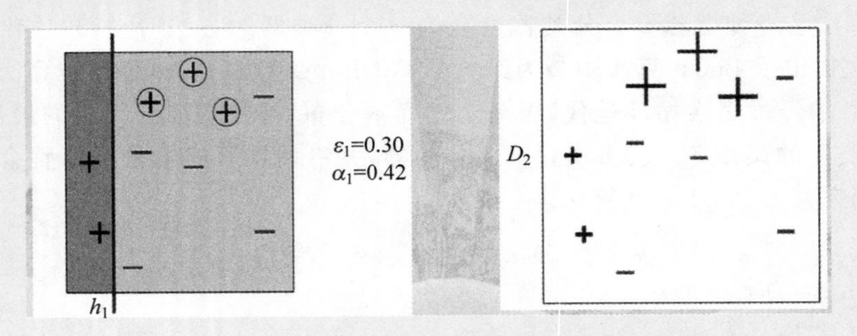

图 6-12 AdaBoost 计算过程第一步

第二步:根据分类的正确率,得到一个新的样本分布 D_3 和一个子分类器 h_2,如图 6-13 所示。

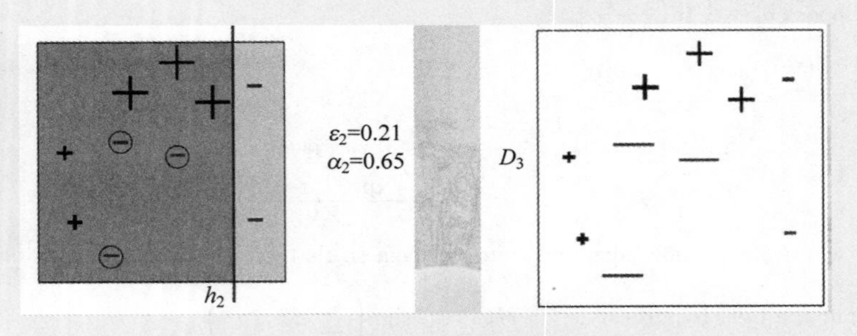

图 6-13 AdaBoost 计算过程第二步

第三步:重复上述步骤,得到一个子分类器 h_3,如图 6-14 所示。

第四步:整合所有的子分类器,如图 6-15 所示。

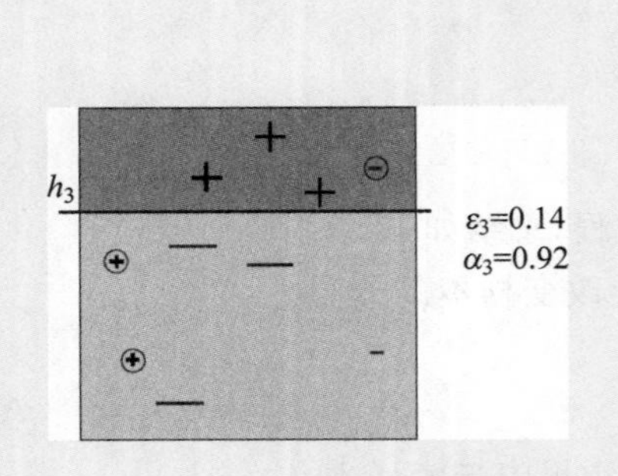

图 6-14 AdaBoost 计算过程第三步

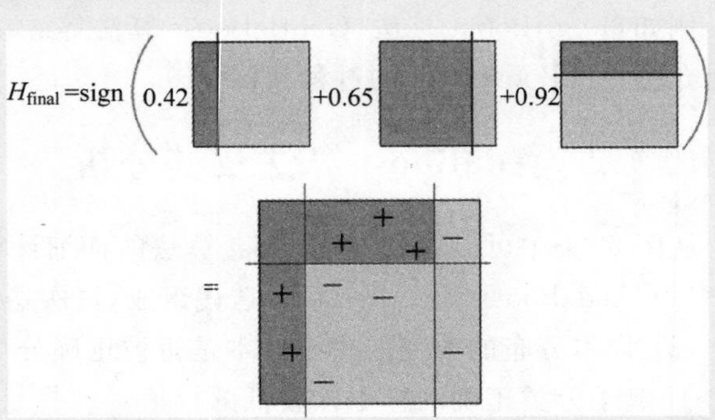

图 6-15 AdaBoost 计算过程第四步

从得到的整合结果看，即使子分类器很简单，但组合起来的分类器可以获得较好的分类效果。AdaBoost 算法的错误率上界，随着迭代次数的增加，会逐渐下降，它在实际中广为应用。

6.8 k-邻近算法

基于实体的学习方法中最基本的是 k-近邻算法。这个算法假定每个实体对应于 n 维欧氏空间$\hat{A}^n$ 中的一个点，两个实体的之间的距离是根据标准欧氏距离定义的。更精确地讲，把任意的实体 x 表示为下面的特征向量[2]：

$$<a_1(x), a_2(x), \cdots, a_n(x)>$$

其中，$a_r(x)$表示实体 x 的第 r 个属性值。那么两个实体 x_i 和 x_j 间的距离定义为 $d(x_i, x_j)$，其中：

$$d(x_i, y_i) \equiv \sqrt{\sum_{r=1}^{n} (a_r(x_i) - a_r(x_j))^2} \tag{6-17}$$

基于实体距离的概念，k-近邻算法就是找出某个实体周围最靠近的 k 个实体，其详细的步骤如图 6-16 所示。

训练算法：

对于每个训练样例 $<x, f(x)>$，把这个样例加入列表 training examples

分类算法：

给定一个要分类的查询实例 X_q

在 training examples 中选出最靠近 X_q 的 k 个实例，并用 $x_1 \cdots x_k$ 表示

返加

$$\hat{f}(x_q) \leftarrow \arg\max_{v \in V} \sum_{i=1}^{n} \delta(v, f(x_i))$$

其中，如果 $a=b$，那么 $d(a,b)=1$，否则 $d(a,b)=0$。

图 6-16 k-近邻算法

下面通过一个简单的案例，说明 k-近邻算法的原理，详见图 **6-17**。在此案例中，每个实体由二维空间中的一个点来代表，且目标函数具有布尔值。正反训练实体样例用“**+**”和“**−**”，分别表示查询实体 x_q。值得注意的是，在这幅图中，**1**-近邻算法把 x_q 分类为正例，然而 **5**-近邻算法把 x_q 分类为反例。

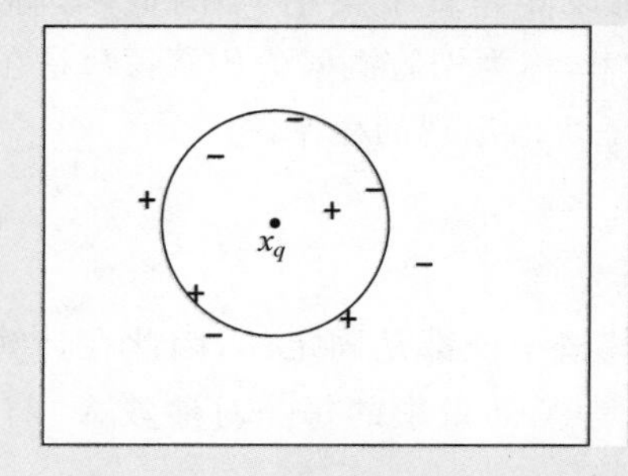

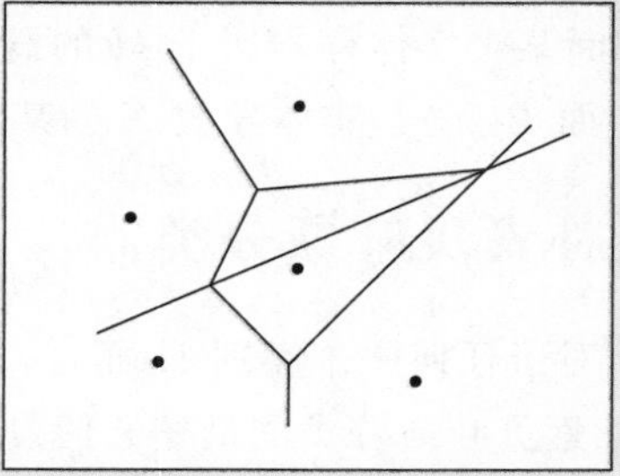

图 6-17 k-近邻算法示意图

将前面的k-近邻算法进行简单的调整后，就可被用于逼近连续值的目标函数。为了实现这一点，我们用此算法来计算 k 个最临近的样例的平均值，而不是计算其中的最普遍的值。更精确地讲，为了逼近一个实值目标函数 $f:\Re^n \rightarrow \Re$，只要把算法中的公式进行以下替换：

$$\hat{f}(x_q) \leftarrow \frac{\sum_{i=1}^{k} f(x_i)}{k} \tag{6-18}$$

对k-近邻算法的一个显而易见的改进是对 k 个近邻的贡献加权，根据它们相对查询点 x_q 的距离，将较大的权值赋给较近的近邻。

例如，在逼近离散目标函数的算法中，我们可以根据每个近邻与 x_q 的距离平方的倒数加权这个近邻的权重。具体方法可通过下面的公式来实现：

$$\hat{f}(x_q) \leftarrow \arg\max_{v \in V} \sum_{i=1}^{k} w_i \delta(v, f(x_i)) \tag{6-19}$$

其中，w_i 可以表示为：

$$w_i \equiv \frac{1}{d(x_q, x_i)^2} \tag{6-20}$$

当查询点 x_q 恰好与某个训练样例 x_i 匹配时，会导致 w_i 表达式中分母为 **0** 的情况，此时，令这种情况下的 $f(x_q)$ 等于 $f(x_i)$。如果有多个这样的训练样例，我们使用它们中占多数的分类。

当然，也可以用类似的方式对实值目标函数进行距离加权，具体方法可通过下面的替换公式来实现：

$$\hat{f}(x_q) \leftarrow \frac{\sum_{i=1}^{k} w_i f(x_i)}{\sum_{i=1}^{k} w_i} \tag{6-21}$$

其中，w_i 的定义与之前公式中的定义相同。

6.9 朴素贝叶斯

朴素贝叶斯算法的分类基础是基于贝叶斯理论，贝叶斯公式如下所示[2]：

$$P(H \mid X) = \frac{P(X \mid H)P(H)}{P(X)}$$

其中，$P(H|X)$ 是根据实体参数 X 的值判断该实体属于类别 H 的概率，称为后验概率。$P(H)$ 是直接判断某个实体样本属于 H 的概率，称为先验概率。$P(X|H)$ 是在类别 H 中观测到 X 的概率，而 $P(X)$ 是实体参数 X 的某一个值出现的概率。

6.9.1 朴素贝叶斯分类器

由于 $P(X)$ 对于任何一个类别 H 而言，其概率值都是固定的，因此在计算 $P(H|X)$ 时不需要考虑。朴素贝叶斯分类的最核心假设是 X 向量中的每一对参数 X_i 与 X_j 之间都是相互独立的，因此有下面计算 $P(X|H)$ 的公式：

$$P(X \mid C_i) = \prod_{k=1}^{n} P(x_k \mid C_i) = P(x_1 \mid C_i) \times P(x_2 \mid C_i) \times \cdots \times P(x_n \mid C_i)$$

在这个假设下，朴素贝叶斯分类器的计算过程可以分解为一系列的概率计算过程。基于训练集的数据，事先计算出每个类别的概率 $P(C_i)$，再计算出每个类别下每个参数的概率 $P(X_i|C_i)$。当一个新样本出现时，可以利用上面简化之后的贝叶斯公式计算出 $P(C_i|X)$，并选择此概率值最大的 C_i 记为分类结果。为了防止出现零概率的现象，可以在计算概率时，分子分母都加 **1**。朴素贝叶斯分类器的算例如图 **6-18** 和图 **6-19** 所示。

Class：
C1:buys_computer ="yes"
C2:buys_computer ="no"

Data sample
X = (age <= 30,
Income = medium,
Student = yes
Credit_rating = Fair)

age	income	student	credit_rating	buys_computer
<=30	high	no	fair	no
<=30	high	no	excellent	no
31...40	high	no	fair	yes
>40	medium	no	fair	yes
>40	low	yes	fair	yes
>40	low	yes	excellent	no
31...40	low	yes	excellent	yes
<=30	medium	no	fair	no
<=30	low	yes	fair	yes
>40	medium	yes	fair	yes
<=30	medium	yes	excellent	yes
31...40	medium	no	excellent	yes
31...40	high	yes	fair	yes
>40	medium	no	excellent	no

图 6-18 朴素贝叶斯分类器

- P(C_i): P(buys_computer = "yes") = 9/14 = 0.643
  P(buys_computer = "no") = 5/14 = 0.357
- Computer P(X|C_i) for each class
  P(age = "<=30" | buys_computer = "yes") = 2/9 = 0.222
  P(age = "<=30" | buys_computer = "no") = 3/5 = 0.6
  P(income = "medium" | buys_computer = "yes") = 4/9 = 0.444
  P(income = "medium" | buys_computer = "no") = 2/5 = 0.4
  P(student = "yes" | buys_computer = "yes") =6/9 = 0.667
  P(student = "yes" | buys_computer = "no") = 1/5 = 0.2
  P(credit_rating = "fair" | buys_computer = "yes") = 6/9 = 0.667
  P(credit_rating = "fair" | buys_computer = "no") = 2/5 = 0.4
- X = (age <=30, income = medium, student = yes,credit_rating = fair)

P(X|C_i): P(X|buys_computer = "yes") = 0.222×0.444×0.667×0.667=0.044
P(X|buys_computer = "no") = 0.6×0.4×0.2×0.4=0.019
P(X|C_i)*P(C_i):
P(X|buys_computer = "yes") ×P(buys_computer = "yes")= 0.028
P(X|buys_computer = "no") ×P(buys_computer = "no")= 0.007

Therefore, X belongs to class("buys_computer = yes")

图 6-19 朴素贝叶斯分类器及计算过程

6.9.2 贝叶斯网络

贝叶斯网络不需要朴素贝叶斯分类器中参数相互独立的假设，如果参数 A 依赖于参数 B，则建立 $B \rightarrow A$ 的一条有向边。贝叶斯网络与朴素贝叶斯分类器的异同如图 **6-20** 所示。可以看到在计算类别概率 $P(c)$时，二者一致；在计算 $P(\text{click}|c)$时，朴素贝叶斯分类器只与类别 c 有关，而贝叶斯网络还依赖于 html 的值。

由于参数之间存在依赖关系，因此在计算训练集的概率之前，需要先建立贝叶斯网络。

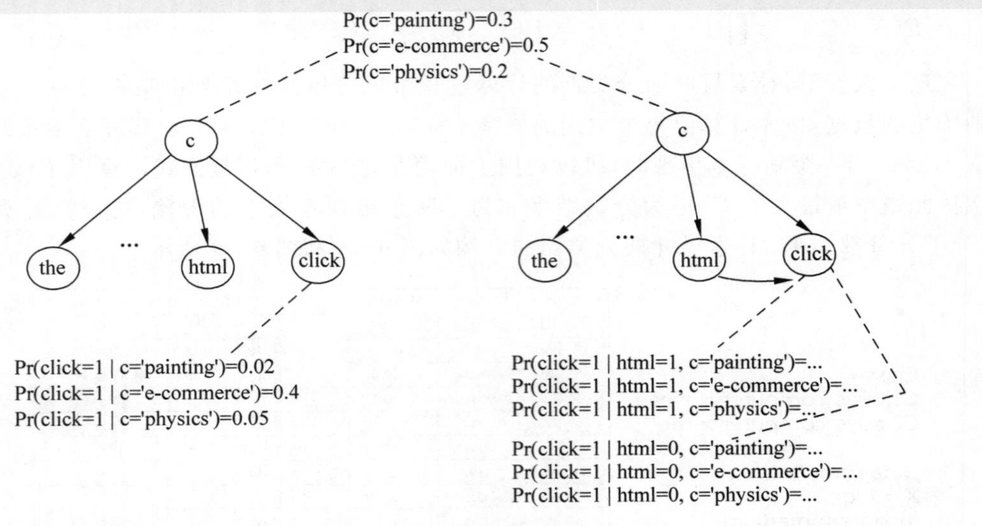

图 6-20 贝叶斯网络示意图

一种生成贝叶斯网络的方法如图 **6-21** 所示，其中，$M_I(X,Y)$表示的是参数 X 和参数 Y 之间的相关关系。当两个参数相互独立时，M_I 为 **0**；当 M_I 大于 **0** 时，表示正相关；当 M_I 小于 **0** 时，表示负相关。

```
1.   Computer mutual information MI(Xt,C) between class attribute C and each feature Xt;
2.   For each pair of distinct variables Xi and Xj, calculate MI(Xi,Xj|C);
3.   Initialize the network with class node C;
4.   while all Xt's have not been added to the network do
5.      Find Xj with maximum MI(Xj, C);
6.      Add Xj to the network;
7.      Add directed edge (C, Xj);
8.      while in-degree of Xj is less than k+1 and there is an Xi not connected to Xj do
9.         Find an Xi with highest MI(Xi, Xj|C);
10.        Add directed edge(Xi, Xj);
11.     end while
12.  end while
```

$$M_{\mathrm{I}}(X,Y)=\sum_{x}\sum_{y}\Pr(x,y)\log\frac{\Pr(x,y)}{\Pr(x)\Pr(y)}$$

图 6-21 贝叶斯网络计算过程

6.10 分类回归树算法

分类回归树算法(Classification And Regression Tree，CART)采用一种二分递归分割的技术，将当前的样本集分为两个子样本集，从而保证生成的每个非叶子节点都有两个分支。因此,CART 算法生成的决策树是结构简洁的二叉树。CART 算法主要包括两个基本步骤:一是用训练样本递归地划分自变量空间来建树,二是用验证样本进行剪枝[5]。

6.10.1 建立回归树

CART 算法通过检查每个变量及该变量所有可能的划分值来发现最好的划分。对于离散属性$\{x,y,z\}$的划分,除空集和全集外,有三种情况:$(\{\{x,y\},\{z\}\},\{\{x,z\},y\},\{\{y,z\},x\})$。对于连续属性的处理,可以引进“分裂点”的思想,假设样本集中某个属性共 n 个连续值,则有 $n-1$ 个分裂点,每个“分裂点”的取值为相邻两个连续值的均值$(a[i]+a[i+1])/2$,每个属性的划分可参考 GINI 指标。当我们用 k 表示第 k 类时($k=1,2,3,\cdots,C$,C 是类别集的总数目),一个节点 A 的 GINI 指标定义为:

$$\text{Gini}(A)=1-\sum_{k=1}^{C}P_k^2 \tag{6-22}$$

其中,P_k 表示观测点中属于 k 类的概率。当 Gini$(A)=0$ 时,所有的样本都属于同一类;当所有类在节点中以相同的概率出现时,Gini(A)取得最大值,为$(C-1)C/2$。

6.10.2 剪枝过程

CART 过程的第二个关键步骤是用独立的验证数据集对训练集生成的树进行剪枝。

分析分类回归树的递归建树过程,不难发现它实质上存在着一个数据过度拟合的问题。在构造决策树时,由于存在训练数据中的噪声或孤立点,许多分枝反映的是训练数据中的异常,而使用这样的判定树对类别未知的数据进行分类时准确性不高。因此,这样的分枝应当试图检测并剪掉,而剪掉这些分枝的过程被称为树剪枝。树剪枝方法通常用于处理过度拟合的问题。通常,这种方法使用统计度量,减去最不可靠的分枝,这将导致较快的分类,提高树独立于训练数据正确分类的能力。

决策树中常用的剪枝方法有两种:事前剪枝和事后剪枝。CART 算法经常采用事后剪枝方法,该方法是通过在完全生长的树上剪去分枝来实现的。具体来说,通过删除节点的分支来剪去树节点,并保留最下层未被剪枝的节点成为树叶。

参考文献

[1] https://en.wikipedia.org/wiki/Bias%E2%80%93variance_tradeoff.

[2] http://blog.echen.me/2011/04/27/choosing-a-machine-learning-classifier/.

[3] http://www.csuldw.com/2016/02/26/2016-02-26-choosing-a-machine-learning-classifier/.

[4] Gigerenzer Gerd, Brighton Henry. Homo Heuristicus: Why Biased Minds Make Better Inferences. Topics in Cognitive Science, 1: 107-143.

[5] Gagliardi, F. Instance-based classifiers applied to medical databases: diagnosis and knowledge extraction. Artificial Intelligence in Medicine, 52(3): 123-139.

习题

1. 简述决策树的原理及过程。

2. 阐述 k-均值的算法原理。

3. 阐述 k-邻近的算法原理。

4. 描述 k-均值与 k-邻近算法的区别。

5. 简述 AdaBoost 的计算过程。

第7章

文本读写技术

本章内容涉及文本读写的技术实现，都是采用 Python 语言完成的。具体来说，用到了 Python 语言中的 Pandas 库，请读者在学习本章前安装 Python 及其 Pandas 库。

7.1 读取文本文件

先看下面的例子：用户访问在线商城的系统日志数据，存储在一个文本文件中，源数据的前几行如图 **7-1** 所示。其中，USER_IP 代表用户的访问 IP 地址，ACCESS_DATE 代表访问日期，ACCESS_WEEKDAY 代表访问日期是商城开业后的第几周，ACCESS_TIME

	A	B	C	D	E	F
1	USER_IP	ACCESS_DATE	ACCESS_WEEKDAY	ACCESS_TIME	PERIOD	PRODUCT_ID
2	211.83.110.102	2015/12/15 0:00	2	1900/1/1 13:29	2	CNAB20001016014
3	211.83.110.102	2015/12/15 0:00	2	1900/1/1 13:51	2	CNAB20001216001
4	211.83.110.102	2015/12/15 0:00	2	1900/1/1 13:55	2	CNAB20001216006
5	211.83.110.102	2015/12/15 0:00	2	1900/1/1 14:24	2	CNAB20001216002
6	211.83.110.102	2015/12/15 0:00	2	1900/1/1 18:19	3	CNAB20002115012
7	211.83.110.102	2015/12/15 0:00	2	1900/1/1 18:19	3	CNAB20002115012
8	211.83.110.102	2015/12/15 0:00	2	1900/1/1 18:19	3	CNAB20002115008
9	211.83.110.102	2015/12/15 0:00	2	1900/1/1 18:19	3	CNAB20001316012
10	211.83.110.102	2015/12/15 0:00	2	1900/1/1 18:19	3	CNAB20002115008
11	211.83.110.102	2015/12/15 0:00	2	1900/1/1 18:19	3	CNAB20001316012
12	211.83.110.102	2015/12/15 0:00	2	1900/1/1 18:19	3	CNAB20001316001
13	211.83.110.102	2015/12/15 0:00	2	1900/1/1 21:19	4	CNAB20002115013
14	210.41.101.17	2015/12/15 0:00	2	1900/1/1 22:38	4	CNAB20001216004
15	210.41.101.17	2015/12/15 0:00	2	1900/1/1 22:38	4	CNAB20001216007
16	210.41.101.17	2015/12/15 0:00	2	1900/1/1 22:38	4	CNAB20001216002
17	210.41.101.17	2015/12/15 0:00	2	1900/1/1 22:45	4	CNAB20001216006
18	210.41.101.17	2015/12/16 0:00	3	1900/1/1 0:13	5	CNAB20001016009
19	223.104.9.193	2015/12/16 0:00	3	1900/1/1 8:30	1	CNAB20002115011
20	171.213.61.185	2015/12/16 0:00	3	1900/1/1 13:58	2	CNAB20001016014
21	117.136.70.52	2015/12/16 0:00	3	1900/1/1 16:41	3	CNAB20002115011
22	117.136.70.52	2015/12/16 0:00	3	1900/1/1 16:41	3	CNAB20002115009
23	117.136.70.52	2015/12/16 0:00	3	1900/1/1 16:41	3	CNAB20002115008

图 7-1　案例中的源数据

是指访问的时间点，PERIOD是指访问的时间点在哪一个时段，PRODUCT_ID指的是单击浏览了哪个商品页面。

7.1.1 读取txt文件

图7-1中的源数据存储在test.txt文件中时，如果想要读取文本信息，需要以下一系列操作[1]。

1. 打开test.txt文档

打开test.txt文档需要的操作是

```
>>> fp = open('test.txt','r')
```

当我们输入

```
>>> fp
Python Shell 中会显示
<open file 'test.txt', mode 'r' at 0x02BB0E38>
```

这说明test.txt文档已经成功打开了。

在上述操作中，用到了open函数。open函数的第一个参数'test.txt'是需要打开文本的存储路径，此处的路径可采用绝对路径或相对路径，这取决于读取的文本文件和Python代码文件是否在同一个文件夹里面。第二个参数'r'指open函数采用的模式为“读取模式”。

2. 读取test.txt文档中的某几行

我们想要读取一个文档中的某一行或几行时，可以采用下面一组命令：

```
>>> fp.readline()
```

Python Shell中会显示

```
'211.83.110.102 \t2015/12/15 0:00\t2\t1900/1/1 13:29\t2\tCNAB20001016014 \tNone \t1\n'
```

其中，\t表示横向跳转到下一个制表符。

```
>>> fp.readlines()
```

此时，Python Shell中会显示文档中的所有行数据。

3. 读取文本常用函数

open('text.txt','r')函数中的第一个参数'test.txt'是打开文本文件的路径，第二个参数'r'含义如下。

(1) r代表读取模式；

(2) w代表写入模式；

(3) a代表追加模式；

(4) r+代表读写模式。

read()表示读取到文件尾。

seek(0)表示跳到文件开始位置。

readline()逐行读取文本文件。

readlines()读取所有行到列表中，通过 for 循环可以读出数据。

close()关闭文件。

7.1.2 读取 csv 文件

读取 csv 文件时，可以采用 7.1.1 节中读取 txt 文件的所有常用函数。除此之外，还可以采用 Pandas 中提供的一些函数，将 csv 等表格型文件直接读取到一个 Python 的 DataFrame 对象里面。最常用的函数包括 read_csv 和 read_table 函数[2]。

当图 7.1 中的源数据存储在 test.csv 文件中时，可以通过下面的命令实现读取文件的数据。

1. read_csv 函数

首先导入 Pandas 库

```
>>> import pandas as pd
```

然后通过

```
>>> df = pd.read_csv('test.csv')
```

将 test.csv 存储到 df 这个 DataFrame 里面。

可以通过下面的命令来查看 df 的主要内容。

```
>>> df
<class 'pandas.core.frame.DataFrame'>
Int64Index: 619 entries, 0 to 618
Data columns:
USER_IP              619 non-null values
ACCESS_DATE          619 non-null values
ACCESS_WEEKDAY       619 non-null values
ACCESS_TIME          619 non-null values
PERIOD               619 non-null values
PRODUCT_ID           619 non-null values
dtypes: int64(3), object(5)
```

2. read_table 函数

首先导入 pandas 库

```
>>> import pandas as pd
```

然后通过

```
>>> df = pd.read_table('test.csv', sep = ',')
```

将 test.csv 存储到 df 这个 DataFrame 里面。

可以通过下面的命令来查看 df 的主要内容。

```
>>> df
<class 'pandas.core.frame.DataFrame'>
```

```
Int64Index: 619 entries, 0 to 618
Data columns:
USER_IP              619 non-null values
ACCESS_DATE          619 non-null values
ACCESS_WEEKDAY       619 non-null values
ACCESS_TIME          619 non-null values
PERIOD               619 non-null values
PRODUCT_ID           619 non-null values
dtypes: int64(3), object(5)
```

3. 逐块读取文本文件

在处理大型文本文件时，有时只想读取文件的一小部分或逐块对文件进行迭代。

对于上述的 test.csv 文件，如果只想读取其中的几行(避免读取整个文件)，就可以通过 nrows 来进行指定：

```
>>> df5 = pd.read_table('test.csv', nrows = 5)
```

表示只读取 DataFrame 中的前 5 行。

当我们要逐块读取文件时，还有一种办法是设置 chunksize(行数)：

```
>>> chunck = pd.read_csv('test.csv',chunksize = 5)
>>> chunck
<pandas.io.parsers.TextParser object at 0x051EC530>
```

read_csv 返回的这个 TextParser 对象可以根据 chuncksize 对文件进行逐块迭代。比如，可以迭代处理 test.csv 文件，统计该文件中的行数可以用下面的操作：

```
>>> tot = 0
>>> for piece in chunck:
        tot = tot + 1
```

将每一块中的数据行数统计后，再迭代求出整个 test.csv 文件中的数据总行数。

7.2 写入文本文件

要把数据写入 txt 文件，就必须先创建 file 对象。但是，在这种情况下，必须用“w”模式标记指定要写入的文件。首先，创建一个名叫 myfile 的文件[3]。

```
>>> mydata = ['Date', 'Time']
>>> myfile = open('testit.txt', 'w')
>>> for line in mydata:
       myfile.write(line + '\n')
```

在这个示例中，首先把 mydata list 的内容写入文件，关闭文件，然后重新打开文件，就可以读取文件内容了。

```
>>> myfile.close()
```

```
>>> myfile = open("testit.txt")
>>> myfile.read()
'Date\nTime\n'
>>> myfile.close()
```

有些情况下,我们想要同时读取和写入文件。在下面这个示例中,用“r+”模式重新打开了文件。

```
>>> myfile.seek(0)
>>> myfile.read()
'Date\nTime\n'
>>> myfile.close()
>>> myfile = open("testit.txt", "r+a")
>>> myfile.read()
'Date\nTime\n'
>>> for line in mydata:
        myfile.write(line + '\n')
>>> myfile.seek(0)
>>> myfile.read()
'Date\nTime\nDate\nTime\n'
>>> myfile.close()
```

我们只是写入文件,而不是添加文件,因此文件会被截断。首先,把 mydata list 的内容写入文件,再把文件指针重新定位到文件开头,并开始读入内容。然后,将文件关闭,并用读取和添加模式“r+a”重新打开文件。正如上述示例代码所示,文件的内容是两次写入操作的结果(即文本是重复的)。

7.3 处理二进制数据

在前面所有的示例中,都需要处理文本数据或字符数据,即写入和读取字符串。然而,在某些情况下,例如在处理整数或压缩文件时,需要读取和写入二进制数据。在创建 file 对象时,通过把“b”添加到文件模式中,就可以容易地用 Python 处理二进制数据[3]。

```
>>> myfile = open("testit.txt", "wb")
>>> for c in range(50, 70):
        myfile.write(chr(c))
>>> myfile.close()
>>> myfile = open("testit.txt")
>>> myfile.read()
'23456789:;<=>?@ABCDE'
>>> myfile.close()
```

在上述示例中,首先创建一个合适的 file 对象,然后用从 50 到 69 的 ASCII 值写入二进制字符。使用 chr 方法,把 range 调用创建的整数转变成字符。在写完所有数据之后,关闭文件并重新打开文件进行读取,还是使用二进制模式进行标记。从读取文件的结果可以看到,文件的内容是二进制字符。Python 中不同的平台,会用不同的方式保存二进制数据。如果必须处理二进制数据,最好是使用来自标准 Python 库的对象。

7.4 数据库的使用

7.4.1 数据库的连接

引入数据处理模块之后，就需要和数据库进行连接了，具体的实现代码如下[4]。

```
db = MySQLdb.connect("localhost","root","123456","myciti" )
```

上面的代码中含有 4 个关键的参数：第一个参数是服务器的地址；第二个参数是用户名；第三个参数是 DBMS 密码；第四个参数是需要访问的数据库名称。当然，connect 函数的参数不止这些，详细的参数列表如下。

host：该参数表示连接的数据库服务器主机名，默认为本地主机。

user：该参数表示连接数据库的用户名，默认为当前用户。

passwd：该参数表示连接密码，没有默认值。

db：该参数表示连接的数据库名，没有默认值。

conv：该参数表示将文字映射到 Python 类型的字典，默认为 MySQLdb. converters. conversions。

cursorclass：该参数表示 cursor()使用的种类，默认值为 MySQLdb. cursors. Cursor。

compress：该参数表示启用协议压缩功能。

named_pipe：在 Windows 中，该参数表示与一个命名管道相连接。

init_command：一旦连接建立，就为数据库服务器指定一条语句来运行。

read_default_file：该参数表示使用指定的 MySQL 配置文件。

read_default_group：该参数表示默认的读取组。

unix_socket：在 UNIX 中，该参数表示连接使用的套接字，默认使用 TCP。

port：该参数指定数据库服务器的连接端口，默认是 3306。

MySQLdb 的 connect 函数中，该参数的默认值是 3306。如果在安装 MySQL 的时候，修改了数据库的端口号，就需要在源码中修改该参数了。

7.4.2 执行 SQL 语句

连接上数据库之后，就需要开始执行 SQL 语句了，其源代码如下。

```
import MySQLdb
db = MySQLdb.connect("localhost","root","123456","myciti" )
cursor = db.cursor()
sql = """ insert into article values (0,"woainimahah","http://www.aa.com","2012 - 9 - 8",
"wo","qq","skjfasklfj","2019","up")"""
try:
    cursor.execute(sql)
    db.commit()
except:
    db.rollback()
db.close
```

值得注意的是，当需要使用 commit 操作时，如果不提交，数据库不会有任何变化。

7.4.3　选择和打印

连接数据库的主要目的是读取数据库中的信息。问题在于，如何获取数据库中的数据，如何有效提取信息？本节中将介绍数据的展示和打印功能。

具体来说，下面的程序可以实现打印数据库中 article 表的第二列数据。

```
import MySQLdb
db = MySQLdb.connect("localhost","root","123456","myciti" )
cursor = db.cursor()
cursor.execute("select * from article")
data = cursor.fetchone()
while data!= None:
    print data[1]
    data = cursor.fetchone()
db.close
```

此外，也可以使用如下代码。

```
import MySQLdb
db = MySQLdb.connect("localhost","root","123456","myciti" )
cursor = db.cursor()
cursor.execute("select * from article")
datas = cursor.fetchall()
for data in datas:
    print data[1]
print cursor.rowcount,"rows in tatal"
db.close
```

从上述代码中可以看出各个函数的区别：fetchone 是从数据库表中取出一行记录，之后便取出 next 行，不断向后循环。fetchall 是取出数据库表中的所有行数据，rowcount 是读出数据库表中的行数。

7.4.4　动态插入

下面介绍一下动态插入方式，动态插入是用占位符来实现的。

```
import MySQLdb
title = "title"
url = "urlofwebpage "
db = MySQLdb.connect("localhost","root","123456","myciti" )
cursor = db.cursor()
sql = """insert into article values (0,"%s","%s","2012-9-8","wo","qq","skjfasklfj",
"2019","up")"""
try:
    cursor.execute(sql % (title,url))
    db.commit()
except:
    db.rollback()
db.close
```

在上述代码中,"%s"表示字符串的占位符。可以看到,这里的"%s"占位符和上面的使用方式类似,但在此处却实现了 title 和 url 的动态插入。

7.4.5 update 操作

在 update 的操作中,占位符的使用和上面是一样的。具体的实现代码如下。

```
import MySQLdb
title = "title"
id = 11
db = MySQLdb.connect("localhost","root","123456","myciti" )
cursor = db.cursor()
sql = """update article set title = "%s" where id = "%d" """
try:
    cursor.execute(sql % (title, id))
    db.commit()
except:
    db.rollback()
db.close
```

参 考 文 献

[1] http://blog.csdn.NET/wirelessqa/article/details/7974531.
[2] http://www.cnblogs.com/rollenholt/archive/2012/04/23/2466179.html.
[3] http://zhidao.baidu.co/link? url=CipzeDdunK4rP7S0eGIcbamIu9SeYaW_ccCF093WaWdStXAjXd1UrbjmZ7A2s9pQVNOMKAgwBkJQkeEmlngLAnkPFJyfT9rKFpYUqrFO0kS.
[4] http://zhidao.baidu.com/link? url=MnXJPJhtztPs6kgJkMlea_tkHLRYenQcu7O6IUetgpNQFIoM-9gh4-GuOKvprVOeiguPxM_66mZpatvTzS-iwa.

习题

1. 读取文本常用的函数有哪些?
2. 如何将 csv 文件直接读取到一个 Python 的 DataFrame 对象里面?
3. 如何将 Python 内容写入文本文件中?
4. 在 Python 中如何读取二进制文本?
5. 在 Python 中如何与数据库进行连接?

第 8 章

数据处理技术

存放在文件或者数据库中的原始数据并不总能满足数据分析应用的要求。通常，原始数据中存在不符合规范的数据格式，或者存在数据缺失的情况。在这些情况下，必须对原始数据进行包括加载、清理、转换和重塑等处理。事实上，数据分析和数据建模工作的大量时间都用在数据准备环节上。

8.1 合并数据集

数据存储时，往往会按照数据的物理含义，将数据分别存储在不同的表中，以便于管理和操作。然而，在数据分析和数据建模时，往往需要将不同的数据表进行关联或合并，从而找出不同数据项之间的内在关联。下面就介绍如何对数据集进行合并操作[1]。

8.1.1 索引上的合并

在 DataFrame 中，两个或多个表的连接键有时会位于其索引中。在这种情况下，需要传入 left_index = True 或 right_index = True（或两个都传）以说明索引应该被用作连接键。

```
In [8]: left1 = pd.DataFrame({'key': ['a', 'b', 'a', 'a', 'b', 'c'],
   ...                        'value':range(6)})

In [9]: right1 = pd.DataFrame({'group_val':[3.5, 7]}, index = ['a', 'b'])

In [10]: left1
Out[10]:
  key value
0   a     0
1   b     1
```

```
2  a    2
3  a    3
4  b    4
5  c    5

[6 rows x 2 columns]

In [11]: right1
Out[11]:
   group_val
a        3.5
b        7.0

[2 rows x 1 columns]

In [12]: pd.merge(left1, right1, left_on = 'key', right_index = True)
Out[12]:
  key value group_val
0  a    0      3.5
2  a    2      3.5
3  a    3      3.5
1  b    1      7.0
4  b    4      7.0

[5 rows x 3 columns]
```

默认的 merge 方法是求取两张关联表的交集部分。因此,如果需要求取关联表的并集部分,可以通过外连接的方式得到它们的并集。

```
In [13]: pd.merge(left1, right1, left_on = 'key', right_index = True, how = 'outer')
Out[13]:
  key value group_val
0  a    0      3.5
2  a    2      3.5
3  a    3      3.5
1  b    1      7.0
4  b    4      7.0
5  c    5      NaN

[6 rows x 3 columns]
```

下面再来看一种比较复杂的情况,即某个表中的 index 是复合键进行索引的。

```
In [14]: lefth = pd.DataFrame({'key1': ['Ohio', 'Ohio', 'Ohio', 'Nevada', 'Nevada'],
   ...                        'key2': [2000, 2001, 2002, 2001, 2002],
   ...                        'data': np.arange(5.)})

In [15]: righth = pd.DataFrame(np.arange(12).reshape((6, 2)),
   ...                        index = [['Nevada', 'Nevada', 'Ohio', 'Ohio', 'Ohio', 'Ohio'],
[2001, 2000, 2000, 2000, 2001, 2002]],
   ...                        columns = ['event1', 'event2'])
```

```
In [16]: lefth
Out[16]:
   data  key1  key2
0  0     Ohio  2000
1  1     Ohio  2001
2  2     Ohio  2002
3  3   Nevada  2001
4  4   Nevada  2002

[5 rows x 3 columns]

In [17]: righth
Out[17]:
             event1  event2
Nevada 2001       0       1
       2000       2       3
Ohio   2000       4       5
       2000       6       7
       2001       8       9
       2002      10      11

[6 rows x 2 columns]
```

可以看到，righth 表中的 index 是由 key1 和 key2 两个键的复合键组成的，必须以列表的形式指明用作合并键的多个列（注意对重复索引值的处理）。

```
In [18]: pd.merge(lefth, righth, left_on = ['key1', 'key2'], right_index = True)
Out[18]:
   data  key1   key2  event1  event2
0     0   Ohio  2000       4       5
0     0   Ohio  2000       6       7
1     1   Ohio  2001       8       9
2     2   Ohio  2002      10      11
3     3 Nevada  2001       0       1

[5 rows x 5 columns]

In [19]: pd.merge(lefth, righth, left_on = ['key1', 'key2'], right_index = True, how = 'outer')
Out[19]:
   data  key1    key2  event1  event2
0     0     Ohio  2000       4       5
0     0     Ohio  2000       6       7
1     1     Ohio  2001       8       9
2     2     Ohio  2002      10      11
3     3   Nevada  2001       0       1
4     4   Nevada  2002     NaN     NaN
4   NaN   Nevada  2000       2       3

[7 rows x 5 columns]
```

此外，也可以采用合并双方的索引，实现多个表之间的关联。

```
In [21]: left2 = pd.DataFrame([[1., 2.], [3., 4.], [5., 6.]], index = ['a', 'c', 'e'], columns
= ['Ohio', 'Nevada'])

In [22]: right2 = pd.DataFrame([[7., 8.], [9., 10.], [11., 12.], [13, 14]],
   ...                          index = ['b', 'c', 'd', 'e'], columns = ['Missouri', 'Alabama'])

In [23]: left2
Out[23]:
   Ohio Nevada
a     1      2
c     3      4
e     5      6

[3 rows x 2 columns]

In [24]: right2
Out[24]:
   Missouri Alabama
b        7       8
c        9      10
d       11      12
e       13      14

[4 rows x 2 columns]

In [25]: pd.merge(left2, right2, how = 'outer', left_index = True, right_index = True)
Out[25]:
   Ohio Nevada Missouri Alabama
a     1      2      NaN     NaN
b   NaN    NaN        7       8
c     3      4        9      10
d   NaN    NaN       11      12
e     5      6       13      14

[5 rows x 4 columns]
```

除了 merge 以外，DataFrame 还有一个 join 函数，它能更为方便地实现按索引合并。join 函数还可用于合并多个带有相同或相似索引的 DataFrame 对象，而不管它们之间有没有重叠的列。在上面的例子中，可以重新用 join 实现。

```
In [26]: left2.join(right2, how = 'outer')
Out[26]:
   Ohio Nevada Missouri Alabama
a     1      2      NaN     NaN
b   NaN    NaN        7       8
c     3      4        9      10
d   NaN    NaN       11      12
e     5      6       13      14

[5 rows x 4 columns]
```

由于一些历史原因(早期版本的 Pandas 规定的),DataFrame 的 join 函数默认是通过在连接键上做左连接,对多个表进行关联的。

```
In [28]: left1.join(right1, on = 'key')
Out[28]:
  key value group_val
0  a     0        3.5
1  b     1        7.0
2  a     2        3.5
3  a     3        3.5
4  b     4        7.0
5  c     5        NaN

[6 rows x 3 columns]
```

8.1.2 轴向连接

另一种数据合并运算也被称作连接、绑定或堆叠。NumPy 有一个用于合并原始 NumPy 数组的 concatenation 函数:

```
In [32]: arr = np.arange(12).reshape((3, 4))

In [33]: arr
Out[33]:
array([[ 0, 1, 2, 3],
       [ 4, 5, 6, 7],
       [ 8, 9, 10, 11]])

In [34]: np.concatenate([arr, arr], axis = 1)
Out[34]:
array([[ 0, 1, 2, 3, 0, 1, 2, 3],
       [ 4, 5, 6, 7, 4, 5, 6, 7],
       [ 8, 9, 10, 11, 8, 9, 10, 11]])
```

对于 Pandas 对象(如 Series 和 DataFrame),带有标签的轴能够进一步推广数组的连接运算。具体地说,需要考虑以下这些内容。

(1) 如果各对象其他轴上的索引不同,那些轴应该是做并集还是交集?

(2) 结果对象中的分组需要各不相同吗?

(3) 用于连接的轴重要吗?

Pandas 的 concat 函数提供了一种能够解决这些问题的可靠方式。下面将给出一些例子来讲解其使用方式。假设有三个没有重叠索引的 Series:

```
In [35]: s1 = pd.Series([0, 1], index = ['a', 'b'])

In [36]: s2 = pd.Series([2, 3, 4], index = ['c', 'd', 'e'])

In [37]: s3 = pd.Series([5, 6], index = ['f', 'g'])
```

对这些对象调用 concat 可以将值和索引粘合在一起:

```
In [38]: pd.concat([s1, s2, s3])
Out[38]:
a    0
b    1
c    2
d    3
e    4
f    5
g    6
dtype: int64
```

默认情况下,concat 是在 axis=0 上工作的,最终产生一个新的 Series。如果传入 axis=1,则结果就会变成一个 DataFrame(axis=1 是列):

```
In [39]: pd.concat([s1, s2, s3], axis = 1)
Out[39]:
    0   1   2
a   0 NaN NaN
b   1 NaN NaN
c NaN   2 NaN
d NaN   3 NaN
e NaN   4 NaN
f NaN NaN   5
g NaN NaN   6

[7 rows x 3 columns]
```

在这种情况下,另外一条轴上没有重叠,从索引的有序并集(外连接)上就可以看出来。传入 join='inner'即可得到它们的交集。

```
In [41]: pd.concat([s1, s4], axis = 1)
Out[41]:
    0  1
a   0  0
b   1  5
f NaN  5
g NaN  6

[4 rows x 2 columns]

In [42]: pd.concat([s1, s4], axis = 1, join = 'inner')
Out[42]:
   0  1
a  0  0
b  1  5

[2 rows x 2 columns]
```

此外,还可以通过 join_axes 指定要在其他轴上使用的索引。

```
In [43]: pd.concat([s1, s4], axis = 1, join_axes = [['a', 'c', 'b', 'e']])
```

```
Out[43]:
    0  1
a   0  0
c NaN NaN
b   1  5
e NaN NaN

[4 rows x 2 columns]
```

然而,如果想要区分结果中不同的片段,则需要在连接轴上创建一个层次化索引。具体来说,可以通过使用 keys 参数来达到这个目的。

```
In [44]: result = pd.concat([s1, s1, s3], keys=['one', 'two', 'three'])

In [45]: result
Out[45]:
one    a  0
       b  1
two    a  0
       b  1
three  f  5
       g  6
dtype: int64
```

如果沿着 axis=1 对 Series 进行合并,则 keys 就会成为 DataFrame 的列头。

```
In [49]: pd.concat([s1, s2, s3], axis=1, keys=['one', 'two', 'three'])
Out[49]:
   one two three
a   0 NaN  NaN
b   1 NaN  NaN
c NaN   2  NaN
d NaN   3  NaN
e NaN   4  NaN
f NaN NaN    5
g NaN NaN    6

[7 rows x 3 columns]
```

同样的逻辑对 DataFrame 对象也是一样的。

```
In [50]: df1 = pd.DataFrame(np.arange(6).reshape(3, 2), index=['a', 'b', 'c'],
…                          columns=['one', 'two'])

In [51]: df2 = pd.DataFrame(5 + np.arange(4).reshape(2, 2), index=['a', 'c'],
…                          columns=['three', 'four'])

In [52]: pd.concat([df1, df2], axis=1, keys=['level1', 'level2'])
Out[52]:
  level1       level2
```

```
      one  two  three  four
a      0    1    5      6
b      2    3    NaN    NaN
c      4    5    7      8

[3 rows x 4 columns]
```

如果传入的不是列表而是一个字典，则字典的键就会被当作 keys 选项的值。

```
In [53]: pd.concat({'level1': df1, 'level2': df2}, axis = 1)
Out[53]:
    level1 level2
      one  two  three  four
a      0    1    5      6
b      2    3    NaN    NaN
c      4    5    7      8

[3 rows x 4 columns]
```

此外，还有两个用于管理层次化索引创建方式的参数，参见表 8-1。

```
In [54]: pd.concat([df1, df2], axis = 1, keys = ['level1', 'level2'], names = ['upper', 'lower'])
Out[54]:
upper level1 level2
lower  one  two  three  four
a      0    1    5      6
b      2    3    NaN    NaN
c      4    5    7      8

[3 rows x 4 columns]
```

表 8-1 连接合并操作的常用函数

函　数	解 释 说 明
count	计算子字符串在某一字符串中出现的次数
endswith/startwith	判断字符串是否以某个字符开头或结尾
join	把某个序列(字符串序列)，用某个字符串连接起来
index	与 find 函数相同，只是字符串中没有找到某个子字符串时，返回错误
find	返回字符串中出现子字符串的第一个字母的位置，如果没有，返回－1
rfind	返回从右侧算起字符串中出现子串的第一个字母的位置，如果没有，返回－1
replace	把字符串中的旧的子字符串替换为新的子字符串
strip/rstrip/lstrip	把字符串中前或后字符中有的字符全部去掉。如果不指定参数 chars，则会去掉空白字符
split	基于某种分隔符，把字符串分割成一个列表
lower，upper	大小写字母转换
ljust，rjust	左或右对齐输出字符串，总宽度为 width，不足部分以参数 fillchar 指定的字符填充，默认用空格填充

8.1.3 合并重叠数据

当两个数据集的索引全部或部分重叠时，它们的数据组合问题就不能用简单的合并或连接运算来处理了[2]。

```
In [64]: a = pd.Series([np.nan, 2.5, np.nan, 3.5, 4.5, np.nan], index=['f', 'e', 'd', 'c', 'b', 'a'])

In [65]: b = pd.Series(np.arange(len(a), dtype=np.float64), index=['f', 'e', 'd', 'c', 'b', 'a'])

In [66]: b[-1] = np.nan
```

下面实现完全重叠的两个数据集的合并，当第一个数据集非空时，取第一个数据集的值，否则取第二个数据集的值。

```
In [67]: a
Out[67]:
f    NaN
e    2.5
d    NaN
c    3.5
b    4.5
a    NaN
dtype: float64

In [68]: b
Out[68]:
f    0
e    1
d    2
c    3
b    4
a    NaN
dtype: float64

In [69]: np.where(pd.isnull(a), b, a)
Out[69]: array([ 0., 2.5, 2. , 3.5, 4.5, nan])
```

8.2 数据转换

除了数据合并以外，数据处理工作还包括对数据进行转换。具体的工作包括对数据进行过滤、清理以及其他的转换工作[3]。

8.2.1 移除重复数据

在数据转换工作中，最常见的是移除重复数据的工作。通常来说，数据集中总会出现重复的数据行。下面就是一个例子。

```
In [4]: data = pd.DataFrame({'k1':['one'] * 3 + ['two'] * 4,
                    'k2':[1, 1, 2, 3, 3, 4, 4]})

In [5]: data
Out[5]:
```

```
    k1  k2
0  one   1
1  one   1
2  one   2
3  two   3
4  two   3
5  two   4
6  two   4

[7 rows x 2 columns]
```

上面的DataFrame中存在6个数据行,其中一部分是重复的。通常来说,可以通过duplicated方法返回一个布尔型Series,每行中的布尔值表示该行是否是重复的。

```
In [6]: data.duplicated()
Out[6]:
0    False
1     True
2    False
3     False
4     True
5    False
6     True
dtype: bool
```

从上面的结果可以看出,第1、4、6行不是第一次出现的数据行,在后面的去重工作中可以考虑去除。如果想要直接去除数据中的重复行,可以考虑使用drop_duplicates方法,它用于返回一个移除了重复行的DataFrame。

```
In [7]: data.drop_duplicates()
Out[7]:
    k1  k2
0  one   1
2  one   2
3  two   3
5  two   4

[4 rows x 2 columns]
```

上面的结果显示,重复的数据行已经被移除。当然,前面介绍的这两种方法默认会判断全部列。在实际的数据处理案例中,可能只希望根据某一列(例如k1列)来过滤重复项。

```
In [8]: data['v1'] = range(7)

In [9]: data
Out[9]:
    k1  k2  v1
0  one   1   0
1  one   1   1
2  one   2   2
3  two   3   3
```

```
4  two  3  4
5  two  4  5
6  two  4  6

[7 rows x 3 columns]

In [10]: data.drop_duplicates(['k1'])
Out[10]:
    k1  k2  v1
0  one   1   0
3  two   3   3

[2 rows x 3 columns]
```

上面的方法中，通过 drop_duplicates(['k1'])可以将 k1 中的重复值去掉。此外，duplicated 和 drop_duplicates 还可以通过多列的联合取值来筛选数据，并且通过 take_last=True 保留重复数据中的最后一个。

```
In [11]: data.drop_duplicates(['k1', 'k2'], take_last = True)
Out[11]:
    k1  k2  v1
1  one   1   1
2  one   2   2
4  two   3   4
6  two   4   6

[4 rows x 3 columns]
```

8.2.2 利用函数进行数据转换

在对数据集进行转换时，有时需要根据数组、Series 或 DataFrame 列中的值来实现转换工作。我们来看看下面这组数据[4]：

```
In [12]: data = pd.DataFrame({'food':['bacon', 'pulled pork', 'bacon', 'Pastrami', 'corned beef',
'Bacon', 'pastrami', 'honey ham', 'nova lox'], 'ounces':[4, 3, 12, 6, 7.5, 8, 3, 5, 6]})

In [13]: data
Out[13]:
          food  ounces
0        bacon     4.0
1  pulled pork     3.0
2        bacon    12.0
3     Pastrami     6.0
4  corned beef     7.5
5        Bacon     8.0
6     pastrami     3.0
7    honey ham     5.0
8     nova lox     6.0

[9 rows x 2 columns]
```

此时，如果想要添加一列表示动物类型的列，需要先编写一个肉类到动物的映射：

```
In [14]: meat_to_animal = {
   ...            'bacon': 'Pig',
   ...            'pulled pork': 'pig',
   ...            'pastrami': 'Cow',
   ...            'corned beef': 'cow',
   ...            'honey ham': 'pig',
   ...            'nova lox': 'salmon'
   ... }
```

Series 的 map 方法可以接收一个函数或含有映射关系的字典型对象，但是这里有一个小问题，即有些肉类的首字母大写了，而另一些则没有。因此，还需要将各个值转换为小写。

```
In [15]: data['animal'] = data['food'].map(str.lower).map(meat_to_animal)

In [16]: data
Out[16]:
          food  ounces  animal
0        bacon    4.0     pig
1  pulled pork    3.0     pig
2        bacon   12.0     pig
3     Pastrami    6.0     cow
4  corned beef    7.5     cow
5        Bacon    8.0     pig
6     pastrami    3.0     cow
7    honey ham    5.0     pig
8     nova lox    6.0  salmon

[9 rows x 3 columns]
```

当然，也可以传入一个函数，完成全部这些工作。

```
In [17]: data['food'].map(lambda x: meat_to_animal[x.lower()])
Out[17]:
0      pig
1      pig
2      pig
3      cow
4      cow
5      pig
6      cow
7      pig
8   salmon
Name: food, dtype: object
```

值得说明的是，使用 map 是一种实现元素级转换以及其他数据清理工作的常用方式。

8.2.3 替换值

利用 fillna 方法填充缺失数据可以看作值替换的一种特殊情况。在通常的值替换时，往往采用 replace 方法，它提供了一种实现替换功能的简单、灵活的方式[3]。我们来看看下面这个 Series：

```
In [18]: data = pd.Series([1., -999, 2., -999, -1000., 3.])

In [19]: data
Out[19]:
0        1
1     -999
2        2
3     -999
4    -1000
5        3
dtype: float64
```

−999 这个值是一个表示缺失数据的标记值。要将其替换为 Pandas 能够理解的 NA 值，我们可以利用 replace 来产生一个新的 Series：

```
In [20]: data.replace(-999, np.nan)
Out[20]:
0        1
1      NaN
2        2
3      NaN
4    -1000
5        3
dtype: float64
```

当然，如果希望一次性替换多个值(例如，−999 和 −1000 替换为 NaN)，可以传入一个由待替换值组成的列表以及一个替换值。

```
In [21]: data.replace([-999, -1000], np.nan)
Out[21]:
0      1
1    NaN
2      2
3    NaN
4    NaN
5      3
dtype: float64
```

如果希望对不同的值进行不同的替换(例如，−999 替换为 NaN，−1000 替换为 0)，则传入一个由替换关系组成的列表即可。

```
In [22]: data.replace([-999, -1000], [np.nan, 0])
Out[22]:
0      1
1    NaN
2      2
3    NaN
4      0
5      3
```

```
dtype: float64
```

8.2.4 重命名轴索引

跟 Series 中的值一样，轴标签也可以通过函数进行转换，从而得到一个新对象。轴还可以被修改，而无须新建一个数据结构。接下来看看下面这个简单的例子[4]。

```
In [24]: data = pd.DataFrame(np.arange(12).reshape((3, 4)),
   ...                       index = ['Ohio', 'Colorado', 'New York'],
   ...                       columns = ['one', 'two', 'three', 'four'])
```

跟 Series 一样，轴标签也有一个 map 方法：

```
In [25]: data.index.map(str.upper)
Out[25]: array(['OHIO', 'COLORADO', 'NEW YORK'], dtype = object)
```

可以将其赋值给 index，这样就可以对 DataFrame 进行就地修改了。

```
In [26]: data.index = data.index.map(str.upper)

In [27]: data
Out[27]:
          one  two  three  four
OHIO        0    1      2     3
COLORADO    4    5      6     7
NEW YORK    8    9     10    11

[3 rows x 4 columns]
```

如果想要创建数据集的转换版(而不是修改原始数据)，比较常用的方式是 rename。

```
In [28]: data.rename(index = str.title, columns = str.upper)
Out[28]:
          ONE  TWO  THREE  FOUR
Ohio        0    1      2     3
Colorado    4    5      6     7
New York    8    9     10    11

[3 rows x 4 columns]
```

特别说明一下，rename 可以结合字典型对象实现对部分轴标签的更新。

```
In [31]: data.rename(index = {'OHIO': 'INDIANA'},
                     columns = {'three': 'peekaboo'})
Out[31]:
          one  two  peekaboo  four
INDIANA     0    1         2     3
COLORADO    4    5         6     7
NEW YORK    8    9        10    11

[3 rows x 4 columns]
```

在这个案例中，rename 帮我们实现了：复制 DataFrame 并对其索引和列标签进行赋值。如果希望修改某个数据集,可以通过传入 inplace=True 实现。

```
In [32]: # 总是返回 DataFrame 的引用

In [33]: _ = data.rename(index = {'OHIO': 'INDIANA'}, inplace = True)

In [34]: data
Out[34]:
          one  two  three  four
INDIANA     0    1      2     3
COLORADO    4    5      6     7
NEW YORK    8    9     10    11

[3 rows x 4 columns]
```

8.2.5 离散化数据

为了便于分析,连续数据常常被离散化。假设有一组人员数据,希望将它们划分为不同的年龄组[2]:

```
In [35]: ages = [20, 22, 25, 27, 21, 23, 37, 31, 61, 45, 41, 32]
```

如果想要将这些数据划分为"18~25"、"26~35"、"35~60"以及"60 以上"几个 bin,可以使用 Pandas 的 cut 函数。

```
In [36]: bins = [18, 25, 35, 60, 100]

In [37]: cats = pd.cut(ages, bins)

In [38]: cats
Out[38]:
  (18, 25]
  (18, 25]
  (18, 25]
  (25, 35]
  (18, 25]
  (18, 25]
  (35, 60]
  (25, 35]
 (60, 100]
  (35, 60]
  (35, 60]
  (25, 35]
Levels (4): Index(['(18, 25]', '(25, 35]', '(35, 60]', '(60, 100]'], dtype = object)
```

Pandas 返回的是一个特殊的 Categorical 对象,可以将其看作一组表示 bin 名称的字符串。实际上,这个对象含有一个表示不同分类名称的 levels 数组以及一个为年龄数据进行标号的 labels 属性。

```
In [39]: cats.labels
```

```
Out[39]: array([0, 0, 0, 1, 0, 0, 2, 1, 3, 2, 2, 1])

In [40]: cats.levels
Out[40]: Index([u'(18, 25]', u'(25, 35]', u'(35, 60]', u'(60, 100]'], dtype = 'object')

In [41]: pd.value_counts(cats)
Out[41]:
(18, 25]     5
(35, 60]     3
(25, 35]     3
(60, 100]    1
dtype: int64
```

跟数学中的区间这个概念相同，圆括号表示不包括，方括号表示包括。对于区间的左右两边用圆括号还是方括号，可以通过 right＝False 进行修改。

```
In [42]: pd.cut(ages, [18, 26, 36, 61, 100], right = False)
Out[42]:
  [18, 26)
  [18, 26)
  [18, 26)
  [26, 36)
  [18, 26)
  [18, 26)
  [36, 61)
  [26, 36)
 [61, 100)
  [36, 61)
  [36, 61)
  [26, 36)
Levels (4): Index(['[18, 26)', '[26, 36)', '[36, 61)', '[61, 100)'], dtype = object)
```

当然，也可以设置自己的 bin 名称，将 labels 选项设置为一个列表或数组。

```
In [43]: group_names = ['Youth', 'YoungAdult', 'MiddleAged', 'Senior']

In [44]: pd.cut(ages, bins, labels = group_names)
Out[44]:
      Youth
      Youth
      Youth
 YoungAdult
      Youth
      Youth
 MiddleAged
 YoungAdult
     Senior
 MiddleAged
 MiddleAged
 YoungAdult
Levels (4): Index(['Youth', 'YoungAdult', 'MiddleAged', 'Senior'], dtype = object)
```

如果向 cut 传入的是 bin 的数量而不是确切的 bin 边界，则它会根据数据的最小值和最大值计算等长 bin。在下面这个例子中，我们将一些均匀分布的数据分成 4 组。

```
In [45]: data = np.random.rand(20)

In [46]: pd.cut(data, 4, precision=2)
Out[46]:
 (0.037, 0.26]
 (0.037, 0.26]
   (0.48, 0.7]
   (0.7, 0.92]
 (0.037, 0.26]
 (0.037, 0.26]
   (0.7, 0.92]
   (0.7, 0.92]
 (0.037, 0.26]
  (0.26, 0.48]
  (0.26, 0.48]
  (0.26, 0.48]
 (0.037, 0.26]
  (0.26, 0.48]
   (0.48, 0.7]
   (0.7, 0.92]
 (0.037, 0.26]
   (0.7, 0.92]
 (0.037, 0.26]
 (0.037, 0.26]
Levels (4): Index(['(0.037, 0.26]', '(0.26, 0.48]', '(0.48, 0.7]',
                   '(0.7, 0.92]'], dtype=object)
```

qcut 是一个类似于 cut 的函数，它可以根据样本分位数对数据进行 bin 划分。根据数据的分布情况，cut 可能无法保证各个 bin 中含有相同数量的数据点。而 qcut 由于使用的是样本分位数，因此可以得到大小基本相等的 bin。

```
In [48]: data = np.random.randn(1000) #正态分布

In [49]: cats = pd.qcut(data, 4) #按四分位数进行分隔

In [50]: cats
Out[50]:
   [-3.636, -0.717]
       (0.647, 3.531]
   [-3.636, -0.717]
   [-3.636, -0.717]
   [-3.636, -0.717]
       (0.647, 3.531]
   [-3.636, -0.717]
 (-0.717, -0.0323]
 (-0.717, -0.0323]
       (0.647, 3.531]
```

```
   [-3.636, -0.717]
  (-0.717, -0.0323]
       (0.647, 3.531]
...
   [-3.636, -0.717]
   [-3.636, -0.717]
       (0.647, 3.531]
  (-0.717, -0.0323]
       (0.647, 3.531]
   [-3.636, -0.717]
   [-3.636, -0.717]
    (-0.0323, 0.647]
   [-3.636, -0.717]
  (-0.717, -0.0323]
  (-0.717, -0.0323]
    (-0.0323, 0.647]
       (0.647, 3.531]
Levels (4): Index(['[-3.636, -0.717]', '(-0.717, -0.0323]',
                   '(-0.0323, 0.647]', '(0.647, 3.531]'], dtype=object)
Length: 1000

In [51]: pd.value_counts(cats)
Out[51]:
(-0.717, -0.0323]   250
(-0.0323, 0.647]    250
(0.647, 3.531]      250
[-3.636, -0.717]    250
dtype: int64
```

跟 cut 一样,我们也可以设置自定义的分位数(0～1 之间的数值,包含端点)。

```
In [52]: pd.qcut(data, [0, 0.1, 0.5, 0.9, 1.])
Out[52]:
(-1.323, -0.0323]
  (-0.0323, 1.234]
(-1.323, -0.0323]
 [-3.636, -1.323]
 [-3.636, -1.323]
  (-0.0323, 1.234]
(-1.323, -0.0323]
(-1.323, -0.0323]
(-1.323, -0.0323]
     (1.234, 3.531]
(-1.323, -0.0323]
(-1.323, -0.0323]
  (-0.0323, 1.234]
...
 [-3.636, -1.323]
(-1.323, -0.0323]
  (-0.0323, 1.234]
(-1.323, -0.0323]
```

```
 (-0.0323, 1.234]
 [-3.636, -1.323]
 (-1.323, -0.0323]
 (-0.0323, 1.234]
 (-1.323, -0.0323]
 (-1.323, -0.0323]
 (-1.323, -0.0323]
 (-0.0323, 1.234]
 (-0.0323, 1.234]
Levels (4): Index(['[-3.636, -1.323]', '(-1.323, -0.0323]',
                   '(-0.0323, 1.234]', '(1.234, 3.531]'], dtype=object)
Length: 1000
```

8.2.6　检测异常值

异常值的过滤或变换运算在很大程度上其实就是数组运算。下面首先来看一个含有正态分布数据的 DataFrame[3]。

```
In [53]: np.random.seed(12345)

In [54]: data = pd.DataFrame(np.random.randn(1000, 4))

In [55]: data.describe()
Out[55]:
                 0            1            2            3
count  1000.000000  1000.000000  1000.000000  1000.000000
mean     -0.067684     0.067924     0.025598    -0.002298
std       0.998035     0.992106     1.006835     0.996794
min      -3.428254    -3.548824    -3.184377    -3.745356
25%      -0.774890    -0.591841    -0.641675    -0.644144
50%      -0.116401     0.101143     0.002073    -0.013611
75%       0.616366     0.780282     0.680391     0.654328
max       3.366626     2.653656     3.260383     3.927528

[8 rows x 4 columns]
```

下面找出某列中绝对值大小超过 3 的值。

```
In [56]: col = data[3]

In [57]: col[np.abs(col) > 3]
Out[57]:
97     3.927528
305   -3.399312
400   -3.745356
Name:  3, dtype: float64
```

要选出全部含有“超过 3 或－3 的值”的行，可以利用布尔型 DataFrame 及 any 方法。

```
In [58]: data[(np.abs(data) > 3).any(1)]
Out[58]:
```

```
          0          1          2          3
5    -0.539741   0.476985   3.248944  -1.021228
97   -0.774363   0.552936   0.106061   3.927528
102  -0.655054  -0.565230   3.176873   0.959533
305  -2.315555   0.457246  -0.025907  -3.399312
324   0.050188   1.951312   3.260383   0.963301
400   0.146326   0.508391  -0.196713  -3.745356
499  -0.293333  -0.242459  -3.056990   1.918403
523  -3.428254  -0.296336  -0.439938  -0.867165
586   0.275144   1.179227  -3.184377   1.369891
808  -0.362528  -3.548824   1.553205  -2.186301
900   3.366626  -2.372214   0.851010   1.332846

[11 rows x 4 columns]
```

根据这些条件，可以轻松地对值进行设置。下面的代码将值限制在区间－3～3以内。

```
In [59]: data[np.abs(data) > 3] = np.sign(data) * 3

In [60]: data.describe()
Out[60]:
                0            1            2            3
count  1000.000000  1000.000000  1000.000000  1000.000000
mean     -0.067623     0.068473     0.025153    -0.002081
std       0.995485     0.990253     1.003977     0.989736
min      -3.000000    -3.000000    -3.000000    -3.000000
25%      -0.774890    -0.591841    -0.641675    -0.644144
50%      -0.116401     0.101143     0.002073    -0.013611
75%       0.616366     0.780282     0.680391     0.654328
max       3.000000     2.653656     3.000000     3.000000

[8 rows x 4 columns]
```

需要说明的是，np.sign这个函数返回的是一个由1和－1组成的数组，表示原始值的符号。

8.2.7 排列和随机采样

利用numpy.random.permutation函数可以实现对Series或DataFrame的排列工作（Permuting，随机重排序）。通过需要排列的轴的长度调用permutation，可产生一个表示新顺序的整数数组[4]。

```
In [61]: df = pd.DataFrame(np.arange(5 * 4).reshape(5, 4))

In [62]: sampler = np.random.permutation(5)

In [63]: sampler
Out[63]: array([1, 0, 2, 3, 4])
```

然后，可以采用 take 函数操作来完成原数组的行调换。

```
In [64]: df
Out[64]:
   0   1   2   3
0  0   1   2   3
1  4   5   6   7
2  8   9  10  11
3 12  13  14  15
4 16  17  18  19

[5 rows x 4 columns]

In [65]: df.take(sampler)
Out[65]:
   0   1   2   3
1  4   5   6   7
0  0   1   2   3
2  8   9  10  11
3 12  13  14  15
4 16  17  18  19

[5 rows x 4 columns]
```

如果不想用替换的方式选取随机子集，则可以使用 permutation：从 permutation 返回的数组中切下前 k 个元素，其中 k 为期望的子集大小。

```
In [66]: df.take(np.random.permutation(len(df))[:3])
Out[66]:
   0   1   2   3
1  4   5   6   7
3 12  13  14  15
4 16  17  18  19

[3 rows x 4 columns]
```

要通过替换的方式产生样本，最快的方式是通过 np. random. randint 得到一组随机整数。

```
In [67]: bag = np.array([5, 7, -1, 6, 4])

In [68]: sampler = np.random.randint(0, len(bag), size=10)

In [69]: sampler
Out[69]: array([4, 4, 2, 2, 2, 0, 3, 0, 4, 1])

In [70]: draws = bag.take(sampler)

In [71]: draws
Out[71]: array([ 4, 4, -1, -1, -1, 5, 6, 5, 4, 7])
```

8.2.8 哑变量

一种常用于统计建模的转换方式是：将分类变量转换为哑变量。如果 DataFrame 的某一列中含有 k 个不同的值，则可以派生出一个 k 列矩阵或 DataFrame（其值全为 1 和 0）。Pandas 有一个 get_dummies 函数可以实现该功能[4]。拿之前的一个例子来说：

```
In [72]: df = pd.DataFrame({'key': ['b', 'b', 'a', 'c', 'a', 'b'],
   ...                      'data1': range(6)})

In [73]: pd.get_dummies(df['key'])
Out[73]:
   a  b  c
0  0  1  0
1  0  1  0
2  1  0  0
3  0  0  1
4  1  0  0
5  0  1  0

[6 rows x 3 columns]
```

有时候，我们可能想给哑变量 DataFrame 的列加上一个前缀，以便能够跟其他数据进行合并。get_dummies 的 prefix 参数可以实现该功能。

```
In [74]: dummies = pd.get_dummies(df['key'], prefix='key')

In [75]: df_with_dummy = df[['data1']].join(dummies)

In [76]: df_with_dummy
Out[76]:
   data1 key_a key_b key_c
0    0     0     1     0
1    1     0     1     0
2    2     1     0     0
3    3     0     0     1
4    4     1     0     0
5    5     0     1     0

[6 rows x 4 columns]
```

如果 DataFrame 中的某行同属于多个分类，数据处理的工作会比较复杂。下面以 MovieLens 1MB 数据集为例。

```
In [77]: mnames = ['movie_id', 'title', 'genres']
In [78]: movies = pd.read_table('movies.dat', sep='::', header=None,
   ... names=mnames)

In [79]: movies[:10]
```

```
Out[79]:
   movie_id                                 title                          genres
0         1                       Toy Story(1995)  Animation|Children's|Comedy
1         2                         Jumanji(1995)  Adventure|Children's|Fantasy
2         3                Grumpier Old Men(1995)               Comedy|Romance
3         4               Waiting to Exhale(1995)                 Comedy|Drama
4         5  Father of the Bride Part II(1995)                       Comedy
5         6                            Heat(1995)        Action|Crime|Thriller
6         7                         Sabrina(1995)               Comedy|Romance
7         8                    Tom and Huck(1995)         Adventure|Children's
8         9                    Sudden Death(1995)                       Action
9        10                       GoldenEye(1995)    Action|Adventure|Thriller
```

为每个 genre 添加哑变量就需要做一些数据规整操作。首先，从数据集中抽取出不同的 genre 值：

```
In [80]: genre_iter = (set(x.split('|')) for x in movies.genres)

In [81]: genres = sorted(set.union( * genre_iter))
```

现在，从一个初始化为全零的 DataFrame 开始构建哑变量 DataFrame：

```
In [82]: dummies = DataFrame(np.zeros((len(movies), len(genres))), columns = genres)
```

接下来，迭代每一部电影并将 dummies 各行的项设置为 1：

```
In [83]: for i, gen in enumerate(movies.genres):
   ... dummies.ix[i, gen.split('|')] = 1
```

然后，再将其与 movies 合并起来：

```
In [84]: movies_windic = movies.join(dummies.add_prefix('Genre_'))

In [85]: movies_windic.ix[0]
Out[85]:
movie_id                                        1
title                             Toy Story (1995)
genres                 Animation|Children's|Comedy
Genre_Action                                    0
Genre_Adventure                                 0
Genre_Animation                                 1
Genre_Children's                                1
Genre_Comedy                                    1
Genre_Crime                                     0
Genre_Documentary                               0
Genre_Drama                                     0
Genre_Fantasy                                   0
Genre_Film - Noir                               0
Genre_Horror                                    0
Genre_Musical                                   0
Genre_Mystery                                   0
Genre_Romance                                   0
Genre_Sci - Fi                                  0
Genre_Thriller                                  0
```

```
Genre_War                                    0
Genre_Western                                0
Name:                                        0
```

8.3 字符串操作

Python 能够成为流行的数据处理语言，部分原因是其简单易用的字符串和文本处理功能。大部分文本运算都成为字符串对象的内置方法。对于更为复杂的模式匹配和文本操作，则可能需要用到正则表达式。Pandas 在文本处理方面，对内置方法进行了加强，能够对数组数据应用字符串表达式和正则表达式，而且能处理缺失数据[4]。

8.3.1 内置字符串方法

对于大部分字符串处理应用而言，内置的字符串方法已经能够满足要求了。例如，以逗号分隔的字符串可以用 split 拆分成数段：

```
In [81]: val = 'a,b, guido'

In [82]: val.split(',')
Out[82]: ['a', 'b', ' guido']
```

split 常常结合 strip(用于修剪空白符)一起使用，删除字符串中的无意义的空白字符。

```
In [83]: pieces = [x.strip() for x in val.split(',')]

In [84]: pieces
Out[84]: ['a', 'b', 'guido']
```

此外，利用加法，可以将这些子字符串以双冒号分隔符的形式连接起来：

```
In [88]: first, second, third = pieces

In [89]: first + '::' + second + '::' + third
Out[89]: 'a::b::guido'
```

然而，这种方式并不是很实用。一种更快更符合 Python 风格的方式是，采用字符串“::”的 join 方法传入一个列表或元组：

```
In [90]: '::'.join(pieces)
Out[90]: 'a::b::guido'
```

另一类方法关注的是子串定位。检测子串的最佳方式是利用 Python 的 in 关键字(当然还可以使用 index 和 find)：

```
In [92]: 'guido' in val
Out[92]: True

In [93]: val.index(',')
Out[93]: 1
```

```
In [95]: val.find(':')
Out[95]: -1
```

注意 find 和 index 的区别：如果找不到字符串，index 将会引发一个异常（而不是返回 −1）。

```
In [96]: val.index(':')
---------------------------------------------------------------------------
ValueError                                Traceback (most recent call last)
/home/wss/program/python/<ipython-input-96-280f8b2856ce> in <module>()
----> 1 val.index(':')

ValueError: substring not found
```

此外，还有一个 count 函数，它可以返回指定子串的出现次数。

```
In [97]: val.count(',')
Out[97]: 2
```

replace 用于将指定模式替换为另一个模式。当然，它也常常用于删除模式，即传入空字符串。

```
In [98]: val.replace(',', '::')
Out[98]: 'a::b:: guido'

In [99]: val.replace(',', '')
Out[99]: 'ab guido'
```

常见的 Python 内置方法如表 8-2 所示。

表 8-2 字符串操作的常用函数

函 数	解释说明
objs	参与连接的列表或字典，且列表或字典里的对象是 pandas 数据类型，唯一必须给定的参数
axis=0	指明连接的轴向，0 是纵轴，1 是横轴，默认是 0
join	'inner'（交集），'outer'（并集），默认是'outer'指明轴向索引的索引是交集还是并集
join_axis	指明用于其他 n−1 条轴的索引（层次化索引，某个轴向有多个索引），不执行交并集
keys	与连接对象有关的值，用于形成连接轴向上的层次化索引（外层索引），可以是任意值的列表或数组、元组数据、数组列表（如果将 levels 设置成多级数组的话）

8.3.2 正则表达式

正则表达式提供了一种灵活的在文本中搜索或匹配字符串模式的方式，它根据正则表达式语言编写字符串。Python 内置的 re 模块负责对字符串应用正则表达式[5]。

re 模块的函数可以分为三个大类：模式匹配，替换，拆分。当然，它们之间是相辅相成的。一个 regex 描述了需要在文本中定位的一个模式，它可以用于许多目的。下面先来看一个简单的例子：假设想要拆分一个字符串，分隔符为数量不定的一组空白符（制表符、空格、换行符等），描述一个或多个空白符的 regex 是\s+：

```
In [100]: import re

In [101]: text = "foo bar\t baz \tqux"

In [102]: re.split('\s+', text)
Out[102]: ['foo', 'bar', 'baz', 'qux']
```

调用 re.split('\s+', text)时，正则表达式会先被编译，然后再在 text 上调用其 split 方法。我们可以用 re.compile 自己编译 regex，以得到一个可重用的 regex 对象：

```
In [103]: regex = re.compile('\s+')

In [104]: regex.split(text)
Out[104]: ['foo', 'bar', 'baz', 'qux']
```

如果只希望得到匹配 regex 的所有模式，则可以使用 findall 方法：

```
In [105]: regex.findall(text)
Out[105]: [' ', '\t ', '\t']
```

如果打算对许多字符串应用同一条正则表达式，建议通过 re.compile 创建 regex 对象，这样将可以节省大量的 CPU 时间。

match 和 search 跟 findall 功能类似。findall 返回的是字符串中所有的匹配项，而 search 则只返回第一个匹配项。match 更加严格，它只匹配字符串的首部。来看一个小例子，假设有一段文本以及一条能够识别大部分电子邮件地址的正则表达式：

```
In [106]: text = """Dave dave@google.com
   ...              Steve steve@gmail.com
   ...              Rob rob@gmail.com
   ...              Ryan ryan@yahoo.com
   ...            """

In [107]: pattern = r'[A-Z0-9._%+-]+@[A-Z0-9.-]+\.[A-Z]{2,4}'

In [108]: #re.IGNORECASE 的作用是使用正则表达式对大小写不敏感

In [109]: regex = re.compile(pattern, flags=re.IGNORECASE)
```

对 text 使用 findall 将得到一组电子邮件地址：

```
In [116]: regex.findall(text)
Out[116]: ['dave@google.com', 'steve@gmail.com', 'rob@gmail.com', 'ryan@yahoo.com']
```

search 返回的是文本中第一个电子邮件地址(以特殊的匹配项对象形式返回)。对于上面那个 regex，匹配项对象只能告诉我们模式在原字符串中的起始和结束位置。

```
In [117]: m = regex.search(text)

In [118]: m
Out[118]: <_sre.SRE_Match at 0x9dc81e0>
```

```
In [119]: text[m.start():m.end()]
Out[119]: 'dave@google.com'
```

regex.match 则将返回 None，因为它只匹配出现在字符串开头的模式。

```
In [120]: print regex.match(text)
None
```

另外，还有一个 sub 方法。它会将匹配到的模式替换为指定字符串，并返回所得到的新字符串。

```
In [121]: print regex.sub('REDACTED', text)
Dave REDACTED
Steve REDACTED
Rob REDACTED
Ryan REDACTED
```

假设我们不仅想要找出电子邮件地址，还想将各个地址分成三个部分：用户名、域名以及域后缀。要实现此功能，只需将待分段的模式的各部分用圆括号包起来即可。

```
In [122]: pattern = r'([A-Z0-9._%+-]+)@([A-Z0-9.-]+)\.([A-Z]{2,4})'

In [123]: regex = re.compile(pattern, flags=re.IGNORECASE)
```

由这种正则表达式所产生的匹配项对象，可以通过其 groups 方法返回一个由模式各段组成的元组：

```
In [124]: m = regex.match('wesm@bright.net')

In [125]: m.groups()
Out[125]: ('wesm', 'bright', 'net')
```

对于带有分组功能的模块，findall 会返回一个元组列表：

```
In [126]: regex.findall(text)
Out[126]:
[('dave', 'google', 'com'),
('steve', 'gmail', 'com'),
('rob', 'gmail', 'com'),
('ryan', 'yahoo', 'com')]
```

sub 还能通过诸如\1、\2 之类的特殊符号访问各匹配项中的分组：

```
In [127]: print regex.sub(r'Username: \1, Domain: \2, Suffix: \3', text)
Dave Username: dave, Domain: google, Suffix: com
Steve Username: steve, Domain: gmail, Suffix: com
Rob Username: rob, Domain: gmail, Suffix: com
Ryan Username: ryan, Domain: yahoo, Suffix: com
```

对上面那个电子邮件的正则表达式做一点儿小变动：为各个匹配分组加上一个名称，如下所示。

```
regex = re.compile(r"""
```

```
(?P<username>[A-Z0-9._%+-]+)
@
(?P<domain>[A-Z0-9.-]+)
\.
(?P<suffix>[A-Z]{2,4})""", flags=re.IGNORECASE|re.VERBOSE)
```

由这种正则表达式所产生的匹配项对象可以得到一个简单易用的带有分组名称的字典：

```
In [128]: m = regex.match('wesm@bright.net')

In [129]: m.groupdict()
Out[129]: {'domain': 'bright', 'suffix': 'net', 'username': 'wesm'}
```

表 8-3 正则表达式的相关常用函数

函 数	解释说明
findall/finditer	findall 方法能够以列表的形式返回能匹配的子串
match	尝试从字符串的起始位置匹配一个模式，如果不是起始位置匹配成功的话，match()就返回 none
search	扫描整个字符串并返回第一个成功的匹配，如果匹配成功则返回一个匹配的对象，否则返回 None
split	Break string into pieces at each occurrence of pattern.
sub/subn	对于输入的一个字符串，利用正则表达式(的强大的字符串处理功能)，去实现(相对复杂的)字符串替换处理，然后返回被替换后的字符串

8.3.3 Pandas 中矢量化的字符串函数

清理散乱数据时，常常需要做一些字符串规整化工作。更为复杂的情况是，含有字符串的列有时还含有缺失数据。

```
In [1]: data = {'Dave': 'dave@google.com', 'Steve': 'steve@gmail.com',
   ...          'Rob': 'rob@gmail.com', 'Wes': np.nan}

In [2]: data = pd.Series(data)

In [3]: data
Out[3]:
Dave   dave@google.com
Rob      rob@gmail.com
Steve  steve@gmail.com
Wes                NaN

In [4]: data.isnull()
Out[4]:
Dave     False
Rob      False
Steve    False
Wes      True
```

通过 data.map,所有字符串和正则表达式方法都能被应用于(传入 Lambda 表达式或其他函数)各个值,但是如果存在 NA 就会报错。为了解决这个问题,Series 有一些能够跳过 NA 值的字符串操作方法。通过 Series 的 str 属性即可访问这些方法。例如,可以通过 str.contains 检查各个电子邮件地址是否含有“gmail”:

```
In [5]: data.str.contains('gmail')
Out[5]:
Dave   False
Rob     True
Steve   True
Wes     NaN
```

这里也可以使用正则表达式,还可以加上任意 re 选项(如 IGNORECASE):

```
In [6]: pattern
Out[6]: '([A-Z0-9._%+-]+)@([A-Z0-9.-]+)\\.([A-Z]{2,4})'

In [7]: data.str.findall(pattern, flags=re.IGNORECASE)
Out[7]:
Dave   [('dave', 'google', 'com')]
Rob    [('rob', 'gmail', 'com')]
Steve  [('steve', 'gmail', 'com')]
Wes    NaN
```

此外,有两个办法可以实现矢量化的元素获取操作,要么使用 str.get,要么在 str 属性上使用索引。

```
In [8]: matches = data.str.match(pattern, flags=re.IGNORECASE)

In [9]: matches
Out[9]:
Dave  ('dave', 'google', 'com')
Rob   ('rob', 'gmail', 'com')
Steve ('steve', 'gmail', 'com')
Wes                        NaN

In [10]: matches.str.get(1)
Out[10]:
Dave   google
Rob    gmail
Steve  gmail
Wes    NaN

In [11]: matches.str[0]
Out[11]:
Dave   dave
Rob    rob
Steve  steve
Wes     NaN
```

另外,可以利用下面这种代码对字符串进行子串截取。

```
In [12]: data.str[:5]
Out[12]:
Dave    dave@
Rob     rob@g
Steve   steve
Wes     NaN
```

参 考 文 献

[1] http://blog. csdn. NET/wirelessqa/article/details/7974531.
[2] http://www. jb51. net/article/57290. htm.
[3] http://www. tuicool. com/articles/ZVzEz2N.
[4] http://www. cnblogs. com/jkmiao/p/4597359. html.
[5] http://www. cnblogs. com/jkmiao/p/4607027. html.

习题

1. 当两个数据集的索引全部或部分重叠时，它们的数据组合问题就不能用简单的合并或连接运算来处理。用 Python 代码举例说明如何解决以上问题。

2. 下面的数据中有多行存在重复的数据。请只针对 k1 和 k2 列，进行去重。

	k1	k2	v1
0	one	1	0
1	one	1	1
2	one	2	2
3	two	3	3
4	two	3	4
5	two	4	5
6	two	4	6

3. 连续数据常常被离散化。假设有一组人员数据，希望将它们划分为不同的年龄组：

```
ages = [20, 22, 25, 27, 21, 23, 37, 31, 61, 45, 41, 32]
```

如果想要将这些数据划分为“18～25”、“26～35”、“35～60”以及“60 以上”。用 Python 代码实现以上分档需求，并设置每档的名称，将 labels 选项设置为['Youth', 'YoungAdult', 'MiddleAged', 'Senior']。

4. 简述正则表达式的含义。

第 9 章

数据分析技术

9.1 NumPy 工具包

NumPy 的主要对象是同种元素的多维数组。在多维数组中，所有的元素都是一种类型的元素表格，且通过一个正整数下标进行索引。需要注意的是，numpy. array 和标准 Python 库类中的 array. array 并不相同，后者仅能够处理一维数组，且提供的功能较少。具体来说，ndarray 对象中的属性如下[1]。

（1）ndarray. ndim：该属性表示数组轴的个数。而在 Python 语言中，轴的个数被称作秩。

（2）ndarray. shape：该属性表示数组的维度，用来表示一个数组中各个维度上的大小。例如，对于一个 n 行 m 列的矩阵，该属性的值为(n,m)。

（3）ndarray. size：该属性表示数组元素的总个数，它等于属性中每个维度上元素个数的乘积。

（4）ndarray. dtype：该属性表示数组中的元素类型，可以通过 dtype 来指定使用哪一种 Python 类型。另外，NumPy 也提供类似的数据类型表示方法。

（5）ndarray. itemsize：该属性表示数组每个元素的字节大小。例如，当一个元素的类型为 float64 时，数组 itemsize 的属性值即为 8。又如，当一个元素类型为 complex32 时，数组 itemsize 的属性值为 4。

接下来，通过下面的例子来具体说明上述属性。

```
>>> from numpy import *
>>> a = arange(15).reshape(3, 5)
>>> a
array([[ 0, 1, 2, 3, 4],
       [ 5, 6, 7, 8, 9],
       [10, 11, 12, 13, 14]])
```

其中,reshape(3, 5)表示 a 是一个 3 行 5 列的二维数组,arange(15)表示允许取值的范围从 0 到 14。

```
>>> a.shape
(3, 5)
```

a. shape 表示 a 含有行和列的数量。上述的结果显示,a 是一个含有 3 行 5 列的二维数组,这与我们对数组 a 的定义是完全一致的。

```
>>> a.ndim
2
```

a. ndim 表示数组 a 的维数。上述的结果显示,a 是一个二维数组,这与我们上面对 a 的定义是完全一致的。

```
>>> a.dtype.name
'int32'
>>> a.itemsize
4
>>> a.size
15
```

a. dtype. name、a. itemsize、a. size 这三个属性别表示数组中各个元素的类型、数组中每个元素的字节大小,以及数组元素的总个数。

9.1.1 创建数组

在 Python 语言中,有多种创建数组的方法。首先,可以通过 array 函数创建一个新的数组,所创建的数组类型默认与原 array 元素的类型一致[2]。

```
>>> from numpy import *
>>> a = array( [2,3,4] )
>>> a
array([2, 3, 4])
>>> a.dtype
dtype('int32')
>>> b = array([1.2, 3.5, 5.1])
>>> b.dtype
dtype('float64')
```

除此之外,还可以在创建数组类型时,按照特定的格式进行显示。例如,下面的例子中,数组可以按照复数形式展示。

```
>>> c = array( [ [1,2], [3,4] ], dtype = complex )
>>> c
array([[ 1. + 0.j, 2. + 0.j],
       [ 3. + 0.j, 4. + 0.j]])
```

通常来说,数组的大小往往在创建时是未知的。因此,NumPy 提供了使用占位符来创建一个数组的函数,这些函数可以降低扩展数组时的计算代价。

下面的例子中,用函数 zeros 创建了一个全 0 数组,使用函数 ones 创建了一个全 1 的数组,使用函数 empty 创建了一个内容随机产生的数组。值得注意的是,在不指定数组类型时,默认创建的类型是 float64。

```
>>> zeros( (3,4) )
array([[0., 0., 0., 0.],
       [0., 0., 0., 0.],
       [0., 0., 0., 0.]])
>>> ones( (2,3,4), dtype = int16 )                    # dtype 也可以明确说明
array([[[ 1, 1, 1, 1],
        [ 1, 1, 1, 1],
        [ 1, 1, 1, 1]],
       [[ 1, 1, 1, 1],
        [ 1, 1, 1, 1],
        [ 1, 1, 1, 1]]], dtype = int16)
>>> empty( (2,3) )
array([[ 3.73603959e-262, 6.02658058e-154, 6.55490914e-260],
       [ 5.30498948e-313, 3.14673309e-307, 1.00000000e+000]])
```

为了创建一个数组,NumPy 还提供了 arange 函数,它返回的数组中是按照一定规则排列的数组。

```
>>> arange( 10, 30, 5 )
array([10, 15, 20, 25])
>>> arange( 0, 2, 0.3 )
array([ 0. , 0.3, 0.6, 0.9, 1.2, 1.5, 1.8])
```

9.1.2 打印数组

在打印一个数组时,NumPy 的展示形式类似于嵌套列表,但呈现出以下特点的布局[2]。

(1) 从左到右打印最后的轴;

(2) 从顶向下打印次后的轴;

(3) 从顶向下打印剩下的轴,每个切片通过一个空行与下一个切片隔开;

(4) 一维数组以行的形式打印出来,二维数组以矩阵的形式打印出来,三维数组以矩阵列表的形式打印出来。

```
>>> a = arange(6)                                     # 1d array
>>> print a
[0 1 2 3 4 5]
>>>
>>> b = arange(12).reshape(4,3)                       # 2d array
>>> print b
[[ 0 1 2]
 [ 3 4 5]
 [ 6 7 8]
 [ 9 10 11]]
>>>
>>> c = arange(24).reshape(2,3,4)                     # 3d array
>>> print c
```

```
[[[ 0 1 2 3]
  [ 4 5 6 7]
  [ 8 9 10 11]]

 [[12 13 14 15]
  [16 17 18 19]
  [20 21 22 23]]]
```

当然,如果一个数组过大,打印时会自动省略中间的部分,而仅打印角落。

```
>>> print arange(10000)
[   0    1   2 …, 9997 9998 9999]
>>>
>>> print arange(10000).reshape(100,100)
[[   0    1    2 …,   97   98   99]
 [ 100 101 102 …, 197 198 199]
 [ 200 201 202 …, 297 298 299]
 …,
 [9700 9701 9702 …, 9797 9798 9799]
 [9800 9801 9802 …, 9897 9898 9899]
 [9900 9901 9902 …, 9997 9998 9999]]
```

如果确实想要打印整个数组,可以通过设置 printoptions 参数来更改打印选项,从而强制打印出整个数组。

```
>>> set_printoptions(threshold = 'nan')
```

9.1.3 基本运算

数组是按元素进行算术运算的。因而,新的数组将会被创建,并且得到的结果会被填充[3]。

```
>>> a = array( [20,30,40,50] )
>>> b = arange( 4 )
>>> b
array([0, 1, 2, 3])
>>> c = a - b
>>> c
array([20, 29, 38, 47])
>>> b ** 2
array([0, 1, 4, 9])
>>> 10 * sin(a)
array([ 9.12945251, -9.88031624, 7.4511316 , -2.62374854])
>>> a < 35
array([True, True, False, False], dtype = bool)
```

与其他语言表达矩阵时有所不同,NumPy 的乘法运算符 * 是按照元素进行计算的,而矩阵乘法则是可以通过 dot 函数或创建矩阵对象来实现的。

```
>>> A = array( [[1,1],
... [0,1]] )
```

```
>>> B = array( [[2,0],
... [3,4]] )
>>> A * B                                    #矩阵元素乘积
array([[2, 0],
       [0, 4]])
>>> dot(A,B)                                 #矩阵乘积
array([[5, 4],
       [3, 4]])
```

此外，还有一些操作符，例如+=和*=，是用来更改现有的数组，而不是创建一个新的数组。

```
>>> a = ones((2,3), dtype = int)
>>> b = random.random((2,3))
>>> a *= 3
>>> a
array([[3, 3, 3],
       [3, 3, 3]])
>>> b += a
>>> b
array([[ 3.69092703, 3.8324276 , 3.0114541 ],
       [ 3.18679111, 3.3039349 , 3.37600289]])
>>> a += b
>>> a
array([[6, 6, 6],
       [6, 6, 6]])
```

当多种类型的数组进行计算时，结果中得到的数组通常采用更精确的值，这种行为叫作upcast。例如，当一个整型数组和float数组进行计算时，得到的结果自动upcast到float型数组。

```
>>> a = ones(3, dtype = int32)
>>> b = linspace(0,pi,3)
>>> b.dtype.name
'float64'
>>> c = a + b
>>> c
array([ 1., 2.57079633, 4.14159265])
```

9.1.4　索引、切片和迭代

Python中的数组可以被索引、切片和迭代[3]。

```
>>> a = arange(10) ** 3
>>> a
array([ 0, 1, 8, 27, 64, 125, 216, 343, 512, 729])
>>> a[2]
8
>>> a[2:5]
array([ 8, 27, 64])
>>> a[:6:2] = -1000
```

```
>>> a
array([ - 1000, 1, - 1000, 27, - 1000, 125, 216, 343, 512, 729])
>>> a[ : : - 1]                                          # reversedata
array([729, 512, 343, 216, 125, - 1000, 27, - 1000, 1, - 1000])
```

具体来说，Python 允许将多维数组的每个轴设置为一个索引，而每个索引由逗号分隔的元组表示。

```
>>> def f(x,y):
...     return 10 * x + y
...
>>> b = fromfunction(f,(5,4),dtype = int)
>>> b
array([[ 0, 1, 2, 3],
       [10, 11, 12, 13],
       [20, 21, 22, 23],
       [30, 31, 32, 33],
       [40, 41, 42, 43]])
>>> b[2,3]
23
>>> b[0:5, 1]                                    # b 中第二列的所有行
array([ 1, 11, 21, 31, 41])
>>> b[ : ,1]                                     # b 中第二列的所有行
array([ 1, 11, 21, 31, 41])
>>> b[1:3, : ]                                   # b 中第二行和第三行中的所有列
array([[10, 11, 12, 13],
       [20, 21, 22, 23]])
```

当提供的轴数少于索引的个数时，默认代表缺失部分索引的整个切片。

```
>>> b[ - 1]                                      # 等同于 b[ - 1,:]
array([40, 41, 42, 43])
```

其中，b[i]中只提供了一个轴，默认代表其余的轴。

此外，当我们对每个数组元素进行运算时，可以使用数组的 flat 属性，作为该数组中遍历所有元素的一个迭代器。

```
>>> for element in b.flat:
...         print element,
...
0 1 2 3 10 11 12 13 20 21 22 23 30 31 32 33 40 41 42 43
```

9.1.5 形状操作

首先，一个数组的大小可以通过该数组中每个轴上元素的个数得到[3]。

```
>>> a = floor(10 * random.random((3,4)))
>>> a
array([[ 7., 5., 9., 3.],
       [ 7., 2., 7., 8.],
       [ 6., 8., 3., 2.]])
```

```
>>> a.shape
(3, 4)
```

当我们需要修改一个数组的形状时，可以使用多种命令，例如 ravel 和 transpose。

```
>>> a.ravel()
array([ 7., 5., 9., 3., 7., 2., 7., 8., 6., 8., 3., 2.])
>>> a.shape = (6, 2)
>>> a.transpose()
array([[ 7., 9., 7., 7., 6., 3.],
       [ 5., 3., 2., 8., 8., 2.]])
```

此外，还可以通过 resize 函数来改变数组的自身形状。

```
>>> a
array([[ 7., 5.],
       [ 9., 3.],
       [ 7., 2.],
       [ 7., 8.],
       [ 6., 8.],
       [ 3., 2.]])
>>> a.resize((2,6))
>>> a
array([[ 7., 5., 9., 3., 7., 2.],
       [ 7., 8., 6., 8., 3., 2.]])
```

9.1.6　复制和视图

在处理数组时，需要将数据复制到新的数组中。通常来说，有以下三种处理情况[4]。

1. 完全不复制

在这种情况中，可以简单地对数组进行赋值，而不需要复制数组对象的数据。

```
>>> a = arange(12)
>>> b = a                                    # 没有创建新的 object
>>> b is a                                   # a 和 b 是相同 object 的两个名字
True
>>> b.shape = 3,4                            # b 的形状改变后,a 的形状也跟着改变
>>> a.shape
(3, 4)
```

2. 视图和浅复制

在这种情况中，不同的数组对象可以共同分享一组数据。视图方法可以构建一个新的数组对象，并指向同一组数据。

```
>>> c = a.view()
>>> c is a
False
>>> c.base is a                              # c 是数据 a 的一个视图
True
>>> c.shape = 2,6                            # a 的形状不会改变
```

```
>>> a.shape
(3, 4)
>>> c[0,4] = 1234                                   # a 的数据会改变
>>> a
array([[ 0, 1, 2, 3],
       [1234, 5, 6, 7],
       [ 8, 9, 10, 11]])
```

3. 深复制

在这种情况下,该方法可以完全复制数组以及它的数据,创建一个新的数组,而不是分享共同的数据。

```
>>> d = a.copy()                                    # 创建了一个新的数组
created
>>> d is a
False
>>> d.base is a                                     # d 和 a 不分享任何数据
False
>>> d[0,0] = 9999
>>> a
array([[ 0, 10, 10, 3],
       [1234, 10, 10, 7],
       [ 8, 10, 10, 11]])
```

9.1.7 NumPy 实用技巧

接下来介绍一些有用的提示,它们在实际应用中会经常用到[4]。

1. "自动"改变形状

我们可以通过省略多维数组的一个尺寸,来更改数组的维度。被省略的维度,将会自动地推导出来。

```
>>> a = arange(30)
>>> a.shape = 2, -1,3                               # -1 用来表示缺失的尺寸
>>> a.shape
(2, 5, 3)
```

这样,第二个维度值 5 就被自动地推导出来了。

```
>>> a
array([[[ 0, 1, 2],
        [ 3, 4, 5],
        [ 6, 7, 8],
        [ 9, 10, 11],
        [12, 13, 14]],
       [[15, 16, 17],
        [18, 19, 20],
        [21, 22, 23],
        [24, 25, 26],
        [27, 28, 29]]])
```

2. 向量组合

我们可以通过一些方法，通过两个尺寸相同的行向量列表来构建一个二维数组。在 NumPy 中，这个过程可以通过函数 column_stack、dstack、hstack 和 vstack 来完成。当然，这种向量组合，取决于我们想要在哪个维度上进行组合。

```
x = arange(0,10,2)                          #x=([0,2,4,6,8])
y = arange(5)                               #y=([0,1,2,3,4])
m = vstack([x,y])                           #m=([[0,2,4,6,8],
                                            #    [0,1,2,3,4]])
xy = hstack([x,y])                          #xy =([0,2,4,6,8,0,1,2,3,4])
```

3. 直方图

在 NumPy 中，将 histogram 函数应用到一个数组上时，会返回一对变量，包括直方图数组和箱式向量。值得注意的是，Matplotlib 中也有一个用来建立直方图的函数，叫作 hist。然而，两者存在一定的差别，前者仅产生数据，而后者则可以自动绘制直方图。

在下面的案例中，hist 构建了一个正态分布的数组，并且可以通过 plot 和 show 函数进行展示。

```
import numpy
import pylab
#Build a vector of 10000 normal deviates with variance 0.5^2 and mean 2
mu, sigma = 2, 0.5
v = numpy.random.normal(mu,sigma,10000)
#Plot a normalized histogram with 50 bins
pylab.hist(v, bins=50, normed=1)                      #matplotlib version (plot)
pylab.show()
#Compute the histogram with numpy and then plot it
(n, bins) = numpy.histogram(v, bins=50, normed=True)      #NumPy version (no plot)
pylab.plot(.5*(bins[1:]+bins[:-1]), n)
pylab.show()
```

9.2 Pandas 工具包

Pandas 中含有一些高级的数据操作工具，这些工具可以使数据分析工作变得更加简单高效。Pandas 工具包是基于 NumPy 工具包进行构建的，它的数据结构可以按轴自动地或显式地对齐数据。Pandas 的这种特性可以防止许多由数据未对齐而导致的常见错误。此外，Pandas 还可以集成其他功能，例如时间序列功能。这使得 Pandas 既能处理按照时间序列排列的数据，也能处理非时间序列排列的数据。这样，数学运算就可以根据不同的元数据执行，并灵活地处理缺失数据[5]。

首先，使用 Pandas 时，可以采用以下两种方式导入工具包。

```
view sourceprint?
01. In [1]: from pandas import Series, DataFrame
02.
03. In [2]: import pandas as pd
```

通常来说,当我们在一段代码中看到pd这一关键字时,就要考虑使用了Pandas这个工具包。要使用Pandas,先得熟悉它的两个主要数据结构:Series和DataFrame。这两种数据结构为大多数应用提供了可靠的、易于使用的基础。

9.2.1 Series

Series类似于一维数组,它由一组数据以及对应的数据标签(即索引)组成。通常来说,仅由一组数据就可以产生最基本的Series。

```
view sourceprint?
01.In [4]: obj = pd.Series([4, 7, -5, 3])
02.
03.In [5]: obj
04.Out[5]:
05.0    4
06.1    7
07.2   -5
08.3    3
09.dtype: int64
```

Series的字符串由两部分组成:左边是字符串的索引,右边是字符串的值。如果没有指定数据索引,Series就会自动地创建一个从0到$N-1$(N为数据的长度)的整型索引。在Series中,可以使用values和index这两个属性获取数组的值和索引对象。

```
view sourceprint?
01.In [7]: obj.values
02.Out[7]: array([ 4, 7, -5, 3], dtype=int64)
03.
04.In [8]: obj.index
05.Out[8]: Int64Index([0, 1, 2, 3], dtype='int64')
```

通常来说,我们总是希望在所创建的Series中,有一个可以对各个数据点进行标记的索引。

```
view sourceprint?
01.In [9]: obj2 = pd.Series([4, 7, -5, 3], index=['d', 'b', 'a', 'c'])
02.
03.In [10]: obj2
04.Out[10]:
05.d    4
06.b    7
07.a   -5
08.c    3
09.dtype: int64
10.
11.In [11]: obj2.index
12.Out[11]: Index([u'd', u'b', u'a', u'c'], dtype='object')
```

当然,除了使用values这个属性外,还可以通过索引的方式获取Series中的单个值或者一组值。

```
view sourceprint?
01. In [12]: obj2['a']
02. Out[12]: -5
03.
04. In [13]: obj2['d'] = 6
05.
06. In [14]: obj2[['c', 'a', 'd']]
07. Out[14]:
08. c     3
09. a    -5
10. d     6
11. dtype: int64
```

此外，还可以将Series看成是一个长度固定的有序字典，字典反映的是索引值到数据值的映射。因此，在以字典作为参数的函数中，也可以用Series代替字典作为函数的参数。

```
view sourceprint?
01. In [31]: 'b' in obj2
02. Out[31]: True
03.
04. In [32]: 'e' in obj2
05. Out[32]: False
```

当数据被存放在Python字典中时，可以直接通过这个字典来创建Series。

```
view sourceprint?
01. In [33]: sdata = {'Ohio': 3500, 'Texas': 71000, 'Oregon': 16000, 'Utah': 5000}
02.
03. In [34]: obj3 = pd.Series(sdata)
04.
05. In [35]: obj3
06. Out[35]:
07. Ohio      3500
08. Oregon   16000
09. Texas    71000
10. Utah      5000
11. dtype: int64
```

当我们只传入一个字典时，所得到的Series中的索引代表了原字典中的键(有序排列)。

```
view sourceprint?
01. In [36]: states = ['California', 'Ohio', 'Oregon', 'Texas']
02.
03. In [37]: obj4 = pd.Series(sdata, index = states)
04.
05. In [38]: obj4
06. Out[38]:
07. California    NaN
08. Ohio         3500
09. Oregon      16000
10. Texas       71000
11. dtype: float64
```

值得注意的是，在上述例子中，当 sdata 与 states 中的索引相匹配时，所得到的值就会被放到与索引对应的位置上。否则，索引结果就用 NaN 表示。例如，California 所对应的 sdata 值找不到，其索引结果就记为 NaN，表示该值是缺失的。当我们使用缺失或 NA 表示缺失数据时，可以用 Pandas 的 isnull 和 notnull 函数来检测缺失的数据。

```
view sourceprint?
01. In [39]: pd.isnull(obj4)
02. Out[39]:
03. California   True
04. Ohio         False
05. Oregon       False
06. Texas        False
07. dtype: bool
08.
09. In [40]: pd.notnull(obj4)
10. Out[40]:
11. California   False
12. Ohio         True
13. Oregon       True
14. Texas        True
15. dtype: bool
```

对于许多计算应用而言，Series 最重要的一个功能就是：在算术运算中，Series 会自动对齐不同索引的数据。

```
view sourceprint?
01. In [42]: obj3
02. Out[42]:
03. Ohio         3500
04. Oregon       16000
05. Texas        71000
06. Utah         5000
07. dtype: int64
08.
09. In [43]: obj4
10. Out[43]:
11. California   NaN
12. Ohio         3500
13. Oregon       16000
14. Texas        71000
15. dtype: float64
16.
17. In [44]: obj3 + obj4
18. Out[44]:
19. California   NaN
20. Ohio         7000
21. Oregon       32000
22. Texas        142000
23. Utah         NaN
24. dtype: float64
```

当然，Series 的索引可以在赋值的时候进行修改。

```
view sourceprint?
01.In [48]: obj.index = ['Bob', 'Steve', 'Jeff', 'Ryan']
02.
03.In [49]: obj
04.Out[49]:
05.Bob      4
06.Steve    7
07.Jeff    -5
08.Ryan     3
09.dtype: int64
```

9.2.2 DataFrame

DataFrame 是一种表格类型的数据结构，它含有一组有序的列。每一列可以是不同类型的值（例如数值、字符串、布尔值等）。DataFrame 既可以按行索引，也可以按列索引，因而可以被视为由 Series 组成的字典。与其他数据结构相比，DataFrame 中对行操作和对列操作基本上是平衡的。其实，DataFrame 中的数据是通过一个或多个二维块进行存放的[6]。

值得注意的是，虽然 DataFrame 默认是以二维结构保存数据的，但我们仍然可以将其转换为更高维的数据。当然，构建 DataFrame 的办法有很多种，其中最常用的办法就是直接传入一个字典。

```
view sourceprint?
01.In [50]: data = {'state': ['Ohio', 'Ohio', 'Ohio', 'Nevada', 'Nevada'],
02…         'year': [2000, 2001, 2002, 2001, 2002],
03…         'pop':[1.5, 1.7, 3.6, 2.4, 2.9]}
04.
05.In [51]: frame = pd.DataFrame(data)
```

DataFrame 从而可以自动加上索引（跟 Series 一样），且全部的列都会进行有序的排列。

```
view sourceprint?
01.pop state year
02.0 1.5 Ohio 2000
03.1 1.7 Ohio 2001
04.2 3.6 Ohio 2002
05.3 2.4 Nevada 2001
06.4 2.9 Nevada 2002
07.
08.[5 rows x 3 columns]
```

指定了列序列以后，DataFrame 的列就会根据特定的顺序进行排列。

```
view sourceprint?
01.In [53]: pd.DataFrame(data, columns = ['year', 'state', 'pop'])
02.Out[53]:
03.year state pop
04.0 2000    Ohio 1.5
05.1 2001    Ohio 1.7
```

```
06.2 2002    Ohio 3.6
07.3 2001  Nevada 2.4
08.4 2002  Nevada 2.9
09.
10.[5 rows x 3 columns]
```

与 Series 类似，当 DataFrame 传入的列在数据中找不到时，就会自动产生 NA 值，标记为 NaN。

```
view sourceprint?
01.In [54]: frame2  = pd.DataFrame(data, columns = ['year', 'state', 'pop', 'debt'],
02…                       index = ['one', 'two', 'three', 'four', 'five'])
03.
04.In [55]: frame2
05.Out[55]:
06.year   state pop debt
07.one      2000    Ohio 1.5 NaN
08.two      2001    Ohio 1.7 NaN
09.three    2002    Ohio 3.6 NaN
10.four     2001 Nevada 2.4 NaN
11.five     2002 Nevada 2.9 NaN
12.
13.[5 rows x 4 columns]
14.
15.In [56]: frame2.columns
16.Out[56]: Index([u'year', u'state', u'pop', u'debt'], dtype = 'object')
```

此外，通过类似于字典标记的方式，可以将 DataFrame 的各个列获取为一个 Series。

```
view sourceprint?
01.In [57]: frame2['state']
02.Out[57]:
03.one      Ohio
04.two      Ohio
05.three    Ohio
06.four   Nevada
07.five   Nevada
08.Name: state, dtype: object
09、
10.In [58]: frame2.year
11.Out[58]:
12.one     2000
13.two     2001
14.three   2002
15.four    2001
16.five    2002
17.Name: year, dtype: int64
```

返回的列存在一个 Series 中，它拥有与原 DataFrame 相同的索引，且其 name 属性也默认地设置完成了。当然，也可以通过位置或名称的方式对行进行获取，例如用索引字段 ix：

```
view sourceprint?
01. In [59]: frame2.ix['three']
02. Out[59]:
03. year    2002
04. state   Ohio
05. pop     3.6
06. debt    NaN
07. Name: three, dtype: object
```

DataFrame 中的每一列也可以通过赋值的方式进行修改。例如,可以在某个空列上赋一个标量值或一组值。

```
view sourceprint?
01. In [60]: frame2['debt'] = 16.5
02.
03. In [61]: frame2
04. Out[61]:
05. year    state   pop  debt
06. one    2000    Ohio  1.5  16.5
07. two    2001    Ohio  1.7  16.5
08. three  2002    Ohio  3.6  16.5
09. four   2001  Nevada  2.4  16.5
10. five   2002  Nevada  2.9  16.5
11.
12. [5 rows x 4 columns]
view sourceprint?
01. In [62]: frame2['debt'] = np.arange(5.)
02.
03. In [63]: frame2
04. Out[63]:
05. year    state   pop  debt
06. one    2000    Ohio  1.5  0
07. two    2001    Ohio  1.7  1
08. three  2002    Ohio  3.6  2
09. four   2001  Nevada  2.4  3
10. five   2002  Nevada  2.9  4
11.
12. [5 rows x 4 columns]
```

当然,在对列进行赋值时,列的长度必须和 DataFrame 的长度相匹配,所有的空位都将被填上缺失值 NaN。

```
view sourceprint?
01. In [64]: val = pd.Series([-1.2, -1.5, -1.7], index=['two', 'four', 'five'])
02.
03. In [65]: frame2['debt'] = val
04.
05. In [66]: frame2
06. Out[66]:
07. year    state   pop  debt
08. one    2000    Ohio  1.5   NaN
```

```
09.two    2001    Ohio  1.7   -1.2
10.three 2002    Ohio  3.6   NaN
11.four   2001  Nevada  2.4   -1.5
12.five   2002  Nevada  2.9   -1.7
13.
14.[5 rows x 4 columns]
```

此外,还可以对不存在的列进行赋值,从而构造出一个新列。其中,关键字 del 可以用于删除某一列。

```
view sourceprint?
01.In [67]: frame2['eastern'] = frame2.state == 'Ohio'
02.
03.In [68]: frame2
04.Out[68]:
05.year    state   pop   debt eastern
06.one    2000    Ohio  1.5   NaN    True
07.two    2001    Ohio  1.7   -1.2  True
08.three 2002    Ohio  3.6   NaN    True
09.four   2001  Nevada  2.4   -1.5  False
10.five   2002  Nevada  2.9   -1.7  False
11.
12.[5 rows x 5 columns]
view sourceprint?
01.In [69]: del frame2['eastern']
02.
03.In [70]: frame2.columns
04.Out[70]: Index([u'year', u'state', u'pop', u'debt'], dtype='object')
```

值得注意的是,通过索引方式返回的列仅仅是对应的数据视图而已,并不是数据副本。因此,对 Series 所做的任何修改,都会全部反映到原来的 DataFrame 上。此外,通过 Series 的 copy 函数可以显式地复制某一列。

9.3 Scikit-Learn 工具包

Scikit-Learn 是由 David Cournapeau 在 2007 年发起的项目,是一种基于 Python 的机器学习模块。Scikit-Learn 库已经实现了几乎所有常用的机器学习算法,下面介绍其中的一些算法[7]。

9.3.1 逻辑回归

通常情况下,逻辑回归被用来解决分类问题,尤其是二元分类问题。这个算法的优点是:每一个输出的对象(一个类别)都有一个与之对应的概率。

```
from sklearn import metrics
from sklearn.linear_model import LogisticRegression
model = LogisticRegression()
model.fit(X, y)
```

```
print(model)
# make predictions
expected = y
predicted = model.predict(X)
# summarize the fit of the model
print(metrics.classification_report(expected, predicted))
print(metrics.confusion_matrix(expected, predicted))
```

9.3.2 朴素贝叶斯

朴素贝叶斯算法也是最著名的机器学习的算法之一，其主要任务是恢复训练样本的数据分布密度。这个方法通常在多分类问题上有较好的表现。

```
from sklearn import metrics
from sklearn.naive_bayes import GaussianNB
model = GaussianNB()
model.fit(X, y)
print(model)
# make predictions
expected = y
predicted = model.predict(X)
# summarize the fit of the model
print(metrics.classification_report(expected, predicted))
print(metrics.confusion_matrix(expected, predicted))
```

9.3.3 k-最近邻

kNN(k-最近邻)方法通常用于复合分类算法的一部分。例如，可以用它的估计值作为一个回归问题中变量的选择。在参数设置得当时，该算法在回归问题中会表现出极好的效果。

```
from sklearn import metrics
from sklearn.neighbors import KNeighborsClassifier
# fit a k - nearest neighbor model to the data
model = KNeighborsClassifier()
model.fit(X, y)
print(model)
# make predictions
expected = y
predicted = model.predict(X)
# summarize the fit of the model
print(metrics.classification_report(expected, predicted))
print(metrics.confusion_matrix(expected, predicted))
```

9.3.4 决策树

决策树是直观运用概率分析的一种图解法。由于这种决策分支画成图形很像一棵树的枝干，故称为决策树。决策树代表一类算法，C4.5是其中比较典型的一种算法。C4.5算法采用熵来选择属性，以构成决策分支；并采用后剪枝以抑制不必要的决策分支的生长。

CART 算法采用 Gini 来选择属性，并采用前剪枝以抑制不必要的决策分支的生长。下面是 CART 决策树算法的代码。

```
from sklearn import metrics
from sklearn.tree import DecisionTreeClassifier
#fit a CART model to the data
model = DecisionTreeClassifier()
model.fit(X, y)
print(model)
#make predictions
expected = y
predicted = model.predict(X)
#summarize the fit of the model
print(metrics.classification_report(expected, predicted))
print(metrics.confusion_matrix(expected, predicted))
```

9.3.5 支持向量机

支持向量机是当下最流行的机器学习算法之一，它主要用于多分类问题。

```
from sklearn import metrics
from sklearn.svm import SVC
#fit a SVM model to the data
model = SVC()
model.fit(X, y)
print(model)
#make predictions
expected = y
predicted = model.predict(X)
#summarize the fit of the model
print(metrics.classification_report(expected, predicted))
print(metrics.confusion_matrix(expected, predicted))
```

除了解决分类问题外，Scikit-Learn 还有海量的算法可以处理更复杂的问题，包括聚类以及建立混合算法的实现技术，例如 Bagging 和 Boosting 算法。

9.3.6 优化算法参数

通过正确地选择参数，可以高效地编写算法。然而，如何正确地选择参数是一个重要的问题，会影响机器学习算法的性能。幸运的是，Scikit-Learn 提供了很多函数以解决这类问题[8]。

作为一个例子，我们来看一下规则化选择参数的方法，其中很多参数的数值都相继地搜索出来了。

```
import numpy as np
from sklearn.linear_model import Ridge
from sklearn.grid_search import GridSearchCV
#prepare a range of alpha values to test
alphas = np.array([1,0.1,0.01,0.001,0.0001,0])
```

```
#create and fit a ridge regression model, testing each alpha
model = Ridge()
grid = GridSearchCV(estimator = model, param_grid = dict(alpha = alphas))
grid.fit(X, y)
print(grid)
#summarize the results of the grid search
print(grid.best_score_)
print(grid.best_estimator_.alpha)
```

有些时候，我们可以随机地从某个范围内高效地选取一个参数，通过估计此参数下算法的效果，进而选择出最好的参数。

```
import numpy as np
from scipy.stats import uniform as sp_rand
from sklearn.linear_model import Ridge
from sklearn.grid_search import RandomizedSearchCV
#prepare a uniform distribution to sample for the alpha parameter
param_grid = {'alpha': sp_rand()}
#create and fit a ridge regression model, testing random alpha values
model = Ridge()
rsearch = RandomizedSearchCV(estimator = model, param_distributions = param_grid, n_iter =
100)
rsearch.fit(X, y)
print(rsearch)
#summarize the results of the random parameter search
print(rsearch.best_score_)
print(rsearch.best_estimator_.alpha)
```

参 考 文 献

[1] Mark Lutz. Learning Python,3rd Edition. O'Reilly Media Inc.,2008.
[2] http://www.tuicool.com/articles/iiYjeaz.
[3] http://blog.csdn.net/baoyan2015/article/details/53503073.
[4] http://old.sebug.net/paper/books/scipydoc/install.html.
[5] http://www.th7.cn/Program/Python/201610/992444.shtml.
[6] http://www.360doc.com/content/13/1122/20/9482_331382844.shtml.
[7] http://www.cnblogs.com/chaofn/p/4673478.html.
[8] http://blog.sina.com.cn/s/blog_6a90ae320101a5rc.html.

习题

1. 用 Matplotlib 工具包创建直方图。
2. 阐述 DataFrame 的定义。
3. 用 Scikit-Learn 工具包实现逻辑回归。
4. 用 Scikit-Learn 工具包实现 CART 决策树算法。
5. 用 Scikit-Learn 工具包实现朴素贝叶斯算法。

第 10 章

数据可视化技术

10.1 Matplotlib 绘图

Matplotlib 来自于由 John Hunter 在 2002 年启动的一个用于创建图表的绘图项目，其目的是为 Python 构建一个与 MATLAB 之间进行交互的绘图接口。Matplotlib 可以支持各类操作系统上的 GUI 后端，也可以将图片存储为各类格式的图片，包括 PDF、JPG、PNG、GIF 等。此外，Matplotlib 还支持许多插件工具，包括用于 3D 绘图的 mplot3d，用于地图描绘的 basemap 等[1]。

10.1.1 Matplotlib API 入门

Matplotlib 的使用方法有很多种，其中常用的方式是将 IPython 的默认配置指定为 Matplotlib GUI 后端，这对大部分用户而言已经够用了。此外，Pylab 模式还会通过 IPython 引入大量的模块和函数，以提供一种更接近于 MATLAB 的界面[2]。

在绘制一张图表时，如果一切准备就绪，就会弹出一个窗口。用户可以用鼠标或输入 close()来关闭它。Matplotlib API 的所有函数都位于 matplotlib. pyllot 模块中，其通常的引入约定是：

```
import matplotlib.pyplot as plt
```

虽然之前介绍过的 Pandas 的绘图函数能够处理许多普通的绘图任务，但如果需要自定义一些高级功能，就必须学习 Matplotlib API。因此，Matplotlib 的示例库和文档是成为绘图高手的最佳学习资源。

10.1.2 Figure 和 Subplot 的画图方法

作为一种面向对象的语言，所有 Matplotlib 的图像都位于 Figure 这类的对象中。可以用 plt.figure 这个函数来创建一个新的 Figure 对象：

```
fig = plt.figure()
```

这时会弹出一个空窗口。plt.figure 有一些选项，它用于确保保存后图片的纵横比和尺寸。Matplotlib 中的 Figure 还支持一种类似 MATLAB 的编号方式，例如 plt.figure(2)。值得注意的是，Python 不允许通过空的 Figure 对象绘图，必须采用 add_subplot 创建 Subplot 才行：

```
ax1 = fig.add_subplot(2, 2, 1)
```

以上这行代码的意思是，图片的排列方式是 2×2 的，即上下左右各一个图片。此外，我们选中的是 4 个 Subplot 中的第一个，即左上角的图片。如果再分别把后面两个 Subplot 图片创建出来，就可以得到最终的图 10-1。

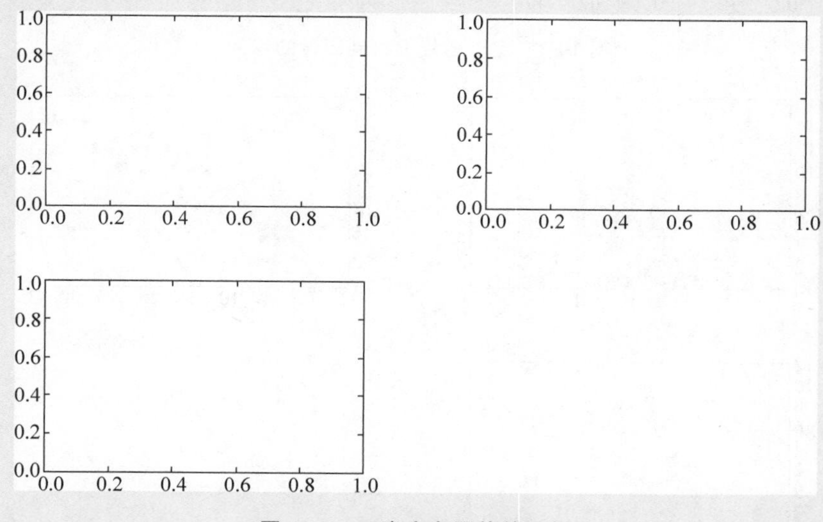

图 10-1　三张空白图片的示例

下面这条绘图命令 plt.plot ([1.5, 3.5, -2, 1.6])就会在 Matplotlib 的最后一个用过的 Subplot(如果没有则创建一个)上进行绘制。因此，如果执行上条命令，就会得到如图 10-2 所示的效果。

"k--"是 Matplotlib 的一个绘图线型选项，代表绘图的线型是黑色虚线。fig.add_subplot 返回的对象是 AxesSubplot，它可以直接调用实例方法在其他空着的格子里面画图，如图 10-3 所示。

```
In [9]: _ = ax1.hist(randn(100), bins = 20, color = 'k', alpha = 0.3)
In [10]: ax2.scatter(np.arange(30), np.arange(30) + 3 * randn(30))
Out[10]: <matplotlib.collections.PathCollection at 0xa8201cc>
```

各种图标类型详见 Matplotlib 的说明文档。根据特定布局，可以创建 Figure 和 Subplot，于是出现了更为便捷的方法(plt.subplots)，通过创建一个新的 Figure，返回一个含有 Subplot 对象的 NumPy 数组。

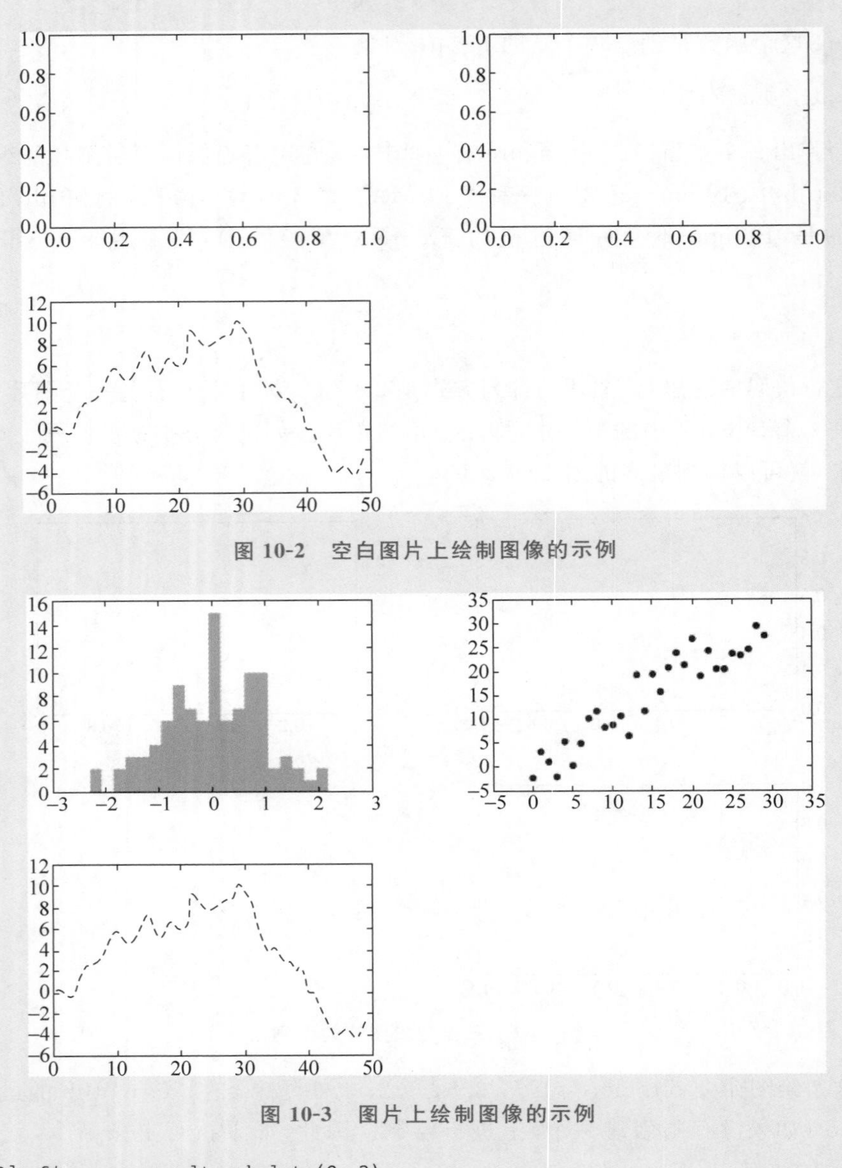

图 10-2 空白图片上绘制图像的示例

图 10-3 图片上绘制图像的示例

```
In [13]: fig, axes = plt.subplots(2, 3)
In [14]: axes
Out[14]:
array([[<matplotlib.axes.AxesSubplot object at 0xa76c7ec>,
        <matplotlib.axes.AxesSubplot object at 0xae8f1ec>,
        <matplotlib.axes.AxesSubplot object at 0xb40bc8c>],
       [<matplotlib.axes.AxesSubplot object at 0xb5b7dac>,
        <matplotlib.axes.AxesSubplot object at 0xadf680c>,
        <matplotlib.axes.AxesSubplot object at 0xad6222c>]], dtype=object)
```

这种方法是非常实用的，它可以轻松地对 axes 数组进行索引，就好像处理一个二维数组，例如，axes [0, 1]。此外，还可以通过 sharex 和 sharey 来指定 Subplot 应具有相同的 X 轴或 Y 轴。在比较相同范围的数据时，这种方法也是非常实用的。否则，Matplotlib 会自动缩放各图表的界限。

表 10-1　Matplotlib 中 subplot 函数的常用参数

参　数	解释说明
nrows	一张图中子图框格的行数
ncols	一张图中子图框格的列数
sharex	所有 subplot 应该使用相同的 X 轴刻度
sharey	所有 subplot 应该使用相同的 Y 轴刻度
subplot_kw	用于创建各 subplot 的关键字字典
** fig_kw	创建 figure 时的其他关键字，比如 plt. subplots（2,2，figsize=（8,6））

10.1.3　调整 Subplot 周围的间距

Matplotlib 在默认情况下会在 Subplot 周围和多个 Subplot 之间留下一定的空白边距，此间距跟图像的高度和宽度相关。如果调整了图像的尺寸，空白间距也会自动随之调整。利用 Figure 的 subplots_adjust 函数就可以轻易地修改空白间距：

```
In [15]: subplots_adjust(left = None, bottom = None, right = None, top = None, wspace = None,
hspace = None)
```

其中，wspace 和 hspace 可以用来控制宽度和高度的比例，也可以用作调整多个 Subplot 之间的空白间距。在如图 10-4 所示的这个例子中，我们已经将图间的间距降低到了 0。

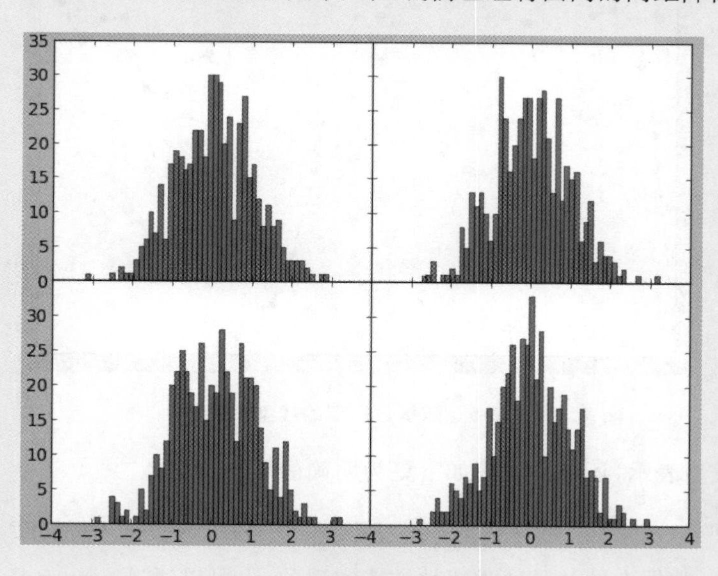

图 10-4　图间距调整为 0 的示例

不难看出，此图中的轴标签重叠了。然而，Matplotlib 不会自动对标签是否重叠进行检查，只能通过人工地设定刻度的位置和标签。

10.1.4　颜色、标记和线型的设置

Matplotlib 的 plot 函数可以用来接收一组 X 和 Y 坐标值，也可以接收一组颜色和线型

的字符串缩写。例如,要根据 X 和 Y 绘制绿色虚线,可以执行如下代码[3]。

```
In [18]: ax.plot(x, y, 'g--')
```

这种方式中,用同一个字符串来指定颜色和线型非常方便。当然,通过以下这种方式,可以更为明确地得到同样的效果。

```
In [19]: ax.plot(x, y, linestyle='--', color='g')
```

在 Matplotlib 中,常用的颜色都会有一个对应的缩写词,而要使用其他的颜色时,则可以通过该颜色对应的 RGB 值使用。完整的 linestyle 列表请参见 plot 的文档[2]。

此外,线型图上还可以添加一些标记,用来强调某些数据点。Matplotlib 创建的是连续线型图,因而可能不太容易看到真实的数据点位置。当然,图 10-5 中的标记也可以在格式字符串中使用,但标记的类型和线型都必须排在颜色之后。

```
In [20]: plt.plot(randn(30).cumsum(), 'ko--')
Out[20]: [<matplotlib.lines.Line2D at 0xb86924c>]
```

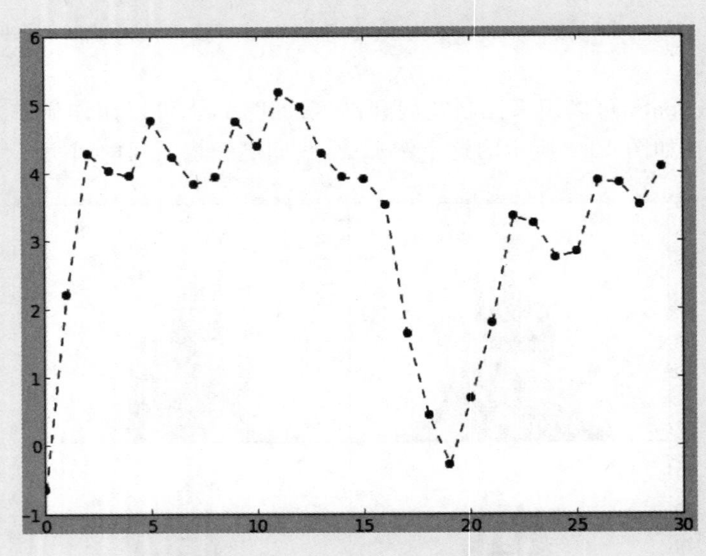

图 10-5 随机数据点的线型图表示

对于上述线型表示,还可以写成如下更为明确的形式。

```
In [19]: plot(randn(30).cumsum(), color='k', linestyle='dashed', marker='o')
```

在线型图中,数据点默认是通过线性方式实现的,也可以通过 drawstyle 来进行修改。

```
In [18]: plt.plot(randn(30).cumsum(), 'ko--')
Out[18]: [<matplotlib.lines.Line2D at 0xb86924c>]

In [19]: data = randn(30).cumsum()

In [20]: plt.plot(data, 'k--', label='Default')
Out[20]: [<matplotlib.lines.Line2D at 0xba62c8c>]
```

```
In [21]: plt.plot(data, 'k-- ', drawstyle = 'steps-post', label = 'steps-post')
Out[21]: [<matplotlib.lines.Line2D at 0xba758ac>]

In [22]: plt.legend(loc = 'best')
Out[22]: <matplotlib.legend.Legend at 0xba75bcc>
```

如图 10-6 所示为 drawstyle 实现线型图的示例。

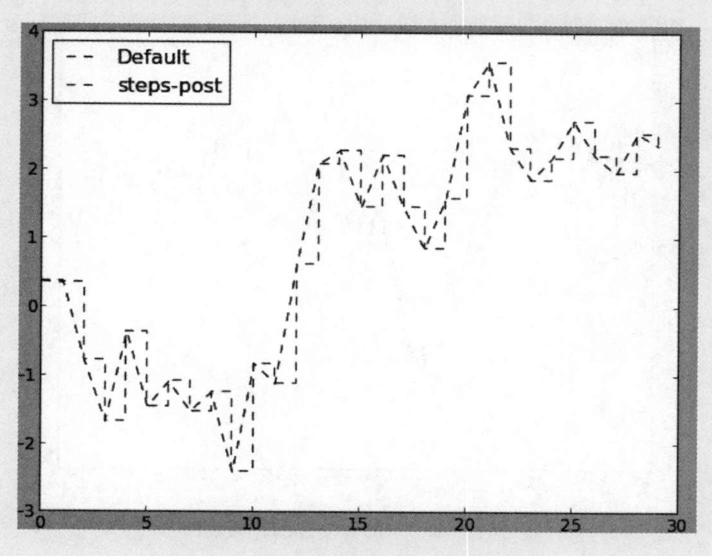

图 10-6　drawstyle 实现线型图的示例

10.1.5　刻度、标签和图例

大多数图表的实现方式有二：一是使用 pyplot 接口实现更为面向对象的原生 Matplotlib API；二是通过 pyplot 接口实现交互式作用，需要采用诸如 xlim、xticks 和 xticklabels 之类的方法。这些方法分别控制图表的范围、刻度的位置、刻度的标签等[4]。

具体的实现方式有以下两种。

(1) 不带参数调用时，则返回当前的参数值。例如，plt. xlim()返回当前的 X 轴范围。

(2) 带参数调用时，则需要设置参数。例如，plt. xlim([0, 10])将 X 轴的范围设置为 0～10。

以上方法仅对当前或最新创建的 AxesSubplot 起作用，它们对应 subplot 对象上的两个方法。以 xlim 为例，对应的方法就是 ax. get_xlim 和 ax. set_xlim。

1. 设置标题、轴标签、刻度以及刻度标签

我们通过下面的随机漫步的例子，说明轴的自定义。

```
In [23]: fig = plt.figure();

In [24]: ax = fig.add_subplot(1, 1, 1)

In [25]: ax.plot(randn(1000).cumsum())
Out[25]: [<matplotlib.lines.Line2D at 0xbc4da6c>]
```

在这个案例中，生成 1～1000 的正态分布的随机漫步，而轴的数值范围也自定义为 1～1000。

如果不希望自定义轴刻度，而想要修改 *X* 轴的刻度，可以通过设置 set_xticks 和 set_xticklabels 的数值来实现。前一种方法是通过设置 Matplotlib 的刻度标签来实现的（如图 10-7 所示），而后一种方法则可以设置任意刻度标签（如图 10-8 所示）。

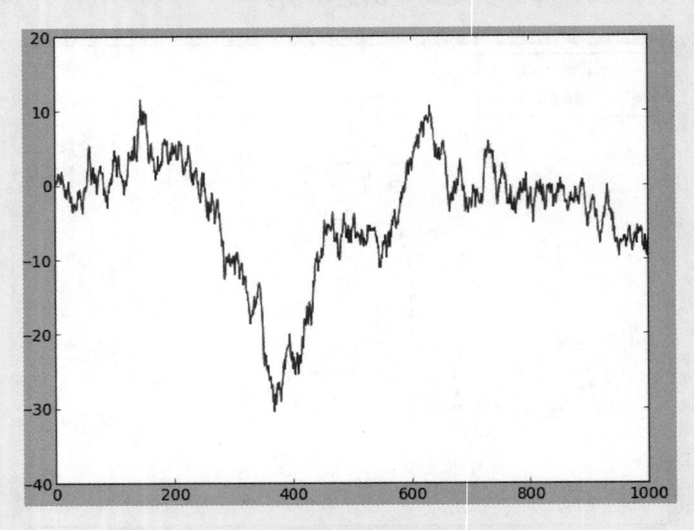

图 10-7 set_xticks 设置的刻度标签

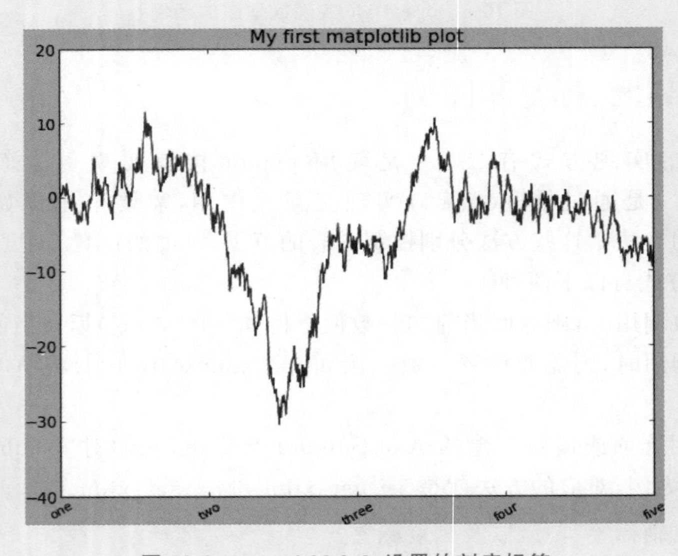

图 10-8 set_xticklabels 设置的刻度标签

```
In [28]: fig = plt.figure();

In [29]: ax = fig.add_subplot(1, 1, 1)

In [30]: ax.plot(randn(1000).cumsum())
Out[30]: [<matplotlib.lines.Line2D at 0xbd4684c>]
```

```
In [31]: ticks = ax.set_xticks([0, 250, 500, 750, 1000])

In [32]: labels = ax.set_xticklabels(['one', 'two', 'three', 'four', 'five'], rotation = 30,
fontsize = 'small')

In [33]: ax.set_title('My first matplotlib plot')
Out[33]: <matplotlib.text.Text at 0xbd1ed0c>

In [34]: ax.set_xlabel('Stages')
Out[34]: <matplotlib.text.Text at 0xba911cc>
```

2. 添加图例

图例是一种用来识别图表中元素的方式，添加图例的方法有多种，最常用的就是在添加subplot 的时候导入 label 参数。

```
In [35]: fig = plt.figure(); ax = fig.add_subplot(1, 1, 1)

In [36]: ax.plot(randn(1000).cumsum(), 'k', label = 'one')
Out[36]: [<matplotlib.lines.Line2D at 0xc0e49cc>]

In [37]: ax.plot(randn(1000).cumsum(), 'k--', label = 'two')
Out[37]: [<matplotlib.lines.Line2D at 0xc0e7e2c>]

In [38]: ax.plot(randn(1000).cumsum(), 'k.', label = 'three')
Out[38]: [<matplotlib.lines.Line2D at 0xc0f238c>]
```

除此之外，还可以通过调用 ax.legend()或 plt.legend()来创建图例。

```
In [40]: ax.legend(loc = 'best')
Out[40]: <matplotlib.legend.Legend at 0xc0e7dcc>
```

示例如图 10-9 所示。

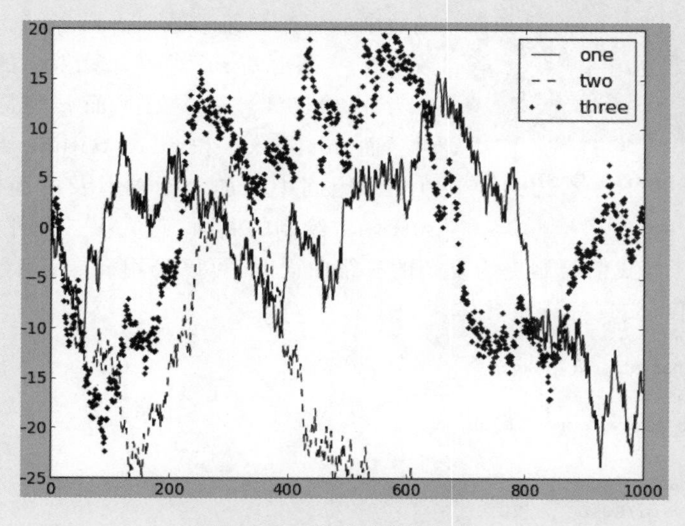

图 10-9 图例的添加示例

10.2 Mayavi2 绘图

Mayavi2 可以使用 Python 语言编写，因此 Mayavi2 既是一个便捷的可视化软件，又是一个可以通过 Python 编写扩展的工具。它可以自动嵌入到用户自主编写的 Python 程序中，又可以直接使用脚本的 API 来实现快速绘图。

10.2.1 使用 mlab 快速绘图

Mayavi2 的 mlab 模块提供了便捷的绘图函数。数据准备好之后，通过调用一次 mlab 的函数就可以呈现数据的显示效果图，比较适合在 IPython 中的交互式界面中使用。下面的案例展示了如何使用 mlab 进行绘图[5]。

```
import numpy as np
from enthought.mayavi import mlab

x, y = np.ogrid[ - 2:2:20j, - 2:2:20j]
z = x * np.exp( - x ** 2 - y ** 2)

pl = mlab.surf(x, y, z, warp_scale = "auto")
mlab.axes(xlabel = 'x', ylabel = 'y', zlabel = 'z')
mlab.outline(pl)
```

上述案例实现了绘制三维曲面的图，图 10-10 展示了完成三维的网格图。

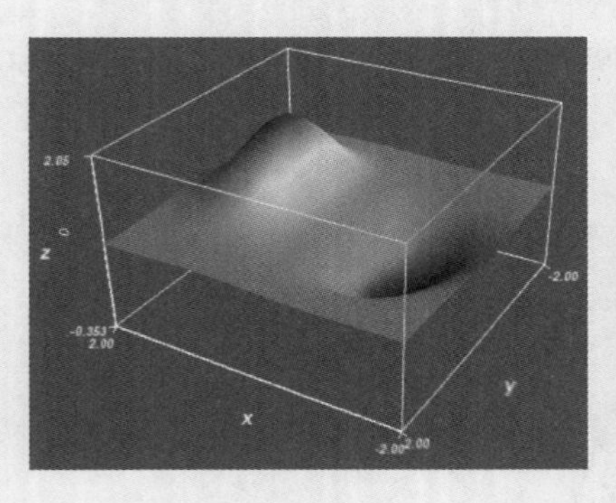

图 10-10 使用 Mayavi 绘制 3D 曲面

在上述代码中，要先通过一条语句载入 mlab 库：

```
from enthought.mayavi import mlab
```

mlab 载入之后，就可以通过调用 mlab.surf 来绘制三维空间中的曲面。曲面上的每个点，可以由 surf 函数中的三个数组参数 x,y,z 给出。需要注意的是，数组 x,y 是由 ogrid 对象计算得出的，因此分别是大小为 $n\times1$ 和 $1\times n$ 的数组，而 z 则是一个 $n\times n$ 的数组。而 mlab.axes 和 mlab.outline 函数，则分别用于在三维空间中添加坐标轴以及曲面图形的外框。而 surf 函数绘制的曲面，向 X-Y 二维平面的投影则是一个等宽度的网格。当我们绘制更为复杂的三维曲面时，可以采用 mesh 函数实现，下面的这一个 mesh 函数可以实现三维旋转体。

```
# - * - coding: utf - 8 - * -
from numpy import *
from enthought.mayavi import mlab

# Create the data.
dphi, dtheta = pi/20.0, pi/20.0
[phi,theta] = mgrid[0:pi + dphi * 1.5:dphi,0:2 * pi + dtheta * 1.5:dtheta]
m0 = 4; m1 = 3; m2 = 2; m3 = 3; m4 = 6; m5 = 2; m6 = 6; m7 = 4;
```

```
r = sin(m0 * phi) ** m1 + cos(m2 * phi) ** m3 + sin(m4 * theta) ** m5 + cos(m6 * theta) ** m7
x = r * sin(phi) * cos(theta)
y = r * cos(phi)
z = r * sin(phi) * sin(theta)

# View it.
s = mlab.mesh(x, y, z, representation = "wireframe", line_width = 1.0 )

mlab.show()
```

示例图如图 10-11 所示。

与 surf 类似，mesh 函数中的三个数组参数 x，y，z 也是二维数组，三个数组中相同下标对应的三个元素正好组成曲面上一个点的三维坐标。不同点之间的连接关系是由边和面实现的，它们由其在数组中的相对位置关系来决定。

上述程序绘制得到的曲面是一个三维的旋转体，曲面中各个点的三维坐标是通过球面坐标系来计算的，并按照坐标转换公式，将球面坐标转换为 X-Y-Z 空间坐标。

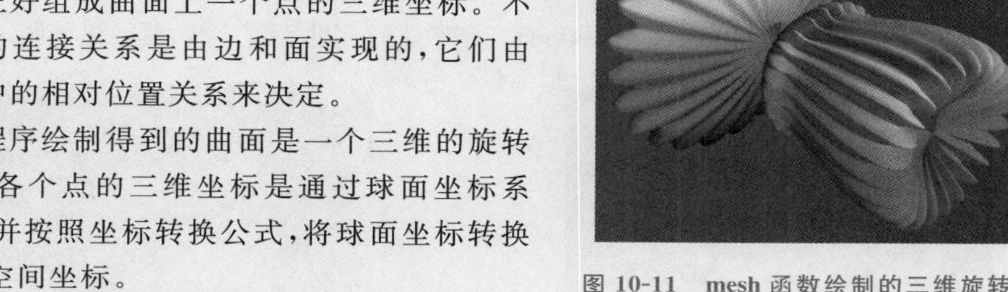

图 10-11　mesh 函数绘制的三维旋转体

如果需要指定绘制曲线的表现形式，可以通过传递特定的参数给 mesh 函数。

(1) surface：该参数代表默认值，在绘制曲面时代表默认参数。

(2) wireframe：该参数代表绘制的边框，可以通过 dphi 和 dtheta 来修改线条的大小。例如，可以通过调用下面的程序实现指定线条宽度的图形：

```
s = mlab.mesh(x, y, z, representation = "wireframe", line_width = 1.0 )
```

示例图如图 10-12 所示。

下面详细列举了 mlab 中提供的常用绘图函数。

(1) points3d 和 plot3d 函数：通过向它们传递三个一维的坐标 x，y，z，points3d 函数可以用来绘制三维空间中的一系列坐标点，而 plot3d 函数则用来绘制一条曲线。图 10-13 展示的是使用 plot3d 函数绘制的洛仑兹吸引子的运动轨迹。

图 10-12　mesh 函数绘制的特定宽度曲线

图 10-13　plot3d 函数绘制的洛伦兹吸引子运动轨迹

具体的绘图程序代码如下所示。

```
mlab.plot3d(track1[:,0], track1[:,1], track1[:,2],color = (1,0,0), tube_radius = 0.1)
```

其中,track1 代表轨迹坐标的数组,可以将其拆分成为 X,Y,Z 轴上的三个分量,以传递给 plot3d 函数进行绘图。tube_radius 是用来指定曲线粗细的参数,而曲线是采用较细的圆管绘制的。

(2) imshow, surf, contour_surf 函数:上述三个函数都可以用来接收一个二维数组,数组的第一个值代表 X 轴的坐标,而第二个值则代表 Y 轴的坐标。imshow 函数用于将此二维数组展示为一个图片,图上每个点的颜色可以用数组中每个元素的值来代表。surf 函数用于将此二维数组绘制成三维空间中的曲面,数组中一个元素的值代表 Z 轴坐标中的一个点。contour_surf 函数用于绘制曲面中的等高线。图 10-14 是由 imshow 函数绘制曲面的结果。

当然,同样的数据也可以采用 contour_surf 函数来绘制曲面等高线,其效果如图 10-15 所示。

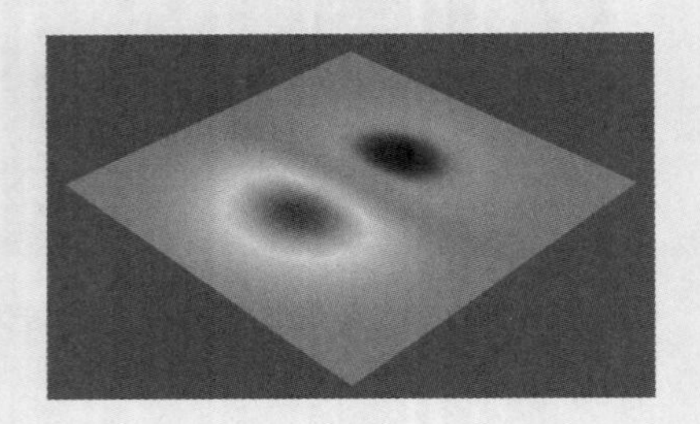

图 10-14 imshow 函数绘制的曲面和等高线

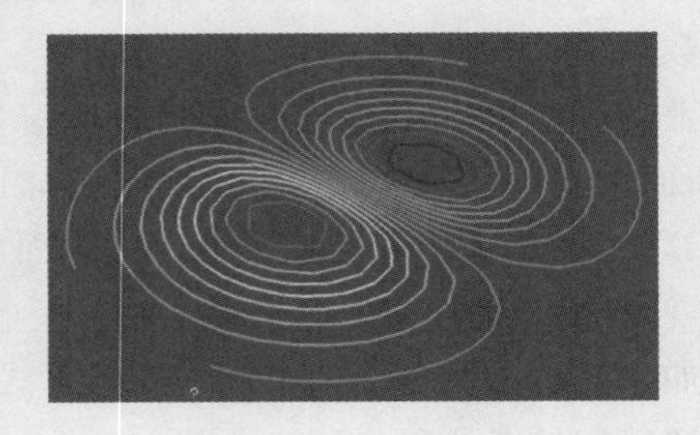

图 10-15 contour_surf 函数绘制的曲面等高线

10.2.2 Mayavi 嵌入到界面中

Mayavi 除作为应用程序使用外,也可以通过使用 traits 属性嵌入到用户应用程序界面中,下面的程序则展示了这一过程[6]。

```
# - * - coding: utf - 8 - * -
from enthought.traits.api import *
from enthought.traits.ui.api import *
from enthought.tvtk.pyface.scene_editor import SceneEditor
from enthought.mayavi.tools.mlab_scene_model import MlabSceneModel
from enthought.mayavi.core.ui.mayavi_scene import MayaviScene

class DemoApp(HasTraits):
    plotbutton = Button(u"绘图")
    scene = Instance(MlabSceneModel,())                              #mayavi 场景

    view = View(
        VGroup(
            Item(name = 'scene',
                editor = SceneEditor(scene_class = MayaviScene), #设置 mayavi 的编辑器
                resizable = True,
                height = 250,
                width = 400
            ),
            'plotbutton',
```

```
            show_labels = False
        ),
        title = u"在 TraitsUI 中嵌入 Mayavi"
    )

    def _plotbutton_fired(self):
        self.plot()

    def plot(self):
        g = self.scene.mlab.test_mesh()

app = DemoApp()
app.configure_traits()
```

此段程序的初始部分导入了 traits 和 traits.ui 库，还导入了 SceneEditor、MlabSceneModel 和 MayaviScene 等三个类。MlabSceneModel 类用于包装 mlab 的场景模型，属于模型范畴。因此，可以通过下述程序实现：

```
scene = Instance(MlabSceneModel,())
```

上述程序创建了 traits 属性的场景，使它成为 MlabSceneModel 类中的对象。此外，还要在视图中创建一个编辑器，使它能够正确地显示场景代表的模型。

```
Item(name = 'scene',
    editor = SceneEditor(scene_class = MayaviScene), #设置 mayavi 的编辑器
    resizable = True,
    height = 250,
    width = 400
)
```

其中，SceneEditor 是一种工厂类，用来创建场景编辑器。它可以通过关键字 scene_class 类指定场景对象类 MayaviScene。

此外，我们在程序中还构造了一个 plotbutton 按钮，可以通过此按钮调用_plotbutton_fired 函数，进而调用绘制场景的函数 plot。

```
g = self.scene.mlab.test_mesh()
```

通过调用其 test_mesh 测试函数，就可以在场景中创建一个如图 10-16 所示的曲面体。

图 10-16　Mayavi 嵌入到 TraitsUI 界面中

10.3 其他图形化工具

除了 Matplotlib 和 Mayavi 以外，Python 中还可以采用下列类库实现图表图形的绘制[7]。

（1）Cairoplot：http://linil. wordpress. com/2008/09/16/cairoplot-11/。Cairoplot 在网页上的展示效果强于 flex 中的图表实现能力，但此工具目前更多地在 Linux 平台上使用，与 Windows 平台兼容性较差。

（2）Chaco：http://code. enthought. com/chaco/。Chaco 是一个二维的绘图工具，其中文教程可参考 http://hyry. dip. jp/pydoc/chaco_intro. html。

（3）Python Google Chart：http://pygooglechart. slowchop. com/。Python Google Chart 是对 Google chart API 的一个完整封装。

（4）PyCha：https://bitbucket. org/lgs/pycha/wiki/Home。PyCha 是 Cairo 类库的一种封装形式，它可以为实现轻量级的应用，还可以实现一系列的参数优化。

（5）PyOFC2：http://btbytes. github. com/pyofc2/。PyOFC2 是 Open Falsh Library 的 Python 类库，其实现的图形具有 Flash 效果，可以通过鼠标拖动来动态地显示图标信息。

（6）Pychart：http://home. gna. org/pychart/。PyChart 可以用来创建高品质封装的图表库，包括 PDF、PNG、SVG 等格式的图表库。

（7）PLPlot：http://plplot. sourceforge. net/。PLPlot 是一种可以用来创建科学图表的开源跨平台软件开发包。此开发包以 C 类库作为核心，支持 C 类库中的各种编程语言，包括 C、C++、FORTRAN、Java、Python、Perl 等。

（8）Reportlab：http://www. reportlab. com/software/opensource/。Reportlab 支持在 PDF 中画图表，它的实现可以参考 http://www. codecho. com/installation-and-example-of-reportlab-in-python/。

（9）VPython：http://www. vpython. org/index. html。VPython 是 Visual Python 的简写，是由卡耐基·梅隆大学的在校学生 David Scherer 于 2000 年撰写的一个 Python 三维绘图模块。

参 考 文 献

[1] http://blog. csdn. net/pipisorry/article/details/40008005.

[2] http://www. cnblogs. com/vamei/archive/2012/09/17/2689798. html.

[3] http://matplotlib. org/.

[4] http://lib. csdn. net/article/python/43394.

[5] http://old. sebug. net/paper/books/scipydoc/install. html.

[6] https://sanwen8. cn/p/12aUsPS. html.

[7] http://www. docin. com/p-1855446175. html.

习题

1. 简述 Matplotlib 支持哪些功能。

2. 简述 Mayavi2 有哪些特征。

3. 除了 Matplotlib 和 Mayavi 以外，Python 中还可以采用哪些类库实现图表图形的绘制？

4. 如何使用 Python 在一张图中绘制 2×2 的 4 幅图？

5. 如何在 Python 中添加图例？

第 11 章

Hadoop生态系统

11.1 Hadoop 系统架构

Hadoop[1]是开源社区 Apache 的一个基于廉价商业硬件集群和开放标准的分布式数据存储及处理平台，也是一种事实上的大数据计算标准。Hadoop 源自于 2002 年的一个开源网络搜索引擎项目 Apache Nutch[2]（是 Lucene[3]项目的一部分），2003 年 Google 公布了它的分布式文件系统 GFS(Google File System)[4]用于分布式系统处理，Apache Nutch 项目随即模仿 GFS 开发了自己的分布式文件系统 NDFS（Nutch Distributed File System）。2004 年，Google 发布了 MapReduce 计算模型[5]，2005 年，Nutch 跟进提供了 MapReduce 模型的开源实现。2006 年 1 月，Nutch 项目的 NDFS 和 MapReduce 分离出来独立为一个命名为 Hadoop 的开源项目（Hadoop 名字来自于 Hadoop 创始人 Doug Cutting 的儿子的一个玩具象），成立之初 Hadoop 仅包含 5000 行 NDFS 代码和 6000 行 MapReduce 代码。2006 年 4 月，Hadoop 0.1.0 版发布，到 2006 年 10 月 Hadoop 已运行在 600 台计算机构成的集群上。2007 年 6 月时仅有 Yahoo！在内的三个公司采用 Hadoop 集群，到 2008 年 1 月已有二十家大公司采用。2008 年 5 月，Hadoop 集群赢得 1TB 数据排序冠军（采用 910 个节点的集群，对 1TB 数据排序时间仅为 209s）。2009 年 3 月，Yahoo！创下了 17 个 Hadoop 集群运行在 24 000 台机器上的记录。2009 年 5 月，Hadoop 集群更把 1TB 数据的排序时间从 209s 缩短到 62s。这以后，Hadoop 发展迅速，NDFS 演化为 HDFS（Hadoop Distributed File System）[6]，一系列功能构件和开发工具加入到 Hadoop 平台中，使得 Hadoop 演化成了一个开放式架构、高可用性、高扩展性、高容错性、支持多种编程语言的分布式计算生态系统。

从系统架构角度看，Hadoop 通常部署在低成本的 Intel/Linux 硬件平台上，即由多台装有 Intel x86 处理器的服务器或 PC 通过高速局域网构成一个计算集群，在各个节点上运行 Linux 操作系统(目前常见的是 CentOS[7]或 Ubuntu[8]),如图 11-1 所示。

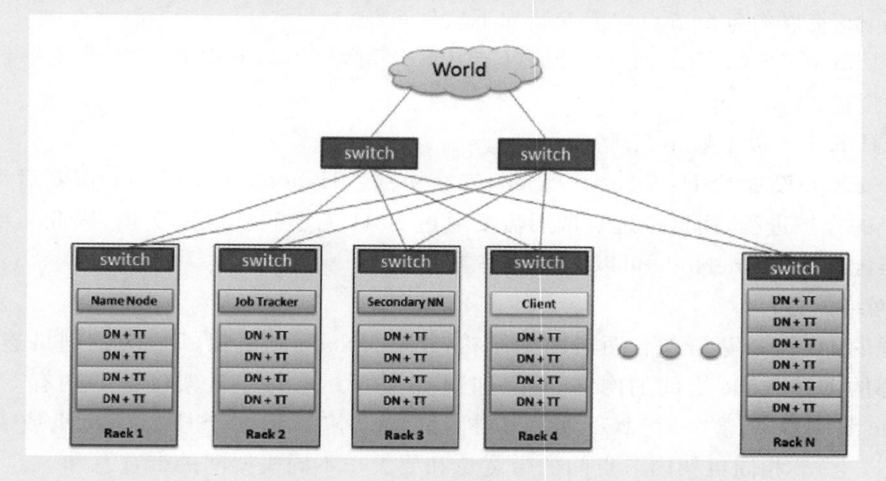

图 11-1 Hadoop 集群系统架构

Hadoop 在安装和运行时有三种模式可供选择:单机模式,虚拟分布模式,完全分布模式。

(1) **单机模式**:Hadoop 安装时的默认模式,不对配置文件进行修改,使用本地文件系统,Hadoop 不启动 NameNode、DataNode、JobTracker、TaskTracker 等守护进程,这是一种用来对 MapReduce 程序进行查错和调试的模式。

(2) **虚拟分布模式**:在一台机器上用软件模拟多节点集群,每个守护进程都以 Java 进程形式运行。与单机模式比较增加了代码调试功能,允许检查内存使用情况和读写 HDFS 文件系统。这一模式需修改三个配置文件:core-site. xml、hdfs-site. xml、mapred-site. xml 并格式化文件系统。

(3) **完全分布模式**:Hadoop 安装运行在多台主机上,构成一个真实的 Hadoop 集群,在所有的节点上安装 JDK 和 Hadoop,相互通过高速局域网连接。各节点间设置 SSH 免密码登录,将各个从节点生成的公钥添加到主节点的信任列表。这一模式需要修改三个配置文件:core-site. xml、hdfs-site. xml、mapred-site. xml 并格式化文件系统。

1. Hadoop 集群配置

1) 硬件配置

Hadoop 集群内的计算节点类型实际只有两类:NameNode(执行作业调度、资源调配、系统监控等任务)和 DataNode(承担具体的数据计算任务),因此节点机器的选型不宜超过两种,针对不同需要的大、小型 Hadoop 集群的硬件配置参数建议见表 11-1。应当注意,Hadoop 实际生产系统可根据项目需要进行灵活的硬件系统配置,比如 NameNode 可以配置两台(另一台称为 Secondary NameNode,与 Active NameNode 保持同步,随时可以进行切换)。小型集群中 NameNode 与 JobTracker 两个程序部署在同一台机器上,但在大型集群中,NameNode 与 JobTracker 则部署在不同机器上以提高运行效率。实际应用时 Hadoop 集群的机器数可随着需要增长,这种动态可扩展性正是 Hadoop 平台的优势之一。

2）软件配置

Hadoop 集群的各个节点均需安装如下软件系统。

(1) LinuxO/S 如 Fedora，Ubantu，CentOS 均可，也可以在其他操作系统平台上安装 Linux 虚拟机。

(2) JDK 1.6 以上版本。

(3) 安装并设置 SSH(Security Shell)安全协议。Hadoop NameNode 需要启动集群中所有节点的守护进程，而这个远程调用需要通过 SSH 无密码登录来实现，因此需要将所有节点机器配置为 NameNode 可以无密码登录。

3）网络配置

常规的 Hadoop 集群包含两层网络结构：NameNode 到机架(Rack)的网络连接，以及机架内部的 DataNode 之间的网络连接，如图 11-2 所示。每个机架(Rack)内有 30～40 个 DataNode 服务器，配置一个 1GB 的交换机，并向上传输到一个核心交换机或者路由器(1GB 或以上)。相同机架内节点间的带宽总和要大于不同机架间的带宽总和。

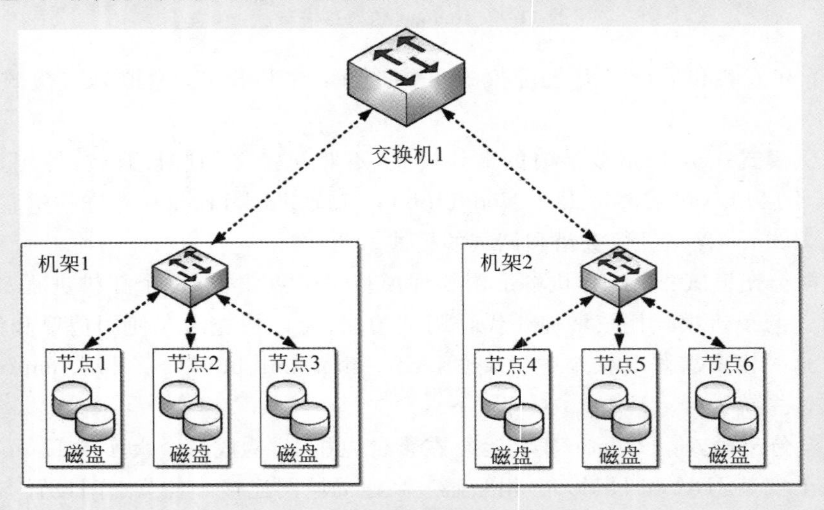

图 11-2 Hadoop 集群网络拓扑

如图 11-3 所示，主节点(Master Node，包括 NameNode 和 Secondary NameNode)之上运行的程序或进程有：主节点程序 Namenode，Jobtracker 守护进程(即所谓的主守护进

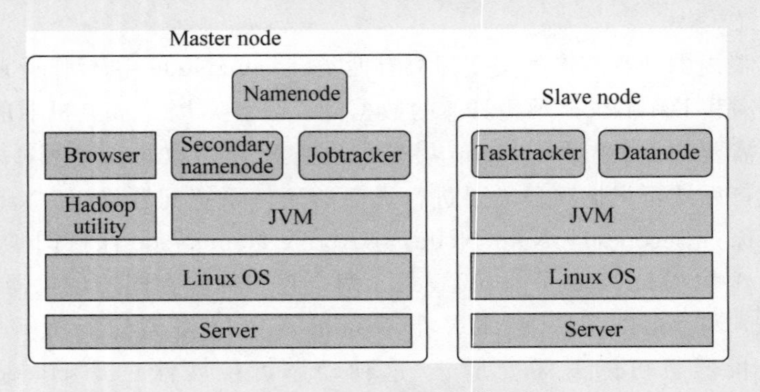

图 11-3 Hadoop 集群软件配置

程)，此外还包含管理集群所用的 Hadoop 工具程序和集群监控浏览器。从节点(Slave node 即 DataNode)上运行的程序包括从节点程序 Datanode 和任务管理进程 Tasktracker。两种节点上运行程序的不同之处在于：主节点程序提供 Hadoop 集群管理、协调和资源调度功能，而从节点程序主要实现 Hadoop 文件系统(HDFS)存储功能和节点数据处理功能。

表 11-1 Hadoop 集群配置参数

<table>
<tr><th>Hadoop 集群</th><th>节点机器</th><th>运行组件</th><th>硬件系统</th><th>操作系统</th><th>网络配置</th></tr>
<tr><td rowspan="7">小型集群</td><td rowspan="4">NameNode</td><td>NameNode</td><td rowspan="4">两组 4 核/8 核 CPU 32GB 以上内存 2TB 磁盘</td><td rowspan="22">Fedora CentOS Ubuntu Linux 虚拟机 JDK 1.6 以上版本</td><td rowspan="4">1GB/s 以太网口×2</td></tr>
<tr><td>JobTracker</td></tr>
<tr><td>ZooKeeper</td></tr>
<tr><td>Hmaster</td></tr>
<tr><td rowspan="3">DataNode</td><td>DataNode</td><td rowspan="3">两组 4 核 CPU 16GB 以上内存 1TB 磁盘</td><td rowspan="3">1GB/s 以太网口×2</td></tr>
<tr><td>TaskTracker</td></tr>
<tr><td>HBase RegionServer</td></tr>
<tr><td rowspan="15">大型集群</td><td>NameNode (独立机器)</td><td>NameNode</td><td>两组 8 核 CPU 64GB 以上内存 8TB 磁盘</td><td>2GB/s 以太网口×2</td></tr>
<tr><td rowspan="3">JobTracker (独立机器)</td><td>JobTracker</td><td rowspan="3">两组 4 核 CPU 32GB 以上内存 1TB 磁盘</td><td rowspan="3">1GB/s 以太网口×2</td></tr>
<tr><td>ZooKeeper</td></tr>
<tr><td>Hmaster</td></tr>
<tr><td rowspan="4">backup NameNode (独立机器)</td><td>backup NameNode</td><td rowspan="4">两组 8 核 CPU 64GB 以上内存 8TB 磁盘</td><td rowspan="4">2GB/s 以太网口×2</td></tr>
<tr><td>2nd NameNode</td></tr>
<tr><td>ZooKeeper</td></tr>
<tr><td>Hmaster</td></tr>
<tr><td rowspan="3">backup JobTracker (独立机器)</td><td>Backup JobTracker</td><td rowspan="3">两组 4 核 CPU 32GB 以上内存 1TB 磁盘</td><td rowspan="3">2GB/s 以太网口×2</td></tr>
<tr><td>ZooKeeper</td></tr>
<tr><td>Hmaster</td></tr>
<tr><td rowspan="4">DataNode</td><td>DataNode</td><td rowspan="4">两组 4 核 CPU 32GB 以上内存 2TB 磁盘</td><td rowspan="4">2GB/s 以太网口×2</td></tr>
<tr><td>TaskTracker</td></tr>
<tr><td>HBase RegionServer</td></tr>
<tr><td>只在一个节点部署 ZooKeeper 和 Hmaster，使 ZK 数目为奇数</td></tr>
</table>

2. Hadoop 软件架构

Hadoop 平台的核心部分为提供海量数据存储功能的 HDFS 文件系统和提供数据处理功能的 MapReduce 模块。早期的 Hadoop 1.0 版本只包含 HDFS 和 MapReduce，后来的 Hadoop 2.0 版本又加入了 YARN(集群资源管理器)[9,10] 及其他多种开发工具包，如图 11-4 所示。

从软件架构角度看，Hadoop 系统主要由三个板块组成：基于 HDFS/HBase 的数据存储系统、基于 YARN/ZooKeeper 的管理调度系统，以及支持不同计算模式的处理引擎(支持离线批处理的 MapReduce、支持内存计算的 Spark、支持有向图处理的 Tez 等)。

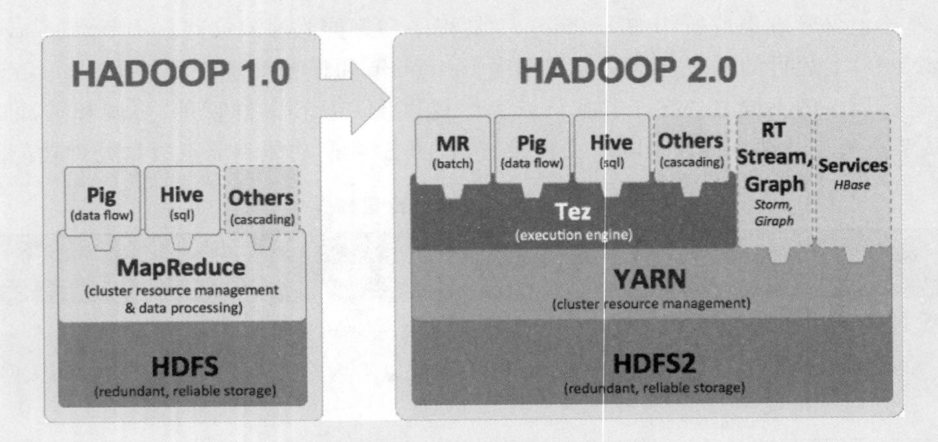

图 11-4 Hadoop 1.0 vs. Hadoop 2.0

Hadoop 的数据存储系统包括：分布式文件系统 HDFS(Hadoop Distributed File System)[6]、分布式非关系型数据库 HBase[11]、数据仓库及数据分析工具 Hive[12] 和 Pig[13]，以及用于数据采集、转移和汇总的工具 Sqoop[14] 和 Flume[15]。HDFS 文件系统构成了 Hadoop 数据存储体系的基础，除 HDFS 外，在 Hadoop 平台上支持的文件系统还包括：FTP(File Transfer Protocol)文件传输系统[16]；Amazon S3(Simple Storage Service)文件系统[17]，主要用于 Amazon 的弹性计算云架构；微软的 Windows Azure Storage Blobs (WASB)文件系统[18]，这是微软开发的在 HDFS 之上的数据读写层，用于微软的 Azure 云存储系统的数据读写。

Hadoop 的资源调度管理工具包括：提供分布式协调服务管理的 ZooKeeper[19]，负责作业调度的 Oozie[20]，提供集群配置、管理和监控功能的 Ambari[21]，大型集群监控系统 Chukwa[22]，以及一个新的集群资源调度管理系统 YARN[9]。

Hadoop 提供的计算引擎或计算模型包括：离线批处理 MapReduce、图并行计算框架 Hama[23] 和 Giraph[24]、流计算 Storm[25]、内存计算 Spark[26]、交互式计算 Drill[27]，以及基于 YARN 的有向无环图(DAG)计算框架 Tez[28]。另外，Hadoop 还提供一系列计算分析工具，如支持数据挖掘与机器学习的 Mahout[29]、用于节点间 RPC 通信支持多语言数据序列化框架 Avro[30]、数据可视化分析工具 Hue[31] 等，上述系统或工具大多为 Apache 的独立开源项目。

到目前为止，Hadoop 平台上的数据存储管理体系、各种计算模型与计算引擎、数据挖掘分析工具，以及一整套集群系统资源调度和管理体系已构成了一个支持大数据存储、计算、分析和表达的完整的生态系统，如图 11-5 所示。基本上大数据计算所需要的各种模型和工具都可以在 Hadoop 平台上得到支持，这也使得 Hadoop 成为工业界事实上的大数据计算基础平台和技术标准。

Hadoop 生态系统目前所包含的各个计算工具或开源项目的家族列表见图 11-6。Hadoop 生态圈各个组件所提供功能服务的总结见表 11-2，它具有以下几个方面的特性。

(1) 高可靠性；

(2) 高效性；

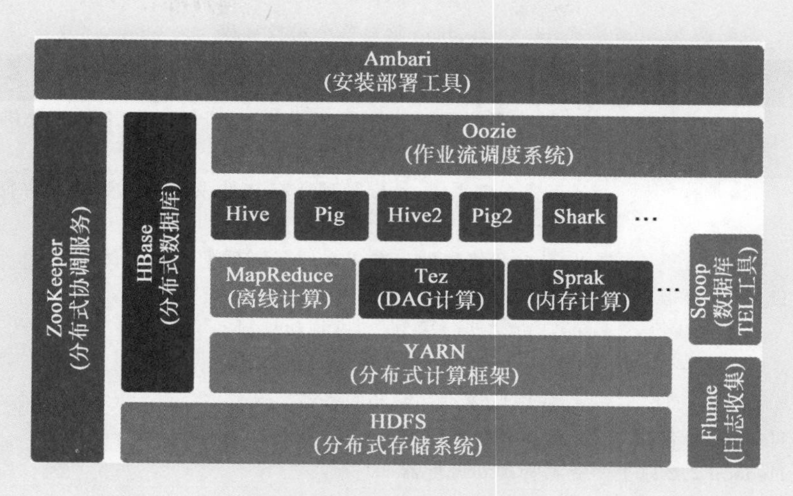

图 11-5 Hadoop 生态系统

图 11-6 Hadoop 计算工具家族

(3) 高扩展性；

(4) 高容错性；

(5) 成本低；

(6) 运行在 Linux 平台上；

(7) 支持多种编程语言。

表 11-2 Hadoop 平台各个组件列表

组 件	配置方式	功 能
Hadoop Common	Hadoop 自带	Hadoop 最底层的一个通用模块，为 Hadoop 各组件提供各种通用服务，如配置文件和日志操作等
HDFS	Hadoop 自带	分布式文件系统，负责管理所有文件系统的元数据及存储了真实数据的 DataNode。HDFS 具有以下特性： • 可自我修复的分布式文件存储系统 • 高可扩展性，无须停机动态扩容 • 高可靠性，数据自动检测和复制 • 高吞吐量访问，消除访问瓶颈 • 使用低成本存储和服务器
MapReduce	Hadoop 自带	分布式并行编程模型
YARN	Hadoop 2.2 以上	资源管理和调度器
Hive	单独安装包	一种建立在 Hadoop 上的数据仓库架构，提供了： • 一套方便的实施数据抽取(ETL)的工具 • 一种让用户对数据描述其结构的机制 • 对海量数据进行查询和分析
HBase	单独安装包	Hadoop 上的非关系型的分布式数据库
Cassandra	单独安装包	一个高性能、可线性扩展、高有效性数据库，可以运行在商用硬件或云基础设施上打造完美的任务关键性数据平台
Pig	单独安装包	一个基于 Hadoop 并运用 MapReduce 和 HDFS 实现大规模数据分析的平台。它为海量数据的并行处理提供了操作以及编程接口。Pig 的编程语言为 Pig Latin，具有如下特点。 • 易于编程：既有类似 SQL 的灵活可变性，又有过程式语言的数据流特点 • 优化策略：系统具备自动优化执行过程的能力，使得用户更加关注于语义 • 可扩展性：用户可自行设计函数来实现特定功能
Sqoop	单独安装包	一个用来将 Hadoop 和关系型数据库中的数据相互转换的工具，可以将一个关系型数据库中数据导入 Hadoop 的 HDFS 中，也可以将 HDFS 中数据导入关系型数据库中
Oozie	单独安装包	Hadoop 上的工作流管理系统及作业调度器
ZooKeeper	单独安装包	提供分布式协调一致性服务，一个针对大型分布式系统的可靠协调系统，提供的功能包括配置维护、名字服务、分布式同步、组服务等
Mahout	单独安装包	支持数据挖掘与机器学习的工具，当前支持： • 推荐挖掘：搜集用户动作并以此给用户推荐可能喜欢的事物 • 聚集：收集文件并进行相关文件分组 • 分类：从现有的分类文档中学习，寻找文档中的相似特征，并为无标签的文档进行正确的归类 • 频繁项集挖掘：将一组项分组，并识别哪些个别项会经常一起出现
Storm	单独安装包	流计算框架
Spark	单独安装包	类似于 Hadoop MapReduce 的通用并行框架
Drill	单独安装包	交互式计算平台
Tez	单独安装包	运行在 YARN 之上的下一代 Hadoop 查询处理框架

续表

组　件	配置方式	功　　能
Hama	单独安装包	图并行计算框架
Giraph	单独安装包	图并行计算框架
Flume	单独安装包	Flume是一个高效的收集、聚合和传输日志数据的系统。Flume通过ZooKeeper保证配置数据的一致性和可用性。Flume具有如下特点。 • 可靠性：提供端到端的可靠传输，数据本地化保存等可靠性选项 • 可管理性：通过ZooKeeper保证配置数据的可用性，并使用多个Master管理所有节点 • 可扩展性：可用Java语言实现新的自定义功能
Ambari	单独安装包	Hadoop快速部署工具，支持Apache Hadoop集群的供应、管理和监控
Kafka	单独安装包	一种高吞吐量的分布式发布订阅消息系统，可以处理消费者规模的网站中的所有动作流数据
Chukwa	单独安装包	一个开源的数据收集系统，用以监视大型分布系统。建立于HDFS和Map/Reduce框架之上，继承了Hadoop的可扩展性和稳定性。Chukwa同样包含一个灵活和强大的工具包，用以显示、监视和分析结果，以保证数据的使用达到最佳效果
Avro	单独安装包	数据存储格式
HCatalog	单独安装包	提供数据的映射表和存储管理服务，为类似Pig、MapReduce及Hive这些数据处理工具提供互操作性。它包括： • 提供一个共享模式和数据类型机制 • 提供一个抽象表，这样用户就不需要关注数据存储的方式和地址

3. Hadoop商业发行版

除了开源免费版Apache Hadoop之外，一些致力于Hadoop平台技术解决方案的商业公司也推出了各自的商业发行版Hadoop或是类似于Hadoop的大数据计算分析平台（这些商业产品多数也提供一个免费的非全功能的测试版），目前常见的有Hortonworks的HDP（Hortonworks Data Platform）[32]、Cloudera的CDH（Cloudera Distributed Hadoop）[33]、MapR Hadoop[34]、Amazon的Elastic MapReduce（简称EMR）[35]、IBM InfoSphere BigInsights[36]、微软运行在Windows环境下的Hadoop发行版HDInsight and Hadoop for Windows[37]等。尽管已有Apache Hadoop的开源版免费提供，为何IT公司在构建大数据分析平台时仍然主要考虑Hadoop的商业发行版？这是因为Apache Hadoop虽然具有开放式架构和开放标准、开发工具丰富、扩展性好、使用低端通用设备上的优势，但作为开源社区共同开发的产品，其标准统一性、软件可靠性、代码质量难以得到保证，更重要的，开源社区无法提供符合工业界标准的稳定可靠的产品技术支持。而且，商业产品供应商在提供质量可靠的产品和技术支持的同时，往往还可根据用户特定需求对其产品做定制化改进，以满足客户特定的开发需要，这更是开源技术难以做到的。一般而言，开源Hadoop包含如下核心组件。

（1）Hadoop Common

（2）HDFS

（3）MapReduce

（4）YARN

商业发行版 Hadoop 产品通常是在上述 Hadoop 核心组件之外，打包封装一些基于 Hadoop 的各类开发工具（如 ZooKeeper，Oozie，HBase/Hive，Pig，Mahout 等），另外再加入一些自己开发的工具，构成一个完整的商业发行版。以 2011 年雅虎与硅谷风投公司 Benchmark Capital 合资组建的 Hortonworks 公司为例，其主打产品是 Hortonworks Data Platform（HDP），HDP 除了上述的 Hadoop 核心组件外，还包含 Ambari（一款开源的集群安装和管理系统）、HCatalog（一个元数据管理系统）、Oozie（作业调度器）、Sqoop（数据转换工具）、Flume（日志数据采集和管理）等开源工具，另外还加入了 Hortonworks 自己开发的集群安全管理工具 Knox 和数据生命周期管理工具 Falcon，如图 11-7 所示。HDP 商业版具有如下特点。

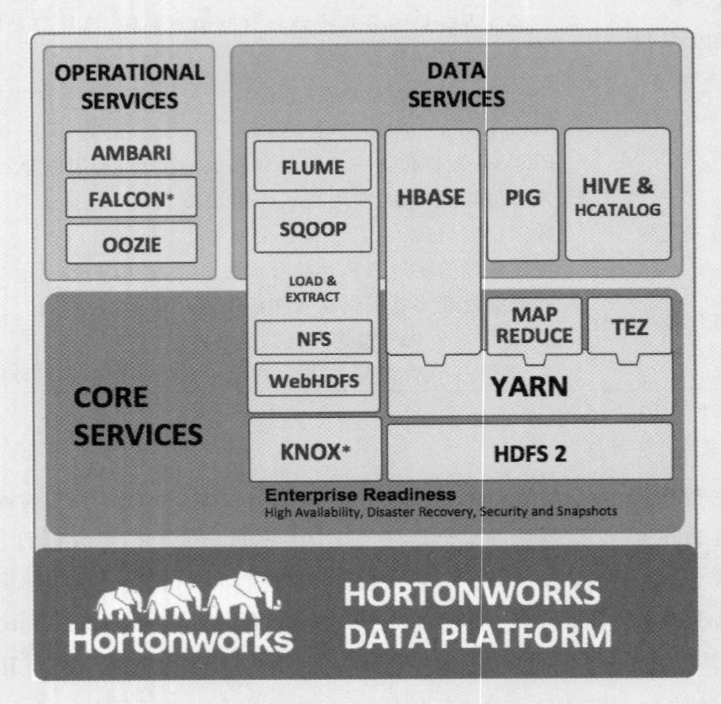

图 11-7 Hortonworks Data Platform（HDP）产品架构

（1）集成和封装：HDP 包括稳定版本的 Apache Hadoop 的所有关键组件，并经过集成和测试封装。

（2）安装方便：包括一个直观的带用户界面的安装和配置工具。

（3）管理监控服务：提供一个直观的仪表板显示界面支持集群监测和警示。

（4）数据集成服务：包括 Talend 大数据平台，领先的开源整合工具，轻松连接 Hadoop 集群而无须编写数据系统集成工具。

（5）元数据服务：包括 Apache HCatalog，简化了 Hadoop 应用程序之间以及 Hadoop 与其他数据系统之间的数据共享。

（6）高可用性：HDP 与成熟的高可用性解决方案的无缝集成。

硅谷公司 MapR Technologies 对传统 Hadoop 提出了自己的创新[34]。在与开源

Hadoop 兼容的同时,针对传统 Hadoop 的 NameNode 可能成为性能瓶颈、可能导致单点失效(Single Point Of Failure,SPOF)、集中式 NameNode/JobTracker 结构限制了平台扩展性等缺陷,MapR 的商业发行版 M5 做出了如下创新性的改进。

(1) 采用分布式 NameNode 设计,在 MapR 设计中分布式的 NameNode 又被称作 Container,和 Hadoop 原来的 NameNode 不一样的是:Container 不仅管理用户文件的 Metadata,也维护数据块。每个 Container 的大小在 16~32GB 之间,一个计算节点上会有多个 Container,同一个 Container 在不同 Node 间有备份(replica),如图 11-8 所示。

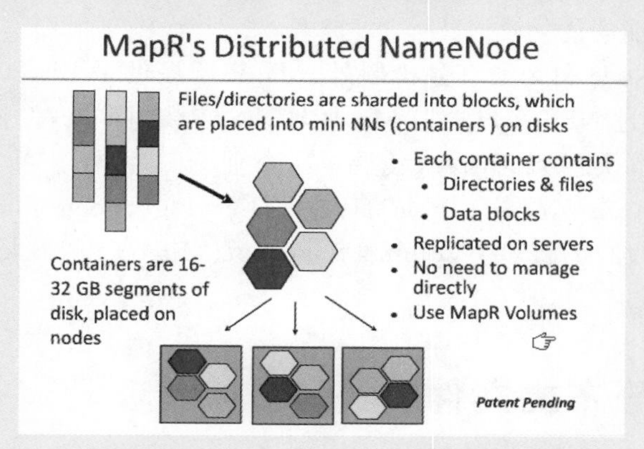

图 11-8 MapR 的分布式 NameNode 设计

(2) MapR 还引入了卷(Volume)的概念(与传统文件系统的 Volume 概念很类似),用户不需直接管理 Container,而是通过管理 Volumes 来管理 Container。

(3) 分布式 NameNode 带来的一个问题就是需要处理大量的分布式事务(比如用户需要同时操作两个 Container 时)。MapR 提出的解决方案是一种无锁事务机制(Lockless Transaction),如图 11-9 所示,其主要步骤如下。

① 集群每个节点都会保存一份预写日志(Write Ahead Log,WAL),WAL 分为两种:OP log 和 Value log。OP log 主要保存对 Metadata 的修改和回滚信息,Value log 主要保存对 datablock 的修改和回滚信息。

② Log 有全局 ID(利用 ZooKeeper 可以很容易地实现这一点),这就使得实现分布式事务成为可能。

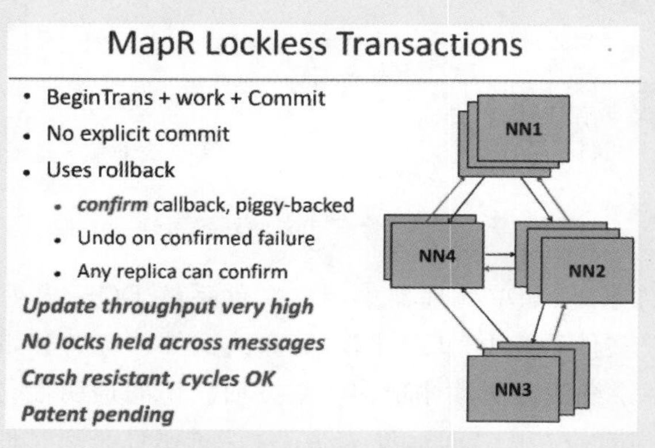

图 11-9 MapR 的无锁事务机制

③ 利用 WAL，可实现事务快速回滚（2s 以内）。

④ MapR lockless transaction 不需要显式提交（即默认事务会成功执行）。

⑤ Replica 会监测是否存在冲突，如果有冲突，则回滚事务；如果没有，则 confirm 事务。

MapR 的这种无锁事务机制对系统高吞吐量贡献很大，因为它大大降低了事务管理的开销。由于有全局性 WAL 的存在，不需要担心事务过程中程序崩溃。MapR 的这种无锁事务设计是基于对 Hadoop 的这样一个认识：作为大数据计算分析平台，Hadoop 的数据操作主要是数据读取，写数据的操作很少，分布式事务发生冲突的概率很小，因此放弃事务锁定机制是一个提高性能的优化设计。

除分布式 NameNode 和无锁事务机制外，MapR 还提供了 DirectAccess NFS 技术（用户可以直接在远程通过 NFS 客户端把 MapR HDFS 装载到本地，像操作本地文件一样来进行操作）、Snapshot（快照）、Mirror（镜像）等企业应用特性。可以看出，MapR 包含 Hadoop 大部分的组件 ZooKeeper、Oozie、HBase、Hive、Pig、Sqoop、Flume、Mahout 等，但在底层数据存储系统增加了自己的 Volume、Snapshot、Mirror 和 Lockless Storage Services 等技术。

11.2 HDFS 分布式文件系统

分布式文件系统（Distributed File System）是分布式计算系统（包括操作系统）的一个核心组成部分。分布式文件系统管理的物理存储资源和对象并不一定在本地节点上，而是分散存储在通过网络相连的远程节点上，如图 11-10 所示。在分布式文件系统中，主控服务器（也称元数据服务器）负责管理命名空间和文件目录，但实际文件数据并不存储在本地节点磁盘上，而是存放在远程的数据服务器（也称存储服务器）节点上。

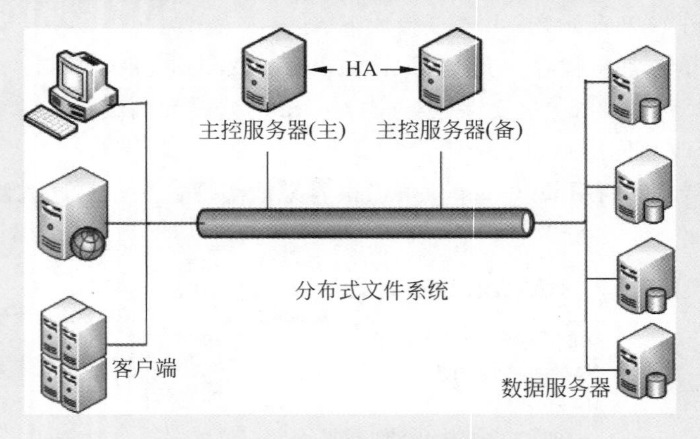

图 11-10　分布式文件系统架构

与传统的本地文件系统（如单处理器单用户文件系统 DOS、多处理器单用户文件系统 OS/2、多处理器多用户文件系统 UNIX）比较，分布式文件系统具有如下特点。

（1）透明性：文件系统的透明性体现在多个方面。访问透明性是指文件系统要使用户能够以访问本地文件相同的方式访问远程文件；性能透明性是指文件系统要使用户能在各种不同的负载环境下高效可靠地操作文件；位置透明性指分布式文件系统的文件名必须与文件存储位置无关；扩展的透明性指文件系统的节点数量和容量应该能动态扩展且不影响系统运行和用户体验。

(2) 高可用性：分布式文件系统必须具有高容错能力，即无论是客户端还是部分服务器出现故障，都不会影响整个系统的功能。为了做到这一点，单点失效是必须避免的，例如，使用资源冗余技术或者提供失效恢复服务。

(3) 支持并发访问：在分布式文件系统中，多个用户共享文件资源，因此会出现并发访问的问题，即不同的用户或者进程在相同的时间访问相同的文件。针对这一问题，分布式文件系统需要提供避免进程间出现冲突的方法来允许一个文件被多个进程同时访问，例如使用文件锁技术。

(4) 可扩展性：分布式文件系统应避免使用集中管理机制或资源集中模式，这往往导致功能服务或性能瓶颈(即当负荷到达一定水平时，即使增加硬件资源也无法提升性能)。应更多采用分散化、共享机制的设计，使得系统性能不随规模的增大而大幅度降低。

(5) 安全性：提供身份验证、访问控制、安全通道(认证或加密)等机制。

作为大数据计算的底层存储系统，HDFS需满足如下设计需求。

(1) 硬件发生错误是常态：HDFS一般运行在普通硬件上，所以硬件错误是常见情况，因此错误检测并快速自动恢复是HDFS的核心设计目标。

(2) 流式数据访问：运行在HDFS上的应用主要是以批处理数据为主，而不是用户交互式事务，以流式数据读取为多。

(3) 大规模数据集：HDFS中典型的文件大小要达到GB或者是TB量级。

(4) 简单一致性原则：HDFS的应用程序一般对文件的操作多为一次写入/多次读出的模式，文件一经创建、写入、关闭后，文件内容一般不再发生改变，这种简单一致性原则使得高吞吐量的数据访问成为可能。

(5) 数据就近原则：HDFS提供接口，以便应用程序将自身的执行代码移动到数据节点上来执行。采用这种方式的原因主要是：移动程序比移动数据更加划算。相比HDFS中的大数据/大文件，移动代码相比移动数据更加划算，采用这种方式可以提高带宽的利用率，增加系统吞吐量，减少网络的堵塞程度。

11.2.1 HDFS体系结构

部署在Hadoop集群上的HDFS文件系统采用了如图11-11所示的主从结构(Master/Slave)，即集群节点分为两类：主节点(MasterNode或NameNode)和从节点(SlaveNode或DataNode)。集群中至少有一个主节点，运行NameNode、JobTracker、ZooKeeper、Hmaster等负责集群管理、资源配置、作业调度的程序。集群的多个从节点(DataNode)则承担数据存储及计算任务。生产系统一般还会配备一个备份主节点(Backup NameNode)同步运行，大型集群还会部署一个Secondary NameNode，并把JobTracker，ZooKeeper部署在单独的机器上，以保证系统的高可用性和扩展性。多台从节点(DataNode)机器安装在不同的机架(Rack)内，通过高速局域网与主节点相连。HDFS体系中的主、从节点，运行程序及各自执行的任务见表11-3。

HDFS还提供了一个客户端(Client)用于支持客户操作HDFS，它实际是一个包含HDFS文件系统接口的库，隐藏了HDFS操作实现中的大部分复杂性细节。客户端支持对文件的打开、读取、写入等常见操作，并且提供了类似 Shell 的命令行方式来访问存储在 HDFS 中的数据。另外，HDFS 也提供了 Java API 作为应用程序访问文件系统的客户端编程接口。

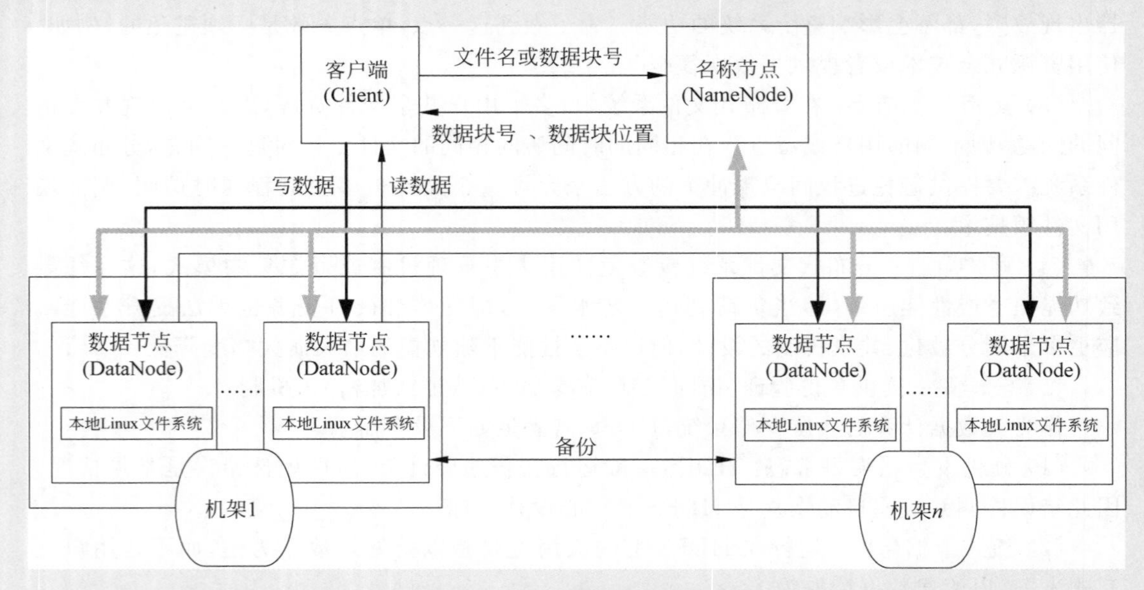

图 11-11　HDFS 体系结构

表 11-3　HDFS 的主、从节点职责

节点类型	节点机器	运行程序	执行任务
主节点	NameNode	NameNode JobTracker	管理 HDFS 文件系统的命名空间，记录文件在每个 DataNode 节点上的位置和副本信息，协调客户端(Client)对文件的访问/操作，以及记录命名空间内的改动或命名空间属性的改变
	Secondary NameNode	SecondaryNameNode	保存 NameNode 中 metadata 的备份，并减少 NameNode 重启的时间
	Backup NameNode	NameNode	提供主节点(NameNode)的热备份，定期合并 fsimage 和 fsedits 推送给 NameNode；当 Active NameNode 出现故障时，快速切换为新的 Active NameNode
从节点	DataNode	DataNode TaskTracker	提供文件的物理存储机制，负责数据的存储和读取，向名称节点定期发送自己所存储的块的列表

HDFS 采用 Master/Slave 架构，集群中只设置一个主节点(NameNode)，这一架构虽然大大简化了系统设计，使得元数据管理和资源调配更容易，但也带来如下局限性。

(1) 命名空间的限制：由于管理命名空间的名称节点进程是保存在内存中，因此名称节点能够容纳的对象(文件、块)的个数会受到内存空间大小的限制。

(2) 性能的瓶颈：整个分布式文件系统的吞吐量，受限于单个名称节点的吞吐量。

（3）单点失效（SPOF）问题：一旦这个唯一的名称节点发生故障，会导致整个集群变得不可用。

前面提到的商业公司 MapR Technologies 正是针对 HDFS 的上述缺陷提出了自己的解决方案，并集成在 MapR 的 Hadoop 商业发行版中[34]。

11.2.2　HDFS 存储结构

HDFS 是以块（Block）为基本单位存储文件的，每个块大小（Block Size）为 64MB，如果一个文件不到 64MB，也存成一个独立的块。HDFS 文件存储机制如下。

（1）每个文件被划分成 64MB 大小的多个 Blocks，属于同一个文件的 Blocks 分散存储在不同 DataNode 上。

（2）出于系统容错需要，每一个 Block 有多个副本（replica），存储在不同的 DataNode 上。

（3）每个 DataNode 上的数据存储在本地的 Linux 文件系统中。

上述的 HDFS 文件存储机制如图 11-12 所示，例如，一个大小为 50GB 的数据文件在存入 HDFS 时被拆分为 800 个 Blocks（每个 Block 大小为 64MB），编号为 Block1，Block2，Block3，…，Block800。假设每个 Block 在 HDFS 中存三份（有两份冗余副本），则系统中有三份 Block1，三份 Block2，三份 Block3 …但分散存储在不同的 DataNode 上。比如：

Block1 的三份存储在 DN1，DN2，DN3 上；

Block2 的三份存储在 DN2，DN3，DN4 上；

Block3 的三份存储在 DN3，DN4，DN5 上；

……

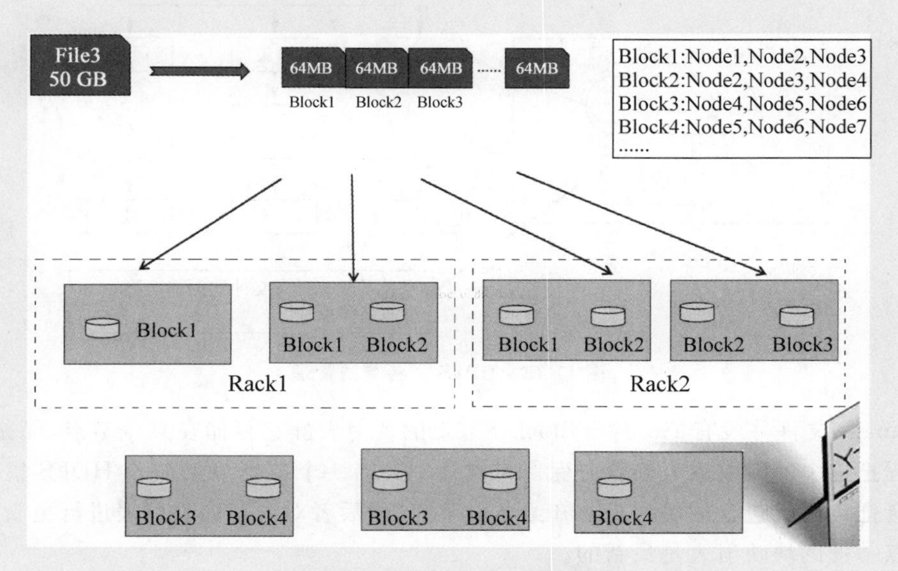

图 11-12　HDFS 的块存储机制

HDFS 的这种基于统一尺度的块、多副本多节点的存储机制带来了如下好处。

（1）有利于大规模文件存储。一个大规模文件可以被分拆成若干个文件块，不同的文件块可以被分发到不同的节点上，因此，一个文件的大小不会受到单个节点存储容量的限制，文件规模可以远远大于网络中任意节点的存储容量。

（2）适合数据备份：每个文件块都可以冗余存储到多个节点上，大大提高了系统的容错性和可用性。

（3）系统设计简化：首先简化了存储管理，因为文件块大小是固定的，这样就可以很容易计算出一个节点可以存储多少文件块；其次方便了元数据的管理，元数据不需要和文件块一起存储，可以由其他系统负责管理元数据。

1. 命名空间管理

要实现上述基于块的存储机制，HDFS需解决三个问题：文件→Block→节点的映射关系；命名空间管理；文件读写操作流程。HDFS的命名空间包括目录、文件和块，文件→Block→节点的映射关系作为元数据存储在NameNode上。整个HDFS集群只有一个命名空间，由唯一的一个名称节点负责对命名空间进行管理。HDFS使用的是传统的分级文件体系，因此用户可以像使用普通文件系统一样对文件进行创建、删除、在目录间转移文件、重命名文件等操作。运行在主节点上的NameNode进程使用两个特定的数据结构FsImage和EditLog对命名空间进行管理。

FsImage用于存储和管理文件系统目录树以及目录树中所有文件和文件夹的元数据（图11-13）。FsImage文件包含所有目录和文件inode的序列化形式，每个inode是一个文件或目录的元数据的内部表示，文件元数据包含诸如文件复制等级、修改和访问时间、访问权限、块大小以及组成文件的块等信息，目录元数据则包含修改时间、权限和配额元数据等。

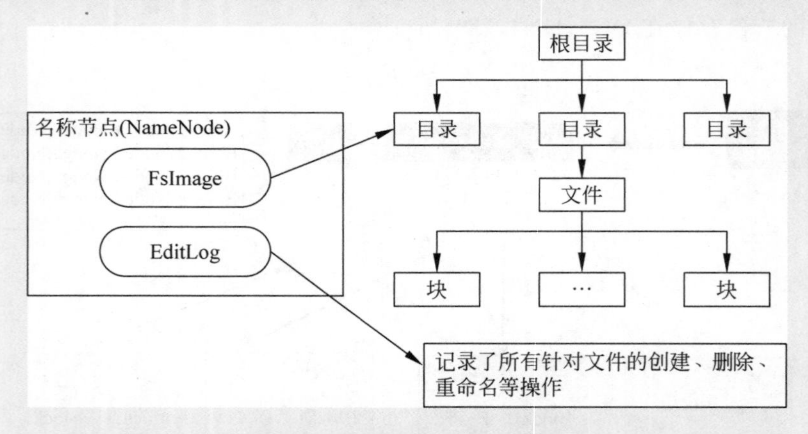

图11-13　HDFS命名空间管理

FsImage文件并没有把文件→Block→节点的映射表静态存储在某个节点，而是由名称节点进程把这个映射关系表装载并保留在内存中。当一个数据节点加入HDFS集群时，数据节点会把自己所包含的块列表通知给名称节点，由后者对内存的映射表进行更新，以确保名称节点掌握的块映射表是最新的。

2. 第二名称节点

NameNode主要是用来保存HDFS的元数据信息，比如命名空间信息、块映射信息等。当NameNode运行时，上述信息是保存在内存中的，但这些信息也可以持久化保存到磁盘上。NameNode 用到如图 11-14 所示的两个文件 FsImage 和 EditLog 来完成元数据的保存和同步：FsImage 是 NameNode 启动时对整个文件系统的快照；EditLog 是 NameNode 启动后对文件系统改动操作的记录(包括文件创建、重命名、删除等操作)。名称节点程序(NameNode)启动时，它将 FsImage 文件中的内容加载到内存中，之后再将 EditLog 文件内容与 FsImage 合并，使得内存中的元数据和实际的同步。

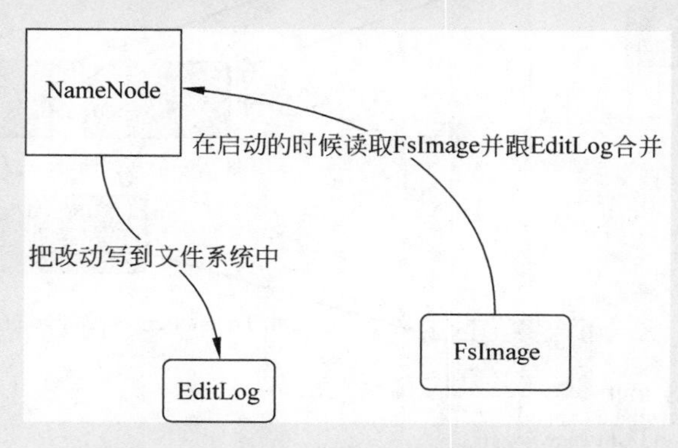

图 11-14 NameNode 上的元数据同步

名称节点程序(NameNode)启动运行之后，HDFS 的更新操作信息会不断写到 EditLog 文件中。HDFS 集群的 NameNode 是很少重启的，这就意味着运行一段时间后，EditLog 文件会变得很大。这对名称节点运行没有什么明显影响，但当名称节点需要重启的时候，名称节点需要先将 FsImage 的内容加载到内存中，然后再一条一条地执行 EditLog 中的记录。当 EditLog 文件非常大时，这会导致名称节点启动操作非常缓慢，而在这段时间内 HDFS 系统处于安全模式，一直无法对外提供写操作，影响了用户的使用。HDFS 解决这一问题的办法就是提供一个独立部署的第二名称节点(Secondary NameNode)。

Secondary NameNode 是 HDFS 用来保存名称节点(DataNode)对 HDFS 元数据信息的备份，并减少名称节点重启的时间的一种机制。Secondary NameNode 一般独立部署在一台机器上，执行如下操作步骤(图 11-15)。

(1) Roll edits：SecondaryNameNode 进程会定期和 NameNode 通信，请求其停止使用 EditLog 文件，暂时将新的写操作写到一个新的文件 edit. new 上来，这个操作是瞬间完成的，上层写日志的函数完全感觉不到差别。

(2) Retrieve FsImage and edits from NameNode：SecondaryNameNode 进程通过 HTTP GET 方式从 NameNode 取得 FsImage 和 EditLog 文件，并下载到本地相应目录下。

(3) Merge：SecondaryNameNode 进程将下载的 FsImage 载入到内存，然后一条一条地执行 EditLog 文件中的各项更新操作，使得内存中的 FsImage 保持最新，这个过程就是 EditLog 和 FsImage 文件的合并。

(4) Transfer checkpoint to NameNode：SecondaryNameNode 执行完操作(3)之后，会通过 post 方式将新的 FsImage 文件发送到 NameNode 节点上。

(5) Roll again：NameNode 将从 SecondaryNameNode 接收到的新的 FsImage 替换为旧的 FsImage 文件，同时将 edit. new 替换为原来的 EditLog 文件，这个过程使得 EditLog 文件重新变小。

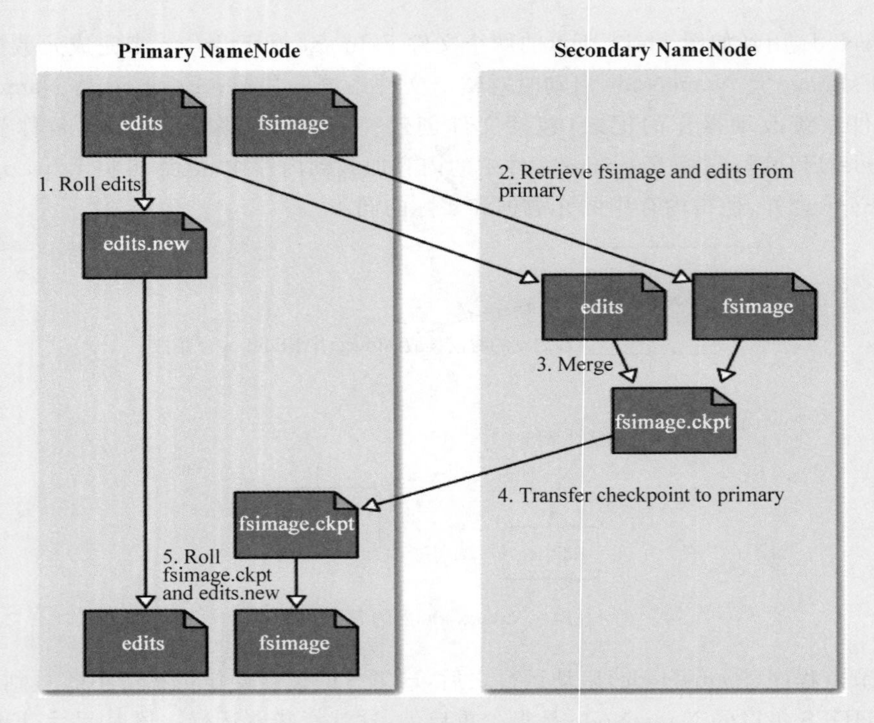

图 11-15 Secondary NameNode 的工作流程

3. HDFS 的文件读写机制

目前 HDFS 支持两种访问方式：HDFS Shell 命令(和 Linux Shell 命令很像)，HDFS Java API(org. apache. hadoop. fs)。对于 C 语言，HDFS 提供了 libhdfs 接口。对于其他 C++、Python、PHP、C# 等编程语言，HDFS 通过 Thrift 编程接口提供对 HDFS 的访问。下面以 Java 客户端程序访问 HDFS 为例介绍 HDFS 文件的读和写两个流程。

如图 11-16 所示，运行在 Java 客户端的程序读取 HDFS 文件的流程包括如下步骤。

(1) 打开文件：Java 客户端通过 FileSystem 打开文件，执行代码如下。

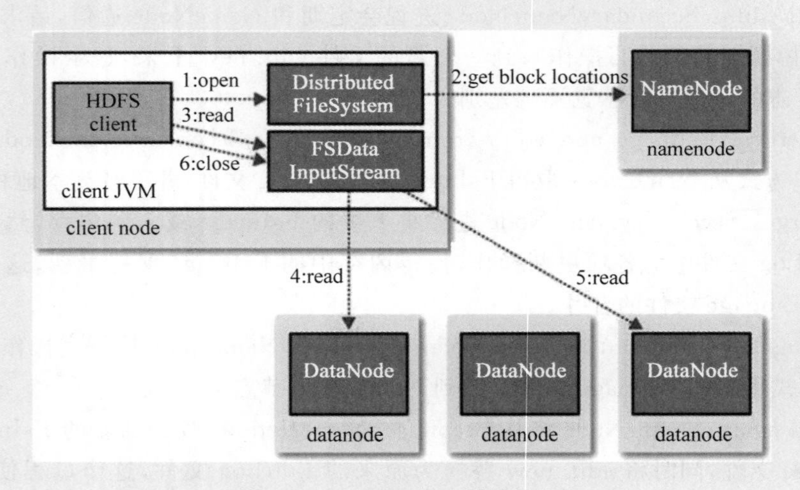

图 11-16 HDFS 的文件读流程

```
import org.apache.hadoop.fs.FileSystem
Configuration conf = new Configuration();
FileSystem fs = FileSystem.get(conf);
FSDataInputStream in = fs.open(new Path(uri));
```

（2）获取块信息：通过 ClientProtocal.getBlockLocations()远程调用名称节点，获得文件开始部分数据块的位置。名称节点还返回保存该数据块的所有数据节点的地址，并根据距离客户端远近进行排序。

（3）读取请求：客户端获得输入流 FSDataInputStream 以后调用 read()函数开始读取数据；输入流根据前面的排序结果，选择距离客户端最近的数据节点建立连接并读取数据。

```
FileSystem fs = FileSystem.get(conf);
FSDataInputStream in = fs.open(new Path(uri));
```

（4）读取数据：从数据节点把数据块读到客户端，当该数据块读取完毕时 FSDataInputStream 关闭和该数据节点的连接。

（5）读取下一个数据节点上的数据块，直到该文件的所有数据块读取完毕。

（6）关闭文件：客户端通过 FileSystem 关闭文件，整个读取文件流程完成。

如图 11-17 所示，客户端程序改写 HDFS 文件的流程如下。

（1）创建文件：客户端通过 FileSystem 创建文件，执行代码如下。

```
import org.apache.hadoop.fs.FileSystem
Configuration conf = new Configuration();
FileSystem fs = FileSystem.get(conf);
FSDataOutputStream out = fs.create(new Path(uri));
```

（2）建立文件元数据：RPC 远程调用名称节点方法在文件系统的命名空间中新建一个文件，名称节点会执行相应的检查(文件是否存在，客户端权限等)。

（3）写入请求：向系统发出写入数据请求。

（4）写入数据包：数据被分成一个个分包(Packet)放入 DFSOutputStream 的内部队

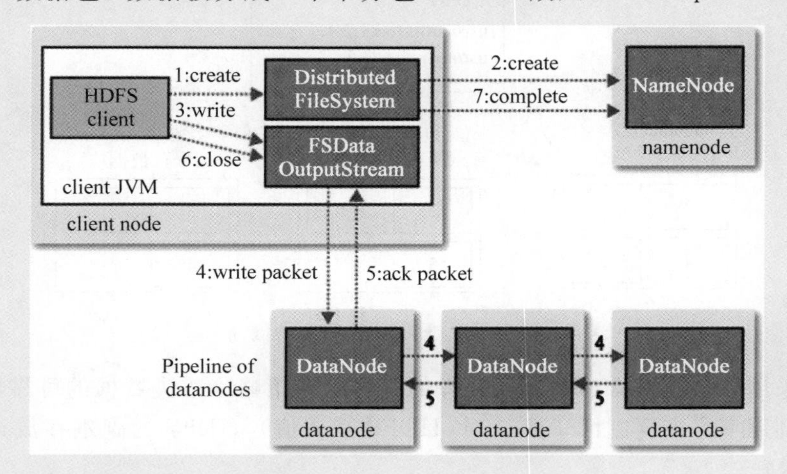

图 11-17　HDFS 的文件写流程

列，DFSOutputStream 向名称节点申请存放数据块的若干数据节点，然后按照申请到的数据节点把文件分包分别传送到节点上存储。传送方式为：申请到的数据节点形成一个数据流管道，队列中的分包最后被打包成数据包第一个数据节点，第一个数据节点再将数据包发送到第二个节点……以此类推，形成"流水线复制"，直到数据包存储完成。

（5）接收确认包：为了保证节点数据准确，完成接收的数据节点要向发送者发送"确认包"（Ack Packet），确认包沿着数据流管道逆流而上，经过各个节点最终到达客户端。客户端收到确认包后，将对应的分包从内部队列移除。

（6）关闭文件：客户端通过 FileSystem 关闭文件。

（7）结束过程：DFSOutputStream 调用 ClientProtocal. complete()方法。

通知名称节点关闭文件，整个写文件流程结束。

11.2.3 数据容错与恢复

HDFS 的主要设计目标之一就是在硬件故障情况下保障数据存储的可用性和可靠性。HDFS 是通过数据冗余备份、副本存放策略、容错与恢复机制来提供这种高可用性。

为保证系统的容错性和可用性，HDFS 采用了多副本方式进行冗余存储，通常一个数据块的多个副本（HDFS 默认数为 3）会被分布到不同的数据节点上存储，如图 11-18 所示。比如，数据块 1 被分别存放到数据节点 A 和 C 上，数据块 2 被存放在数据节点 A 和 B 上，数据块 3 被存放在数据节点 B 和 C 上……这种多副本方式具有以下优点。

（1）加快数据传输速度：客户端可以就近读取最近的副本，而不需远程传输。

（2）容易检查数据错误。

（3）保证数据可用性：即使某些节点宕机，还可以从其他节点获取数据副本并复制到其他节点。

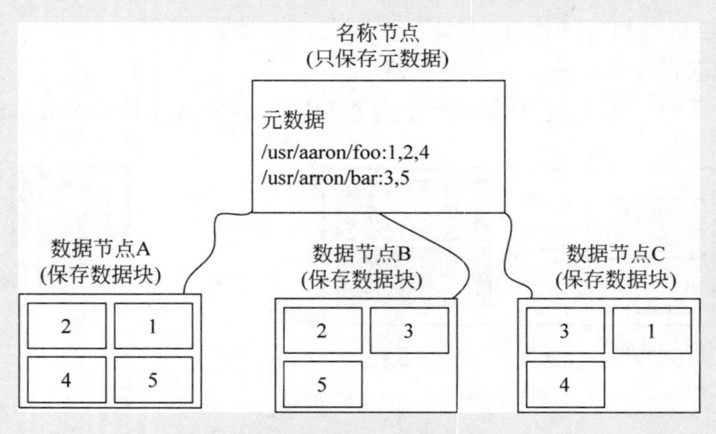

图 11-18 HDFS 的冗余备份

HDFS 采用了机架感知（Rack-aware）的副本存放策略来改进数据的可靠性、可用性和网络宽带的利用率。当复制因子为 3 时（HDFS 默认值），HDFS 的副本存放策略如下（如图 11-19 所示）。

（1）第一个副本 Block1 放到与客户端同一机架的一个节点（如果提交节点在集群内）；

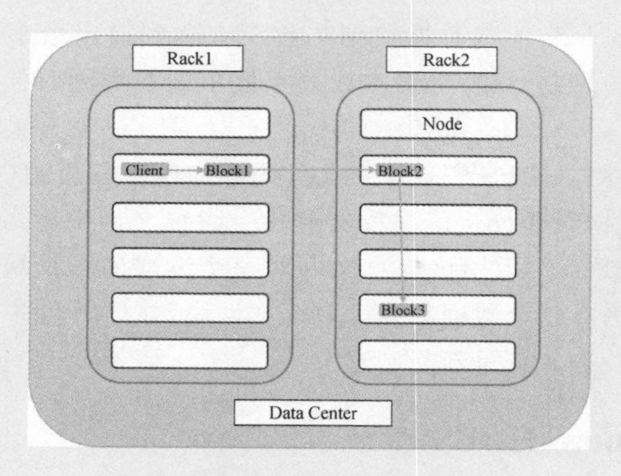

图 11-19 HDFS副本存放策略

如果是从集群外提交，则选取一个负载较低的节点。

（2）第二个副本 Block2 放到 Block1 所在机架之外的节点（即 Block1、Block2 不在同一机架内）。

（3）第三个副本 Block3 放在与 Block2 同一机架的另一节点（同一机架但不同节点）。

（4）更多副本则随机存放。

HDFS 提供了一个 API 可以确定某一数据节点所属的机架 ID，客户端也可以调用此 API 获取自己所属机架的 ID。当客户端读取数据时，它首先从名称节点获得不同副本的存放位置列表，包含副本所在的数据节点信息，进而可以调用 API 确定这些数据节点所属的机架 ID。当发现某个数据节点对应的机架 ID 和客户端自己的机架 ID 相同时，就优先读取该数据节点存放的副本；如果没有发现，就随机选择一个副本读取数据。这种分散存放策略既可以防止某一机架失效时数据丢失，又可以利用机架内的高带宽特性提高数据读取速度。

HDFS 的容错机制还包括错误检测和恢复机制。错误检测包括 NameNode 检测、DataNode 检测和数据错误检测。

HDFS 集群的 NameNode 保存了所有的文件系统元数据信息，存放在 NameNode 进程维护的两大数据结构 FsImage 和 EditLog 中，如果这两个文件发生损坏，那么整个 HDFS 系统将失效。为此 HDFS 设置了备份机制，把这两个核心元数据文件同步复制到第二名称节点 Secondary NameNode 上。当名称节点出错时，可以使用 Secondary NameNode 上的 FsImage 和 EditLog 数据对系统进行恢复。

DataNode 的错误 HDFS 则采用心跳检测方法来监测。每个 DataNode 会周期性地向集群 NameNode 发送心跳包和块报告，NameNode 根据这些心跳包信息验证映射关系和其他元数据。当 NameNode 在规定时间内未收到 DataNode 节点的心跳报告，NameNode 会将该 DataNode 标记为失效，并不再给该 DataNode 节点发送任何数据操作命令，该节点存放的所有数据块也被标注为不可读。DataNode 的失效也可能导致数据块副本的数目低于设定值，NameNode 定期检查发现了这种情况，就会启动数据冗余复制，为该数据块生成新的副本，放置在另外节点上。另外，数据副本损坏、DataNode 上的磁盘错误或者复制因子增大也可能触发复制副本进程。

HDFS 系统运行有一种安全模式，在这个模式中不允许数据块的写操作。当

NameNode检测到DataNode上的数据块副本数没有达到设定最小副本数，系统就会进入安全模式，并开始副本的复制，只有当副本数大于最小副本数的时候，系统才会自动脱离安全模式。

对数据完整性的检测，HDFS实现了对文件内容的校验和检测(CRC循环校验码)。客户端创建文件时会将数据块的校验信息写入到一个隐藏文件中。当客户端读取文件时，它会先读取该校验信息文件，然后用该信息文件对每个读取的数据块进行校验，如果校验出错，客户端就会请求到另外一个数据节点读取该文件块，并且向名称节点报告这个文件块有错误，名称节点会定期检查并且重新复制这个块。

11.2.4 Hadoop/HDFS安装

1. 集群环境

1）环境配置

CentOS版本：centos-release-7.3.1611.el7.centos.X86.64

Java版本：Java 1.8.0_111-b14

Hadoop版本：Hadoop-2.7.3

2）硬件配置

master机器：双核CPU/8GB内存/500GB硬盘。

slave1机器：单核CPU/4GB内存/250GB硬盘。

slave2机器：单核CPU/4GB内存/250GB硬盘。

3）网络配置

master机器：192.168.31.240 master

slave1机器：192.168.31.149 slave1

slave2机器：192.168.31.183 slave2

4）配置说明

(1) 默认安装过程在目标master机器上进行，根据提示在其他机器上执行操作；

(2) 若无提示，所有Hadoop配置操作过程均在Hadoop用户下执行，系统配置操作在root用户下执行；

(3) 若操作命令权限不够，在命令前加sudo。

2. 网络配置

1）建立Hadoop用户

(1) 在root下建立Hadoop用户。

```
命令：su root                          #切换用户
命令：useradd hadoop                   #添加Hadoop用户
命令：passwd Hadoop                    #修改Hadoop用户的登录密码
```

(2) 在root下为Hadoop用户配置root权限，在配置文件中添加一行，如下所示。

```
命令：visudo                           #打开指定配置文件
```

```
##      user    MACHINE=COMMANDS
##
## The COMMANDS section may have other options added to it.
##
## Allow root to run any commands anywhere
root     ALL=(ALL)       ALL
hadoop   ALL=(ALL)       ALL
```

2）测试网络连接

查看局域网中各集群目标机器的 IP 地址，并使用 ping 命令测试机器间是否正常连通。

```
命令: ip addr                          #查看 IP 地址
命令: ping 192.168.31.149              #Ping slave1 和 slave2 的 IP
```

3）修改机器名称和网络配置

（1）打开/etc/hostname 文件，修改机器名为 master，如下。

```
命令: vi /etc/hostname                 #打开文件
```

（2）重启后生效。

```
命令: reboot                           #重启
```

```
master
~
~
```

（3）打开/etc/sysconfig/network 添加内容，如下。

```
# Created by anaconda
NETWORKING=yes
HOSTNAME=master
NETWORKING_IPV6=yes
IPV6_AUTOCONF=no
~
```

（4）打开/etc/hosts，写入网络配置中的三台机器的主机名和 IP 的映射，如下。

```
192.168.31.240 master
192.168.31.183 slave2
192.168.31.149 slave1
~
```

4）在其他机器上执行如上相同操作

在其他机器上，相应的机器名为 slave1、slave2。

5）测试

若多台机器可以互相用 IP 和主机名 ping 通，则配置成功。

```
命令: ping slave1
```

3. SSH 配置无密码连接

1）关闭防火墙

不关闭防火墙可能会导致 Hadoop 无法正常启动。

```
命令: systemctl stop firewalld.service       #停止 firewall
命令: systemctl disable firewalld.service    #禁止 firewall 启动
```

命令: systemctl status firewalld.service #查看 firewall 状态,应为 active:inactive

2) 安装 SSH

若机器未安装 SSH,用如下命令安装。

命令: yum install ssh

3) 生成密码对

(1) 执行如下命令。中途若有询问直接回车(-P 选项后为两个单引号,表示原密码为空)。

命令: ssh-keygen -t rsa -P ''

(2) 上述命令执行后会自动在/home/hadoop/.ssh/下生成两个密码对。

命令: ll ~/.ssh #查看.ssh 文件夹

(3) 将公钥追加到授权的 key 中。

命令: cat ~/.ssh/id_rsa.pub >> ~/.ssh/authorized_keys

在其他机器上执行如上相同操作。

4) 修改 SSH 配置

(1) 修改/etc/ssh/sshd_config 文件中的内容配置如下。

命令: vi /etc/ssh/sshd_config
命令: /RSA #在文件中查找关键词 RSA

去掉 RSAAuthentication 和 PubkeyAuthentication 前的#注释符号。

```
# Host *
#   ForwardAgent no
#   ForwardX11 no
#   RhostsRSAAuthentication no

    RSAAuthentication yes
    PubkeyAuthentication yes
#   AuthorizedKeysFile .ssh/authorized_keys

#   PasswordAuthentication yes
#   HostbasedAuthentication no
```

(2) 对其他机器执行如上相同操作。

(3) 添加其他机器的公钥,使得每个机器的 authorized_keys 中包含集群所有机器的公钥。

命令: scp slave1:~/.ssh/id_rsa.pub /home/hadoop #将 slave1 的公钥复制到本地
命令: cat /home/hadoop/id_rsa.pub >> ~/.ssh/authorized_keys #将 slave1 的公钥追加到 key 中
命令: scp slave2:~/.ssh/id_rsa.pub /home/hadoop #将 slave2 的公钥复制到本地
命令: cat /home/hadoop/id_rsa.pub >> ~/.ssh/authorized_keys #将 slave2 的公钥追加到 key 中

5) 修改权限

(1) 修改.ssh 文件夹权限为 700。

命令: chmod 700 ~/.ssh

(2) 修改 authorized_keys 文件的权限为 600。

命令: chmod 600 ~/.ssh/authorized_keys

对其他机器执行如上相同操作。

6) 测试

重启 SSH 并测试,若 master、slave1、slave2 之间登录不需输入密码即配置成功,如下。

命令: service sshd restart #重启
命令: ssh slave1 #连接 slave1

```
[hadoop@master ~]$ ssh slave1
Last login: Sun Dec 25 04:32:46 2016
[hadoop@slave1 ~]$ exit
logout
Connection to slave1 closed.
[hadoop@master ~]$ ssh slave2
Last login: Sat Dec 24 17:17:54 2016
[hadoop@slave2 ~]$ exit
logout
Connection to slave2 closed.
[hadoop@master ~]$
```

4. 安装 JDK

1) 删除自带 JDK

删除系统自带的 JDK,或是直接忽略系统自带的 Java,另行下载配置,此外不要用 yum 命令安装 openjdk,这样的 Java 可能会没有 jps 指令,影响后面 Hadoop 的安装和使用。

命令: rpm -qa|grep java #查看已有的 JDK
命令: yum -y remove 文件名 #卸载上条命令列出的文件

2) 下载并解压

从官网下载 Java1.8,进入其所在该文件夹,解压到/usr/java 文件夹,该文件夹是用户创建的。

命令: mkdir /usr/java #创建新文件夹
命令: tar -zxvf 压缩包名 -C /usr/java #解压

3) 配置环境变量

(1) 打开/etc/profile 配置文件,在最后添加内容,如下。

```
#new java environment
export JAVA_HOME=/usr/java/jdk1.8.0_111
export CLASSPATH=.:$JAVA_HOME/lib/dt.jar:$JAVA_HOME/lib/tools.jar
export PATH=$PATH:$JAVA_HOME/bin
```

(2) 刷新配置。

命令: source /etc/profile

(3) 测试 Java,效果如下,则配置成功。

命令: java -version

```
[hadoop@master ~]$ java -version
java version "1.8.0_111"
Java(TM) SE Runtime Environment (build 1.8.0_111-b14)
Java HotSpot(TM) 64-Bit Server VM (build 25.111-b14, mixed mode)
[hadoop@master ~]$
```

4）复制到其他机器

（1）将安装好的 Java 文件夹复制到其他机器。

命令：scp －r /usr/java slave1:/usr
命令：scp －r /usr/java slave2:/usr

（2）将配置好的 profile 文件复制到其他机器。

命令：scp /etc/profile slave1:/etc
命令：scp /etc/profile slave2:/etc

（3）用 SSH 登录其他机器，刷新其他机器上的 profile 配置文件。

在其他机器上测试 Java。

5. 安装 Hadoop

1）下载

从官网下载 Hadoop 2.7.3，务必在官网查询各版本 Hadoop 对 Java 的要求，下载合适的 Hadoop。

2）解压

进入压缩包所在的文件夹解压。

命令：tar －zxvf 压缩包名 －C /usr

3）配置环境变量

（1）打开/etc/profile 配置文件，在最后添加内容，如下。

```
#hadoop environment
export HADOOP_HOME=/usr/hadoop-2.7.3
export PATH=$PATH:$HADOOP_HOME/bin:$HADOOP_HOME/sbin
export HADOOP_CONF_DIR=/usr/hadoop-2.7.3/etc/hadoop/
```

（2）刷新配置。

命令：souece /etc/source

4）修改 Hadoop 文件夹权限

最后在 root 用户下修改 hadoop-2.7.3 的权限，使 Hadoop 用户对 hadoop-2.7.3 文件夹具有控制权。

命令：chown －R hadoop:hadoop /usr/hadoop－2.7.3

5）切换 Hadoop 用户，新建 data tmp name 文件夹

（1）切换 Hadoop 用户。

命令：su Hadoop ＃以后可以直接使用该用户登录主机

(2) 进入/usr/hadoop－2.7.3 并新建文件夹。

命令：mkdir data name tmp

(3) 下面的配置文件都在/usr/hadoop-2.7.3/etc/hadoop 下。

6) 配置 hadoop-env.sh

```
# The directory where pid files are stored. /tmp by default.
# NOTE: this should be set to a directory that can only be written to by
#       the user that will run the hadoop daemons.  Otherwise there is the
#       potential for a symlink attack.
#export HADOOP_PID_DIR=${HADOOP_PID_DIR}
export HADOOP_PID_DIR=/usr/hadoop-2.7.3/tmp
export HADOOP_SECURE_DN_PID_DIR=${HADOOP_PID_DIR}

# A string representing this instance of hadoop. $USER by default.
export HADOOP_IDENT_STRING=$USER

#java environment
export  JAVA_HOME=/usr/java/jdk1.8.0_111
~
-- INSERT --
```

7) 配置 core-site.xml

```
<configuration>
        <property>
                <name>hadoop.tmp.dir</name>
                <value>/usr/hadoop-2.7.3/tmp</value>
        </property>
        <property>
                <name>fs.defaultFS</name>
                <value>hdfs://master:9000</value>
        </property>
</configuration>
~
~
```

8) 配置 hdfs-site.xml

```
<configuration>
        <property>
                <name>dfs.namenode.http-address</name>
                <value>master:50070</value>
        </property>
        <property>
                <name>dfs.namenode.secondary.http-address</name>
                <value>master:50090</value>
        </property>
        <property>
                <name>dfs.namenode.name.dir</name>
                <value>/usr/hadoop-2.7.3/name</value>
        </property>
        <property>
                <name>dfs.datanode.data.dir</name>
                <value>/usr/hadoop-2.7.3/data</value>
        </property>
        <property>
                <name>dfs.replication </name>
                <value>1</value>
        </property>
</configuration>
```

9) 配置 mapred-site.xml

(1) 重命名 mapred-site.xml.template。

命令：mv mapred－site.xml.templete mapred－site.xml

(2) 配置如下。

```
<?xml version="1.0" encoding="UTF-8"?>
<?xml-stylesheet type="text/xsl" href="configuration.xsl"?>

<configuration>
        <property>
                <name>mapreduce.framework.name</name>
                <value>yarn</value>
        </property>
        <property>
                <name>mapreduce.jobhistory.address</name>
                <value>master:10020</value>
        </property>
        <property>
                <name>mapreduce.jobhistory.webapp.address</name>
                <value>master:19888</value>
        </property>
</configuration>
~
~
```

10) 配置 yarn-env.sh

在最后添加一条,如下。

```
export YARN_PID_DIR=/usr/hadoop-2.7.3/tmp
export JAVA_HOME=/usr/java/jdk1.8.0_111
```

11) 配置 yarn-site.xml

```
<configuration>

<!-- Site specific YARN configuration properties -->
    <property>
        <name>yarn.nodemanager.aux-services</name>
        <value>mapreduce_shuffle</value>
    </property>
    <property>
        <name>yarn.nodemanager.aux-services.mapreduce.shuffle.class</name>
        <value>org.apache.hadoop.mapred.ShuffleHandler</value>
    </property>
    <property>
        <name>yarn.resourcemanager.address</name>
        <value>master:8032</value>
    </property>
    <property>
        <name>yarn.resourcemanager.scheduler.address</name>
        <value>master:8030</value>
    </property>
    <property>
        <name>yarn.resourcemanager.resource-tracker.address</name>
        <value>master:8031</value>
    </property>
    <property>
        <name>yarn.resourcemanager.admin.address</name>
        <value>master:8033</value>
    </property>
    <property>
        <name>yarn.resourcemanager.webapp.address</name>
        <value>master:8088</value>
    </property>

</configuration>
```

12) 配置 masters 文件

(1) 该目录没有 masters 文件,需要用户创建。

命令: vi masters

(2) 配置如下。

```
master
~
~
```

(3) 配置 slaves 文件。

```
slave1
slave2
~
~
```

(4) 复制到其他机器。

(1) 将配置好的 Hadoop 文件夹复制到其他机器上。

命令: sudo scp-r /usr/hadoop - 2.7.3 slave1:/usr/
命令: sudo scp-r /usr/hadoop - 2.7.3 slave2:/usr/

(2) 将配置好的 profile 文件复制到其他机器上。

命令: sudo scp /etc/profile slave1:/etc
命令: sudo scp /etc/profile slave2:/etc

(3) 用 SSH 登录其他机器,刷新其他机器上的 profile 配置文件。

(4) 修改 slave1 和 slave2 的 Hadoop 文件夹权限,参照前面"修改 Hadoop 文件夹权限"。

6. 启动及验证

(1) 测试 Hadoop,查看版本。

命令: hadoop version

(2) 在 master 主机上格式化 HDFS 文件系统并启动 Hadoop。

命令: hdfs namenode - format
命令: start - all.sh #启动 hadoop

(3) jps 命令查看。

① jps 命令用来查看各个机器上 Hadoop 的各进程是否正常启动。

命令: jps

② 如下所示,则正常。

```
[hadoop@master sbin]$ jps
6384 ResourceManager
6213 SecondaryNameNode
5994 NameNode
6668 Jps
[hadoop@master sbin]$
[hadoop@slave1 ~]$ jps
2229 DataNode
2345 NodeManager
2492 Jps
[hadoop@slave1 ~]$
```

③ 如果没有出现 DataNode 等问题,尝试清空 data name tmp 文件夹内容并重启计算机,然后重新执行上述命令。

```
[hadoop@slave2 ~]$ jps
2689 Jps
2426 DataNode
2543 NodeManager
[hadoop@slave2 ~]$ █
```

(4) 网页查看集群。

① 打开 master:50070,如图 11-20 所示则正常。

Namenode information - Mozilla Firefox

Namenode information

192.168.31.240:50070/dfshealth.html#tab-overview

DFS Used:	24 KB (0%)
Non DFS Used:	4.61 GB
DFS Remaining:	63.92 GB (93.28%)
Block Pool Used:	24 KB (0%)
DataNodes usages% (Min/Median/Max/stdDev):	0.00% / 0.00% / 0.00% / 0.00%
Live Nodes	2 (Decommissioned: 0)
Dead Nodes	0 (Decommissioned: 0)
Decommissioning Nodes	0
Total Datanode Volume Failures	0 (0 B)
Number of Under-Replicated Blocks	0
Number of Blocks Pending Deletion	0
Block Deletion Start Time	12/24/2016, 8:49:25 PM

图 11-20　打开 master:50070

② 打开 master:8088,如图 11-21 所示则正常,Hadoop 搭建完成。

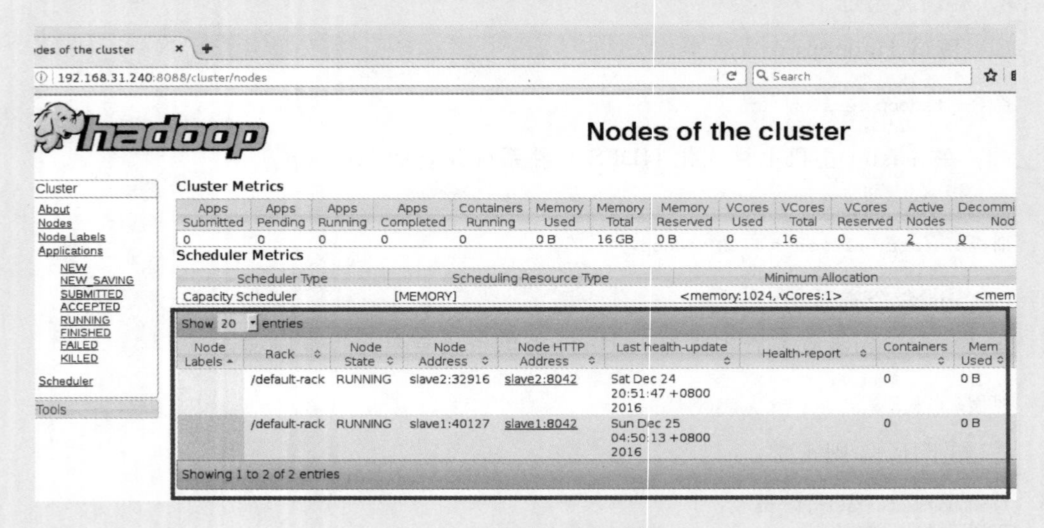

图 11-21　打开 master:8088

7. 运行示例程序 WordCount

(1) 在 HDFS 中创建 input 文件夹。

命令: hadoop fs -mkdir /input

(2) 将需要分析的 txt 文件移动到 HDFS 的 input 文件夹下,这里选取的是 hadoop 文件夹下的 LICENSE. txt 文件。

命令：hadoop fs -put LICENSE. txt /input

命令：hadoop fs -ls /input #查看文件是否存在

```
[hadoop@master hadoop-2.7.3]$ hadoop fs -ls /input
Found 1 items
-rw-r--r--   1 hadoop supergroup      84854 2016-12-30 10:02 /input/LICENSE.txt
```

命令：hadoop fs -cat /input/LICENSE. txt #查看文件内容

```
[hadoop@master hadoop-2.7.3]$ hadoop fs -cat /input/LICENSE.txt

                                 Apache License
                           Version 2.0, January 2004
                        http://www.apache.org/licenses/

   TERMS AND CONDITIONS FOR USE, REPRODUCTION, AND DISTRIBUTION

   1. Definitions.

      "License" shall mean the terms and conditions for use, reproduction,
      and distribution as defined by Sections 1 through 9 of this document.

      "Licensor" shall mean the copyright owner or entity authorized by
      the copyright owner that is granting the License.

      "Legal Entity" shall mean the union of the acting entity and all
      other entities that control, are controlled by, or are under common
      control with that entity. For the purposes of this definition,
      "control" means (i) the power, direct or indirect, to cause the
      direction or management of such entity, whether by contract or
      otherwise, or (ii) ownership of fifty percent (50%) or more of the
      outstanding shares, or (iii) beneficial ownership of such entity.
```

（3）运行 Hadoop 示例程序 WordCount。

示例程序位于/usr/hadoop-2. 7. 3/share/hadoop/mapreduce/文件夹中。

命令：hadoop jar
/usr/hadoop－2. 7. 3/share/hadoop/mapreduce/hadoop－mapreduce－examples－2. 7. 3. jar wordcount /input /output

如图 11-22 所示是程序运行界面。

```
[hadoop@master hadoop-2.7.3]$ hadoop jar /usr/hadoop-2.7.3/share/hadoop/mapreduce/hadoop-mapreduce-examples-2.7
.3.jar wordcount /input /output
16/12/30 10:22:55 INFO client.RMProxy: Connecting to ResourceManager at master/192.168.31.192:8032
16/12/30 10:23:00 INFO input.FileInputFormat: Total input paths to process : 1
16/12/30 10:23:02 INFO mapreduce.JobSubmitter: number of splits:1
16/12/30 10:23:03 INFO mapreduce.JobSubmitter: Submitting tokens for job: job_1483019050854_0001
16/12/30 10:23:06 INFO impl.YarnClientImpl: Submitted application application_1483019050854_0001
16/12/30 10:23:08 INFO mapreduce.Job: The url to track the job: http://master:8088/proxy/application_1483019050
854_0001/
16/12/30 10:23:08 INFO mapreduce.Job: Running job: job_1483019050854_0001
16/12/30 10:23:27 INFO mapreduce.Job: Job job_1483019050854_0001 running in uber mode : false
16/12/30 10:23:27 INFO mapreduce.Job:  map 0% reduce 0%
16/12/30 10:23:36 INFO mapreduce.Job:  map 100% reduce 0%
16/12/30 10:23:49 INFO mapreduce.Job:  map 100% reduce 100%
16/12/30 10:23:50 INFO mapreduce.Job: Job job_1483019050854_0001 completed successfully
16/12/30 10:23:51 INFO mapreduce.Job: Counters: 49
        File System Counters
                FILE: Number of bytes read=29366
                FILE: Number of bytes written=296573
                FILE: Number of read operations=0
                FILE: Number of large read operations=0
                FILE: Number of write operations=0
                HDFS: Number of bytes read=84955
                HDFS: Number of bytes written=22002
                HDFS: Number of read operations=6
                HDFS: Number of large read operations=0
                HDFS: Number of write operations=2
        Job Counters
                Launched map tasks=1
                Launched reduce tasks=1
                Data-local map tasks=1
                Total time spent by all maps in occupied slots (ms)=7084
                Total time spent by all reduces in occupied slots (ms)=9819
                Total time spent by all map tasks (ms)=7084
                Total time spent by all reduce tasks (ms)=9819
```

图 11-22 程序运行界面

(4) 查看运行结果。

① 查看输出文件夹。

命令: hadoop fs -ls /output

② 查看输出结果。

命令: hadoop fs -cat /output/part－r－00000

部分结果如图 11-23 所示。

```
ALL	3
ALLOW	2
AN	10
AND	63
ANY	93
APACHE	1
API	3
APIs	1
APPENDIX:	1
APPLICABLE	2
APPLY	4
ARE	11
ARISING	17
AS	5
ASM	1
ASSUME	2
AUTHOR	2
AUTHORIZED	2
AUTHORS	5
Accepting	1
Additional	3
Agreement	21
Agreement,	7
Agreement.	3
Agreement;	2
Aleksander	1
All	12
```

图 11-23 部分输出结果

11.3 分布式存储架构

HDFS 分布式文件系统虽然提供了基于文件的底层数据存储结构，但上层应用程序对数据的使用往往并不是以文件形式，而更多的是数据的某种集合、符合某种属性的数据抽取或是对数据集的计算和表达的形式，这就需要在底层的物理存储结构之上提供一层数据的组织和管理的逻辑架构，称为数据库(Database)，实现这种逻辑架构的软件就称为数据库管理系统(Database Management System，DBMS)。

按照数据库性能的 CAP(Consistency, Availability, and Partition-tolerance)原则[38]，数据库可分为三类: 满足 Consistency(一致性)和 Availability(可用性)的 CA 类(以关系型数据库 RDBMS 为代表)，满足 Consistency(一致性)和 Partition-tolerance(分区容忍性)的 CP 类(以 NoSQL 数据库 HBase[11] 为代表)，满足 Availability(可用性)和 Partition-tolerance(分区容忍性)的 AP 类(以 NoSQL 数据库 Cassandra[39]，DynamoDB[40] 为代表)。关系型数据库 RDBMS 由于有扩展性较差、不支持非结构化或半结构化数据、关系型数据表格难以支持数据集划分等缺陷，难以支持大数据计算模型。

与关系型数据库相比，以 BigTable、HBase 为代表的分布式数据库(也称为 NoSQL 数据库)具有如下特点。

(1) 更善长处理非结构化、半结构化数据。

(2) 具备很强的横向扩展能力,能够通过在集群中增加或者减少硬件数量来实现计算能力的伸缩。

(3) 支持高并发读写操作,能很好地与 MapReduce 计算模型集成。

(4) 基于列存储结构支持高速访问。

(5) 与分布式文件系统比较,HBase 支持随机访问模式。

表 11-4[11]给出了关系型数据库 RDBMS 与分布式数据库 NoSQL 在设计原理、查询效率、可用性、实现技术等方面的对比。

表 11-4 RDBMS 与 NoSQL 数据库的对比

比较标准	RDBMS	NoSQL	备 注
数据库原理	完全支持	部分支持	RDBMS 有数学模型支持,NoSQL 则没有
数据规模	大	超大	RDBMS 的性能会随着数据规模的增大而降低;NoSQL 可以通过添加更多设备以支持更大规模的数据
数据库模式	固定	灵活	使用 RDBMS 都需要定义数据库模式,NoSQL 则不用
查询效率	快	简单查询非常高效、较复杂的查询性能有所下降	RDBMS 可以通过索引,快速地响应记录查询和范围查询;NoSQL 没有索引,虽然 NoSQL 可以使用 MapReduce 加速查询速度,仍然不如 RDBMS
一致性	强一致性	弱一致性	RDBMS 遵守 ACID 模型;NoSQL 遵守 BASE(Basically Available、soft state、Eventually consistent)模型
扩展性	一般	好	RDBMS 扩展困难;NoSQL 扩展简单方便
可用性	好	很好	随着数据规模的增大,RDBMS 为了保证严格的一致性,只能提供相对较弱的可用性;NoSQL 任何时候都能提供较高的可用性
标准化	是	否	RDBMS 已经标准化(SQL);NoSQL 还没有行业标准
技术支持	高	低	RDBMS 经过几十年的发展,有很好的技术支持;NoSQL 在技术支持方面不如 RDBMS
可维护性	复杂	复杂	RDBMS 需要专门的数据库管理员(DBA)维护;NoSQL 数据库虽然没有 DBMS 复杂,维护工作量也较大

非关系型分布式数据库 HBase[11]是 Google 的 BigTable 数据库[41]的一个开源实现,也是 Apache Hadoop 项目下的一个子项目。在 Hadoop 生态系统中,HBase 处于数据存储层,位于分布式文件系统 HDFS 之上,为 MapReduce 批处理计算和上层的应用程序提供数据服务(如图 11-24 所示)。

11.3.1 HBase 系统架构

HBase 数据库系统物理部署在 Hadoop 集群上,其软件部署图见图 11-25。HBase 软件组件有 4 种角色:Master,Region Server,ZooKeeper,Client。这 4 种组件分散部署在不同的机器节点上,也可以把部署这些组件的节点看作是一个 HBase 集群。通常一个 HBase 集群中有多个 ZooKeeper 运行,这些部署 ZooKeeper 的节点构成一个 ZooKeeper 子集群。支持数据访问服务的 Region Server 也是部署在多台机器节点上,这些节点也组成一个

Region Server 子集群。HBase 系统中容许有多个 Master 存在，但在某一时刻只容许有一个 Master 运行，这个任务由 ZooKeeper 来保证执行。

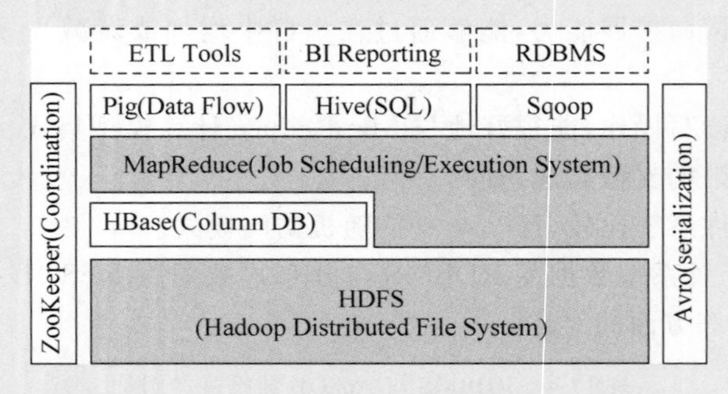

图 11-24 Hadoop 生态系统中的 HBase

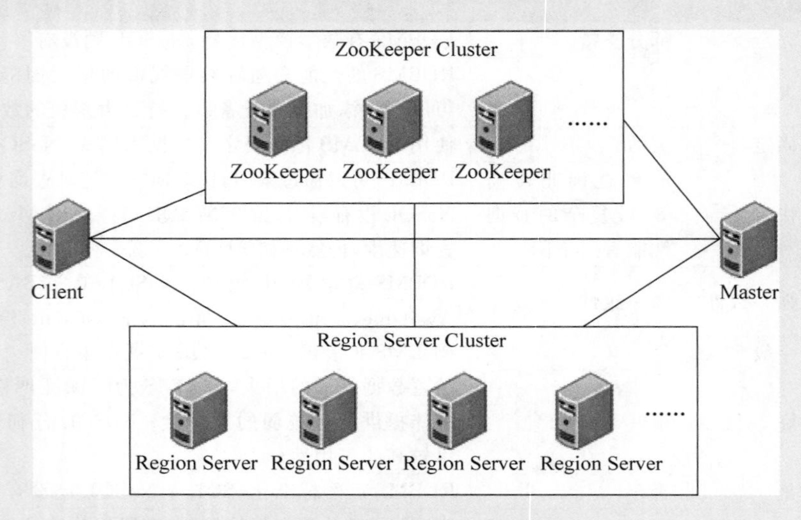

图 11-25 HBase 集群部署图

HBase 的系统架构见图 11-26。可以看出，Hadoop 基础平台提供了物理结构，HDFS 提供了 HBase 的底层数据存储结构，Master 节点管理着整个 HBase 集群，Region Server 管理多个 Regions 并提供数据访问服务，ZooKeeper 负责分布式协调服务，客户端提供了数据库访问接口。客户端访问 HBase 的过程并不需要 Master 参与(寻址访问只需要 ZooKeeper 和 Region Server，数据读写只需要 Region Server)，因此 Master 的负载很低。这 4 种组件各自具体作用如下。

(1) Master：HBase 集群的主控制服务器，负责集群状态的管理维护。

① 为 Region Server 分配 Region；

② 管理 Region Server 的负载均衡，调整 Region 分布；

③ 发现失效的 Region Server 并重新分配其上的 Region；

④ 处理 Schema 更新请求。

(2) Region Server：HBase 具体对外提供服务的进程。一个 Region Server 一般是一台单独的计算机。一个物理节点一般只运行一个 Region Server，但是它可以管理多个 Regions，这些 Regions 可以是来自于不同的表。具体任务如下。

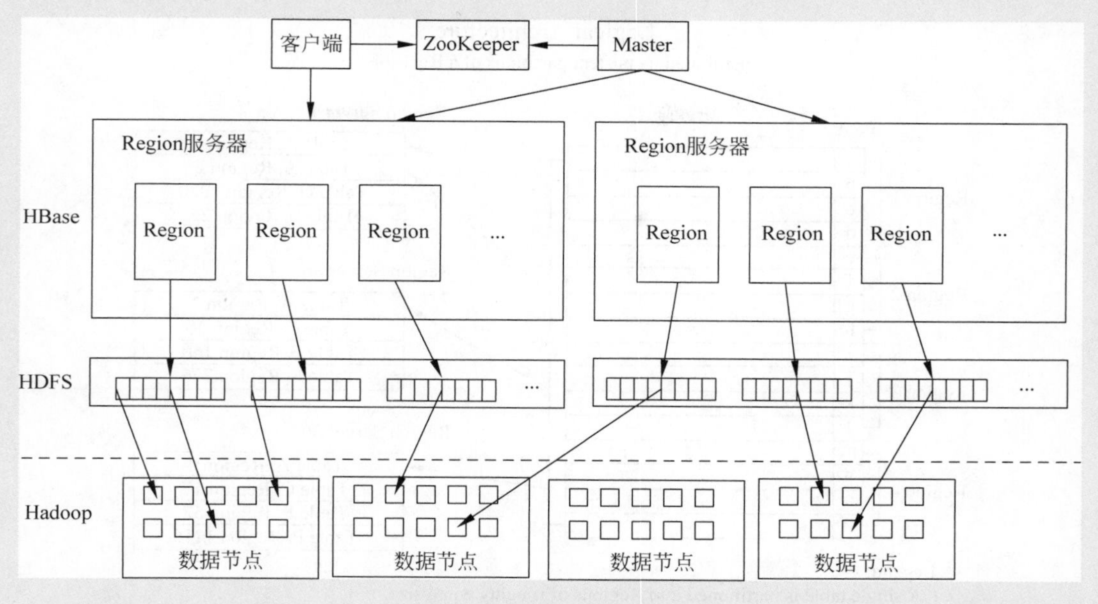

图 11-26 HBase 系统架构

① 维护 Master 分配给它的 Region，处理对这些 Region 的访问请求，负责向 HDFS 文件系统读写数据；

② 负责切分在运行过程中变得过大的 Region。

(3) ZooKeeper：分布式协调服务器。提供可靠的锁服务并保证集群中所有的机器看到的视图是一致的，HBase 使用 ZooKeeper 服务来进行节点管理以及表数据定位。具体职责如下。

① 保证任何时候集群中只有一个 Master 运行；

② 存储所有 Region 的寻址入口；

③ 实时监控 Region Server 的状态，将状态信息实时通知给 Master；

④ 存储 HBase 的 Schema，包括有哪些 Table，每个 Table 有哪些 Column Family。

(4) Client：包含访问 HBase 的接口。Client 维护着一些 Cache 来加快对 HBase 的访问，比如 Region 的位置信息。

在继续介绍 HBase 架构的主要组件之前，需要理解几个 HBase 存储结构的概念。

1. Region

Region 是将数据表按照 RowKey 划分形成的子表(或表的一部分)，相当于 DBMS 中的分区。同时，Region 也是数据表在集群中存储的最小单位，可以被分配到某一个 Region Server 进行存储管理。如图 11-27 所示，表 A 的 a，b，c，d 行划分成 Region 1，存放在 Region Server 7 上；表 A 的 i，j，k，l 行划分成 Region 3，存放在 Region Server 86 上，等等。各个 Region 的大小基本相同，一个 Region Server 可存放多个 Regions(一般存储 10～1000 个 Regions)，各个 Region Server 存放的 Region 数目大致相同，以达到负载均衡的目的。

Region 内部包含一个 HLog 日志和多个 Store，数据实际上是存储在 Store 单元中。

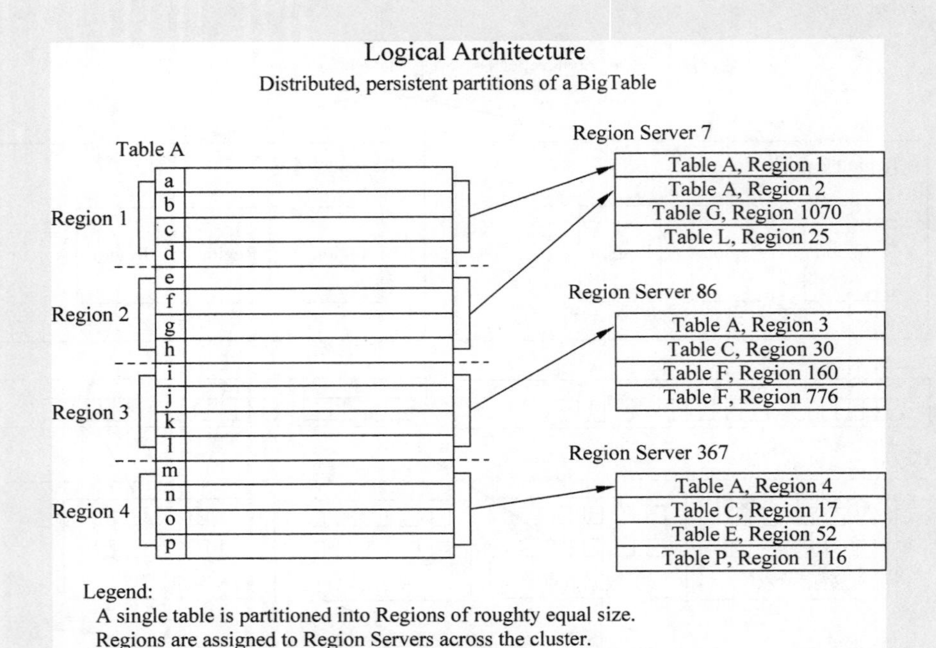

图 11-27 数据表 Region 的划分

2. Store

Region 内部又按照列簇(Column Famliy)分为不同的 Store,每个 Store 由一个 MemStore 和多个 StoreFile 组成,如图 11-28 所示。MemStore 是内存中的一个缓存区,而 StoreFile 是写到硬盘上的数据文件。用户写入的数据首先会放入 MemStore 中,当 MemStore 满了以后会清空形成一个新 StoreFile。客户端检索数据时,先在 MemStore 中找,找不到再找 StoreFile,这样就提高了检索效率。

当 StoreFile 文件数量增长到一定阈值时,会触发 compact 操作,将多个 StoreFile 合并成一个 StoreFile,在合并过程中会进行 StoreFile 版本合并和数据删除。可以看出,HBase 其实只有增加数据需要即时响应,所有的更新和删除操作都是在后续的 Compact 过程中进行的,这就使得用户写操作的 I/O 性能得到保证。

StoreFiles 在触发 Compact 操作后会逐步形成较大的 StoreFile,当单个 StoreFile 大小超过一定阈值后,会触发 split 操作,即把当前的 Region 分裂成两个子 Regions,原来的 Region 会下线。新分裂成的两个子 Region 会被 Master 分配到相应的 Region Server 上,使得原来的一个 Region 的负载压力得以分流到两个 Region 上,这是 HBase 提供的一种负载均衡机制。

StoreFile 的数据实际是通过 HFile 的形式存储在 HDFS 文件系统中。每个 Region 内部还包含一个实现 WAL(Write Ahead Log)的 HLog,每次写入数据到 MemStore 时,也会写一份数据到 HLog 文件中,HLog 文件定期会更新并删除旧文件(已经持久化到 StoreFile 中的数据)。

3. HFile

每个 StoreFile 都包含一个 HFile 文件,HFile 是 Hadoop 的二进制格式文件,实际上

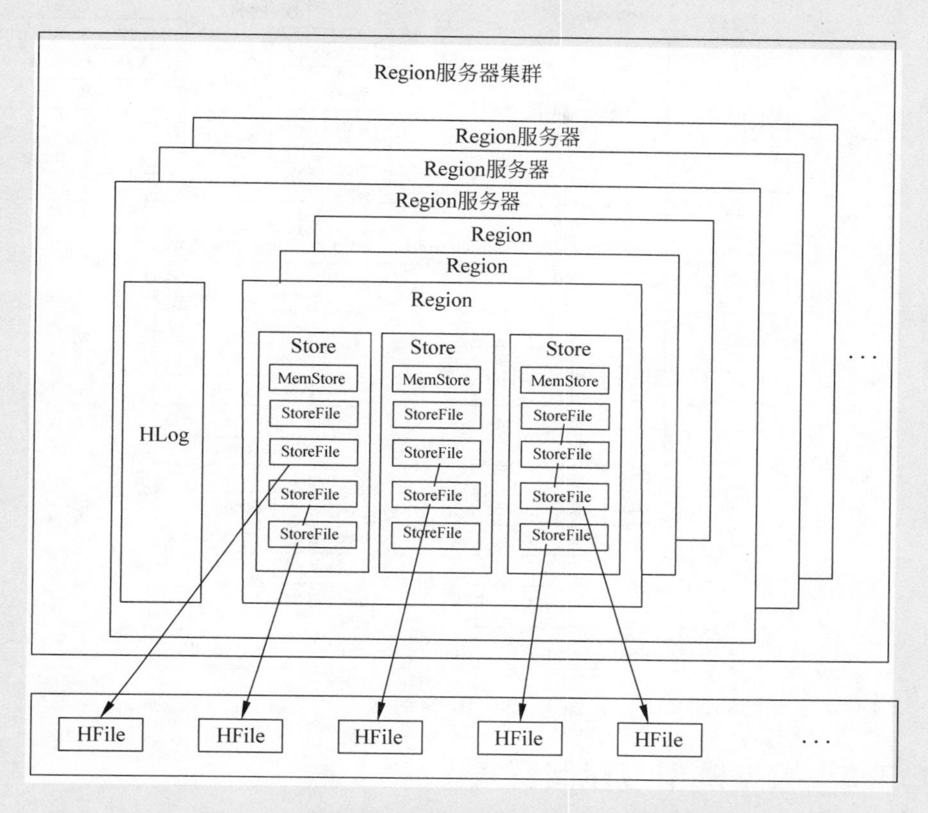

图 11-28 HBase 存储结构：Region、Store 与 HFile

StoreFile 就是 HFile 的轻量级包装，数据最终是以 HFile 的形式存储在 Hadoop 平台上。HFile 采用一个简单的 Byte 数组存储数据的每个键值对，这个 Byte 数组里面包含很多项，有固定的格式，每项有具体的含义。HFile 的格式如图 11-29 所示。HFile 的 Byte 数组由下面 6 部分组成。

(1) DataBlock 段：用来保存表中的数据，这部分可以被压缩；每个 Data 块除了开头的 Magic 以外就是一个个 Key-Value 对拼接而成，Magic 内容就是一些随机数字，目的是防止数据损坏。

(2) MetaBlock 段(可选)：保存用户自定义的 Key-Value 对，可以被压缩。

(3) FileInfo 段：HFile 的元信息，不被压缩。用户也可以在这一部分添加自己的元信息。

(4) DataBlock Index 段：Data Block 的索引。每条索引的 Key 是被索引的 Block 的第一条记录的 Key，记录了每个 Data 块的起始点。

(5) MetaBlock Index 段(可选)：Meta Block 的索引，记录了每个 Meta 块的起始点。

(6) Trailer 段：这一段是固定长度的。保存了每一段的偏移量。读取一个 HFile 时会首先读取 Trailer，Trailer 包含每个段的起始位置(段的 Magic Number 用来做安全检查)，然后 DataBlock Index 会被读取到内存中，这样，当检索某个 Key 时，不需要扫描整个 HFile，而只需从内存中找到 Key 所在的 Block，通过一次磁盘 I/O 将整个 Block 读取到内存中，再找到需要的 Key。

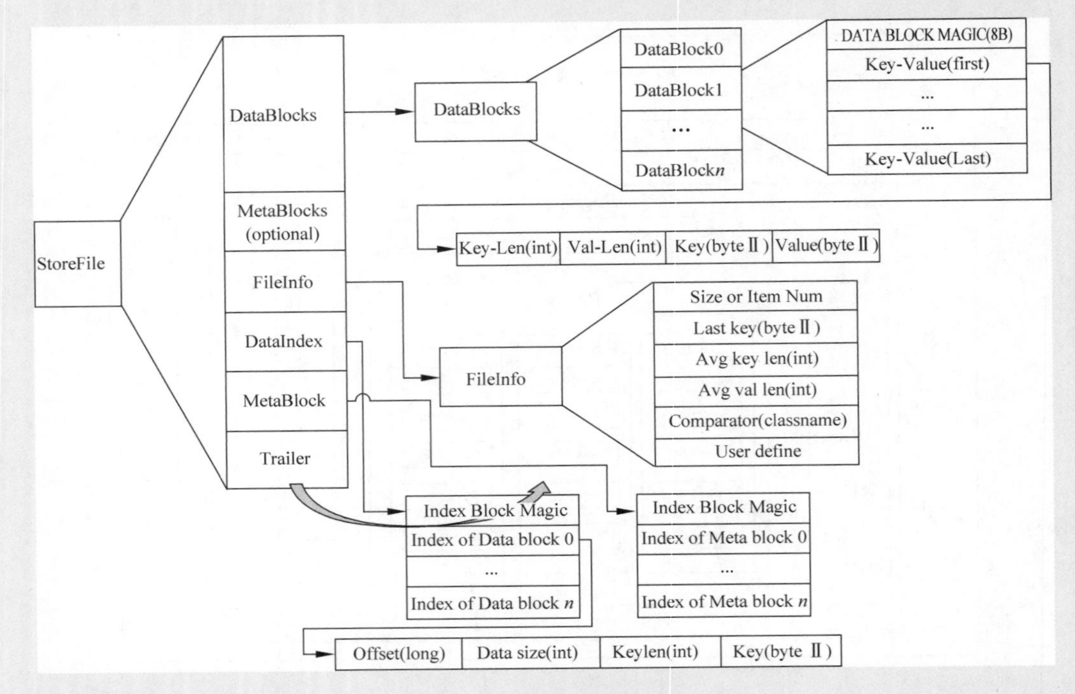

图 11-29 HFile 的格式

11.3.2 数据模型与存储模式

HBase 是一个面向列的、稀疏的、分布式的、持久化存储的多维排序映射表(Map)。表的索引是行关键字(RowKey)、列簇名(Column Family)、列关键字(ColumnKey)以及时间戳(Timestamp),表中的每个值都是一个未经解析的 Byte 数组。

HBase 的数据模型：HBase 以表(Table)的形式存储数据。表由行(Row)和列族(Column Family)组成,一个表可包含若干个列族,一个列族内可用列限定符(Qualifier)来标志不同的列,存于表中单元(Cell)的数据尚需打上时间戳(Timestamp)。HBase 的数据模型的各个元素定义如下。

1. 表(Table)

一个 HBase 的表由很多行构成。

2. 行键(RowKey)

行键是字节数组,任何字符串都可以作为行键。表中的行根据行键进行排序,数据按照 RowKey 的字节序排序存储；所有对表的访问都要通过行键(单个 RowKey 访问,或 RowKey 分段访问,或全表扫描)。

3. 列族(Column Family)

列族必须在表定义时给出。每个列族可以包含一个或多个列(由列限定符 Column Qualifier 标志),列成员不需要在定义时给出,可以随后按需要动态加入。

数据按 Column Family 分开存储,HBase 所谓的列式存储就是基于 Column Family 分散存储(每一个 Column Family 对应一个 Store)。

4. 单元格(Cell)

单元位置由行键、列族、列限定符唯一确定,单元中存储的数据是没有类型的,全部以字节码的形式存储。

5. 时间戳(Times tamp)

每个单元存储的数据随时间戳不同可以有多个版本,它们用时间戳来加以区分。

HBase 的存储模式有以下两种。

1. 存储逻辑视图

以图 11-30 的表(Table)的逻辑视图为例,这个表共有 5 行,行键值均为"com. cnn. www"。

Row Key	Time Stamp	ColumnFamily contents	ColumnFamily anchor	ColumnFamily people
"com.cnn.www"	t9		anchor:annsi.com ="CNN"	
"com.cnn.www"	t8		anchor:my.look.ca="CNN.com"	
"com.cnn.www"	t6	contents:html= "<html>..."		
"com.cnn.www"	t5	Contents:html= "<html>..."		
"com.cnn.www"	t3	contents:html= "<html>..."		

图 11-30 数据模型:表的逻辑视图

它包含三个列族,列族名分别为"contents","anchor","people"。

列族 contents 只含有一个列(列限制符 qualifier 为"contents: html")。

列族 anchor 含有两个列(列限制符 qualifier 分别为"anchor: cnnsi. com"和"anchor: my. look. ca")。

列族 people 目前不包含任何列。

由 RowKey="com. cnn. www",ColumnFamily="contents",Qualifier="html"组合确定的单元(Cell)所存储的数据"< html >..."有三个版本(对应的时间戳分别为 t3, t5, t6)。

综上所述,在 HBase 数据模型中,一个三元组(RowKey,ColumnFamily: Qualifier,Timestamp)或(行键,列族: 列限制符,时间戳)可以唯一地确定存储在单元(Cell)中的数据。常说 NoSQL 数据库以键值对(Key-Value Pair)的形式存储数据,这里的 Key 实际上是一个三元组(行键,列族: 列限制符,时间戳),而 Value 就是这个三元组定位的数据值(带有时间戳)。以图 11-31 为例,行键"201505003",列族: 列限制符"Info: email",时间戳"1174184619081"构成了一个三元组["201505003", "Info: email", 1174184619081],它可以唯一地确定存储数据值"xie@qq. com"。

键(Key)	值(Value)
["201505003", "Info: email", 1174184619081]	"xie@qq.com"
["201505003", "Info: email", 1174184620720]	"you@163.com"

图 11-31 键值对(Key-Value Pair)存储

2. 存储物理视图

上述的数据模型逻辑视图表述了 HBase 数据表的结构、元素及其对应关系，表的逻辑视图仍是按照行键(RowKey)来组织。但实际上，HBase 中表的物理存储方式是按照列来组织。

以图 11-30 的数据表为例，在存储时此表顺着行的方向基于列族划分为如下两个 Region(图 11-32)，即一个列族对应生成一个 Region。列族 people 由于是空白单元，不包含数据值，因此不生成 Region。

行键	时间戳	列族 contents
"com.cnn.www"	t6	contents:html="<html>..."
	t5	contents:html="<html>..."
	t3	contents:html="<html>..."

行键	时间戳	列族 anchor
"com.cnn.www"	t9	anchor:cnnsi.com="CNN"
	t8	contents:my.lool.ca="CNN.com"

图 11-32 表切分成的两个 Region

在实际存储时，数据表实际上是按图 11-33 的 Region 方式进行存储。表划分出的列族(ColumnFamily)对应着物理存储区的 Region，列族所包含的列(Column)对应着的存储区 Region 所包含的 Store，如图 11-34 所示。11.3.1 节详细描述了 Region 和 Store 在 HDFS 系统上的存储方式。

表（Table）

Region 1

行键	时间戳	列族 contents
"com.cnn.www"	t6	contents:html="<html>..."
	t5	contents:html="<html>..."
	t3	contents:html="<html>..."

Region 2

行键	时间戳	列族 anchor
"com.cnn.www"	t9	anchor:cnnsi.com="CNN"
	t8	contents:my.lool.ca="CN N.com"

图 11-33 表存储物理视图

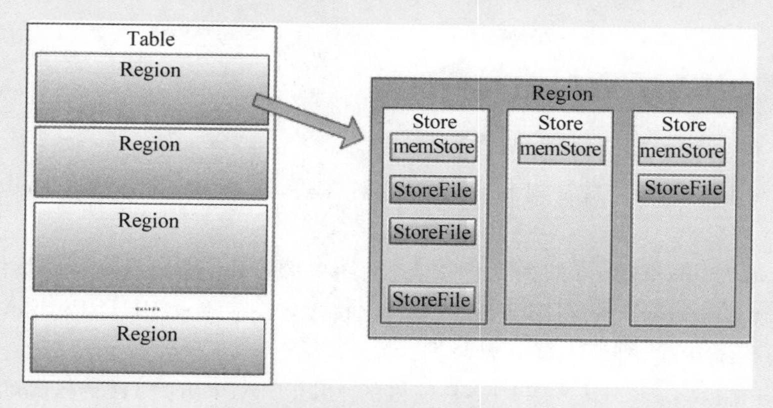

图 11-34 表的物理存储模式

每个表一开始只有一个 Region，随着数据不断插入表中，Region 不断增大，当增大到一个阈值的时候，Region 就会等分成两个新的 Region。当表中的行不断增多时，就会有越来越多的 Region，如图 11-35 所示。

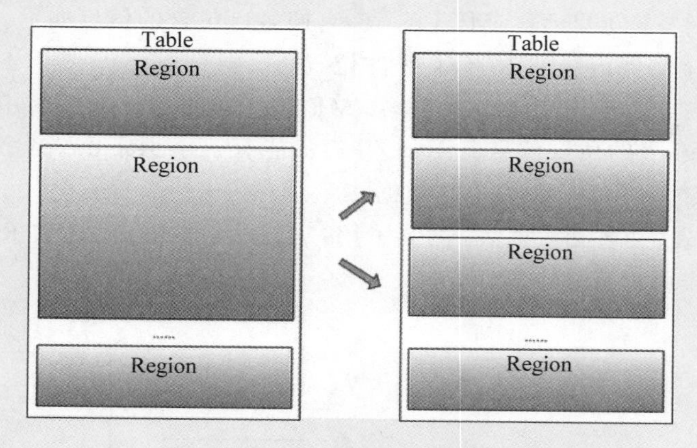

图 11-35 Region 的分裂

Region 是 HBase 中分布式存储和负载均衡的最小单元。属于同一张表的多个 Region 可能分配到不同的 Region Server 上管理，但同一 Region 是不会再拆分到多个 Region Server 上的。表的 Region 部署示意图见图 11-36。

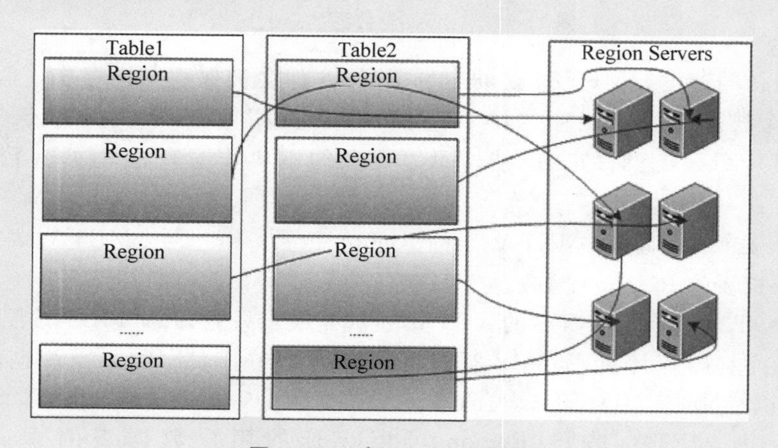

图 11-36 表 Region 的部署

11.3.3 HBase数据读写

HBase提供如下6种访问接口。

(1) Native Java API：最常规和高效的访问方式，适合Hadoop MapReduce作业并行批处理HBase表数据。

(2) HBase Shell：HBase的命令行工具，最简单的接口，适合系统管理员使用。

(3) Thrift Gateway[42]：利用Thrift序列化技术，支持C++、PHP、Python等多种语言，适合其他异构系统在线访问HBase表数据。

(4) REST Gateway[43]：支持REST风格的HTTP API访问HBase，解除了语言限制。

(5) Pig：可以使用Pig Latin流式编程语言来操作HBase中的数据，和Hive类似，本质最终也是编译成MapReduce Job来处理HBase表数据，适合做数据统计。

(6) Hive：可以使用类似SQL的语言来访问HBase。

HBase使用了如图11-37所示的三层结构来提供数据访问的寻址机制。这三层结构为：ZooKeeper文件，-ROOT-表，.META.表，它们各自包含的信息如下。

(1) ZooKeeper文件记录了-ROOT-表的位置。

(2) -ROOT-表，又名根数据表，包含.META.表的第一个Region，其中保存了.META.表其他Region的位置信息。-ROOT-表只能有一个Region，名字是固定的。通过-ROOT-表，就可以访问.META.表中的数据。

(3) .META.表，又名元数据表，存储了用户数据表的Regions和Region Server的映射关系。.META.表可以有多个Regions。

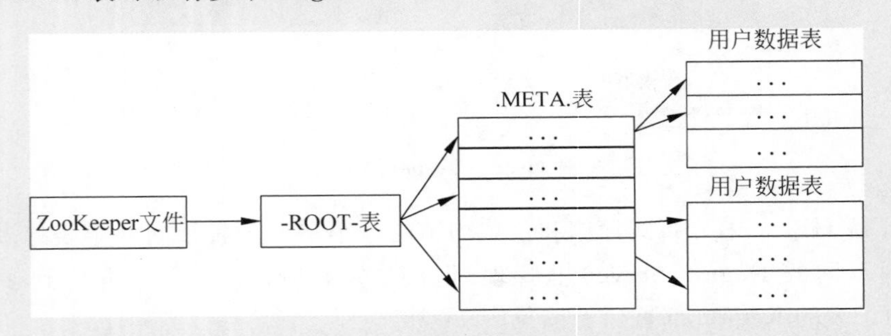

图11-37 HBase元数据的三层结构

为了加快访问速度，.META.表的全部Region都会被保存在内存中。假设.META.表的每行(一个映射条目)在内存中大约占用1KB，并且每个Region大小默认为256MB(可以设置更大值)，那么，上面的三层结构可以保存的用户数据表的Region数目的计算方法是：

(-ROOT-表能够寻址的.META.表的Region个数)×(每个.META.表Region可以寻址的用户数据表的Region个数)

一个-ROOT-表只有一个唯一的Region，也就是最多只能有256MB。按照每行(一个映射条目)占用1KB内存计算，256MB空间可以容纳256MB/1KB=2^{18}行，也就是说，一个-ROOT-表可以寻址2^{18}个.META.表的Region。

同理，每个.META.表的Region可以寻址的用户数据表的Region个数是

256MB/1KB=2^{18}。

最终，三层结构可以保存的 Region 数目是(256MB/1KB)×(256MB/1KB) = 2^{36} 个 Region。

客户端(Client)并不是直接从 Master 主服务器上读取数据，而是从 ZooKeeper 获得 Region 的存储位置信息后，直接在 Region Server 上读写数据，因此客户端并不依赖 Master。客户端访问用户数据表之前首先访问 ZooKeeper，然后访问-ROOT-表，接着访问.META.表，最后才能找到存放用户数据的 Region Server 位置，中间需要多次网络操作，不过客户端会做 cache 缓存来加快对 HBase 的访问。客户端使用 HBase 的 RPC 机制与 Master 和 Region Server 进行通信，对于管理类操作，客户端与 Master 进行 RPC；对于数据读写类操作，客户端与 Region Server 进行 RPC。

在通过.META.表找到对应的 Region Server 位置后，可对该 Server 上的 HFile 进行扫描读取所需数据。在 HBase 中，所有的存储文件都被划分成了若干个存储块，这些存储块在 get 或 scan 操作时会加载到内存中。存储块大小的默认值是 64KB(HBase 中 HFile 的默认大小值就是 64KB，跟 HDFS 的 Block Size 是 64MB 没关系)HBase 顺序地读取一个数据块到内存缓存中，再读取相邻数据时就可以从内存中读取而不需要读磁盘，这样有效地减少了磁盘 I/O 的次数。客户端写数据的具体流程如下。

(1) Client 向 Region Server 提交写数据请求；

(2) Region Server 找到目标 Region；Region 检查数据是否 Schema 一致；

(3) 如果客户端没有指定版本，则获取当前系统时间作为数据版本；

(4) 将数据更新写入 HLog(WAL)，只有 HLog 写入完成之后，commit()才返回给客户端；

(5) 将数据更新写入 MemStore；

(6) 判断 MemStore 是否需要 Flush 为 StoreFile，若是，则 Flush 生成一个新 StoreFile；

(7) StoreFile 数目增长到一定阈值，触发 compact 合并操作，多个 StoreFile 合并成一个 StoreFile，同时进行版本合并和数据删除；

(8) 若单个 StoreFile 大小超过一定阈值，触发 split 操作，把当前 Region 拆分成两个子 Region，原来的 Region 会下线，新分出的两个子 Region 会被 Master 重新分配到相应的 Region Server 上。

在写数据过程中，HBase 主要使用 MemStore 和 StoreFile 两个存储结构对表进行更新，首先写入 HLog(Write Ahead Log，WAL)和 MemStore(缓存)，如图 11-38(a)所示。MemStore 中的数据是排序的，当 MemStore 累计到一定阈值时，就会创建一个新的 MemStore，并且将老的 MemStore 添加到 Flush 队列，由单独的线程刷写到磁盘上，成为一个新 StoreFile(实际上是写入 HFile)，如图 11-38(b)所示。与此同时，系统会在 HLog 中记录一个检查点，表示这个时刻前的变更已持久化。

大型分布式系统中硬件故障很常见，系统出现意外时可能导致缓存 MemStore 的数据丢失，此时使用 HLog 来恢复检查点之后的数据。每个 Region 服务器都有一个自己的 HLog 文件(WAL)，每次启动都检查该文件，确认最近一次执行缓存刷新操作之后是否发生新的写入操作；如果发现更新，则先写入 MemStore，再刷写到 StoreFile，最后删除旧的 HLog 文件，开始为用户提供服务。

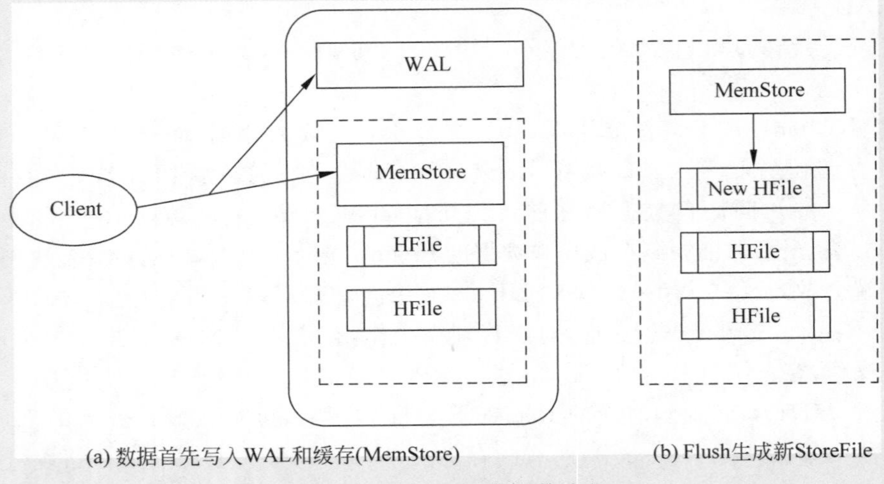

(a) 数据首先写入WAL和缓存(MemStore)　　(b) Flush生成新StoreFile

图 11-38　Client 写数据的流程

系统周期性地把 MemStore 缓存里的内容刷写到磁盘的 StoreFile 文件中，StoreFile 是只读的，一旦创建后就不可以再修改。因此 HBase 的更新其实是不断追加的操作。当一个 Store 中的 StoreFile 达到一定的阈值后，就会进行一次合并，将同一个 Key 的修改合并到一起，形成一个大的 StoreFile；当 StoreFile 的大小达到一定阈值后，又会对 StoreFile 进行分裂，等分为两个 StoreFile。

11.3.4　数据仓库工具 Hive

Hive 是建立在 Hadoop 上的数据仓库基础构架，是一种底层封装了 Hadoop 的数据库转换处理工具，可以将结构化的数据文件映射为一张数据库表，并提供完整的 SQL 查询功能。Hive 可以将 SQL 语句转换为 MapReduce 计算任务，而不必开发专门的 MapReduce 计算程序，因此十分适合数据仓库的统计分析。Hive 的设计特点如下。

(1) 支持索引，加快数据查询。

(2) 支持不同的存储类型，例如纯文本文件、HBase 文件。

(3) 将元数据存在关系数据库中，大大减少了查询过程中执行语义检查的时间。

(4) 可以直接使用存储在 Hadoop 文件系统中的数据。

(5) 内置大量用户函数 UDF 来操作时间、字符串和其他的数据挖掘工具，支持用户扩展 UDF 函数来完成内置函数无法实现的操作。

(6) 采用类似 SQL 的查询方式，将 SQL 查询转换为 MapReduce 的 Job 在 Hadoop 集群上执行运算。

(7) Hive 构建在基于静态批处理的 Hadoop 上，Hadoop 通常都有较高的延迟并且在作业提交和调度的时候需要大量的开销。因此，Hive 不能够在大规模数据集上实现低延迟快速的查询。

例如，Hive 在几百 MB 的数据集上执行查询一般有分钟级的时间延迟。因此 Hive 并不适合那些需要低延迟的应用，例如联机事务处理(OLTP)。Hive 查询过程将用户的 HiveQL 语句转换为 MapReduce 作业提交到 Hadoop 集群上，Hadoop MapReduce 完成作业计算，然后返回执行结果给用户。Hive并非为联机事务处理而设计，Hive并不提供实时的查询和基于行的数据更新操作。Hive的最佳使用场合是大数据集的批处理作业，比如网络日志分析。

图11-39描述了Hive的技术架构。Hadoop/HDFS提供了Hive的底层数据存储平台，MapReduce则提供了数据计算分析模型。Hive自身架构包括如下组件：CLI(Command Line Interface)，JDBC/ODBC，Thrift Server，Web GUI，Metastore和Driver(Complier，Optimizer和Executor)，这些组件可以分为两大类：服务端组件和客户端组件。

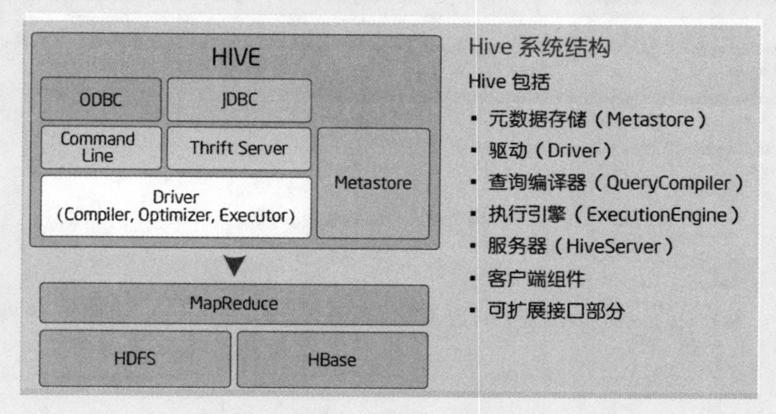

图11-39　Hive的技术架构

1. 服务端组件

Driver组件：该组件包括Complier、Optimizer和Executor。它的作用是将应用程序写的HiveQL(类SQL)语句进行解析、编译优化，生成执行计划，然后调用底层的MapReduce计算框架。

Metastore组件：元数据服务组件。这个组件将Hive的元数据存储在关系数据库里，Hive支持的关系数据库有Derby、MySQL。元数据对于Hive十分重要，因此Hive支持把Metastore服务独立出来，安装到远程的服务器集群里，从而解耦Hive服务和Metastore服务，保证Hive运行的健壮性。

Thrift Server：Thrift是Facebook开发的一个软件框架，用来支持可扩展跨语言服务的开发，Hive集成了该服务，以使不同的编程语言调用Hive的接口。

2. 客户端组件

CLI：Command Line Interface，命令行接口。

Thrift客户端：Hive架构的许多客户端接口是建立在Thrift客户端之上，包括JDBC和ODBC接口。

Web GUI：Hive客户端提供一种通过Web方式访问Hive所提供的服务。这个接口对应Hive的HWI组件(Hive Web Interface)，使用前需要启动HWI服务。

Hive客户端CLI连接Hadoop平台和HBase数据库的方式有如下三种。

1）单用户模式

此模式连接到一个In-memory的数据库Derby(图11-40)，一般用于程序的单元测试。

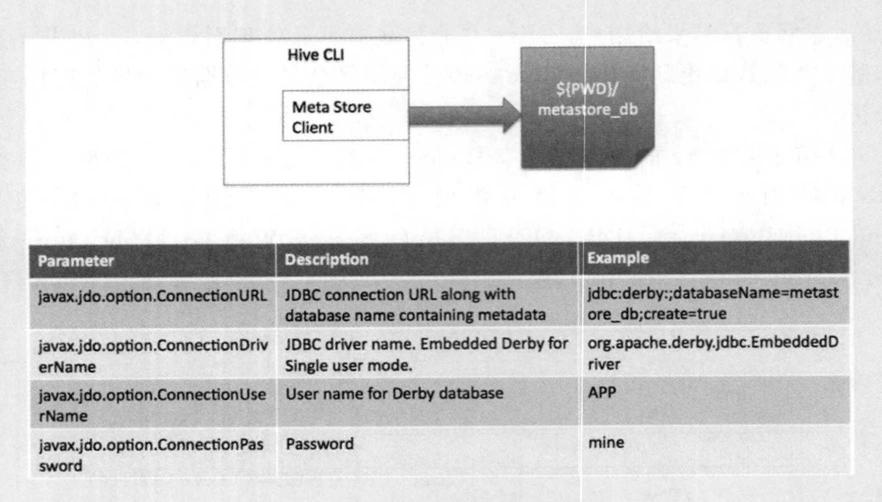

Parameter	Description	Example
javax.jdo.option.ConnectionURL	JDBC connection URL along with database name containing metadata	jdbc:derby:;databaseName=metastore_db;create=true
javax.jdo.option.ConnectionDriverName	JDBC driver name. Embedded Derby for Single user mode.	org.apache.derby.jdbc.EmbeddedDriver
javax.jdo.option.ConnectionUserName	User name for Derby database	APP
javax.jdo.option.ConnectionPassword	Password	mine

图 11-40　Hive CLI 单用户模式

2）多用户模式

多个 Hive 客户端通过网络连接到数据库（图 11-41），是最经常使用到的模式。

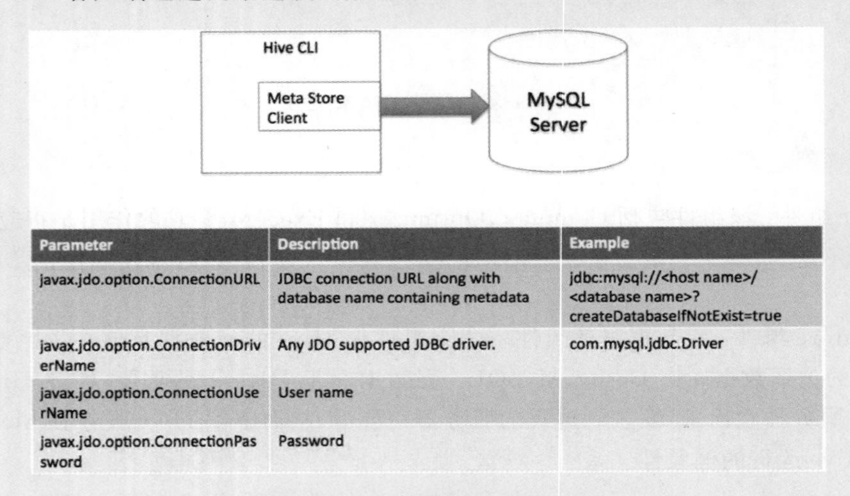

Parameter	Description	Example
javax.jdo.option.ConnectionURL	JDBC connection URL along with database name containing metadata	jdbc:mysql://<host name>/<database name>?createDatabaseIfNotExist=true
javax.jdo.option.ConnectionDriverName	Any JDO supported JDBC driver.	com.mysql.jdbc.Driver
javax.jdo.option.ConnectionUserName	User name	
javax.jdo.option.ConnectionPassword	Password	

图 11-41　Hive CLI 多用户模式

3）远程服务器模式

用于非 Java 客户端访问元数据库，在服务器端启动 MetaStore Server，客户端利用 Thrift 协议通过 MetaStore Server 访问元数据库（图 11-42）。

Hive 执行类 SQL 查询的工作流程如图 11-43 所示，具体执行步骤如下。

步骤 1：execute Query

Hive 命令行或 Web UI 发送查询给驱动程序（任何数据库驱动程序，如 JDBC、ODBC 等）。

步骤 2：get Plan

驱动程序将查询语句发送给编译器，检查语法和查询计划。

步骤 3：get MetaData

编译器发送元数据请求到 Metastore（Hive 内嵌的数据库）。

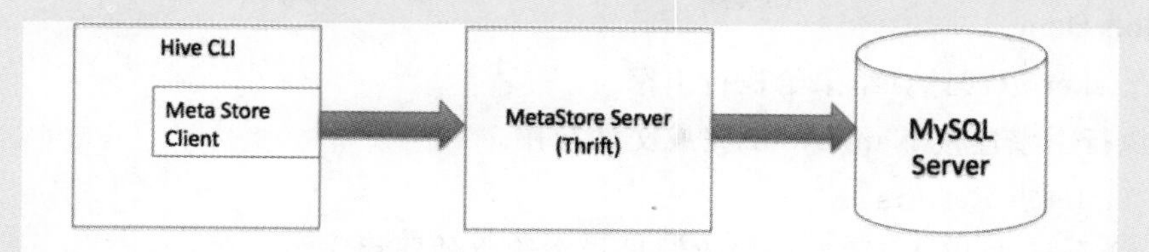

- Server Configuration same as multi user mode client config (prev slide). To run server

  $JAVA_HOME/bin/java -Xmx1024m -Dlog4j.configuration=file://$HIVE_HOME/conf/hms-log4j.properties -Djava.library.path=$HADOOP_HOME/lib/native/Linux-amd64-64/ -cp $CLASSPATH org.apache.hadoop.hive.metastore.HiveMetaStore

- Client Configuration

Parameter	Description	Example
hive.metastore.uris	Location of the metastore server	thrift://<host_name>:9083
hive.metastore.local		false

图 11-42　Hive CLI 多用户模式

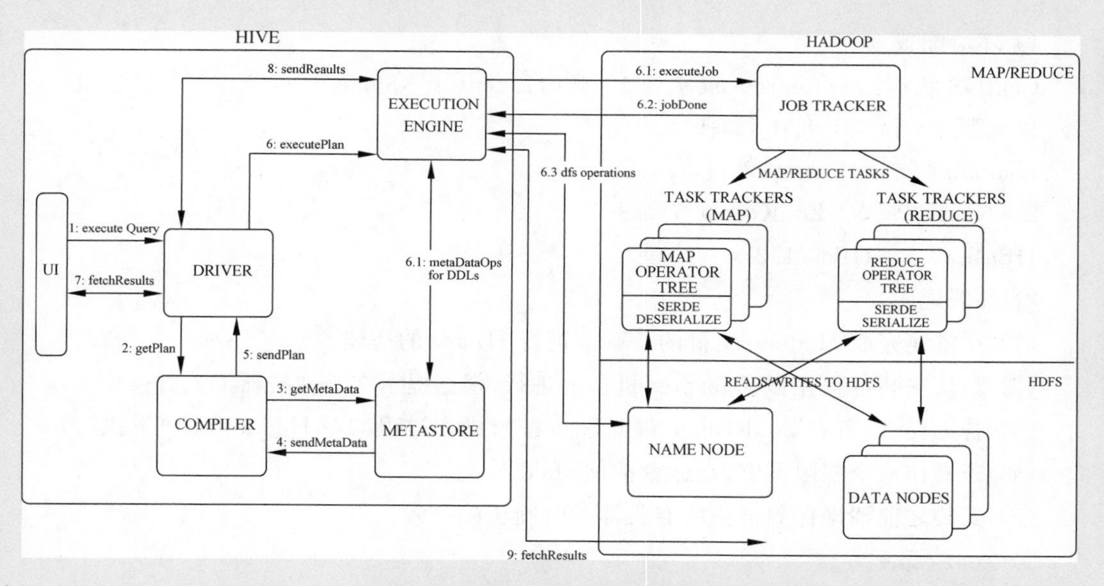

图 11-43　Hive 执行查询的工作流程

步骤 4：send MetaData

Metastore 返回元数据给编译器。

步骤 5：send Plan

编译器检查要求并返回执行计划给驱动程序，查询解析和编译完成。

步骤 6：execute Plan

驱动程序发送的执行计划到执行引擎，包括如下几个步骤。

(1) execute Job

执行引擎把计划发送给 Hadoop JobTracker 去完成 MapReduce 计算。

metaDataOps for DDL：执行引擎 DDL 同时对 Metastore 进行元数据操作。

(2) job Done

JobTracker 返回计算结果给执行引擎。

(3) 执行引擎连接 NameNode 完成文件操作。

步骤 7：fetch Results

Hive 命令行或 Web UI 发送接收结果指令给驱动器程序。

步骤 8：fetch Results

驱动器程序把执行接收指令发送给执行引擎。

步骤 9：fetch Results

执行引擎执行接收指令，从 DataNode 节点处取得查询结果。

然后按照执行引擎→驱动器程序→客户端的顺序把查询结果返回给客户端。

11.3.5 HBase 安装与配置

1. 集群环境

1) 环境配置

CentOS 版本：centos-release-7.3.1611.el7.centos.X86.64

Java 版本：Java 1.8.0_111-b14

Hadoop 版本：Hadoop-2.7.3

ZooKeeper 版本：ZooKeeper 3.4.8

HBase 版本：HBase1.2.4

2) 部署说明

(1) 在搭建完成 Hadoop 集群的基础上进行 HBase 的搭建。

(2) 默认安装过程在目标 master 机器上进行，根据提示在其他机器上执行操作。

(3) 若无提示，所有 ZooKeeper 和 HBase 配置操作过程均在 Hadoop 用户下执行。

(4) 若操作命令权限不够，在命令前加 sudo。

(5) 安装之前请确保集群中所有机器的时间正确一致。

2. ZooKeeper 安装

1) 下载

从官网下载 ZooKeeper 3.4.8，务必在官网查询各版本 HBase 对 ZooKeeper 的要求，下载合适的 ZooKeeper。

2) 解压

进入压缩包所在的文件夹解压。

```
tar -zxvf 压缩包名 -C /usr
```

3) 配置环境变量

(1) 打开/etc/profile 配置文件。

```
命令：sudo vi /etc/profile
```

（2）在最后添加内容，如下。

```
#zookeeper environment
export ZOOKEEPER_HOME=/usr/zookeeper-3.4.8
export PATH=$PATH:$ZOOKEEPER_HOME/bin
```

（3）刷新配置。

命令：source /etc/profile

4）修改 ZooKeeper 文件夹权限

在 root 用户下修改 ZooKeeper-3.4.8 的权限，使 Hadoop 用户对 ZooKeeper-3.4.8 文件夹具有控制权。

命令：[root] chown -R hadoop:hadoop /usr/zookeeper-3.4.8

5）新建文件夹

进入/usr/zookeeper-3.4.8 并新建文件夹。

命令：mkdir dataDir

6）配置 zoo.cfg

（1）配置文件在/usr/zookeeper-3.4.8/conf 下。

（2）重命名 zoo_sample.cfg。

命令：mv zoo_sample.cfg zoo.cfg

（3）配置如下。

```
# The number of milliseconds of each tick
tickTime=2000
# The number of ticks that the initial
# synchronization phase can take
initLimit=5
# The number of ticks that can pass between
# sending a request and getting an acknowledgement
syncLimit=2
# the directory where the snapshot is stored.
# do not use /tmp for storage, /tmp here is just
# example sakes.
dataDir=/usr/zookeeper-3.4.8/dataDir
# the port at which the clients will connect
clientPort=2181
# the maximum number of client connections.
# increase this if you need to handle more clients
#maxClientCnxns=60
#
# Be sure to read the maintenance section of the
# administrator guide before turning on autopurge.
#
# http://zookeeper.apache.org/doc/current/zookeeperAdmin.html#sc_maintenance
#
# The number of snapshots to retain in dataDir
#autopurge.snapRetainCount=3
# Purge task interval in hours
# Set to "0" to disable auto purge feature
#autopurge.purgeInterval=1

server.1=master:2888:3888
server.2=slave1:2888:3888
server.3=slave2:2888:3888
```

7）配置 myid

在新建的 dataDir 文件夹下，新建名为 myid 的文件，输入 zoo. cfg 中各主机对应的编号，如 master 对应 1，myid 中输入 1 并保存。

8）复制到其他机器

(1) 将安装好的 ZooKeeper 文件夹复制到其他机器。

```
命令：scp -r /usr/zookeeper-3.4.8 slave1:/usr
命令：scp -r /usr/zookeeper-3.4.8 slave2:/usr
```

(2) 将配置好的 profile 文件复制到其他机器。

```
命令：scp /etc/profile slave1:/etc
命令：scp /etc/profile slave2:/etc
```

(3) 用 SSH 登录其他机器，刷新其他机器上的 profile 配置文件。

(4) 修改 slave1 和 slave2 的 ZooKeeper 文件夹权限。

(5) 更改各机器上 dataDir 中 myid 文件中的值，slave1 为 2，slave2 为 3。

9）测试

(1) 启动 Hadoop(也可以只启动 HDFS)。

```
命令：start-dfs.sh
```

(2) 启动 ZooKeeper。

```
命令：zkServer.sh start #启动 zookeeper
命令：zkServer.sh stop #关闭 zookeeper
```

(3) 用 SSH 登录其他机器启动 ZooKeeper。

jps 命令查看进程，如下所示则正常。

```
[hadoop@master conf]$ zkServer.sh start
ZooKeeper JMX enabled by default
Using config: /usr/zookeeper-3.4.8/bin/../conf/zoo.cfg
Starting zookeeper ... STARTED
[hadoop@master conf]$ jps
8051 QuorumPeerMain
7364 NameNode
7755 ResourceManager
8075 Jps
7581 SecondaryNameNode
[hadoop@master conf]$
```

(4) 查看状态(必须要在所有节点都启动后再执行该步骤)，如下所示则配置成功(follower 和 leader 的分配由 ZooKeeper 完成，不是固定的)。

```
[hadoop@master ~]$ zkServer.sh status
ZooKeeper JMX enabled by default
Using config: /usr/zookeeper-3.4.8/bin/../conf/zoo.cfg
Mode: follower
[hadoop@master ~]$ ssh slave1
Last login: Mon Dec 26 22:19:15 2016 from master
[hadoop@slave1 ~]$ zkServer.sh status
ZooKeeper JMX enabled by default
Using config: /usr/zookeeper-3.4.8/bin/../conf/zoo.cfg
```

```
Mode: leader
[hadoop@slave1 ~]$ exit
logout
Connection to slave1 closed.
[hadoop@master ~]$ ssh slave2
Last login: Mon Dec 26 22:18:54 2016 from master
[hadoop@slave2 ~]$ zkServer.sh status
ZooKeeper JMX enabled by default
Using config: /usr/zookeeper-3.4.8/bin/../conf/zoo.cfg
Mode: follower
[hadoop@slave2 ~]$ exit
logout
Connection to slave2 closed.
[hadoop@master ~]$
```

命令：zkServer.sh status #查看状态

3. 安装 HBase

1）下载

从官网下载 HBase 1.2.4，务必在官网查询各版本 HBase 对 Hadoop 的要求，下载合适的 HBase。

2）解压

进入压缩包所在的文件夹解压。

tar -zxvf 压缩包名 -C /usr

3）配置环境变量

（1）打开/etc/profile 配置文件。

命令：sudo vi /etc/profile

（2）在最后添加内容，如下。

```
#hbase environment
export HBASE_HOME=/usr/hbase-1.2.4
export PATH=$PATH:$HBASE_HOME/bin
```

（3）刷新配置。

命令：source /etc/profile

4）修改 HBase 文件夹权限

在 root 用户下修改 HBase-1.2.4 的权限，使 Hadoop 用户对 HBase-1.2.4 文件夹具有控制权。

命令：[root] chown -R hadoop:hadoop /usr/hbase-1.2.4

5）配置 hbase-env.sh

（1）下面的配置文件都在/usr/hbase-1.2.4/conf 下。

（2）因为这里使用独立的 ZooKeeper 而不是 HBase 默认自带的，所以文档中的 HBASE_MANAGES_ZK 为 false。

（3）配置如下。

```
# Seconds to sleep between slave commands.  Unset by default.  This
# can be useful in large clusters, where, e.g., slave rsyncs can
# otherwise arrive faster than the master can service them.
# export HBASE_SLAVE_SLEEP=0.1

# Tell HBase whether it should manage it's own instance of Zookeeper or not.
export HBASE_MANAGES_ZK=false
export JAVA_HOME=/usr/java/jdk1.8.0_111/

# The default log rolling policy is RFA, where the log file is rolled as per the size defined for the
# RFA appender. Please refer to the log4j.properties file to see more details on this appender.
```

6）配置 hbase-site. xml

配置如下，其中的 dataDir 和 ZooKeeper 中的配置项保持一致。

```
<configuration>
        <property>
                <name>hbase.rootdir</name>
                <value>hdfs://master:9000/hbase</value>
        </property>
        <property>
                <name>hbase.cluster.distributed</name>
                <value>true</value>
        </property>
        <property>
                <name>hbase.master</name>
                <value>master:60000</value>
        </property>
        <property>
                <name>hbase.zookeeper.quorum</name>
                <value>master,slave1,slave2</value>
        </property>
        <property>
                <name>hbase.zookeeper.property.dataDir</name>
                <value>/usr/zookeeper-3.4.8/dataDir</value>
        </property>
</configuration>
```

7）配置 RegionServers

```
slave1
slave2
~
~
~
~
```

8）复制到其他机器

（1）将安装好的 HBase 文件夹复制到其他机器。

```
命令: sudo scp -r /usr/hbase-1.2.4 slave1:/usr
命令: sudo scp -r /usr/hbase-1.2.4 slave2:/usr
```

（2）将配置好的 profile 文件复制到其他机器。

```
命令: scp /etc/profile slave1:/etc
命令: scp /etc/profile slave2:/etc
```

（3）用 SSH 登录其他机器，刷新其他机器上的 profile 配置文件。

（4）修改 slave1 和 slave2 的 HBase 文件夹权限。

9）测试

（1）启动 Hadoop 和 ZooKeeper。

（2）启动 HBase。

```
命令: start-hbase.sh #启动
```

命令：stop－hbase.sh ＃关闭

(3) jps 查看进程，如下。

```
[hadoop@master conf]$ jps
8913 Jps
8051 QuorumPeerMain
7364 NameNode
7755 ResourceManager
7581 SecondaryNameNode
8669 HMaster

[hadoop@slave2 ~]$ jps
4290 Jps
3255 QuorumPeerMain
2984 DataNode
3100 NodeManager
4079 HRegionServer

[hadoop@slave1 ~]$ jps
3730 HRegionServer
3080 DataNode
3352 QuorumPeerMain
3196 NodeManager
3901 Jps
```

(4) 打开 master:16010，如图 11-44 所示则安装成功。

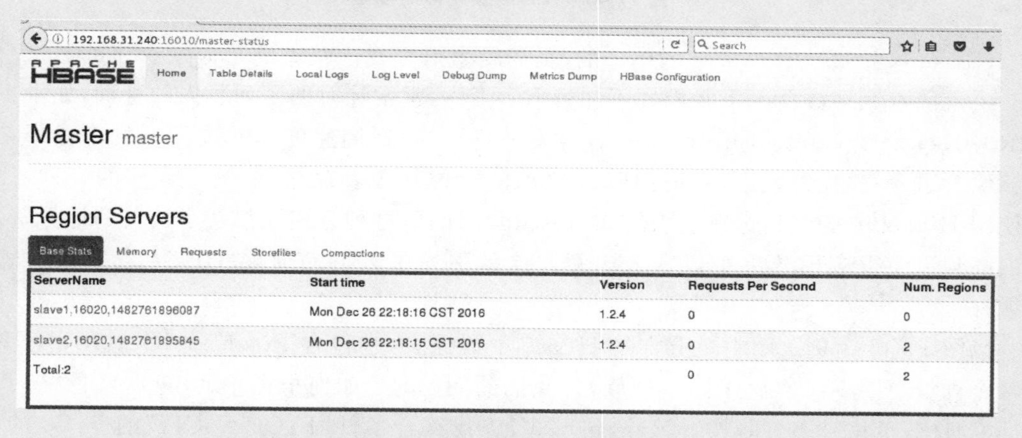

图 11-44 打开 master:16010

11.4 HBase 索引与检索

11.4.1 二次索引表机制

HBase 表的 RowKey 可以看作表的一级索引。RowKey 按照字母或数字排序，我们通过 RowKey 对数据进行检索。在实际存储时，HBase 表沿着行方向基于列族划分为多个 Regions，然后这些 Regions 又分散存储在不同的 Region Server 上，如图 11-45 所示。当我们需要访问 HBase 表中数据时，HBase 只提供了如下三种查询方式。

(1) 基于单个 RowKey 的查询。

(2) 通过一个 RowKey 的区间来访问。

(3) 全表扫描。

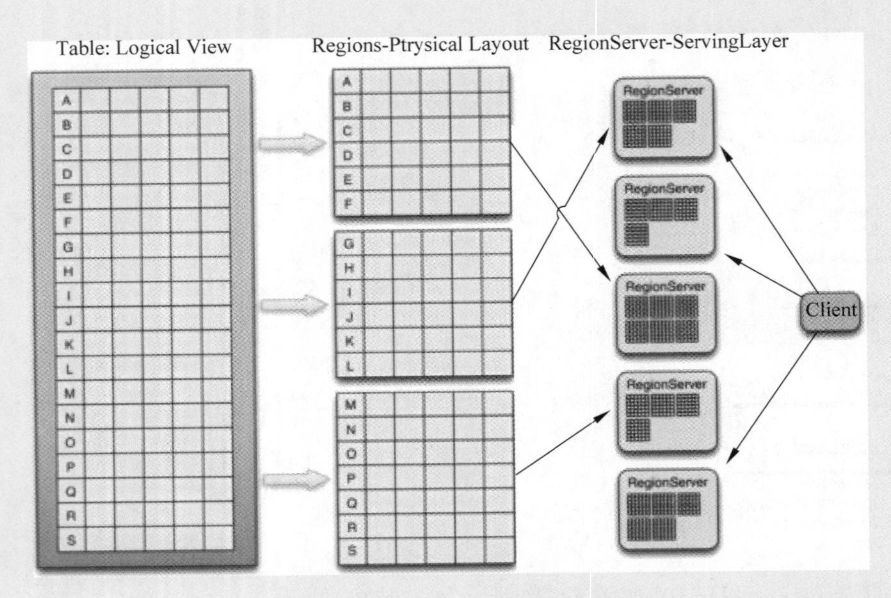

图 11-45 HBase 表的存储模型

HBase 这种基于 RowKey 的单一的、全局式索引方式已很难满足应用程序的需求。对 HBase 表的查询多数情况下我们并不知道 RowKey，常常针对的是列数据的查询，如果不使用 RowKey 来查询就会使用 filter 来对全表进行扫描，查询速度非常慢。开发工程师希望能够像 SQL 一样检索数据，可是 HBase 之前的定位是大表存储，要进行这样的查询，往往要使用 Hive、Pig 等工具进行全表的 MapReduce 计算，这种方式既浪费了机器的计算资源，又因高延迟使得应用效果难以令人满意。这就引发了人们对研发 HBase 二级索引表的兴趣。

以图 11-46 为例。图中左上方是 HBase 主数据表，它包含 RowKey（RK1，RK2，RK3）和两个列（F:C1，F:C2，属于同一列族）。我们的问题是：如何根据单元 C11（红色格）找到单元 C21（蓝色格）？也即，按 SQL 语句形式，查找符合条件“F:C1 = C11”的 F:C2 的值。

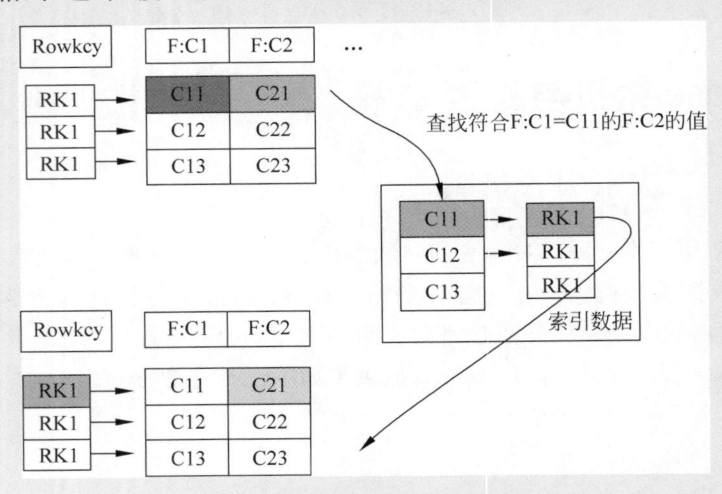

图 11-46 二级索引表工作机制

由于不知道 C11 所对应的 RowKey 值，我们只有进行对主表的全局扫描，找到 F:C1 = C11 的单元，然后确定其行键 RowKey，然后再根据 RowKey 进行数据查询，找到 C21 所在 Region 位置，读取 C21 的值。这是一个非常耗时耗力的低效过程。

如果我们构建了一个二级索引表（图中右表），索引表从主表中取出 F:C1 为 RowKey，而以主表的行键（RK1，RK2，RK3）为列（索引数据），这样，针对“查找符合条件 F:C1 = C11 的 F:C2 的值”这样的查询，只需根据 C11 的值（RowKey）在二级索引表中找到对应的列值 RK1（索引表中两个红色格子），然后再用 RK1 作为 RowKey 回到主表就可快速定位 C21（图中左下表的红色格和蓝色格）。

上面的例子很好地解释了 HBase 二级索引表的工作机制，其关键是建立主表列到 RowKey 的逆向映射关系。由于索引表都是单列，表的大小比起主数据表来小许多，因此可以大大加快检索速度。其目前二级索引表的实现一般采用如下两种技术。

1. 表索引

使用单独的 HBase 表存储二级索引表，将主表的索引列值作为索引表的 RowKey，而将主表的 RowKey 作为索引表的列 Qualifier 或 Value，即建立逆向映射关系。这一方案的缺陷是：数据更新时对性能影响较大，无法保证一致性，Client 查询需要两次远程调用 RPC（先查询索引表再查询数据表）。

2. 列索引

与主表使用相同的表，但增加一个单独列族存储索引值。主表的用户数据列值作为索引列族的 Qualifier，用户数据 Qualifier 作为索引列族的列值。这一方案适用于单行有上百万 Qualifier 的数据模型，如网盘应用中网盘 ID 作为 RowKey，网盘的目录元数据都存储在一个 HBase Row 内（Facebook 消息模型就是此方案）。这一方案使得主表和索引表位置在同一 Region Server 上，可保证事务性。

目前 HBase 二级索引表的解决方案仍是一个研究中的课题。在 HBase 中实现二级索引查询需要考虑以下三个因素。

(1) 高性能的范围检索。

(2) 数据的低冗余。

(3) 数据的一致性。

查询性能与数据冗余、一致性是相互制约的关系。如果实现了高性能的范围检索，必然需要靠索引数据冗余来提升性能，而数据冗余会导致更新数据时实现一致性更困难，尤其是在分布式场景下。

11.4.2 二次索引技术方案

目前 HBase 二级索引表的构建与实现有 HBase 提供的 Coprocessor、IHBase 方案，有第三方在 HBase 代码之上提供的 Solr、Phoenix、华为的 Hindex 等解决方案，下面对它们进行介绍。

1. HBase 的 Coprocessor 方案

HBase 在 0.92 版本之后引入了协处理器 Coprocessor 来提供二次索引机制。Coprocessor 的设计目前有两种类型：Observer＋hook 类型和 Endpoint 类型。

Observer+hook(钩子)类型实际是采用了触发器模式,以 HBase 0.92 版本为例,它提供了以下三种触发器接口。

(1) RegionObserver:提供客户端的数据操作事件钩子:Get、Put、Delete、Scan。

(2) WALObserver:提供 WAL 相关操作钩子。

(3) MasterObserver:提供 DDL 类型的操作钩子,如创建、删除、修改数据表等。

基本上对于 HBase 表的管理,数据的 Get、Put、Delete、Scan 等操作都可以找到对应的 hook。这样,当需要对于 HBase 数据表的 Column 建立二次索引时,就可以在 Put、Delete 操作时,将相关信息即时同步到一个独立的索引表中,如图 11-47 所示。图中,当 Put、Delete 操作完成对主数据表(Main Table)的操作时,其数据的更新立即被同步到一个单独的二次索引表(Indexing Table)。

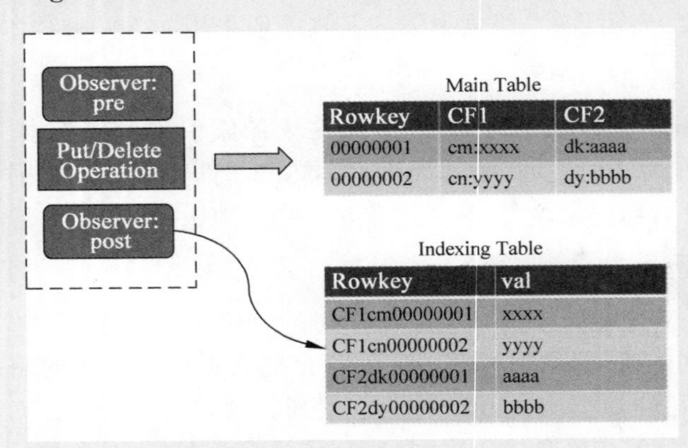

图 11-47　Coprocessor 工作机制

图 11-48 描述了 RegionObserver 的工作流程,应注意到当 HRegionServer 对 HRegion 进行 get()操作时,HRegion 随即启动了 coprocessorHost 的 preGet()操作,然后启动了 RegionObserver 的 preGet()方法;当 HRegion 的 get()操作结束时,它又调用了 coprocessorHost 的 postGet(),后者启动了 RegionObserver 的 postGet()方法,对二次索引表进行了同步更新。

需要注意到 HRegion 将 Get 操作结果返回是在 RegionObserver 的 postGet 操作循环结束后,这就意味着 Observer 维护单独的索引表的机制增大了 HBase 表操作的时延,这是 Observer 模式的一个缺陷。

Coprocessor 的 Endpoint 模式把更新二次索引表的操作写成了类似于数据库 stored procedure 的形式并安装在远程的 Region 上,让 HBase 客户端在需要时调用。这些函数实际上是以动态 RPC 接口形式实现,客户端提供了非常方便的方法来同时远程调用分布在多个 Region 上的 RPC,它们的实现代码会被目标 Region 远程执行,结果会返回给客户端。Endpoint 的工作机制示意图见图 11-49。

Coprocessor 的优点是非侵入性,引擎构建在 HBase 上,没有对 HBase 进行任何改动;缺点是每插入一条数据需要向索引表插入索引数据,耗时是双倍的。

2. IHBase(Index HBase)方案

这也是业界已经实现的一种二级索引表,在 Github 上开源[44]。该项目基于 Hadoop

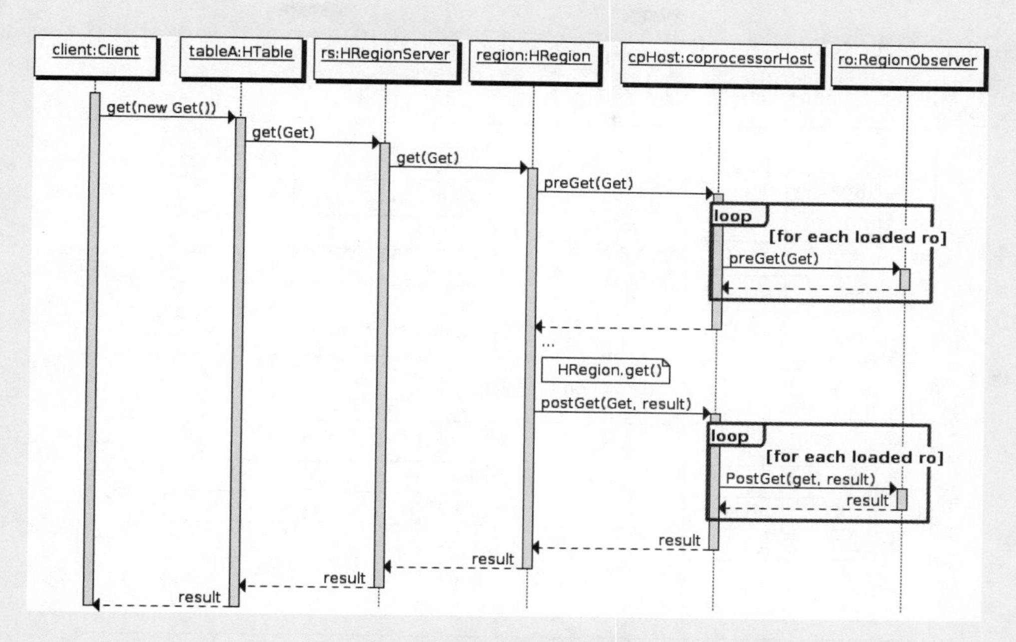

图 11-48 RegionObserver 的工作流程

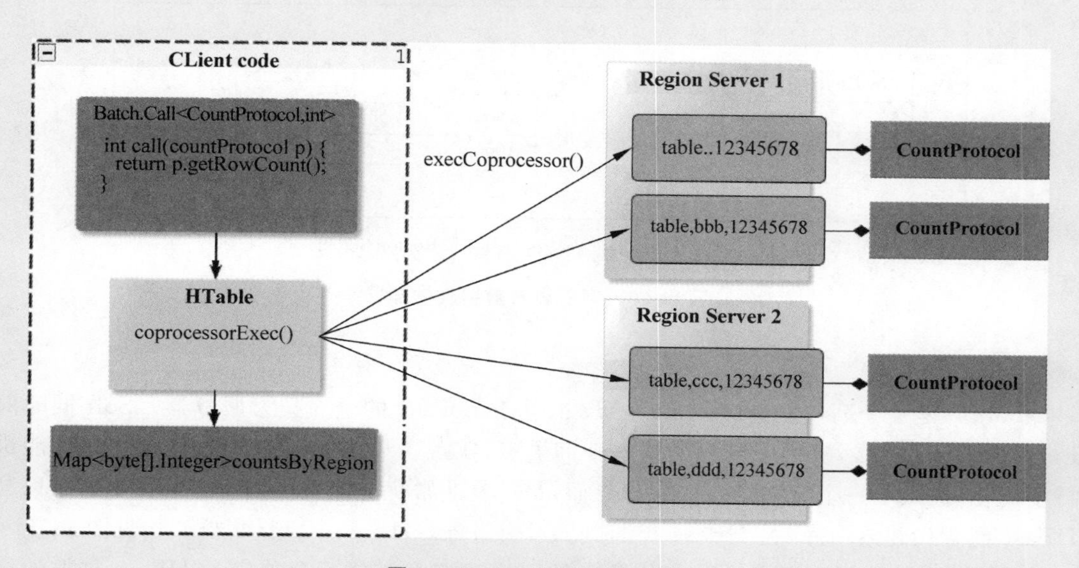

图 11-49 Endpoint 工作机制

0.20.2、HBase 0.20.5 和 JDK 1.6，其核心思想是：当 MemStrore 满足缓冲刷写到磁盘条件时，IHBase 会拦截请求并为这个 MemStrore 的数据结构建索引，索引数据存放于表的另一个列。但对于 HBase 这种分布式数据库来说，最大的问题是解决数据表和索引表的本地性问题，即数据表和索引表需要存放在同一节点。以如图 11-50(a)所示的数据表和索引表为例，如果按照全表构建索引表，很容易因为负载均衡考虑，把表进行分拆，结果导致索引表和被索引的数据表数据分布到了不同的 Region Server 上，如图 11-50(b)所示。

为了解决这个问题，IHBase 提出了在 Region 级别而不是表级别建立索引的思路，即在每个 Region 上建立索引表。其具体做法是用 IdxRegion 代替了常规的 Region 实现，在

Flush 的时候为 Region 建立索引。这一方案会较多地占用内存，而且当索引表分布到多个 Region 时，数据一致性也会是个问题。

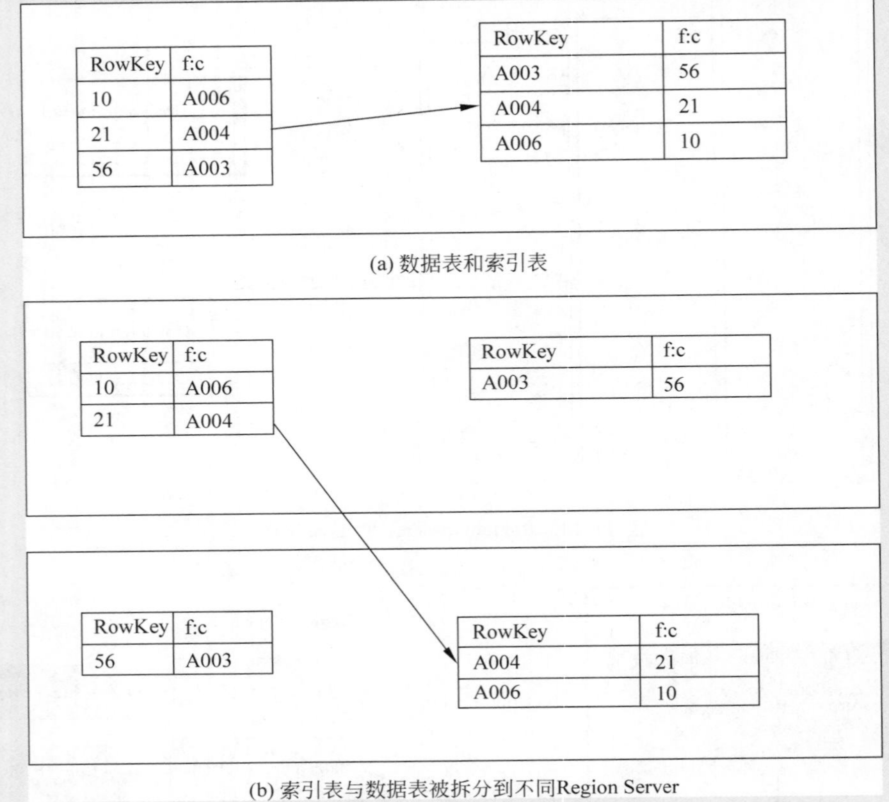

(a) 数据表和索引表

(b) 索引表与数据表被拆分到不同Region Server

图 11-50 索引表与数据表的部署

3. HBase＋Solr 方案

Solr[45] 是一个高性能、采用 Java 5 开发、基于 Lucene 的全文搜索服务器。Solr 同时对 Lucene 进行了扩展，提供了更为丰富的查询语言，实现了可配置、可扩展，并对查询性能进行了优化，提供了一个完善的功能管理界面，是一款非常优秀的全文搜索引擎。Solr 可以与 HBase 配合构建索引库，为 HBase 查询提供索引服务。HBase＋Solr 集群架构见图 11-51。

HBase＋Solr 解决方案的基本思路是在 Solr 集群上构建一个独立于 HBase 集群的全表索引库，HBase 的每一次写数据操作都会触发 Solr 索引库的同步更新；而当 HBase 进行读数据操作时，HBase 客户端首先查询 Solr 索引库，获得需要读取数据的 RowKey，然后再直接去 HBase 集群完成数据读取。

HBase＋Solr 架构读写数据的具体流程步骤如下。

(1) 写数据：

wd1：客户端发出写数据请求。

wd2：HBase 启动写数据操作。

wd3：Solr 完成对应的索引条目构建。

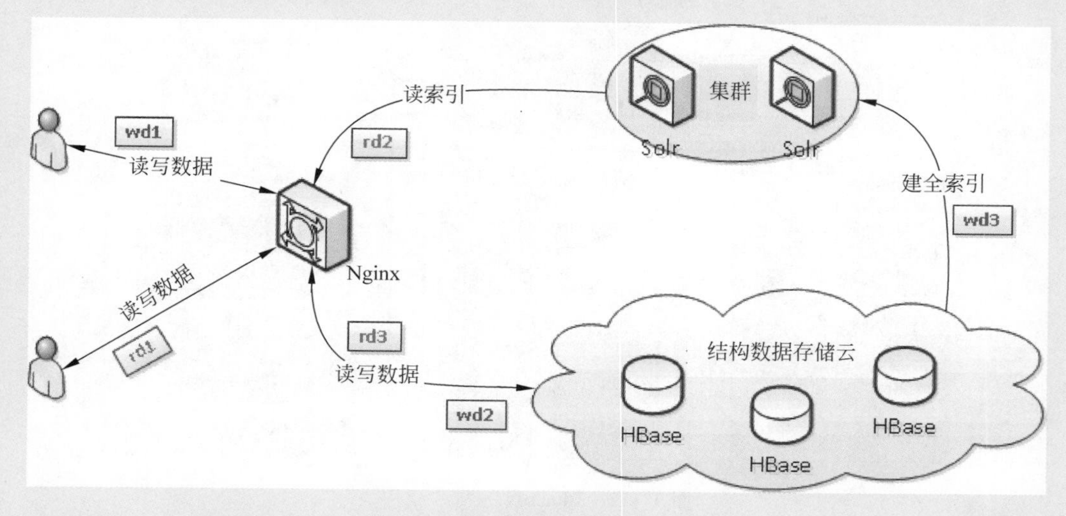

图 11-51　HBase+Solr 集群架构

(2) 读数据：

rd1：客户端发出读数据请求。

rd2：客户端从 Solr 索引库读出对应的 RowKey。

rd3：客户端使用 RowKey 直接从 HBase 读取需要的数据。

4. Phoenix 二次索引方案

Phoenix 原来是 Salesforce. com 的一个开源项目，后来变成了 Apache 开源项目[46]。Phoenix 相当于一个 Java 中间层，帮助开发者像使用 JDBC 访问关系型数据库一样访问 HBase 数据库。Phoenix 完全使用 Java 编写，让开发者在 HBase 上执行 SQL 查询，Phoenix 查询引擎会将 SQL 查询转换为一个或多个 HBase 扫描，并直接调用 HBase API、协同处理器与自定义过滤器来执行。对于简单查询来说，Phoenix 的性能是毫秒级，对于百万级别行数来说，其性能是秒级。

Phoenix 的技术架构见图 11-52。Phoenix 不同于 HBase Coprocessor 之处在于，Phoenix 采用了覆盖索引(Cover Index)设计，把索引项和感兴趣的数据项放在同一索引表中，一旦在索引表中找到索引项，也就找到了访问数据，与 Coprocessor 相比减少了一次读表时间。Phoenix 提供全局索引(Global Indexing)和局部索引(Local Indexing)两种索引模式。

全局索引(Global Indexing)是针对 HBase 主数据表全表建立一个独立的二级索引表，基于覆盖索引(Cover Index)设计，这个索引表不光包含主数据表的 RowKey，还存储了客户端感兴趣的数据列(可以多列)。因此在读数据操作时，Phoenix 会首先选择读索引表，这样的查询时间会最优。但在对数据表的更新操作时，会引起索引表的更新，而索引表是分布在不同的数据节点上的，跨节点的数据传输带来了很大的开销，导致性能下降。所以全局索引更适合于读多写少的场景。

局部索引(Local Indexing)是将索引表数据和数据表的数据存放在相同的服务器上，避免了写数据操作时往返不更新同服务器的索引表带来的额外操作开销，这对提升写数据性能非常有利。但需要注意的是，在读数据时，由于存放需要的索引表的 Region 位置不能预知，所有的 Region 都会被访问到，这导致读数据性能不理想。局部索引更适合于写多读少的场景。

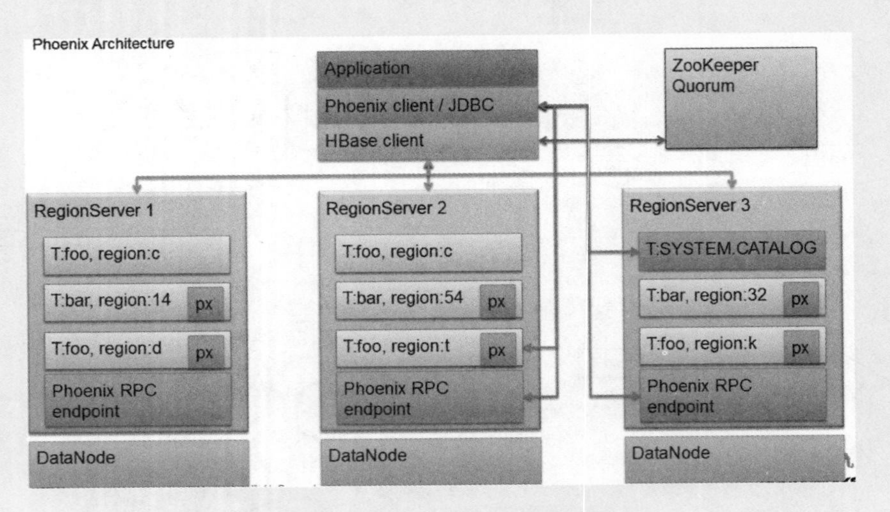

图 11-52 **Phoenix 的技术架构**

5. 华为的 Hindex 方案

华为的 Hindex[47]是一个 100% Java、与 HBase 0.94.8 版匹配、在 ASL 协议下开源的服务器端的二次索引解决方案，其核心思想是保证索引表和主数据表在同一个 Region Server 上。Hindex 系统架构如图 11-53 所示，它包括：基于 HBase Client 接口的客户端设置索引要求；使用 HBase 集群的 Master 节点作为 Balancer 收集集群信息；使用 HBase 的 Coprocessor 管理维护索引表。

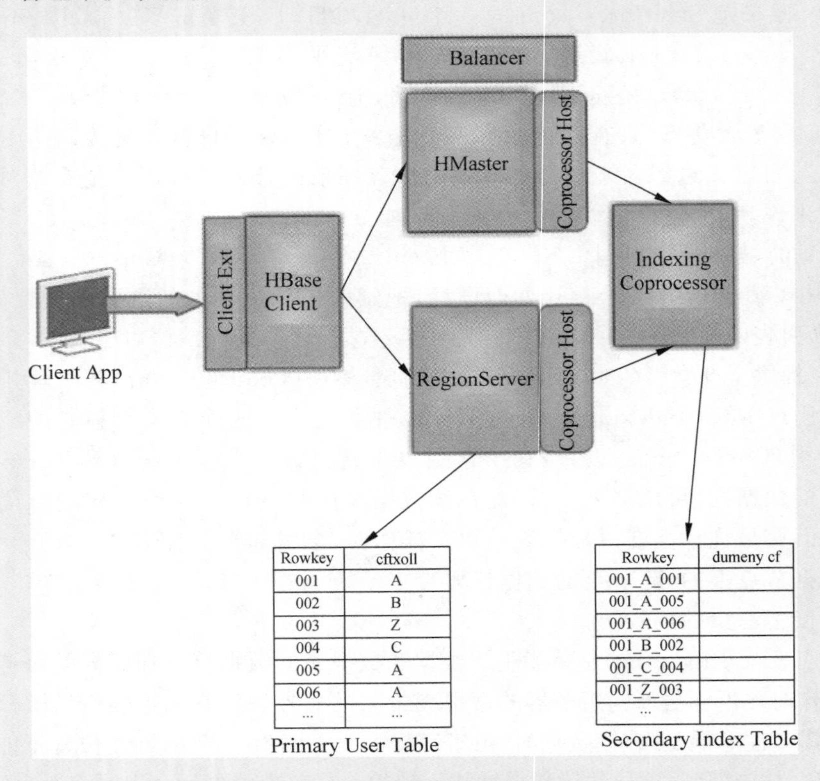

Rowkey	cftxoll
001	A
002	B
003	Z
004	C
005	A
006	A
...	...

Rowkey	dumeny cf
001_A_001	
001_A_005	
001_A_006	
001_B_002	
001_C_004	
001_Z_003	
...	

图 11-53 **Hindex 系统架构**

Hindex 的索引设计具有如下特点。

(1) 针对每一个 Region 上的数据表构建索引表，而且确保索引表与数据表在同一个 Region 上。

(2) 多个表索引。

(3) 多个列索引。

(4) 基于部分列值的索引。

(5) 全部代码实现在服务器端，不需要客户端两次操作。

(6) 需要对 HBase 源代码改造，侵入性大。

Hindex 实现数据操作如下。

1) 表创建

在一个 Region 上创建数据表时，在同一个 Region Server 上创建索引表，且一一对应(图 11-54 的 Actual table 和它对应的 Index table)。

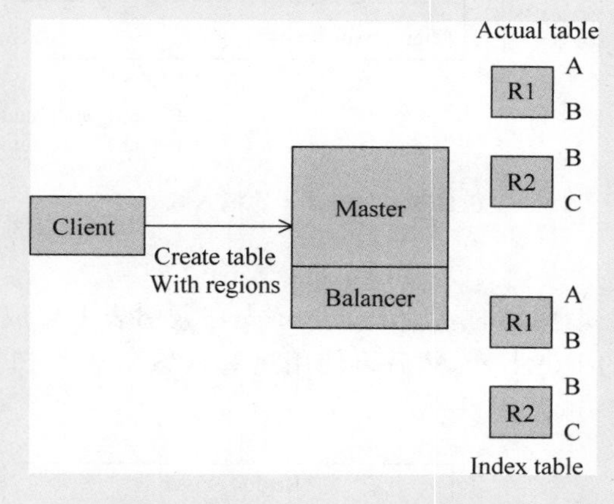

图 11-54 同一 Region Server 上的数据表和索引表

2) 插入操作

在主表中插入一条数据后，用 Coprocessor 将相应的索引信息列写到索引表中去。索引表名字为：数据表名字加后缀"_idx"，即数据表名字_idx；索引表中的主键构造方式为：Region 开始 Key＋索引名＋索引列值＋主表 RowKey。这么做是为了让其在同一个分布规则下，查询的时候就可以少一次 RPC。

以图 11-55 为例，数据表名字为"tab1"，数据表插入的数据项值如表 11-5 所示。

表 11-5 插入的数据项

行键 RowKey	列族 cf1	
	列 cf:c1	列 cf:c2
abd	5	Z1

根据图 11-55，数据表和对应的索引表起始键值均为 aa。按照上述法则，数据表在进行如下操作后：

```
Put 'tab1', 'abd', 'cf1:c1', '5', 'cf1:c2', 'Z1'
```

Coprocessor 会执行相应的操作，把索引数据加入索引表。按照规则，索引表名字为 tab1_idx，而索引表行键按如下方式形成。

索引表 RowKey1 = Region 开始 Key+索引名 1+索引列值 1+主表 RowKey
= aa + idx1 + 5 + abd = aaidx15abd

索引表 RowKey2 = Region 开始 Key+索引名 2+索引列值 2+主表 RowKey
= aa + idx2 + Z1 + abd = aaidx2Z1abd

因此,Coprocessor 对索引表 tab1_idx 的相应操作为插入两条索引数据:

```
Put 'tab1_idx', 'aaidx15abd '
Put 'tab1_idx', 'aaidx2Z1abd '
```

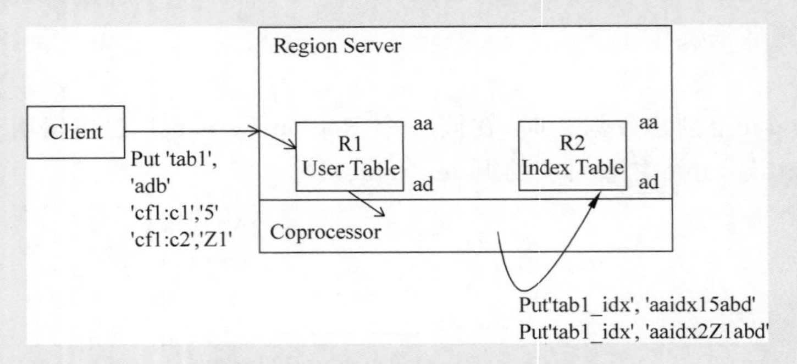

图 11-55 Hindex 的插入操作

3) 扫描操作

当一个数据表扫描查询启动时,Coprocessor 先在索引表上生成一个 scanner,先从索引表中搜索符合查询范围的 RowKey,然后再使用这些从索引表中扫描出的 RowKey 去主表中获得最终数据,如图 11-56 所示。

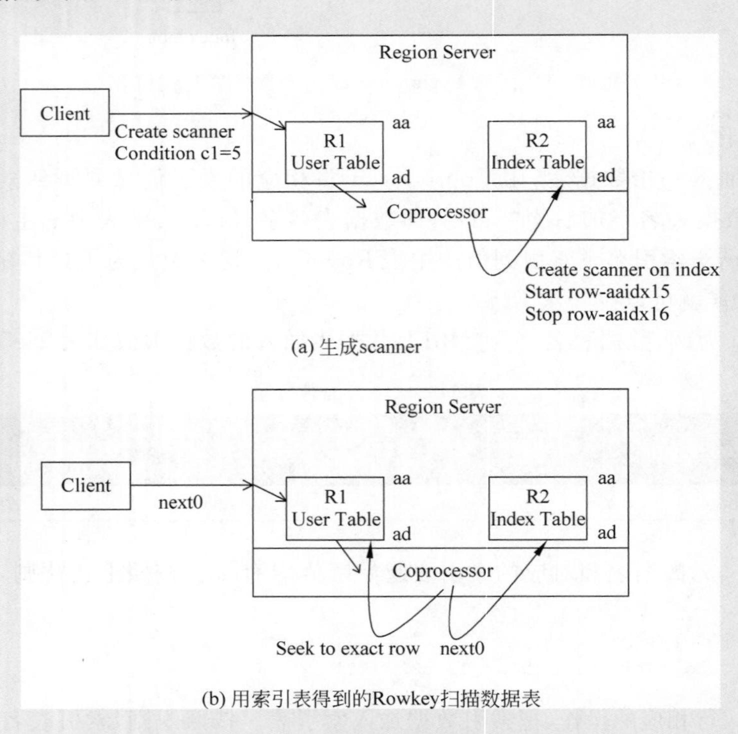

图 11-56 Hindex 的扫描操作

4）表拆分操作

为了保证数据表和索引表在同一个 Region Server 上，需要禁止索引表的自动和手动 Split 功能，而只能由数据表在 Split 的时候触发。当数据表 Split 时，对索引表则按其对应的数据进行划分。同时，对索引表的第二个拆分而成的子表，其 RowKey 前缀采用对应的数据表的 RowKey。

以图 11-57 为例，数据表从 RowKey＝005 行发生 Split，拆分成两个子表，一个子表起始键值为 00，另一个子表起始键值为 05。两个子表的行数一个为 4（RowKey：001 ～ 004），另一个为 3（RowKey：005 ～ 007）。

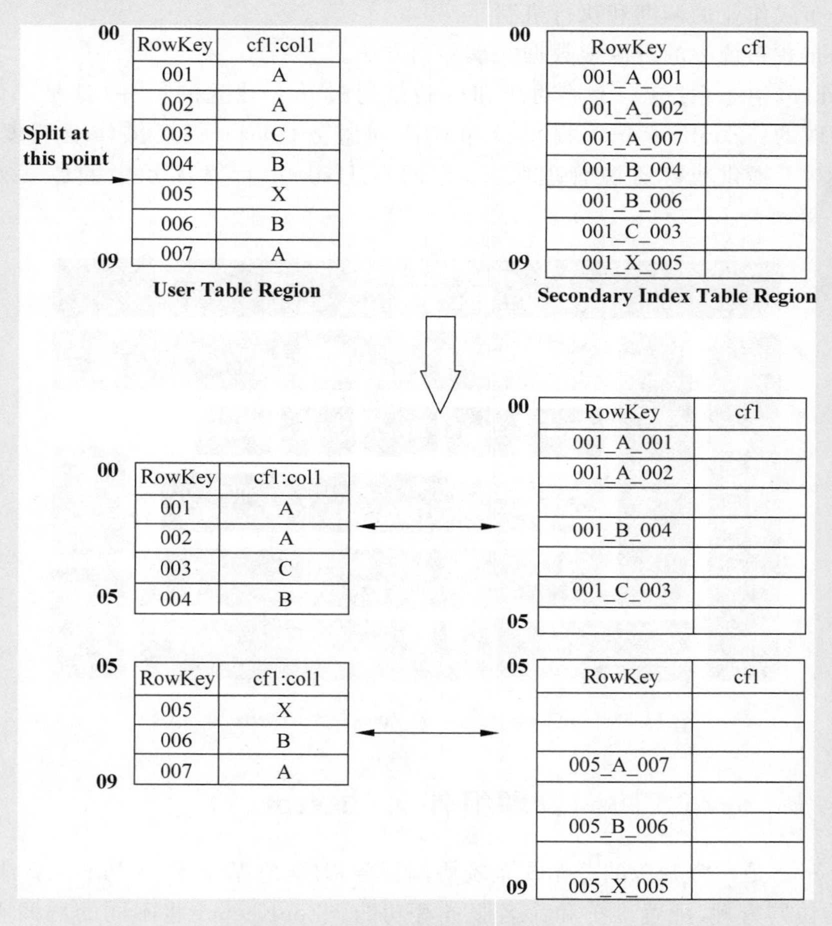

图 11-57　Hindex 的拆分操作

数据表的 Split 也引起了索引表的拆分，拆分而成的两个子表的起始键值同样分别为 00 和 05，但注意两个索引表子表仍保持为 7 行，每个子表仍包含拆分前对应数据的索引信息，缺项部分则为空白。另外，第二个索引表子表的 RowKey 是以“005”作前缀，因为此时该子表的起始键值不再是 001，而是 005。

11.5 资源管理与作业调度

部署在各自相对独立的大规模集群计算节点上的 Hadoop 系统是一个典型的分布式计算系统。分布式系统带来的一个显著好处是计算任务的并行处理和不同计算节点的计算资源共享,这将大大提高计算处理速度、系统吞吐率和系统可用性。但对于多节点、多任务、并行计算的分布式系统而言,其工作机制必须解决如下问题。

(1) 不同节点、不同计算任务之间的协同管理。

(2) 分布式作业的调度和执行机制。

(3) 分布式系统中的资源或数据共享协调方法。

在 Hadoop 生态系统中,上述功能和机制是通过几个独立的组件(都是 Apache 开源项目)来实现的:ZooKeeper[19] 提供分布式协同服务、Oozie[20] 提供作业调度和工作流执行、YARN[9] 提供集群资源管理服务,它们在 Hadoop 计算体系中的位置如图 11-58 所示。

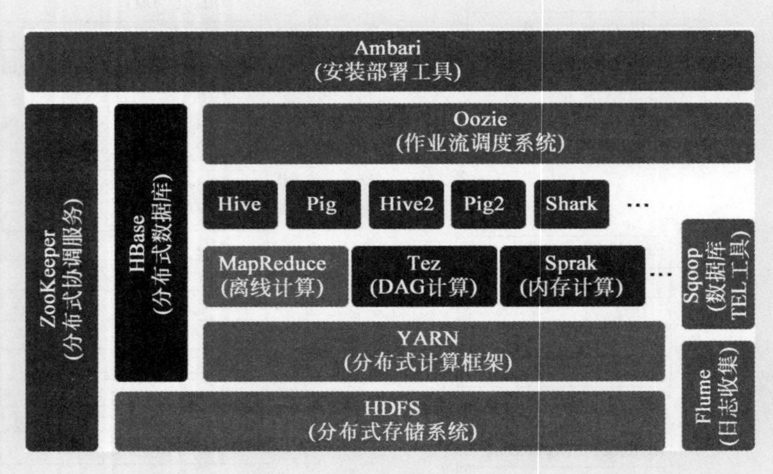

图 11-58 Hadoop 系统中的 ZooKeeper、Oozie 和 YARN

11.5.1 分布式协同管理组件 ZooKeeper

ZooKeeper 是一个开源的分布式系统协调服务程序,它基于 Fast Paxos 算法[48] 提供分布式系统的协同管理、配置维护和命名服务等功能。ZooKeeper 将不同的协调服务集成在一个简单易用的界面上,具有分布性和高效可靠的特点。具体而言,ZooKeeper 提供如下服务。

(1) 统一命名服务;

(2) 应用配置管理;

(3) 分布式锁服务;

(4) 分布式消息队列。

ZooKeeper 采用主-从架构(Master/Slave),其分布式协同服务架构如图 11-59 所示。

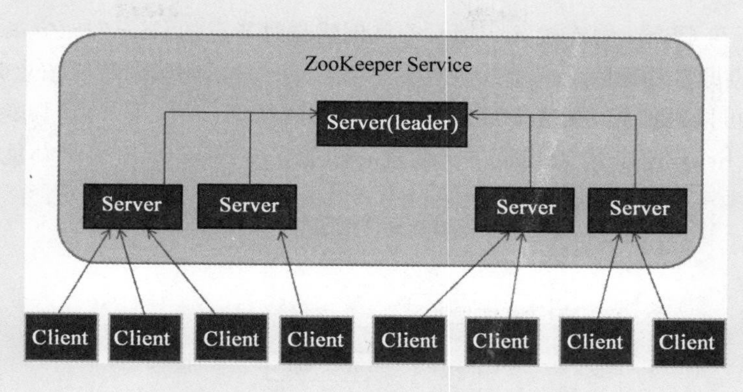

图 11-59 ZooKeeper 的协同服务架构

ZooKeeper 服务由一组 Server 节点组成，每个节点上都运行一个 ZooKeeper 程序。通常 ZooKeeper 由 $2n+1$ 台 Servers 组成，Server 之间有通信机制，每个 Server 都维护自身的内存状态镜像、持久化存储的事务日志和快照。为了保证 Leader 选举能够得到多数的支持，所以 ZooKeeper 集群的数量一般为奇数。ZooKeeper 集群节点中存在一个角色为 Leader 的节点，其他节点都为 Learner(Learner 又分为 Follower 和 Observer)。对于 $2n+1$ 台 Server 集群，只要有 $n+1$ 台(多数)Server 可用，整个系统即保持可用性。

节点角色定义如下。

Leader：负责进行投票的发起和决议，更新系统状态，管理系统元数据。

Follower：用于接收客户端服务请求并向客户端返回结果，在选举 Leader 过程中参与投票。

Observer：可以接收客户端请求并将写数据请求转发给 Leader，但 Observer 不参加投票过程，只同步 Leader 的状态数据。Observer 的目的是为了扩展系统，提高读取速度。

当 Leader 节点发生故障失效时，ZooKeeper 会做出快速响应，消息层负责基于 Fast Paxos 算法重新推举一个 Leader，继续作为协调服务中心处理客户端的写数据请求，并将 ZooKeeper 协同数据的变更同步(广播方式)到其他的 Follower 节点。

当客户端 Client 连接到 Follower 发出写数据请求时，这些请求会被发送到 Leader 节点，由 Leader 完成元数据更新，然后 Leader 上的数据会同步更新到其他 Follower 节点。ZooKeeper 使用了一种自定义的原子消息协议，保证了整个系统中的节点数据或节点状态的一致性。Follower 节点通过这种消息协议保证本地 ZooKeeper 数据与 Leader 节点同步，然后基于本地的存储系统来独立地对 Client 提供服务。

ZooKeeper 使用共享存储模型和类似于文件系统的层级树状结构来实现各种分布式协同服务，如图 11-60 所示。ZooKeeper 采用的数据结构具有如下特点。

(1) 每个目录节点被称为 znode，被它所在的路径唯一标识，如 Server1 这个 znode 的标识为/NameService/Server1；znode 的目录节点可以自动编号，如 App1 已经存在，如在/Apps 下创建新 znode 的话，将会自动命名为 App2。

(2) znode 可以有子节点目录，且每个 znode 可以存储数据；znode 存储的数据可以有多个版本，也就是一个访问路径中可以存储多份数据。

(3) ZooKeeper 支持两种节点：永久节点和临时节点，在创立节点时确定。临时节点的生命周期依赖于与 Client 的连接 Session，一旦创建临时节点的 Client 与 ZooKeeper 的连接失效，这个临时节点即自动删除。而永久节点只有当 Client 发出明确的删除请求时才会删除。

（4）znode 可以被监控，在这个目录节点中存储的数据修改、子节点目录变化时，可以通知设置观察的 Client，这个是 ZooKeeper 的核心功能，ZooKeeper 的很多功能都是基于这个特性实现的。

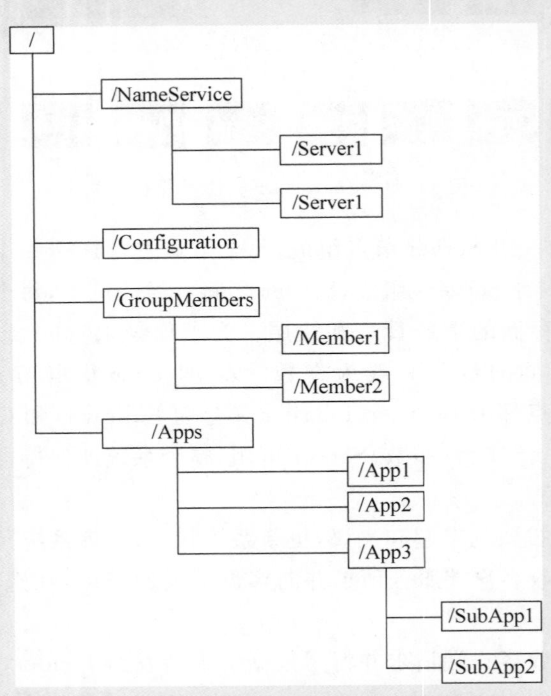

图 11-60　ZooKeeper 的分层树状数据结构

ZooKeeper 的设计保证了如下功能特性和性能指标的实现。

（1）最终一致性：Client 不论连接到哪个 Server，展示给它的都是同一个视图。

（2）可靠性：具有简单、健壮、良好的性能，如果消息 m 被一台服务器接收，那么它将被所有的服务器接收。

（3）实时性：ZooKeeper 保证客户端将在一个时间间隔范围内获得服务器的更新信息，或者服务器失效的信息。但由于网络延迟等原因，ZooKeeper 不能保证两个客户端能同时得到刚更新的数据，如果需要最新数据，应该在读数据之前调用 sync()接口。

（4）操作原子性：更新只能成功或者失败，没有中间状态。

（5）全局有序性：指如果在一台服务器上消息 a 在消息 b 之前发布，则在所有 Server 上消息 a 都将在消息 b 前被收到。

1. 统一命名服务

分布式系统需要有一套统一的命名规则来进行不同节点的识别和资源共享。命名服务就是提供系统成员统一名称的服务，ZooKeeper 的命名服务有两个方面：一是提供类似 JNDI 那样的功能，即把各种服务名称、地址，及目录信息存放在分层结构中供需要时读取；二是提供一个分布式序列号生成器，利用 ZooKeeper 顺序节点的特性，生成有顺序的易理解的分布式环境中的序列编号。

ZooKeeper 的命名服务流程如图 11-61 所示，连接 ZooKeeper 的 client_1 向 ZooKeeper 服务器发出 create()请求，ZooKeeper 服务器在/ID 目录下生成 element_1 节点后，client_1 通过 get()调用将顺序号取回。然后 client_2 也向 ZooKeeper 服务器发出 create()请求，ZooKeeper 在/ID 目录下按顺序生成 element_2 节点并返回给 client_2，以此类推。这里，ZooKeeper 生成的文件命名及序列号都是全系统可见，且是统一编号的。

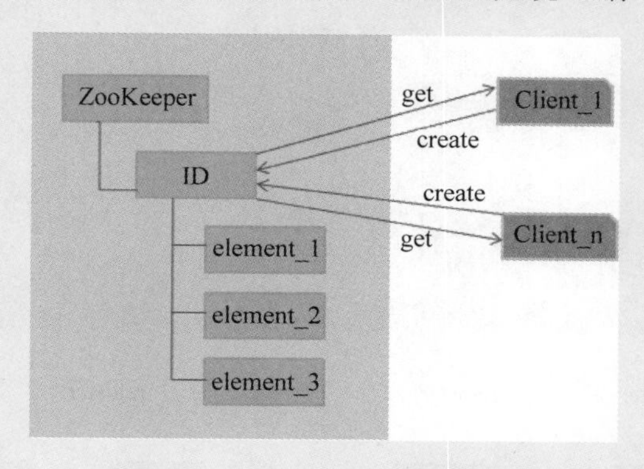

图 11-61　ZooKeeper 的命名服务流程

2. 配置管理服务

配置管理和集群成员管理是分布式环境中常见的服务。比如同一个应用软件同时部署到多台 Server 运行，但是各台 Server 运行的应用软件的某些配置项是相同的，如果要修改这些的配置项，那么就必须同时修改每台 Server 相关的配置文件。设想一下上千台机器的大集群，频繁修改配置文件，这是一件非常麻烦且容易出错的工作。另外，管理节点还需监控并维护集群中其他节点的状态信息，如果管理节点采用心跳方法去周期查询其他节点的工作状态，也会有大量的网络数据产生。

对于系统配置的管理和更新，ZooKeeper 采用发布(Publish)和监听(Watch)模式提供配置文件的集中管理及远程自动化同步更新。ZooKeeper 将集群节点配置信息保存在某个目录节点中，然后让所有需要获得配置修改信息的 Client 节点都监听(Watch)配置信息状态，一旦配置信息发生变化，每台 Client 机器就会收到 ZooKeeper 的通知，然后从 ZooKeeper 获取新的配置信息同步更新到本地系统(如图 11-62 所示)。当集群中某些节点的系统信息发生变化时，它可以主动推送给 ZooKeeper，而 ZooKeeper 会通知那些对该信息感兴趣的节点(需预先在 ZooKeeper 处预订)，让它们去 ZooKeeper 处获得更新数据，这即是 Publish 模式。

对于集群成员管理，传统方式是通过 ping 某个机器来检查其在线状态。但 ZooKeeper 采用了更有效的方式，让所有被监测的机器都在 ZooKeeper 上注册一个临时节点，判断一个机器是否可用或其上线、下线状态，只需要判断这个节点在 ZooKeeper 文件目录中是否存在就可以，而无须频繁去连机，降低了网络传输和系统复杂度。

3. 分布锁的实现

分布式锁提供了 ZooKeeper 保证数据一致性的机制。一致性是指每时每刻 ZooKeeper 集群中任意节点上的 znode 的数据是相同的，不管从哪一个 ZooKeeper Server 读取。分布

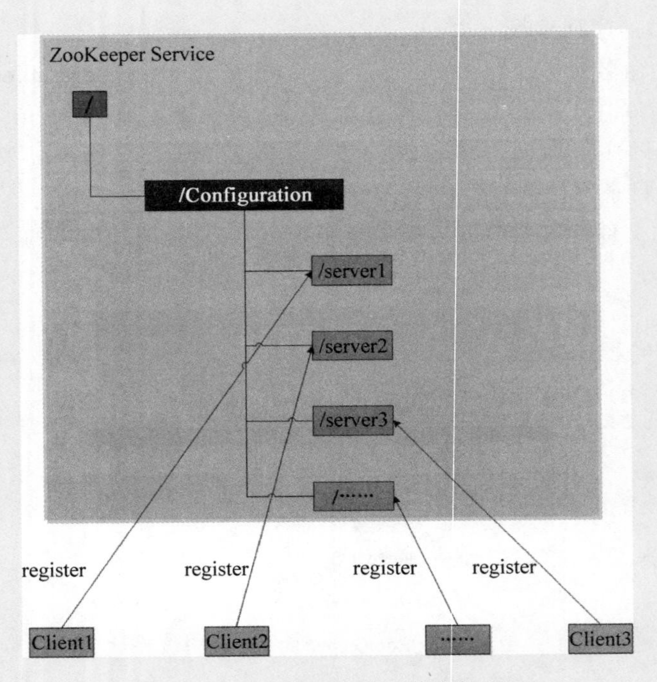

图 11-62　ZooKeeper 的配置管理机制

式锁服务分为两类：独占锁和控制时序锁。

独占锁就是所有试图获取这个锁的客户端最终只有一个成功获得这把锁。通常的做法是把 ZooKeeper 上的一个 znode(/distribute_lock)看作一把锁，通过 create znode 的方式来实现。所有客户端都去尝试创建/distribute_lock 节点，最终成功的那个客户端也即拥有了这把锁。

控制时序锁就是所有试图来获取这个锁的客户端，最终都会被安排执行，只是需要有一个全局排序。做法和上面基本类似，只是这里的/distribute_lock 已预先存在，排队的客户端在它下面依次创建临时节点，而 ZooKeeper 则保持一份顺序表，保证创建的子节点的时序性，从而也形成了每个客户端的全局时序。

如上所述，独占锁和控制时序锁都需要实现锁的取得和释放操作，这在同一个进程中很容易实现，但是在跨进程或者在不同 Server 之间就比较困难。ZooKeeper 采用了如下实现方式：需要获得锁的 Client 在 ZooKeeper 的目录中创建一个 EPHEMERAL_SEQUENTIAL 临时节点，然后调用 getChildren()方法获取当前目录节点列表中最小的目录节点，并检查这个最小的目录节点是否是自己创建的目录节点。如果是，它就获得了这个锁，如果不是，那么它就调用 exists(String path, boolean watch)方法监控 ZooKeeper 上目录节点列表的变化，一直到获得锁。释放锁则很简单，只需向 ZooKeeper 提请删除它自己所创建的目录节点即可。锁的取得和释放操作流程见图 11-63。

4. 分布式消息队列

传统的单进程编程模型中，我们使用消息队列作为存储数据结构在同一进程的多线程之间共享或者传递数据。在分布式环境下，同样需要一个类似的存储数据结构来实现跨进程、跨服务器、跨网络的数据共享和信息传递，这就是分布式消息队列。ZooKeeper 支持以

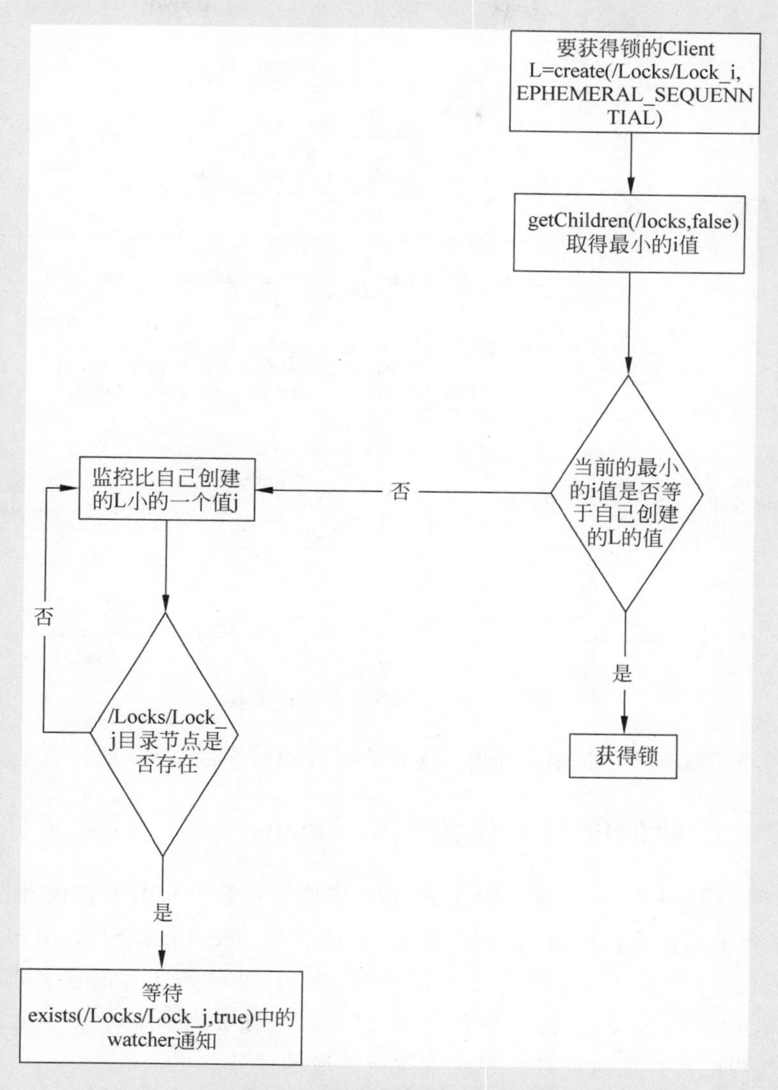

图 11-63 分布锁的取得和释放流程

下两种类型的队列。

(1) 同步队列：当一个队列的成员都聚齐时，这个队列才可用，否则一直等待所有成员到达。

(2) FIFO 队列：按照 FIFO 方式操作入队和出队，例如生产者和消费者模型。

同步队列用 ZooKeeper 实现的思路：创建一个父目录/synchronizing，每个成员都设置监听(Set Watch)看目录/synchronizing/start 是否存在。然后每个成员都加入这个队列，方式就是创建/synchronizing/member_i 临时节点。然后每个成员获取/synchronizing 目录下的所有目录节点，也就是 member_i。判断 i 的值是否已经等于成员数，如果小于成员数则继续等待，如果已经相等就创建/synchronizing/start，如图 11-64 所示。

FIFO 队列用 ZooKeeper 实现的思路：在特定的目录下创建 SEQUENTIAL 类型的子目录/queue_i，这样保证所有成员加入队列时都是有编号的。出队列时通过 getChildren( )

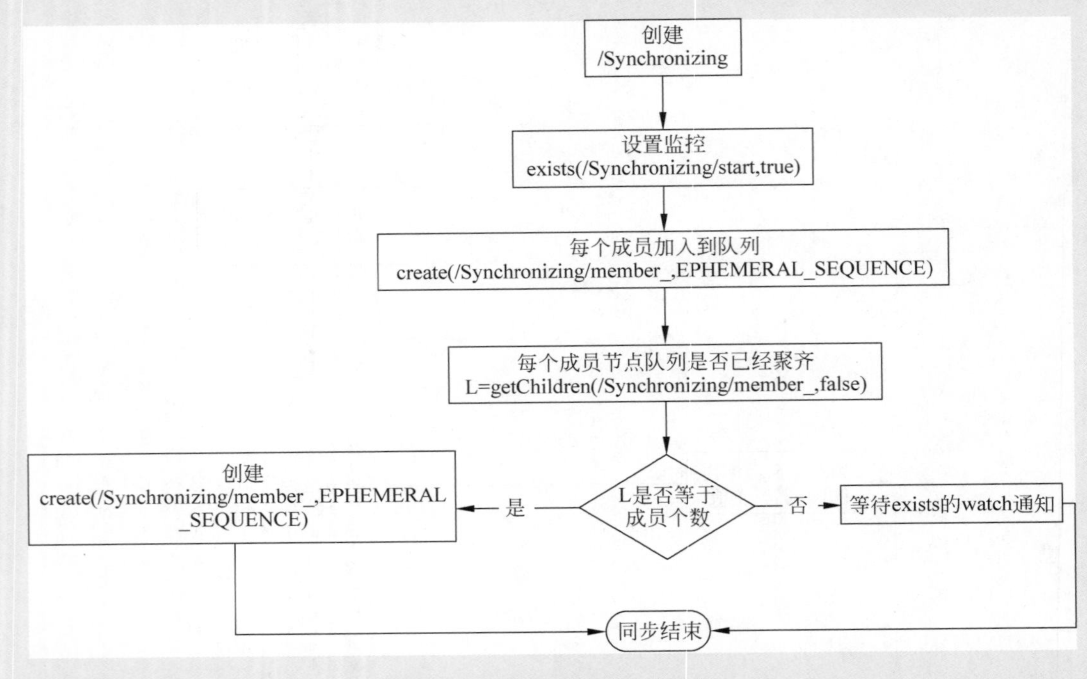

图 11-64　实现同步队列的流程

方法可以返回当前队列中的所有的元素，然后消费其中最小的一个，这样就能保证 FIFO。

11.5.2　作业调度与工作流引擎 Oozie

Oozie 是用于 Hadoop 平台的一个开源工作流调度引擎[20]，用于管理和协调多个运行在 Hadoop 平台上的作业。Ozzie 上面可以运行 MapReduce、Pig、SSH、eMail 等任务，还可以自定义扩展任务类型。Oozie 的工作原理见图 11-65，可看到所有的任务都是通过 Oozie CLI 提交，由 Oozie Server 生成相应的任务客户端（图中有 Hive 客户端、Pig 客户端、MapReduce 客户端），并通过任务客户端来执行相应的任务。

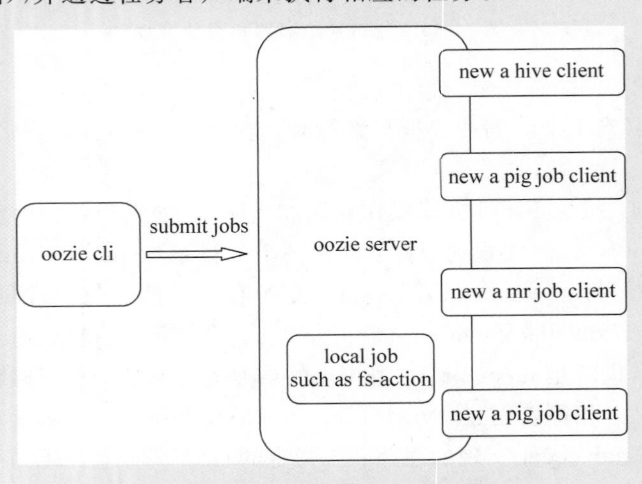

图 11-65　Oozie 任务提交与执行机制

同时 Oozie 还可看作一个 Java Web 程序，运行在 Java Servlet 容器如 Apache Tomcat 中，并使用数据库来存储工作流定义与当前运行的工作流实例，包括实例的状态和变量等数据，如图 11-66 所示。

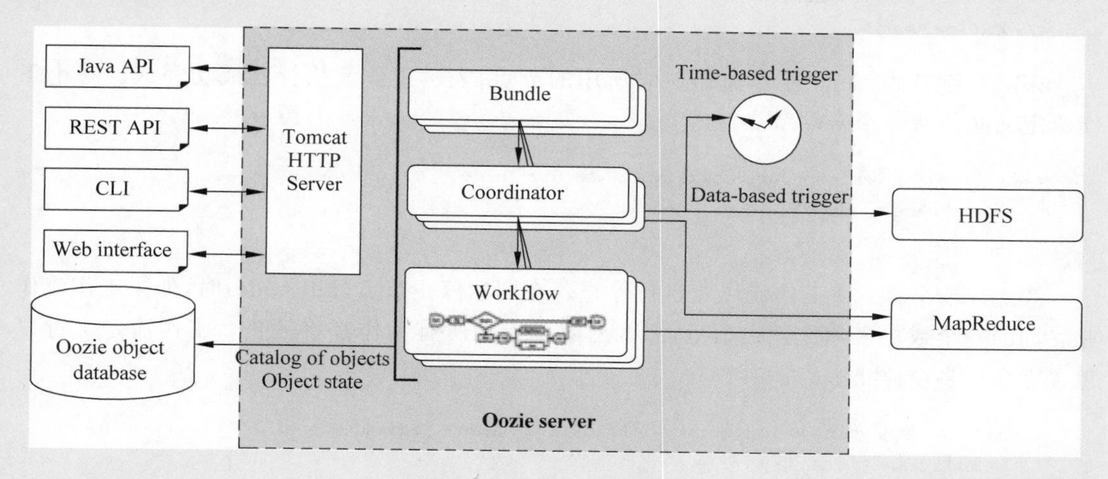

图 11-66 Ozzie 系统架构

Oozie 包含两个核心功能：工作流（Workflow）和协调器（Coordinator），前者定义作业任务的拓扑和执行逻辑，后者负责工作流的关联和触发。Ooize 工作流中定义了控制流节点（Control Flow Node）和动作节点（Action Node），都是基于 XML 定义的。其中，控制流节点用来定义工作流的开始和结束（start、end 及 fail 的节点），并控制执行路径（decision、fork、join 等节点）；动作节点支持 MapReduce、Pig、SSH、Ozzie 子任务等不同任务类型。Oozie 协调作业就是通过时间（频率）和有效数据触发当前的 Oozie 工作流程。

图 11-67 是一个包含 Oozie 控制流节点（橙色和红色节点）和动作节点（绿色节点）的工作流示意图。后面是对控制流节点的 XML 格式描述。

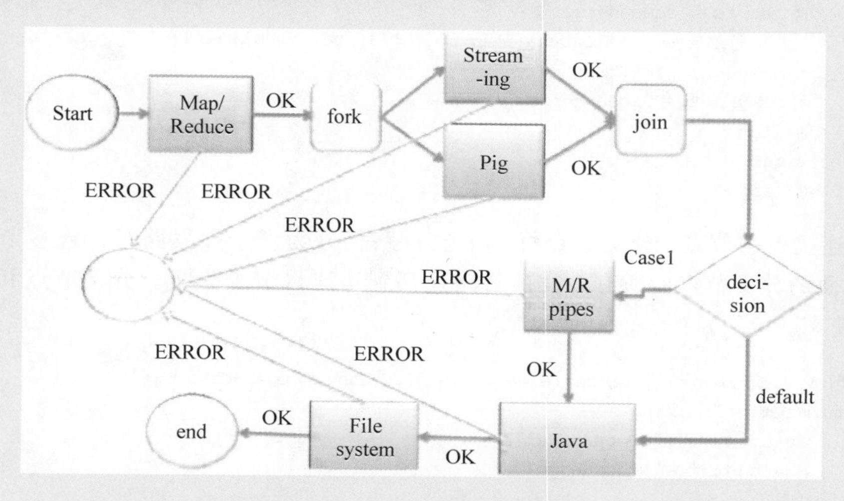

图 11-67 Oozie 工作流示意图

启动控制节点：工作流作业的入口点。

```
<workflow-app xmlns="uri:oozie:workflow:0.2" name="ooziedemo-wf">
    <start to="timeCheck"/>
</workflow-app>
```

末端控制节点：结束工作流作业时所用的节点，表示工作流执行已成功完成。一个工作流定义必须有一个末端节点。

```
<workflow-app xmlns="uri:oozie:workflow:0.2" name="ooziedemo-wf">
    <end name="end"/>
</workflow-app>
```

停止控制节点：使工作流作业自行停止。在到达停止节点(kill node)时，如果工作流作业启动的一个或更多动作正在运行，那么当前运行的所有动作都将停止。工作流定义可以包含零个或多个停止节点。

```
<workflow-app xmlns="uri:oozie:workflow:0.2" name="ooziedemo-wf">
    <kill name="fail">
        <message>Sqoop failed, error message[${wf:errorMessage(wf:lastErrorNode())}]</
message>
    </kill>
</workflow-app>
```

决策控制节点：使工作流选择执行路径。决策节点的工作原理类似于拥有一组谓词转换对和一个默认转换的 switch-case 块。谓词是按顺序进行评估的，直至其中一个评估为 ture 为止，同时还会进行相应的转换。如果没有一个谓词被评估为 true，则采用 swith 的默认转换。

```
<workflow-app xmlns="uri:oozie:workflow:0.2" name="ooziedemo-wf">
    <decision name="master-decision">
        <switch>
          <case to="sqoopMerge1">
                  ${wf:actionData('hiveSwitch')['paramNum'] eq 1}
          </case>
          <default to="sqoopMerge2"/>
        </switch>
    </decision>
</workflow-app>
```

分支-连接控制节点：分支节点将一个执行路径分为多个并发路径。连接节点一直等待，直到前面的分支节点的所有并发执行路径都到达连接节点为止。分叉节点和连接节点必须成对使用。

```
<workflow-app xmlns="uri:oozie:workflow:0.2" name="ooziedemo-wf">
    <fork name="forking">
        <path start="sqoopMerge1"/>
        <path start="sqoopMerge2"/>
    </fork>
    <join name="joining" to="hiveSwitch"/>
</workflow-app>
```

在 Oozie 中，计算作业被抽象为动作（Action），控制流节点则用于构建动作间的依赖关系，它们一起组成一个有向无环的工作流图（Directed Acyclic Graph，DAG），描述了一个完整的数据处理执行流程。对于 Oozie 来说，工作流就是一系列的动作（比如 MapReduce 任务、Pig 任务），这些操作通过有向无环图的流程控制，这种控制是指：一个动作的输入依赖于前一个任务的输出，只有前一个动作完全完成后才能开始第二个动作。

Oozie 工作流通过 hPDL 定义（hPDL 是一种 XML 的流程定义语言），工作流动作（Action）通过远程系统启动任务。当任务完成后，远程系统会进行回调来通知任务已经结束，然后再开始下一个动作。Oozie 工作流可以参数化的方式执行（使用变量 \${inputDir}定义），在提交工作流任务时就同时提供参数，如果参数正确，Ozzie 就可定义并行化的工作流任务。

Oozie 工作流可以提高数据处理流程的平滑性，改善 Hadoop 集群的效率，并降低开发和运营人员的工作量。Oozie 提供以下主要功能。

（1）Workflow：顺序执行流程节点，支持 fork（分支多个节点）、join（合并多个节点为一个）。Oozie 执行 Workflow 的具体步骤如下。

① 提交任务后，Oozie 中首先从指定的路径中读取 job. properties。

② 查找需要运行的 Workflow 的路径（在 HDFS 上），将相应的变量传递给 Workflow。

③ 读取 workflow. xml 文件中的节点定义，然后执行控制流节点和动作节点。

④ 在 HDFS 中读取执行任务所依赖的 jar 包。

（2）Coordinator：定时触发 Workflow。

（3）Bundle Job：绑定多个 Coordinator。

Oozie 作为一个调度引擎，是不同于 Hadoop 的 jobTracker 实现的调度器的，虽然两者均有“调度”之意。Oozie 负责任务的调度分发，是指从提交作业的本地，将资源发送到 job 运行环境，比如 Hadoop 集群。这个“分发”行为发生在 Hadoop 集群外。而 jobTracker 是将 Hadoop 作业拆分成若干个 MapReduce 子作业，分派给 taskTracker 去执行。这个“分发”行为发生在 Hadoop 集群内，是应用程序本身的功能，它可以自己选择 job 执行的先后顺序，或者停止一个正在执行的 job，让出资源给另一个 job，控制的更为精细。跟传统意义上的调度工具含义不同。

11.5.3 集群资源管理框架 YARN

YARN[9]是 Hadoop 下面的一个开源子项目，为 Hadoop 集群提供资源管理和调配功能。YARN 最初设计是为了解决 Hadoop 中 MapReduce 计算框架的资源管理问题，但是现在它已成为一个更加通用的资源管理系统。自 Hadoop 2.0 之后 YARN 加入了 Hadoop 生态体系，它运行在 HDFS 之上，像一个集群操作系统一样为 MapReduce、Spark、Storm、Giraph 等计算引擎提供集群资源分配调度服务（如图 11-68 所示）。YARN 允许多个应用程序运行在一个集群上，并将资源按需分配给它们，这大大提高了集群资源利用率；其次，YARN 允许各类短作业和长服务混合部署在一个集群中，并提供了容错、资源隔离及负载均衡等方面的支持，这大大简化了作业和服务的部署和管理成本，强化了对应用程序的支持。

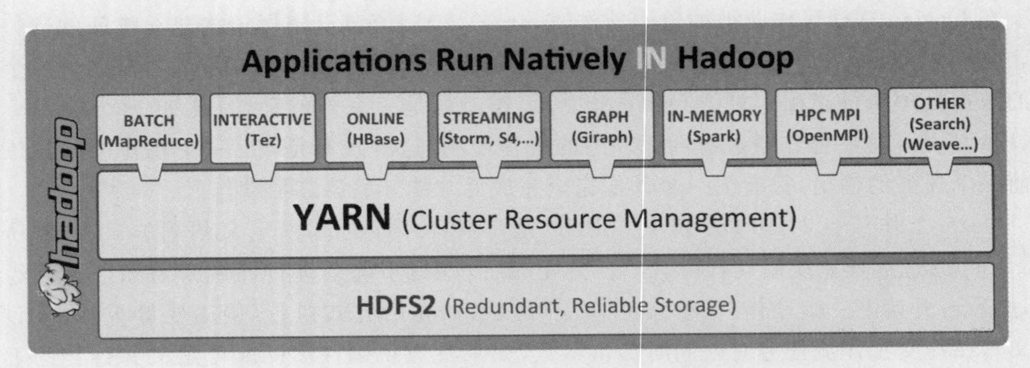

图 11-68 YARN 在 Hadoop 生态圈中的位置

YARN 总体上采用 Master/Slave 架构，如图 11-69 所示，其中，Master 被称为 ResourceManager，Slave 被称为 NodeManager，ResourceManager 负责对各个 NodeManager 上的资源进行统一管理和调度。当用户提交一个应用程序时，需要提供一个用以跟踪和管理这个程序的 ApplicationMaster，它负责向 ResourceManager 申请资源，并要求 NodeManger 启动可以占用一定资源的 Container。由于不同的 ApplicationMaster 被分布到不同的节点上，并通过一定的隔离机制进行了资源隔离，因此它们之间不会相互影响。

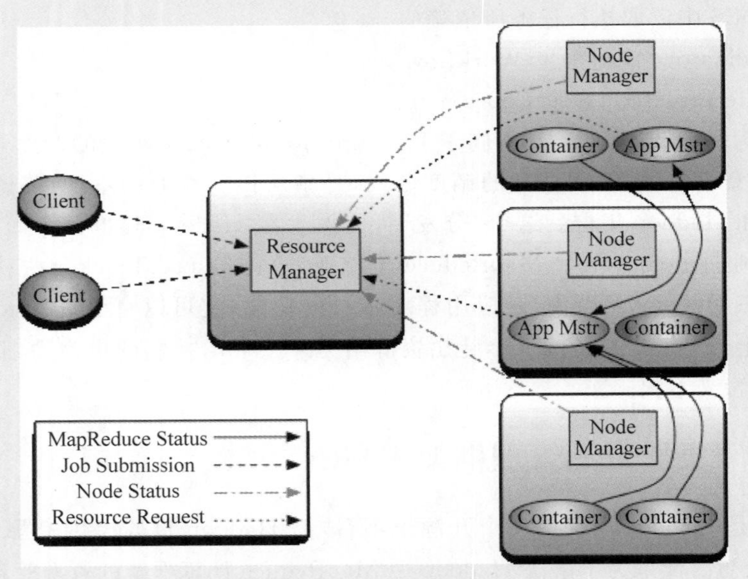

图 11-69 YARN 架构与交互流程

1. YARN 体系架构

作为一种分布式系统的资源管理调度器，YARN 采用了如图 11-69 所示的 Master/Slave 架构，即一个 Master 节点连接并支持多个 Slave 节点，这里的 Master 为 YARN 的 Resource Manager，Slave 为 NodeManager。在 YARN 体系中还包括 Application Master、Container、YARN Client 等组件，其部署方式为：Resource Manager 部署并运行在 Hadoop

集群的 NameNode 上(取代了以前的 JobTracker 的角色);Node Manager 部署在每个 DataNode 上,作为 Resource Manager 的节点代理;每个 DataNode 都包含一个或多个 Container(计算资源抽象模型)用于资源调度;每一个提交给 Hadoop 集群的 Application(如 MapReduce、Spark 等)都有一个 Application Master 与之对应,运行在某个 DataNode 上(取代了以前的 TaskTracker 角色)。YARN 主要部件具体部署架构见图 11-70。

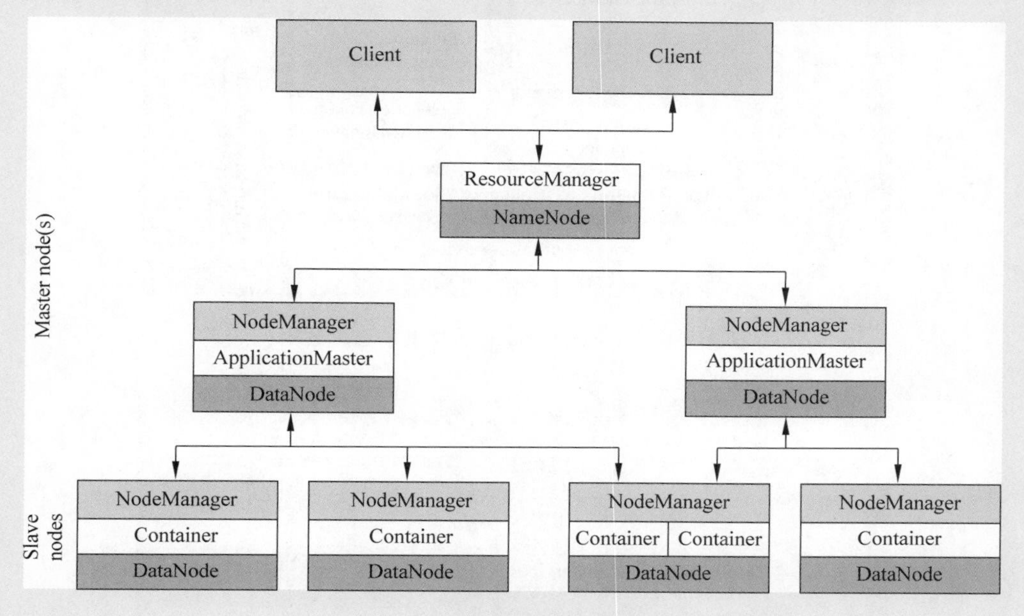

图 11-70 YARN 的部署架构

YARN 架构中主要组件的功能定义如下。

Resource Manager(RM):是 YARN 体系的 Master,负责管理整个集群的资源分配,将各种计算资源(计算、内存、带宽等)以抽象资源单位 Container 的形式分配给 Node Manager(YARN 的节点代理)供 Application 使用。Resource Manager 作为集群资源的管理调度员角色,如果发生单点故障,则整个集群的资源都无法使用。在 Hadoop 2.4.0 版本之后增加了 RM High Availability 的特性,增加了 RM 的可用性。

RM 组件自身的组成结构见图 11-71。

Node Manager(NM):是 Resource Manager 的 Slave,是集群中实际拥有计算资源使用权的工作节点。在 Application 提交作业以后,YARN 会将组成作业的多个 Task 调度分配到多个 DataNode 上执行计算,而一个 DataNode 可能需要同时承担多个不同 Application 的 Task。这时,就需要 NM(与 Application Master 配合)提供节点上的资源分配和 Task 调度服务。NM 的调度是基于抽象资源模型 Container(资源容器),它代表着可供一个特定应用程序使用的该节点提供的计算资源(CPU、内存空间、网络带宽等),NM 提供资源容器的生命周期管理以及对节点状态的监控。YARN 继续使用 HDFS 层,但主要将 NameNode 用于元数据服务,而 DataNode 用于集群中数据块的复制存储服务。NM 组件的组成结构见图 11-72。

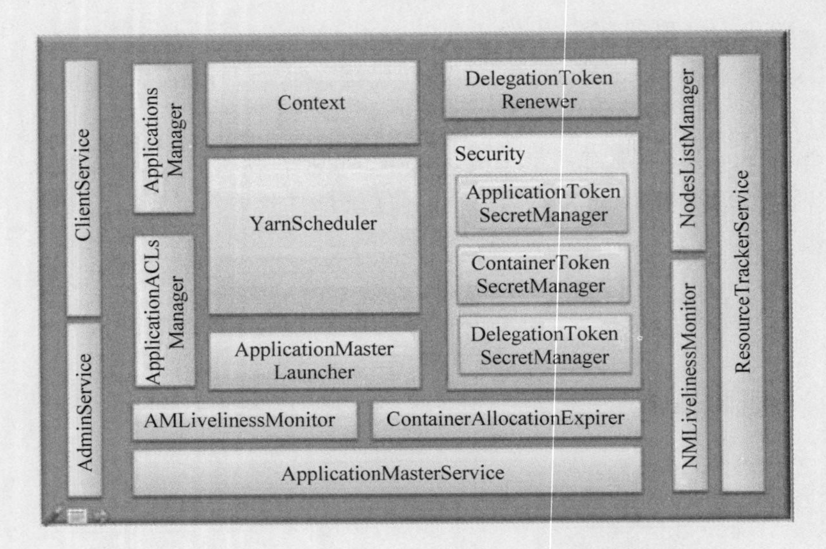

图 11-71 Resource Manager(RM)的组成结构

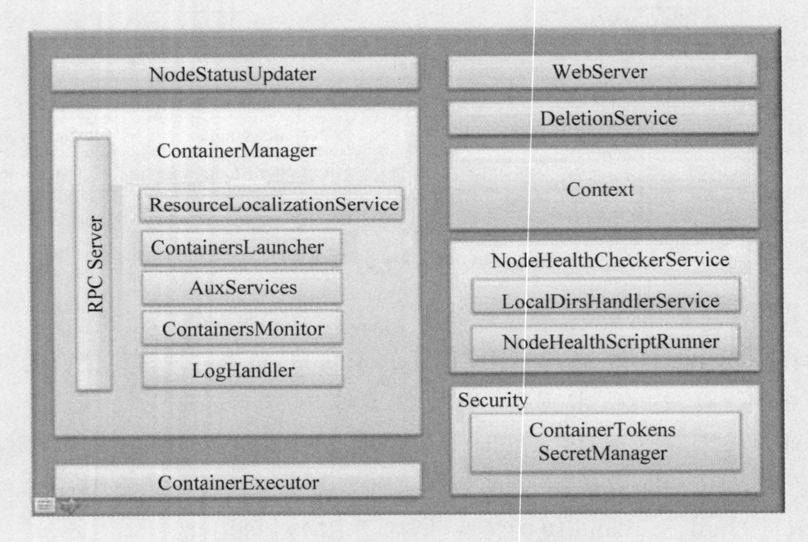

图 11-72 Node Manager(NM)的组成结构

Application Master(AM)：主要管理和监控运行在 DataNode 上的 Application task。以 MapReduce 为例，MapReduce Application 是一个用来处理 MapReduce 计算的服务框架程序，通常用户编写的 MapReduce 程序包含多个 Map Task 和 Reduce Task，而各个 Task 的运行管理与监控都是由这个 Application Master 来负责。比如执行 Task 所需资源的申请由 AM 向 Resource Manager 申请；启动/停止 NM 上某个 Task 对应的 Container，也由 AM 向 Node Manager 发出请求。从 YARN 的角度，Application Master 是用户代码，因此存在潜在的安全问题，因此将它们当作无特权的代码对待。

Container：是 YARN 对集群计算资源建立的抽象模型，即将 Node Manager 上的计算资源(CPU、内存空间)进行封装和量化，根据需要组装成一个个 Container，然后服务于已给予资源授权的 Task。Task 在完成计算后，系统会回收资源，以供后续计算任务申请使用。

Container 目前包含两种资源：内存和 CPU，以后的 Hadoop 版本可能会增加硬盘空间、网络带宽等物理资源。

YARN Client：负责提交 Application 运行申请到 RM，它会首先创建一个 Application 上下文对象，并设置 AM 必需的资源请求信息，然后提交到 RM。YARN Client 也可以与 RM 通信，获取一个已经提交并运行的 Application 的状态信息等。

2. 抽象资源模型与调度架构

YARN 采用的是基于抽象资源单位(Container)的资源调度模型。所谓抽象资源单位，是指不再把物理资源(YARN 目前只考虑 CPU 和内存)作为调度单位，而是把物理资源(CPU，内存条)映射到抽象资源单位 Container(如图 11-73 所示)，然后基于抽象资源单位进行资源分配调度。比如 Rource Manager 使用 Container 作为资源调度的基本单位，每个 Container 包含一定量的 CPU 时间(也可看作虚拟 CPU)和一定大小的内存(虚拟内存)；一个 CPU 需要支持多个 Container，一个节点的内存空间也是划分为多个 Container 共享。用户程序运行在 Container 中，有点儿类似虚拟机。RM 负责接收用户的资源请求并分配 Container，NM 负责启动 Container 并监控资源使用。如果使用的资源(目前只有内存)超出 Container 的限制，相应进程会被 NM 杀掉。可见 Container 这个概念不只用于资源分配，也用于资源隔离。YARN 支持内存和 CPU 两种资源隔离。对于应用程序而言，内存大小是一种决定生死的资源，而 CPU 时间则是一种影响快慢的资源。YARN 提供的内存隔离包括基于线程监控的方案和基于 Cgroups(Control groups)的方案，CPU 隔离则包括默认不隔离和基于 Cgroups 的 CPU 隔离方案。

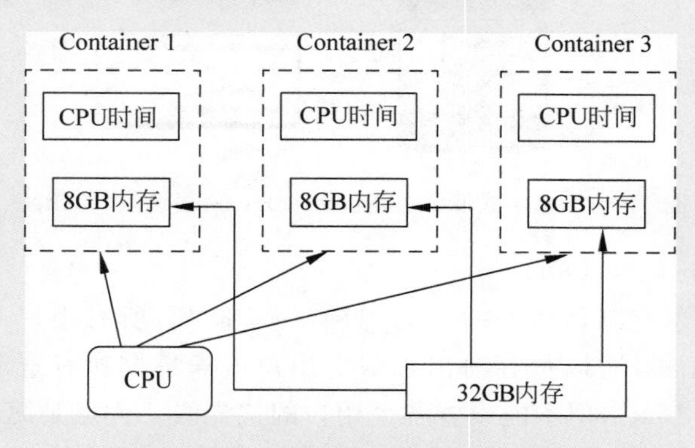

图 11-73 物理资源到抽象资源的映射

Container 映射的物理资源是有最大额限制的。通常每个 Container 最多只能有 8GB 内存，可用到 8 个 CPU，这是由 RM 端的以下两个参数决定的。

yarn. scheduler. maximum-allocation-mb

yarn. scheduler. maximum-allocation-vcores

Container 的另一个特性是客户端可以要求它的 Container 只分配特定节点的物理资源，这样用户的程序可以只在特定的节点上执行，这跟计算本地性要求有关。

YARN 的资源调度模型主要包含两点：两层调度框架和基于资源预留的调度策略。两层调度框架包括 RM 把资源分配给 AM 的第一层调度，以及 AM 在其内部把资源分配给 Task 的第二层调度。资源预留策略指资源不够时，会为 Task 预留资源，直到够它使用。

YARN 采用两层调度框架,解决了原来的 MapReduce 使用的 jobTracker 单层集中调度模型的如下问题。

(1) 集中式调度模式的扩展性差,集群规模受限,因为高负载的 jobTracker 可能是个性能瓶颈。

(2) jobTracker 主要是为 MapReduce 计算模型而设计,很难再有效支持其他计算模型(比如流计算)。

与 MapReduce 的集中式单层调度器比较(图 11-74),YARN 的双层调度器可看作是一种负载分担或策略下放机制:双层调度器仍保留一个简化的集中式资源调度器(RM),但与 Task 相关的调度细节则下放给各个 AM 完成。这种双层调度结构使得负载分散、分工明确、协同配合、扩展性好。RM 的调度侧重集群范围内的资源的有效管理和公平使用;AM 则在应用程序内根据具体的任务要求分配资源,可以支持不同的计算模型。双层调度器的不足之处是:各个 AM 调度器无法知道整个集群的实时资源使用情况;调度采用悲观锁[49]锁定占用资源,并发粒度小。YARN 的资源调度支持如下的调度策略。

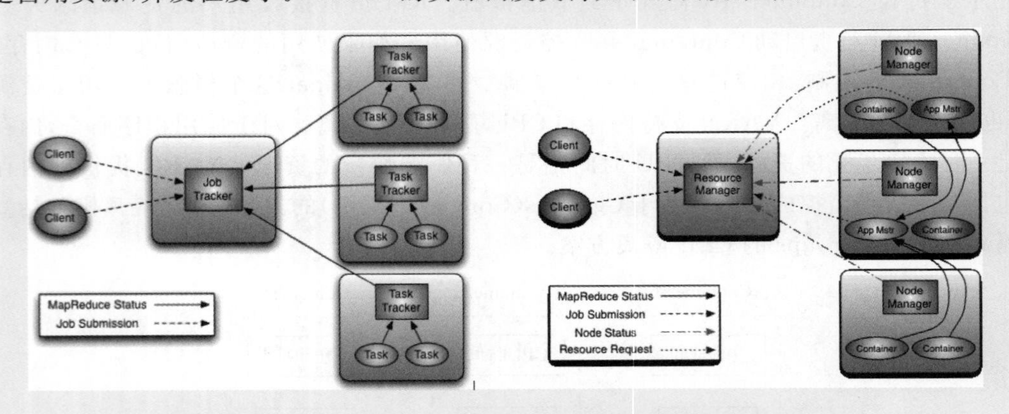

图 11-74 集中式调度(jobTracker)vs. 两层调度(YARN)

1) FIFO(First-In-First-Out)

FIFO 是最简单(也是默认)的调度器。只有一个队列,所有用户共享。资源分配的过程也非常简单,先到先得,所以很容易出现一个用户占满集群所有资源的情况。可以设置 ACL(Access Control List),但不能设置各个用户的优先级。优点是简单、好理解,缺点是无法控制每个用户的资源使用额度。一般不用于生产系统。

2) Capacity Scheduler

Capacity Scheduler 在 FIFO 的基础上增加多用户支持,最大化集群吞吐量和利用率。基于一个很朴素的思想:每个用户都可以使用特定量的资源,但集群空闲时,也可以使用整个集群的资源,也就是说,单用户的情况下和 FIFO 差不多。这种考虑是为了提高整个集群的资源利用率,避免集群有资源但不能提交任务的情况。其设计要点如下。

(1) 划分用户队列使用 XML 文件配置,每个队列可以使用特定百分比的资源。

(2) 队列可以是树状结构,子队列资源之和不能超过父队列;所有叶子节点的资源之和必须是 100%,只有叶子节点能提交任务。

(3) 可以为每个队列设置 ACL(Access Control List)、哪些用户可以提交任务、哪些用户有 admin 权限,ACL 可以继承。

(4) 队列资源可以动态变化。最多可以占用100%的资源。管理员也可以手动设置上限。

(5) 配置可以动态加载,但只能添加队列,不能删除。

(6) 可以限制整个集群或每个队列的并发任务数量。

(7) 可以限定AM使用的资源比例,避免所有资源用来执行AM而其他任务只能无限期等待的情况。

Capacity Scheduler的优点是:使用灵活,集群的利用率高;缺点也是灵活,某个用户的程序最多可以占用100%的资源,如果它一直不释放,其他用户只能等待,因为Capacity Scheduler不支持抢占式调度,必须等上一个任务主动释放资源。

3) Fair Scheduler

目前使用的调度器,其设计思路首先强调"公平",即每个用户只有特定额度的资源可以用,不能超出这个限制,即使集群很空闲。其设计特点如下。

(1) 使用XML文件配置,每个队列可以使用特定数量的内存和CPU。

(2) 队列是树状结构。只有叶子节点能提交任务。

(3) 可以为每个队列设置ACL。

(4) 可以设置每个队列的权重。

(5) 配置可以动态加载。

(6) 可以限制集群、队列、用户的并发任务数量。

(7) 支持抢占式调度。

Fair Scheduler的优点是:稳定,管理方便,运维成本低;缺点是相对Capacity Scheduler牺牲了灵活性,经常出现某个队列资源用满,但集群整体还有空闲的情况。整体的资源利用率不高。

Fair Scheduler使用的调度算法有Max-Min Fairness算法[50]、DRF算法[51],详细内容可参阅相关技术文档。

从2.6.0版本开始,YARN引入了一种新的调度策略:基于标签的调度机制[52]。该机制的主要动机是更好地让YARN运行在异构集群中、更好地管理和调度混合类型的应用程序。该策略的基本做法是:用户可为每个NodeManager打上标签,比如highmem、highdisk等,作为NodeManager的基本属性;同时用户可以为调度器中的队列设置若干标签,控制该队列只能占用打上对应标签的节点资源,从而使得某些队列中的作业只能运行在一些特定节点上。通过打标签,用户可将Hadoop分成若干个按功能或性能划分的子集群,进而使得用户可将应用程序分类运行到符合某种特征的节点上,比如可将内存密集型的应用程序(比如Spark)运行到大内存节点上,从而达到更有效地使用资源、更好服务应用程序的目的。

从MapReduce时代开始,迁移程序比迁移数据更经济的概念就深入人心。在YARN中当然也继承了这一传统。这一特性主要是用来配合HDFS的,因为HDFS的多副本,任务应该尽量在选择Block所在的机器上执行,可以减少网络传输的消耗。如果开启了Short-Circuit Read特性,还可以直接读本地文件,提高效率。

本地性衡量参数有三个级别:NODE_LOCAL、RACK_LOCAL、OFF_SWITCH,分别代表同节点、同机架、跨机架。计算效率会依次递减。

根据前面所述，Container 在申请时可以指定节点，但这不是强制的。只有 NM 心跳检测在线的时候才会分配资源，所以 Container 一般无法确定自己在哪个节点上执行，基本是随机的。Scheduler 能做的只是尽量满足 NODE_LOCAL，尽量避免 OFF_SWITCH。计算本地性更多地要 AM 端配合，当 AM 拿到资源后，优先分配给 NODE_LOCAL 的任务。

但 Fair Scheduler 允许一个 APP 错过若干次调度机会，以便能分到一个 NODE_LOCAL 节点，由 yarn. scheduler. fair. locality. threshold. node 控制。这个参数是一个百分比，表示相对整个集群的节点数目而言，一个 APP 可以错过多少次机会。比如 yarn. scheduler. fair. locality. threshold. node 为 0.2，集群节点数为 10。那么 Fair Scheduler 分配这个资源时，发现当前发来心跳的 NM 不能满足这个 APP 的 NODE_LOCAL 要求，就会跳过，继续寻找下一个 APP。相当于这个 APP 错过一次调度机会，最多可以错过 2 次。对 RACK_LOCAL 而言，有一个参数 yarn. scheduler. fair. locality. threshold. rack，作用差不多。

3. 作业执行过程

要启动 YARN 资源调度并使用集群资源，需要从客户端提交一个包含应用程序的请求。Resource Manager 会协商配置一个 Container 的必要资源，启动一个 Application Master 来代表已提交的应用程序。Application Master 再通过一个资源请求协议与 Node Manager 协商每个节点上供应用程序使用的 Container。在应用程序执行时 Application Master 会监视容器状态，当应用程序结束时，Application Master 会到 Resource Manager 处注销这个 Container，作业执行周期即告完成。

如图 11-75 所示，YARN 的作业执行流程主要包含以下几个步骤。

1）作业提交

Client 调用 job. waitForCompletion 方法，向 RM 提交 MapReduce 作业（图中第 1 步）；新的作业 ID（应用 ID）由 RM 分配（第 2 步）；作业所属的 Client 核实作业的输出，计算输入的 Split，将作业的信息（包括 jar 包，配置文件，Split 信息）复制给 HDFS 文件系统（第 3 步）；最后，通过调用 RM 的 submitApplication()来完成作业提交（第 4 步）。

2）作业初始化

当 RM 收到 submitApplciation()的请求，即将该请求发给调度器（Scheduler）分配 Container（第 5a 步），然后 RM 在该 Container 内启动 AM 进程（第 5b 步），由 NM 监控。MapReduce 作业的 AM 是一个类型为 MRAppMaster 的 Java 进程，它先完成作业初始化（第 6 步），再从 HDFS 中读取该作业的 Split 信息（第 7 步），通过创造一些 bookkeeping 对象来监控作业的进度，得到任务的进度和完成报告。

3）任务分配

如果作业很小，AM 会选择在其自己的 JVM 中运行任务。如果不是小作业，那么 AM 会向 RM 请求 Container 来运行所有的 Map 和 Reduce 任务（第 8 步）。这些请求是通过心跳来传输的，包括每个 Map 任务的数据位置，比如存放输入 Split 的主机名和机架。AM 利用这些信息来调度任务，尽量将任务分配给存储数据的节点，或者分配给与存放输入 Split 节点相同机架的节点。

4）任务运行

当一个任务由 RM 的 Scheduler 分配一个 Container 后，AM 通过联系 NM 来启动

Container(第 9a 步),任务由一个主类为 YarnChild 的 Java 应用执行(第 9b 步)。在运行任务之前首先从 HDFS 读取任务需要的资源,比如作业配置、jar 文件,以及分布式缓存的所有文件(第 10 步),然后执行 Map 或 Reduce 任务(第 11 步)。

5) 进度和状态更新

运行中的任务将其进度和状态(包括 counter)返回给 AM,客户端每秒钟(通过 mapreduce. client. progressmonitor. pollinterval 设置)向 AM 查询进度更新,并展示给用户。

6) 作业完成

除了向 AM 请求作业进度外,客户端每隔 5 分钟会通过调用 waitForCompletion()来检查作业是否完成。这个时间间隔可以通过 mapreduce. client. completion. pollinterval 来设置。作业完成之后, AM 和 Container 会清理工作状态,作业的信息会被存储以备以后用户查询。

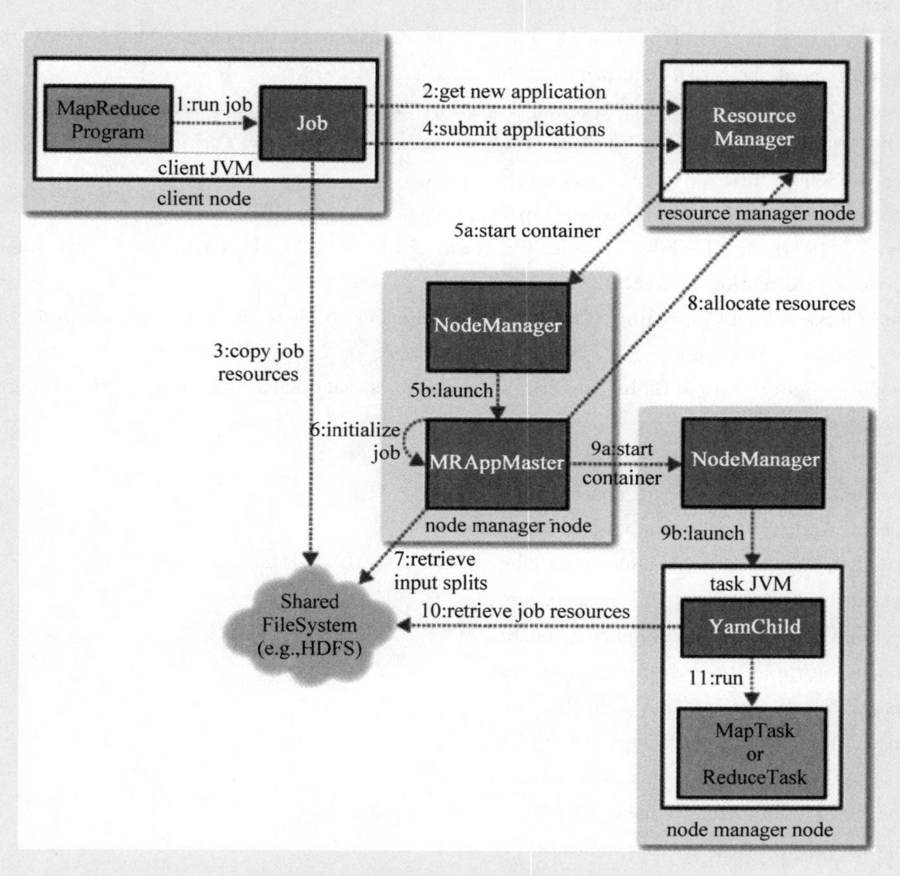

图 11-75 YARN 的作业执行流程

参 考 文 献

[1] ApacheHadoop. http://hadoop. apache. org/core/.

[2] Hortonworks. What is apche Hadoop[EB/OL]. 2013[2016-07-08]. http://hortonworks. com/Hadoop/.

[3] ApacheLucene. http://lucene. apache. org/.

[4] Ghemawat S, Gobioff H, Leung S T. The google file system. Proc of the 19th ACM Symposium on Operating System Principles, 2003: 29-43.

[5] Dean J, Ghemawat S. MapReduce: Simplified data processing on large clusters. Proc of the 6th Symposium on Operating System Design and Implementation, 2004: 137-150.

[6] Hadoop Distributed File System(HDFS). https://github. com/apache/hadoop-hdfs/.

[7] CentOS. https://www. centos. org/.

[8] Ubuntu. http://www. ubuntu. org. cn/global.

[9] Apache Hadoop YARN. http://hadoop. apache. org/docs/r2. 7. 2/hadoop-yarn/hadoop-yarn-site/YARN. html.

[10] Vavilapalli, Vinod Kumar, et al. Apache hadoop yarn: Yet another resource negotiator. Proceedings of the 4th annual Symposium on Cloud Computing. ACM, 2013.

[11] Apache HBase. http://hbase. apache. org/.

[12] Thusoo A, Sarma J S, Jain N, et al. Hive: A warhousing solution over a Map-Reduce framework. Proceedings of the VLDB endowment, 2009, 2(2): 1626-1629.

[13] Olston C, Reed B, Srivastava U, et al. Pig latin: Anot-so-foreign language for data processing. Proc of the 2008 ACM SIGMOD Int Conf on management of Data. New York: ACM, 2008: 1099-1110.

[14] Apache Sqoop. http://sqoop. apache. org/.

[15] Apache Flume. https://github. com/apache/flume.

[16] Postel J, Reynolds J. File Transfer Protocol, RFC 959. Menlo Park, CA: SRI International, Network Information Center, 1985.

[17] Amazon S3, Cloud Computing Storage for Files, Images, Videos. https://aws. amazon. com/cn/s3/Aws. amazon. com(2006-03-01). Retrieved on 2012-08-09.

[18] Windows Azure Storage Blobs(WASB). https://docs. microsoft. com/en-us/azure/storage/storage-introduction.

[19] Apache Zookeeper. http://zookeeper. apache. org/.

[20] Apache Oozie. http://oozie. apache. org/.

[21] Apache Ambari. http://ambari. apache. org/.

[22] Apache Chukwa. http://chukwa. apache. org/.

[23] Apache Hama. http://hama. apache. org/.

[24] Apache Giraph. http://giraph. apache. org/.

[25] Apache Storm. http://storm. apache. org/.

[26] Apache Spark. http://spark. apache. org/.

[27] Apache Drill. http://drill. apache. org/.

[28] Apache Tez. http://tez. apache. org/.

[29] Apache Mahout. http://mahout. apache. org/.

[30] Apache Avro. http://avro. apache. org/.

[31] Hue. http://gethue. com/.

[32] Hortonworks Data Platform(HDP). http://zh. hortonworks. com/products/data-center/hdp/.

[33] Cloudera Distributed Hadoop (CDH). http://www. cloudera. com/products/apache-hadoop/key-cdh-components. html.

[34] MapR Hadoop. https://www. mapr. com/products/apache-hadoop.

[35] Elastic MapReduce(EMR). https://aws. amazon. com/cn/emr/.

[36] IBM InfoSphere BigInsights. http://www. ibm. com/support/knowledgecenter/SSPT3X_3. 0. 0/com. ibm. swg. im. infosphere. biginsights. product. doc/doc/c0057605. html.

[37] Microsoft HDInsight and Hadoop for Windows. http://social. technet. microsoft. com/wiki/contents/articles/6204. hdinsight-services-for-windows. aspx.
[38] Seth Gilbert and Nancy Lynch, Brewer's conjecture and the feasibility of consistent, available, partition-tolerant web services, ACM SIGACT News, Volume 33 Issue 2(2002). 51-59.
[39] Apache Cassandra. http://cassandra. apache. org/.
[40] DynamoDB. https://aws. amazon. com/cn/dynamodb/.
[41] F Chang, J Dean, S Ghemawat, et al. Bigtable: A distributed storage systems for structured data. ACM TOCS, 26: 2, 2008.
[42] Thrift Gateway. http://hbase. apache. org/0. 94/apidocs/org/apache/hadoop/hbase/thrift/package-summary. html.
[43] REST Gateway. http://www. cloudera. com/documentation/enterprise/latest/topics/admin_hbase_rest_api. html.
[44] Index HBase(IHBase). https://github. com/NGDATA/hbase-indexer.
[45] Apache Solr. http://lucene. apache. org/solr/.
[46] Apache Phoenix. http://phoenix. apache. org/.
[47] Huawei Hindex. https://github. com/Huawei-Hadoop/hindex.
[48] L Lamport. Fast Paxos. Distributed Computing, 2006, 19(2): 79-103.
[49] Fusion Developer's Guide for Oracle Application Development Framework 11g Release 1(11. 1. 1).
[50] S Keshav. An Engineering Approach to Computer Networking. Addison-Wesley, Reading, MA, 1997: 215-217.
[51] Ghodsi, Ali, et al. Dominant resource fairness: fair allocation of multiple resource types. Usenix Conference on Networked Systems Design and Implementation USENIX Association, 2011: 323-336.
[52] Hadoop Capacity Scheduler: https://hadoop. apache. org/docs/stable/hadoop-yarn/hadoop-yarn-site/CapacityScheduler. html.

习题

1. Hadoop 集群中可以用几种模式进行？每种模式有哪些特点？
2. Hadoop 的核心配置是什么？拥有哪些配置文件？
3. 集群中的 Master 和 Slave 节点是如何组成的？
4. 为什么 SSH 本地主机需要密码？如果在 SSH 中添加 Key，是否还需要设置密码？
5. 如何重启 NameNode？

第12章 MapReduce计算模型

12.1 分布式并行计算系统

对于并行计算系统，斯坦福大学教授 Michael J. Flynn 于 1972 年提出了并行计算模型的 Flynn 分类[1]，即按照指令流和数据流分为如下 4 种计算模型（如图 12-1 所示）。

（1）单指令流单数据流（Single Instruction Stream，Single Data Stream，SISD）；

（2）单指令流多数据流（Single Instruction Stream，Multiple Data Streams，SIMD）；

（3）多指令流单数据流（Multiple Instruction Streams，Single Data Stream，MISD）；

（4）多指令流多数据流（Multiple Instruction Streams，Multiple Data Streams，MISD）。

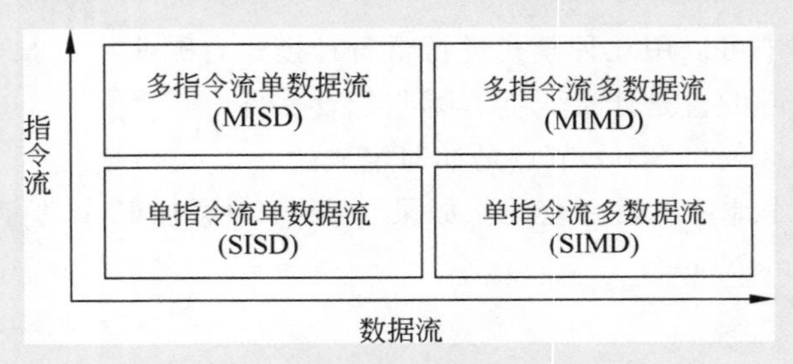

图 12-1　Flynn 的并行计算模型分类

1. 单指令流单数据流

SISD 是采用一个指令流处理单个数据流。SISD 机器是一种传统的串行计算机，它们大多是单处理器（Uniprocessor）系统，硬件不支持任何形式的并行计算，所有的指令都是串行执行。并且在一个时钟周期内，CPU 只能处理一个数据流，如图 12-2(a)所示。因此这种机器被称作单指令流单数据流机器。早期的单处理器计算机都是 SISD 机器，如 IBM PC、早期的巨型计算机和许多 8 位的家用计算机等。

2. 单指令流多数据流

SIMD是采用一个指令流处理多个数据流。这类计算机可以是多个CPU或GPU,但运行同一套指令流处理不同的数据集,如图12-2(b)所示。这种计算模型在数字信号处理、图像处理,以及多媒体信息处理等领域得到广泛应用。现代计算机即使是单处理器也多半是多核,即带有多个CPU,也就是说我们现在用的单处理器计算机基本上都属于SIMD机器。如Intel处理器实现的MMXTM、SSE(Streaming SIMD Extensions)、SSE2及SSE3扩展指令集,都能在单个时钟周期内处理多个数据单元。

3. 多指令流单数据流

MISD是采用多个指令流来处理单个数据流,如图12-2(c)所示。由于在实际情况中,采用多指令流处理多数据流才是更有效的方法,因此MISD只是作为理论模型出现,没有得到实际应用。

4. 多指令流多数据流

MIMD是采用多个指令流同时处理多个数据流,这些指令流分别对不同数据流进行操作,如图12-2(c)所示。MIMD系统是一种典型的多处理器并行计算体系,它又分为多核(单地址空间共享内存)计算和分布式计算(多地址空间独立内存)两大类,这在后面有详细叙述。

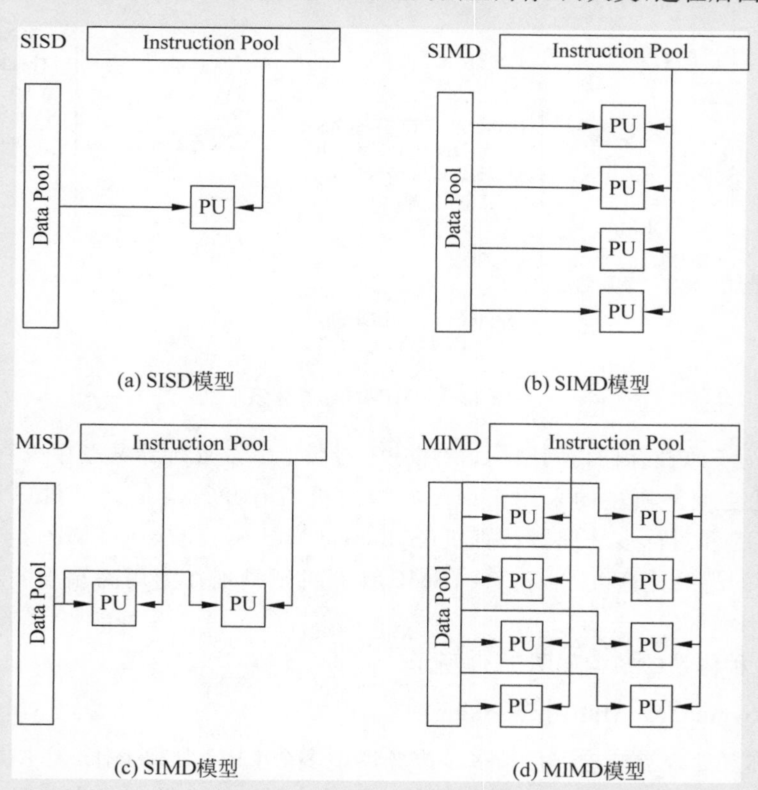

图12-2 4种并行计算模型

SISD已是一种淘汰的计算体系,MISD并无实际应用价值,SIMD只适合于一些集中式处理数据的应用场景(如图像处理、GPU计算),只有MIMD模型在并行计算、分布式计算,以及大数据计算领域得到了广泛采用，成为一种主流计算体系和模式。

如图 12-3 所示，按照处理器是否共享内存，MIMD 又分为多处理器共享内存（单地址空间）机器和多计算机独立内存（多地址空间）体系两大类。前者包括 UMA（Uniform Memory Access）架构和 NUMA（Nom-uniform Memory Access）架构；后者包括 MPP（Massive Parallel Processing）和集群（Cluster）两种计算架构。归属于 MIMD 体系的计算机有并行向量处理机（PVP）、对称多处理机（SMP）、大规模并行处理机（MPP）、工作站机群（COW）、分布式共享存储处理机（DSM）等主要类型，下面对其一一进行介绍。

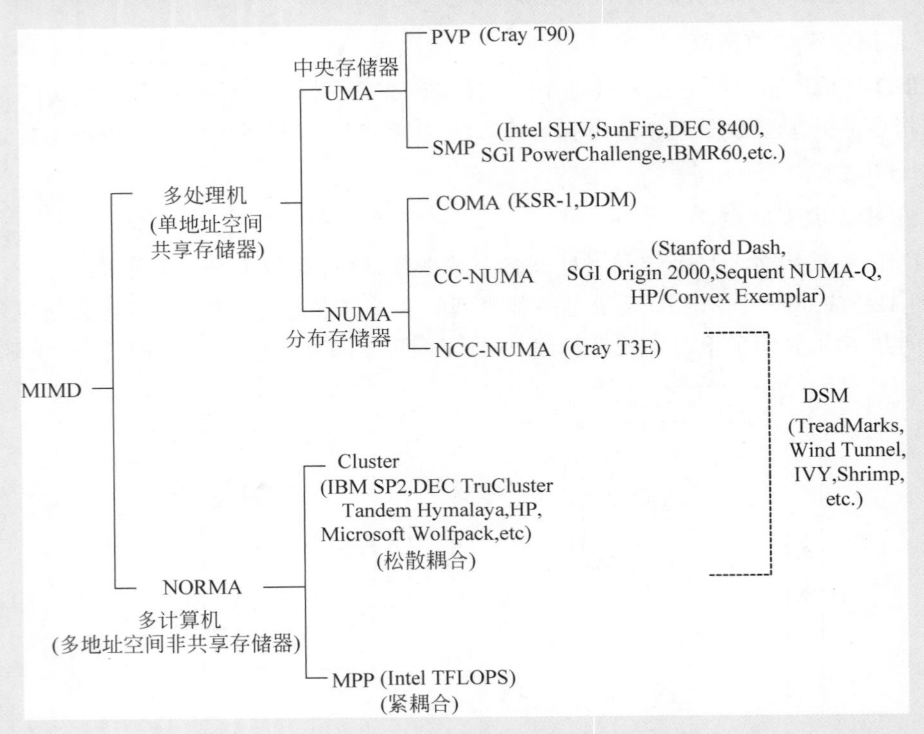

图 12-3 MIMD 计算体系

UMA 称为一致性存储访问结构，指在一个母版上多个处理器共享中央存储器，具有统一的内存地址空间。典型的采用 UMA 架构的机器有并行向量处理机（Pipeline Vector Processor，PVP）和对称多处理器计算机（Symetric Multi-processor，SMP）。并行向量处理机有克雷公司的超级计算机 Cray T90，SMP 计算机则是现在商用高端服务器的主流机型之一。

MIMD 各种体系的结构如图 12-4 所示。

1. SMP（Symmetric Multi-processing）

SMP 对称多处理器结构[2]是指多核服务器中多个 CPU 对称工作，无主次或从属之分，各 CPU 共享相同的物理内存，使用同一地址空间，每个 CPU 访问内存中的任何地址所需时间是相同的（不存在因访问异地内存导致的延迟时间）。对 SMP 服务器进行扩展的方式包括增加内存、使用更快的 CPU、增加 CPU 个数、扩充 I/O（槽口数与总线数）以及添加更多的外部设备（通常是磁盘存储）。

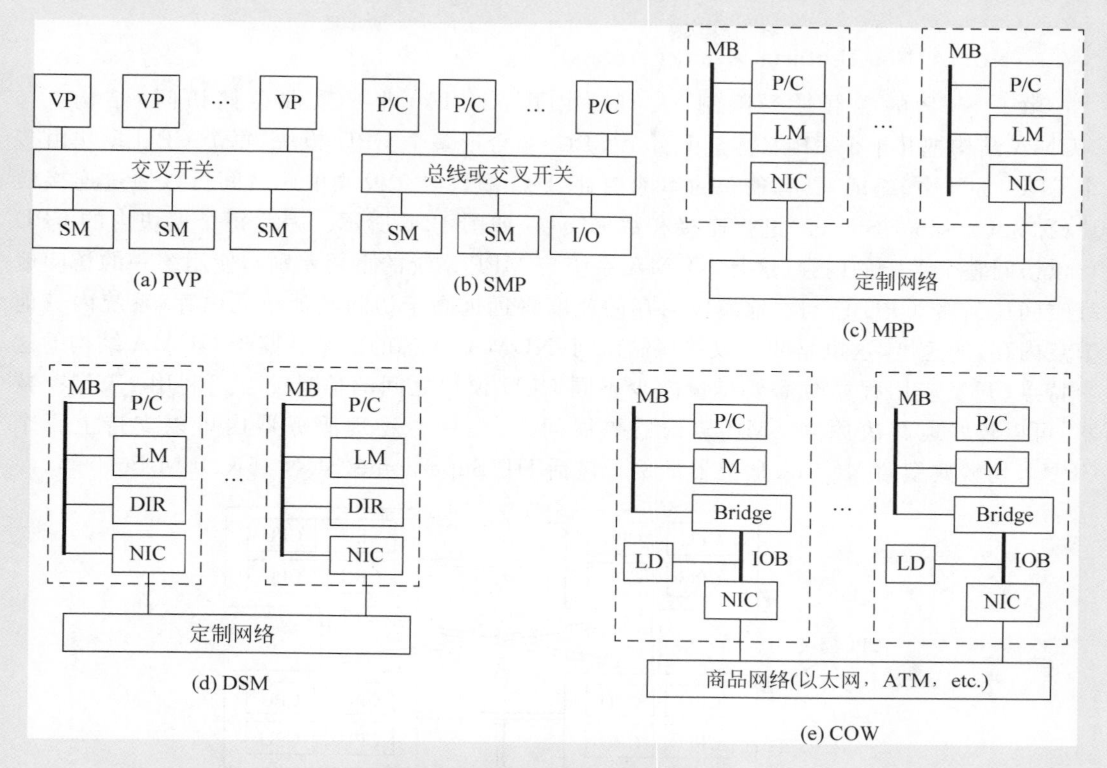

图 12-4 MIMD 各种体系的结构

SMP 服务器的主要特征是共享物理资源，系统中所有资源(CPU、内存、I/O 等)都是共享的。也正是由于这个特征，导致了 SMP 服务器的扩展能力非常有限。对于 SMP 服务器而言，每一个共享的资源都可能造成 SMP 服务器扩展时的性能瓶颈，而最受限制的则是内存空间。由于每个 CPU 必须通过相同的内存总线访问相同的物理内存，导致随着 CPU 数量的增加，内存访问冲突将迅速增加，在存储器接口达到饱和的时候，增加处理器并不能获得更高的性能，反而造成 CPU 资源的浪费，使 CPU 有效使用率大大降低。实验证明，SMP 服务器 CPU 利用率最好的情况是 2～4 个 CPU(如图 12-5 所示)。

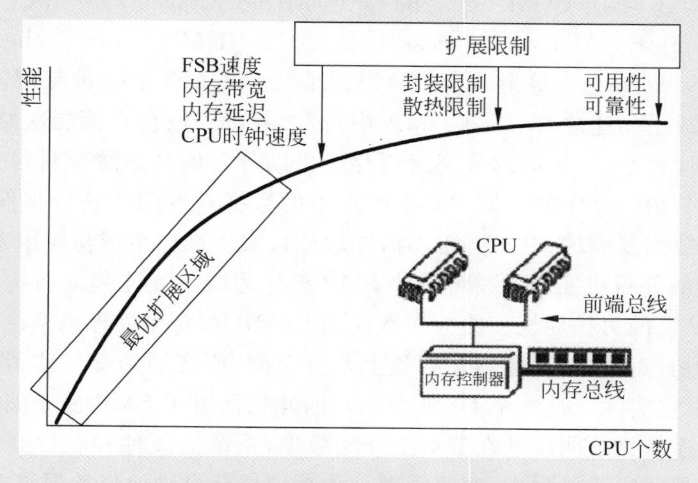

图 12-5 SMP 计算机性能与 CPU 数目关系

2. NUMA(Non-Uniform Memory Access)

由于SMP的扩展性受限制，人们提出了NUMA(非一致性存储访问)结构[3,4]。NUMA结构把几十个CPU(甚至上百个CPU)组合成多个CPU模块，每个CPU模块由多个CPU(如4个)组成，具有独立的本地内存、I/O槽口等。模块单元之间可以通过连接模块(称为Crossbar Switch)进行连接和数据交换，如图12-6所示。因此每个模块内的CPU可以访问整个系统的内存(这是NUMA系统与MPP系统的重要差别)，使用统一的访问地址空间。当然，CPU访问本地模块内存的速度将远远高于访问其他单元内存(系统内其他节点内存)的速度，这也是非一致性存储访问(NUMA)名称的由来。鉴于NUMA结构的这个特点，开发应用程序时需要尽量减少不同CPU模块之间的信息交互。利用NUMA技术，可以较好地解决原来SMP架构的扩展问题，在一台物理服务器内可以支持上百个CPU。比较典型的NUMA服务器的例子包括HP Superdome、SUN 15K、IBM P690等。

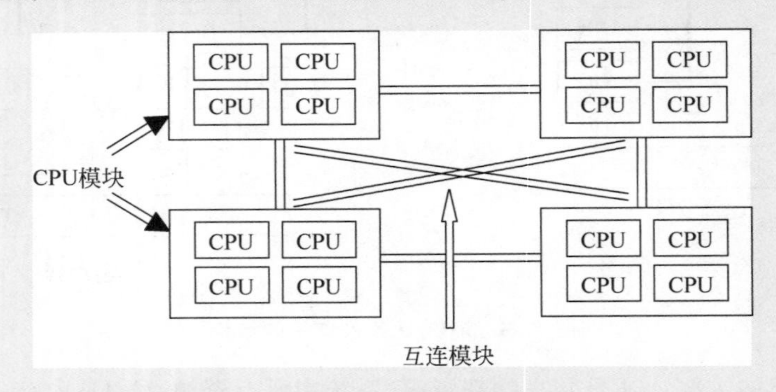

图12-6 NUMA组成结构

NUMA技术也有一定缺陷。由于访问远地内存的时延远远超过本地内存，因此当CPU数量增加超过一定值时，其系统性能无法线性增加。HP公司发布Superdome服务器时，曾公布了它与其他UNIX服务器的相对性能值的比较，结果发现，64路CPU的Superdome(NUMA结构)的相对性能值是20，而8路N4000(共享的SMP结构)的相对性能值是6.3。从这个结果可以看到，8倍数量的CPU换来的只是3倍性能的提升。

NUMA结构还包括COMA(Cache-Only Memory Access)[5,6]，CC-NUMA(Cache Coherent Non-Uniform Memory Access)[7,8]，NCC-NUMA(Non-Cache Coherent Non-Uniform Memory Access)[9]等形式。COMA实际是NUMA的一种特例，它将NUMA中的分布存储器换成了高速缓存。在COMA中，每个节点上没有存储层次结构，所有的高速缓存构成了全局地址空间，访问远程高速缓存要借助分布的高速缓存目录。CC-NUMA的Cache Coherent是指缓存中的数据和共享内存中的数据有专门的硬件来保持一致，不需要软件来保持多个数据复制的一致性，也不需要软件来实现操作系统与应用系统的数据传输。CC-NUMA结构的并行机实际上是将一些SMP机作为节点互连起来而构成的并行机。这样可以改善SMP机的可扩展性。绝大多数商用CC-NUMA多处理机系统使用基于目录的高速缓存一致性协议；它的存储器在物理上是分布的，所有的局部存储器构成了共享的全局地址空间(所以它实际上是一个DSM系统)，因此它保留了SMP易于编程的优点。它最显著的优点是程序员无须明确地在节点上分配数据，系统的硬件和软件开始时自动在各节点分配数据。在程序运行过程中，高速缓存一致性硬件会自动地将数据移至需要它的地方。

CC-NUMA 和 COMA 的共同特点是它们都对高速缓存一致性提供硬件支持，而在另一种访存模型 NCC-NUMA（Non-Cache Coherent Non-Uniform Memory Access）中，则没有对高速缓存的一致性提供硬件支持。

在支持远程节点内存访问和统一访问地址空间的 UMA 和 NUMA 架构之外，还有一大类不支持远程节点内存访问的结构，称为 NORMA（No-remote Memory Access）结构，这类结构的显著特点如下。

（1）每个节点的内存都是私有的，地址空间也各自不同，没有统一存储访问地址。

（2）不支持远程节点的内存访问。

（3）节点间的通信采用消息传递方式。

UMA 和 NUMA 采用的是共享内存架构，而 NORMA 则是基于同一总线（Interconnect Network）把所有的独立计算节点连接起来的分布式内存架构，其关键区别在于：在共享内存架构中，数据一致性由硬件专门管理，而在分布式内存架构中，节点之间的数据一致性由系统软件甚至是应用程序来管理，这导致两者的编程模型完全不一样。基于 NORMA 结构的计算机体系又有 MPP（大规模并行计算）和 Cluster（集群）架构两大类。

3. MPP（Massive Parallel Processing）

和 NUMA 不同，MPP 提供了另外一种由许多松耦合计算单元组成的并行计算架构，这些计算单元有独立的存储和地址空间，节点间通过总线连接，每个节点只访问自己的本地资源（内存、存储等），是一种完全无共享（Share Nothing）结构（图 12-7），因而扩展性非常好。这些独立的计算单元实际可看作系统内部的 SMP 机器，它们通过节点网络相连、协同工作，在外部用户看来构成一台服务器。与 NUMA 结构不同的是，MPP 不存在异地内存访问的问题。换言之，每个节点的 CPU 不能访问另一个节点的内存。由于没有硬件提供的全局访问和数据分配功能，MPP 计算架构需要由软件层提供平衡节点负载和调度并行处理任务的机制，这就导致 MPP 架构的编程模型较为复杂，应用程序开发成本较高，常常需要专用系统软件或中间件的支持。

从架构角度，NUMA 与 MPP 有许多相似之处：它们都由多个节点组成，每个节点都具有自己的 CPU、内存、I/O，节点之间都可以通过节点互连机制进行信息交互。它们的主要区别在于节点间互连机制和远程内存访问两个方面。NUMA 的节点连接是在一个物理服务器内部全局实现的，即一个节点内的 CPU 可以访问其他节点的内存；而 MPP 的节点连接是在不同的节点间通过 I/O 外部实现的，即每个节点的 CPU 只能访问本节点内存，节点之外的信息交互通过节点间的 I/O 来实现。另外，支持远程内存访问机制不同。NUMA 服务器内部任何一个 CPU 可以访问整个系统的内存，但远程访问的性能远低于本地内存访问，因此在开发应用程序时应尽量避免远程内存访问。MPP 服务器中的每个节点只访问本地内存，不支持远程内存访问。

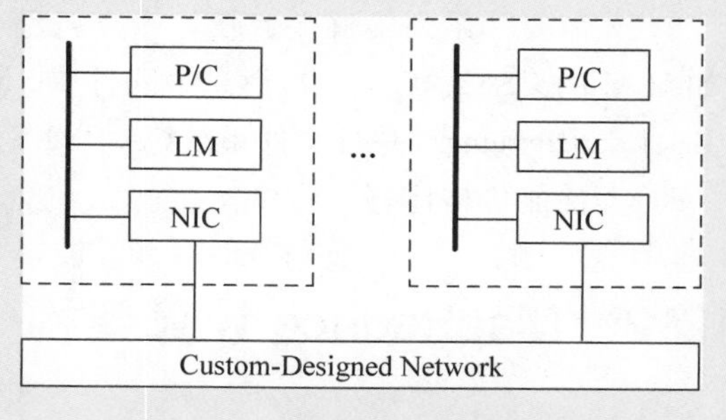

图 12-7 MPP 体系架构

总结起来，MPP 架构具有如下特性。

(1) 处理节点采用商业处理器；

(2) 系统采用物理分布的存储器；

(3) 节点通信采用高通信带宽和低延迟的系统连接网络；

(4) 扩展性好，能扩展至成百上千个处理器；

(5) 采用异步并行计算模型，应用程序系由多个进程组成，每个进程都有其私有地址空间，进程间采用消息传递。

4. 集群(Cluster)

计算机集群是由一组独立的计算机节点通过高速局域网(Ethernet、UDDI、ATM等)连接组成的一个松散耦合的分布式计算系统，以单一系统的模式对用户提供服务。集群中的每一个节点都是一台独立的计算机，有自己的内存、磁盘、I/O和网络接口，是一种完全的Shared Nothing结构，如图12-8所示。集群架构与MPP架构的差别在于：MPP的CPU多采用专用芯片(现在也倾向于普通商业芯片)，连接网络也是专用的高通信带宽专用网络；而集群架构所采用的机器和连接网络均为通用商业产品，采用的是开放式架构和标准。

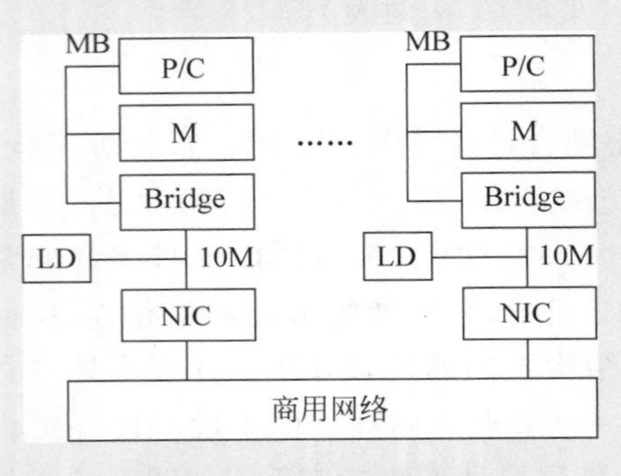

图12-8 集群体系结构

综合上述，集群架构通常具有如下特点。

(1) 系统由多个独立的机器(服务器或工作站，称为集群节点)通过高速局域网连接在一起。每个节点拥有独立的内存和磁盘，一个节点的CPU不能直接访问另外一个节点的内存。

(2) 每个节点拥有独立的O/S和文件系统，可进行本机独立的I/O操作。

(3) 节点间支持消息传递方式的数据交换，使用如MPI、PVM等中间件支持并行计算模式。

(4) 在节点内部(本地机器上)支持共享内存方式的并行计算模式，可使用OpenMP、pthreads等编程模型。

(5) 需要一系列集群平台软件来支持整个系统的管理与运行，包括集群系统管理软件(如IBM的CSM、xCat等)，消息中间件(如MPI、PVM等)，作业管理与调度系统(如LSF、PBS、LoadLeveler)，并行文件系统(如PVFS、GPFS等)。

(6) 性能价格比好。

12.2 MapReduce计算架构

MapReduce[10]是Google公司提出的一种面向大规模海量数据处理的高性能并行计算平台和软件编程框架，是目前最为成功和最易于使用的大规模数据并行处理技术，广泛应用于搜索引擎(文档倒排索引，网页链接图分析与页面排序等)、Web日志分析、文档分析处理、机器学习、机器翻译等各种大规模数据领域。MapReduce属于MIMD类型，是一种运行在Hadoop集群架构上的并行计算编程模型。分布式文件系统HDFS和并行编程模型MapReduce构成了大数据计算平台Hadoop的两个核心功能模块，提供了在普通商业集群上完成大数据集计算处理的能力。

作为一种分布式并行计算模型，MapReduce 可支持如下的算法并行实现和应用类型。

(1) 分布式排序算法；

(2) 分布式 GREP(文本匹配查找)；

(3) 关系代数操作(选择、投影、求交集、并集等)；

(4) 矩阵向量相乘；

(5) 词频统计(Word Count)，词频重要性分析(TF-IDF)；

(6) 词频同现关系分析；

(7) 文档倒排索引；

(8) 聚类算法(文档聚类、图聚类、其他数据集聚类)；

(9) 图算法(并行化 BFS(宽度优先搜索)、最小生成树、子树搜索与比对、PageRank、垃圾邮件链接分析)；

(10) 搜索引擎(网页抓取、倒排索引、网页排序、搜索算法)；

(11) Web 日志分析(统计分析、挖掘用户 Web 访问、行为特征，进行个性化定制或者定点广告投放)；

(12) 数据/文本分析(如科技文献引用关系分析和统计、专利文献引用分析与统计)；

(13) 电子商务数据挖掘(客户数据、订单数据、供应链管理、精准营销)；

(14) 社交类应用。

MapReduce 计算模型借鉴了函数型语言(如 LISP)中的内置函数 map 和 reduce 的概念，其本质思想是基于分治法(Divide-and-Conquer)[11,12]将大数据集划分为小数据集，小数据集划分为更小数据集，将最终划分的小数据分布到集群节点上以并行方式完成计算处理，然后再将计算结果递归融汇，得到最后结果。Hadoop 提供了 MapReduce 计算模型的开源实现，给 MapReduce 应用程序开发提供了封装良好、易于使用的编程接口。

图 12-9 描述了 Hadoop 集群上 MapReduce 的计算架构，主要包括以下 4 个组件(Hadoop 2.0 以后引入了集群管理器 YARN[13]，运行在 YARN 之上的 MapReduce 的架构见图 12-10，具体的 YARN/MapReduce 运行模式见 11.5.3 节)。

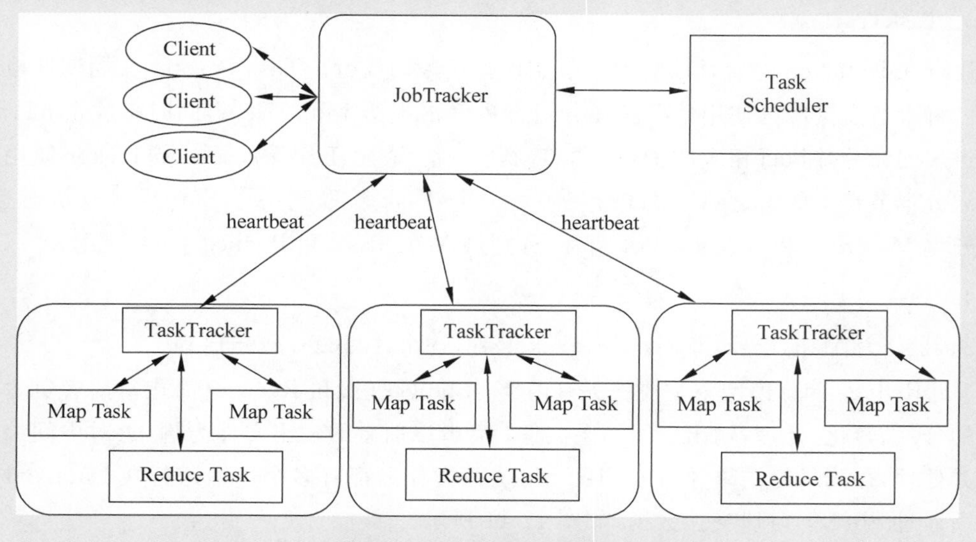

图 12-9 MapReduce 计算架构

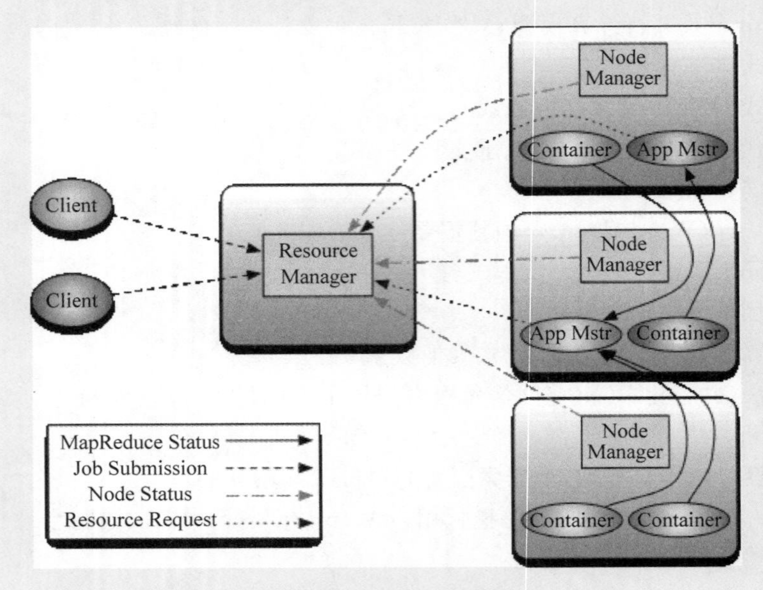

图 12-10　YARN 之上的 MapReduce 软件架构

1. Client

用户编写的 MapReduce 程序通过 Client 提交到 JobTracker 端，用户可通过 Client 提供的一些接口查看作业运行状态。

2. JobTracker

运行在 NameNode 节点上，提供集群资源的调配和作业调度管理，监控所有 TaskTracker 与作业的运行状况，一旦发现失败，就将相应的任务转移到其他节点。JobTracker 还会跟踪任务的执行进度、资源使用率等信息，并将这些信息告诉任务调度器（TaskScheduler），让调度器在资源出现空闲时，选择合适的任务去使用这些资源。

3. TaskTracker

运行在 DataNode 上，具体管理本节点计算任务的执行。TaskTracker 会周期性地通过"心跳"将本节点资源的使用情况和任务运行进度汇报给 JobTracker，同时接收 JobTracker 发送过来的命令并执行相应的操作（如启动新任务、杀死任务等）。TaskTracker 使用 Slot 等量划分本节点上的资源（CPU、内存等）。一个 Task 获取到一个 Slot 后才有机会运行，Slot 分为 Map Slot 和 Reduce Slot 两种，分别供 Map Task 和 Reduce Task 使用。

4. Task

Task 分为 Map Task 和 Reduce Task 两种，均由 TaskTracker 启动。

MapReduce 计算模型中主要任务有两类：Map（映射）和 Reduce（简化），前者负责输入数据的分片、转化、处理，输出中间结果文件；后者以前者的输出文件为输入，对中间结果进行合并处理，得到最终结果并写入 HDFS。这两类任务都有多个进程运行在 DataNode 上，相互间通过 Shuffle 阶段交换数据，如图 12-11 所示。

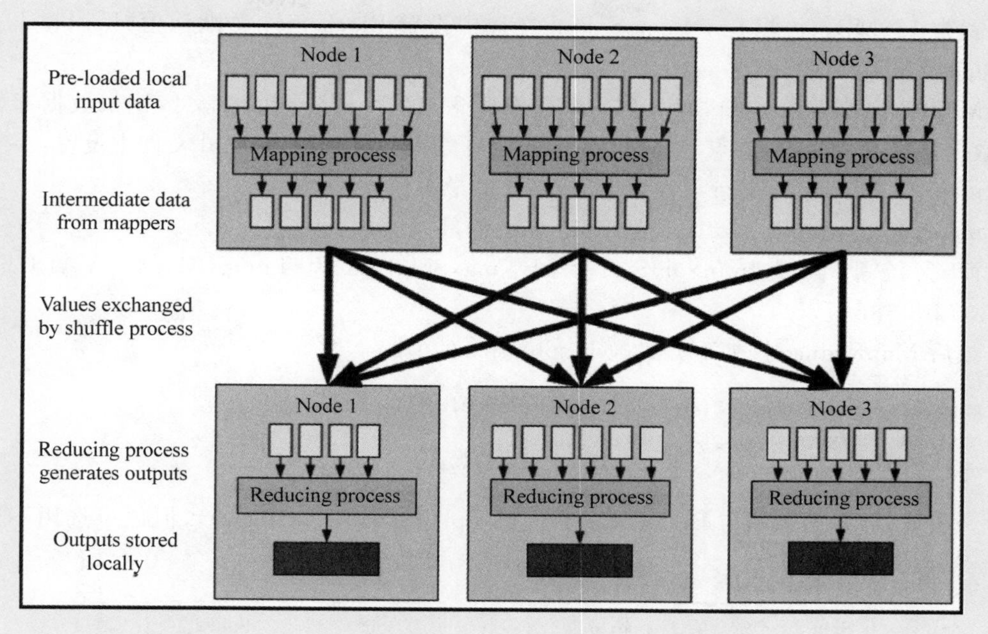

图 12-11 运行在节点上的 **Map** 和 **Reduce** 进程

12.3 键值对与输入格式

MapReduce 计算模型是以键值对格式来完成数据计算处理的。MapReduce 处理的输入文件格式可以是 text 文件、表格文件、二进制格式文件，或是其他用户定义格式文件，但在计算过程中 MapReduce 是以键值对(Key, Value)的形式调用、缓存、处理文件数据的。

所谓键值对就是由“键”(Key)和“值”(Value)组成的一个二元组结构(Key, Value)。键是行键(RowKey)，多半用作索引；值是字符串或二进制数组形式，包含存储数据或信息。需要注意，键(Key)可以是基础型数据如整数、浮点数、字符串或未经加工的字节数组，也可以是任意形式的用户数据类型，用户可借助于 Protocol Buffer、Thrift 或 Avro 这类工具完成数据类型定义。下面是一些键值对的例子。

(123,“文件序列编号”)

(“hello”,“1 1 1 1 1 1 1 1 1 1 1 1 1”)

(579.12,“aabbccddeeffgghhiijjkk”)

(“name-0001”,“hsget524 ## ** juyfyf...”)

1. 文件分片

MapReduce 处理的数据是以文件形式从 HDFS 读入，出于并行计算的需要，MR 要把大数据文件进行分片，生成一个个 InputSplit(简称为 Split)，而一个 InputSplit 对应一个计算任务(Task)，分配到计算节点(DataNode)由 Map/Reduce 进程执行计算处理。Split 是我们对数据文件出于计算需要的逻辑划分单位，但一个 HDFS 文件在集群中实际是以块(Block)的物理形式存储的，Split 与 Block 的对应关系是如何的呢？

早期的 Hadoop 版本 Block Size 的默认值为 64MB，Hadoop 2.0 之后 Block Size 默认

值设置为 128MB。可以在 hdfs-site. xml 文件中设置 Block Size 的默认值 dfs. block. size (注意单位是 Byte)。

MapReduce 的分片(Split)只是一个逻辑概念,包含一些元数据信息,比如数据起始位置、数据长度、数据所在节点等,Split Size 的值可以在 mapred-site. xml 文件中设置:

mapred. min. split. size 可设置 Split Size 的最小值。

mapred. max. split. size 可设置 Split Size 的最大值。

而系统默认值 minSplitSize = 1B, maxSplitSize 为 Long. MAX _ VALUE = 9223372036854775807。

最后 MapReduce 按如下方式确定 split size 的值:

```
minSize = max{minSplitSize,mapred.min.split.size}
maxSize = mapred.max.split.size
splitSize = max{minSize,  min{maxSize,blockSize}}
```

一般而言,我们选用与 Block Size 相同的 Split Size(图 12-12(a)),但也可选用不同的 Split Size(图 12-12(b))。

Split 1	Split 1	...	Split *n*
Block 1	Block 2	...	Block *n*

(a) Split与Block的大小相同

Split 1		Split 2		...
Block 1	Block 2		Block *n*	...

(b) Split与Block的大小不同

图 12-12 分片(Split)的大小确定

图 12-13 很好地描述了文件块(Block)与文件分片(Split),以及文件块在 Hadoop 集群节点上存储的方式。一个 HDFS 文件可以按 Block 形式进行物理存储,即一个文件可以划分成多个 Blocks,如 Block 1, Block 2, …, Block 6,而每个 Block 都可以有多个副本存储在不同的 DataNode 上(比如 Block 4 的三个副本就分别存储在 DataNode1, DataNode5, DataNode6 上)。而 Split 只是一个逻辑上对 HDFS 文件的划分方式,Split 与 Block 可以是同样大小、一一对应关系(图 12-12(a)),也可以是大小不一样、不一一对应

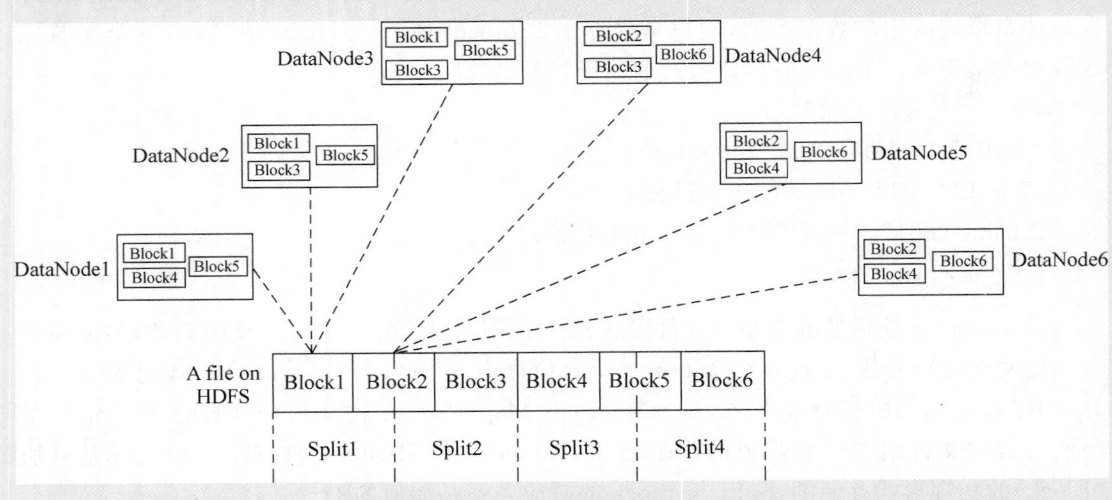

图 12-13 分块(Block)vs. 分片(Split)

的关系(图 12-12(b))。总之,Block 是 HDFS 的物理存储单元,而 Split 是 MapReduce 的计算逻辑单元。

2. map 数目设置

在 Split 与 Block 大小不同时,Hadoop 另外提供了一种设置 map 数目的方法。首先可以通过设置参数 mapred. map. tasks 来确定 map 的数目(要注意的是,通过这种方式设置 map 数目并不是每次都有效,原因是 mapred. map. tasks 只是 Hadoop 用的一个系统参考值,Hadoop 可能因为其他重要因素重设 map 的数目)。另外,MapReduce 会遵循如下的步骤来计算出 map 的数目。

先定义如下几个参数。

block_size: HDFS 文件的 Block Size,默认为 64MB(Hadoop 2.0 以后为 128MB),可以通过参数 dfs. block. size 设置。

total_size: 输入文件整体的大小。

input_file_num: 输入文件个数。

(1) 使用默认 map 数。

如果不进行任何设置,默认的 map 数由 blcok_size 决定:

```
default_num = total_size / block_size;
```

(2) 预设 map 数目。

可通过参数 mapred. map. tasks 来设置期望的 map 数目,但是这个数只有在大于 default_num 的时候才会生效。

```
goal_num = mapred.map.tasks;
```

(3) 设置分片大小(Split Size)。

可以通过 mapred. min. split. size 设置每个 Task 处理的 Split 的大小,但是这个大小只有在大于 block_size 的时候才会生效。

```
split_size = max(mapred.min.split.size, block_size);
split_num = total_size / split_size;
```

(4) 计算 map 数目。

```
compute_map_num = min(split_num,  max(default_num, goal_num))
```

(5) 每一个 map 处理的分片是不能跨越文件的,也就是说 min_map_num ≥ input_file_num。所以,最终的 map 个数应该为:

```
final_map_num = max(compute_map_num, input_file_num)
```

通过以上分析,设置 map 数目的准则可以简单地归纳为以下几点。

(1) 如果想增加 map 个数,则设置 mapred. map. tasks 为一个较大的值;

(2) 如果想减小 map 个数,则设置 mapred. min. split. size 为一个较大的值;

(3) 如果输入中有很多小文件,依然想减少 map 数目,则需将小文件 merge 为大文件(调用 CombineFileInputFormat 方法),然后使用第二点准则。

3. 输入格式处理

上面讨论了 MapReduce 中输入文件的分片方法,即将大数据文件划分为规定大小的 Split,分发给 map 程序执行。但前面说过,输入文件可以是 text 文件、表格文件、二进制格式文件各种格式,但 MapReduce 计算是基于键值对格式(Key, Value)的计算处理,这就需要 MapReduce 提供将不同格式数据转换为键值表的步骤。事实上,MR 提供了一个基础类 InputFormat 类(图 12-14)来定义如何读入、分割和计算输入文件,它提供了下面的几个功能。

(1) 选择作为输入的文件或对象;

(2) 提供把文件分片的 InputSplits()方法;

(3) 为 RecordReader 读取文件提供一个工厂模式方法。

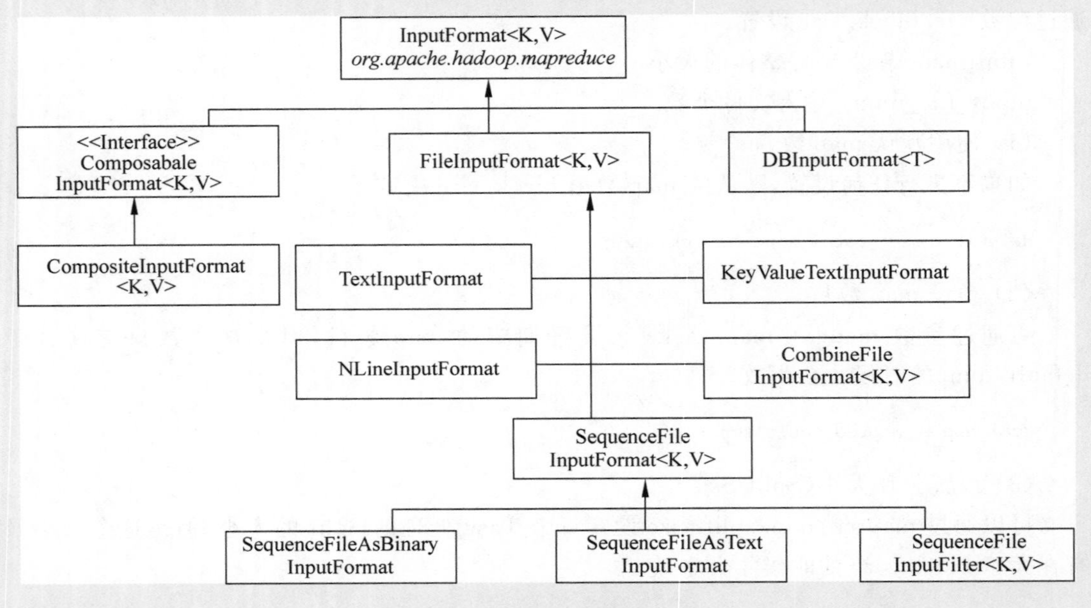

图 12-14 输入数据格式

自 InputFormat 以下 Hadoop 提供了几个抽象类 FileInputFormat、ComposableInputFormat、DBInputFormat 来支持各种数据文件的读入处理。当开启 Hadoop 作业时,FileInputFormat 会得到一个路径参数,这个路径内包含需要处理的文件,FileInputFormat 会读取这个文件夹内的所有文件(注:默认不包括子文件夹内的文件),然后它会把这些文件拆分成一个或多个的 split。

FileInputFormat 默认的输入格式是 text,归 TextInputFormat 处理,它把输入文件的每一行作为单独的一个记录,每一行的字节偏移量作为行键,而这一行整个字符串作为值,不做解析处理,这对那些没有被格式化的数据或是基于行的记录(比如日志文件)来说是很有用的。

另一个有趣的输入格式是 KeyValueInputFormat。这个格式也是把输入文件每一行作为单独的一个记录,然而不同的是 KeyValueInputFormat 则是通过搜寻这一行中的 tab 字符("/t")来把行拆分为键值对,tab 字符之前的字符串作为行键,之后的部分则作为值。这在把一个 MapReduce 的作业输出作为下一个作业的输入情形下特别有用，因为 map 的默认输出格式(后面描述)正是按 KeyValueInputFormat 的格式。

SequenceFileInputFormat 则用于读取特殊的 Hadoop 的二进制文件，这些文件包含能让 mapper 快速读取数据的特性。Hadoop 的 Sequence 文件是块压缩的并提供了对几种数据类型(不仅是文本类型)直接的序列化与反序列化操作，Squence 文件可以作为 MapReduce 作业的中间数据格式。

表 12-1 给出了 MapReduce 标准的输入格式和转换成键值对的方法。

上述 MapReduce 输入数据格式转换为键值对格式的工作实际上是由记录读取器(RecordReader)完成的。在确定了输入文件的分片(Split)后，RecordReader 类则被用来加载分片数据并把其格式转换为适合 Mapper 处理的键值对格式(表 12-1 所描述的)。RecordReader 实体(Instance)是按输入格式来生成的，默认的输入格式为 TextInputFormat，对应有一个 LineRecordReader，它会把输入文件的每一行字符 string 转换成一个(Key，Value)键值对，行键(Key)是该行在文件中的字节偏移量，列值(Column Value)则是这一行完整字符串。RecordReader 会在分片(Split)上循环调用直到整个 split 被处理完毕，每一次调用 RecordReader 时都会调用 Mapper 的 map()方法对生成的(Key，Value)键值对进行处理。

表 12-1 MapReduce 标准输入格式

输入格式	描述	键	值
TextInputFormat	默认格式，读取文件的行	行的字节偏移量	行字符串内容
KeyValueInputFormat	把行解析为键值对	第一个 tab 字符前的所有字符	行剩下的字符串内容
SequenceFileInputFormat	Hadoop 定义的二进制格式	用户自定义	用户自定义
SequenceFileAsTextInputFormat	是 SequenceFileInputFormat 的变体，它将键和值的顺序值转换为 text。转换的时候会调用键和值的 toString 方法。这个格式可以是顺序文件作为流操作的输入	转换后的键字符串	转换后的值字符串
SequenceFileAsBinaryInputFormat	SequenceFileAsBinaryInputFormat 是 SequenceFileInputFormat 的另一种变体，它将顺序文件的二进制格式键和值封装为 BytesWritable 对象，应用程序可以任意地将这些字节数组解释为需要的类型		
DBInputFormat	DBInputForma 是使用 JDBC 并且从关系数据库中读取数据的一种输入格式。由于它没有任何碎片技术，所以在访问数据库的时候必须非常小心，太多的 mapper 可能会使数据库受不了。因此 DBInputFormat 最好在加载小量数据集的时候用		

12.4 映射与化简

在客户端的 MapReduce 作业提交给 JobTracker 或 Resource Manager，完成输入数据文件的分片(Split)后，MapReduce 计算引擎即启动如图 12-15 所示的计算处理流程，这一工作流程主要包括如下步骤。

(1) Resource Manager 给提交的客户端 MapReduce 作业配置相应的计算资源(以 Container 形式)并启动多个工作线程 Worker，一部分 Worker 将承担 Map 任务(这部分 Worker 可称为 Mapper)，另一部分 Worker 将承担 Reduce 任务(这部分 Worker 可称为 Reducer)。

(2) 对应每一个 split，Application Master 会生成一个 Map 任务，然后分派一个 Mapper 去执行该 Map 任务；Application Master 也会生成一定数目的 Reduce 任务分派给 Reducer 去执行。Reduce 任务个数取决于集群中可用的 Reduce 任务槽(Slot)的数目，通常设置得比 Slot 数目小一些，这样可以预留一些资源处理可能发生的错误。

(3) Mapper 读取分派给它的输入数据 Split，并生成相应的键值表。

(4) Mapper 执行计算处理任务，将中间结果输出保存在本地缓存。

(5) Application Master 调度 Reducer 读取 Mapper 的中间输出文件，执行 Reduce 任务。

(6) Reducer 将最后结果写入输出文件保存到 HDFS。

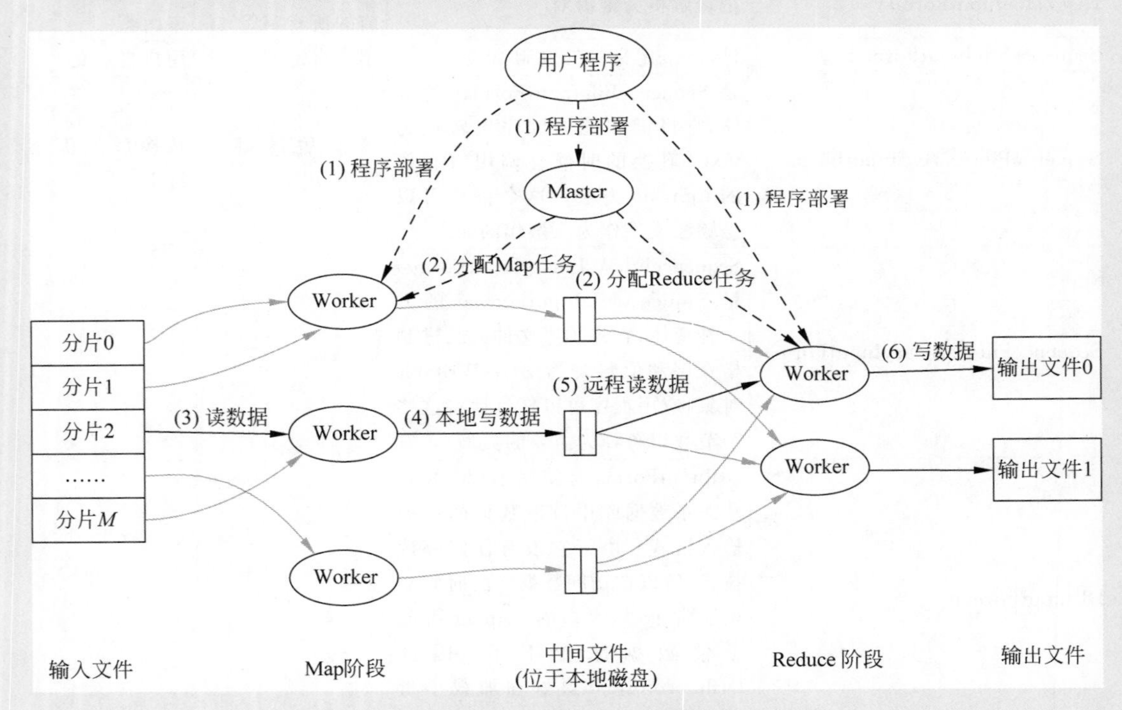

图 12-15 MapReduce 工作流程

上述 MapReduce 工作流程虽然描述了主要执行步骤，但 MapReduce 源代码实际上是按以下三个阶段来组织运算过程的(如图 12-16 所示)。

(1) Map(映射)：Mapper 执行 Map Task，将输出结果写入中间文件。

(2) Shuffle(归并)：把 Mapper 的输出数据归并整理后分发给 Reducer 处理，包括 Merge、Combine、Sort 和 Partition 几个步骤。

(3) Reduce(化简)：Reducer 执行 Reduce Task，将最后结果写入 HDFS。

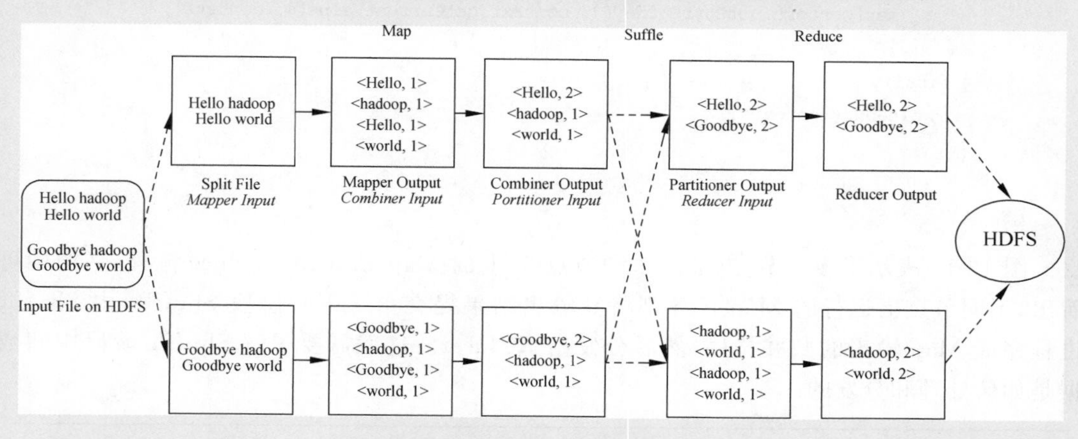

图 12-16 MapReduce 流程的三个阶段

1. Map(映射)阶段

对于每一个 Split，系统都生成一个 Map Task，调用 Mapper 来执行，将读入数据转换成键值对格式，完成计算处理后，将输出结果写入中间文件。一个 Map 任务可以在集群的任何计算节点上运行，多个 Map 任务可以并行地运行在集群上。Mapper 类的核心代码如下面所示，程序员需要将具体的工作内容写入 Mapper 的 map()方法。从 Mapper 的代码可看出，Mapper 的输入数据来自于 MapContext，而 MapContext 的实现则依赖于 MapContextImpl，在 MapContextImpl 内部实际上组合了两个类 InputSplit 和 RecordReader，提供了读取和封装输入数据键值对(Key，Value)的方法。

```
public class Mapper {
  /*** The Context passed on to the {@link Mapper} implementations. */
  public abstract class Contextimplements MapContext {
  }
  /*** Called once at the beginning of the task. */
  protected void setup(Context context) throws IOException, InterruptedException {
  //NOTHING
  }
  /*** Called once for each key/value pair in the input split. Most applications * should
override this, but the default is the identity function. */
  @SuppressWarnings("unchecked")protected void map(KEYIN key, VALUEIN value,
  Context context) throws IOException, InterruptedException { context.write((KEYOUT) key,
(VALUEOUT) value);
  }
  /*** Called once at the end of the task. */
  protected void cleanup(Context context) throws IOException, InterruptedException {
  //NOTHING
```

```
    }
    /*** Expert users can override this method for more complete control over the * execution of
  the Mapper. * @param context * @throws IOException * /
    public void run(Context context) throws IOException, InterruptedException {
        setup(context);
        try {
                while (context.nextKeyValue()) {
                map(context.getCurrentKey(), context.getCurrentValue(), context);
                }
        } finally {
            cleanup(context);
        }
    }
}
```

图 12-17 表示了多个节点(节点 1 和节点 2)上的 Map/Shuffle/Reduce 流程，从图中可看出，不同节点上运行的 Map 任务都将其输出结果提交给了下一阶段 Shuffle，由 Shuffle 进程完成 Map 输出的归并排序，然后分发给 Reducer。这就需要了解 Shuffle 阶段中间数据是如何处理和分发的。

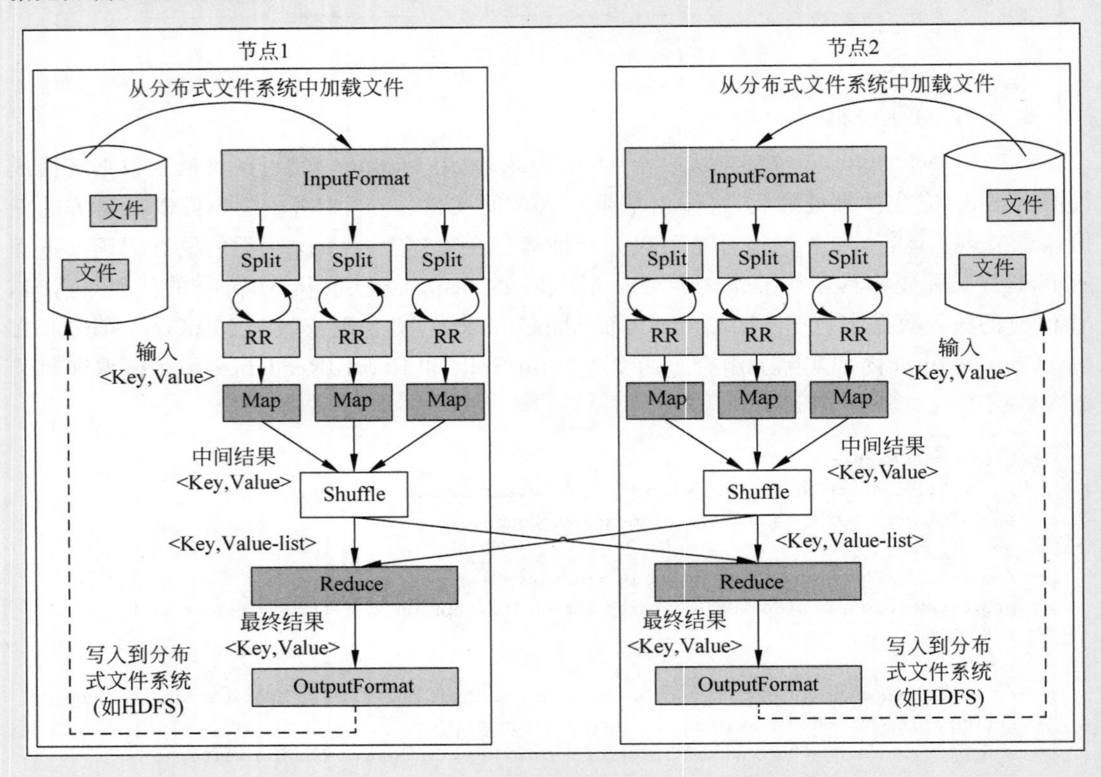

图 12-17 多节点上的 Map/Shuffle/Reduce 步骤

2. Shuffle(归并)阶段

Shuffle 阶段的主要任务是将每个 Map Task 的输出结果进行归并、排序，然后按照一

定的规则分发给 Reducer 去执行化简步骤。Shuffle 任务实际上涉及 Map 阶段的输出,以及 Reduce 阶段的输入,因此可以把 Shuffle 阶段分成两个部分:Map 相关部分和 Reduce 相关部分,如图 12-18 所示。

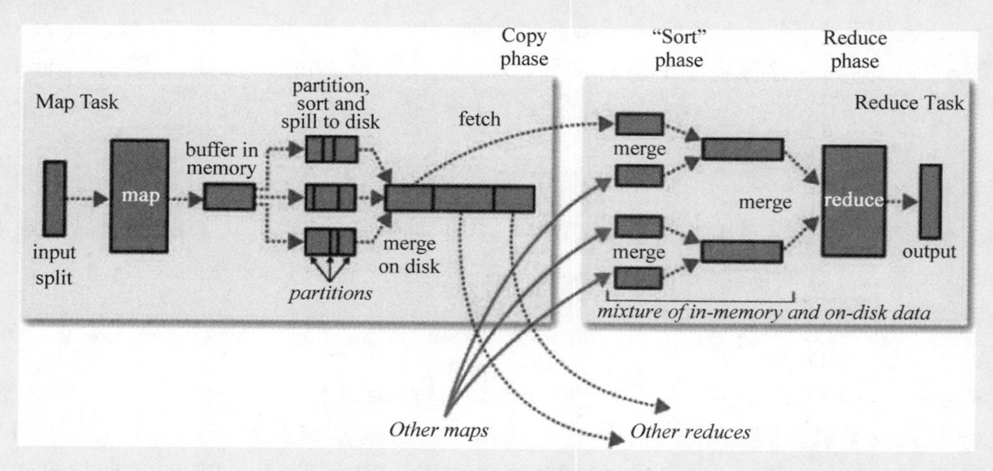

图 12-18 Shuffle 阶段的两个部分

1) Map 端的 Shuffle

每个 Map Task 都开有一个环形内存缓冲区存储 Map 的中间输出结果,缓冲区默认大小是 100MB,并且在配置文件里为这个缓冲区设定了一个阈值(默认是 0.80),缓冲区大小和阈值都是可以在配置文件里进行设置的。Map 在运行时会同时启动一个输出操作的守护线程,如果缓冲区的存储量达到了阈值(如 80%),这个守护线程就会开始把缓冲区内容写到磁盘上,这个过程叫 Spill。整个 Map Task 结束后,Shuffle 会对磁盘中这个 Map Task 产生的所有临时文件做归并,生成 Map 的正式输出文件,然后 Reducer 会来读取这个中间文件作为 Reduce Task 的输入文件。

具体而言,Shuffle 对 Map 的中间输出需要完成如下 4 个步骤(如图 12-19 所示)。

(1) Mapper 从 HDFS 读取 Split,然后执行 map()。

(2) map()的输出是(Key, Value)中间键值对。MapReduce 提供 Partitioner 接口,其作用为根据 Key 或 Value 以及 Reducer 数量来对输出中间键值表进行划分并决定交由哪个 Reduce Task 来处理。默认方式是对 Key 的值哈希后再以 Reduce Task 数取模,以决定 Reduce Task 序号。默认的取模方式只是为了平衡 Reduce Task 的负载,如果用户自己对 Partitioner 有特定要求,可以自己设置。

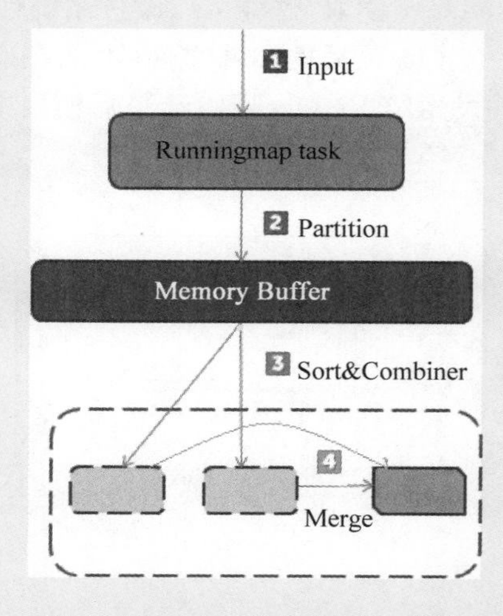

图 12-19 Map 端的 Shuffle 步骤

(3) 接下来需要将中间数据写入内存缓冲区。如前所述,如果缓冲区数据量达到阈值(默认 80%),spill 线程启动执行溢写过程。spill 线程启动后需要对缓冲区的数据做基于 Key 值的排序(Sort)。如果 client 设置过 Combiner,那么 Combiner 就会将相同 Key 值的 Value

加起来，合并键值对，减少溢写到磁盘的数据量。Combiner会优化MapReduce的中间过程，所以它在整个模型中会多次使用。

(4) 每次spill操作都会在磁盘上生成一个溢写文件，如果Map的输出结果很大，会有多次spill操作发生，磁盘上相应地就会有多个溢写文件。当Map Task完成时，需要将全部溢写文件归并到一起合成一个溢写文件，这个过程叫作Merge(归并)。合并(Combine)和归并(Merge)的区别：三个键值对<"a", 1>,<"a", 1>,<"a", 2>，如果合并，会得到<"a", 4>，如果归并，会得到<"a", <1, 1,2>>。

至此，Map端的所有工作都已结束，最终生成的这个输出文件也存放在TaskTracker能够读到的某个本地目录内。每个Reduce Task不断地通过RPC从JobTracker那里获取Map Task是否完成的信息，如果Reduce Task得到通知某个TaskTracker上的Map Task已执行完成，与Reduce相关的Shuffle后半段即启动。

2) Reduce端的Shuffle

Reduce端的Shuffle工作如图12-20所示，具体步骤如下。

(1) Copy领取数据。Reducer进程会启动一些数据复制线程(Fetcher)，通过HTTP方式向TaskTracker请求获取Map的输出文件。因为Map Task已结束，这些输出文件存在本地磁盘归TaskTracker管理。

(2) Merge归并数据。从不同Map Task中间输出文件拷贝过来的数据先放入内存缓冲区中，这里的缓冲区大小设置比Map端更为灵活，它基于JVM的heap size设置，因为Shuffle阶段Reducer不运行，所以可以把大部分的内存都给Shuffle使用。这里的Merge有三种形式：①内存到内存；②内存到磁盘；③磁盘到磁盘。默认情况下第一种形式不启用。当内存中的数据量到达一定阈值，就启动第二种形式：内存到磁盘的Merge，与Map端类似，也是溢写的过程，这个过程中如果设置有Combiner，还会进行合并。Merge和Combine过程会在磁盘中生成多个溢写文件。Map端数据全部读完后，启动第三种磁盘到磁盘的Merge方式归并成一个溢写文件。

当Map端的输出数据量很小时，上述Merge和Combine过程产生的合并文件并不需要溢写到磁盘(内存中数据量没有达到阈值，不启动溢写线程)，而是留在内存缓冲区中等待Reducer读取，这样可以改进系统性能。

(3) 最后的归并文件(可能在磁盘上，也可以在内存缓冲区中)作为Reducer的输入文件发送给Reducer执行，最后输出结果存入HDFS。

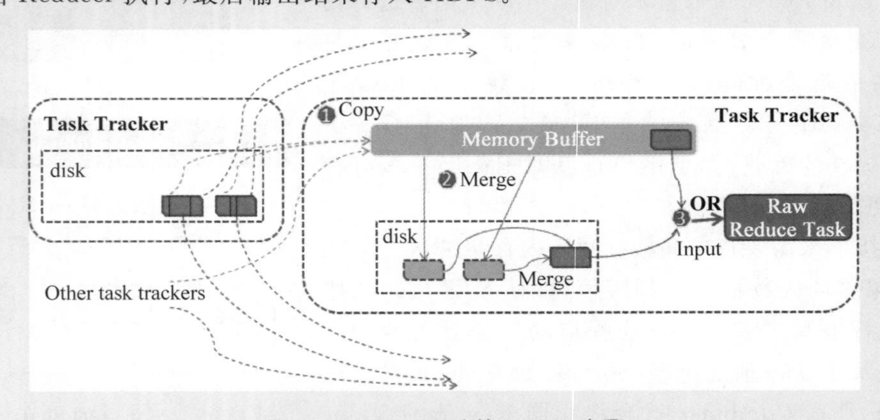

图12-20 Reduce端的Shuffle步骤

3. Reduce(化简)阶段

在 Reduce 阶段，首先将多个 Map 任务的输出结果按照不同的分区拷贝到不同的 Reduce 节点执行 Reduce Task，一个 MapReduce 作业的 Reduce Task 的数目是通过配置 mapreduce.job.reduces 参数设置的。每个 Reduce Task 都会创建一个 Reducer 实例，通过执行 Reducer 的 reduce()方法将来自不同 Map 的具有相同的 Key 值的键值对进行合并处理，程序员也可以将自己设计的化简处理规则写入到 reduce()方法中去执行。

Reducer 会通过调用 OutputCollector 类将它所完成的化简结果写入 HDFS 文件系统，输出文件格式由 OutputFormat 类来控制，它的作用与 Map 输入文件格式类 InputputFormat 相似。输出数据格式及其相关类见图 12-21。默认的输出格式是 text(使用 TextOutputFormat)，它会以一行一个键值对的方式把数据写入一个文本文件。Reducer 可使用的其他输出格式见表 12-2。

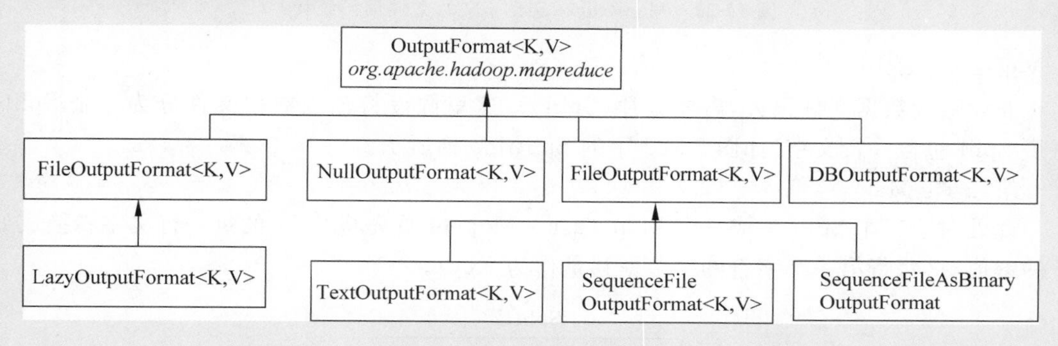

图 12-21 输出数据类型

表 12-2 Reduce 的输出格式

输出格式	描述
TextOutputFormat	默认的输出格式，以“key \t value”的方式输出行
SequenceFileOutputFormat	输出二进制格式文件，适合于读取为其他 MapReduce 作业的输入
NullOutputFormat	忽略收到的数据，即不做输出
SequenceFileAsBinaryOutputFormat	与 SequenceFileAsBinaryInputFormat 相对应，它将键/值对当作二进制数据写入一个顺序文件
MapFileOutputFormat	MapFileOutputFormat 将结果写入一个 MapFile 中。MapFile 中的键必须是排序的，所以在 Reducer 中必须保证输出的键有序

4. MapReduce 处理实例：Word Count on a text file

下面以图 12-22 所示的一个文本文件的 Word Count 为实例讲解上面所讲述的 MapReduce 计算模型的 Map-Shuffle-Reduce 三个步骤。

输入文件：一个包含三行文字的文本文件(每个单词间用空格隔开，如图 12-22 最左侧 Input 列所示)。

输出结果：该文件的词频统计，每一行输出一个键值对“单词，出现次数”(如图 12-22 最右侧 Final result 列所示)。

计算模型：MapReduce。

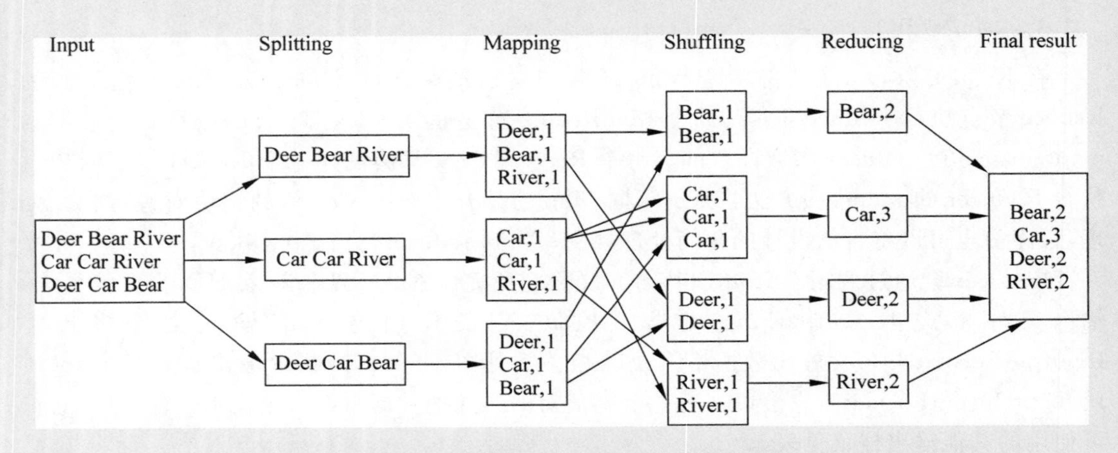

图 12-22 MapReduce 实例：文本文件词频统计

第一步：Split

假设输入数据文件很大，需要分片(Split)。这里假设将输入数据文件分为三个 Split，每个 Split 包含一行文字，如图 12-22 中的 Splitting 列所示。

第二步：Map

此处对应三个 Split 生成三个 Map Task。Mapper 首先将 Split 的每一行文字转换成如下的键值对(每行第一个字符的字节偏移量作为 Key)。

Split1

Key	Value
0	Deer Bear River

Split2

Key	Value
16	Car Car River

Split3

Key	Value
30	Deer Car Bear

然后针对每一个 Split 执行 map()方法，此处为对上述键值对表的每一行进行词频统计，每一个 Map 任务(针对一个 split)都会生成如下的键值对。

Split1

Key	Value
0	Deer Bear River

Map1

Map1输出中间结果

< Deer,1 >
< Bear,1 >
< River,1 >

Split2

Key	Value
16	Car Car River

Map2

Map2输出中间结果

< Car,1 >
< Car,1>
< River,1>

Split3

Key	Value
30	Deer Car Bear

Map3

Map3输出中间结果

< Deer,1 >
< Car,1 >
< Bear,1 >

第三步：Shuffle

1）Map 端 Shuffle

（1）没有定义 Combiner

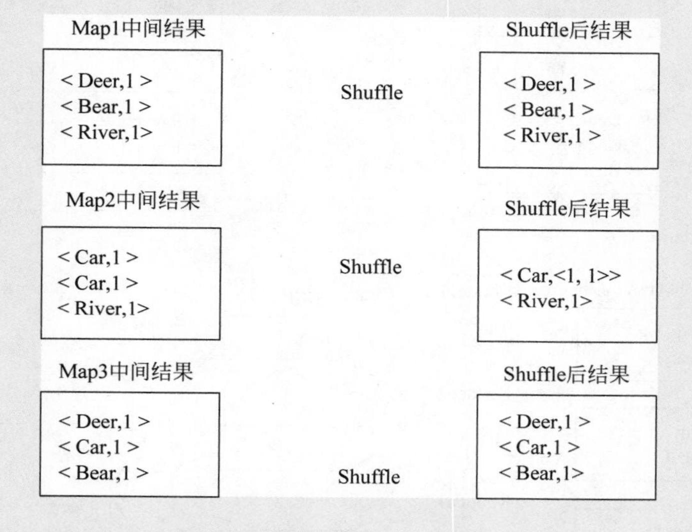

（2）定义了 Combiner

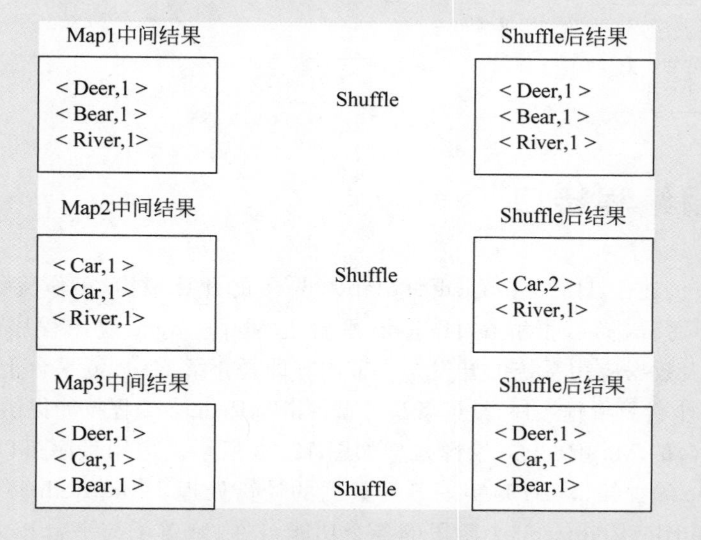

2）Reduce 端 Shuffle

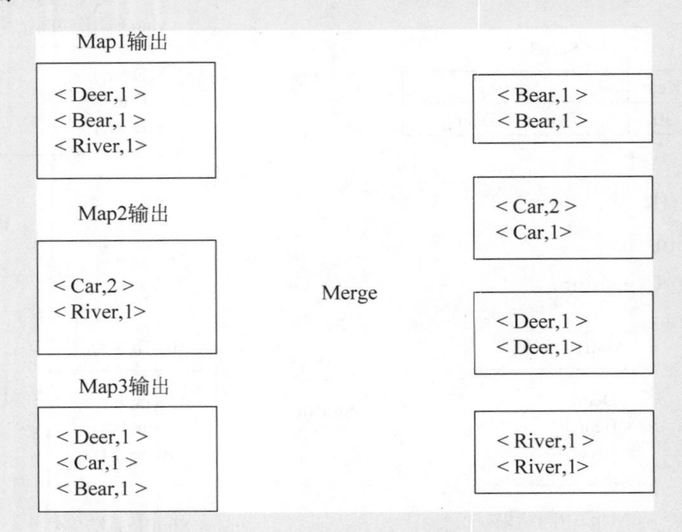

第四步：Reduce

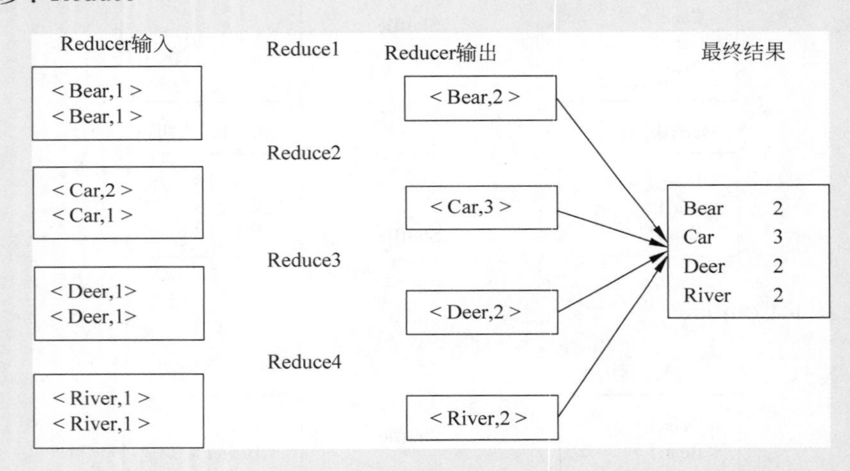

12.5 应用编程接口

前面的章节讲述了 Hadoop/HDFS/MapReduce 的计算架构、工作流程及算法原理，但对于开发工程师而言，尚需了解在 Hadoop 平台上 MapReduce 应用程序的设计与编程接口，以支持实际大数据应用系统的开发。本节内容即是介绍 Hadoop 平台上 MapReduce 应用程序开发的主要步骤及编程接口，给读者学习掌握 MapReduce 编程技能提供一个初步指导。

Hadoop 平台的 MapReduce 编程模型如图 12-23 所示。应用程序可以基于 Hadoop 提供的 MapReduce 编程接口(API)实现各种数据的计算处理。MapReduce 编程接口尽可能封装了 Map、Shuffle、Reduce 三个阶段的各个功能组件，遮盖了与平台相关的细节，使得程序员可以方便地使用这些类和组件来实现各项功能，但实际上要使用好这些类和组件，也需要对 MapReduce 的编程接口有一个正确理解。

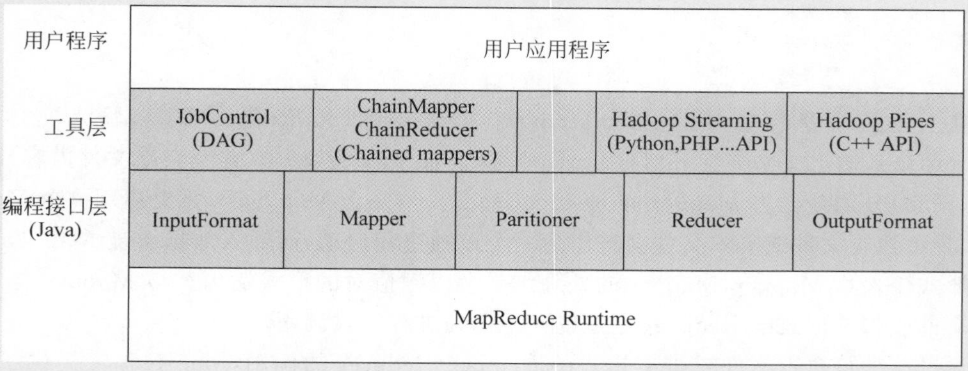

用户程序	用户应用程序				
工具层	JobControl (DAG)	ChainMapper ChainReducer (Chained mappers)		Hadoop Streaming (Python,PHP...API)	Hadoop Pipes (C++ API)
编程接口层 (Java)	InputFormat	Mapper	Paritioner	Reducer	OutputFormat
	MapReduce Runtime				

图 12-23 MapReduce 编程模型

除了 MapReduce 编程接口，Hadoop 平台还提供了一组工具和运行环境来更好地支持用户的各类 MapReduce 应用，包括 Hadoop Streaming（支持其他编程语言的应用程序运行），Hadoop Pipes（支持 C/C++），JobControl（作业封装及管理组件），ChainMapper/ChainReducer（一个 Map/Reduce 任务内调用一组首尾相连的 Mapper/Reducer 的组件，提供了在一个任务内完成一系列操作的机制）等。

1. 程序运行方式

Hadoop 平台为应用程序提供了如下三种 MapReduce 作业提交和运行方式。

(1) Java(基本方式)；

(2) Hadoop Streaming(用于支持多语言)；

(3) Hadoop Pipes(支持 C/C++)。

由于 Hadoop 平台和 MapReduce 计算引擎是用 Java 语言写成，所以用 Java 编写的应用程序可以毫无障碍地提交 Hadoop 平台运行。下面是 Java 语言的 Word Count 程序编译和提交运行的方式。

```
/* 设置环境参数 */
$ export HADOOP_HOME = /usr/local/hadoop
$ export CLASSPATH = $ ( $ HADOOP_HOME/bin/hadoop classpath) : $ CLASSPATH

/* 编译应用程序并打成 jar 包 */
$ javac WordCount. java
$ jar -cvf WordCount. jar ./WordCount * .class

/* 应用程序提交运行 */
$ /usr/local/hadoop/bin/hadoop jar WordCount. jar \
  org/apache/hadoop/examples/WordCount input output
```

除了 Java 应用程序外，Hadoop 还支持 Hadoop Streaming 和 Hadoop Pipe 两种提交作业的方式。Hadoop Streaming 容许用户在命令行下提交 MapReduce 作业时将可执行文件或脚本文件作为 Mapper 或 Reducer 提交，如下所示。

```
$ HADOOP_HOME/bin/hadoop  jar $ HADOOP_HOME/hadoop - streaming. jar \
        - input myInputDirs \
```

```
        - output myOutputDir \
        - mapper /bin/cat \
        - reducer /bin/wc
```

在上面的命令行中，用户以 streaming 方式提交 MapReduce 作业，输入文件夹为 myInputDirs，输出文件夹为 myOutputDir。这里，Linux 命令 cat(连续读出文件内容)和 wc(计算词频)分别被作为 Mapper 和 Reducer 提交。当一个 Map Task 需要启用一个 Mapper 时，这个可执行文件或脚本文件会被作为一个单独进程启动，而输入数据会被 Map Task 以行的形式输入给 Mapper，Mapper 的处理结果会以键值对的形式输出。与 Mapper 类似，可执行文件或脚本形式的 Reducer 也是以一个单独进程形式调用。

通过这种可执行文件或脚本形式的 Mapper/Reducer 的调用，MapReduce 提供了支持其他语言的应用程序的接口，因为其他编程语言(如 Python)写成的应用程序在编译后可以这种形式提交运行。下面的命令行就是用户的 Python 脚本文件 myPythonScript. py 被作为 Mapper 提交运行。

```
$ HADOOP_HOME/bin/hadoop  jar $ HADOOP_HOME/hadoop - streaming. jar \
        - input myInputDirs \
        - output myOutputDir \
        - mapper myPythonScript. py \
        - reducer /bin/wc \
        - file myPythonScript. py
```

事实上，Hadoop Streaming 还支持单独的 Java Class 作为用户指定的 Mapper、Reducer、Partioner 或 Combiner 提交，如下面的 IdentityMapper 就作为用户的选择提交。

```
$ HADOOP_HOME/bin/hadoop  jar $ HADOOP_HOME/hadoop - streaming. jar \
        - input myInputDirs \
        - output myOutputDir \
        - mapper org. apache. hadoop. mapred. lib. IdentityMapper \
        - reducer /bin/wc
```

表 12-3 列出了 Hadoop Streaming 命令行可以设置的各种参数，可支持各种不同的用途。

表 12-3 Hadoop Streaming 命令行参数设置

参数	可选/必选	说明
-input directoryname or filename	必选	Mapper 的输入文件(或文件夹)路径
-output directoryname	必选	Reducer 的输出文件夹路径
-mapper executable or JavaClassName	必选	Mapper 可执行文件
-reducer executable or JavaClassName	必选	Reducer 可执行文件
-file filename	可选	告知 Mapper，Reducer 或 Combiner 等可执行文件在本地文件夹内
-inputformat JavaClassName	可选	将输入文本文件转化为键值对的 Java 类的名字(默认 TextInputFormat)
-outputformat JavaClassName	可选	将输出键值对写入 HDFS 文件的 Java 类的名字(默认 TextOutputformat)

续表

参　数	可选/必选	说　明
-partitioner JavaClassName	可选	提供 Partition 功能(分发键值对给 Reduce Task 去化简)的 Java 类名字
-combiner streamingCommand or JavaClassName	可选	提供 Combine 功能的可执行文件名或 Java 类名字
-cmdenv name=value	可选	传递环境参数名给命令行
-inputreader	可选	提供老版本兼容性：使用 Record Reader 类而不是 InputFormat 类
-verbose	可选	详细输出
-lazyOutput	可选	惰性输出。比如，输出格式是基于 FileOutputFormat，则输出结果文件只在第一次输出函数被调用时生成
-numReduceTasks	可选	设置 Reducer 的数目
-mapdebug	可选	Map 执行失败时需执行一个脚本文件
-reducedebug	可选	Reduce 执行失败时需执行一个脚本文件

Hadoop/MapRedure 另外还提供 Hadoop Pipes 来支持客户用 C/C++语言写的 Mapper、Reducer、Partitioner、Combiner，RecordReader 等组件。与 Hadoop Streaming 不同的是，Hadoop Pipes 使用 Socket 接口作为 MapReduce 引擎与上述 C/C++组件的通信界面，而 Hadoop Streaming 使用的是标准输入输出格式(stdin/stdout)。

Hadoop Pipes 运行 C/C++程序的命令行如下。

```
$ hadoop pipes   - D hadoop.pipes.java.recordreader = true  \
                 - D hadoop.pipes.java.recordwriter = true \
                 - input dft1   - output dft1 - out   \
                 - program bin/wordcount
```

这里输入文件名为 dft1，输出文件名为 dft1-out，而运行的 C/C++程序为放置在 bin 文件夹下的 wordcount 可执行文件。上述命令行执行后，用户的 MapReduce 作业提交到 org. apache. hadoop. mapred. pipes 中的 Submmit 类，它首先会进行作业参数配置(调用函数 setupPipesJob)，然后通过 JobClient(conf). submitJob(conf)将作业提交到 Hadoop 平台。

下面以图 12-24 所示的 Map 阶段为例说明 Hadoop Pipes 的工作原理：Hadoop Pipes 程序在运行中分为 Java 程序(PipesMapRunner)和 C++程序(Mapper，Combiner，Partitioner)两部分。Java 程序(代表 Map Task)使用 ServerScoket 创建 Socket Server 端，C++程序通过 Socket Client 与 Java 程序通信。MapRunner 通过两个协议类 DownwardProtocol 和 UpwardProtocol 向 C++端发送数据和从 C++端接收数据。而 C++端也有两个类 Protocol 和 UpwardProtocol 与之对应。Protocol 将接收的 Key/Value 键值对传给 C++写的 Mapper、Combiner 和 Partitioner，处理后由 UpwardProtocol 返回给 Java 程序，最后由 Reducer 将结果数据写到 HDFS。

在 Hadoop Pipes 命令行如果设置 hadoop. pipes. java. recordreader=true，Hadoop 会使用 Java 的 InputFormat 输入数据格式(默认为 TextInputFormat)；如果设置为 hadoop.

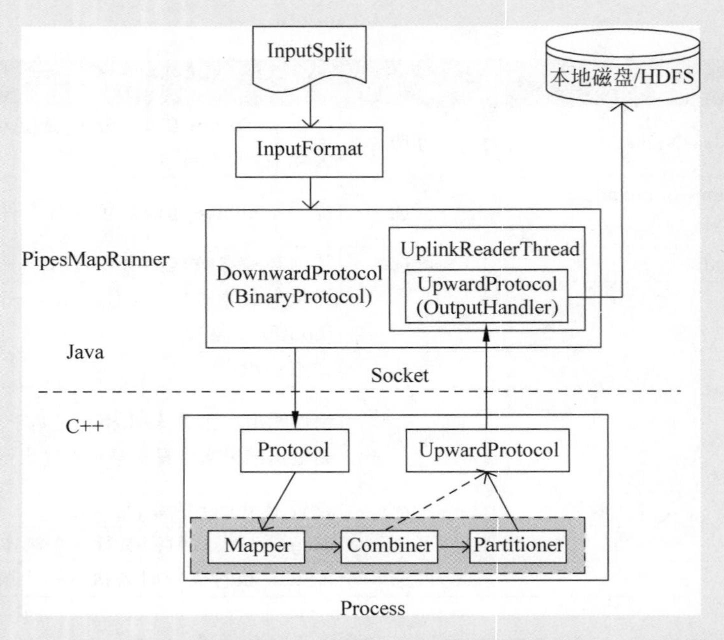

图 12-24 Hadoop Pipe 中的 Map 实现

pipes. java. recordreader＝false，Hadoop 会假设用户使用 C++的 InputFormat，则 Java 端程序会读取每个 InputSplit 并通过 Socket 传输给 C++端的 RecordReader 去解析。

图 12-25 对 Hadoop Streaming 和 Hadoop Pipes 两种方式的执行步骤进行了对比。可以看出，Streaming 更多依赖于 Java 环境，使用 stdin/stdout 传递数据，使用的 Combiner 和

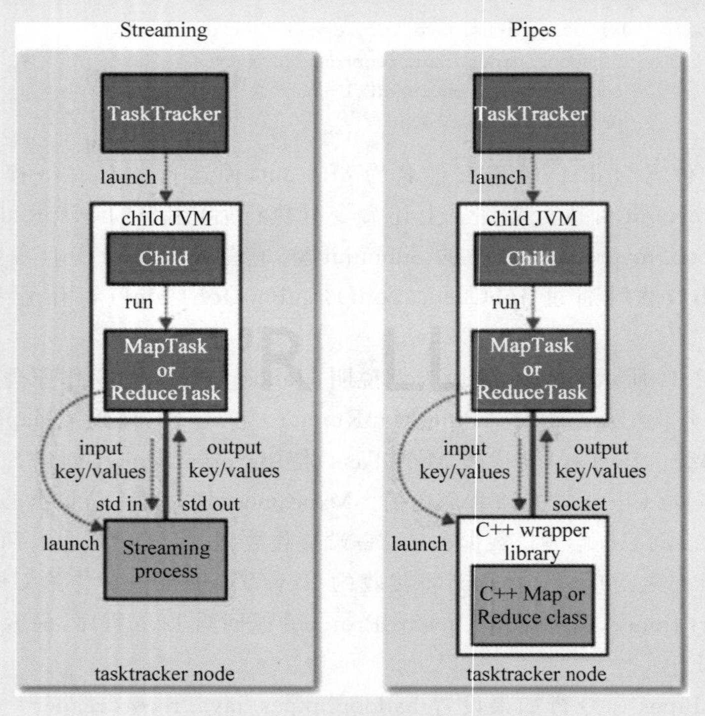

图 12-25 Streaming 与 Pipes 的对比

Partitioner 也需是 Java 类，只有 Mapper 和 Reducer 可以是其他语言的可执行文件（图中的 Streaming process）。Pipes 则更加灵活，数据传递采用 Socket 通信，Combiner 和 Partitioner 也可以是其他语言编译的组件，容许用户使用自己的 RecordReader，可以充分利用 C/C++程序执行效率高的特点。但 Pipes 在 C/C++Mapper 和 Reducer 之外加了一层封装类（C++wrapper library），使得程序结构更复杂。

应当指出，上述三种应用程序方式不管采用哪一种，在 Hadoop 内部的 MapReduce 计算引擎的工作原理都是一样的。

2. MapReduce 编程模型

MapReduce 是一种 MIMD 并行计算体系，其编程模型包括计算模型、编程接口，以及计算环境。在进行应用程序开发时，需要对 MapReduce 的并行计算模型、应用编程接口，以及 Hadoop 平台提供的计算环境有一个明确的了解，才能使得应用程序能够简便易行，并且最大程度地利用 Hadoop/MapReduce 的大规模数据并行处理能力。

并行计算模型：MapReduce 采用了基于分治法（Dicide-and-Conquer）的数据分割并行处理模式，对于一个超大规模的计算任务（大数据文件），首先将其分割为不具有计算依赖关系的子任务（文件分片），然后对每个子任务以并行方式完成计算处理，最后结果合并成计算结果输出，如图 12-26 所示。

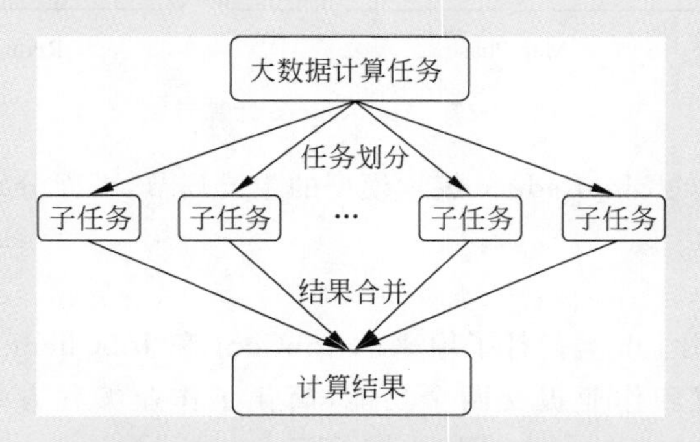

图 12-26 MapReduce 并行计算模型

上述并行计算模型的两个基本操作：任务划分与结果合并，在 MapReduce 中抽象成两个计算步骤：Map（映射）和 Reduce（化简）。在图 12-27 中，M1、M2、M3 等即为 Map 操作，而 R1、R2 则表示 Reduce 操作。

Map 步骤包括如下工作。

（1）多个 Map Task（图 12-24 的子任务）并行处理。

（2）输入文件解析（转化为键值对）。

（3）完成键值对计算转换（输出中间结果）。

（4）中间数据处理（Sort，Combine，Partition）。

Reduce 步骤如下。

（1）多个 Reduce Task 并行处理。

（2）数据归并（Merge）。

（3）最后结果输出。

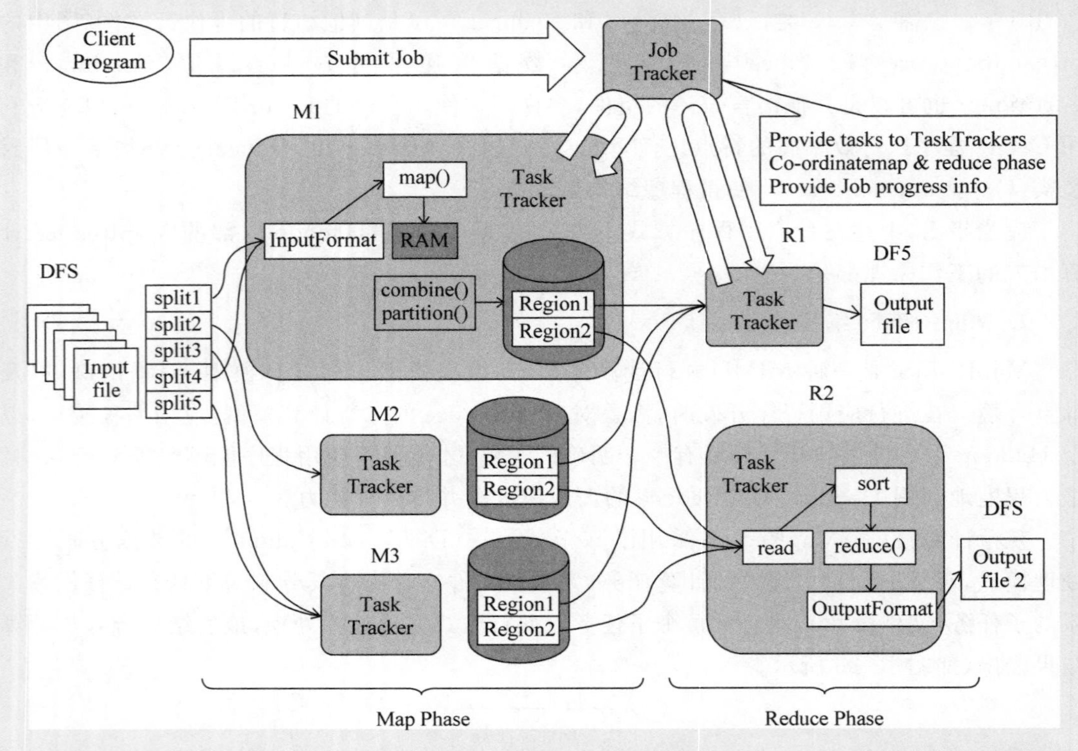

图 12-27 MapReduce 计算步骤

针对图 12-27 表示的 MapReduce 编程模型的主要环节，下面分别介绍其工作原理和编程接口。

1）作业提交

Hadoop 2.0 之后用 Job 类代替了原来的 JobConf 和 JobClient 两个类，这样使用一个类就可以完成作业配置和作业提交两个功能，简化了作业编程方式。Job 的编程接口如图 12-28 所示。

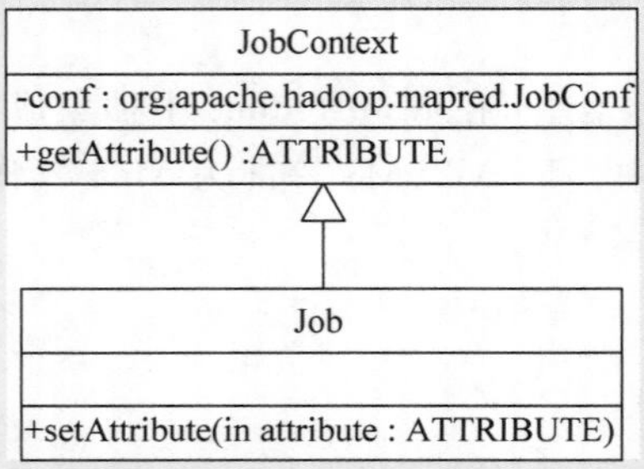

JobContext
-conf : org.apache.hadoop.mapred.JobConf
+getAttribute() :ATTRIBUTE
Job
+setAttribute(in attribute : ATTRIBUTE)

图 12-28 Job 编程接口

作业提交包括作业配置和提交。作业配置包括环境配置和用户自定义配置两部分。环境配置主要由 Hadoop 的 mapred-default. xml 和 mapred-site. xml 两个文件的配置项构成；用户自定义配置则由用户自己根据作业特点个性化定制而成，比如用户可设置作业名称，以及 Mapper/Reducer，Reduce Task 的个数等。

2）文件划分

文件划分操作包括文件切分算法和输入文件格式转换，涉及分片大小和 Map Task 数目的确定。Hadoop 通过 InputFormat 类实现这一功能，它提供以下三个作用。

（1）数据切分：按照预定算法将输入数据切分成若干个 split，确定 Split Size。Hadoop 2.0 之后划分算法不再考虑用户设定的 Map Task 个数，而用 mapred. max. split. size（记为 maxSize）代替来计算 InputSplit 的大小，计算公式变为：

```
splitSize = max{minSize,  min{maxSize, blockSize}}
```

（2）将输入文件数据转换为键值对格式，作为 Mapper 的输入。

（3）提供 RecordReader 类的实现方法，把 InputSplit 读到 Mapper 中进行处理需要注意 InputFormat 的 getSplits()和 RecordReader()两个方法。

```
public abstract List < InputSplit > getSplits ( JobContext context ) throws IOException, InterruptedException;
public abstract RecordReader < k, v > createRecordReader( InputSplit split, TaskAttemptContext context ) throws IOException, InterruptedException;
```

这两个方法接口提供了 InputSplit 的计算方式以及将 InputSplit 处理转化为 Key/Value 键值对的实现方法(图 12-29)，如果程序员需要实现自己的 split 计算方式和键值对格式，就需要重写这两个函数。

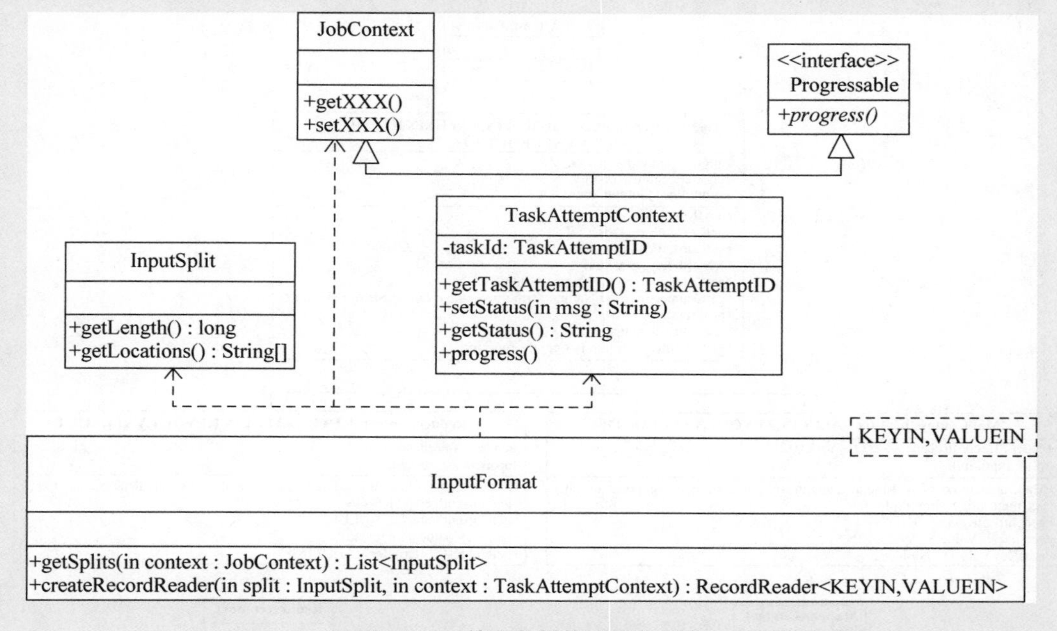

图 12-29　输入数据格式编程接口

对于文件型输入数据(文本文件、键值型文件、二进制格式文件等)，Hadoop 提供了一个 InputFormat 的基类 FileInputFormat 来提供上述输入数据格式功能，并从 FileInputFormat 派生出更多针对不同文本格式的 TextInputFormat、KeyValueTextInputFormat 和 NLineInputFormat 类，以及针对二进制文件格式的 SequenceFileInputFormat 类。对于数据库输入格式，Hadoop 则提供了 DBInputFormat 类，如图 12-30 所示。

3) Map 处理

如图 12-27 所示，有多个 Map Task(图中的 M1，M2，M3，…)运行在多个数据节点上，每个 Map Task 都启动一个 Mapper，调用 map()、sort()、combine()、partition()等函数完成相应的数据处理操作。Mapper 的编程接口如图 12-31 所示，它继承自 JobContext、TaskInputOutputContext、MapContext 等基础类，通过基础类提供的方法或 Mapper 自身的方法完成如下功能。

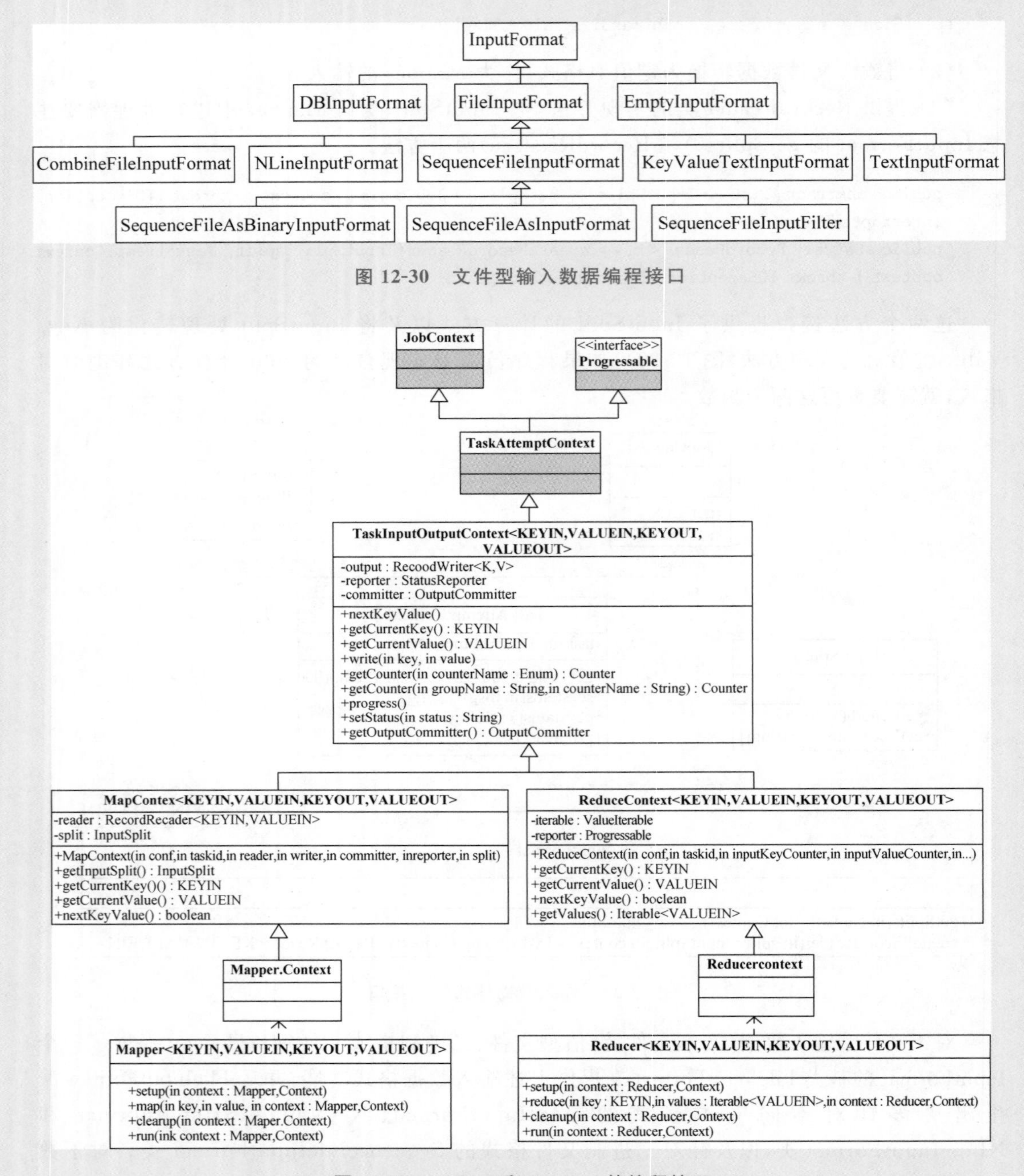

图 12-30 文件型输入数据编程接口

图 12-31 Mapper 和 Reducer 的编程接口

(1) 初始化

Mapper 通过自身的 setup(in context:Mapper. Context)方法完成初始化工作。

(2) Map 操作

Mapper 会通过 MapContext 提供的 RecordReader 从 InputSplit 获取一个个 Key/Value 对,并交给 map(in key, in value, in context:MapperContext)来处理。程序员的主

要任务就是重写这个 map()函数，让它按用户的需要完成计算处理任务。

(3) 清理

Mapper 通过自身的 cleanup(in context：Mapper. Context)方法完成清理工作。

MapReduce 另外提供了如下的 Mapper 类的实现用于支持一些特定功能，如图 12-32 所示。

(1) ChainMapper：用于支持链式作业。

(2) IdentityMapper：对于输入的 Key/Value 对不进行任何处理，直接输出。

(3) InvertMapper：交换 Key/Value 位置。

(4) RegexMapper：正则表达式字符串匹配。

(5) TokenMapper：将字符串分割成若干个 Token(单词)，可用作 Word Count 的 Mapper。

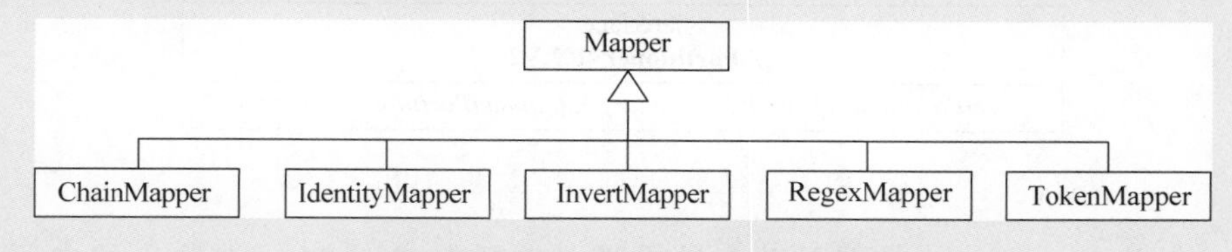

图 12-32 MapReduce 提供的 Mapper 实现类

在 Map 阶段还有两个附加的操作：Partition 和 Combine，其实现方式和编程接口如下。

(1) Combine 操作

主要作用是合并 Map 输出的中间数据，减少数据传输，提高处理效率。其基本原理是实现本地 Key 的归并，具有类似本地的 Reduce 功能，合并相同的 Key 对应的 Value (WordCount 例子)，通常采用与 Reducer 相同的逻辑。

与 Partition 不一样，Partition 是必须完成的操作(用户不提供就使用默认的 Partitioner)，为 Reducer 提供输入数据。而 Combine 是可选操作，不使用 Combiner 也不会影响最终输出结果，程序员可通过下列方式来设置。

```
job.setCombinerClass  (IntSumReducer.class)
```

这里的 IntSumReducer 是 MapReduce 提供的一个执行合并逻辑的类(合并相同整数型 Key 值的数据项，取叠加值)。

需要注意的是：Combiner 的使用(不管是系统提供的 Combiner 或是用户自己写的 Combiner)都不能影响到最终的计算结果，即不能因为处理步骤中增加了一个 Combiner 导致最后计算结果的改变。所以 Combiner 只适用于那种 Reducer 的输入 Key/Value 与输出 Key/Value 类型完全一致，且不影响最终结果的场景。比如求累加值、最大值等。

(2) Partition 操作

Partition 的作用是对 Map 输出的中间数据进行分片，按照某种算法将中间数据分为多组，然后每组数据分发给一个 Reducer 去完成 Reduce 阶段的处理。Partition 的方式会直接影响 Reduce 阶段的负载均衡。Partition 操作由 Partitioner 类来完成，其编程接口见图 12-33。

MapReduce 提供了两个 Partitioner 实现类：HashPartitioner 和 TotalOrderPartitioner，默认 HashPartitioner，它实现了一种基于哈希值的分片方法。HashPartitioner 计算分片值(也即是对应的 Reducer 编号)的格式如以下代码所示，用户如果需要使用自己的分片方法，则需改写下面的 getPartition()方法。

```
1.  public int getPartition(K2 key, V2 value,
2.                            int numReduceTasks) {
3.      return (key.hashCode() & Integer.MAX_VALUE) % numReduceTasks;
4.    }
```

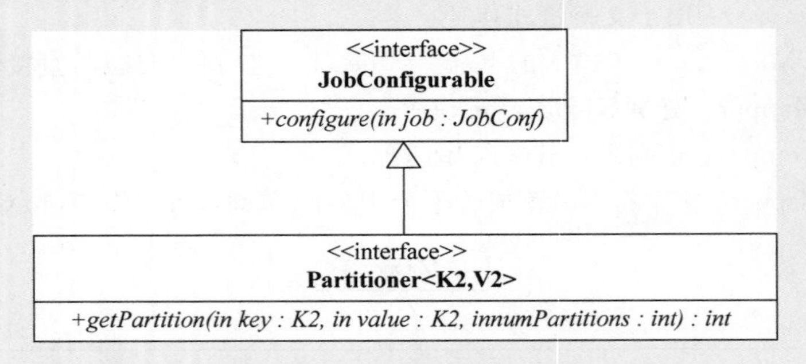

图 12-33 Partitioner 的编程接口

TotalOrderPartitioner 主要用于全局排序。常规方式下 Map 端输出的中间数据在 Partition 后即可局部排序(即在一个 Partition 内部进行 Sort),但这些 Partitions 在提交到 Reducer 端需要进行全局排序时(即所有 Partition 的数据加在一起进行排序),只能有一个 Reducer 进程承担此操作(它需要掌握全局顺序),势必造成 Reduce 端的性能瓶颈, TotalOrderPartitioner 正是为了解决这一问题而设计的。

TotalOrderPartitioner 的工作原理分为以下三步。

(1) 根据 Reduce Task 数目确定分割点数目,即,分割点数目＝Reduce Task 数目;在 Map 端通过采样算法获取分片的分割点,Hadoop 提供了几个采样算法,如 IntercalSampler、RandomSampler、SplitSampler 等(具体见 org. apache. hadoop. mapred. lib 中的 InputSampler 类)。这些分割点确定了数据的分区,比如,reduce task 数目＝10,分割点就会形成 10 个分区。

(2) 在 Map 端,TotalOrderPartitioner 将中间结果数据按其 Key 值划入不同分区,并保证每一个分区的全部数据的 Key 值都大于前一个分区(但在分区内部无须排序)。比如,分区 10 的全部数据的 Key 值都大于分区 9 数据的 Key 值,分区 9 的全部数据的 Key 值都大于分区 8 数据的 Key 值,以此类推。

(3) Reduce 端在取得 Map 端由 TotalOrderPartitioner 分发的中间数据 Partition 后(一个 Reduce Task 负责一个 Partition),多个 Reduce Task 同时并行对本分区数据进行排序,分区排序结束即得到全局排序结果(记得每个分区数据都大于前一个分区)。

可以看出,基于 TotalOrderPartitioner 全局排序的效率跟 Key 值分布规律和采样算法有直接关系,Key 值分布越均匀且采样越具有代表性,则 Reduce Task 负载越均衡,排序效率越高。

Hadoop 另外提供下面的自定义方法让用户使用自己设计的 Partitioner。

```
//用户自定义 partitioner
Class MyPartitioner extends HashPartitioner < K, V >
{    //override the method
```

```
    getPartition(K key, V value, int numReduceTasks)
    {   term = key. toString(). split(",")[0]; //<term, docid>=>term
        super.getPartition(term, value, numReduceTasks);
    }
}
...
//在 Job 中设置用户的 partitioner:
Job. setPartitionerClass(MyPartitioner)
```

4）Merge 操作

在 MapReduce 的 Map 和 Reduce 阶段都会涉及将多个中间数据或者中间结果文件根据其 Key 值进行同类项归并(Merge)的操作，以提高处理效率。Map 阶段的 Merge 操作发生在 Spill 过程，受内存大小限制，当 Mapper 输入内存缓冲区的中间数据量达到一定阈值时(80%)，将会触发 Spill(溢写)操作，系统会将内存的输出数据在进行排序后写入磁盘，存成临时文件。如果 Map 输出数据量大就可能会产生多个临时文件，这多个临时文件需要归并(Merge)成一个文件供 Partitioner 分片后，最终交给 Reducer 处理。

Map 阶段的 Merge 操作是通过 MapOutputBuffer 的 mergeParts()方法来启动，它首先把属于同一个 Mapper 的中间数据从多个临时文件读出，然后基于 Key 值把属于同一分片(Partition)的数据归入一个 Segment，在 mergeParts()中的代码段如下。

```
for (int parts = 0; parts < partitions; parts++) {
        //create the segments to be merged
        List< Segment< K,V>> segmentList =
            new ArrayList< Segment< K, V>>(numSpills);
        for (int i = 0; i < numSpills; i++) {
            IndexRecord indexRecord = indexCacheList.get(i).getIndex(parts);
        Segment<K,V> s = new Segment<K,V>(job, rfs, filename[i], indexRecord.startOffset,
indexRecord.partLength, codec, true);
        //add the segment to the indexed list
        segmentList.add(i, s);

        if (LOG.isDebugEnabled()) {
            LOG.debug("MapId=" + mapId + " Reducer=" + parts + "Spill =" + i + "(" +
indexRecord.startOffset + "," + indexRecord.rawLength + ", " + indexRecord.partLength +
")");
        }
}
```

完成 SegmentList 构建后，即调用 merge()方法完成同一分区具有相等 Key 值的数据的归并(代码段如下)，并将结果写入归并后的一个 Spill 文件，至此 Spill 和 Merge 过程完成。

```
//merge
@SuppressWarnings("unchecked")
RawKeyValueIterator kvIter = Merger.merge(job, rfs,
keyClass, valClass, codec,
segmentList,
job.getInt("io.sort.factor", 100),
new Path(mapId.toString()),
job.getOutputKeyComparator(),
```

```
        reporter,
        null,
        spilledRecordsCounter);

    //write merged output to disk
    long segmentStart = finalOut.getPos();
    Writer< K, V > writer = new Writer < K, V >(job, finalOut, keyClass, valClass, codec,
    spilledRecordsCounter);
        if (combinerRunner == null || numSpills < minSpillsForCombine)
        {
            Merger.writeFile(kvIter, writer, reporter, job);
        }
        else
        {
          combineCollector.setWriter(writer);
          combinerRunner.combine(kvIter, combineCollector);
        }
```

Reduce 阶段的 Merge,则是每个 Reducer 通过远程复制的方式获取多个输入数据块,这些数据块来自不同的 Mapper 输出,特点是块内有序,块间无序,需要进行 merge 操作使其变得有序,以便下一步处理。

5) Reduce 处理

如图 12-27 所示,有多个 Reduce Task(图中的 R1, R2,…)运行在多个数据节点上,每个 Reduce Task 都启动一个 Reducer,调用 sort()、reduce()函数完成相应的数据化简处理。

Reducer 的编程接口如图 12-34 所示,它继承自 JobContext、TaskInputOutputContext、ReduceContext 等基础类,通过基础类提供的方法或 Reducer 自身的方法完成 Reduce 功能。程序员的主要任务就是重写 Reducer 的 reduce()函数,让它按用户的设计完成化简操作并输出最终结果。

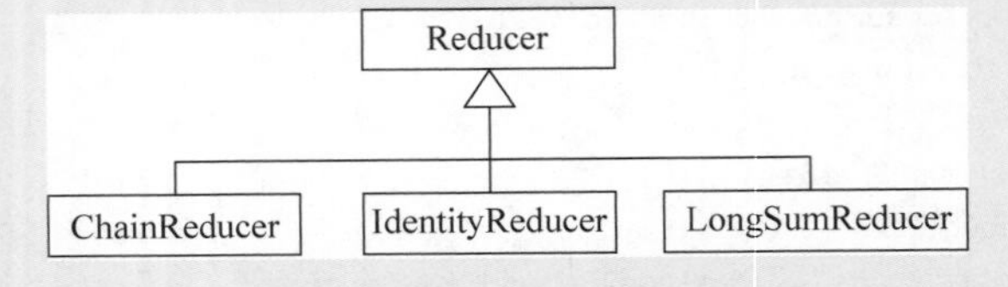

图 12-34 MapReduce 提供的 Reducer 实现类

MapReduce 另外提供了如下的 Reducer 类的实现用于支持一些特定功能,如图 12-32 所示。

(1) ChainReducer:用于支持链式作业。

(2) IdentityReducer:对于输入的 Key/Value 对不进行任何处理,直接输出。

(3) IntSumReducer:以 Key 为组,对 int 类型的 Value 求和。

(4) LongSumReducer:以 Key 为组,对 long 类型的 Value 求和。

综上所述,MapReduce 编程模型的特点如下。

(1) 实现自动并行化计算,为程序员隐藏系统层细节;

(2) 计算任务的划分和调度;

(3) 数据的分布式存储和划分;

(4) 处理数据与计算任务的同步；

(5) 结果数据的收集整理；

(6) 系统通信、负载平衡、计算性能优化处理；

(7) 处理系统节点出错检测和失效恢复。

参考文献

[1] Flynn, Michael J. Some Computer Organizations and Their Effectiveness. IEEE Transactions on Computers C-21. 9(1972): 948-960.

[2] Lina J Karam, Ismail AlKamal, Alan Gatherer, et al. Trends in Multi-core DSP Platforms. IEEE Signal Processing Magazine, Special Issue on Signal Processing on Platforms with Multiple Cores.

[3] Nieplocha J, Harrison R J, Littlefield R J. The Global Array: Non-uniform-memory-access programming model for high-performance computers. Journal of Supercomputing, 1996, 10(2): 169-189.

[4] Carothers C D, Perumalla K S, Fujimoto R M. The effect of state-saving in optimistic simulation on a cache-coherent non-uniform memory access architecture. Simulation Conference Proceedings. IEEE, 2000: 1624-1633.

[5] Dahlgren F, Torrellas J. Cache-only memory architectures. Computer, 1999, 32(6): 72-79.

[6] Hagersten E, Landin A, Haridi S. DDM: A Cache-Only Memory Architecture. Computer, 1992, 25(9): 44-54.

[7] Rowlands J B. System with interfaces, a switch and a memory bridge with cc-numa(cache-coherent non-uniform memory access): EP, EP1363196[P]. 2005.

[8] Carothers C D, Perumalla K S, Fujimoto R M. The effect of state-saving in optimistic simulation on a cache-coherent non-uniform memory access architecture. Simulation Conference Proceedings. IEEE, 2000: 1624-1633.

[9] Lameter C. NUMA(Non-Uniform Memory Access): An Overview. Queue, 2013, 11(7): 40.

[10] http://hadoop. apache. org/docs/r1. 0. 4/cn/mapred_tutorial. html.

[11] Bentley J L. Multidimensional divide-and-conquer. Communications of the Acm, 1980, 23(4): 214-229.

[12] Yang W, Lee T. A density - matrix divide - and - conquer approach for electronic structure calculations of large molecules. Journal of Chemical Physics, 1995, 103(103): 5674-5678.

[13] Apache Hadoop YARN. http://hadoop. apache. org/docs/r2. 7. 2/hadoop-yarn/hadoop-yarn-site/YARN. html.

习题

1. 简述 Map 包含哪些步骤。

2. 简述 Reduce 包含哪些步骤。

3. MapReduce 中排序发生在哪几个阶段？这些排序是否可以避免？为什么？

4. 编写 MapReduce 作业时，如何做到在 Reduce 阶段，先对 Key 排序，再对 Value 排序？

5. 如何使用 MapReduce 实现两个表 join，可以考虑以下几种情况：①一个表大，一个表小(可放到内存中)；②两个表都是大表。

第 13 章

图并行计算框架

超大规模数据处理系统(Extra Large-scale Data Processing Systems)采用的计算架构大体可分为两类：一类是非图计算模型的(如 MapReduce、Stream Computing、MPP 等)；另一类是基于图计算模型的(如 Google 的 Pregel，开源社区的 Hama、Giraph、GraphLab 等)。非图计算模型的代表是 Google 于 2004 年提出的 MapReduce 分布式计算模型[1]和基于这一模型结合分布式文件系统 GFS[2]和分布式数据库 Bigtable[3]构建的大规模分布式并行计算引擎。另一个与 MapReduce 相似的是 Microsoft 在 2007 年发布的 Dryad 分布式并行计算平台[4]，它基于 Cosmos 文件系统，其竞争对象为 Google 的 MapReduce。Dryad 系统的总体架构支持有向无环图(Directed Acyclic Graph)类型数据流的并行程序，本质上仍然属于 MapReduce 型的并行计算模型。总之，MapReduce 模型已被证明是目前最为有效和最易于使用的一种面向大规模海量数据处理的高性能并行计算技术，特别适合于搜索引擎(文档倒排索引、网页链接图分析、页面排序等)、Web 日志分析、文档分析处理、机器学习、机器翻译等各种主要针对文本数据和数值型数据的应用领域。MapReduce 计算模型的两个核心概念为"Map"(映射)和"Reduce"(化简)，它将计算任务划分为 Map 和 Reduce 两阶段，形成一个两阶段处理流程。Map 阶段产生巨量的中间数据，Hadoop 将其存储在本地磁盘上，而 Reducer 再将其远程读取到自己的本地机器上，完成化简操作。这种计算模式伴随着大量的 I/O 操作和网络开销，适合于一次性完成的并行处理工作，但不适合于有迭代循环的其他算法或反复操作的计算模式，因为循环迭代意味着产生大量的中间数据及反复进行大数据量的网络传输，对性能极其不利。可以看出 MapReduce 这种基于数据划分的分布式并行计算模式有两个基本要求，或者说受到以下两个限制。

(1) 大数据集可以拆分成小规模的数据子集，让计算程序作用于每一个数据子集完成并行处理。这就意味着数据相互间不能是强依赖关系，因此能够进行大数据集的分割。

（2）MapReduce是一种典型的批处理模式，即对数据的计算处理是按照流水线方式执行，完成第一步，才会执行第二步；每一步内可能有大量的并行处理线程，但没有跨越很多步的迭代循环计算。

但现实世界中有很多应用数据更适合以网络或图的形式展现。比如Facebook、Twitter、新浪微博、人人等大型社交网络中存在Web社团（Web社团定义：设V为某些节点的集合，一个Web社团是其中的一个子集$C \subset V$，满足条件：对任何节点$v \in C$，v与属于C当中节点之间连接的边数大于它和C以外其他节点连接的边数），这种社交网络数据最适合用社交网络图来表示（图13-1）；网络流指物体从出发点经过一个网络系统流向目的地的一个过程，我们可以用网络流来模拟流经管道的液体、通过装配线的产品部件、物流配送路线、通信网络传送的信息等实际应用，网络流对应的就是一个有向图（图13-2）；分子生物学中基因功能的研究常常需要处理包含海量数据的基因图谱（图13-3）。这类以图（Graph）形式表征的数据在大数据系统需要处理的数据量中占了相当大的一个比例（Google公司提到其搜索引擎处理的数据量中有20%是由图处理引擎完成），因此，图数据的表达、建模、存储、处理成为大数据计算体系的一个特定类型。

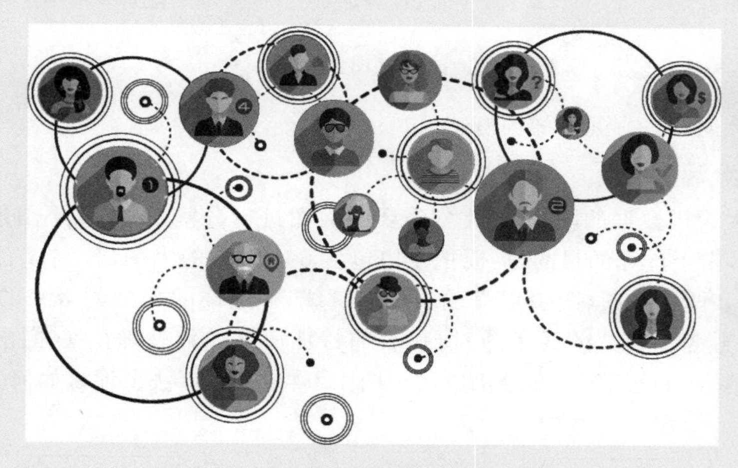

图13-1　社交网络图

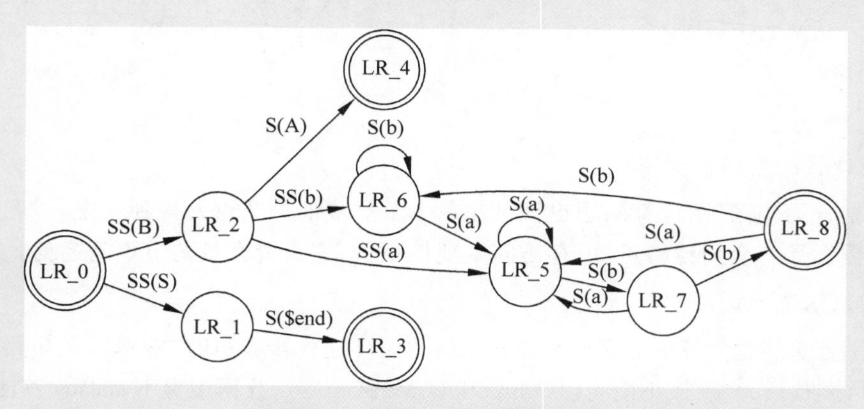

图13-2　用有向图表征网络流

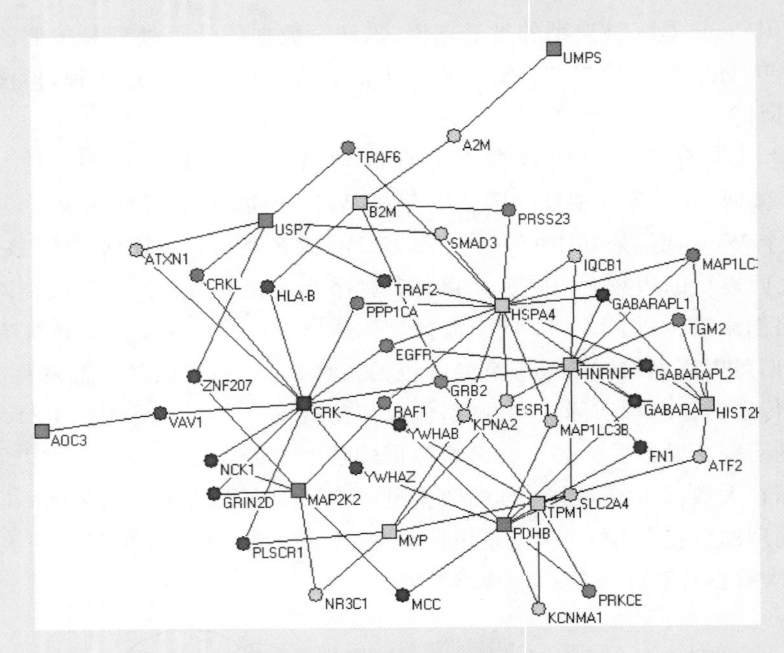

图 13-3 基因表达图谱

这类图计算问题具有如下的固有特征。

1. 图分割难题

对于包含大规模数据的网络图，常常需要对大图进行分割，切分成小图进行计算处理。如图 13-4 所示，出于计算的目的，需要把左边包含 6 个顶点的大图，分割成右边各自包含 3 个顶点的 A 和 B 两个小图(图中用虚线表示分割线)。这样的图分割带来的难题是：被切断的边(图中编号为 1 和 2 的两条边)所代表的特征值该如何处理？在原图中相连的顶点(被切断的边连接的两端顶点)在分割成的子图中不再相连，算法设计该如何考虑？

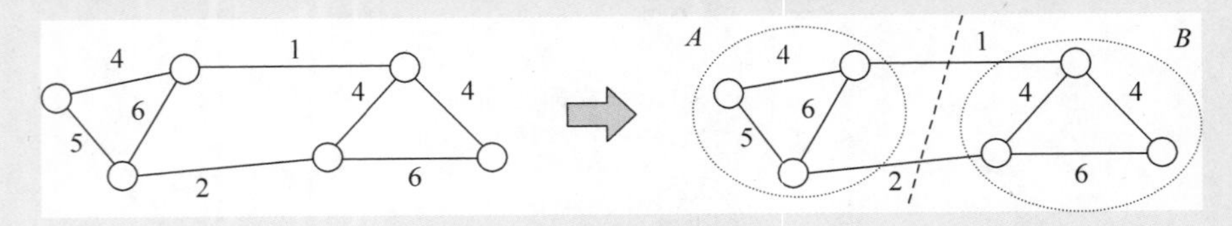

图 13-4 图分割难题

2. 图计算的全局性要求

即使划分为小图，图计算问题也很难在单个节点或部分节点处得到答案，或者说图计算所需要的数据具有全局性特点，内存访问本地性很少，意味着大量的节点间通信。

3. 图算法迭代循环

许多图计算问题的算法的实现都带有全局的循环迭代步骤(如求解单源最短路径问题的 Dijkstra 算法[5]、最大流/最小割问题(Max-Flow Min-Cut)[6]、数据聚类 K-means 算法[7,8])，这对于流水线型计算处理方式是一个难题。

MapReduce 模型的分割数据集的并行计算模式和流水线型处理流程很难应对上述图

计算的难题。图分割的高关联度和复杂性使得 MapReduce 原有的输入文件分片(Split)机制不可行;图计算的全局性特点使得 MapReduce 基于 Map 和 Reduce 两个基本步骤的数据处理本地化难以实现;而图算法的反复迭代导致大量的 I/O 操作和节点间数据交换,性能严重下降。针对 MapReduce 模型在支持大规模图计算处理方面的不足,工业界把眼光投向了针对图计算的并行计算架构。Google 推出了基于 BSP(Bulk-Synchronous Parallel)模型[9]的分布式图计算框架 Pregel[10],主要用于支持图遍历 BFS[11]、最短路径 SSSP[5]、PageRank[12]等图算法。Pregel 采用主从架构体系,由一个 Master 节点加上大量的 Worker 节点组成。Worker 节点具有 Active 和 Inactive 两种状态,Worker 节点在 Receive Message 以后由 Inactive 状态进入 Active 状态,完成本节点所承担的计算任务,发送数据信息到其他节点,在 Vote to Halt 后进入 Inactive 状态。Master 节点用来控制任务的划分与分配以及 Worker 节点之间的相互联系,这样一个大的任务分散到大量的节点上并行,加快了计算的速度。但 Pregel 不是一个开源项目,Google 仅公布了一些技术思路。

2012 年成为正式 Apache 开源项目的 Hama[13]则是一个类似于 Pregel 的,也是基于 BSP 模型的图并行计算框架。与 Pregel 不同的是,Hama 是在 Hadoop 高性能集群和 HDFS 分布式文件系统开源架构之上实现的对大规模矩阵运算和 PageRank、SSSP、K-means 等图算法的支持。Hama 设计了对应于 Master、Worker 的顶点类,以及 Job 和 Task 的各个类,采用 BSP 超步同步机制,通过对图数据的划分和分配,以及 Worker 顶点上的 Job/Task 多任务模式,实现了优于 MapReduce 的图大数据并行处理模式。但 Hama 目前仅支持 PageRank、SSSP、K-means 等少数几种图算法,其框架库的图分割方法和作业调度设计尚十分简单,在为上层图计算应用开发提供一个设计优良、简便易用的编程接口(API)方面还有许多工作要做。

Hama 之外的图计算开源项目还有 Giraph、GraphLab 等。Giraph[14]是 2011 年夏由荷兰阿姆斯特丹 Vrije 大学研究生 Claudio Martella 和几个志愿者开启的项目,目前已成为 Apache 的正式开源项目(http://giraph.apache.org/)。Giraph 在 2013 年 5 月发布了第一个正式版本 Giraph 1.1.0,这一版本的编译需要 Java 1.6,Apache Hadoop 0.20.203/0.20.204/0.20.1/0.20.2/0.20.3/Maven 3(或更高版本)等软件包的支持。目前,大型社交网站 Facebook、Twitter、Linkedin 都提到采用 Giraph 来进行社交网络图谱分析计算。Giraph 是一个基于 BSP 模型的模仿 Pregel 的开源实现,其设计要点如下。

(1) 采用 BSP 模型的 Superstep 机制完成并行计算的同步控制。

(2) 运行在 Hadoop 2.0 集群上,并依靠 ZooKeeper 提供容错功能。

(3) 通过消息传递机制完成数据交换,而不需大规模数据迁移。

(4) 提供针对图计算的编程界面 API(见后面的 Giraph Core package list)。

(5) 1.1.0 版本增加或改进了如下功能。

① 主节点计算(master computation)。

② 共享集合器(shared aggregation)Giraph 在图计算中提供一个类似于 MapReduce 模型的 Reducer 这样的角色,它负责把各个 Worker 的中间计算结果进行汇集再分发。这样的 aggregator 在 Giraph 架构中有多个,服务于多个 Workers。

③ 基于边的输入(edge-oriented input)除基于图顶点 Vertex 的输入格式外,还支持基于边 Edge 的图输入格式。

④ 核心模块之外的计算(out-of-core computation)在图数据规模过大,无法全部驻存于内存中时,进行数据分割,将一部分数据存储于硬盘上。

Giraph 的实现目前还有不足:由于 Giraph 依赖于 Hadoop 平台的任务分发功能,它的 Data Locality 并不好,因为 Hadoop 并不保证正好把 Giraph Worker 分派到它所计算的数据块节点上;目前提供的算法支持还较少,仅有 PageRank 和 SSSP 的算例。

美国 Texas 大学的 Jon Allen 基于 SSSP 算法对 Pregel、Giraph 和 GoldOrb(http://www.goldenorbos.org/)三种图计算框架的实验评估结果是(http://wwwrel.ph.utexas.edu/Members/jon/golden_orb/):Pregel 的计算规模最大可达 1.67 个顶点/每计算节点,即每计算节点可处理约 1.67 亿个图顶点,而 Giraph 只达到约 160 万个图顶点,GoldOrb 仅达到约 10 万个。显然,Giraph、GoldenOrb 这类仿照 Pregel 的开源框架与 Pregel 相比,在计算规模上尚有较大差距。

GraphLab[15]是另一个值得关注的针对机器学习领域的图并行计算软件。GraphLab 采用的是 GAS(Gather-Apply-Scatter)抽象模型,定义了可以在节点上独立执行的计算,侧重机器学习算法的并行实现。在 GraphLab 的 GAS 模型中,Gather 是一个节点(Vertex)从相邻节点获取状态信息和数据,Apply 是节点计算与更新,Scatter 是通过与该节点连接的各条边(Edge)向相邻节点散发最新信息。GraphLab 可在安装了 MPI 库、PThreads 多线程函数库,以及 Hadoop 的集群上运行,提供了一个 C++ API 编程接口,如图 13-5 所示。

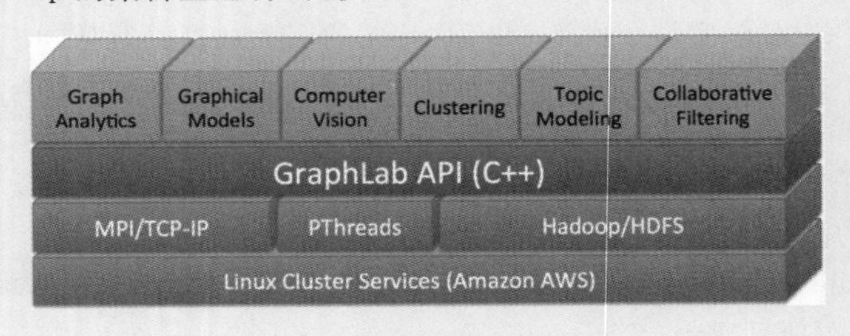

图 13-5 GraphLab 的 C++ API

与基于 BSP 模型的 Pregel、Hama、Giraph 这类图并行计算框架比较,GraphLab 具有如下特点。

(1) GraphLab 采用了基于节点计算的 GAS 模型来处理图并行计算问题,其并行机制与 Pregel/HAMA/Giraph 不一样。

(2) GraphLab 把计算任务分解到各个独立计算节点(Map),但各计算节点与其相邻节点之间存在 data-dependency 和 computation-dependency,即某个节点计算的下一步还需取决于相邻节点的计算状态。

(3) 基于前述机制,GraphLab 不需要一个全局时钟来实现同步控制。

(4) GraphLab 使用一个 edge-cut 算法来进行最初的图分割,这个算法的优劣会极大影响到 GraphLab 的性能。

根据 GraphLab 开发者在 OSDI 2012 发表的论文展示的结果,与 Pregel 比较,在大规模图数据条件下 GraphLab 的性能不优于 Pregel。

另外有一类对图数据进行存储、管理、查询的软件系统是所谓的图数据库[16],代表性产品有 Neo4j[17]、InfiniteGraph[18],OrientDB[19]等。图数据库将社交关系图(Graph)描述为点

(Vertex)、边(Edge)及它的属性(Property)。这里“点”代表实体,比如人、企业、账户或其他任何数据项,类似于关系数据库中的数据记录或文档数据库中的文件;“边”则代表点与点之间的关系;“属性”则是“边”所包含的用户关注的特性。

以人(Person)、电影演员(Actor)、主演(Lead Actor)、导演(Director)、影片(Film)组成的一个关系图为例(图 13-6),一个 Person 可以是 Actor,甚至是 Lead Actor;一部 Film 有影片名(name)和导演(director)两个属性;Film 与 Actor 发生关系是因为 Actor 包含一个属性是他参演的影片;Lead Actor 与 Film 发生关系也是因为 Lead Actor 的一个属性是他主演的影片。这样一个关系图用关系型数据库来表征则至少需要 4 张数据表(图 13-6),但若用图形数据库来建模则只需两张表,因为参演、主演关系或导演关系已被表征在连接 Film 和 Person 两个顶点的带特定属性的双向关系中(Directedby 和 ActBy/isLead)。

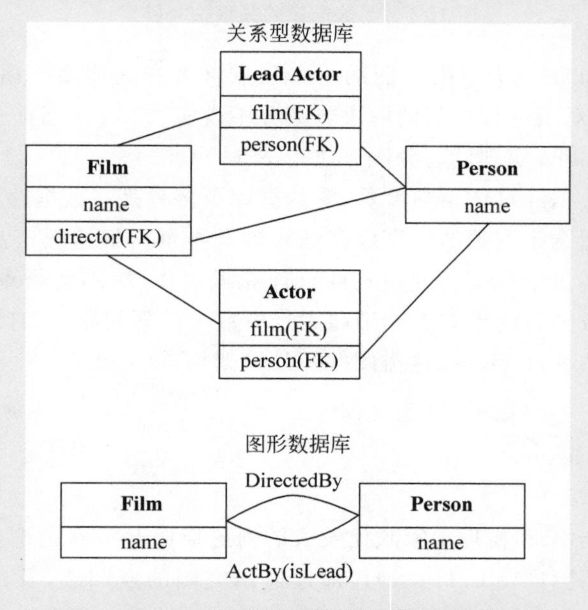

图 13-6　关系型数据库模型和图数据库模型

最终,上述社交关系网络图可以抽象为关系型数据库 E-R 图和图数据库的模型图(图 13-7),可以看出,关系型数据库 E-R 图中各个实体之间的连接线只是单一地表征一种关联关系(具体什么关系要靠连接线两端的实体属性来判断);而图数据库的连接关系本身就带有属性,可以用来表征不同的实体间的关系,这就大大增强了图数据库表达复杂关系网络的能力。

基于上述的 Vertex-Edge-Property 图数据抽象模型,图形数据库直接将带有属性的关联关系定义并存储在数据库中,因此它擅长处理多重性高关联度的数据,适合于社交网络、模式识别、依赖分析、推荐系统以及路径寻找等可以表达为关系图的问题。以 Neo4j 为代表的图数据库具有如下特性。

(1) 对事务的支持。Neo4j 强制要求每个数据更改操作都必须在一个事务之内完成,以保证数据一致性。

(2) 基于 BSF 遍历的极强图搜索能力。Neo4j 允许用户通过 Cypher 语言来操作数据库。该语言是特意为图形数据库操作而设计,因此可以非常高效地操作图形数据库。

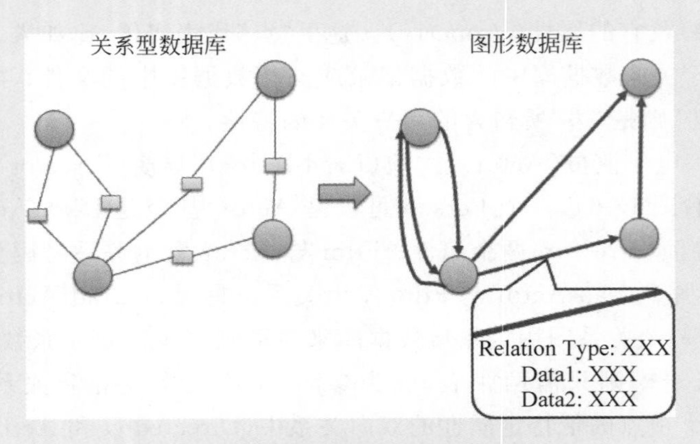

图 13-7 图数据库的关系抽象模型

(3) 一定的横向扩展能力。由于图的一个顶点常常和其他多个顶点相关联,因此诸如 Sharding 这样的需要对图进行切割的解决方案并不现实。Neo4j 当前提供的横向扩展方案主要是通过 Read Replica 实现读写分隔来进行的。

可以看出,从大数据计算体系角度看,图数据库更多只是在数据存储层面提供的一种图数据存储方案,比较适合于图数据的高效存储管理和查询。但这类产品并没有提供支持各类图算法的计算引擎,也没有支持分布式并行计算编程接口,因此很难像 MapReduce 那样以数据集切割、多任务并行的模式去处理超大规模数据计算问题。因此,我们的重点还是讨论基于 BSP 模型的 Pregel、Hama 这类图并行计算架构。

13.1 图基本概念

1736 年,瑞士数学家和物理学家欧拉发表的柯尼斯堡七桥问题论文开辟了应用数学的一个重要领域——图论(Graph Theory),即通过研究图的点和线,及其关联关系来解决实际问题的理论和方法。图论的基本概念如下。

图(Graph):由非空顶点(Vertex)集合 V 和边(Edge)集合 E 组成的二元组(V, E)称为图,记为 $G=(V,E)$。

无向图:是一个有序二元组(V, E),记作 $G=(V,E)$,其中,V 是一个非空集合,V 中的元素称为节点或顶点(Vertex);E 是无序积 $V\&V$ 的多重子集(元素可重复出现的集合),称为边集,E 中的元素称为无向边或简称边。

有向图:是一个有序二元组(V, E),记作 $G=(V, E)$,其中,V 是一个非空的节点或顶点集;E 是笛卡儿积 $V\times V$ 的多重子集,其元素称为有向边,也简称边或弧。

简单图:任意两顶点间最多只有一条边,且不存在自环的无向图称为简单图。

顶点度:图 $G=(V, E)$ 的顶点 v 的度是与 v 相连的边的数目(自环边计两次),记为 $d(v)$。

设 $G=<V,E>$为一有向图,$v\in V$,v 作为边的始点的次数,称为 v 的出度,记作 $d^+(v)$;v 作为边的终点的次数称为 v 的入度,记作 $d^-(v)$;v 作为边的端点的次数称为 v 的度数,简称度,记作 $d(v)$,显然 $d(v)=d^+(v)+d^-(v)$。

在上述概念基础上可进一步建立有限图、完全图、补图、加权图、正则图、子图与母图、超图等概念。

图论研究的主要问题如下。

(1) 子图相关问题：包括子图同构问题，哈密顿回路问题，最大团问题，最大独立集问题，平面图判定，重构猜想等。

(2) 染色问题：包括点色数，边色数，色多项式，四色问题，完美图问题，列表染色问题等。

(3) 路径问题：如柯尼斯堡七桥问题，哈密顿回路问题，最小生成树问题，中国邮路问题，最短路问题，斯坦纳树，旅行商问题等。

(4) 网络流问题：包括最大流问题，最小割问题，最大流最小割定理，最小费用最大流问题，二分图及任意图上的最大匹配，带权二分图的最大权匹配问题。

(5) 覆盖问题：包含最大团，最大独立集，最小覆盖集，最小支配集等问题。

与大规模数据处理问题相关的图计算方法，可归纳为如下内容和步骤。

(1) 定义图数据格式，包括输入数据和输出结果格式。

(2) 建立图计算模型与算法。

① 对于实际问题抽象出图计算模型。

② 图算法设计。

③ 数学表达。

(3) 图并行计算的实现。

① 图分割。

② 任务及计算资源调度。

③ 计算迭代步骤。

④ 同步与通信机制。

⑤ 容错机制。

(4) 性能优化。

图并行计算从大规模数据处理问题到图计算模型到算法实现的流程图如图 13-8 所示。

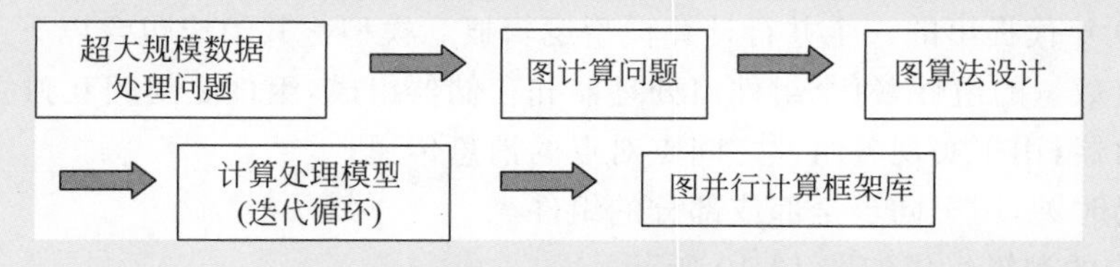

图 13-8　数据问题到算法实现流程图

例如，如图 13-9 所示的在有向图中寻找顶点 1 到顶点 3 的最短路径问题，可以将图表征为邻接矩阵 A，再构建图向量 x，而上述图最短路径问题就转化为矩阵的迭代计算问题，最终获得图中两点间的最短路径。

在目前的大规模图数据管理应用中，主要采用简单图和超图两种数据模型，二者的组织存储格式略有不同，这两种模型都处理有向图和无向图，默认情况下是有向图，而无向图中的边可以看作是两条有向边，即有向图的一种，在之后的讨论中不再强调图中边的方向。目前，主流的图存储和计算平台基本都采用简单图的模型，故下文不再讨论超图。

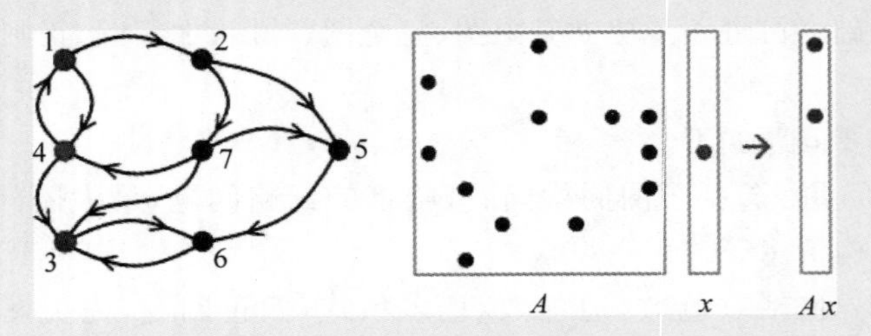

图 13-9 图问题与矩阵的转化

简单图模型的常用存储结构包括：

(1) 邻接矩阵；

(2) 邻接表；

(3) 十字链表；

(4) 邻接多重表。

从大规模图处理的应用需求和维护的复杂程度考虑，邻接矩阵和邻接表是最常用的两种结构，采用邻接矩阵表示图的拓扑结构，直观简洁，便于快速查找顶点之间的关系，但是邻接矩阵的存储代价高昂。对于大规模图数据，这个问题尤为严重，GBASE 系统[20]以邻接矩阵的形式组织存储图，考虑到邻接矩阵的存储开销，GBASE 对矩阵进行了聚簇分割，尽量将矩阵中的非零值集中存储并采用 Zip 技术压缩编码，减少矩阵的存储代价。与邻接矩阵相比，邻接表的应用范围更加广泛，像 PageRank 计算、最短路径计算等应用，并不需要频繁查找两个图顶点之间的连通性，邻接表完全可以满足计算需求。邻接表的存储开销很小，逻辑简单，便于分割处理，是一种比较理想的图组织方式、Pregel、Hama 和 Hadoop 等系统均采用邻接表的形式组织和存储图数据。

13.2 BSP 模型

BSP(Bulk Synchronous Parallel，整体同步并行模型)[9]是英国科学家 Leslie G. Valiant 于 20 世纪 80 年代提出的一个并行计算模型逻辑概念模型。其组成包含以下三个部分。

(1) 一定数量的组件，每个组件由处理器和存储器组成，组件之间相互独立；

(2) 路由器，用于实现各组件之间点对点的消息传递；

(3) 全局时钟，用于同步全部或部分的组件。

BSP 结构的逻辑组成如图 13-10 所示。

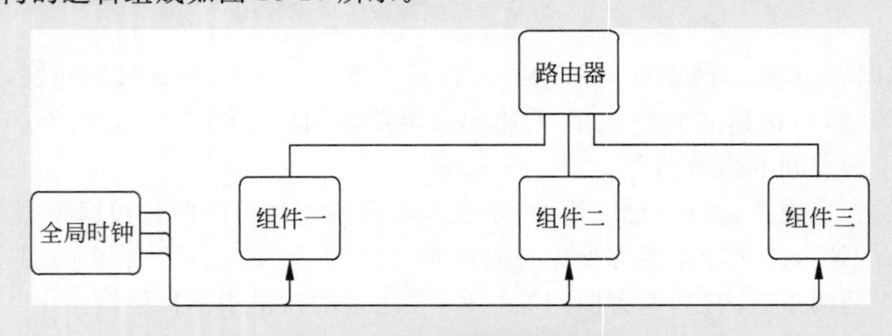

图 13-10 BSP 逻辑结构组成

BSP的核心思想是将任务分步完成，通过定义SuperStep(超步)，来完成任务的分步计算。也就是将一个巨大的任务分解为一定数量的超步完成，而在每一个超步内各计算节点(即上面逻辑结构中的组件，这里用Virtual Processor代表)相互独立地完成本地的计算任务，将计算结果进行本地存储和远程传递以后，在全局时钟的控制下进入下一个超步。

BSP的工作原理如图13-11所示，与MapReduce的Map + Reduce的二元计算结构相比较而言，BSP结构则基于SuperStep实现数据的迭代计算，而且在每一个SuperStep内通过消息通信机制实现数据的异地传输。BSP计算过程可分为以下三个阶段。

本地计算：在一个超步内，处理器(Virtual Processor)从自身存储器读取数据进行计算。

全局通信：每个处理器通过发送和接收消息，与远程节点交换数据。

栅栏同步：当一个处理器遇到栅栏(Barrier)时，会停下等到其他所有处理器完成计算；每一次Barrier同步也是前一个超步的完成和下一个超步的开始。

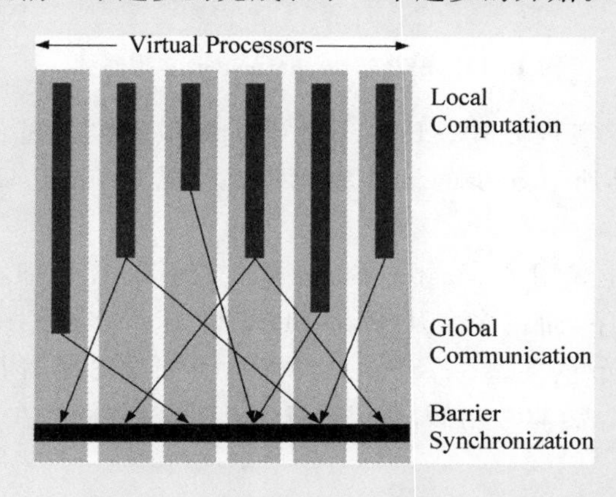

图13-11 BSP的超步(SuperStep)结构

BSP并行系统中超步的实现采用了比较灵活的方式(如图13-12所示)，具体体现在以下几个方面。

(1) 同一超步内各个并行进程的计算单元可以设置为相同或不相同(比如在Superstep 0之内，BSP Peer1与BSP Peer 2都执行计算步骤A；但BSP Peer 3与BSP Peer 4却执行不同的计算步骤B；BSP Peer 5与BSP Peer 6执行计算步骤C)。

(2) 不同超步的计算单元可以设置为相同或不相同(比如在Superstep 0和Superstep 1这两步内，BSP Peer1与BSP Peer 2执行不同的计算步骤A和D，但BSP Peer 5与BSP Peer 6却一直执行相同的计算步骤C)。

(3) 某些进程在特定的超步中可以不必进行障碍同步(比如在Superstep 0和Superstep 1之间，BSP Peer1与BSP Peer 2在遇到Barrier Synchronizationer 1时需进行障碍同步，但BSP Peer 5与BSP Peer 6却无须同步。在Barrier Synchronizationer 2时所有进程需要进行障碍同步)。

这种灵活的超步实现方式提供了BSP模型支持多种图计算算法的基础，目前基于BSP的图计算引擎支持图处理、矩阵计算、网络算法等应用，甚至把YARN集成到BSP框架

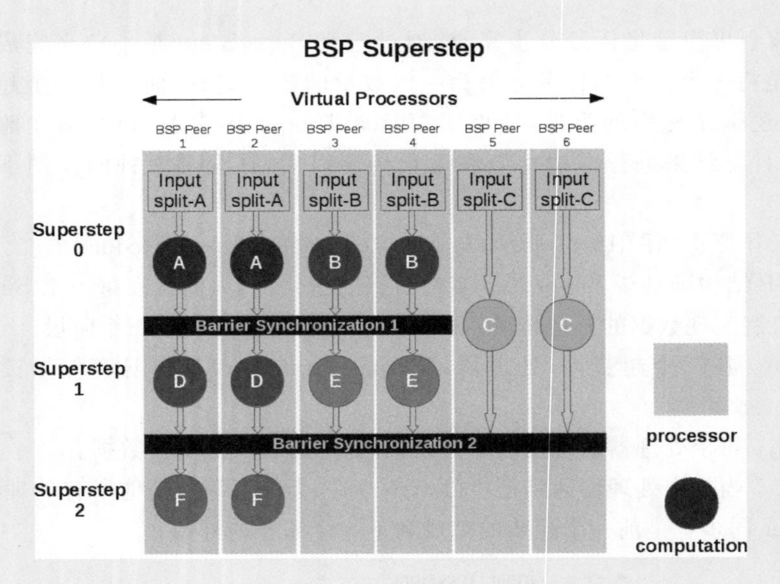

图 13-12 BSP 超步(SuperStep)实现方式

中,也是得益于这种超步实现方式。Pregel 和 Giraph 虽然也是基于 BSP 模型,但它们实现的超步是一个特例,其所有超步的计算单元都是一致的,因此只适合具有迭代性质的图处理。

BSP 并行计算架构也采用了 Master/Slave 模式(图 13-13),即在一个主节点(Master)上运行 BSPMaster 主程序,而在多个从节点(Slave)上运行多个 GroomServer 进程承担计算处理任务,这与 Hadoop 的 Master/Slave 架构(一个 HDFS 集群是由一个 NameNode 和一定数目的 DataNode 组成)非常相似,所以 BSP 模型可以方便地在 Hadoop/HDFS 架构基础之上实现。

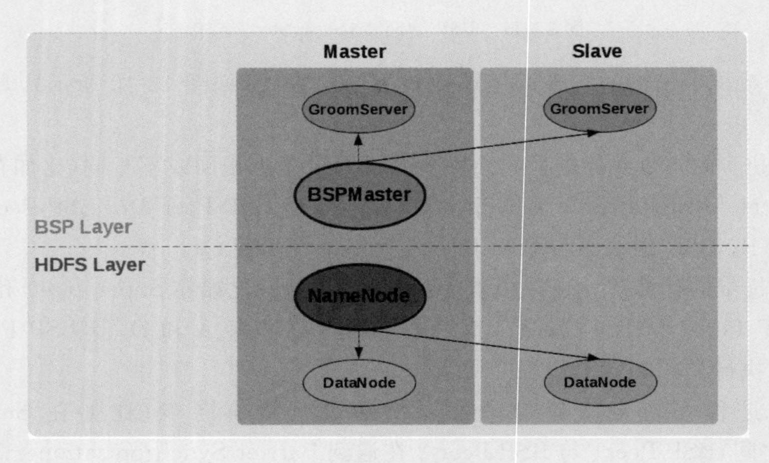

图 13-13 BSP 计算架构

目前,基于 BSP 模型的图并行计算系统有商业技术(Google 的 Pregel)和开源技术(Apache 的 Hama、Giraph 等)两条主线,下面以 Pregel 和 Hama 为例对它们的计算架构、并行计算模型和应用编程接口进行介绍。

13.3 Pregel 图计算引擎

1. Pregel 计算架构

Pregel是Google公司推出的大规模图并行计算系统[10]，其继承了BSP结构的基本原理和设计思想，将BSP概念结构真正用于商业实际应用。Pregel的系统架构如图13-14所示，其计算系统仍然部署在Google计算集群上，采用Master/Slave结构，主控服务器(Master)负责计算任务的分配、调度和管理，具体负责把一个计算作业的大图分割成子图(Sub-graph)，然后把每个子图作为一个计算任务分发给一个工作服务器(Worker)去执行(一个Worker可能会收到多个计算任务)，多个工作服务器按照图13-11的超步模式完成并行计算。

Pregel计算模型以有向图作为输入，有向图的每个顶点都有一个String类型的顶点ID，每个顶点都有一个可修改的用户自定义值与之关联；每条有向边都和其源顶点关联，并记录了其目标顶点ID，边上有一个可修改的用户自定义值与之关联，如图13-15所示。

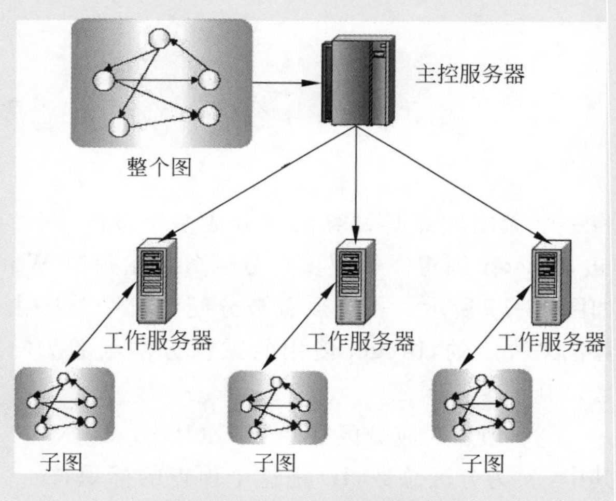

图 13-14 Pregel 的系统架构

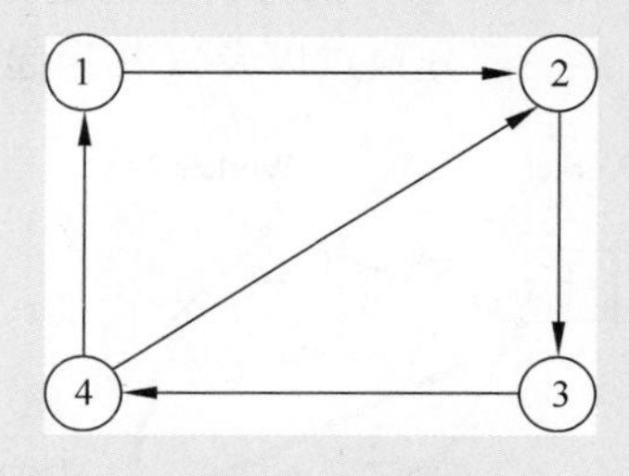

图 13-15 有向图

Pregel的计算架构如图13-16所示。在Pregel的计算架构中，用逻辑上的Master节点来实现全局时钟的同步及超步的分界，用逻辑上的Worker节点来实现BSP模型的组件的计算功能。Pregel的计算架构包含如下要素。

1) Mater

(1) 图分割及用户输入数据；

(2) 任务分配调度；

(3) 容错机制。

2) Worker

(1) 执行计算任务；

(2) 节点间通信。

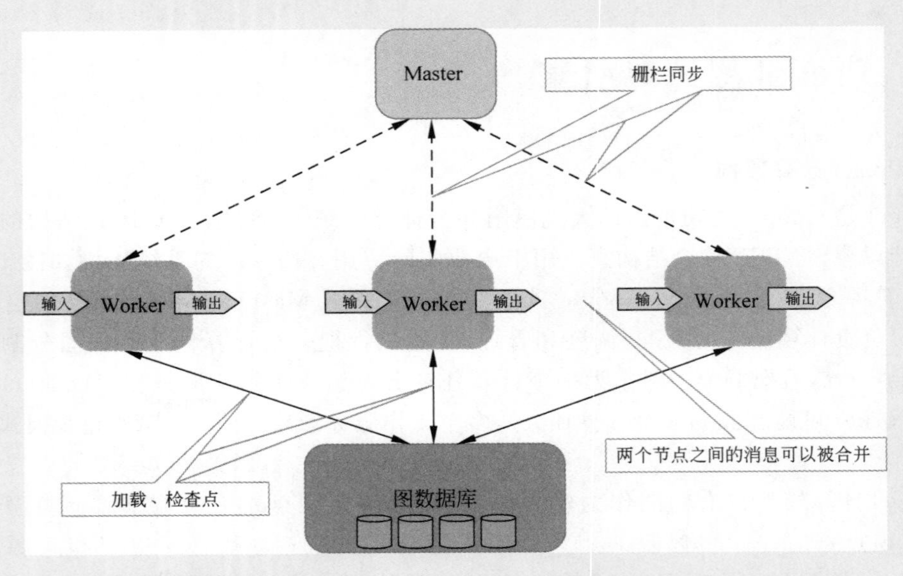

图 13-16 Pregel 的计算架构

3）持久化数据

写入分布式文件系统(GFS)。

4）中间数据

存在 Worker 本地磁盘上。

2. Pregel 并行计算模型

Master 首先执行的是图划分，即将一个大图按照某种算法划分成多个分区，每个分区都包含一部分顶点以及以其为起点的边，Master 则将一个或多个分区分发给每个 Worker，如图 13-17 所示。一个顶点被分配到哪个分区由分割算法来决定的，Pregel 使用的默认分割函数为哈希函数，即

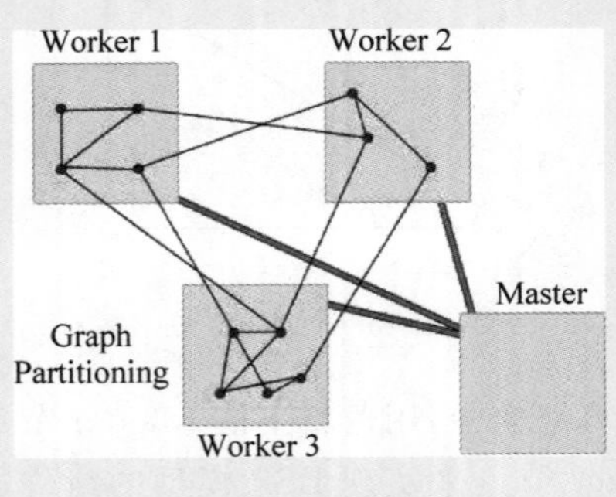

图 13-17 图划分

$$\text{顶点对应分区号} = \text{hash(ID) mod } N$$

其中，N 为分区总数，ID 是这个顶点的标识符。另外，Pregel 也容许用户自己定义分割函数。

Pregel 按如下的方式基于超步完成图并行计算处理。

(1) 所有节点(Worker)处理的图分区数据中包含多个图顶点 Vertex，Worker 对其包含的每个顶点(Vertex)的计算、状态更新、顶点间同步通信都是基于超步 SuperStep 来组织(图 13-18)。

(2) 在一个超步内，每个顶点(Vertex)会调用用户定义的函数进行计算，这个计算过程是在各个顶点以并行模式进行。

(3) 所有的顶点的初始状态(SuperStep 0)均为“Active”。一个顶点在一个超步内完成了它的计算任务，没有下一步计算要执行，就可以自己标志为“Inactive”，这样它的计算函数不会再被调用，除非它又被激活；一个顶点的“Inactive”状态可以为另一个顶点发送过来的

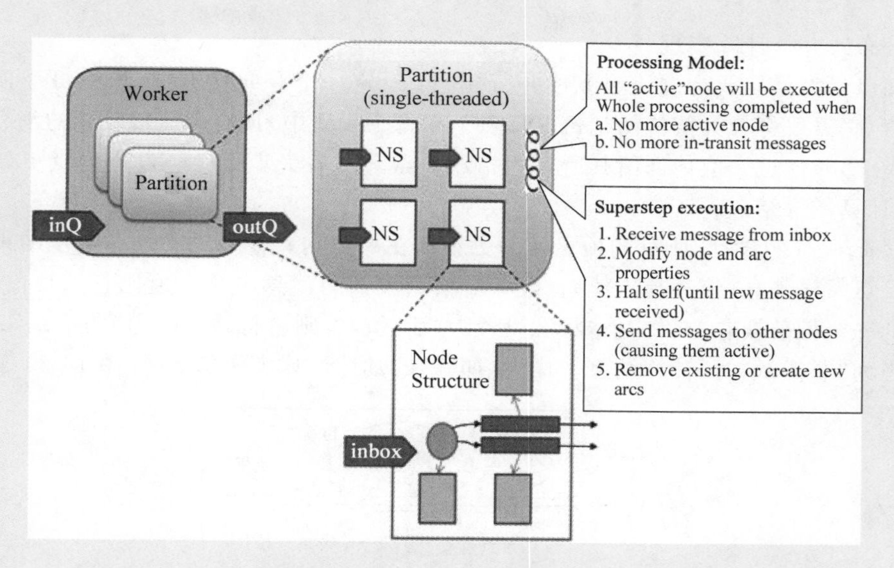

图 13-18 Worker 节点工作流程

消息而变为“Active”(即被其他顶点的消息所激活)。顶点的状态模型见图 13-19。

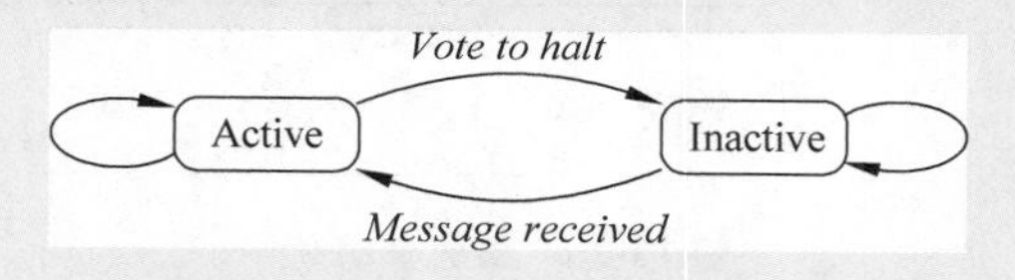

图 13-19 顶点(Vertex)状态模型

(4) 每一个超步内各顶点的计算都在节点本地进行,各顶点计算是独立的,没有对其他顶点计算结果或计算逻辑上的依赖性。

(5) 没有任何节点之外的资源竞争,因此避免了分布式异步计算系统中容易发生的死锁。

(6) 顶点间的通信被局限在步骤之间的 Barrier 期间完成,其含义是,每个顶点可以在超步内送出给其他顶点的消息,但这些消息不会马上处理。当这个超步结束时下一个超步开始前,所有的顶点统一处理它们各自收到的消息。

(7) 当所有的顶点都进入“Inactive”状态,且没有消息传递时,Master 即可决定这个作业已结束。

任何分布式计算系统都必须解决通信架构问题。Pregel 的顶点间通信采用了纯消息传递模式,不包含远程数据读取或共享内存的方式,这是因为两个原因:一是消息传递模型足够满足各类图算法的通信需要;二是出于性能的考虑。在分布式环境中从远程机器上读取一个值伴随有很高的时间延迟。采用消息传递模式通过异步方式传输批量消息,可以减少远程数据交换的次数,减少时间延迟。

可以看出,Pregel 的图并行计算模型的核心设计基于两点:①局限于顶点本地的迭代循环计算避免了大量的远程数据读取,避免了巨大的网络开销;②超步内不进行顶点间 IPC(Inter-Process Communication),而把通信环节集中在超步之间(Barrier 期内,此时所有超步均做通信),这就消除了不同顶点计算进程在数据上或逻辑上的依赖性或顺序相关性,有利于分布式并行计算实现。

下面以最大值问题为例说明上述并行模型：给定一个有向连通图，图中每个顶点都包含一个值，它需要将最大值传播到每个顶点。在每个步骤中，顶点会从接收到的消息中选出一个最大值，并将这个值传送给其所有的相邻顶点。当某个步骤已经没有顶点更新其包含值，那么计算就告结束。

按照 Pregel 的设计，所有的顶点值的更新都在超步内；每个顶点只在超步结束时向其所有邻接点发送消息(传送顶点值)；当一个顶点收到的消息中含有值比它的目前值大，则用最大的一个值替换它的目前值，状态设置为"活跃"，否则就将状态改为"非活跃"；当所有顶点状态为"非活跃"时，计算结束。最大值问题的具体计算步骤如下(如图 13-20 所示)。

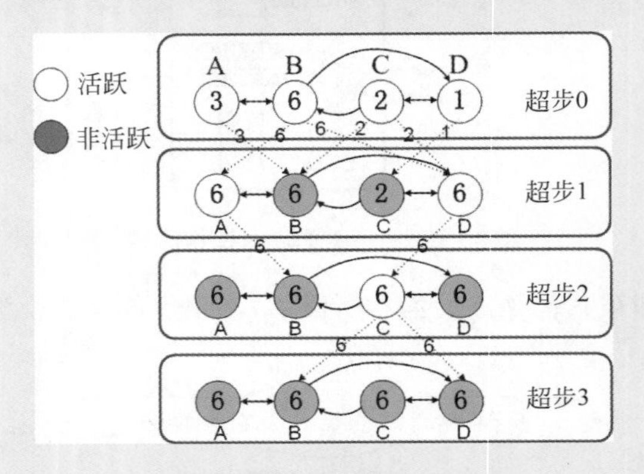

图 13-20 最大值算例

超步 0：A,B,C,D 4 个顶点状态均设为"活跃"，各自包含一个初始值。

超步 1：A 向 B 传送值 3；A 接收 B 的消息值 6，用 6 替代目前值 3，A 保持为"活跃"；B 向 A 和 D 传送值 6，B 接收 C 的消息值 2，B 值不改变，状态变为"非活跃"；C 向 B 和 D 传送值 2，C 接收 D 的消息值 1，C 值不改变，状态变为"非活跃"；D 向 C 传送值 1，D 接收 A 的消息值 6，用 6 替代目前值 1，D 保持为"活跃"。

超步 1 结束时，A,B,C,D 4 个顶点状态分别为"活跃""非活跃""非活跃""活跃"；

超步 2：我们只对状态是"活跃"的顶点执行操作，A 向 B 传送值 6，A 自己没收到消息，不需要做比较更新，因此状态变为"非活跃"；D 向 C 传送值 6，C 收到消息被激活，用 6 替代目前值 2，C 的状态重新设为"活跃"；D 自己没收到消息，不需做比较更新，因此状态变为"非活跃"。

超步 2 结束时，A,B,C,D 4 个顶点状态分别为"非活跃""非活跃""活跃""非活跃"。

超步 3：此时只有顶点 C 状态是"活跃"，只需对顶点 C 执行操作，C 向 B 传送值 6，C 自己没收到消息，不需做更新，因此状态又变为"非活跃"；B 收到消息值 6，但 6 并不比它的目前值 6 大，因此 B 不更新，状态仍然为"非活跃"。

超步 3 结束时，A,B,C,D 4 个顶点状态全部为"非活跃"，且下一步无消息产生(只有"活跃"状态的顶点才能发消息)，至此计算全部结束。

在超步计算之间，一个节点(Worker)上的多个顶点(Vertex)可能同时向另一个节点(Worker)上的顶点发送消息，比如图 13-20，在超步 0 与超步 1 之间，顶点 B 和 C 都向顶点 D 发送消息。但在某些算法中，接收顶点需要的并不是每一个发送顶点的单独值，而可能是其中的最大值(比如图 13-20 的算例)或是求和值,在这种情况下,Pregel 提供了 Combiner 机制来合并发出消息,使得多个顶点发给同一目标点的多个消息合并成一条消息,从而减少消息传递开销,降低网络流量负担。这种 Combiner 功能可以在发送端实现(将多条发出消息合并为一条),也可以在接收端实现(将接收到的发送给同一顶点的多条消息合并为一条),如图 13-21 所示。应注意到接收端 Combiner 机制并未降低网络传送流量,而只是加快了接收端的处理速度。

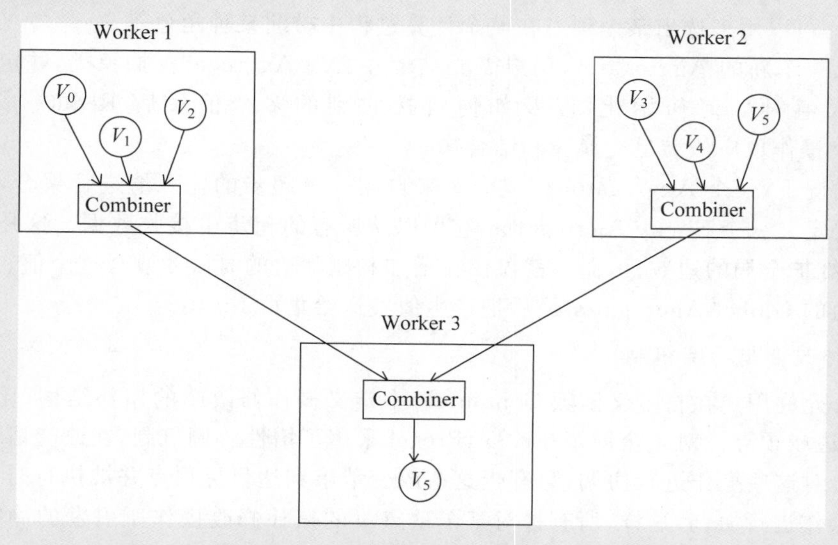

图 13-21　消息发送的 Combine 机制

据 Google 研究者报道,对于比如单源最短路径[5]这种算法,使用 Combiner 将网络流量降低了 4 倍多[10]。

另外,Pregel 提供一种 Aggregator 机制来实现并行计算系统的全局通信、状态监控和数据查看。Pregel 使用如图 13-22 所示的树状结构来实现 Aggregator 功能,即在一个超步 S 中,节点(Worker)上的每一个顶点(Vertex)都可以向该节点的 Aggregator 发送一个数据,系统会使用一种 Reduce 操作来聚合这些数据,产生的值在超步 S 结束时向更高一级的 Aggregator 传送。聚合产生值将会对所有的顶点在超步 S+1 中可见。Pregel 提供一些预先定义的 Aggregators,如可以在各种整数和 String 类型上执行 min、max、sum 等操作的

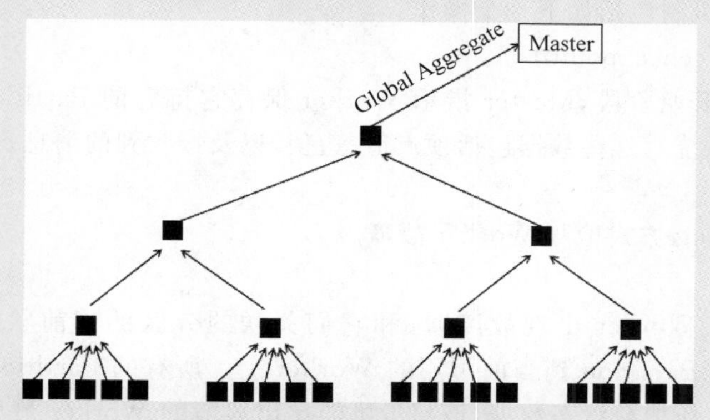

图 13-22　Aggregator 的树状结构

Aggregator。

Aggregators 可以用来做统计计算。例如,一个 Sum Aggregator 可以用来统计每个顶点的出度,最后求和就是整个图的边数。更复杂的一些 Reduce 操作还可以产生统计直方图。Aggregators 也可以用来做全局协同。例如,Compute()函数的一些逻辑分支在超步中的执行条件可由 Aggregator 来决定,只有执行 AND 逻辑的 Aggregator 表明所有顶点都满足了某条件之后,才执行这些逻辑分支。又比如一个对顶点 ID 进行 min 和 max 操作的 Aggregator,可以用来选出某个顶点在整个计算过程中扮演某种角色等。

要定义一个新的 Aggregator,用户需要继承并实现 Aggregator 抽象类,并定义第一次接收到输入值时如何初始化,以及如何将接收到的多个值最后 Reduce 成一个值。Aggregator 操作也应该满足交换律和结合律。

默认情况下,一个 Aggregator 仅仅会对来自同一个超步的输入值进行聚合,但是有时也可能需要定义一个 Sticky Aggregator,它可以从所有的超步中接收数据。这是非常有用的,比如要维护全局的边数目,那么就仅仅在增加和删除边的时候才改写这个值。这种涉及全局性数值的 Global Aggregator 最后把产生值发送给集群 Master。

3. 拓扑改变与容错机制

Pregel 允许用户在自定义函数 Compute()中定义操作修改图的拓扑结构,比如在图中增加/删除边或顶点。对于全局拓扑改变,Pregel 采用了惰性协调机制,在改变请求发出时,Pregel 不会对这些操作进行协调,只有当这些改变请求到达目标顶点并被执行时,Pregel 才会对这些操作进行协调,这样,所有针对某个顶点 v 的拓扑修改操作所引发的冲突,都会由该顶点 v 自己来处理。本地的局部拓扑改变是不会引发冲突的,而且顶点或边的本地增减能够立即生效,很大程度上简化了分布式编程。

在超步中发生拓扑变化时,其变化顺序如下。

(1) 删除操作在添加操作之前。

(2) 删除边操作在删除顶点操作之前。

(3) 添加顶点操作在添加边操作之前。

这种局部有序性解决了很多可能的分布式操作冲突,剩余的冲突可由用户自定义的 Handlers 解决,同一种 Handler 机制将被用于解决由于多个顶点删除请求或多个边增加请求或删除请求而造成的冲突。

Pregel 的容错机制包括如下 4 个操作。

1) 设置检测点(checkpointing)

在每个超步的开始阶段,Master 指示 Worker 保存它持有的 Partitions 状态数据并持久存储(写入文件系统),这些数据包括顶点值、边值,以及接收到的消息。

2) 故障检测

Master 通过 ping 方式检测 Worker 故障。

3) 故障恢复

当一个或多个 Worker 出现故障时,和它们关联的分区的当前状态数据就会丢失,Master 会重新分配 Partition 到当前可用的 Worker 上。所有的 Partition 会从最近的超步的 CheckPoint 点重新加载状态数据,该超步可能比出故障的 Worker 最后运行的超步要早许多,整个系统从该超步重新开始。

4）有限恢复(Confined recovery)

一种降低执行开销和延迟的故障恢复方式。除了基本的 CheckPoint 信息，Worker 同时还会将图加载分区信息和超步中发送出去的消息写入日志，这样故障恢复就会限制于丢掉数据的那些分区。

4. 应用编程接口

一个典型的 Pregel 程序过程如下。

(1) Pregel 计算输入是一个有向图，当图被初始化好后，运行一系列的 SuperSteps，直到整个计算结束，输出结果。

(2) 在每一个 SuperStep，顶点上的计算都是并行进行的，每个顶点都独立执行用户定义的 Compute()函数。通过这个函数每个顶点可以修改其自身的状态信息，或以它为起点的边的信息，或者修改图的拓扑结构。

(3) Compute()的计算是基于顶点，而不是边，因此边在这种计算模式中不是核心，没有围绕边的计算处理。

(4) 整个计算结果的输出是所有顶点输出的集合。通常来说，Pregel 程序的输出是跟输入时同构的有向图，但也并非一定是这样，比如聚类算法，输出结果可能是从一个大图中选出满足需求的几个不相连的顶点。一个对图挖掘算法的计算结果可能仅仅是图挖掘产生的聚合数据等。

Pregel 提供的编程接口主要是 Vertex 这个类，编写一个 Pregel 程序需要继承这个基类并根据算法设计重写(Override)这个类的函数接口。Vertex 类如下所示。

```
template < typename VertexValue, typename EdgeValue, typename MessageValue > class Vertex {
    public:virtual void Compute(MessageIterator * msgs) = 0;
    const string& vertex_id() const;
    int64 superstep() const;
    const VertexValue& GetValue();
    VertexValue * MutableValue();
    OutEdgeIterator GetOutEdgeIterator();
    void SendMessageTo(const string& dest_vertex,const MessageValue& message);
    void VoteToHalt();
};
```

Vertex 类定义了三个类型的参数：VertexValue、EdgeValue、MessageValue，分别表示顶点、边和消息。每一个顶点都有一个 VertexValue 类型值与之对应，都有一个 String 类型的 Vertex Identifier，每个顶点都带有一些可以被修改的属性，其初始值由用户定义。每一条边也带有一个 EdgeValue 类型值，由于 Pregel 处理的是有向图，所以边都是有向边，都包含一个起源顶点，并且也拥有一些用户定义的属性和值，还同时记录了其终端顶点的 ID。MessageValue 类型则装载了从该顶点发出的消息所包含的信息。

在每一个超步开始时，系统会为每一个顶点准备好它需要处理的前一个超步内其他顶点发给它的消息，装载在 MessageIterator 类型队列中，它需要调用自己的 Compute()函数对其进行处理。Pregel 提供的 Vertex::Compute()函数只是一个接口，用户在编写 Pregel 程序时必须根据自己设计的算法需要对其重写实现。要注意到，在 Pregel 程序运行时，每个超步内每个顶点的 Compute()函数都会被并行调用执行。在一个顶点内 Pregel 另外提供了 GetValue()和 MutableValue()两个函数来分别读取顶点当前值和修改顶点值。

Pregel 提供了 GetOutEdgeIterator()方法来获取一个顶点的邻接边列表,应用程序可以通过这个接口来获取一个顶点的邻接边信息或是修改邻接边列表数据(可能导致图拓扑的改变)。

SendMessageTo()方法被用来向其他顶点发送消息,每条消息(MessageValue 类型)都包含消息装载值和目标顶点名称。需注意 Pregel 的消息迭代器能保证消息一定会被传送且不重复,但并不保证消息的发送或接收顺序。

对于图 13-20 的最大值算例,应用程序实现的 Compute()函数代码如下。

```
class MaxFindVertex
: public vertex < double, void, double > {
public:
virtual void Compute(MessageIterator * msgs) {
  intcurrMax = GetValue();                    //节点保存了到目前为止看到的最大值
  SendMessageToAllNeighbors (currMax);        //将当前的最大值通过消息传播出去

  /* 从当前消息队列查找是否有比当前值更大的值 */
  for ( ; !msgs -> Done(); msgs -> Next() ) {
    if (msgs -> Value() > currMax)
      currMax = msgs -> value();
  }
  if (currMax > GetValue())
    * MutableValue() = currMax;
  else
    voteToHalt();
  }
};
```

需要注意的是,Compute()代码的第三步即调用 SendMessageToAllNeighbors (currMax)试图将当前的最大值通过消息传播出去,而此时该顶点尚未处理完输入消息(msgs),尚未确定当前最大值,这是何原因?

前面在介绍 Pregel 的并行计算步骤时提到,在一个超步内一个 Worker 上的顶点可以随时向其他顶点(包括其他 Worker 上的顶点)发送消息,但这些消息不会即发即送,而是排列在一个等待队列中,直到本超步结束时才一起发送,这样接收消息的顶点就可在下一个超步开始时对这些消息进行处理。因此,在 Compute()函数内即使一开始 SendMessageToAllNeighbors()被调用,但真正处理执行时间是在超步结束时,这是分布式计算系统异步模式的一个特点。

下面是 SSSP(单源最短路径算法)的 Compute()函数实现,可以看出程序从前一个超步接收的消息队列中查找目前最短路径,如果有,更新顶点值,然后将新的最短路径通过调用 SendMessageTo()函数传播出去。

```
class ShortestPathVertex
:public Vertex < int, int, int > {
  void Compute(MessageIterator * msgs) {
    int mindist = IsSource(vertex_id()) ? 0 : INF;
    for (; !msgs -> Done(); msgs -> Next())
```

```
    mindist = min(mindist, msgs->Value());
  if (mindist < GetValue()) {
    *MutableValue() = mindist;
    OutEdgeIterator iter = GetOutEdgeIterator();
    for (; !iter.Done(); iter.Next())
      SendMessageTo(iter.Target(),
                    mindist + iter.GetValue());
  }
  VoteToHalt();
 }
};
```

前面提到 Pregel 提供了 Combiner 机制来合并发出消息，使得多个顶点发给同一目标点的多个消息合并成一条消息发出。下面是一个将多个消息值合并，找出最小值的 Combine()函数的例子。

```
class MinIntCombiner : public Combiner<int> {
    virtual void Combine(MessageIterator* msgs) {
        int mindist = INF;
        for (; !msgs->Done(); msgs->Next())
            mindist = min(mindist, msgs->Value());
            Output("combined_source", mindist);
    }
};
```

需注意，默认情况下 Pregel 不会开启 Combine 功能，因为通常很难找到一种对所有顶点的 Compute()函数都适用的 Combiner，因此需要由用户自己来决定是否开启 Combine 功能。用户可以像上面代码那样通过继承 Combiner 类并重写自己的 Combine()方法来启用自己的 Combiner，通常只对那些满足交换律和结合律的操作才可以进行合并，因为只有交换律和结合律的合并才不会影响最终结果的正确性。

5. PageRank 算法的 Pregel 实现

PageRank 算法作为 Google 的网页链接排名算法[12]，具体公式如下：

$$\mathrm{PR} = \beta\sum_{i=1}^{n}\frac{\mathrm{PR}_i}{N_i} + (1-\beta)\frac{1}{N}$$

对任意一个链接，其 PR 值为链入到该链接的源链接的 PR 值对该链接的贡献和(分母 N_i 为第 i 个源链接的链出度)。Pregel 的计算模型主要来源于 BSP 并行计算模型的启发。要用 Pregel 计算模型实现 PageRank 算法，也就是将网页排名算法映射到图计算中，这其实是很自然的，网络链接就是一个连通图。

图 13-23 就是由 4 个网页(A, B, C, D)互相链入链出关系组成的一个连通图。根据 Pregel 的计算模型，将计算定义到顶点(Vertex)即 A, B, C, D 上，每一个对象即对应一个计算单元，每一个计算单元包含以下 4 个成员变量。

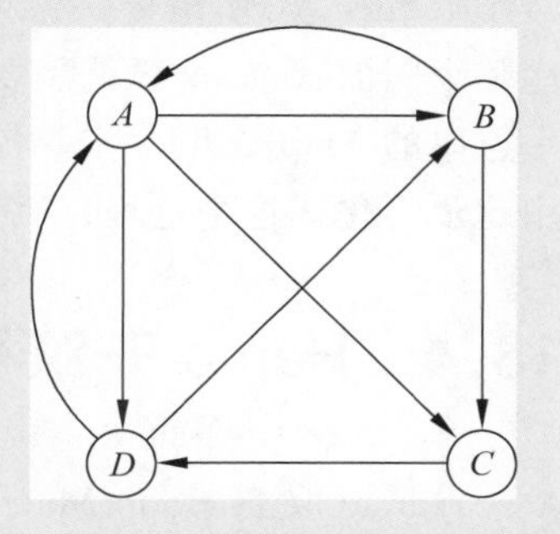

图 13-23 网页链接关系连通图

(1) Vertex value：顶点对应的 PR 值。

(2) Out edge：只需要表示一条边，可以不取值。

(3) Message：传递的消息，因为需要将本 Vertex 对其他 Vertex 的 PR 贡献传递给目标 Vertex，每一个计算单元包含一个成员函数。

(4) Compute：该函数定义了 Vertex 上的运算，包括该 Vertex 的 PR 值计算，以及从该 Vertex 发送消息到其链出 Vertex。

```
class PageRankVertex: public Vertex<double, void, double>{
    public:
        virtual void Compute(MessageIterator * msgs) {
            if (superstep() >= 1) {
                double sum = 0;
                for (; !msgs->Done(); msgs->Next())
                    sum += msgs->Value();
                * MutableValue() = 0.15 / NumVertices() + 0.85 * sum;
            }
            if (superstep() < 30) {
                const int64 n = GetOutEdgeIterator().size();
                SendMessageToAllNeighbors(GetValue() / n);
            }
            else {
                VoteToHalt();
            }
        }
};
```

Pregel 的执行包含 PageRankVertex 类，它继承了 Vertex 类。

(1) 该类顶点值的类型是 double，用来存储暂定的 PageRank，消息类型也是 double，用来传递 PageRank 的部分。

(2) 图在第 0 个超步中被初始化，所以它的每个顶点值为 1.0。

(3) 在每个超步中，每个顶点都会沿着它的出射边发送它的 PageRank 值除以出射边数后的结果值。

(4) 从第一个超步开始，每个顶点会将到达的消息中的值加到 sum 值中，同时将它的 PageRank 值设为 0.15/ NumVertices()+0.85×sum。

(5) 为了收敛，可以设置一个超步数量的限制或用 Aggregators 来检查是否满足收敛条件。

简单地讲，Pregel 将 PageRank 处理对象看成是连通图，而 MapReduce 则将其看成是 Key-Value 对。Pregel 将计算细化到顶点 Vertex，同时在 Vertex 内控制循环迭代次数，而 MapReduce 则将计算批量化处理，按任务进行循环迭代控制。PageRank 算法如果用 MapReduce 实现，需要一系列的 MapReduce 的调用。从一个阶段到下一个阶段，它需要传递整个图的状态，这样就需要许多的通信和随之而来的序列化和反序列化的开销。另外，这一连串的 MapReduce 作业各执行阶段需要的协同工作也增加了编程复杂度，而 Pregel 使用超步简化了这个过程。

13.4 Hama 开源框架

Hama(取 Hadoop Matrix 的前两个字母组合)是韩国人 Edward J. Yoon 于 2008 年发起的一个基于 BSP 模型的图计算 Apache 开源培育项目[13]，并在 2012 年成为 Apache 的正式项目(http://hama.apache.org/index.html)。Hama 实际上是一个高性能集群上基于 BSP 并行模型和 Hadoop 平台构建的分布式并行计算框架,支持如下领域的大规模数据处理计算。

(1) 大规模矩阵运算。

(2) 机器学习(K-means Clustering,Decision Tree)。

(3) 图计算(BFS, PageRank, Bipartite Matching, SSSP,最大流最小割(MF-MC)算法等)。

(4) 网络算法(神经网络,社交网络分析,网络实时流量监测等)。

Hama 支持的各类算法和应用领域如图 13-24 所示。

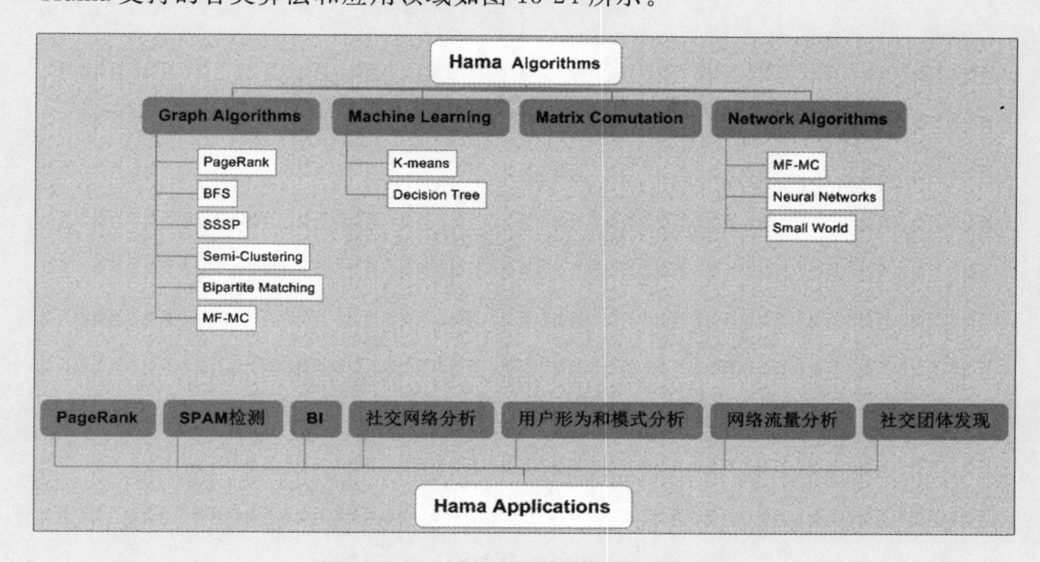

图 13-24 Hama 实现的算法和应用领域

Hama 的系统架构见图 13-25。早期的 Hama Core 版本依赖于 Hadoop 的 ZooKeeper 提供集群资源管理和作业调度。在 0.6.0 版本之后,Hama 改变其结构(图 13-26)与 YARN 相适应,并且从大规模矩阵运算、图并行处理扩张到了支持深度学习算法。作为一个中间件层的图并行计算框架库,Hama 具有如下特点。

(1) 运行在高性能集群架构上,底层数据存储与集群管理依赖于 HDFS/Hadoop 系统,使用 Hadoop RPC 和 Avro RPC 来实现节点间通信。

(2) 并行计算基于 BSP 超步概念。图 13-27(a)在垂直方向上表示 Hama 的输入数据来自 HDFS,结果数据也输出到 HDFS; 图 13-27(b)则在水平方向上描绘了 BSP 模型的 Barrier 以及夹在两个 Barriers 之间的超步计算,Hama 仍然包含超步本地计算、全局通信及 Barrier 同步三个阶段。

(3) Hama 的运行环境需要 Hadoop 平台的 ZooKeeper 和 HDFS 的支持,在 Hadoop 2.0 之后 Hama 可以在 YARN 环境中运行。

1. Hama 计算架构

Hama 的计算架构仍然采用了 Master/Slave 模式,即有一个主程序运行在一个集群主控节点(Master)上,有多个计算程序运行在多个计算节点(Slave)上。Hama 的软件组成主

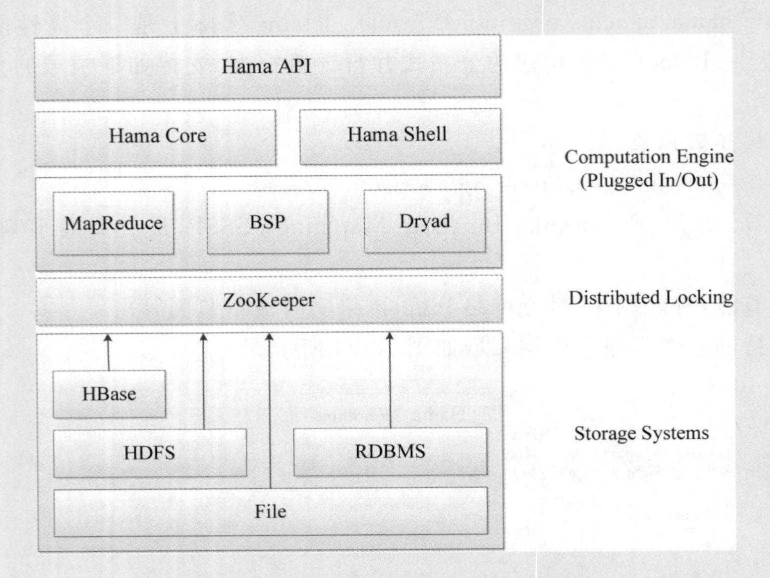

图 13-25 Hama Core 系统架构(较早版本)

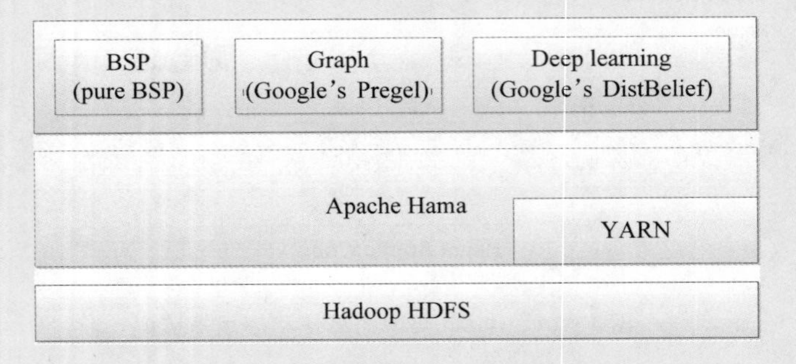

图 13-26 Hama on YARN 的系统架构

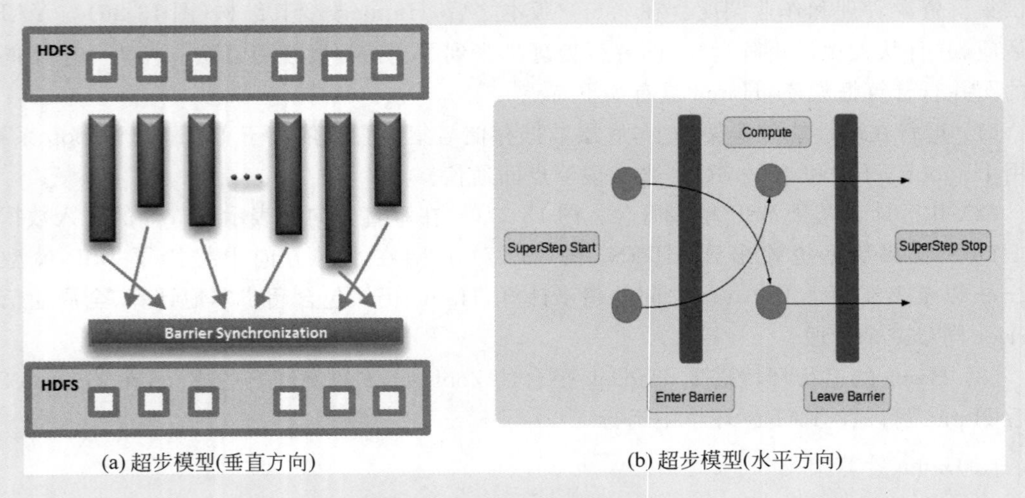

(a) 超步模型(垂直方向) (b) 超步模型(水平方向)

图 13-27 Hama 的超步模型

要包括三部分：BSPMaster，GroomServer 和 ZooKeeper，如图 13-28(a)中的蓝色模块所示。其中，BSPMaster(主程序)和 ZooKeeper(集群管理调度程序)运行于主节点(Hadoop 集群的 NameNode)，GroomServer(计算程序)则运行在从节点上(DataNode)。

在新版本的 Hama 计算结构中(图 13-28(b))，原来的 BSPMaster 被 BSP AppMaster 替代，GroomServer 则改写成了 BSPRunner，相应的程序也进行了改写，以匹配 YARN 运行环境。

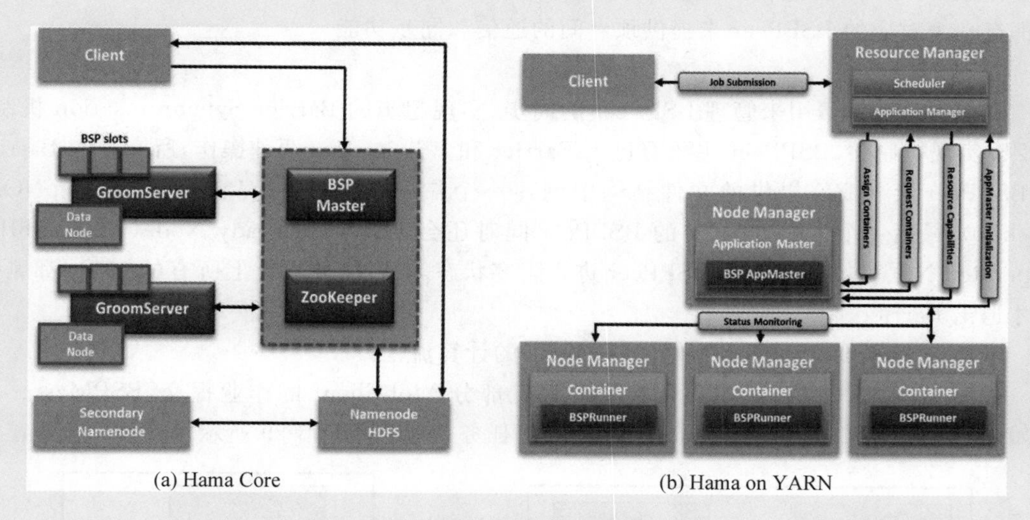

(a) Hama Core　　(b) Hama on YARN

图 13-28　Hama 计算架构

1）BSPMaster

Hama 主节点程序。BSPMaster 主节点负责管理集群中的其他各个 GroomServer 从节点。在集群刚启动时，各个 GroomServer 节点需通过 RPC 在 BSPMaster 节点处进行注册，并向其汇报 GroomServer 节点当前所具有的资源数量(Task Slot 的数目)，BSPMaster 会为每一个 GroomServer 及 Task Slot 分配 ID。BSPMaster 节点还负责作业的调度及分配工作，具体的计算任务则分配到 GroomServer 节点上运行。因此，一台 BSPMaster 服务器就可以负责管理一个较大规模的集群。BSPMaster 节点具体负责的工作如下。

(1) 维护其自身的各种状态信息。

(2) 维护各个 GroomServer 服务器的状态。

(3) 控制集群环境中的超步(SuperStep)及各类计数器(Counter)。

(4) 管理在集群中运行的作业及任务。

(5) 调度任务到 GroomServer 节点，分配任务并向各 GroomServer 发送执行任务的指令。

(6) 为用户提供集群的管理界面。

2）GroomServer

GroomServer 是一个运行在计算节点上的进程，负责执行计算任务(Task)和管理任务运行生命周期。每一个 GroomServer 都与 BSPMaster 进行通信，获取任务并报告状态。GroomServer 需要 Hadoop/HDFS 运行环境支持，通常 GroomServer 运行在 Hadoop 的 DataNode 上，以保证获得最佳性能。GroomServer 节点上，有运行具体任务的任务槽

(Task Slot),与 Hadoop MapReduce 具有 Map 和 Reduce 两种任务不同,在 Hama 中只有一种任务(BSP Task),各个作业的任务最终将会在这些任务槽中来运行。每个 GroomServer 节点在运行过程中,会通过 Heartbeat 方式周期地与 BSPMaster 节点通信,向 BSPMaster 节点汇报其目前空闲的任务槽数目、任务运行状态以及接收新的任务指令等。

需注意的是,GroomServer 节点上还有一个重要组件 BSPPeer。每个 GroomServer 分得的作业 Partition 都进一步分解成基于图顶点(Vertex)的计算任务(Task),每一个计算任务都有一个对应的 BSPPeer 来提供顶点间的通信和同步功能。

3) ZooKeeper

ZooKeeper(ZK)用来管理 BSPPeer 的同步,实现超步的 Barrier Synchronisation 机制。在 ZK 实现机制中,BSPPeer 主要有进入 Barrier 和离开 Barrier 两种操作,所有进入 Barrier 的 BSPPeer 会在 ZK 提供的文件结构中创建一个临时节点(/bsp/JobID/SuperstepNO./TaskID),最后一个进入 Barrier 的 BSPPeer 同时还会创建一个 Ready Node(/bsp/JobID/Superstep NO./ready),然后 BSPPeer 进入阻塞状态等待,直到 ZK 上所有的 Node 都删除后才退出 Barrier。

下面以 Hama Core 版本为例说明 Hama 的计算流程。

一个 Hama 作业(Job)的流程首先分为三部分:JobClient 的作业提交,BSPMaster 的初始化与作业分发,以及 GroomServer 的计算任务执行,如图 13-29 所示。

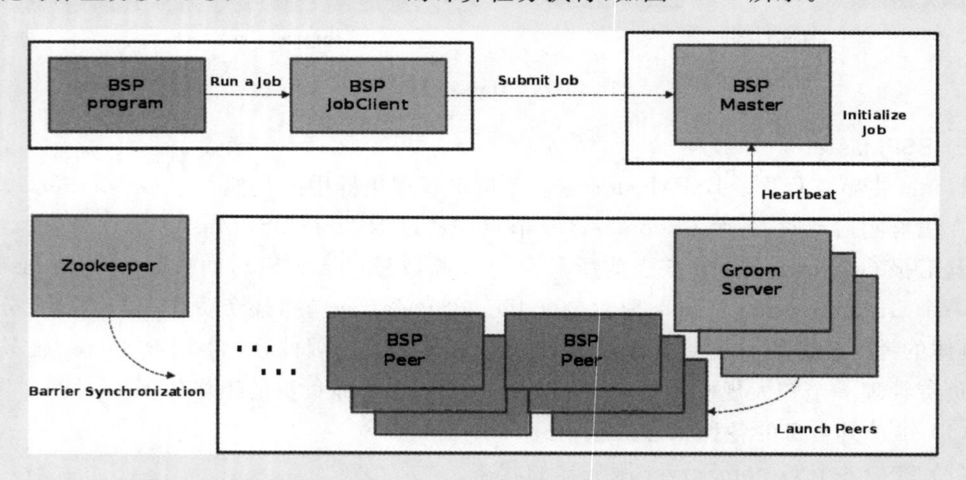

图 13-29 Hama 计算流程

2. 作业计算流程

图 13-30 详细描述了 Hama 作业的生命周期,它包含"作业的提交→作业初始化→任务分派→任务执行→状态更新→作业完成"各个阶段,下面对各个阶段的工作内容进行说明。

1) 作业的提交

在将编码完成的 bsp 函数及 main 函数打成 JAR 包后,可以使用以下命令提交作业运行(图 13-30 中步骤 1: run job)。

```
% $HAMA_HOME/bin/hama jar <path_to_user_jar> [mainclass] [parameters]
```

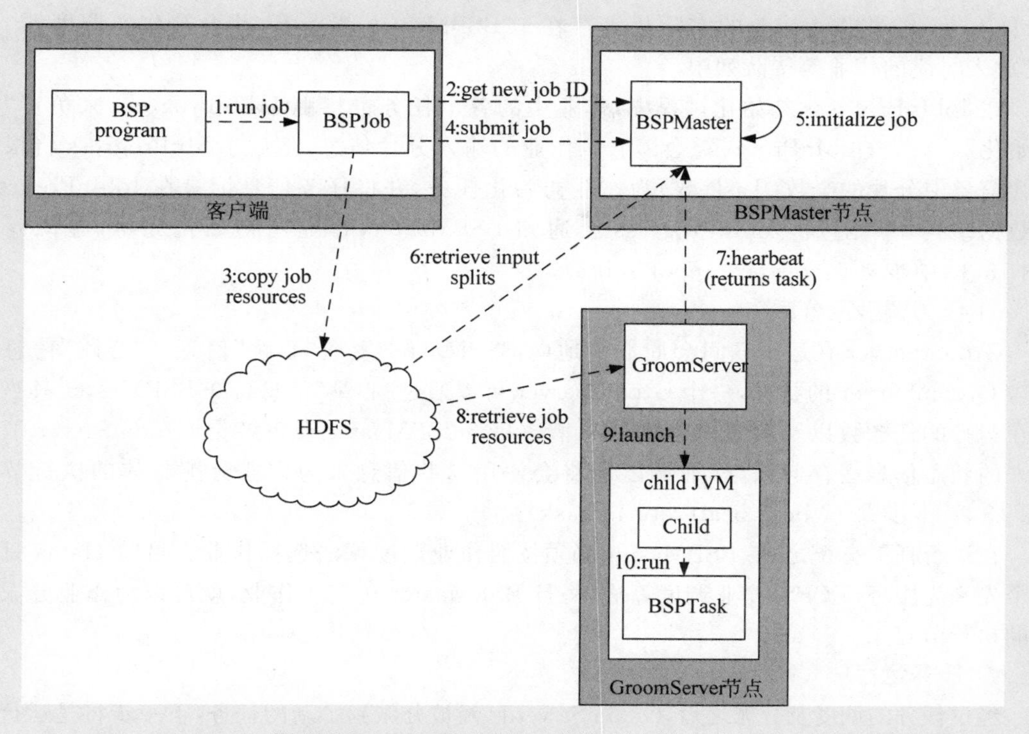

图 13-30 Hama 作业提交、分发、执行的全过程

在提交作业后，调用 Job 对象中的 waitForCompletion()方法使得客户端程序等待作业完成，在这一过程中，客户端会定期地将作业的运行状态打印到控制台。作业的提交过程全部在客户端完成，遵循以下步骤。

(1) 向 BSPMaster 申请一个新的作业 ID(通过 RPC 调用 BSPMaster 上的 getNewJobId()方法)(图 13-30 中步骤 2：get new job ID)；

(2) 检查作业的输出设置，如果作业的输出目录未设置或已存在，作业将不会被提交，作业将会因为异常而终止；

(3) 为输入文件计算分片(Partition)，如果无法计算输入分片(如输入路径未设置)，作业同样将不会被提交，作业将会因为异常而终止。计算好的作业分片信息会与其他作业运行相关的资源存放至 HDFS 中。

(4) 上述过程均成功后，与运行作业相关的文件(包括作业的 JAR 文件，作业的配置信息及输入文件的分片信息)将被复制到 HDFS 上 BSPMaster 的目录下，并以作业的 ID 作为文件名标识。作业 JAR 的备份度通常会很高(默认为 10)，以使得 JAR 可运行文件能够在集群中足够分散，方便 GroomServer 在运行作业的任务时可以快速地读取作业资源(图 13-30 中步骤 3：copy job resources)。

(5) 客户端将作业提交给 BSPMaster(图 13-30 中步骤 4：submit job)。

2）作业初始化

当 BSPMaster 接收到提交的作业后，会根据作业中的设置信息为作业进行初始化，即为作业创建一个代表运行中作业的对象 JobInProgress，在 JobInProgress 中封装了作业的任务信息及为了跟踪任务运行状况而所需的统计信息(图 13-30 中步骤 5：initialize job)。

JobInProgress 将作为作业的实际代表存在于 BSPMaster 节点上，并会被作业调度器“捕获”放入对应的作业等待队列中。

在 JobInProgress 初始化过程中，作业中的各个任务也将由 JobInProgress 来负责“预初始化”。首先，JobInProgress 会读取该作业的输入分片信息，随后 JobInProgress 将根据分片信息中分片的个数(Task 数)为作业初始化任务，并将任务信息记录在 JobInProgress 的数据结构中。随后，JobInProgress 会通知 BSPMaster，作业已初始化完毕，等待调度(图 13-30 中步骤 6：retrieve input splits)。

3）任务调度及分派

GroomServer 在运行期间会周期性地向 BSPMaster 发送“心跳”信息。“心跳”信息中包含 GroomServer 的状态，一个 GroomServer 可以通过“心跳”信息告知 BSPMaster 其当前正在运行的任务数以及剩余的空闲任务槽数目。BSPMaster 会将各个 GroomServer 汇报上来的状态信息缓存起来，作业调度器将会使用这些信息来为作业分配具体的执行节点(图 13-30 中步骤 7：heartbeat(returns task))。

在进行任务分配之前，BSPMaster 必须按照作业调度算法选择作业。目前 Hama 只有一个先来先服务(FCFS)作业调度算法，一旦 BSPMaster 选定了作业，就可以为作业分派具体的执行节点了。

4）任务运行

经过任务的调度及分派之后，GroomServer 已经被分派到了新的任务，下一步将是运行该任务。首先，GroomServer 把 HDFS 中存储的作业 JAR 文件复制到本地文件系统中，同时，它也会复制运行作业所需的其他文件到本地磁盘(图 13-30 中步骤 8：retrieve job resources)。然后，GroomServer 将读取到的 JAR 可运行文件解压，并创建一个 TaskRunner 实例来运行该任务。

TaskRunner 将会在一个新创建的 Java 虚拟机(JVM)(图 13-30 中步骤 9：launch)中独立运行所分派到的任务(图 13-30 中步骤 10：run)。由于新建的 JVM 独立于 GroomServer 的 JVM，因此在用户程序中的任何 Bug 均不会影响到 GroomServer。任务执行子线程通过通信协议与其父进程进行通信，将任务的运行情况汇报给父进程。

基于 Hama 并行计算框架的应用程序，均需继承自抽象基类 BSP，用户算法的实现需定义在 bsp 方法中，该方法接收一个 BSPPeer 类作为参数，BSPPeer 负责为任务提供输入以及输出功能，并实现各个任务之间的通信以及同步工作。BSP 类除 bsp()方法外，还有两个方法是可选的，即 setup()方法和 cleanup()方法，用于实现程序的准备(Setup)以及清理(Cleanup)工作。

5）作业状态更新

Hama 作业通常是长时间运行的批处理作业，运行时间会从几分钟到几个小时不等。由于时间较长，因此用户能够及时地从作业的运行情况中得到反馈是至关重要的一个设计因素。在 Hama 的设计中，每个作业和任务都有一个状态(Status)信息用来表示当前作业或任务的状态(State)(如运行、成功完成、失败等)，任务执行进度以及其他的作业统计信息。

图 13-31 展示了 Hama 作业状态更新的数据流向，在每个运行的任务中都维护着当前任务的执行进度及其他的任务统计信息。GroomServer 在 TaskRunner 执行任务的同时会

周期性地获取这些信息。与此同时，GroomServer 在收到这些信息后会通过"心跳"信息将这些信息发送给 BSPMaster，"心跳"的周期和集群的大小有关（默认值为 5s），大的集群周期通常需要更长的周期来完成作业运行信息的收集。BSPMaster 在将收到的所有信息汇总后，生成一个作业的全局状态信息，客户端中的 BSPJob 对象可通过 getJobStatus 方法来获知它所负责的作业的统计信息。客户端在等待作业完成时打印至控制台的信息，就是通过这一途径获取的。

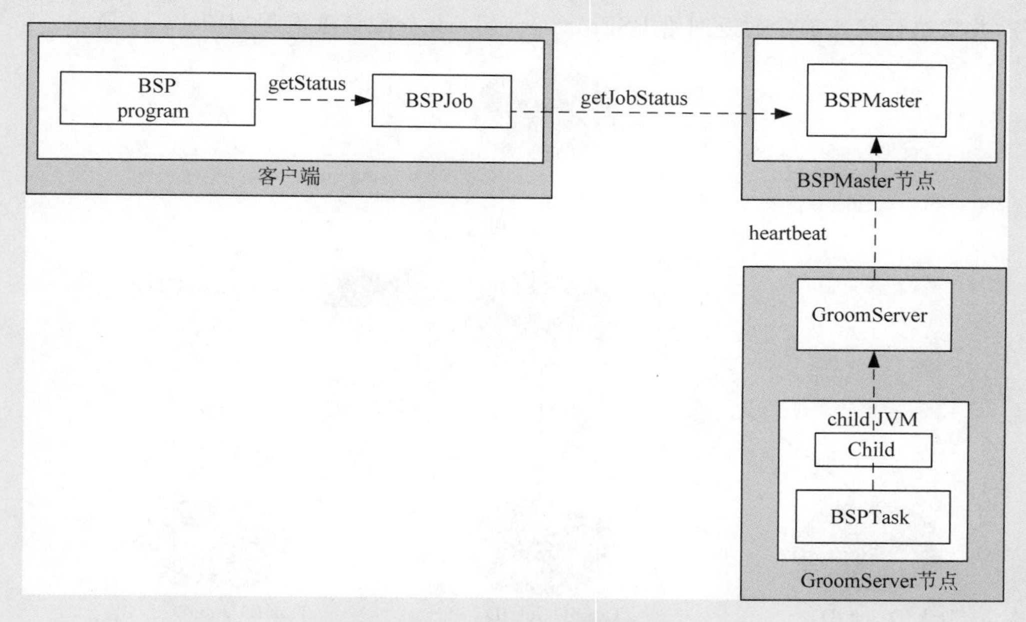

图 13-31　作业状态更新流程

6）作业完成

当 BSPMaster 收到作业最后一个任务完成的信号后（上文提到的 Cleanup 任务），它会把作业的状态信息设置为"成功"。然后，在客户端调用作业信息时，将"成功"标识返回给客户端。客户端在获知作业已成功运行完毕后，将在控制台上打印作业统计信息。最后，BSPMaster 将会清理该作业占用的相关资源，并通知 GroomServer 做清理工作。

3. 作业调度策略

Hama 计算框架是通过各节点间的消息发送来达成数据的一致性的。一个作业在运行过程中发送消息的数量不仅会占用 GroomServer 本地内存空间，过大的消息发送量还会影响集群的网络通信性能。因此，Hama 根据作业的消息发送量把作业分为如下两类。

1）消息密集型作业

消息密集型作业是指作业在运行过程中产生的消息量大于作业本身输入的数据，这类作业不仅使得内存占用率增高，而且会大量耗费集群网络带宽，很容易产生 GroomServer 节点过载。典型的消息密集型作业包括网页排名（PageRank）及单源最短路径（SSSP）等计算。

2）CPU 密集型作业

CPU 密集型作业也可称为非消息密集型作业，这类作业发送的消息量一般小于其输入的数据量,在其运行过程中主要是在本地节点上进行运算,只通过少量的网络消息来达成各个计算节点所需的消息交换,甚至不需要发送网络消息。典型的 CPU 密集型作业如机器学习中 K-means 聚类算法等。

作业(Job)管理是 Hama 的核心功能,主要包含作业的提交、调度及任务(Task)的分发和管理。作业调度主要由 BSPMaster 来完成,BSPMaster 负责维护每个 Job 的相关信息,将一个 Job 的执行分解为多个 Task,分配给各 GroomServer。GroomServer 负责执行 Task 任务,并将执行状态等参数返回给 BSPMaster。Task 分配调度流程如图 13-32 所示。

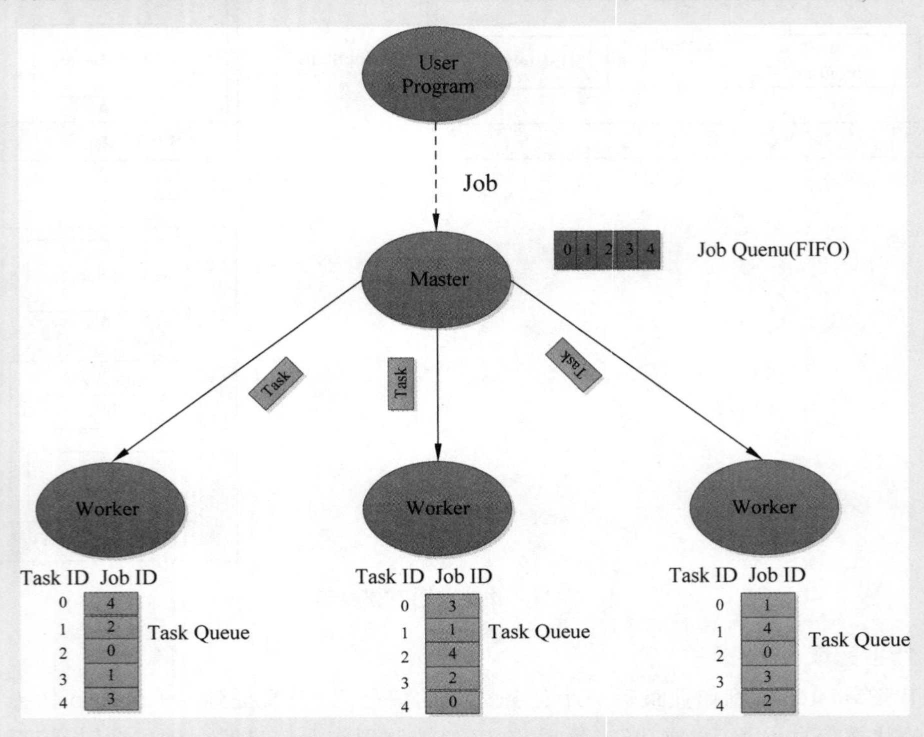

图 13-32 Hama Task 分配调度

BSPMaster 中有一个 FIFO 的 Job 队列,所有已提交过的 Job 的控制、状态等相关信息存储在这个队列中。

由于计算机硬件资源有限,所以每个 GroomServer 所能执行的 Task 数目有一个上限(此值可设置),因此需要合理地调度各个 Job 的 Task,以使其能够在各 GroomServer 上较均衡地运行。Task 的调度也是由 BSPMaster 完成的,目前在 Hama 中,只设置了一个简单的 FCFS 调度器来完成此工作,其工作原理如下。FCFS 作业调度器使用一个 FIFO 队列来管理用户提交的作业,在调度作业时,会从等待队列中选取队首作业作为下一个执行的任务,并为该作业分配具体执行节点。FCFS 作业调度器的工作流程如图 13-33 所示(图中各方法均省略了参数名),包含如下调度步骤。

步骤 1:作业加入 FIFO 队列。作业首先由客户端(BSPJobClient)提交至 Master 节点,BSPMaster 会负责初始化该作业,生成一个代表其运行状态的对象 JobInProgress,然后被 JobListener 中的 jobAdded 方法添加至 FIFO 等待队列中。

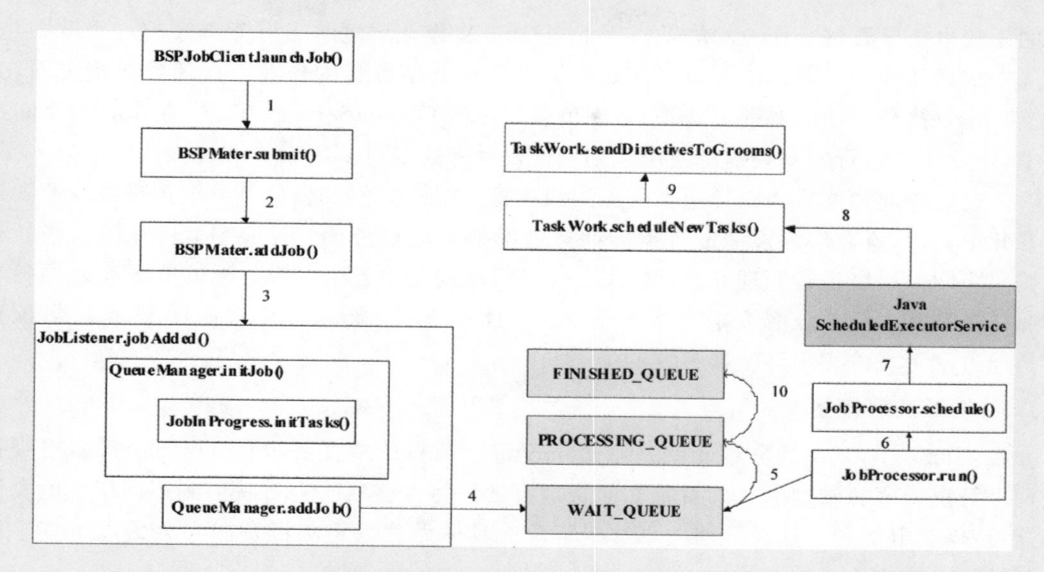

图 13-33 FCFS 调度器工作流程

步骤 2：下一个执行作业选择。作业的选择由 JobProcessor 完成，当 FIFO 队列有作业等待时，JobProcessor 会从等待队列的队首摘取一个作业放入运行队列中，并调用 schedule 方法进行调度工作。

步骤 3：任务分配至执行节点。在任务分配过程中，TaskWork 会利用注册在 JobInProgress 对象中的任务分配策略来为任务分配具体执行节点，然后 TaskWork 发出任务执行指令至具体执行的 GroomServer，至此作业调度流程结束。

从以上分析可看出，FCFS 作业调度器是按照作业到来先后顺序进行调度的，先到的作业优先被调度，只有当集群剩余资源大于队首作业所需资源时，等待在 FIFO 队列中的队首作业才有机会被调度，否则就只能等待。这一算法导致以下两个问题。

(1) 若集群剩余资源无法满足 FIFO 队列中队首作业所需资源，即使能够满足排在队首作业之后其他作业的需求。这些作业也不会得到调度，这造成一定程度的资源使用低效率。

(2) 仅使用到达队列时间这一参数来调度作业任务，没有考虑到不同类型作业对完成时间期限要求的差异，造成作业执行整体时效性差，不能满足时效性要求高的作业类型。

针对 FCFS 算法的上述缺陷有研究者提出了多层级作业调度算法[21]，力图在资源使用效率和整体时效性方面对 Hama 作业调度做出改进。

4. 多层级作业调度

Hama 执行节点 GroomServer 需周期性地向主节点 BSPMaster 报告其负载状态(包括其空闲任务槽数目)，作业调度器从中挑出合适的 GroomServer 执行作业任务。因此 Hama 的调度侧重于如何为一个作业选择合适的执行节点。应当注意的是，Hama 在作业选择时可能发生调度失败的情况。例如，在选择了一个作业后，该作业的任务数如果超过了集群目前可使用任务槽的数目，将使得该作业无法进行任务分配，造成作业失败。在 Hama 的 FCFS 调度算法下，当这一情况发生时，即使队列之后有满足 Hama 集群当前资源使用状况的作业，该作业也无法被调度，调度以失败告终。另外，在 Hama 作业运行过程中，某个任务的失败也会导致整个作业的失败。因此,Hama在作业调度时尽可能遵守的一个准则是:应优先选择那些任务数小于集群当前所能提供的任务槽数目的作业。在任务分配方面,为了提高作业执行成功的概率,应优先考虑负载较小的GroomServer。总之,在作业调度的过程中,作业任务运行效率和资源使用率是调度设计考虑的首要因素。

多层级作业调度算法设计包括资源层级模型、作业选择策略、任务分配策略以及调度器配置几个方面,资源层级模型是将集群计算资源抽象成任务槽(Task Slot),并将这些任务槽按照不同的层级进行管理和分配;作业选择策略则是将各个层级分配的资源映射到各个作业任务队列;任务分配策略则是选择合适的计算节点执行调度的作业任务,调度器配置则是通过配置文件实现调度器参数的动态调整。

5. 资源层级模型

在Hama中,基本任务单元就是GroomServer节点中的任务槽(Task Slot),多层级作业调度算法中资源管理的目的就是如何合理有效地将这些"任务槽"映射到不同层次的资源容器,使得集群的各个作业能够共享这些资源。具体做法是将集群资源划分为以下三个层级(如图13-34所示)。

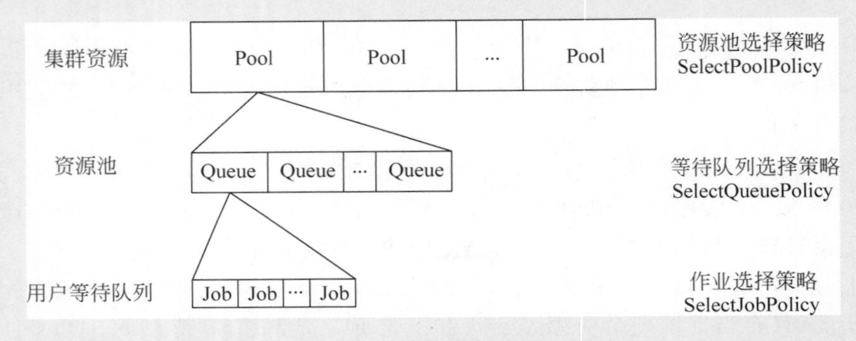

图13-34 多层级资源模型

第一层级为集群物理资源层。在这一层级,按照作业类型的不同,集群物理资源被划分为多个作业类型资源池。Hama的作业类型是有限的,因此作业类型资源池的数目也是有限的,这样可以避免集群资源碎片化,造成某些需要大数额资源的作业无法运行。

第二层级为作业类型资源池。在这一层级内,每个作业资源池根据作业类型设置相应的名称并分配一定的物理资源,配额的大小可针对不同作业类型有所侧重。在每一个资源池内部,可进一步为每个用户构建一个任务等待队列,资源池中所有的等待队列共享资源池的资源。为了避免集群中同时运行的作业过多,导致中间过程耗尽集群存储空间,每个资源池可设置最大可同时运行的作业数目。

第三层级为用户作业等待队列,用户提交的作业会最终被放入这些队列中,用户等待队列的名称可以根据用户名来设置。同时,为了避免单个用户用尽资源池中的资源,可以限制每个用户可以同时运行作业的数量。同一用户可以在不同的资源池中创建相同名称的用户作业等待队列。因此,需通过资源池名称和用户作业等待队列名称的组合来唯一地标识一个作业等待队列。

集群资源层级的划分可通过系统配置文件来控制,比如,按照前述对作业的消息密集型和CPU密集型两类划分,一种可能的资源层级划分方式如图13-35所示。

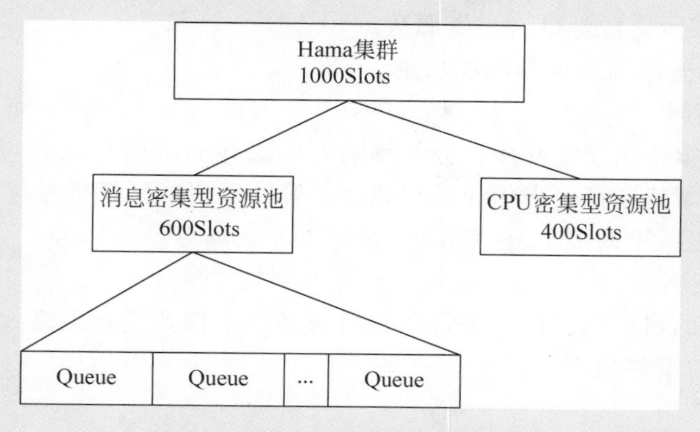

图 13-35 资源层级划分方式

6. 作业调度算法

从前述的 Hama 作业调度流程可看出，多层级作业调度具体包含如下内容：用户作业加入集群时如何选择资源池，在作业调度时如何选择任务队列，以及任务队列如何选择下一个执行的任务。为此需考虑如下对应的策略。

1）资源池选择策略

资源池选择策略对应于资源模型的第一层，即如何根据作业类型来选择相应的资源池。目前主要使用的策略如下。

（1）轮询策略

这是最简单的一种方式，即当一个新的作业加入集群时，作业调度器会在各个资源池之间循环轮流选择资源池来接纳新作业。

（2）速率策略

速率策略会根据作业的优先级别来选择加入的资源池，使得这一类作业资源池的调度速度会快于其他资源池。

（3）公平策略

公平共享策略在选择资源池时，优先选择已占用资源水平低于各个资源池平均占用水平的资源池，以尽量保证各个资源池能够均等地获取集群中的资源。计算资源池平均占用资源水平的公式如下：

$$\text{mean}_{\text{resources}} = \text{occupied}_{\text{total}} / n_{\text{pool}}$$

式中：

$\text{mean}_{\text{resources}}$：表示资源池平均占用资源水平。

$\text{occupied}_{\text{total}}$：表示各个资源池已占用资源总数目。

n_{pool}：表示集群中资源池的个数。

（4）资源利用率策略

在选择资源池时，首先将各个资源池按照资源使用率由低到高排序，优先选择资源使用率较低的资源池。资源池的资源使用率计算公式如下：

$$\text{ratio}_{\text{resources}} = \text{occupied}_{\text{pool}} / \text{quota}_{\text{pool}}$$

式中：

$\text{ratio}_{\text{resources}}$：表示资源池资源利用率水平。

$occupied_{pool}$：表示资源池已占用资源数。

$quota_{pool}$：表示资源池资源的配额数量。

2）队列选择策略

等待队列选择策略用于在众多任务等待队列中选择一个候选队列，然后对此队列再使用后面的作业选择策略选择一个作业进行调度。等待队列选择策略对应于资源模型的第二层，可使用的策略包括轮询策略、速率策略、公平共享策略等。

3）作业选择策略

作业选择策略的目的是在用户等待队列内选择一个作业进行调度和运行，对应于第三层级，目前可使用的策略如下。

(1) FIFO 策略

这一策略按照作业提交时间的先后顺序来挑选作业。

(2) 大作业优先策略

大作业优先策略优先选择所需任务数目最多的作业。

(3) 小作业优先策略

与大作业优先策略相反，这一策略优先选择所需任务数目最少的作业。

上述三种作业选择策略均可以支持优先级选择，即按照作业的优先级别高低来选择调度的作业。若同一优先级别中有多个作业，则再按照前述的 FIFO、大作业优先或小作业优先的策略选择调度作业。在不同的资源层级设置不同的选择策略，可以兼顾不同的作业类型和不同的用户对资源的不同使用方式。但是，各个层级的选择策略需合理搭配，以避免作业等待太长时间发生"饥饿"，甚至一直得不到调度的情况发生。

7. 任务分配策略

在作业选择策略确定了下一个需执行的作业后，任务分配策略即从集群当前可用的 GroomServer 集合中挑选出一组节点去执行作业。目前，Hama 作业调度器主要基于数据本地化来进行任务分配，这一策略可大幅度降低节点间数据传送的开销。但从实际运行情况看这一策略存在如下不足。

(1) Hama 的作业任务是一次性分配，因此在集群启动初期数据本地化率可达到较高水平，但随着更多的作业共享集群，要达到高本地化率将变得很困难；

(2) 为了提高数据本地化率，可能会使得一些任务被分配到负载较高的节点上，这容易导致任务运行的失败。

因此，在我们提出的多层级作业调度算法中，主要考虑 GroomServer 负载水平，即采用了负载均衡策略。节点的负载水平计算公式如下：

$$\text{ratio}_{\text{LoadBalance}} = n_{\text{runningTasks}} / n_{\text{totalSlots}}$$

式中：

$\text{ratio}_{\text{LoadBalance}}$：表示某个 GroomServer 的负载水平。

$n_{\text{runningTasks}}$：表示在一个 GroomServer 中正在运行的任务的个数。

$n_{\text{totalSlots}}$：表示在一个 GroomServer 中能够运行任务的最大个数，即任务槽数目。

多层级作业调度器在选择 GroomServer 时，首先按照节点负载水平对集群可使用资源进行排序，然后优先选择负载水平低的节点。这一策略虽然没有将数据本地化作为首要考虑因素，但是在多用户共享集群的情况下，负载均衡带来的效益能够显著提高作业执行效率和集群资源使用率，这在后面的算法实验中得到了验证。

8. 算法流程

下面是多层级作业调度算法用伪码表示的流程。

```
//集群启动并初始化
hamaClusterStart();
initResources();

//作业加入任务队列
job.submitToMaster();
job.addToQueue();

//调度器进行作业选择
job = selectJobToSchedule();
job.assginTasks();

//执行任务分配策略
sendDrictivesToGroomServer();
```

在集群初始化完成后，调度器即开始接受用户作业提交并基于作业类型放入对应的资源池及任务等待队列中，然后调度器可根据层级选择策略选择资源池、等待队列和执行作业。作业选择流程如图 13-36 所示。

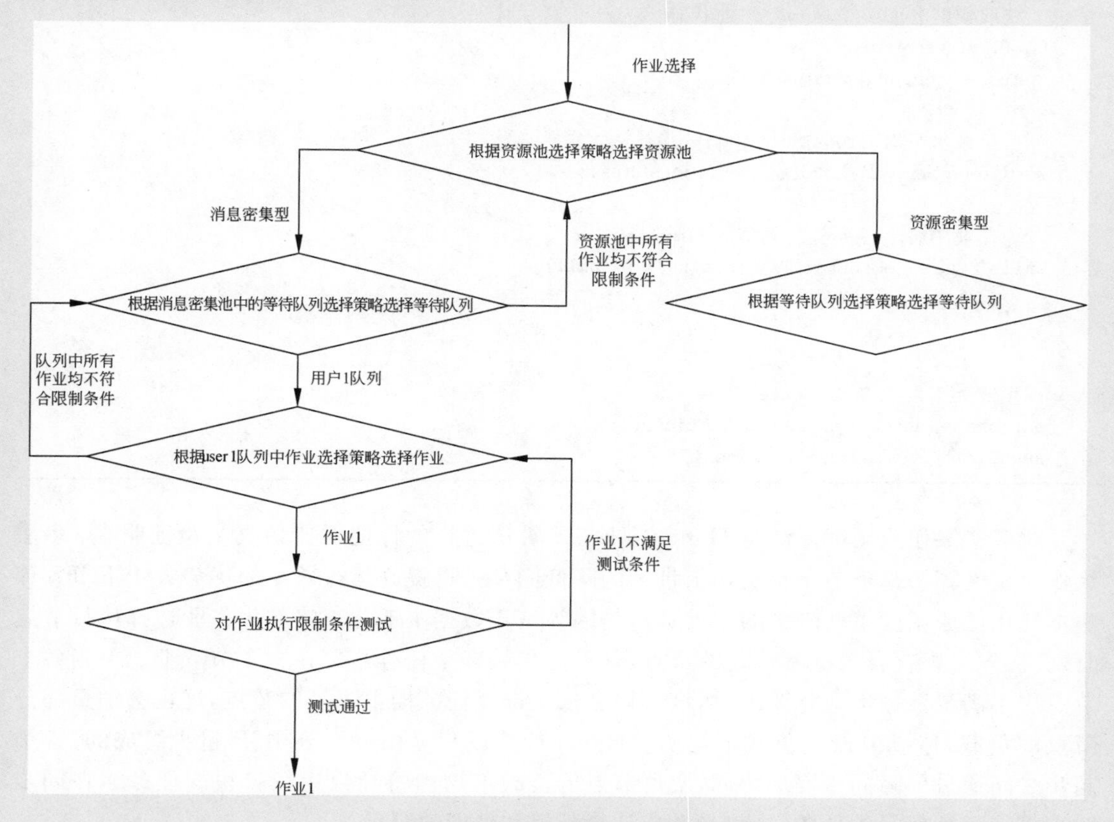

图 13-36 多层级算法作业选择流程

在上述作业选择流程中，首先调度器会判断集群当前是否有可用的资源。若集群中无可用资源，则停止调度，等待正在运行的作业运行完毕释放资源；若集群有可用资源，调度器会根据资源池选择策略选择一个资源池，再根据队列选择策略选择一个用户等待队列，最后按照作业选择策略选择一个候选作业。

在候选作业选定后，还需对其执行限制条件测试。若测试通过，则进行该作业的下一步操作；若测试失败，其处理方式分为以下几种情况。

（1）在用户等待队列中测试失败时，继续调用“作业选择策略”以选择下一个候选作业进行测试；

（2）当用户等待队列中的所有作业均测试失败时，流程返回至资源池层级根据“等待队列选择策略”选择下一队列；

（3）当资源池中所有用户等待队列中的作业均测试失败时，返回至第一层级根据“资源池选择策略”选择下一资源池；

（4）当所有资源池中的作业均测试失败时，表明集群当前所剩资源无法满足任一等待运行的作业，作业调度器暂停执行等待集群中正在运行的作业运行结束释放资源。

在选定了作业之后，下一步就是根据负载均衡任务分配策略为该作业挑选合适的GroomServer组合，并将作业中的任务分配到具体的GroomServer中去执行。负载均衡任务分配策略的流程如下面的伪码所示。

```
//获取集群各 GroomServer 当前状态
GroomServerStatus[]
status = getClusterStatus();

//按负载水平对 GroomServer 排序
sortGroomServerByLoadBalanceRatio(status);

//为作业中各个任务分配具体的 GroomServer
while ((t = job.obtainTask(status)) != null) {
    taskSet.add(t);
}

//生成并下发给 GroomServer 的指令
actions = assemblyLaunchTaskActions();
sendDirectivesToGrooms(actions);
```

对多层级作业调度算法与Hama的FCFS算法进行的性能对比仿真实验证明[21]，多层级作业调度算法基于节点负载均衡带来的降低同步延迟提高运行效率的优势大于FCFS算法本地化任务调度策略带来的益处。这是因为基于数据本地化策略在为作业选择执行节点时，会优先考虑符合数据本地化的节点，这可能导致多个任务聚集在一个节点上。而当各个节点均不满足数据本地化要求时，该策略会依次选择任务槽数未满的节点，这也会加重部分节点的负载，造成节点间负载不均衡。Hama计算流程是由一系列BSP超步组成的，各个超步之间通过屏障同步实现协同，集群节点的负载不均衡将导致运行较快的任务需在同步时需等待运行较慢的任务，这势必造成计算延迟和性能的降低。

13.5　应用编程接口

Hama 0.6.0 以上的版本需要安装 JRE 1.6 或更高版本，并且集群各节点安装了 SSH 及以下环境。

(1) hadoop-0.20.x for HDFS(分布模式)

(2) Sun Java JDK 1.6.x 或更高版本

{$HAMA_HOME/bin}文件夹内包含启动 Hama 进程的脚步文件，例如，start-bspd.sh 用来启动 BSPMaster、GroomServers 和 ZooKeeper 三个进程。启动命令为：

```
$ bin/start-bspd.sh
```

基于 BSP 并行模型的 Hama 应用程序，均需继承抽象类 BSP(源代码如下所示)，用户设计的算法需定义在 BSP 类的 bsp()方法中。

```
public abstract class BSP<K1, V1, K2, V2, M extends Writable> implements BSPInterface<K1,
V1, K2, V2, M>{
    @Override
    public abstract void bsp(BSPPeer<K1, V1, K2, V2, M> peer) throws IOException,
SyncException, InterruptedException;
    @Override
    public void setup(BSPPeer<K1, V1, K2, V2, M> peer) throws IOException, SyncException,
InterruptedException {
    }
    @Override
    public void cleanup(BSPPeer<K1, V1, K2, V2, M> peer) throws IOException {
    }
}
```

Hama 作业的创建及配置，可以通过构建一个 BSPJob 类的实体来实现，代码如下。

```
HamaConfiguration conf = new HamaConfiguration();
BSPJob job = new BSPJob(conf, MyBSP.class);
job.setJobName("My BSP program");
job.setBspClass(MyBSP.class);
job.setInputFormat(NullInputFormat.class);
job.setOutputKeyClass(Text.class);
...
job.waitForCompletion(true);
```

Hama 作业创建后，可以读入输入数据文件，也可以通过 BSP 类提供的方法输出最后的计算结果，代码如下。

```
//设置输入文件路径
job.setInputPath(new Path("/tmp/sequence.dat");
//设置输入格式
job.setInputFormat(org.apache.hama.bsp.SequenceFileInputFormat.class);
//可以读入序列文件
SequenceFileInputFormat.addInputPath(job, new Path("/tmp/sequence.dat"));
```

```
//从多个数据文件读入
SequenceFileInputFormat.addInputPaths(job, "/tmp/seq1.dat,/tmp/seq2.dat,/tmp/seq3.dat");

//设置输出格式
job.setOutputKeyClass(Text.class);
job.setOutputValueClass(IntWritable.class);
job.setOutputFormat(TextOutputFormat.class);
FileOutputFormat.setOutputPath(job, new Path("/tmp/result"));
```

下面的代码段就是重写(Override)bsp()方法来读入输入文件的数据。

```
@Override
public final void bsp(BSPPeer<LongWritable, Text, Text, LongWritable, Text> peer) throws
IOException, InterruptedException, SyncException {
    //this method reads the next key value record from file
    KeyValuePair<LongWritable, Text> pair = peer.readNext();

    //the following lines do the same:
    LongWritable key = new LongWritable();
    Text value = new Text();
    peer.readNext(key, value);

    //write
    peer.write(value, key);
}
```

需注意到 bsp()方法的参数中有一个 BSPPeer 类的参数 peer,它包含通信接口、各种计数器,以及 I/O 界面,提供了各个顶点(Vertex)的计算任务之间进行通信和同步的渠道。BSPPeer 提供的方法接口如表 13-1 所示。

表 13-1 BSPPeer 方法接口

方法名	定义
send(String peerName, BSPMessage msg)	发送消息给另一顶点
getCurrentMessage()	读取一个收到的消息
getNumCurrentMessages()	读取收到的消息数目
sync()	障碍同步函数
getPeerName()	返回一个顶点的主机名
getAllPeerNames()	返回所有顶点的主机名
getSuperstepCount()	返回超步的数目

下面是一段调用 BSPPeer 的 send()方法向所有的顶点发送一条“Hello from xxx”消息的代码。

```
@Override
public void bsp(BSPPeer<NullWritable, NullWritable, Text, DoubleWritable, Text> peer) throws
IOException, SyncException, InterruptedException {
    for (String peerName : peer.getAllPeerNames()) {
        peer.send(peerName, new Text("Hello from " + peer.getPeerName(), System.
currentTimeMillis()));
```

```
    }
    peer.sync();
}
```

Hama也提供聚合器(Combiner)功能来减少网络流量,提高传送效率。比如下面的代码向一个顶点masterTask发送了1000次消息;而收到这1000条消息的masterTask则需要做1000次迭代处理。

```
public void bsp(BSPPeer<NullWritable, NullWritable, NullWritable, NullWritable> peer) throws
IOException, SyncException, InterruptedException {
    //向 masterTask 发送 1000 次消息
    for (int i = 0; i < 1000; i++) {
        peer.send(masterTask, new IntegerMessage(peer.getPeerName(), i));
    }
    peer.sync();

    //收到方则需 1000 次迭代循环处理
    if (peer.getPeerName().equals(masterTask)) {
        IntegerMessage received;
        while ((received = (IntegerMessage) peer.getCurrentMessage()) != null) {
            sum += received.getData();
        }
    }
}
```

但我们可以写一个Combiner将上述1000条消息打包成一条消息进行发送和处理,这将大大提高传送效率。下面的代码实现了一个SumCombiner类的combine()函数,它把一组消息(BSPMessage类型)包含的值求和打包到一条消息中,然后封装在BSPMessageBundle内。下次无须再发送1000次,而是发送一次BSPMessageBundle即可。

```
public static class SumCombiner extends Combiner {
    @Override
    public BSPMessageBundle combine(Iterable<BSPMessage> messages) {
        BSPMessageBundle bundle = new BSPMessageBundle();
        int sum = 0;

        Iterator<BSPMessage> it = messages.iterator();
        while (it.hasNext()) {
            sum += ((IntegerMessage) it.next()).getData();
        }
        bundle.addMessage(new IntegerMessage("Sum", sum));

        return bundle;
    }
}
```

Hama作业(Job)在创建和配置后,通过BSPJobClient提交的方法如下。

```
jc = new BSPJobClient(new HamaConfiguration());
HamaConfiguration  tConf = new HamaConfiguration(new Path(submitJobFile));
RunningJob  job = jc.submitJob(new BSPJob(tConf));
```

超步(SuperStep)与同步(Synchronization)的实现：Hama 超步的同步机制如图 13-37 所示。它利用 ZooKeeper 来实现同步的两个编程接口：SyncClient 和 SyncServer。用到的 5 个接口实现类如下。

(1) ZookeeperSyncClientImpl；

(2) ZookeeperSyncServerImpl；

(3) SyncServerRunner；

(4) SyncException；

(5) SyncServiceFactory。

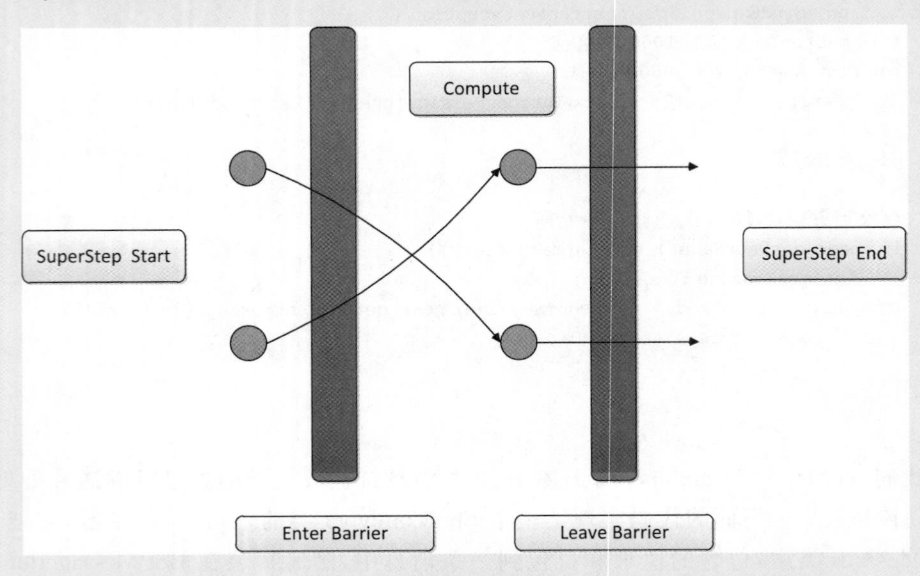

图 13-37　Hama 同步示意图

```
Interface SyncClient {
    Init();                        //初始化
    EnterBarrier();                //在每一个超步中,发送消息之前,进入 Barrier
    LeaveBarrier();                //在所有的 communication 结束之后,离开 Barrier
    //通常表示超步的结束
    Register();                    //用 address 和 port 将任务向 sync daemon 注册
    DeregisterfromBarrier();       //注销
    Stopserver();                  //停止 Sync daemon
}

Interface SyncServer {
    Init();                        //初始化
    Start();                       //开始 Server
    StopServer();                  //停止 Server
}

Class  Superstep {
    Setup();                       //在 Compute()之前调用,是针对于某一特定超步的设置
    Compute();                     //主要的计算阶段
    HaltCompute();                 //停止计算
```

```
    Cleanup();                    //在 Compute()函数之后调用,是对于某一特定超步的
    //计算后的相关处理工作
}

Class SuperstepBSP {
    Setup();                      //调用 Superstep.Setup()
    Bsp();                        //调用 Superstep.Compute()和 Superstep.Haltcompute()
    Cleanup();                    //调用 Superstep.Cleanup()
}
```

参考文献

[1] https://github.com/apache/hadoop-mapreduce.

[2] Ghemawat S, Gobioff H, Leung S T. The Google file system. Acm Sigops Operating Systems Review, 2003, 37(5):29-43.

[3] Chang F, Dean J, Ghemawat S, et al. Bigtable: A Distributed Storage System for Structured Data. Acm Transactions on Computer Systems, 2008, 26(2):205-218.

[4] https://www.microsoft.com/en-us/research/project/dryad/.

[5] Dijkstra E. Discipline of Programming. Pearson Schweiz Ag, 1976.

[6] Leighton T, Rao S. Multicommodity max-flow min-cut theorems and their use in designing approximation algorithms. Journal of the Acm, 1999, 46(6):787-832.

[7] Hartigan J A, Wong M A. Algorithm AS 136: A K-Means Clustering Algorithm. Applied Statistics, 1979, 28(1):100-108.

[8] Kanungo T, Mount D M, Netanyahu N S, et al. An efficient k-means clustering algorithm: analysis and implementation. IEEE Transactions on Pattern Analysis & Machine Intelligence, 2002, 24(7): 881-892.

[9] Gerbessiotis A V, Valiant L G. Direct bulk-synchronous parallel algorithms. Journal of Parallel & Distributed Computing, 1994, 22(2):251-267.

[10] Gueron M, Ilia R, Margulia G. Pregel: a system for large-scale graph processing. 2010, 18(18):135-146.

[11] Yoo A, Chow E, Henderson K, et al. A Scalable Distributed Parallel Breadth-First Search Algorithm on BlueGene/L. Supercomputing, 2005. Proceedings of the ACM/IEEE SC 2005 Conference. IEEE Xplore, 2005:25-25.

[12] Haveliwala T H. Topic-sensitive PageRank: a context-sensitive ranking algorithm for Web search. IEEE Transactions on Knowledge & Data Engineering, 2003, 15(4):784-796.

[13] Apache Hama. http://hama.apache.org/.

[14] Apache Giraph. http://giraph.apache.org/.

[15] http://www.select.cs.cmu.edu/code/graphlab/.

[16] Ian Robinson, Jim Webber, Emil Eifrem. 图数据库. 北京：人民邮电出版社，2015.

[17] https://github.com/neo4j/neo4j.

[18] http://www.objectivity.com/products/infinitegraph/.

[19] http://orientdb.com/orientdb/.

[20] http://www.gbasebi.com/.

[21] 胡月胜. 基于 Hama 并行计算框架的多层级作业调度算法的研究及实现. 电子科技大学，2014.

习题

1. 为什么在 MapReduce 计算模型之外还需要图并行计算模型？图并行计算框架与 MapReduce 批处理模型的主要差别在哪里？

2. 图并行计算系统目前有三种技术方案：基于 BSP 模型的 Pregel 和 Hama，基于节点计算的 GraphLab，以及图数据库 Neo4j 和 InfiniteGraph。试论述三种技术方案的差异。

3. 为什么 Pregel 的节点间通信必须被局限在超步之间的障碍期进行？不这样做会导致什么后果？

4. 在 BSP 模型中，消息发送和接收的 Combiner 机制可在发送节点实现，也可以在接收节点实现。什么时候选择在发送节点实现 Combiner？什么时候选择在接收节点实现 Combiner？各自的目的是什么？

5. 节点通信中 Combiner 的使用是为了降低节点间网络通信开销，更有效地使用网络资源。但是不是所有节点计算都适用 Combiner？使用 Combiner 时需遵循的一条准则是什么？

6. 参照图 13-20 的最大值算例，若将问题改为需要将最小值传播到每个项点，列出传播过程的各个超步步骤。

第 14 章

交互式计算模式

以 MapReduce 为代表的批处理模式被证明是一种计算数据量大、性价比高、技术成熟的解决方案，但其计算延迟长（通常在数小时到数天的量级），不利于对时效要求高的在线实时分析类应用；内存计算模式处理速度快（通常在毫秒到秒量级），有利于实时智能分析，但系统硬件成本高，与周边系统同步兼容性差。如果把 MapReduce 批处理模式和大内存计算模式看成同一条轴上的两个极端，交互式计算模式则可看作人们正在探索的这两个极端之间的一个折中或优化解决方案（对内存计算而言是折中，对 MapReduce 而言是优化）。

交互式数据分析起源于 2010 年 Google 发表的一篇论文 *Dremel：Interactive Analysis of Web Scale Datasets*[1]，但实际上 Google 公司在 2008 年即已运行 Dremel 进行大规模数据处理。Dremel 是一个可扩展交互式即时查询系统，可运行在上千个节点的集群上，可以在秒级完成上万亿行（PB 量级）数据的查询。重要的是，Dremel 并非 RAMCloud 或 Hana 那样的基于昂贵硬件平台的技术方案，而是运行在通用商业机器集群上，通过嵌套数据结构、列存储和查询树等软件技术来实现 Web 规模数据查询性能的飞跃提升。因此，交互式计算模式（Interactive Computing System）可以定义为一种运行在廉价商业硬件平台上，通过特定软件技术来实现超大规模数据的查询的分布式计算系统。

目前，交互式计算的商业产品主要有 Google 的 Dremel、PowerDrill[2]，开源技术有 Apache Drill[3,4]、Cloudera 公司支撑的 Apache 培育项目 Impala[5]。下面主要以 Google Dremel 和 Apache Drill 为例介绍交互式计算模式的数据模型、存储结构、计算架构及核心技术。

14.1 数据模型

大数据交互式分析的计算架构主要包括三个方面：数据结构，存储体系，计算模型。数据结构是指计算模型采用的特殊设计的数据格式及组装方式，比如 MapReduce 采用键值对，Spark 采用分布式弹性数据集，Dremel 采用的是嵌套数据结构。

Dremel 采用了与 XML[6]、JSON[7] 这类数据描述语言相类似的一种数据格式 Protocol Buffer[8,9]，它是 Google 的一个开源项目，用于结构化数据的序列化转换，不绑定于任何编程语言或平台，比 XML 更小、更快，也更简单，用户可基于 Protocol Buffer 定义自己的数据结构，然后使用自动生成的解码器程序来方便地读写这个数据结构。一个 Protocol Buffer 格式文件内容如下。

```
message Document {
    required int64 DocId;
    optional group Links {
        repeated int64 Backward;
        repeated int64 Forward;
    }

    repeated group Name {
            repeated group Language {
            required string Code;
            optional string Country;
        }
        optional string Url;
    }
}
```

该段数据结构定义了如下内容。

(1) 一个 Protocol Buffer 格式的消息 Document。

(2) 该消息包含三个字段：一个 int64 字段，两个 group 类型字段。

(3) 其中的 repeated、required、optional 是字段限制符。

① required：必须赋值的字段。

② optional：可有可无的字段。

③ repeated：可重复字段(变长度)。

Protocol Buffer 数据格式可用数学公式表达为：

$$\pi = \text{dom} | < A_1 : \pi[* | ?], \cdots, A_n : \pi[* | ?] >$$

这里，π 是一个数据类型，而 Protocol Buffer 文件可包含一个或多个数据类型。

π 有两种可能(“|”是 OR 的意思)：一种是基本类型 dom(如 int，float，string 等)；另一种是使用递归方式定义的，即 π 可以由其他定义好的 π 组成，$A_1, \cdots, A_n$ 是这些 π 变量的命名。

“*”表示 π 包含的变量可以是重复型(repeated)，即有多个；“?”表示是可选型(optional)，即不包含任何元素。

在 Protocol Buffer 中可定义如下的嵌套数据类型。

```
message SearchResponse
{
    message Result
    {
        required string url = 1;
```

```
        optional string title = 2;
        repeated string snippets = 3;
    }
    repeated Result result = 1;
}
```

其中，Result 是嵌套在 SearchResponse 中的一个数据结构。如果在 SearchResponse 之外另有一个变量要使用 Result，可采用 parent-name. child-name 的形式调用，如下所示。

```
message SomeOtherMessage
{
  optional SearchResponse.Result result = 1;
}
```

14.2 存储结构

在讨论存储结构之前，首先定义如下概念。

数据记录：指一条完整的嵌套数据，如果是在数据库中，一条记录就是一行数据。

值域或字码段：值域或字码段在大部分情况下指的是同一个概念，是嵌套数据结构中的一个子项或元素，在数据表中就是一个列。

列：数据结构中的一个值域或字码段在存储时就是一个列。

比如 Google 搜索引擎抓来的一个网页的数据就是一条记录；而将数据结构化之后其中的 Forward、Backward 链接、Url 地址等子项就成为值域或字码段；在存储时将原始记录按字码段切分，各个字码段的值集中存储（比如将所有记录中 Url 这一列的值放在一起存储），就形成列。

对于前述的 Document 嵌套数据类型，图 14-1 右上的代码可以产生如下两条数据记录（即 Protocol Buffer 文件包含的消息数据），即图 14-1 中的 r_1 和 r_2。

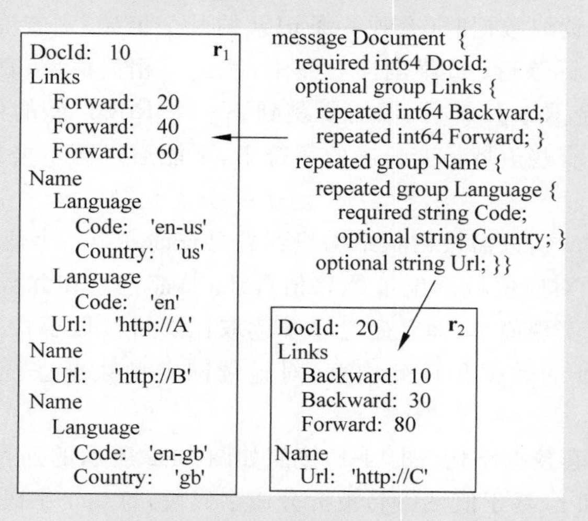

图 14-1　两条嵌套数据记录 r_1 和 r_2

上述数据记录实际上可以用表格形式表示，如表 14-1 所示。

表 14-1　数据记录的表格形式

DocId	Links				Name			…
	Backward		Forward		Language		Url	…
					Code	Country		…
10	null	…	20	…	en-us	us	http://A	…
20	10	…	80	…	null	null	http://C	…
…	…		…	…	…	…	…	…

表中的"…"表示未列出的多列数据(变长度)。

上述二维表数据在存储空间存储时有两种方式：行存储和列存储，如图 14-2 所示。行存储是以数据表的行键(RowKey)为基准、以数据记录(record)为单位进行存储，每一行数据包含一个对象或事务的完整记录，每一行记录包含多个值域(图 14-2 左边 r_1 和 r_2 的不同颜色块表示不同的值域)。列存储则是将不同记录的相同值域(r_1 和 r_2 的相同颜色块)放入一个列中存储，采用的是树状存储结构，如图 14-2 右边所示。

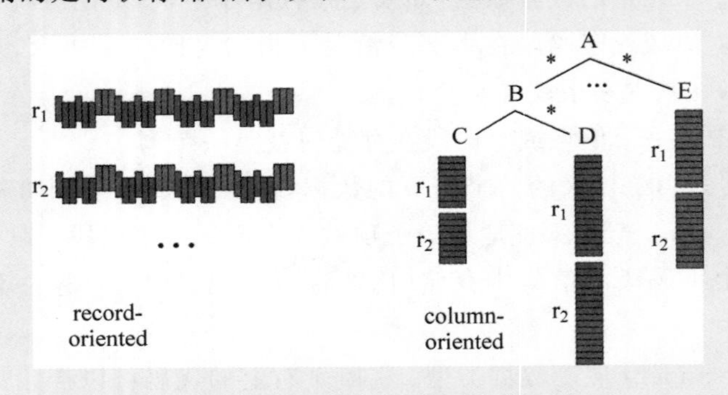

图 14-2　行存储 vs. 列存储

如果是行存储，在读取数据时(查找一条记录的某个值域)需要完成两个步骤：①纵向按行键(RowKey)查找到该行；②横向向右搜索，跳过不相关值域，直到找到查询项。这种存储方式使得每读一个 RowKey 后，都需要跳到下一个 RowKey 的位置，所有要搜索的字段都不是连续存放，且有些值域是变长度的字符串，不能通过简单公式计算得到地址，查询起来效率非常低。

而如果按列存储方式，只需按树状结构找到需要查询列第一个值域的首地址，然后顺序读取数据(每个 record 对应值域的地址飘移值(offset)都记录在元数据表中)，不需要扫描其他不相干的列，不仅实现简单，而且磁盘顺序读取比随机读取要快得多，而且更容易进行优化(比如把临近地址的数据预读到内存，对连续同类型数据进行压缩存放)，效率大大提高。

图 14-3 表示了嵌套数据结构(图 14-1)按照如图 14-2 所示的列存储模式的实际存储结构。这里，记录项 r_1 和 r_2 基于值域(列)被拆分成字码段，每一个字码段都用一个表存储，字码段名称保持了嵌套结构。r_1 和 r_2 的嵌套数据结构包含 DocId、Forward、Backward、Code、Country、Url 等值域，按嵌套结构可以表示为：

```
DocId
Links.Forward
Links.Backward
Name.Language.Code
Name.Language.Country
Name.Url
```

按照列存储格式，可以把数据记录项 r_1 和 r_2 的相同值域放入同一个存储表存放，而每一个存储表只包含一列字码段的值，如图 14-3 的诸列存储表所示。在存入值时，会按照 Schema 的定义给无值字码段添加 NULL 值，这有助于以后的数据重装。除了 value 值，每个字码段存储表还多了 r(Repetition Level)和 d(Definition Level)两个量，这两个量是 Google 结合 Protocol Buffer 定义的辅助变量，使得按字码段分拆存储的列存储表最终能够按照原有数据结构重新组装成记录。

DocId

value	r	d
10	0	0
20	0	0

Name.Url

value	r	d
http://A	0	2
http://B	1	2
NULL	1	1
http://C	0	2

Links.Forward

value	r	d
20	0	2
40	1	2
60	1	2
80	0	2

Links.Backward

value	r	d
NULL	0	1
10	0	2
30	1	2

Name.Language.Code

value	r	d
en-us	0	2
en	2	2
NULL	1	1
en-gb	1	2
NULL	0	1

Name.Language.Country

value	r	d
us	0	3
NULL	2	2
NULL	1	1
gb	1	3
NULL	0	1

图 14-3　按字码段拆分的列存储表

列存储格式对于快速读取的情况更为有利，但对于写入操作而言，无论添加、删除、修改都是行存储更为有利。如果对列存储格式进行数据插入，需要对一长列顺序排列数据找到插入数据所属 record，然后将新数据插入相应位置，再对插入位置之后的数据重新计算位置，非常麻烦。删除操作也是一样。修改操作如果被修改的值域是类似字符串的不定长字段，其操作成本也非常高。

数据库存储结构设计往往需要同时照顾到读和写的效率，不能简单地一概而论列存储比行存储就好。列存储读取效率虽然高，但除了上面说的添加、删除、修改操作成本高外，纯粹的列存储格式还无法支持数据表的 join 操作，因此列存储数据库往往需要额外设计元数据表、添加各类索引机制、使用各种树状或图型结构来提高效率，在读和写之间谋得一个平衡点。

不管是行存储或列存储，在存储物理结构(内存或磁盘)中都是顺序存储方式。基于行存储的关系型数据表由于每行和每个值域的长度固定(因此也造成空间浪费)，将二维数据表映射到一维顺序存储或者从顺序存储恢复到数据表都十分方便。但要将图 14-2 左边的列存储树状结构映射到一维顺序存储格式或是将顺序存储结构恢复到原来的逻辑数据结构，就要复杂得多。

Dremel 在将列存储树状结构映射到一维顺序存储时，需要考虑将来恢复嵌套数据结构如何满足下面两个要求。

(1) 列存储格式记录的无损表达。

(2) 嵌套数据结构的高速组装,即从列存储表恢复原有嵌套数据结构。

Dremel 采用了下面的 Repetition Level 和 Definition Level 定义及阅读器的有限状态机(FSM)设计来实现上述两个功能。

1. Repetition Level

Dremel 采用的是列存储结构。对于图 14-1 的 Document 格式的数据记录 r_1,以其一个值域"Code"为例,其存储路径为:Name→Language→Code,其中 Name 和 Language 均是 repeated 类型,如图 14-4 所示。

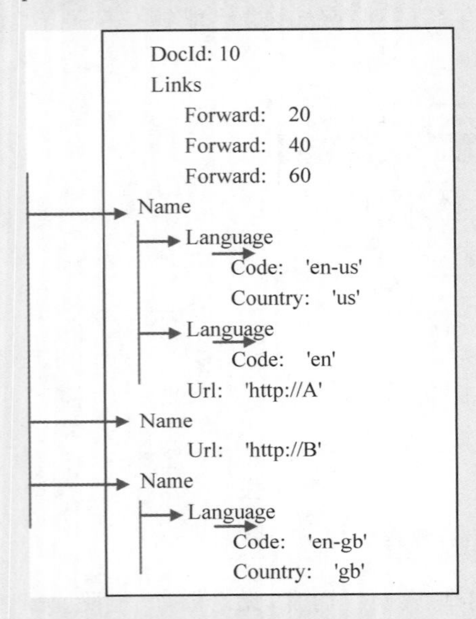

图 14-4 r_1 的嵌套数据结构

由于 Dremel 是列存储结构,因此 Code 在物理存储时单独作为一个列表存储,如图 14-5 所示。表内"value"一栏是 Code 的值,"r"一栏表示该项 Code 值对应的 Repetition Level,"d"一栏表示该项对应的 Definition Level。Name. Language. Code 表最左边一列各 value 值的存储路径如下(从顶级第一个 Name 开始,不跳过重复项,直到最终值域项)。

en-us:Name→Language→Code(路径上没有重复项)

en:Name→Language→Language→Code(有 Language 重复)

NULL:Name→Name(虽然第二项 Name 不包含 Language,也就无 Code,但路径上有 Name 重复)

en-gb:Name→Name→Name→Language→Code(路径上有 Name 重复)

NULL:记录图 14-1 中文档 r_2 的 Name. Language. Code 的值(如 r_2 的 Name 无 Language,也就无 Code)

如果嵌套结构的字码段 DocId、Name、Language、Code、… 可定义为不同的等级,则 Repetition Level 可定义为:嵌套结构的一个最终值域的 Repetition Level 等于从最高等级字码段抵达此值域的路径上重复的字码段的等级;如果没有重复,则 Repetition Level = 0。

以值域(字码段)Code 为例,它的路径上包含 DocId、Name、Language 等字码段,按照嵌套从属关系,DocId 等级最高,Name 次之,Language 低于 Name,Code 更低于 Language,可以定义各自的 r 值分别为 0,1,2,3。以 Code:'en'为例,其抵达路径为:Name→Language→Language→Code,路径上有 Language 重复,而 Language 的等级值为 2,因此 Code:'en'的 r = 2。

根据上述 Repetition Level 的定义和计算方法,可计算 Name. Language. Code 表中各项 value 值(计算过程如图 14-6 所示),并将计算结果列于表中"r"一列(图 14-5)。

2. Definition Level

某一值域 p 的 Definition Level 定义为:在抵达值域 p 的路径上,可能不存在类型(如

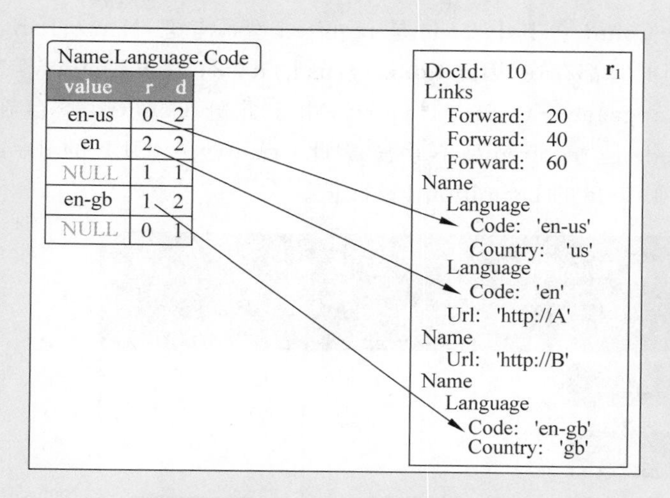

图 14-5　Name. Language. Code 列存储表

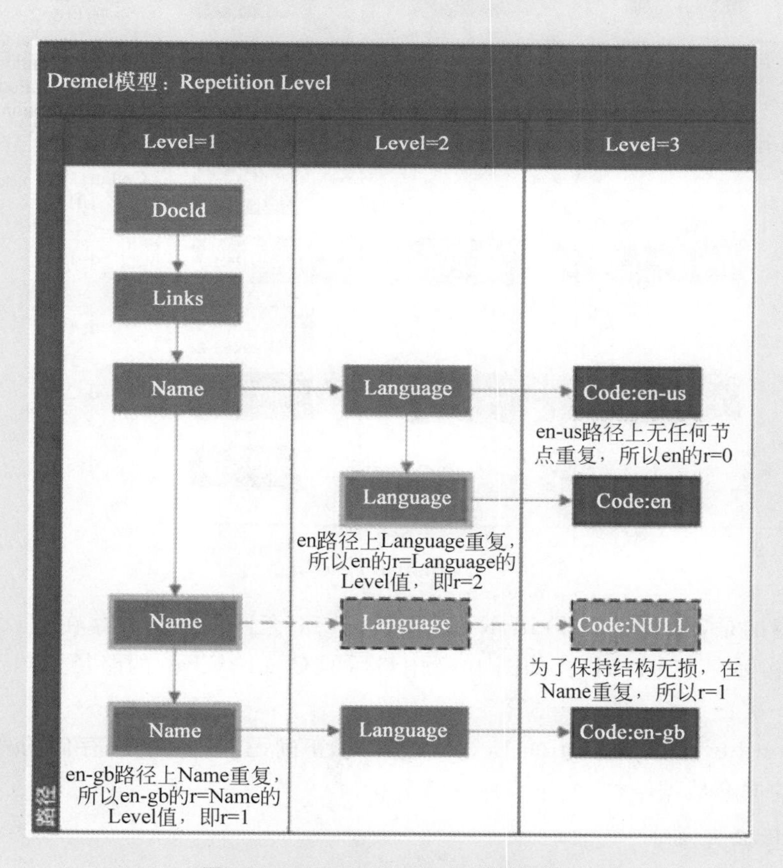

图 14-6　Repetitional Level 计算过程

optional 型和 repeated 型）字码段却实际存在的数目。

如图 14-7 所示，在抵达 Code：en-us 的路径上，Name 和 Language 都是可能不存在型字码段（Name 为 repeated 型，Language 为 optional 型），但它们此时都存在，Code 是 required 型不考虑，因此 Code：en-us 的 d=2；对于 Country：us 而言，抵达路径为 Name→

Language→Code→Country，其中 Code 是 required 型不考虑，Name、Language、Country 都是可能不存在型但此时都存在，因此 Country：us 的 d=3；对于 Country：NULL 而言，抵达路径为 Name→Language→Code→Country，由于此处 Country 不存在，仅有 Name 和 Language 存在，Code 是 required 型不考虑，因此 Country：NULL 的 d=2。以此方法可计算图 14-5 表中各项 Code 的 Definition Level 值。

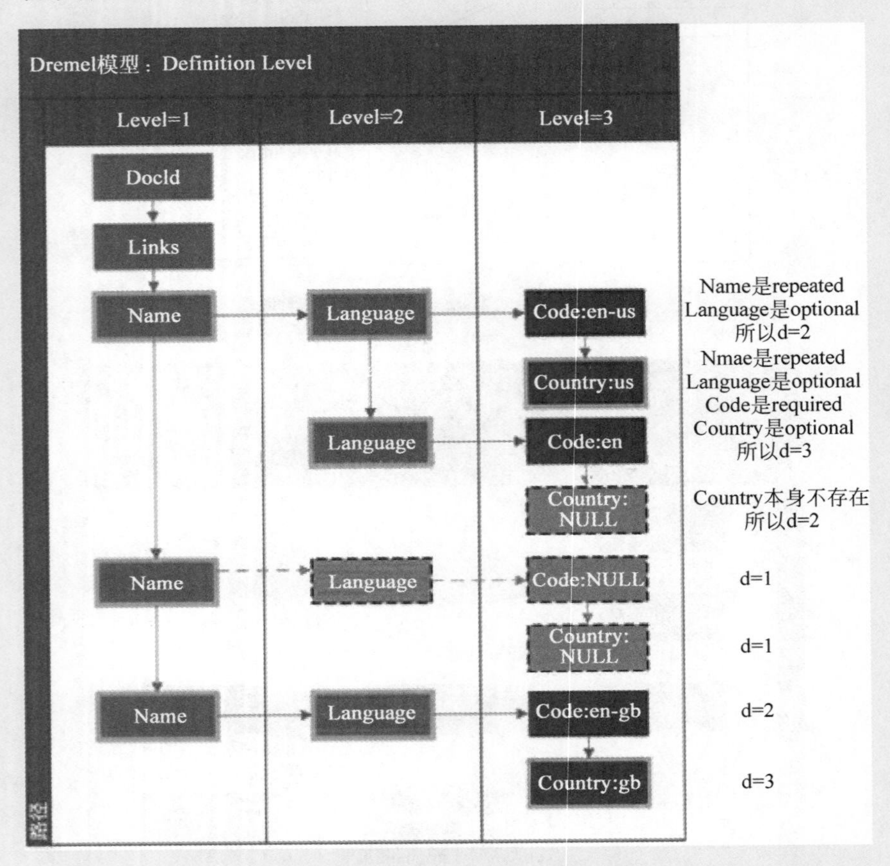

图 14-7　Definition Level 计算过程

需要注意的是，在计算 Definition Level 值时，路径上的可以不存在型（optional 型或 repeated 型）实际存在多次时（比如图 14-7 中最后的 Country：gb 的路径上 Name 出现了三次），只计算一次。

Repetition Level 和 Definition Level 一起可以正确无误地将物理存储的列式存储结构转换为原有的嵌套数据结构，便于程序计算分析。

3. 数据重构方法

基于上述 Repetition Level 和 Definition Level 的定义，Dremel 可以方便地构建 Writer 树并将图 14-1 的嵌套数据结构拆分成如图 14-3 所示的多个列存储表进行存储。对于从顺序存储结构（物理存储）中重构处嵌套数据结构（逻辑结构），Dremel 采用了如下的阅读器（Reader）有限状态机（Finite State Machine，FSM）设计，以完成图 14-3 存储表到图 14-1 数据结构的快速重建。

在如图 14-8 所示的数据结构重建过程中，Dremel 按照数据结构 Schema 采用多个不同的阅读器来读取并处理不同的字码段，对于每一个字码段 FSM 都从开始到结束循环一次。r 值用于控制 Reader 的转换（对不同的字码段使用不同的 Reader）。以图 14-8 为例，各个字码段的 FSM 状态机转换规则如下。

DocId：Reader1 从 DocId 存储表头（图 14-3）开始阅读，读到 r=0 即转换成另外一个 Reader2（意味着开始读取另外一个字码段 Links. Backward）。

Links. Backward：Reader2 从 Links. Backward 存储表（图 14-3）前次停止位置开始阅读，读到 r=1 则继续阅读、重建，读到 r=0 即转换成 Reader3（读取字码段 Links. Forward）。

Links. Forward：Reader3 从 Links. Forward 存储表（图 14-3）前次停止位置开始阅读，读到 r=1 则继续阅读、重建，读到 r=0 即转换成 Reader4（读取字码段 Name. Language. Code）。

Name. Language. Code：Reader4 从 Name. Language. Code 存储表（图 14-3）前次停止位置开始阅读，读到 r=0 或 1 或 2 即转换成 Reader5（读取字码段 Name. Language. Country）。

Name. Language. Country：Reader5 从 Name. Language. Code 存储表（图 14-3）前次停止位置开始阅读，读到 r=0 或 1 即转换成 Reader6（读取字码段 Name. Url）；读到 r=2 即转换成 Reader4（返回读取字码段 Name. Language. Code）。

Name. Url：Reader6 从 Name. Url 存储表（图 14-3）前次停止位置开始阅读，读到 r=1 即转换成 Reader4（返回读取字码段 Name. Language. Code）；读到 r=0 即结束阅读。

r 值决定了有限状态机 FSM 是否反复阅读或是切换 Reader，也确定了嵌套结构中值域的值（value），d 值则帮助我们确定某些值域的值是否是想象出来的（即是 NULL）。依照上述 FSM 有限状态机法则，根据存储表的 r 值和 d 值，Dremel 即可通过扫描顺序存储结构的多个列存储表，正确无误地重建嵌套数据结构。

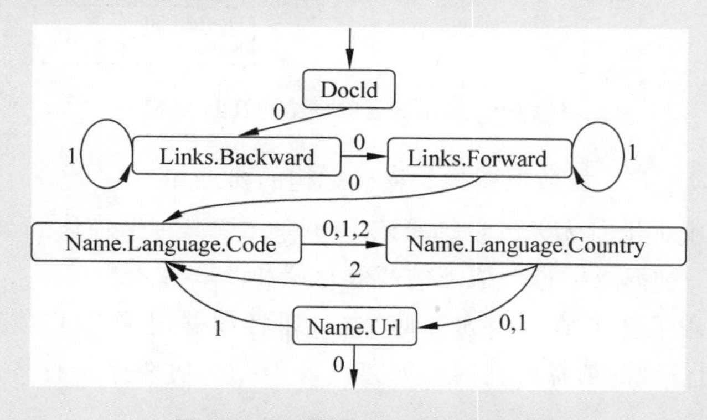

图 14-8　阅读器（Reader）的 FSM

图 14-9 表示了一个简单嵌套数据结构及其对应的 FSM 状态机，下面以其为例说明按照 FSM 状态机规则从列存储表（图 14-10 左边）重建嵌套数据记录（图 14-9 右边）的具体步骤。

步骤①：Reader1（用来读 DocId 存储表）读 DocId 表第一行，r=0，提供重构 DocId 的

依据。

步骤②：Reader1 读 DocId 表第二行，再次读到 r=0，Reader1 停留在表 DocId 的当前位置，状态机切换到 Reader2（用来读 Name. Language. Country 表）。

步骤③：Reader2 读 Name. Language. Country 表第一行，r = 0，提供重构 Name. Language. Country 表的依据。

步骤④：Reader2 读 Name. Language. Country 表第二行，r = 2，提供重构 Name. Language. Country 表依据，继续读 Name. Language. Country 表。

步骤⑤：Reader2 读 Name. Language. Country 表第三行，r = 1，提供重构 Name. Language. Country 表依据，继续读 Name. Language. Country 表。

步骤⑥：Reader2 读 Name. Language. Country 表第四行，r = 1，提供重构 Name. Language. Country 表依据，继续读 Name. Language. Country 表。

步骤⑦：Reader2 读 Name. Language. Country 表第五行，再次读到 r=0，Reader2 停留在表 Name. Language. Country 当前位置，状态机切换回 Reader1，继续读 DocId 表。

步骤⑧：Reader1 从当前位置（也即上次停留位置）继续读 DocId 表第二行，r=0，提供重构 DocId 表的依据。

步骤⑨：DocId 表已读到表尾，Reader1 结束。状态机切换回 Reader2，继续从上次停下位置读 Name. Language. Country 表（此时指向表最后一行），r=0，完成 Name. Language. Country 重构。Reader2 到达表尾，重建全部结束。

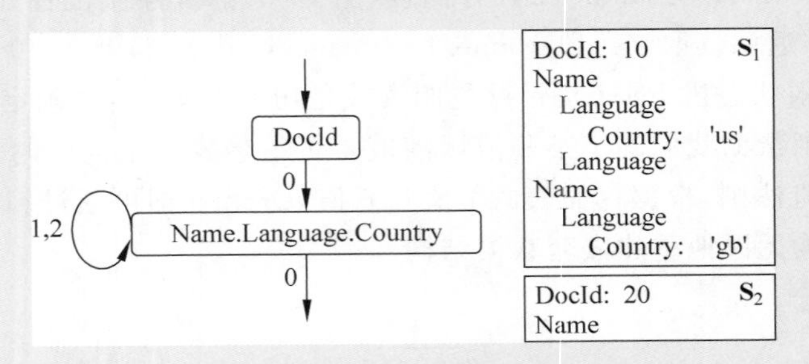

图 14-9 简单嵌套数据结构及其 FSM

总结上述内容，Dremel 的数据模型和存储结构的要点如下。

(1) Dremel 采用了平台无关的数据格式 Protocol Buffer 来描述嵌套数据结构，这种嵌套数据结构提供了一种海量数据规模下的高效存储和读取方式。

(2) Dremel 采用了基于值域的列存储结构，即将数据记录基于列拆分成多个列存储表，多个记录的相同值域的值存放在同一列存储表中。在物理存储时将多个列存储表进行顺序存储。

(3) Dremel 的列存储表中不仅包含各记录的列值，还包含对应的 r 值（Repetition Level）和 d 值（Definition Level），Dremel 对每个值域按照有限状态机（FSM）规则读取顺序存储的列存储表并进行数据记录的重构。

(4) 每次对顺序存储的物理表进行扫描和数据记录重建时，Dremel 并不需要扫描和重建全部数据，而可根据需要只扫描部分数据，重建感兴趣的值域（列）。

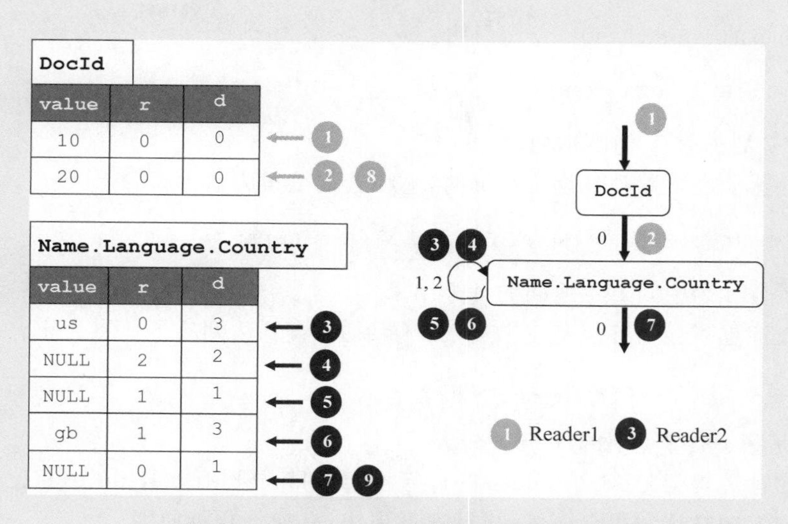

图 14-10 按照 FSM 重建数据记录的步骤

14.3 并行查询

Dremel 的上述嵌套数据模型和列存储设计，都是为了支撑对超大规模数据(PB 量级)的快速查询(秒级)，比如 3s 的时间处理完对 1PB 数据的查询[1]。Dremel 使用一种定制的类似 SQL 的查询语言，可在嵌套列存储数据结构上进行高效查询。这种 SQL-like 查询语句以一个或多个嵌套数据结构及其 Schema 作为输入，输出的也是一个嵌套数据记录及 Schema 定义。

Dremel 采用的是多层服务树计算架构，如图 14-11 所示。Dremel 集群最上层的根服务器接收所有的客户端查询请求，并把查询语句分解，读取相关元数据，再把分解后的请求下发中间服务器。中间服务器进一步把查询需求分发到它所属的下级叶节点服务器完成并行计算。数据记录存储在叶节点服务器的本地文件系统上，叶节点完成计算处理后，其返回计算结果的过程与上述步骤逆向而行。

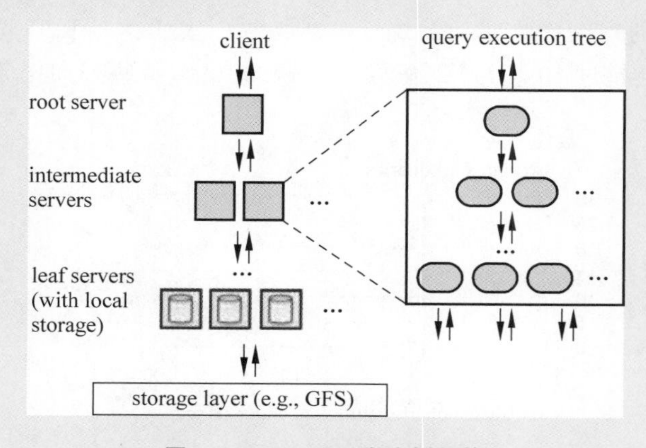

图 14-11 Dremel 查询树架构

以一个简单的Dremel SQL查询为例：

```
Select A, Sum(B) From T GroupBy A;
```

其中，A和B是数据表T的两个列。

当根服务器从客户端收到这个查询时，它将查询重写为：

```
Select A, Sum(C) From Union (R[1,i], …,R[1,N]) Group By A;
```

这里R[1,i]是第i个中间节点返回的计算结果。

同样的查询重写会在各层节点上递归继续下去，直到达到叶子节点为止。

```
Select A, Sum(B) as C From T[1, i] Group By A;
```

这里T[1,i]是第i个节点上的T分区。

服务树的计算构架与MapReduce的计算构架(Map/Shuffle/Reduce)相比，更适合于超大规模数据查询的筛选和聚合运算，执行速度更快，有如下几点原因。

(1) 列存储结构使得查询仅需扫描它关心的列存储表(字码段)，而无须扫描全部数据集。

(2) 由于服务数架构，根节点和中间节点只起任务分解和结果汇聚作用，最后的计算处理是在叶节点进行，叶节点相互之间没有依赖关系，因此可以实现高并发度的并行处理。

(3) Dremel主要用于支持数据查询业务(并不擅长数据增删操作)，这种列存储结构和服务树并行处理模式对查询操作性能的优化尤其明显。

Dremel查询服务树的层级数可以人为设定。比如，一个有3000个叶子服务器节点的系统，服务树可以只有两层(1∶3000)，即一个根服务器和3000个叶子服务器；或者三层(1∶100∶3000)，既增加100个中间服务器；甚至四层(1∶10∶100∶3000)。如果选择只有两层，根服务器很容易成为计算瓶颈。而当服务树有三层或四层时，整个系统的并行度得到提高，执行性能也大大优化(约6倍左右)；再多的层级，如五层或六层，对于系统的性能提高并无太多帮助。

在实际应用中，Dremel使用的特殊结构数据常常由MapReduce计算输出结果转换而来，但测试结果证明优化数据结构带来的性能收益足以覆盖数据结构转换的成本。对Dremel系统一个月的查询操作时间的统计分析结果[1]表明：大于98%的查询操作响应时间低于10s，响应时延超过10s不到2%(图14-12)。其中，某些查询任务扫描的数据记录数达到1000亿条。

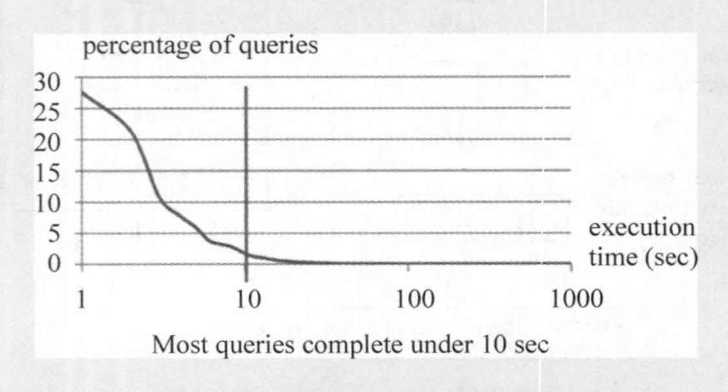

图14-12 Dremel的查询响应时间

Dremel在超大规模数据实时查询上的性能大大优于MapReduce模型，但它并不是MapReduce的替代品，而只是一些应用领域对MapReduce交互式实时查询能力不足的补充。Dremel也存在如下局限性。

（1）中间数据集和最后结果集不能太大，要小于一台服务器节点的内存容量。比如一个服务器节点的内存是8GB，中间数据集和最终结果则需远小于8GB，因为还需考虑到服务器的其他内存开销。如果中间数据集过大，查询将失败。相比之下，MapReduce没有对中间数据集的限制，因为数据量增大，MapReduce会输出到磁盘空间存储（磁盘I/O也造成性能下降）。

（2）Dremel对于Table Join的支持很有限，只支持一个大Table和多个小Table之间的Join（Star Join）。小Table数据要小于一个服务器节点的内存容量，实际上不能大于几百MB。支持两个大Table在任意一列上的Join，对于任何分布式系统都是死穴。Dremel采用的列存储格式决定了它不适宜于进行两个大表之间的Join操作，也不适宜于执行一般通用的SQL查询。

（3）在一个大的分布式集群中执行并行计算，除了负载均衡问题，还需考虑容错性。Dremel运行在3000个节点上时，很难避免有少数节点运行缓慢。如图14-13所示，99%以上的分区都可以在5s之内处理完毕，但仍有不到1%的分区拖的时间很长[1]。因此Dremel提供了查询调度器来动态调整任务分配，改善延滞节点的性能。另外，在计算处理数据时，Dremel给出99%接近正确的结果要比给出100%的正确结果要快得多。

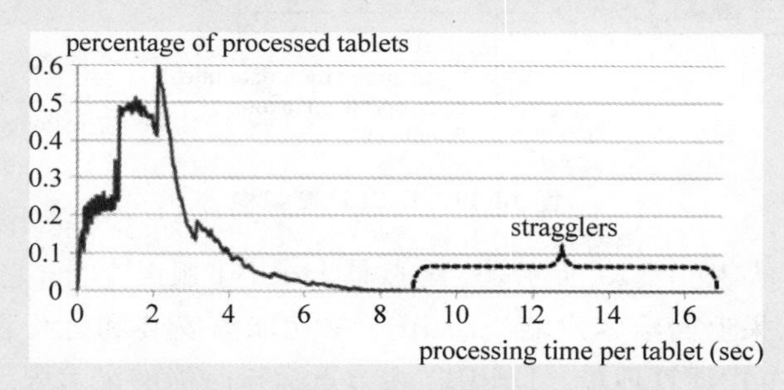

图14-13 Dremel的表格处理时间分布

14.4 开源实现

对应于上述Dremel的概念和模型，早在2012年开源社区即启动了Apache Drill[3,4]孵化项目，并在2014年成为Apache正式项目。Apache Drill是一个低延迟分布式海量数据交互式查询引擎，覆盖结构化、半结构化以及嵌套数据结构，使用ANSI SQL兼容语法，部署在HDFS、Hive、HBase、MongoDB等存储系统上，支持Parquet、JSON、CSV、TSV、PSV等数据格式，能够支持上千计算节点、PB量级数据的交互式商业智能分析应用场景。Drill被很多人看作是Google Dremel技术的开源实现。

总结起来，Apache Drill具有如下特点。

（1）支持列存储嵌套数据结构。

（2）使用SQL-like查询语言。

(3) 树查询结构。

(4) 与 Hadoop 平台集成。

1. 计算架构

Apache Drill 的计算架构分为支持 DrQL 查询的客户端、Drill 执行引擎、底层存储系统(Hadoop 集群)三个层次,如图 14-14 所示。客户端执行用户程序的查询语句,将查询请求发送给 Drill 执行引擎,后者将查询语句进行层层分解,最后分发到部署在 Hadoop 集群节点上的计算模块执行。在计算节点上 Drill 使用 Hadoop/HDFS 作为底层的数据存储系统。

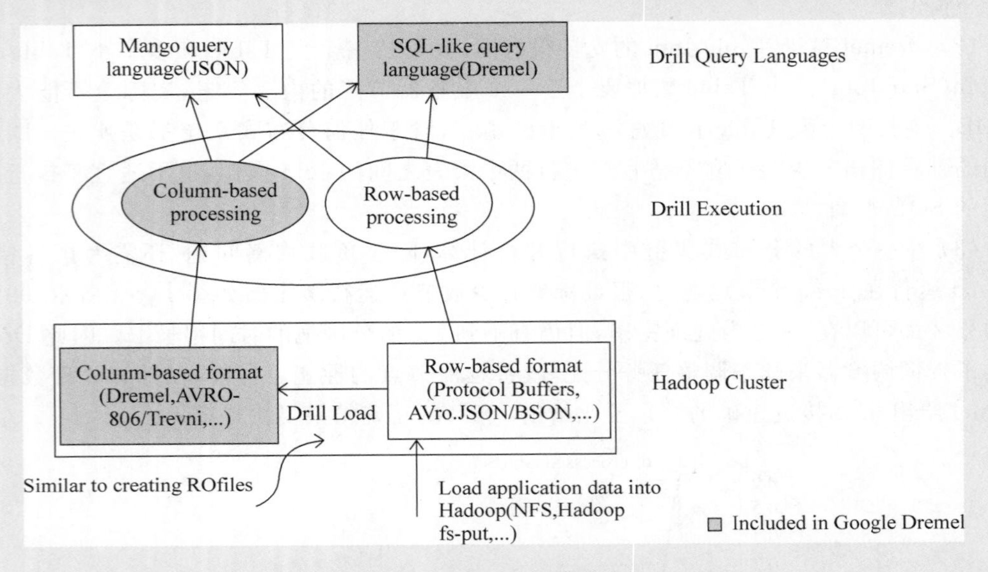

图 14-14 Drill 计算架构

Drill 的软件架构如图 14-15 所示,其核心是 DrillBit 服务单元,它负责接收客户端请求,处理查询,并将结果返回给客户端。DrillBit 单元能够安装和运行在 Hadoop 集群各个节点上,形成一个分布式计算环境。DrillBit 在节点运行时能够最大限度地实现数据的本地化,不需要节点间的数据移动。Drill 使用 ZooKeeper 来进行集群节点管理和运行状态监控。尽管 Drill 在多数情况下运行在 Hadoop 集群上,但它也可以运行在其他分布式集群上。

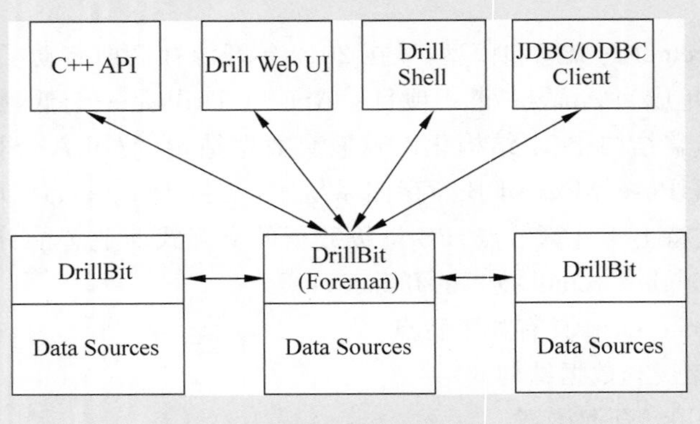

图 14-15 Drill 软件架构

用户程序可以通过 Drill Shell(命令行界面)、Web UI、C++ API(编程接口)或 JDBC/ODBC 连接客户端向 DrillBit 发送 SQL 形式的查询请求,部署在集群各节点上的 DrillBit 将完成查询语句的分解、转换、分发及并行执行,并返回查询结果给用户程序。

2. DrillBit 单元

Drill 主要的软件单元 DrillBit 包含如下组件(图 14-16)。

RPC Endpoint:一个提供低开销的基于 Protobuf 的 RPC 通信的组件。此外,Drill 也提供 C++编程接口和 JDBC/ODBC 连接界面用于用户程序与 DrillBit 的交互。

SQL Parser:一个使用 Optiq 开源框架的 SQL 解析器,将 SQL 语句解析映射到对应的 Drill Objects,该解析器的输出是语言无关的。

Optimizer:Drill 执行语句优化器。

Storage Plugin Interface:Drill 作为多个数据源之上的查询层,它需要与底层不同类型的存储系统(分布式文件系统、HBase、Hive 等)对接。Drill 以存储插件形式提供与底层数据存储平台进行交互的界面,它提供了下列功能。

(1) 元数据来源;

(2) 数据源读写接口;

(3) 数据的位置信息;

(4) 一组有助于查询效率的优化规则。

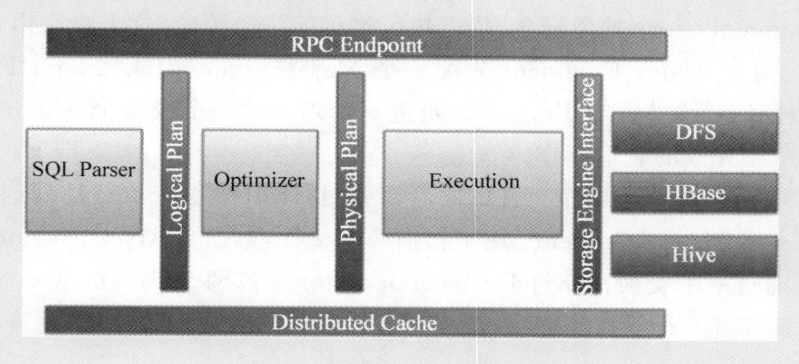

图 14-16　DrillBit 单元组成

3. 计算模型

与 Dremel 类似,Drill 计算模型也采用了查询树结构,称为 execution-tree,如图 14-17 所示。客户端程序将查询请求提交给 Foreman(树根节点 root 上的 DrillBit),由 Foreman 启动整个查询过程的解析、优化、分发、计算执行流程,并负责将查询结构返回给客户端。事实上,集群上任一节点的 DrillBit 均可被选作 Foreman。

Foreman 将负责将查询语句解析并转化为包含 Drill 格式的逻辑操作语法的 Logical Plan,并调用优化器模块将 Logical Plan 转化为包含计算流程的 DAG 图并由 Drill 集群节点执行的 Physical Plan,然后分发给 execution-tree 各个叶节点 DrillBit 执行并行计算。在各个叶节点上,DrillBit 与本地存储系统进行数据交互。

Foreman 的工作流程见图 14-18。在完成了对 SQL 查询语句的解析、转换、优化后,形成一个描述执行步骤的 Physical Plan。Foreman 的执行计划分为多个阶段,包括 Major Fragment 和 Minor Fragment。这些 Fragments 根据配置的数据源构成一个多层次的查询

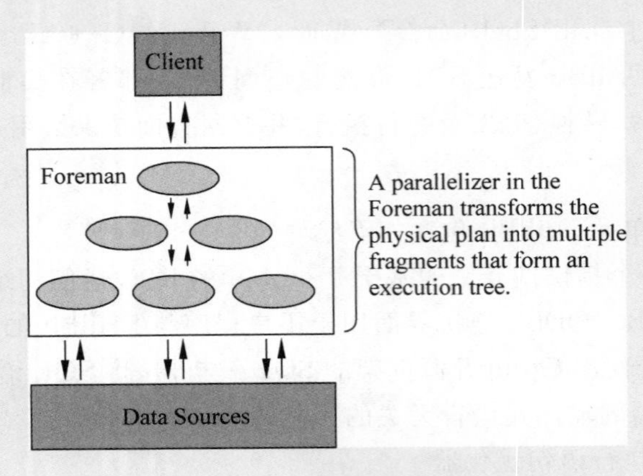

图 14-17 Drill 计算模型

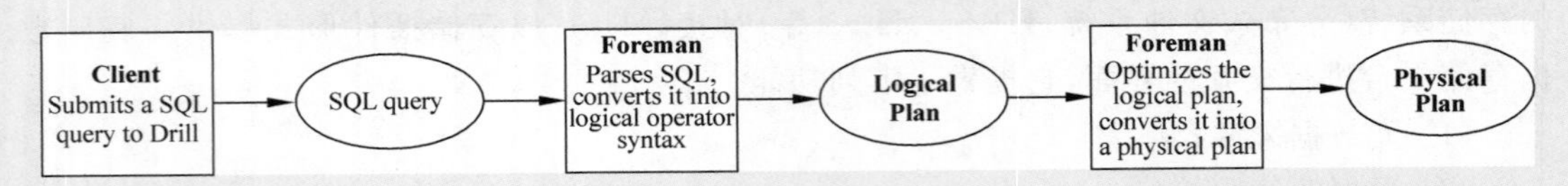

图 14-18 Foreman 工作流程

树，执行并行处理。

Major Fragment：一个抽象概念，代表执行过程的一个阶段，这个阶段由一个或多个操作组成，Drill 为每个 Major Fragment 分配一个 MajorFragmentID。Major Fragment 不执行任何的查询任务，每个 Major Fragment 被进一步划分成一个或多个 Minor Fragment，由后者执行实际所需完成的查询操作。

以图 14-19 为例，在执行两个文件的哈希聚合时，Drill 为这个执行计划创建两个 Major Fragments，第一个 MajorFragment0 用于扫描两个文件，第二个 MajorFragment1 用于数据的聚合。Drill 通过一个交换操作符 ExchangOperator 分离两个 Fragments。交换改变发生在数据所在位置或者并行执行步骤中，交换过程由发送器和接收器组成，允许数据在节点之间转移。

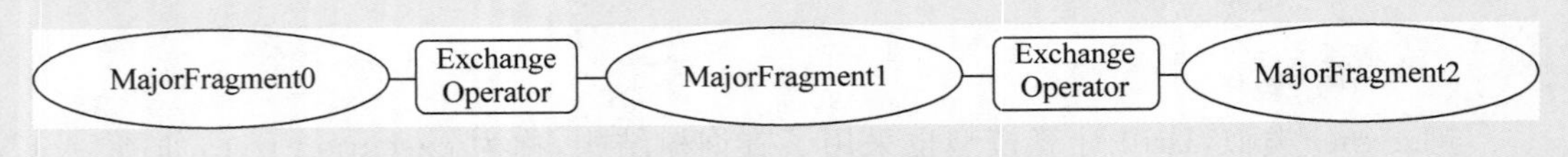

图 14-19 Major Fragment 例子

Minor Fragment：Major Fragment 过程可以分解成多级多个 Minor Fragments 执行并行处理，如图 14-20 所示。Minor Fragment 是内部运行线程的逻辑作业单元。在 Drill 中一个逻辑作业单元也被称为碎片。

Drill 的执行计划实际由 Minor Fragments 组成，系统为每个 Minor Fragment 分配一个 MinorFragmentID。每个 Minor Fragment 包含一个或多个关系操作，例如 scan、filter、join、group 等。每个操作都有特定的类型和 ID，每个操作 ID 定义了它所在的 Minor Fragment 的关系。

在集群层面 Drill 采用轮询(Round Robin)方式调度可用节点的 DrillBit 执行 Physical

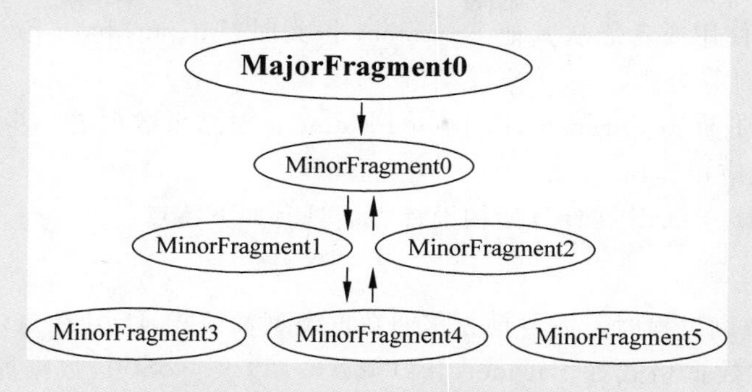

图 14-20 Minor Fragment 构成的执行树

Plan，在节点层面 Drill 根据上游数据需求来执行每个 Minor Fragment，使用节点本地调度算法来执行 Minor Fragment。其执行流程如下(图 14-21)。

(1) Minor Fragment 可以作为 Root、Intermediate 或 Leaf 三种类型运行。一个执行树只包括一个 Root Fragment。执行树坐标编号是从 Root 开始，Root 是 0。数据流是从下游的 Leaf Fragment 到 Root Fragment。

(2) 运行在 Foreman 的 Root Fragment 接收传入的查询，从表读取元数据，分发查询请求并路由到下一级节点，下一级节点的 Fragment 包括 Intermediate 和 Leaf Fragments。

(3) Leaf Fragment 在 Leaf 节点对数据表进行扫描操作，并与存储层进行数据交换(访问本地磁盘)。只有 Leaf 节点的 Fragment 才能读数据源。Leaf Fragment 的扫描操作包含以下步骤。

① 读取数据源的数据。

② 将数据转换为 ValueVectors 格式。

③ 组装成 RecordBatch。

④ 将 RecordBatch 传递给上一层的 Intermediate Fragment。

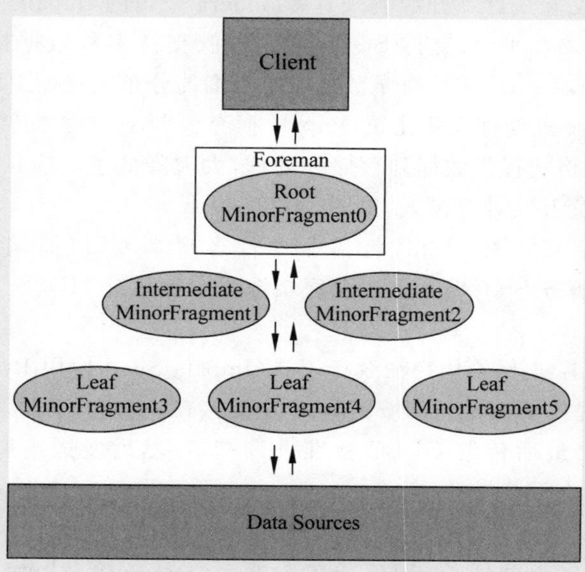

图 14-21 Drill 查询的执行流程

(4) 当数据可使用或者能从其他 Fragment 得到时，Intermediate Fragment 启动作业，在 DrillBit 中执行计算处理。

(5) 最后结果汇聚到 Foreman，由 Root Fragment 对结果数据进一步聚合，提供最终查询结果给客户端或应用程序。

综上所述，可看出 Drill 在计算架构设计方面具有如下特点。

1. 动态模式检测

Drill 在启动查询过程时不需要预先声明数据类型和模式，Drill 在执行过程中可以动态检测模式。自描述数据格式如 Parquet、JSON、Avro 以及 NoSQL 数据库都部分描述了它们的数据格式，可以为 Drill 在执行过程中理解。在 Drill 查询的执行过程中数据模式是可以改变的，当改变模式时，Drill 的所有操作需要重新配置模式。

2. 数据模型灵活

Drill 允许访问嵌套数据的字码段(列)，并提供直观的易扩展的操作。从数据模型的角度来看，Drill 提供了一个灵活的分层列存储数据模型，可以处理复杂的、动态变化的数据类型。

3. 分散元数据

Drill 没有集中元数据的需求，因此不需要在一个元数据库来管理数据表和视图。Drill 数据来源于存储插件对数据源的读取，而存储插件可以支持完整元数据(Hive)、部分元数据(HBase)或没有集中元数据(文件系统)。没有集中的元数据意味着 Drill 可以同时读取和处理多种数据源。

4. 可扩展性

Drill 在所有层面都提供了可扩展的架构，包括存储插件、查询器、优化器、执行引擎和客户端 API，用户可以自定义各个层面的组件来进行扩展。

另一值得关注的交互式计算开源实现是 Cloudera 公司的 Impala[5]。Impala 是一个基于 Hadoop/HDFS/HBase 平台、支持 SQL 语义查询、支持多种数据格式(Parquet，Avro，RCFile，SequeenceFile，Text)、实现海量数据实时查询的分布式查询引擎。与 Hadoop 常规的 MapReduce + Hive 批处理模式比较，Impala 摒弃了 Hive 的数据转换方式，而是通过自己的 Trevni 列式文件格式提供数据列存储和处理，大大降低了响应延迟，实现了 Hadoop/HDFS 平台上的一种交互式计算模式，见图 14-22。

Impala 的计算架构见图 14-23，包括命令行客户端 CLI(前端)、分布式查询引擎 Impalad(后端)、注册服务 State Store，以及底层数据存储系统 HDFS/HBase。各个单元的功能及结构描述如下。

命令行客户端 CLI：提供给用户命令行工具(Impala Shell 使用 Python 实现)供查询使用。另外，Impala 还提供了 Hue、JDBC、ODBC 交互接口，供用户程序发送查询请求或进行任务管理，查询请求会最后传给 ODBC 标准查询接口，然后发送给后端分布式查询引擎 Impalad。

分布式查询引擎 Impalad：运行在各个 DataNode 节点上，用 Impalad 进程表示，多个 Impalad 进程并行执行查询任务，构成一个分布式计算系统。Impalad 主要包含 Query Planner、Query Coordinator 和 Query Exec Engine 三个组件。Query Palnner 接收来自客

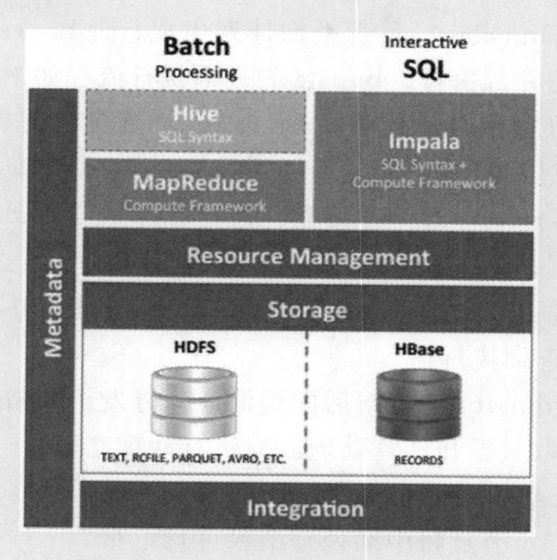

图 14-22　Hadoop 平台上批处理模式 vs. 交互式模式

户端的 SQL APP 和 ODBC 的查询请求，然后将查询请求分解为许多子查询任务；Query Coordinator 则将这些子查询分发到各个节点上，由各个节点上的 Query Exec Engine 负责子查询的执行，最后返回子查询的结果，这些中间结果经过聚合之后最终形成查询结果返回给客户端。

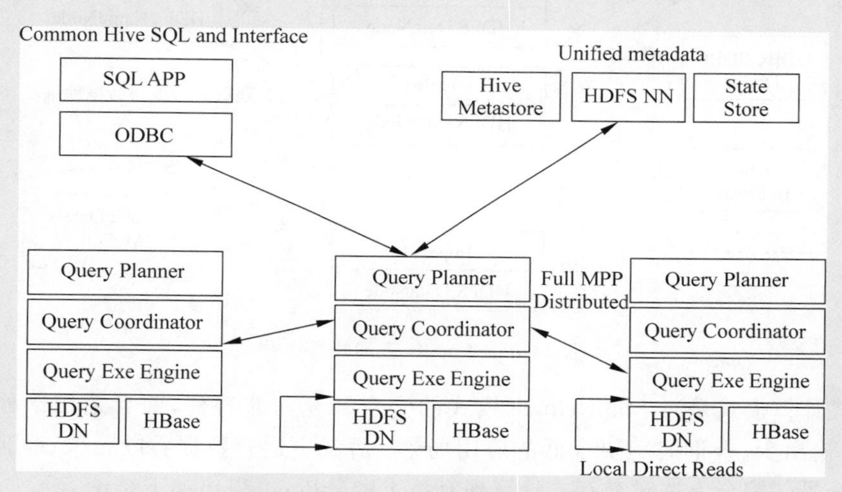

图 14-23　Impala 计算架构

注册服务 State Store：一个独立运行的 State Stored 进程，用于监控集群各节点 Impalad 的运行状态及位置信息，以多线程模式处理 Impalad 的注册和通信需要，与节点 Impalad 进程保持心跳连接。在各节点处 Impalad 都会缓存一份 State Store 数据，当 State Store 离线时各 Impalad 仍可以依靠缓存数据维持运行。当 Impalad 发现 State Store 离线时，会进入 Recovery 模式反复注册；当 State Store 重新加入后，Impalad 更新缓存数据恢复正常。但也会发生有些 Impalad 失效，但此时缓存数据无法更新，导致执行计划分配给失效的 impalad，导致查询失败。

如前所述，Impala 软件系统分为 Frontend(前端)和 Backend(后端)两个部分，Frondend 用

Java 实现(通过 JNI 嵌入 Impalad),负责查询计划生成;而 Backend 的分布式查询引擎用 C++写成,负责查询任务的并行执行。Impala 的查询执行流程如下(图 14-24)。

步骤 0:集群各节点的 Impalad 进程向 State Store 服务器完成注册和订阅。

步骤 1:用户程序通过 CLI 客户端向 Impalad 提交 SQL 查询请求,后端接收查询请求的是 Impalad Planner;客户端可选择连接到任意一个节点 Impalad,被连接的节点将充当本次查询作业的协调员(Coordinator)。

步骤 2:Planner 通过 JNI 调用 Java 前端解释 SQL 查询语句,从 HDFS/HBase 读取元数据与数据源地址,生成查询执行树。

步骤 3:调度器 Coordinator 把分解后的查询任务分发给具有相应数据的其他节点,由 Exec Engine 并行执行读取数据和计算处理。当所有计算完毕时,各个 Impalad 进程将会把各自的计算结果发送给充当 Coordinator 的节点。

步骤 4:由 Coordinator 节点将中间处理结果进行汇聚。

步骤 5:最后由 Coordinator 将最终查询结果返回给客户端。

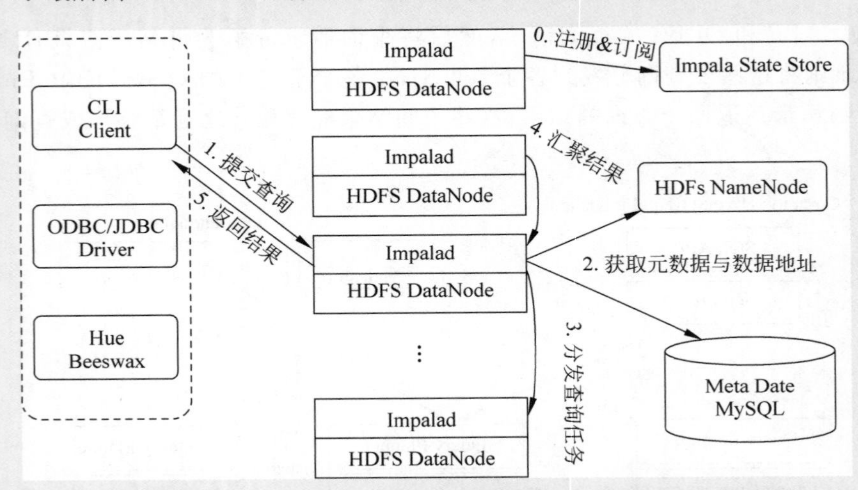

图 14-24 Impala 查询执行流程

交互式计算模式是对 MapReduce 模式的一个补充而非替代,前者适用于处理数据量大,但数据输出少、查询时延要求低的应用场景;后者更适合数据吞吐量大、时延要求不高的批处理场景。综合上述对交互式计算现有技术的分析,可得出如下结论。

(1) 高效的文件系统和特殊的存储结构设计是交互式计算实现低时延的关键因素。Google 提出的嵌套数据结构和列存储模式是一个成功的案例,未来还会有新的数据结构被提出。

(2) 优化计算模型和并行算法设计也是提高快速分析性能的一个有效途径。Dremel 和 Drill 的查询树计算模型以及其他交互式计算系统采用的数据内存驻存技术都有效地提高了交互式计算的快速响应能力。

(3) 与前端 RDBS/SQL 应用的集成,即如何支持前段的 SQL 查询功能,是交互式计算平台设计必须考虑的一个问题。目前有两种处理方式:一种是 Dremel 采用的与 MapReduce 计算引擎对接,对 MapReduce 的输出数据进行格式转换;另一种是 Drill,

Impala采用的在计算引擎中加入对列存储数据格式的支持，从而无需数据转换步骤。这两种技术目前都有实现。

(4) 除了列存储、嵌套数据结构、组合范围分区等技术外，提高内存数据驻存率以降低读写硬盘的频率，提高数据本地化以减少节点间的通信消耗，研究更优化的并行处理算法，都是改进交互式计算性能的有效途径。

(5) 目前，在交互式计算领域，除了Google有完整的文件系统/分布式数据库/数据结构/计算平台一系列产品线，但不对外开放外，开源社区的交互式计算平台存在架构不统一、标准不一致、技术分散、系统集成度差的问题，就是在Hadoop平台上也没有一个为业界广为接受的交互式计算技术，在这一领域还有一段路要走。

参考文献

[1] Melnik, Sergey, et al. Dremel: interactive analysis of web-scale datasets. Proceedings of the VLDB Endowment 3.1-2(2010): 330-339.

[2] Hall A, Bachmann O, Büssow R, et al. Processing a Trillion Cells per Mouse Click. Proceedings of the Vldb Endowment, 2012, 5(11).

[3] Hausenblas, Michael, and Jacques Nadeau. Apache drill: interactive ad-hoc analysis at scale. Big Data 1.2(2013): 100-104.

[4] Apache Dril. http://drill.apache.org/.

[5] Apache Impala. http://impala.apache.org/.

[6] XML Web. https://www.xml.com/.

[7] Crockford, Douglas. The application/json media type for javascript object notation(json). 2006.

[8] Json Web. http://www.json.org/.

[9] Kaur, Gurpreet, and Mohammad Muztaba Fuad. An evaluation of protocol buffer. IEEE SoutheastCon 2010(SoutheastCon), Proceedings of the. IEEE, 2010.

[10] Github Protocol Buffer . https://github.com/google/protobuf.

习题

1. 为什么说交互式计算模式是介于MapReduce批处理计算和大内存计算之间的一个折中解决方案？它主要依靠什么技术实现？

2. 什么是列存储结构？为什么列存储结构的查询效率要远高于基于行存储结构的关系型数据库？

3. Dremel将嵌套数据结构在实际存储时映射成一维存储结构，在计算过程中常常需要将内存中的一维存储结构恢复成原有的数据结构。Dremel是通过什么方法实现数据结构的无损表达和高速组装的？试简述之。

4. 根据图14-11的Dremel查询树结构，说明为什么中间节点层)的层次不宜太多(比如多于两层)？

5. 从列存储结构和查询树并行模型的特点说明为什么交互式计算模式只适宜于数据查询业务，而不适宜于数据增删操作。

第15章

流计算系统

在大数据计算领域，对于各种实时 Web 服务如搜索引擎、电商网站的实时广告推荐、SNS 社交类网站的实时个性化内容推荐、大型网站网店的实时用户访问情况分析等应用场景，常常会遇到如下这样一类数据类型。

(1) 数据实时持续到达、到达次序独立、数据来源众多、格式复杂、数据规模大；

(2) 数据的价值随着时间的流逝而降低，数据处理的重点不在存储和持久性，而在即时响应分析；

(3) 对数据的处理不看重个别数据，而是整体结果或一个时间段上的统计结果；

(4) 数据包到达的顺序和时序无法预测或控制，计算程序要能够做出应对。

具有上述特征的数据集合或序列被称为“流数据”(Stream Data)，1998 年由通信领域的美国学者 Monika R. Henziger[1] 提出，她将流数据定义为“只能以事先规定好的顺序被读取一次的数据的一个序列”。数据流可采用如下的形式化描述：

考虑一个向量 α，其属性域为 $[1\cdots n]$(n 为秩)，则向量 α 在时间 t 的状态可表示为

$$\alpha(t) = <\alpha_1(t),\cdots\alpha_i(t),\cdots\alpha_n(t)>, \quad i=1,2,\cdots,n$$

可设定在时刻 s，α 是 0 向量，即对于所有属性 i，$\alpha_i(s)=0$。

向量值的改变是基于时间变量的线性叠加，即时刻 t 各个分量的更新是基于 $(t-1)$ 时刻以二元组流的形式出现的。即 t 时刻第 i 个更新为 (i,ct)，意味着

$$\alpha_i(t) = \alpha_i(t-1) + \mathrm{ct}$$

针对上述流数据类型的计算模式称为流计算(Stream Computing)。以 MapReduce 为代表的批处理计算模式(如图 15-1(a)所示)是先将数据存储于文件系统或数据库，然后对存储系统中的静态数据进行处理计算，这一步骤并不是实时在线的，因此又被称为离线批处理模式。流计算则是在数据到达同时即进行计算处理，计算结果也实时输出，原始输入数据可能保留，也可能丢弃(如图 15-1(b)所示)。显然，批处理和流计算这两种模式适用于不同的大数据应用场景。对于实时性要求不高，但一次处理的静态数据量大，强调计算结果的准确

性、完整性的应用场景,批处理模式更合适;对于实时性要求高,需要做出即时响应,但数据完整性要求稍低的场景,流计算具有明显优势。

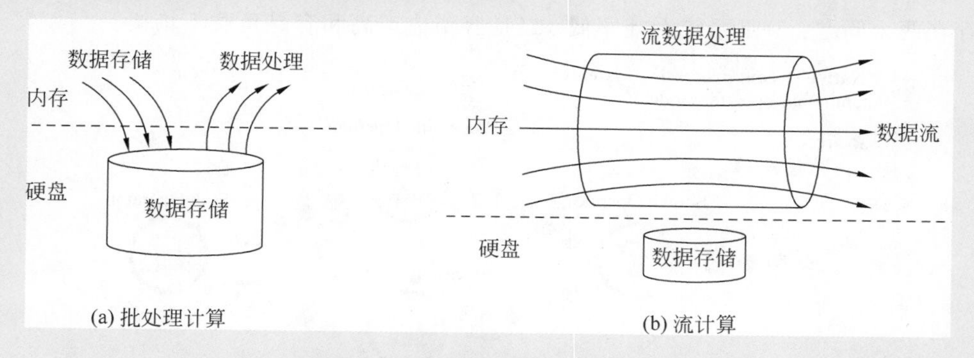

图 15-1 批处理模式 vs. 流计算模式[2]

流数据所呈现出的实时性、突发性、无序性、易失性、无限性等特征使得针对这类应用的分布式计算系统的设计更具挑战性。目前,主要的流计算平台包括:2010 年 Yahoo! 推出的 S4 流计算引擎[3,4],2011 年 Twitter 收购 BackType 的 Storm 流计算系统并使它成为一个 Apache 开源项目[5],Facebook 提出的流数据通道 Data Freeway 和处理引擎 Puma[6],LinkedIn 的用于日志处理的分布式消息队列 Kafka[7],以及 Microsoft 的低延迟分布式流数据处理系统 TimeStream[8]等。这些系统在计算体系架构、数据传输方式、分布式计算模型、应用编程接口、高可用性等方面做出了努力,但对于流数据的实时高效处理都面临如下问题。

(1) 可伸缩性;

(2) 系统容错性;

(3) 状态一致性;

(4) 负载均衡;

(5) 数据吞吐量。

15.1 流计算模型

1. 流计算系统模型

分布式系统中常用有向非循环图(Directed Acyclic Graph,DAG)来表征计算流程或计算模型。如图 15-2 所示的 DAG,就表示了分布式系统中的链式任务组合,图中的不同颜色节点表示不同阶段的计算任务(或计算对象),而单向箭头则表示了计算步骤的顺序和前后依赖关系。

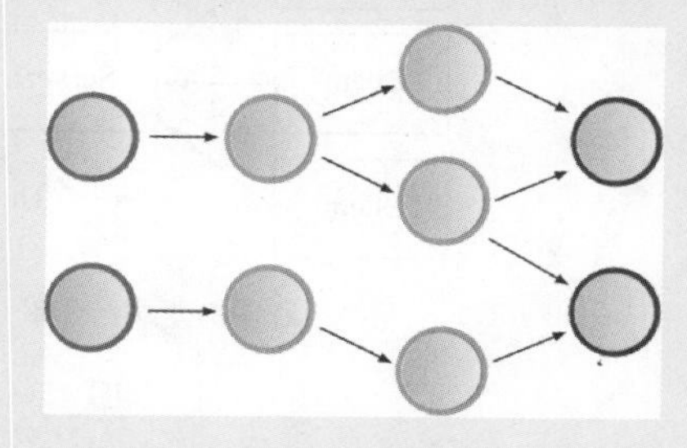

图 15-2 有向非循环向图(DAG)

基于上面的有向非循环图(DAG)的概念,目前有两种主流的流计算系统:Native Stream Processing System(图 15-3)和 Micro-batch Stream Processing System(图 15-4)。Native Stream Processing System 是基于数据按其读入顺序逐条进行处理,每一条数据到达即可得到即时处理(假设系统没有过载),系统响应性好。Micro-batch Stream Processing System 是将数据流先做预处理，打包成含多条数据的 Batch(批次)再交给系统处理。逐条处理模式简便易行，系统延迟性也是最低的，但它至少存在两个问题：一是系统吞吐率低；二是容错成本高和容易负载不均衡。

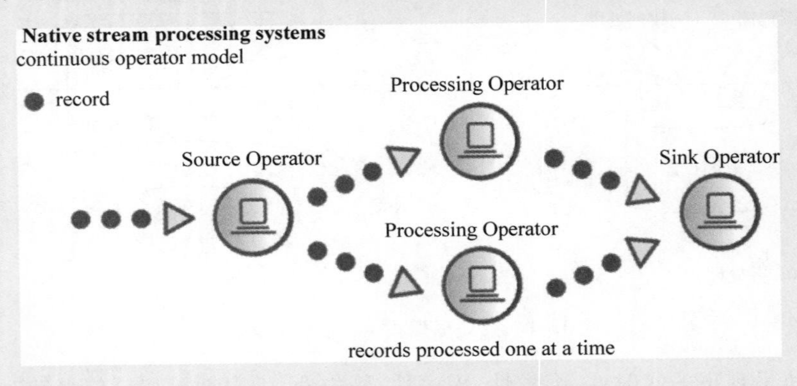

图 15-3 Native Stream Processing System

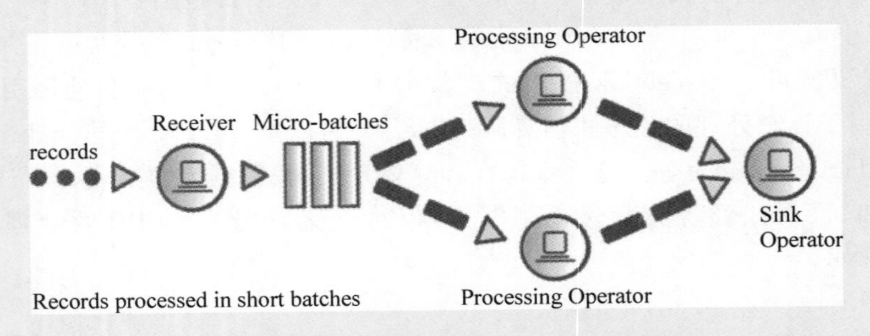

图 15-4 Micro-batch Stream Processing System

我们先用一个 Client/Server 系统的例子来说明为什么 Native Stream Processing System 比 Micro-batch Stream Processing System 吞吐率低[9]。

系统吞吐率是指单位时间内系统处理的数据量或完成的任务数。对于图 15-5 的 Client/Server 系统而言，服务器端的吞吐率是指服务器在单位时间内对所有的客户端完成的任务数，即这些任务是来自所有客户端(图 15-5(a))；客户端的吞吐率则是指对单个客户而言服务器在单位时间内完成的该客户提交的任务数目(图 15-5(b))。在讨论系统吞吐率时，一般指的是服务器端的吞吐率。

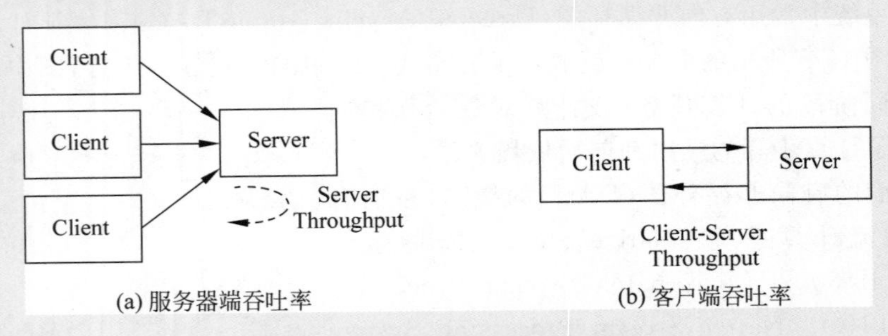

图 15-5 Client/Server 系统的吞吐率

系统响应时延则是基于客户端来计算的，它等于客户端向服务器端提交一个任务到计算结果返回之间的时间间隔。

假设客户端一个任务完成的时间可分为如图 15-6 所示的三部分：

$$\begin{aligned}\text{Delay Time} &= \text{Network Latency} + \text{Server Latency} + \text{Network Latency} \\ &= 2\times\text{Network Latency} + \text{Server Latency}\end{aligned}$$

其中，Network Latency 是网络传输时间，以 L_n 表示；Server Latency 是服务器处理一条数据所需时间，以 L_s表示。

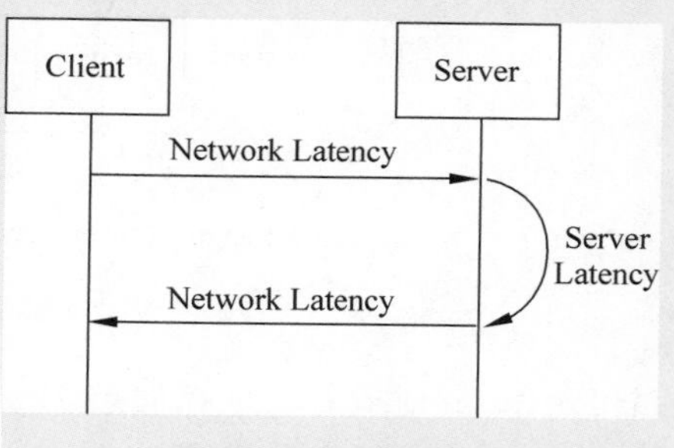

图 15-6 Client/Server 系统响应时间

对于 Native Stream Processing System 而言：

客户端系统延迟：

$$\text{Delay Time} = 2L_n + L_s$$

服务器端系统吞吐率：

$$\begin{aligned}\text{Throughput} &= 1/(\text{Delay Time}) \\ &= 1/(2L_n + L_s)\end{aligned}$$

如果我们采用一次把 10 条数据打成一个包发送处理的方式，网络传输时间不变，仍然为 2×Network Latency，但服务器处理时间变为 10×Server Latency，因为需要处理 10 条数据。

对于这种 Micro-batch Processing System 而言：

客户端系统延迟：

$$\text{Delay Time} = 2L_n + 10L_s$$

服务器端系统吞吐率：

$$\text{Throughput} = 10/(\text{Delay Time}) = 10/(2L_n + 10L_s) = 1/(0.2L_n + L_s)$$

比较两种模式的 Delay Time 和 Throughput 可知，只要 $L_n>0$ 和 $L_s>0$，则有：

$$2L_n + L_s < 2L_n + 10L_s$$

$$1/(2L_n + L_s) < 1/(0.2L_n + L_s)$$

由此可知，两种模式比较，Native Stream Processing System 的时间延迟性好于 Micro-batch Stream Processing System，但系统吞吐率则低于 Micro-batch Stream Processing System。另外，Native Stream Processing System 容错性成本也较高，因为逐条数据备份或恢复的开销大于成批次的处理成本。

Micro-batch 的工作原理可以以 Spark[10] 为例来说明，Spark 也提供 Micro-batch Stream Processing System 类型的流数据处理功能。如图 15-7 所示，Spark 首先以 2s 为单位(Batch Length = 2s)将基于时间轴的流入数据转换成一系列的 RDD(Resilient Distributed Datasets，弹性分布式数据集)[11,12]。RDD 是一个有容错机制的分布式数据集，也是对连续数据流的一种划分(Partition)方式。如果说 MapReduce 批处理模型对大数据集的划分方式是基于 RowKey 将大数据表划分成一个个 Partitions，那么流计算模型就是基于时间单位(图 15-7 中为 2s)将连续数据流划分成一个个的 RDD。在 Spark 的设计中，RDD 有如下两个重要含义。

(1) RDD 的底层存储(内存或磁盘)依赖于 Hadoop/HDFS 的分布式架构。

图 15-8 是 Spark 的 RDD 存储架构，一个 RDD 可以包含多个数据分区(Partition)，而

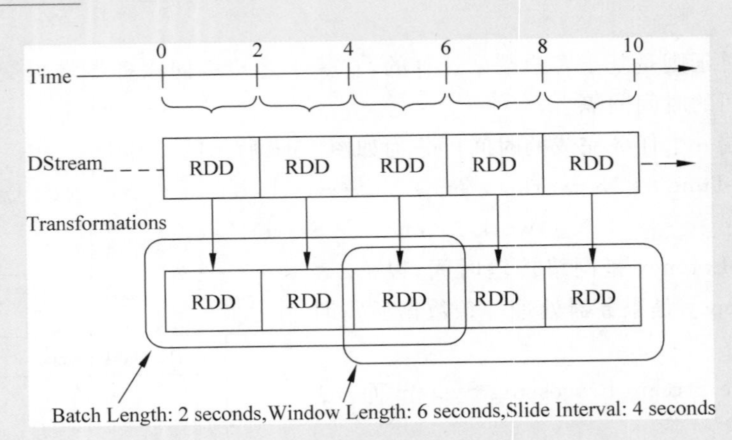

图 15-7 数据流转换成 Micro-batch(RDD)

一个 Partition 对应着物理存储层 Hadoop/HDFS 的一个 Block。容错考虑，一个 Block 有多个 Copy 分散存储在集群节点上，因此一个 RDD 实际上也是多个 Copy 分布存储在 Driver/Executor 架构中(Driver 可看作是主节点，Executor 是从节点)。其中，每个 Executor 会启动一个 BlockManagerSlave，并管理一部分 Block；而 Block 的元数据由 Driver 节点的 BlockManagerMaster 保存。BlockManagerSlave 生成 Block 后向 BlockManagerMaster 注册该 Block，BlockManagerMaster 管理 RDD 与 Block 的关系，当 RDD 不再需要存储的时候，将向 BlockManagerSlave 发送指令删除相应的 Block。

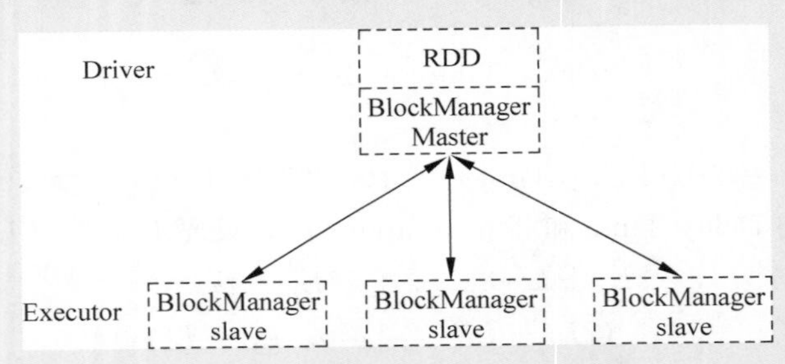

图 15-8 Spark 的 RDD 存储架构

(2) 提供了对 RDD 进行操作的编程接口，支持基于 RDD 的并行计算。

RDD 的 Action 类型和 Transformation 类型的编程接口分别见表 15-1 和表 15-2。

表 15-1 RDD 编程接口——Action 类型

类　型	说　明
reduce(func)	通过函数 func 聚集数据集中的所有元素。func 函数接收两个参数，返回一个值。这个函数必须是关联性的，确保可以被正确地并发执行
collect()	在 Driver 的程序中，以数组的形式返回数据集的所有元素。这通常会在使用 filter 或者其他操作后，返回一个足够小的数据子集再使用，直接将整个 RDD 集 Collect 返回，很可能会让 Driver 程序 OOM
count()	返回数据集的元素个数
take(n)	返回一个数组，由数据集的前 n 个元素组成。注意，这个操作目前并非在多个节点上并行执行，而是 Driver 程序所在机器，单机计算所有的元素(Gateway 的内存压力会增大，需要谨慎使用)

续表

类 型	说 明
first()	返回数据集的第一个元素(类似于 take(1))
saveAsTextFile(path)	将数据集的元素,以 TextFile 的形式保存到本地文件系统、HDFS 或者任何其他 Hadoop 支持的文件系统。Spark 将会调用每个元素的 toString 方法,并将它转换为文件中的一行文本
saveAsSequenceFile(path)	将数据集的元素,以 SequenceFile 的格式,保存到指定的目录下,本地系统、HDFS 或者任何其他 Hadoop 支持的文件系统。RDD 的元素必须由 Key-Value 对组成,并都实现了 Hadoop 的 Writable 接口,或隐式可以转换为 Writable(Spark 包括基本类型的转换,例如 Int、Double、String 等)
foreach(func)	在数据集的每一个元素上运行函数 func。这通常用于更新一个累加器变量,或者和外部存储系统做交互

表 15-2 RDD 编程接口——Transformation 类型

类 型	说 明
map(func)	返回一个新的分布式数据集,由每个原元素经过 func 函数转换后组成
filter(func)	返回一个新的数据集,由经过 func 函数后返回值为 true 的原元素组成
flatMap(func)	类似于 map,但是每一个输入元素会被映射为 0 到多个输出元素(因此,func 函数的返回值是一个 Seq,而不是单一元素)
flatMap(func)	类似于 map,但是每一个输入元素会被映射为 0 到多个输出元素(因此,func 函数的返回值是一个 Seq,而不是单一元素)
sample(withReplacement,frac,seed)	根据给定的随机种子 seed,随机抽样出数量为 frac 的数据
union(otherDataset)	返回一个新的数据集,由原数据集和参数联合而成
groupByKey([numTasks])	在一个由(K,V)对组成的数据集上调用,返回一个(K,Seq[V])对的数据集。注意:默认情况下,使用 8 个并行任务进行分组,可以传入 numTask 可选参数,根据数据量设置不同数目的 Task
reduceByKey(func,[numTasks])	在一个(K,V)对的数据集上使用,返回一个(K,V)对的数据集,Key 相同的值,都被使用指定的 Reduce 函数聚合到一起。和 groupByKey 类似,任务的个数是可以通过第二个可选参数来配置的
join(otherDataset,[numTasks])	在类型为(K,V)和(K,W)的数据集上调用,返回一个(K,(V,W))对,每个 Key 中的所有元素都在一起的数据集
groupWith(otherDataset,[numTasks])	在类型为(K,V)和(K,W)的数据集上调用,返回一个数据集,组成元素为(K,Seq[V],Seq[W]) Tuples。这个操作在其他框架中称为 CoGroup
cartesian(otherDataset)	笛卡儿积。但在数据集 T 和 U 上调用时,返回一个(T,U)对数据集,所有元素交互进行笛卡儿积
flatMap(func)	类似于 map,但是每一个输入元素会被映射为 0 到多个输出元素(因此,func 函数的返回值是一个 Seq,而不是单一元素)

2. 流并行计算实现

在理解了上述的 Native Stream Processing 和 Micro-batch Stream Processing 两种流

数据处理模式后，下面讨论三种流计算系统的并行计算模型。

1）Storm 的 Topoloy 模型

Twitter 的 Storm 仍然是一种 Native Stream Processing System，即对流数据的处理是基于每条数据进行，其并行计算是基于由 Spout（数据源）和 Bolt（处理节点）组成的有向拓扑图 Topology 来实现的，如图 15-9 所示。这里，流数据是以 Tuple（基本数据单元，可看作一组各种类型的值域组成的多元组）的形式在 Spout 与 Bolt 之间流转。Spout 负责将输入数据流转换成一个个 Tuples，发送给 Bolt 处理。每个 Bolt 读取上游传来的 Tuples，向下游发送处理后的 Tuples。

Storm 的 Topology 实际上定义了并行计算的逻辑模型（或者称抽象模型），也即从功能和架构的角度设计了并行计算的步骤和流程。

但这种逻辑模型需要通过图 15-9 左边的系统架构（也可称物理模型）来实现。真正的 Storm 计算体系也采用主/从（Master/Slave）架构，负责任务分发和资源调度的 Nimbus 程序运行在主节点上，它通过 Hadoop 平台的 ZooKeeper 管理一组运行在从节点 Worker 的 Supervisor 进程（每个 Worker 上运行一个 Supervisor），Supervisor 会监听分配给它那台 Worker 的工作，根据需要启动/关闭若干个 Executor，而每个 Executor 又执行若干计算任务 Task。

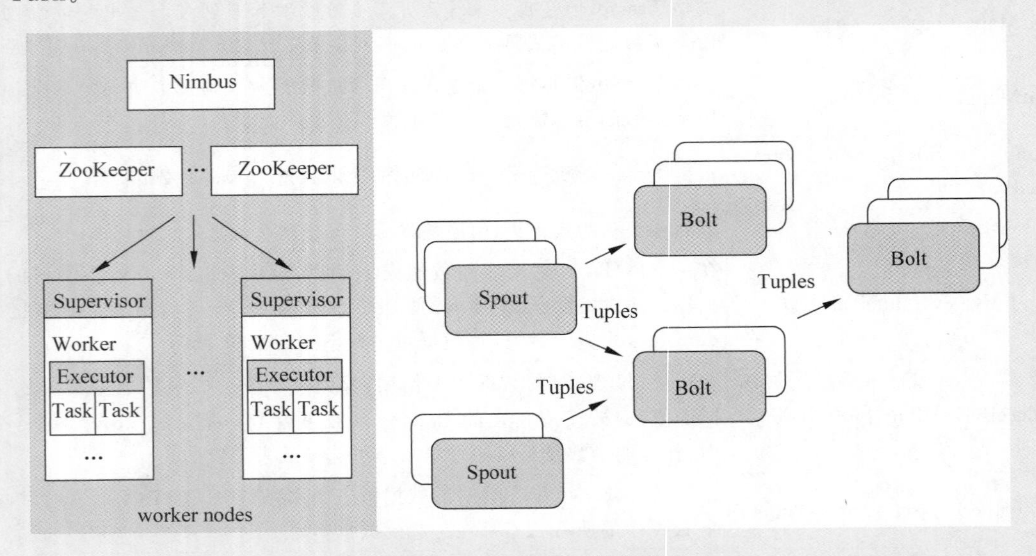

图 15-9 Storm 的并行计算模型

当一个 Storm 作业被提交时，同时需要提交预先设计的 Topology（包含 Spout 和 Bolt 的信息）。由于 Topology 里的 Spout 和 Bolt 的功能最终是靠 Worker 节点上的 Task 来实现的，而且一个 Spout 或 Bolt 的任务需要分布在不同 Worker 上的多个 Task 来并行完成，这就还需要确定每个 Spout 和 Bolt 需要多少个 Task 来支撑，以及如何把一个 Spout 或 Bolt 映射到多个 Worker 节点的 Task 上去，如图 15-10 所示。从图中可看到，该 Topology 包含三个逻辑组件：蓝色 Spout，绿色 Bolt，黄色 Bolt。经过计算确定需要的 Task 数分别为 2、4、6，总共需要 12 个 Task 线程，于是在左边的两个 Worker 上各自生成 6 个 Task 线程，并把这总共 12 个 Task 线程对应分配给了右边的三个逻辑组件（颜色一一对应）。

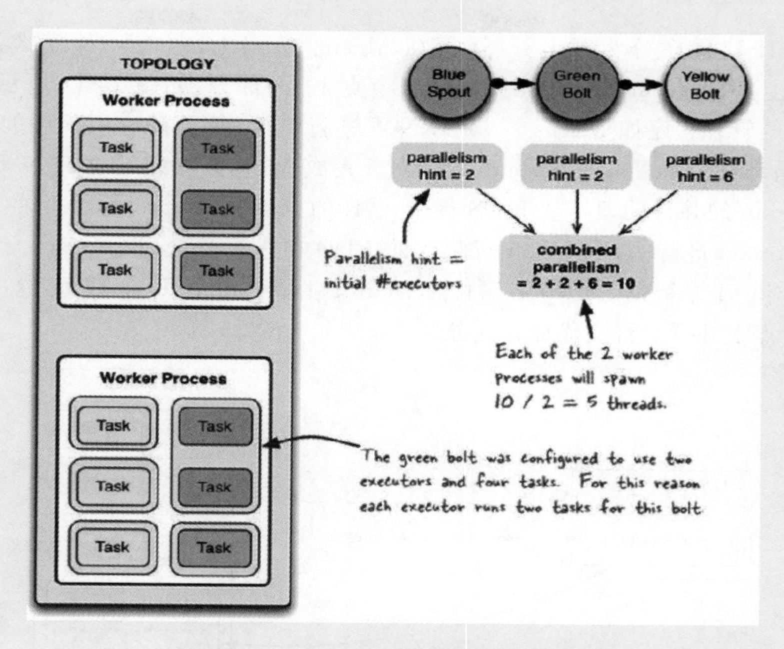

图 15-10 Topology 到 Task 的映射

2）Spark 的 DStream 模型

Spark 流计算的核心概念是 Discretized Stream(DStream)。如图 15-11 所示，DStream 由一组 RDD 组成，每个 RDD 都包含规定时间段(可设置)流入的数据，图中每个 RDD 都包含 1s 的数据(Spark Streaming 中 Batch 最小长度可以设置为 0.5s)。Spark Streaming 的计算分析可以基于单个 RDD，也可以基于 DStream 上的滑动 window，即通过移动一个固定长度的 window 来读取 DStream 的某一段 RDDs。图中，RDD length = 1s(即一个 RDD 包含 1s 数据)，window length = 2 RDDs。

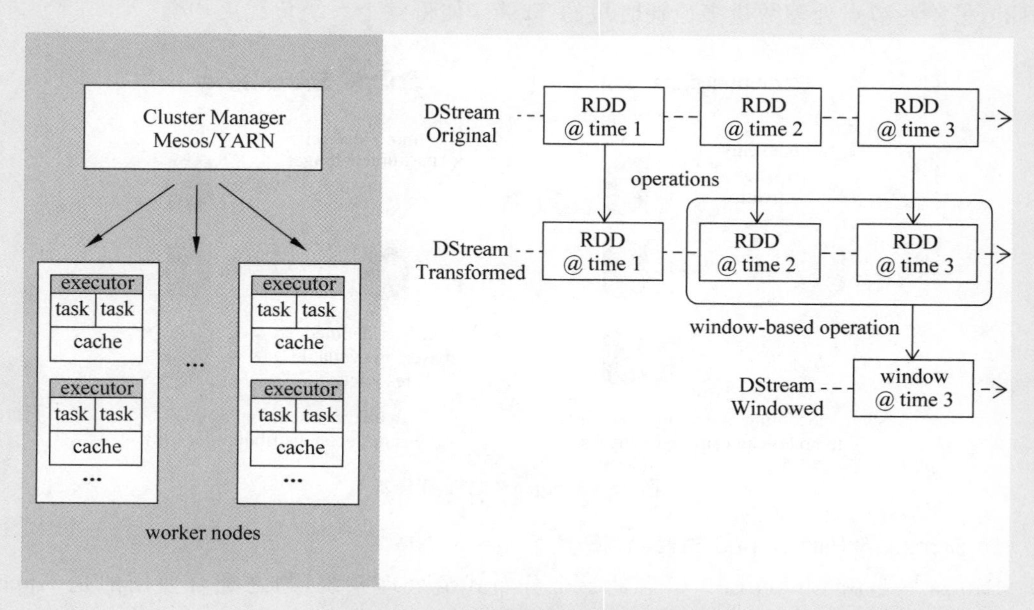

图 15-11 Spark 的并行计算模型

Spark 的计算程序分为 Driver(运行在 Master 节点上,也有一种模式运行在某一 Worker 节点上)和 Executor(运行在 Worker 节点上)两部分,如图 15-12 所示。Driver 与 Hadoop 集群的管理程序如 Mesos[13]、YARN[14] 进行对接,负责把应用程序的计算任务转化成有向非循环图(DAG),而 Executor 则负责完成 Worker 节点上的计算和数据存储。Spark Streaming 的并行处理是基于 DStream 设计的。各个 Worker 节点上的 Executor 计算是基于 DStream 进行的,DStream 所包含的 RDD 在进行分区(Partition)后分发给各个 Executor,针对一个个数据 Partition 再由 Executor 生成一个个 Task 线程,这些 Task 线程在 Worker 节点上并行运行完成计算任务。

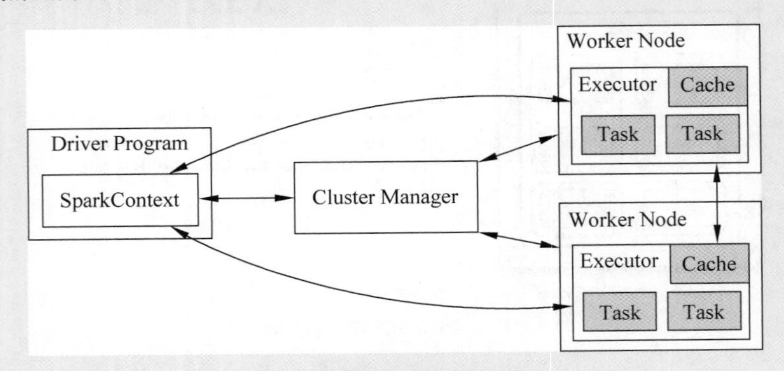

图 15-12 Spark 计算体系

由于 Spark 将 RDD 划分为更小尺度的分区,因此可对资源进行细粒度分配。例如,输入 DStream 需要按键值来进行处理,传统处理系统会把属于一个 RDD 的所有分区分配到一个 Worker Node(图 15-13 左边所示),如果一个 RDD 的计算量比别的 RDD 大许多,就会造成该节点成为性能瓶颈。而在 Spark Streaming 中,属于一个 RDD 的分区会根据节点荷载状态动态地平衡分配到不同节点上(图 15-13 右边),一些节点会处理数量少但耗时长的 Tasks,另一些节点处理数量多但耗时短的 Tasks,使得整个系统负载更均衡。

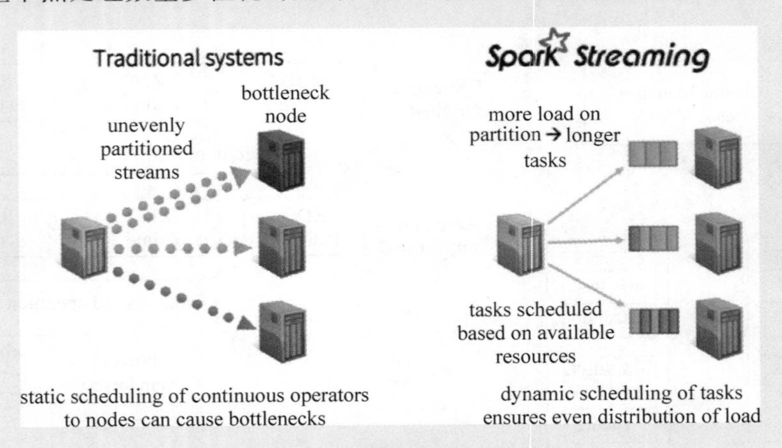

图 15-13 Spark 的任务分发

3) Samza 的 Partitioned Stream 模型

Samza[15] 是由 LinkedIn[16] 开源的一个分布式流处理系统,与之配合使用的是 Apache

开源分布式消息处理系统 Kafka[7]，采用 YARN 来提供容错、处理器隔离、安全性和资源管理等功能。Samza 也是一种基于逐条消息处理的 Native Stream Processing System，强调的是对数据流的低延迟快速处理，但与 Storm 的基于 Topology 的计算模式不同，Samza 的并行计算是基于 Kafka 提供的分区数据流(Partitioned Stream)，如图 15-14 右边所示。

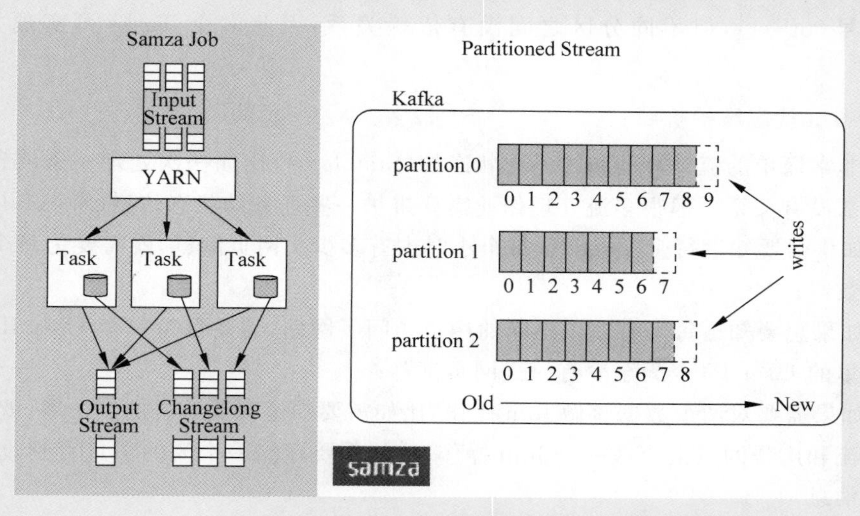

图 15-14 Samza 的并行计算模型

Samza 处理的消息可以是 Byte 数组，也可以是 String 或 Avro 格式，每个消息有一个 ID。在数据流输入端，分布式消息处理系统 Kafka 对 Stream 按照 Topic(比如 Web 页面点击记录、系统日志 syslog 文件等)进行分类，即一个类型的消息归入一个 Topic。在每一个 Topic 的内部，Stream 又按照消息的 Key Value 和算法又划分为多个 Partitions(分区)，如图 15-14 右边所示。注意这些 Partitions 有多个复制版本跨节点存储在集群上，提供数据的容错性。

分区队列中的消息都有一个本分区内的序列号(offset)作为识别符。当一个新消息加入分区队列时，按顺序赋予一个序列号并加在队尾，如图 15-15 所示。

分区内一个消息被读取处理后，Kafka 并不是马上就把该消息从队列中删除。Kafka 采用的方式是基于时间段的批量更新，即如果设置更新时间间隔为两天，一条消息从它加入队列起两天之内都有效，可供多个 Consumer 读取使用，两天后即更新。

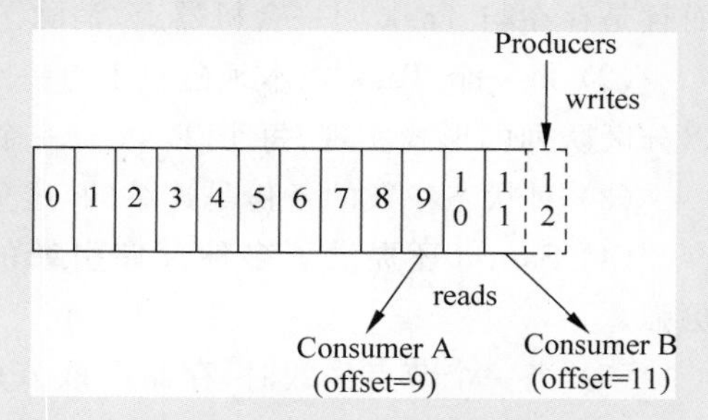

图 15-15 Kafka 分区队列操作

采用 Stream 分区制至少带来两个好处：一是 Partition 不会过大，能够很好地适应各个节点的内存空间限制；但一个 Topic 包含多个 Partitions，因此对 Topic 包含的消息数量并没有太大局限。二是 Samza 的后续处理可以基于分区(Partition)很方便地实现并行化。

一个 Samza 作业(Job)的分区数目确定后，会生成相应数目的 Task，每个 Task 线程从其对应的分区读取数据进行处理。如图 15-14 左边所示，输入 Stream 划分成三个

Partitions，形成三个分区队列，Samza 通过 YARN 调度器配置资源，相应地生成三个 Task 线程（可能分布在不同 Worker 节点上），这样实现了多个 Task 线程对一个 Job 多个分区的并行处理。如果一个节点发生故障，YARN 会在另外的节点启动对应的 Task 线程，继续处理原来分配的分区直到完成。Task 对分区队列消息的处理顺序是依照它们的分区内的顺序号（offset），但不同分区之间没有依赖关系，因此多个 Tasks 可实现并行处理模式。

3. Samza 状态维护机制

只有非常简单的流计算问题才是无状态的（Stateless），比如一次处理一条消息，和其他任何消息都没有关系。但很多流处理作业需要维护一些任务的状态信息（Stateful），例如：

（1）如果需要知道每个 User ID 每个小时内有多少次网页浏览，就需要为每个 User 维持一个计数器；

（2）如果想要知道每天有多少不同的用户访问了网站，需要保持一个 User ID 的集合，这个集合里的 User ID 今天至少有一次网页浏览；

（3）如果需要对两个数据流做 Join 操作，比如需要知道在线广告的点击率，就需要把广告的展示流和广告的点击流做一个 Join 操作，这就需要存储一个流的消息直到收到另一个流的相关消息。

传统的任务状态维护方式有两种：一是把某些状态参数（比如计数器）保存在任务的内存中，但是如果这个任务失效了或重启了，这些状态数据可能就丢失了；二是把本地任务的状态参数持久化存储到远端数据库里，但如果每处理一条消息都需要一次远程数据库查询，会导致性能大大下降无法接受。比如 Kafka 信息队列可以在每个节点上的消息处理速度达到（10～50）万条/秒，但是查询一个远端的键值数据库的速度可能只有（1～5）千个请求/秒，性能相差极大。另外，外围数据库存储方案还会带来数据同步、容错机制等一系列问题。

为此，Samza 设计了如图 15-14 左边所示的本地存储机制，包括如下要点。

（1）每个 Task 的状态参数存储在本地磁盘上，这样就不会受到内存空间有限的局限，而且是存在与 Task 同一台机器上，消除了远程访问可能带来的问题。

（2）每一个 Task 在本地磁盘上有一个自己的存储结构，互不干扰。这个存储结构仍然以分区队列的形式实现，每个 Task 有一个自己的分区队列。

（3）对状态参数的备份是连续的，避免了容错机制中设置 CheckPoint 的问题。

（4）Samza 还提供了多种存储引擎的插件机制，使得支持各种数据引擎查询的能力更强。

（5）当一个节点失效时，存储在该节点磁盘上的状态参数也会丢失。为了解决这个问题，Samza 通过 Kafka 提供了一个永久性数据库来备份所有 Task 的状态数据，即图 15-14 中的 Changelog Stream，这个备份数据库仍然是按分区（也就是按 Task）来保存状态数据的。一个节点失效后，Samza 很容易就使用 Changelog 保存的数据在另一个节点上启动原来的那些 Tasks，提供了可靠的容错机制。

本节中主要讨论了流计算的三种代表性体系（Storm，Spark，Samza）的系统架构、并行计算模型及其实现方式，现将其要点总结于表 15-3。

表 15-3　三种流计算系统对比

	Storm	Spark Streaming	Samza
流处理模式	Native Stream Processing	Micro-batch Stream Processing	Native Stream Processing
数据模型	Tuple(多元组)	DStream(RDD 组成的离散流)	单条消息
数据源	Spout	Spark Streaming	Kafka Consumer
处理单元	Bolt	Task	Task
并行模式	基于 Topology 的多节点多任务并行模式	基于 RDD 多节点多任务并行模式	基于分区队列的多节点多任务并行模式
状态维护	Stateless 需要自己写或使用 Trident	Stateful Spark Streaming 提供状态维护 API	Stateful 通过本地存储和 Kafka Changelog 来实现
响应延迟	毫秒级	秒级(取决于 Batch 设置大小)	毫秒级
编程语言	Java, Python, Ruby, JavaScript,Perl	Java,Python,Scala	Java,Scala

15.2　Storm 计算架构

本节讨论分布式实时流计算平台 Storm 的计算架构、工作原理及实现方法,包括 Storm 的容错机制、负载均衡及状态维护等内容。作为一个流计算框架,Storm 具备如下特点。

(1) 分布式：具有水平扩展能力(通过增加集群机器和并发数提升计算能力)。

(2) 实时性：对流数据的快速响应处理,响应时延可控制在毫秒级。

(3) 数据规模：支持海量数据处理,数据规模可达 TB 甚至 PB 量级。

(4) 容错性：提供系统级的容错和故障恢复机制。

(5) 简便性：简单的编程模型,支持编程语言如 Java、Clojure、Ruby、Python,要增加对其他语言的支持,只需实现一个简单的 Storm 通信协议即可。

Storm 支持如下三种应用模式。

(1) DRPC(Distributed RPC)——同步调用。

由于 Storm 系统是分布式架构,且处理延迟极低,所以可以将 Storm 作为一个分布式 RPC 框架来使用,比如支持实时网页统计处理、实时图像处理等应用。如图 15-16 所示,Storm 可作为一个 DRPC Server 支持同步调用,即客户端 Client 向 DRPC 服务器端发出图片数据服务请求后,就进入等待状态直到服务器端返回结果。

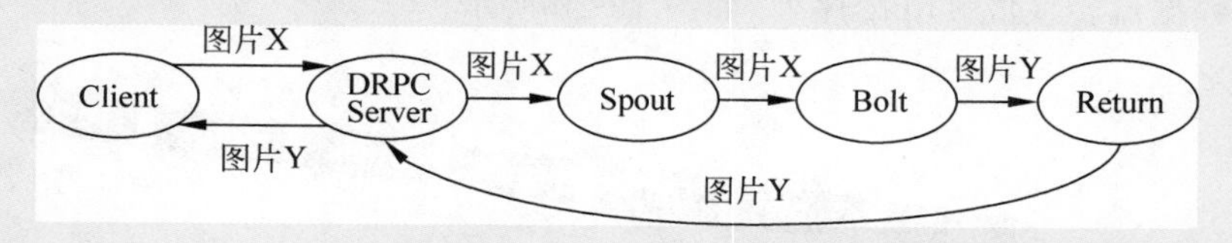

图 15-16　Storm 的同步调用

(2) 数据流处理——异步调用。

对数据流的逐条计算、分析、聚合等处理,支持并行处理模式。这类应用有日志数据统计(pv/uv)、用户行为实时分析、个性化推荐系统等。如图 15-17 所示为 Storm 作为日志统计应用提供异步调用的例子,即客户端(Client)发送日志数据流给 Storm 平台处理,但并不堵塞于这个步骤等待 Storm 返回处理结果，而是执行 Client 的下一步程序。当结果返回时，Client 有子线程负责接收返回结果。

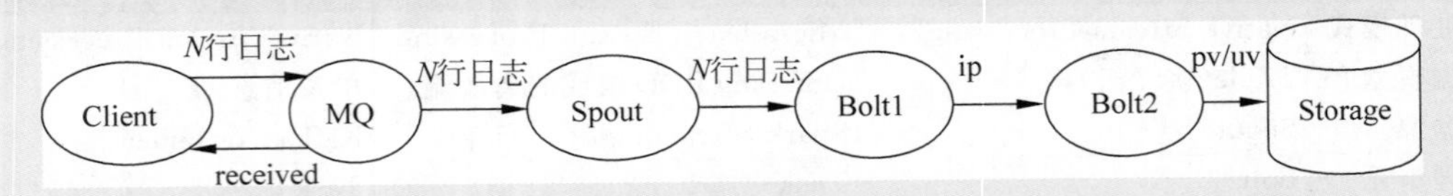

图 15-17　Storm 的异步调用

(3) 连续计算。

Storm 可以进行对数据流的连续查询，并在计算的同时把结果以数据流的形式实时反馈给客户，比如将 Twitter 上的热门话题发送到客户端。

1. Storm 逻辑架构

Storm 的计算架构分为逻辑架构（抽象模型）与物理架构（系统结构）两个方面。逻辑架构主要包含以下组件。

1) 多元组 Tuple

Tuple 是由一组各种类型的值域组成的多元组，所有的基本类型、字符串以及字节数组都作为 Tuple 的值域类型，也可以使用用户自己定义的类型，它是 Storm 的基本数据单元，如图 15-18 所示。

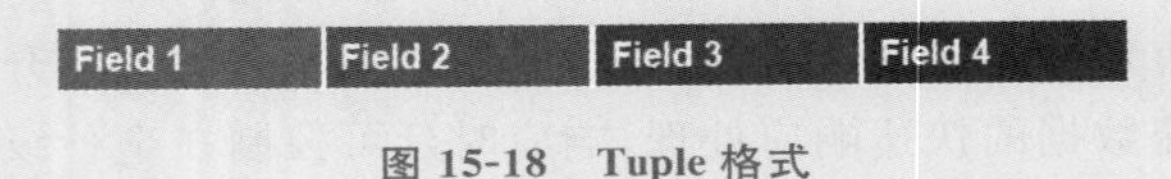

图 15-18　Tuple 格式

2) 数据流 Stream

Stream 是一个不间断的无界的连续 Tuple 序列，是 Storm 对流数据的抽象，如图 15-19 所示。

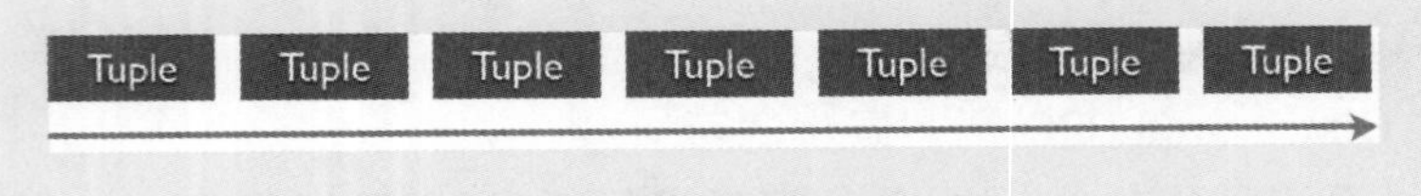

图 15-19　Stream 组成

3) 数据源 Spout

Storm 认为每个 Stream 都有一个源头，它将这个源头抽象为 Spout。Spout 组件负责将外部输入数据流转换成 Tuple 序列，如图 15-20 所示。

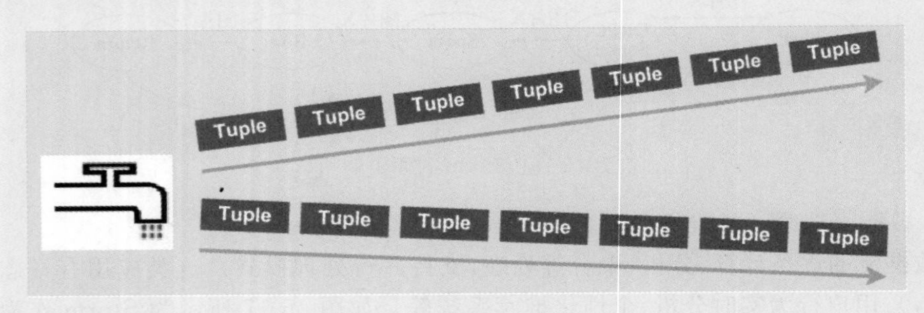

图 15-20　数据源 Spout

4）处理单元 Bolt

Storm 的中间处理单元，Bolt 将所有的消息处理逻辑都封装在执行程序里面，可执行过滤、聚合、查询数据库等操作，它接收输入的 Tuple 流并产生输出的新 Tuple 流，如图 15-21 所示。Bolt 中最重要的函数是 execute()，以接收的 Tuple 作为函数参数。

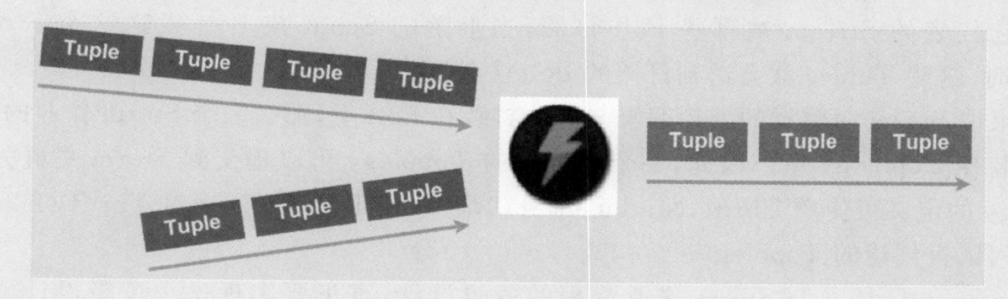

图 15-21 处理单元 Bolt

5）消息分发策略 Stream Grouping

Tuple 序列从上游 Bolt 到某个下游 Bolt 的多个并发 Task 的分组分发方式，如图 15-22 所示。Storm 支持如下的分发策略。

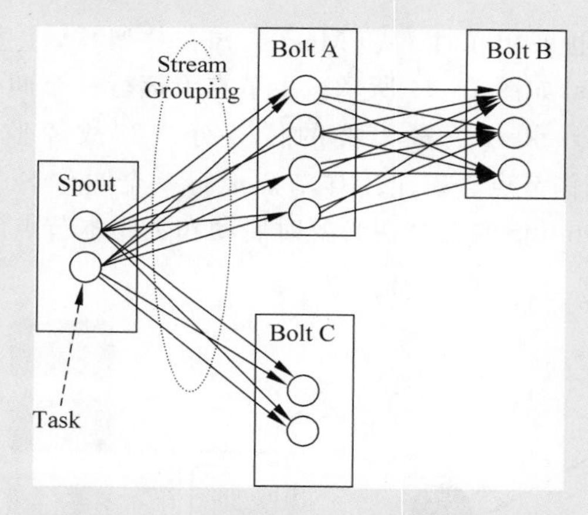

图 15-22 分发策略 Stream Grouping

（1）Shuffle Grouping：随机分组。基于负载均衡原则随机分发 Stream 里面的 Tuples，保证每个 Bolt 接收到的 Tuple 数目基本相同。

（2）Fields Grouping：按字段分组。比如按 UserID 来分组，具有同样 UserID 的 Tuples 会被分到相同的 Bolts，而 UserID 不同的则会被分配到不同的 Bolts。

（3）All Grouping：广播发送。对于每一个 Tuple，所有的 Bolts 都会收到一份 Copy。

（4）Global Grouping：全局分组。总是把 Tuple 分配到 Bolt 中 ID 值最小的那个 Task。

（5）Non-Grouping：不分组。意思是说 Stream 不关心到底谁会收到它的 tuple。目前看和 Shuffle Grouping 是一样的效果。有点儿不同的是 Storm 会把这个 Tuple 放到这个 Bolt 的订阅者同一个线程去执行。

（6）Direct Grouping：直接分组。这是一种比较特别的分组方法，用这种分组意味着消息的发送者只准许由消息接收者的 Task 处理这个消息。只有被声明为 Direct Stream 的消息流可以使用这种分发方法。

6）逻辑视图 Topology

Topology 是一个由 Spout 源、Bolt 节点、Tuple 流、Stream Grouping 分发方式组成的一个有向图(DAG)，代表了一个 Storm 作业(Job)的逻辑架构，如图 15-23 所示。Topology 不仅包含 Spout、Bolt 这些功能组件(DAG 图中的节点)，其中的有向边(Directed Edge)还表示了它代表的 Stream 被哪些 Bolt 订阅，当上游的 Spout 或 Bolt 发送这个 Stream 的 Tuples 时，这些 Tuples 就会送到订阅的 Bolt 去处理。

如果说 Storm 对数据的处理逻辑与算法封装在 Bolt 里，那么一个 Storm 作业的计算流程就封装在 Topology 里。因此，一个设计好的 Topology 可以提交到 Storm 集群去执行。Topology 的定义可使用 Thrift，Nimbus 本身就是一个 Thrift 服务，通过 Thrift 可以定义和提交任何语言创建的 Topology。

Topology 只是一个 Storm 作业流程的逻辑设计，真正要实现这个逻辑设计，还需要 Storm 的系统架构或物理模型来支撑。这就涉及如何在 Hadoop 平台上部署 Storm 的软件组件；如何将 Topology 定义的逻辑组件映射到物理节点上运行的进程或线程，实现多任务并行处理；如何提供系统容错和故障恢复功能。

2. Storm 系统架构

Storm 的计算体系也采用了主/从(Master/Slave)架构，主要有两类节点：主节点 Master 和工作节点 Slaves，如图 15-24 所示。主节点上运行一个叫作 Nimbus 的守护进程，类似于 Hadoop 的 JobTracker，负责集群的任务分发和故障监测。Nimbus 通过一组 ZooKeeper 管理众多的工作节点。每个工作节点运行一个叫作 Supervisor 的守护进程，监听本地节点状态，根据 Nimbus 的指令在必要时启动和关闭本节点的工作进程。

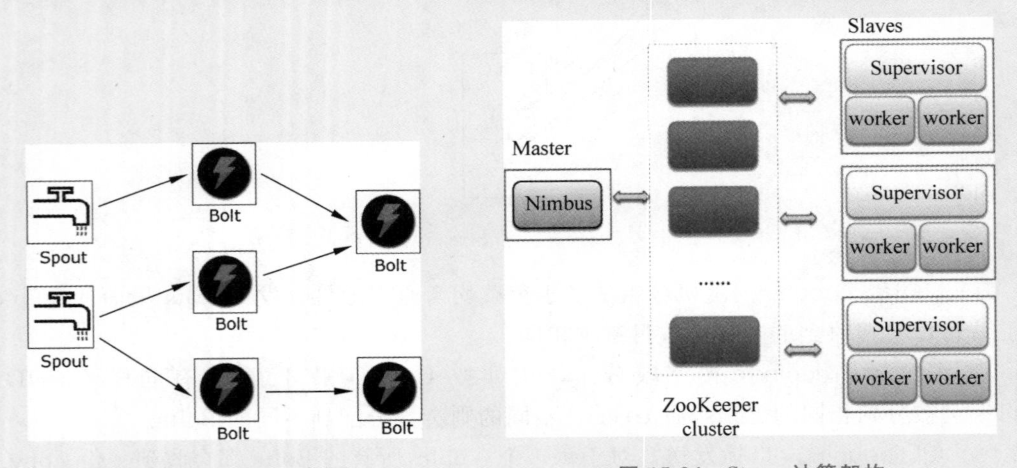

图 15-23 Topology 视图

图 15-24 Storm 计算架构

Storm 的系统架构(物理视图)包含如下组件。

1）主控程序 Nimbus

运行在主节点上，是整个流计算集群的控制核心，总体负责 Topology 的提交、运行状态监控、负载均衡及任务重新分配等。Nimbus 分配的任务包含 Topology 代码所在路径(在 Nimbus 本地节点上)以及 Worker、Executor 和 Task 的信息。

2）集群调度器 ZooKeeper

由 Hadoop 平台提供，是整个集群状态同步协调的核心组件。Supervisor、Worker、Executor 等组件会定期向 ZooKeeper 写心跳信息。当 Topology 出现错误或者有新的 Topology 提交到集群时，相关信息会同步到 ZooKeeper。

3）工作节点控制程序 Supervisor

运行在工作节点（称为 Node）上的控制程序，监听本地机器的状态，接受 Nimbus 指令管理本地的 Worker 进程。Nimbus 和 Supervisor 都具有 fail-fast（并发线程快速报错）和无状态的特点。其所有的状态参数要么由 ZooKeeper 维护，要么放在本地磁盘上，因此可以用 kill -9 来强行终止 Nimbus 和 Supervisor 进程，再重启后它们可以继续稳定工作，就好像什么都没有发生过似的。

4）工作进程 Worker

运行在 Node 上的工作进程。Worker 由 Node+Port 唯一确定，一个 Node 上可以有多个 Worker 进程运行，一个 Worker 内部可执行多个 Task。Worker 还负责与远程 Node 的通信。

图 15-25 描述了 Storm 系统架构中 Nimbus、ZooKeeper、Supervisor、Worker 等组件的角色。

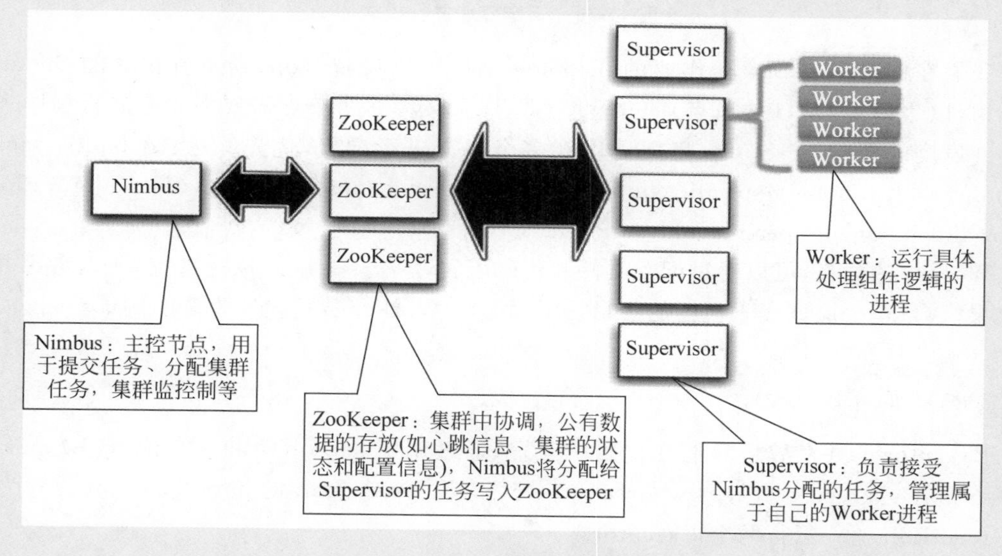

图 15-25　Storm 的技术架构

5）执行进程 Executor

提供 Task 运行时的容器，执行 Task 的处理逻辑。一个或多个 Executor 实例可以运行在一个 Worker 中，一个或多个 Task 线程也可运行在一个 Executor 中，如图 15-26 所示。在 Worker 并行的基础上，Executor 可以并行，进而 Task 也能够基于 Executor 实现并行计算。

6）计算任务 Task

逻辑组件 Spout/Bolt 在运行时的实体，也是 Executor 内并行运行的计算任务。一个 Spout/Bolt 在运行时可能对应一个或多个 Tasks，并行运行在不同节点上。Task 数目可在 Topology 中配置，一旦设定不能改变。

前面在介绍流计算并行计算模型时已讲过,Strom 逻辑架构中的 Spout 和 Bolt 组件的功能实际上是通过工作节点上的 Task 线程来实现的。Spout 和 Bolt 均采用并行模式,即一个 Spout 或 Bolt 的任务是由多个 Task 线程来执行,而 Spout 和 Bolt 的并行度实际上也决定了它们所需要的 Task 数目,如图 15-26 所示。

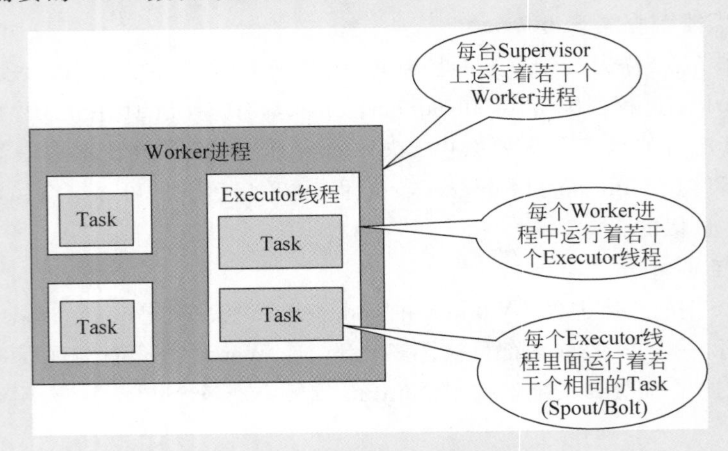

图 15-26 工作节点并行模式

我们在构建一个 Storm 作业的 Topology 时,可以设置 Topology 所包含的 Spout 和 Bolt 组件(也即是 DAG 的节点)的并行度,即 Topology 每个节点需要多少个并行程序来实现。并发度的配置,在 Storm 里面可以在多个地方进行配置,优先级为: defaults. yaml < storm. yaml < topology-specific configuration < internal component-specific configuration < external component-specific configuration。

Worker 的数目,可以通过配置文件和代码配置, Worker 就是执行进程,所以考虑并发的效果,数目至少应该大于机器的数目。下面是将 Worker 数目设置为 2 的例子。

```
Config conf = new Config();
conf.setNumWorkers(2);
```

Executor 的并发数目只能在代码中配置(通过调用 setBolt()和 setSpout()方法),例如, setBolt ("green-bolt", new GreenBolt(), 2)将 Green Bolt 的 parallism hint 设置为 2,即 Green Bolt 需要运行两个 Executor。

Tasks 数目可以不配置,默认和 Executor 是 1∶1,也可通过 setNumTasks()方法来设置。

下面以如图 15-27 所示例子来说明 Storm 如何根据 Topology 的并行度来计算 Task 数目并分发部署到工作节点上。这个 Toplogy 只包含一个 Spout 和两个 Bolts, 假设运行在一个 Supervisor 节点上。

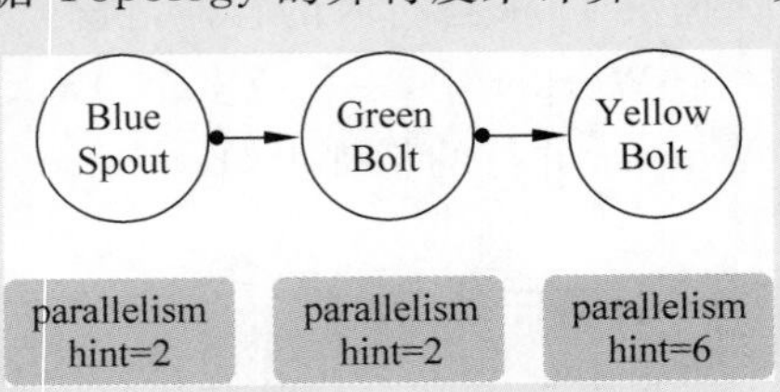

图 15-27 一个 Toplogy 示例
(一个 Spout,两个 Bolts)

首先计算 Topology 的并行度: Storm 给程序员提供了设置 Topology 中各逻辑组件并行度的编程接口,在下面的代码段中 Blue Spout、GreenBolt 和 Yellow Bolt 的并行度分别被设置为 2,2,6。

```
//Topology运行在工作节点上,每个 Supervisor 节点有 2 个 Worker 进程
conf.setNumWorkers(2);
//设置 Blue Spout 的并行度为 2,则运行 2 个 Executors,Task 数默认为 2 * 1
topologyBuilder.setSpout("blue-spout", new BlueSpout(), 2);
//设置 Green Bolt 的并行度为 2,则运行 2 个 Executors,设置 Task 个数为 4
topologyBuilder.setBolt("green-bolt", new GreenBolt(), 2).setNumTasks(4).shuffleGrouping("
blue-spout");
//设置 Yellow Bolt 并行度为 6,则运行 6 个 Executors,Task 数默认为 6 * 1
topologyBuilder.setBolt("yellow-bolt", new YellowBolt(), 6).shuffleGrouping("green-
bolt");
```

根据上述 Topology 的并行度设置,Storm 可以计算出所需 Executor 和 Task 数目并把它们映射到两个 Worker 上。

(1) 计算 Task 总数:2×1+4+6×1=12,即总共需要创建 12 个 Task 线程。

(2) 运行时 Topology 的并行度=2+2+6=10,即需要 10 个 Executors。现在有两个 Workers,按照负载均衡原则,那么每个 Worker 上需要运行的 Executor 数目=10/2=5。

(3) 现在需要建立 12 个 Tasks 到两个 Workers 和 10 个 Executors 的映射关系,即将 12 个 Tasks 分配到两个 Workers 的 10 个 Executors 上去。分配方式如下:每个 Worker 运行 5 个 Executors;从负载均衡考虑,12 个 Tasks 平均分配到两个 Workers 上,也即每个 Worker 运行 6 个 Tasks。

(4) 出于容错和灾备考虑,Storm 尽量把属于同一组件的 Tasks 分散到不同 Worker 甚至不同 Supervisor 上运行,因此本例中每个 Worker 分到的 6 个 Tasks 为:一个 Blue Task,两个 Green Tasks,三个 Yellow Tasks,现在需要把这 6 个 Tasks 映射到该 Worker 的 5 个 Executor 上。

(5) 在同一 Worker 内,Storm 内部优化机制会把同类型的 Tasks 尽量放到同一个 Executor 中运行。一个 Blue Task 放到一个 Executor 中,占用了一个 Executor;两个 Green Task 可以放到同一个 Executor 中,又占用了一个 Executor;最后剩下的 5-1-1=3 个 Executors,正好分配给三个 Yellow Tasks。

上述 Worker/Executor/Task 映射配置结果见图 15-10。

尽管 Hadoop/MapReduce 是一个分布式批处理计算模型,针对的是基于文件系统(HDFS)的大规模静态数据的计算处理,而 Twitter Storm 是一个分布式流计算平台,采用的是基于内存存储的数据流(Tuple 序列)实时并行处理模型,两者在计算时延和应用领域方面差异极大,但这两种系统在计算架构设计方面有类似之处,表 15-4 对 MapReduce 和 Storm 所做的对比可以帮助我们理解 Storm 的计算架构。从表中可看出,Nimbus 在 Storm 集群中的作用类似于 JobTracker 在 MapReduce 集群的作用,而 Supervisor 则对应于每个计算节点上的 TaskTracker。MapReduce 作业以 Job 形式提交,Storm 以 Topology 形式提交,但需注意到,一个 MapReduce Job 最终会结束,而一个 Topology 会永远运行(除非手动 Kill)。MapReduce 有 Mapper/Reducer 这组主要功能单元,而 Stream 则有 Spout/Bolt,不过要注意 Storm 的 Bolt 单元不只一级,而是 Spout→Bolt→Bolt→…→Bolt 很多级,有点儿类似于 ChainMapper/ChainReducer 结构。MapReduce 有中间处理步骤 Shuffle(Sort, Combine, Merge),Storm 则有 Spout→Bolt,Bolt→Bolt 的 Task 分发步骤。

表 15-4　计算架构：MapReduce vs. Storm

	MapReduce	Storm
计算架构	JobTracker	Nimbus
	TaskTracker	Supervisor
	Task	Worker
		Executor
		Task
计算作业	Job	Topology
功能单元	Mapper	Spout
	Reducer	Bolt
中间处理	Shuffle	Stream Grouping

15.3　工作机制实现

1. Topology 提交与执行

Storm 作业 Topology 的提交过程如图 15-28 所示。在非本地模式下，客户端通过 Thrift 调用 Nimbus 接口来上传代码到 Nimbus 并启动提交操作。Nimbus 进行任务分配，并将信息同步到 ZooKeeper。Supervisor 定期获取任务分配信息，如果 Topology 代码缺失，会从 Nimbus 下载代码，并根据任务分配信息同步 Worker。Worker 根据分配的 Tasks 信息，启动多个 Executor 线程，同时实例化 Spout、Bolt、Acker 等组件，待所有 Connections (Worker 和其他机器通信的网络连接)启动完毕，此 Storm 系统即进入工作状态。Storm 的运行有两种模式：本地模式和分布式模式。

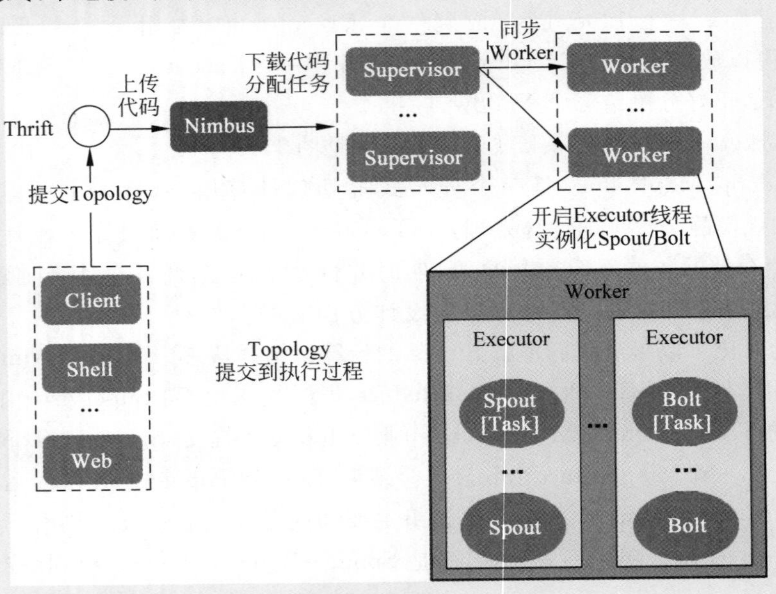

图 15-28　Topology 提交执行过程

1）本地模式

Storm 用一个进程里面的线程来模拟所有的 Spout 和 Bolt。本地模式只对开发测试来说有用。

2）分布式模式

Storm 以多进程多线程模式运行在一个集群上。当提交 Topology 给 Nimbus 的时候，同时就提交了 Topology 的代码。Nimbus 负责分发代码并且负责给 topolgoy 分配工作进程，如果一个工作进程挂掉，Nimbus 会把它重新分配到其他节点。

2. 消息发送 ACK 机制

Storm 可靠性要求发出的 Spout 每一个 Tuple 都会完成处理过程，其含义是这个 Tuple 以及由这个 Tuple 所产生的所有后续的子 Tuples 都被成功处理。由于 Storm 是一个实时处理系统，任何一个消息 Tuple 和其子 Tuples 如果没有在设定的 Timeout 时限内完成处理，那这个消息就失败了，因此 Storm 需要一种 ACK（Acknowledgement）机制来保证每个 Tuple 在规定时限内得到即时处理。这个 Timeout 时限可以通过 Config. TOPOLOGY_MESSAGE_TIMEOUT_SECS 来设定，Timeout 的默认时长为 30s。

Storm 作业的每一个 Topology 中都包含一个 Acker 组件。Acker 的任务就是跟踪从 Spout 发出的每一个 Tuple 及其子 Tuples 的处理完成情况，实际上 Acker 是以一种特殊 Task 运行，可以通过 Config. setNumAckers（conf，ackerParal）设置 Acker Task 的数目大于 1（默认是 1），这样 Acker 是以一种多进程并行模式运行；也可以通过设置 Acker 数等于 0 或者让 Spout 发出的 Tuples 不带 messageID 来关闭 ACK 机制。

Acker 还可用于 Spout 限流作用：为了避免 Spout 发送数据太快而 Bolt 来不及处理，常常需设置 pending 数值，可通过如下方法：

```
conf.put(Config.TOPOLOGY_MAX_SPOUT_PENDING, pending);
```

当 Spout 有等于或超过 pending 值的 Tuples 没有收到 Ack 或 fail 了，则 Spout 跳过 nextTuple()方法不生成下一个新 Tuple，从而限制 Spout 的发送速度。

3. Tuple Tree 的构成

ACK 机制首先要求 Spout 发出的 Tuple 都带有一个 64b 随机生成的 msgId，这可以通过如下的 SpoutOutputCollector 的 emit()方法来实现：

```
collector.emit(new Values("value1","value2"), msgId);
```

这些带有 msgId 的 Tuples 在 Topology 中流转不同的 Bolts 时构成了一个 Tuple Tree，其构成方法基于 Bolt 对输入 Tuple 和输出 Tuple 的如下两个操作。

(1) 当 Bolt 向下游输出衍生的 Tuple 时，需要调用如下方法建立起输入 Tuple 和输出 Tuple 的关联关系，这称为锚定输入 Tuple：

```
collector.emit(in - tuple, new Values(word)); //anchor the in - tuple
```

如果不想与上游传来的 Tuple 锚定，则调用重载方法：

```
collector.emit(new Values(word)); //no anchor
```

emit()建立的 Tuple 关联关系在跟踪这个 Tuple 的 Acker 那里会构成一张 DAG，如

图 15-29 所示。而 Acker 会根据这张 Tuple Tree 图的最后状态来判断这个 Tuple(起源点是 Spout)是否成功完成处理。

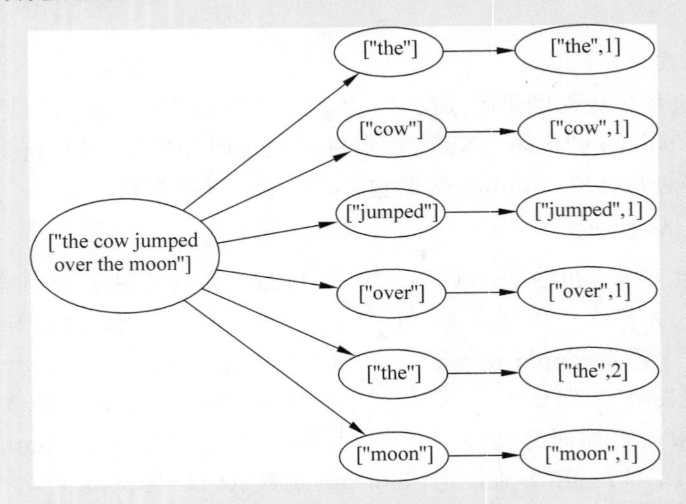

图 15-29　Tuple Tree

(2) Bolt 接收输入 Tuple 进行处理,处理成功则向 Acker 发送 Ack 确认,失败则发送 fail 报错。这样 Acker 可以跟踪这张 Tuple Tree 图里每一个 Tuple 的完成状态。

以图 15-30 的 Tuple Tree 为例,输入 Tuple A 在 Bolt 处完成了处理,并向下游发送了两个衍生 Tuples B 和 C,在 Bolt 向跟踪的 Acker 报告了 Ack 后,Tuple Tree 就只包含 Tuples B 和 C(Tuple A 打红×表示它已不在当前状态的 Tuple Tree 中)。

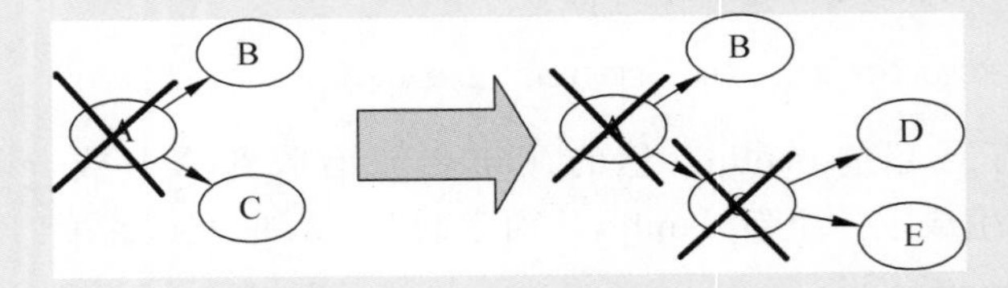

图 15-30　Tuple Tree 的更新

然后 Tuple C 流转到下一个 Bolt,被处理完后又衍生了 Tuples D 和 E。该 Bolt 向 Acker 确认已处理完 Tuple C,于是 C 被移出 Tuple Tree,当前状态的 Tuple Tree 变成只包含 B,D,E…这一过程将持续进行,直到没有新的 Tuple 加入这个 Tuple Tree,而树中所有的 Tuples 都完成了处理移出了 Tuple Tree。

4. Acker 算法

前面提到,一个 Spout 发出的 Tuple 的 Tuple Tree 构成和更新是由处理该 Tuple 的各个 Bolts 在流转过程中完成,跟踪这个 Tuple 及其衍生 Tuples(它们构成了 Tuple Tree)的 Acker 程序最终基于以下算法判断 Tuple Tree 是否处理完毕(即树中所有的节点都被 Acked),也即判断该 Tuple 处理是否结束。

(1) 当 Spout 生成一个新 Tuple 时,会向 Acker 发送如下一条信息通知 Acker 跟踪:

```
{ spout - tuple - id {:spout - task task - id : val ack - val } }
```

其中：

spout-tuple-id：这条新 Tuple 随机生成的 64b ID。

task-id：产生这条 Tuple 的 Spout ID，Spout 可能有多个 Task，每个 Task 都会被分配一个唯一的 taskId。

ack-val：Acker 使用的 64b 的校验值，初始值为 0。

收到 Spout 发来的初始 Tuple 消息后，Acker 首先将 ack-val(此时为 0)与初始 Tuple 的 msgId 做一个 XOR(eXclusive OR)运算(表 15-5)，并用结果更新 ack-val 值：

```
ack - val = (ack - val) XOR (spout - tuple - id);
```

表 15-5 二进制的 XOR 运算符定义

Operand1	运算符	Operand2	结果值
0	XOR	0	0
0		1	1
1		0	1
1		1	0

(2) Bolt 处理完输入的 Tuple，若创建了新的衍生 Tuples 向下游发送，在向 Acker 发送消息确认输入 Tuple 完成时，它会先把输入 Tuple 的 msgId 与所有衍生 Tuples 的 msgId(也是 64b 的全新 ID)做 XOR 运算，然后把结果 tmp-ack-val 包含在发送的 Ack 消息中，消息格式是

```
:(spout - tuple - id, tmp - ack - val)
```

Acker 收到每个 Bolt 发来的 Ack 消息，都会执行如下运算：

```
ack - val = (ack - val) XOR (tmp - ack - val);
```

所以 ack-val 所含值总是目前 Tuple Tree 中所有 Tuples 的 msgId 的 XOR 运算值。

(3) 当 Acker 收到一个 Ack 消息使 ack-val ＝ 0 时，该条 Tuple 的处理结束，因为

(ack-val) XOR(tmp-ack-val) ＝ 0 意味着 ack-val 的值与 tmp-ack-val 相同(只有两个值完全相同时 XOR 的运算结果才为 0)。这就意味着整个 Tuple Tree 在规定时间内(Timeout)再无新的 Tuple 产生，整个运算结束。

有无可能由于两个衍生 Tuple 的 ID 值碰巧相同，造成 ack-val 在 Tuple Tree 处理完之前就变成 0？由于衍生 Tuple 也是 64b 的随机数，两个 64b 随机生成的 ID 值完全一样的概率非常低，几乎可忽略不计，因此在 Tuple Tree 处理完之前 ack-val 为 0 的概率非常小。

(4) 根据最后的 Tuple 处理成功或失败结果，Acker 会调用对应的 Spout 的 ack()或 fail()方法通知 Spout 结果，如果用户重写了 ack()和 fail()方法，Storm 就会按用户的逻辑来进行处理。

下面以图 15-31 的 Topology Tree 为例讲解 Acker 算法流程。该 Topology 包含一个 Spout、三个 Bolts，流程步骤如下。

步骤一：Spout 读入数据后生成了两个 Tuples(msgId 分别为 1001 和 1010)，通知 Acker。

步骤二：Tuple 1001 流入 Bolt1，处理完后产生了新的 Tuple 1110，Bolt1 向 Acker 发送了 Tuple 1001 的 Ack。

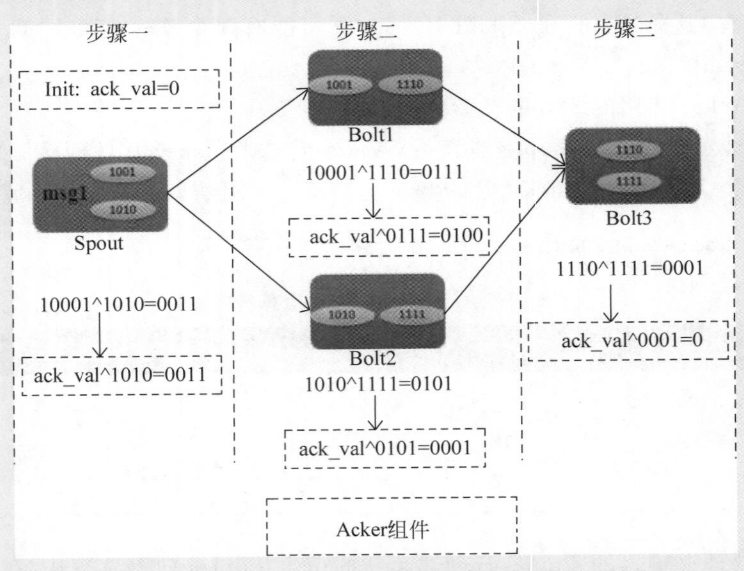

图 15-31　Acker 算法算例

Tuple 1010 流入 Bolt2，处理完后产生了新的 Tuple 1111，Bolt2 向 Acker 发送了 tuple 1010 的 Ack。

步骤三：两个 Tuples 1110，1111 流向 Bolt3，处理完后不再有新 Tuple 产生，Bolt3 向 Acker 发送了处理结果的 Ack。

按照上述 Acker 算法，Acker 计算 ack-val 校验值步骤如下。

步骤一：初始化 ack-val ＝ 0000；

步骤一结束时 ack-val ＝ 0000 XOR 1001 XOR 1010 ＝ 0011；

步骤二：Bolt1 在送出的 Ack 消息中包含 tmp-ack-val-1 ＝ 1001 XOR 1110 ＝ 0111；

Acker 收到 Bolt1 的 Ack 消息，ack-val ＝ ack-val XOR tmp-ack-val-1
＝ 0011 XOR 0111 ＝ 0100；

Bolt2 在送出的 Ack 消息中包含 tmp-ack-val-2 ＝ 1010 XOR 1111 ＝ 0101；

Acker 收到 Bolt2 的 Ack 消息，ack-val ＝ ack-val XOR tmp-ack-val-2
＝ 0100 XOR 0101 ＝ 0001；

步骤二结束时 ack-val ＝ 0001；

步骤三：Bolt3 在送出的 Ack 消息中包含 tmp-ack-val-3 ＝ 1110 XOR 1111 ＝ 0001；

Acker 收到 Bolt3 的 Ack 消息，ack-val ＝ ack-val XOR tmp-ack-val-3
＝ 0001 XOR 0001 ＝ 0000；

步骤三结束时，ack-val ＝ 0；因此判定该 Tuple Tree 处理完毕，计算结束。

前面提到对于大规模数据情形，为了提高处理效率，Acker 组件也可能以多线程模式运行，即有多个 Acker Task 存在，如何将一个 Tuple Tree 所有的 Tuples 都映射到一个 Acker？由于 Spout 生成的初始 Tuple 都有一个根节点标识 msgId，而后基于初始 Tuple 产生的衍生 Tuples 除了自身随机生成的 msgId，还都包含这个根节点标识 msgId，因此 Storm

可以用对根节点 msgId 哈希取模的方法来把一个 Tuple Tree 的所有节点(它们都带有相同根节点 msgId)映射到同一个 Acker。

5. ACK 关闭

在某些场景下我们不希望使用 ACK 可靠性机制，或者对一部分流数据不需要保证处理成功，可以用如下方式关闭或部分关闭 ACK 功能。

(1) 把 Config. TOPOLOGY_ACKERS 设置成 0。在这种情况下，Storm 会在 Spout 发射一个 Tuple 之后马上调用 Spout 的 ack()方法，这样这个 Tuple 整个的 Tuple Tree 不会被跟踪。

(2) 也可在 Spout 发射 Tuple 的时候不设定 msgId 来达到不跟踪这个 Tuple 的目的，这种发射方式是一种不可靠的发射。

(3) 如果对于一个 Tuple Tree 的某一部分 Tuples 是否处理成功不关注，可以在 Bolt 发射这些 Tuple 的时候不锚定它们。这样这部分 Tuples 就不会加入到 Tuple Tree 里面，也就不会被跟踪了。

6. 容错机制

Storm 从任务(线程)、组件(进程)、节点(系统)三个层面设计了系统容错机制，尽可能实现一种可靠的服务。

1) 任务级容错(Task)

如果 Bolt Task 线程崩溃，导致流转到该 Bolt 的 Tuple 未被应答。此时 Acker 会将所有与此 Bolt Task 关联的 Tuples 都设置为为超时失败，并调用对应的 Spout 的 fail()方法进行后续处理。

如果 Acker Task 本身失效，Storm 会判定它在失败之前维护的所有 Tuples 都因超时而失败，对应 Spout 的 fail()方法将被调用。

如果 Spout 任务失败，在这种情况下，与 Spout 对接的外部设备(如 MQ 队列)负责消息的完整性。例如当客户端异常时，外部 kestrel 队列会将处于 pending 状态的所有消息重新放回队列中。另外，Storm 记录有 Spout 成功处理的进度，当 Spout 任务重启时，会继续从以前的成功点开始。

2) Slot 故障(Process)

如果一个 Worker 进程失败，每个 Worker 包含的数个 Bolt(或 Spout) Tasks 也失效了。负责监控此 Worker 的 Supervisor 会尝试在本机重启它，如果在启动多次后仍然失败，它将无法发送心跳信息到 Nimbus，Nimbus 将判定此 Worker 失效，将在另一台机器上重新分配 Worker 并启动。

如果 Supervisor 失败，由于 Supervisor 是无状态的(所有的状态都保存在 ZooKeeper 或者磁盘上)和 fail-fast(每当遇到任何意外的情况，进程自动毁灭)，因此 Supervisor 的失败不会影响当前正在运行的任务，只要及时将 Supervisor 重新启动即可。

如果 Nimbus 失败，由于 Nimbus 也是无状态和 fail-fast 的，因此 Nimbus 的失败不会影响当前正在运行的任务，只是无法提交新的 Topology，只需及时将它重启即可。

3) 集群节点故障(Node)

如果 Storm 集群节点发生故障。此时 Nimbus 会将此节点上所有正在运行的任务转移到其他可用的节点上运行。

若是 ZooKeeper 集群节点故障，ZooKeeper 自身有容错机制，可以保证少于半数的机器宕机系统仍可正常运行。

15.4 Storm 编程接口

1. Topology 配置

在运行 Topology 之前，可以通过一些参数的配置来调节运行时的状态，参数的配置是通过 Storm 框架部署目录下的 conf/storm. yaml 文件来完成的，在此文件中可以配置运行时的 Storm 本地目录路径、运行时 Worker 的数目等。

在 Storm 代码中也可以设置 Config 的一些参数，但其优先级是不同的，不同地方配置 Config 参数的优先级顺序为：

```
default. yaml < storm. yaml < topology 代码设定
```

在 storm. yaml 中常用的几个选项如表 15-6 所示。

表 15-6 storm. yaml 的常用选项

配置选项名称	作　用
topology. max. task. parallelism	每个 Topology 运行时最大的 executor 数目
topology. workers	每个 Topology 运行时的 worker 的默认数目，若在代码中设置，则此选项值被覆盖
storm. zookeeper. servers	ZooKeeper 集群的节点列表
storm. local. dir	Storm 用于存储 jar 包和临时文件的本地存储目录
storm. zookeeper. root	Storm 在 ZooKeeper 集群中的根目录，默认是"/"
ui. port	Storm 集群的 UI 地址端口号，默认是 8080
nimbus. host:	Nimbus 节点的 Host
supervisor. slots. ports	Supervisor 节点的 Worker 占位槽，集群中的所有 Topology 公用这些槽位数，即使提交时设置了较大数值的槽位数，系统也会按照当前集群中实际剩余的槽位数来进行分配，当所有的槽位数都分配完时，新提交的 Topology 只能等待，系统会一直监测是否有空余的槽位空出来，如果有，就再次给新提交的 Topology 分配
supervisor. worker. timeout. secs	Worker 的超时时间，单位为秒，超时后，Storm 认为当前 Worker 进程死掉，会重新分配其运行的 Task 任务
drpc. servers	在使用 DRPC 服务时，DRPC Server 的服务器列表
drpc. port	在使用 DRPC 服务时，DRPC Server 的服务端口

2. Topology 构建与提交

示例如下。

```
//Topology 定义
TopologyBuilder builder = new TopologyBuilder();
//定义 Spout 组件，设置并发数为 1
builder. setSpout("word - reader",new WordReader(),1);
```

```
//定义 Bolt 组件 word - normalizer
//其接受 Spout 分发方式为 Shuffle Grouping
builder.setBolt ( " word - normalizer", new WordNormalizer ( )). shuffleGrouping ( " word - reader");
//定义 Bolt 组件 word - counter,并发数为 1
//其接受 word - normalizer 分发方式为 Fields Grouping
builder.setBolt("word - counter", new WordCount(),1).fieldsGrouping("word - normalizer", new Fields("word"));

//作业配置
Config conf = new Config();
conf.put("wordsFile", args[0]);
//设置 Worker 数目
config.setNumWorkers(4);
//设置 Acker
conf.setNumAckers(1);
//设置运行模式
conf.setDebug(true);

//提交运行
conf.put(Config.TOPOLOGY_MAX_SPOUT_PENDING, 1);
LocalCluster cluster = new LocalCluster();
cluster.submitTopology("Demo - Topology", conf, builder.createTopology());
Thread.sleep(2000);
cluster.shutdown();
```

3. Spout 编程接口

Spout 组件的实现可以通过继承 BaseRichSpout 类或者其他 Spout 类来完成,也可以通过实现 IRichSpout 接口来实现。

```
public class RandomSpout extends BaseRichSpout {
    SpoutOutputCollector collector = null;
    String[ ] goods = { " iphone"," xiaomi"," meizu"," zhongxing"," huawei"," moto"," sumsung", "simens"};
     //进行初始化,只在开始时调用一次
    @Override
    public void open(Map conf, TopologyContext context, SpoutOutputCollector collector) {
        this.collector = collector;
    }
    //定义 tunple 的 schema
    @Override
    public void declareOutputFields(OutputFieldsDeclarer declarer) {
        declarer.declare(new Fields("src_word"));
    }
    //发送 tuple
    @Override
    public void nextTuple() {
        Random random = new Random();
        String good = goods[random.nextInt(goods.length)];
```

```
        //封装到 tuple 中发送
        collector.emit(new Values(good));
    }
}
```

消息源 Spouts 是 Storm 里面一个 Topology 的消息生产者。一般来说，消息源会从一个外部源读取数据并且向 Topology 里面发出消息：Tuple。消息源 Spouts 可以是可靠的也可以是不可靠的。一个可靠的消息源可以重新发射一个 Tuple，如果这个 Tuple 没有被 Storm 成功处理，但是一个不可靠的消息源 Spouts 一旦发出一个 Tuple 就把它彻底忘了——也就不可能再发了。

消息源可以发射多条消息流 Stream。要达到这样的效果，使用 OutFieldsDeclarer.declareStream 用来定义多个 Stream，然后使用 SpoutOutputCollector 来发射指定的 Sream。

Spout 类里面最重要的方法是 nextTuple，要么发射一个新的 Tuple 到 Topology 里面或者简单地返回如果已经没有新的 Tuple 了。要注意的是 nextTuple 方法不能 Block Spout 的实现，因为 Storm 在同一个线程上面调用所有消息源 Spout 的方法。

另外两个比较重要的 Spout 方法是 ack 和 fail。Storm 在检测到一个 Tuple 被整个 Topology 成功处理的时候调用 ack，否则调用 fail。Storm 只对可靠的 Spout 调用 ack 和 fail。

1）open()方法

当一个 Task 被初始化的时候会调用此方法对发送 Tuple 的对象、SpoutOutputCollector 和配置对象 TopologyContext 初始化。示例如下。

```
//create file and get collector object
public void open(Map conf, TopologyContext context,
                 SpoutOutputCollector collector) {
    try {
        this.fileReader = new FileReader(conf.get("wordsFile").
toString())
    }
    catch (FileNotFoundException e) {
        throw new RuntimeException("Error  [" + conf.get("wordFile") +
"]");
    }
    this.collector = collector;
}
```

2）declareOutputFields()方法

此方法用于声明 Spout 发送的 Tuple 的字段。示例如下。

```
//declare field name
public void declareOutputFields(OutputFieldsDeclarer declarer) {
    declarer.declare(new Fields("word"));
}
```

3）nextTuple()方法

这是 Spout 最重要的一个方法，发射 Tuple 到 Topology，且一直循环执行。示例如下。

示例一：不可靠的 Tuple 发送(无 magId)。

```
//randomly emits a word from an array as a Tuple without msgId
public void nextTuple() {
      Utils.sleep(100);
      final String[] words = new String[]
                              {"twitter","facebook","google"};
      final Random rand = new Random();
      final String word = words[rand.nextInt(words.length)];
      this.collector.emit(new Values(word));
}
```

示例二：可靠的 Tuple 发送(有 msgId)。

```
//read in a line from a file and emits as a Tuple with msgId
public void nextTuple() {
     if (completed){
          try {
               Thread.sleep(1000);
          } catch (InterruptedException e) {
               //Do nothing
            }
          return;
     }
     //a string contains Tuple's msgId
     String str;
     //Open the reader
     BufferedReader reader = new BufferedReader(fileReader);
     try{
          //read all lines
          while((str = reader.readLine()) != null){
               //each time emits a Tuple containing one line
               //each Tuple has a msgId in str
               this.collector.emit(new Values(str), str);
          }
     }
     catch(Exception e){
            throw new RuntimeException("Error reading tuple", e);
     } finally{
               completed = true;
       }
}
```

4) ack()和 fail()方法

每个 Tuple 执行完成后由 Acker 调用(在不可靠发射即不需 Acker 情况下，由 Spout 自己直接调用)。Acker 根据 msgId 跟踪 Tuple 执行是否完成调用 ack()或 fail()，用户需要重写这两个方法，这样调用时就可执行用户的处理逻辑。

4. Bolt 编程接口

Bolt 接收由 Spout 或者其他上游 Bolt 类发来的 Tuple，对其进行处理，然后发送 Tuple

至下游(也可停止)。Bolt 组件的实现可以通过继承 BasicRichBolt 类或者 IRichBolt 接口来完成。示例如下。

```
class SplitSentence implenents IRichBolt {
    private OutputCollector collector;

    //do some prepare work
    public void prepare(Map conf, TopologyContext context, OutputCollector collector) {
        this.collector = collector;
    }
    //execute for each input tuple
    public void execute(Tuple tuple) {
        String sentence = tuple.getString(0);
        for(String word : sentence.split(" ")) {
            //emits an anchored output tuple
            collector.emit(tuple, new Values(word));
        }
        collector.ack(tuple);
    }
    //do clean work
    public void cleanup(){ }
    //specify field name for output tuple
    public void declareOutputFields(OutputFieldsDeclarer declarer){
        declar.declare(new Fields("word"));
    }
}
```

Bolt 类需要实现的主要方法有：prepare()，execute()，declareOutputFields()，cleanup()等。

1) prepare()方法

在 Bolt 开始处理 Tuple 之前做一些准备工作。示例如下。

```
@Override
public void prepare(Map stormConf, TopologyContext context) {
    this.counters = new HashMap<String, Integer>();
    this.name = context.getThisComponentId();
    this.id = context.getThisTaskId();
}
```

2) execute()方法

这是 Bolt 中最关键的一个方法,对于 Tuple 的处理都在此方法中进行。具体的发送衍生 Tuples 是通过 emit()来完成的。如果用户的 Bolt 类是通过实现 IRichBolt 基础类来构建,此时调用 emit()时有两种情况:一是 emit 带有一个参数,二是带有两个参数。

(1) emit()有一个参数：此唯一的参数是发送到下游的 Tuple。此时,由上游发来的原来的 Tuple 在此隔断,新的 Tuple 和旧的 Tuple 不再属于同一棵 Tuple Tree。新的 Tuple 可另起一个新的 Tuple Tree。示例如下。

```
//Bolt emits a not - anchored tuple
public void execute(Tuple input - tuple) {
```

```
        String sentence = input-tuple.getString(0);
        for(String word : sentence.split(" ")) {
            //emit a not-anchored tuple
            collector.emit(new Values(word));
        }
    }
```

(2) emit()有两个参数：第一个参数是输入的 Tuple，第二个参数是发往下游新的 Tuple，这两个 Tuples 进行了关联。这样，新 Tuple 和旧 Tuple 仍然属于同一棵 Tuple Tree。即如果下游的 Bolt 处理新 Tuple 失败，则会向上传递到当前 Bolt，当前 Bolt 根据旧 Tuple 流继续往上游传递，申请重发失败的 Tuple，以保证处理的可靠性。示例如下。

```
//Bolt emits an anchored tuple
public void execute(Tuple input-tuple) {
    String sentence = input-tuple.getString(0);
    for(String word : sentence.split(" ")) {
        //anchor the emitted tuple to the input tuple
        collector.emit(input-tuple, new Values(word));
        //notify the input tuple's processing result
        collector.ack(input-tuple);
    }
}
```

Storm 还提供了另一种通过基础类 IBasicBolt 自动实现 anchored Tuple 的方法。对于通过实现 IBasicBolt 基础类构建的用户 Bolt 类，会在执行 execute()方法时隐形关联新旧 Tuples(这时，分发消息的 BasicOutputCollector 自动锚定到输入的 Tuple)，并自动调用 ack()方法。

```
//automatically anchored Bolt
class SplitSentence extends BaseBasicBolt {
    public void execute(Tuple tuple, BasicOutputCollector collector) {
    String sentence = tuple.getString(0);
    for(String word : sentence.split(" ")) {
        //emits an auto-anchored Tuple
        collector.emit(new Values(word));
    }
}

    public void declareOutputFields(OutputFieldsDeclarer declarer) {
        declarer.declare(new Fields("word"));
    }
}
```

5. 复合锚定

在某些场景，Bolt 需要接收两个甚至更多上游来的 Tuple，如图 15-32 所示，Bolt D 需要处理上游 Bolt B 和 Bolt C 发来的 Tuples。Bolt D 处理完后会向下游发送新的 Tuple，为了提供可靠性机制，需要把新 Tuple 与上游的 Tuple B 和 Tuple C 进行关联，这就是复合锚定。通过这种方式，Bolt 任何时候调用 ack()或 fail()方法都会通知到与 Tuple B 和 Tuple C 相关的 Spouts。代码示例如下。

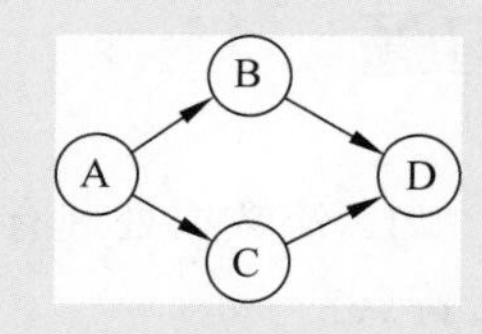

图 15-32 复合锚定

```
List<Tuple> anchors = new ArrayList<Tuple>();
anchors.add(tuple-B);
anchors.add(tuple-C);
//emits a new tuple with anchoring tuple-B and tuple-C
this.collector.emit(anchors, new Values(10));
```

cleanup()方法：在 Bolt 即将关闭时调用，做清扫工作。

参考文献

[1] Raghavan, Monika R. Henzinger Prabhakar. Computing on data streams. External Memory Algorithms: DIMACS Workshop External Memory and Visualization, May 20-22, 1998. Vol. 50. American Mathematical Soc., 1999.

[2] System S-Stream Computing at IBM Research. ftp://ftp.boulder.ibm.com/software/data/sw-library/ii/whitepaper/SystemS_2008-1001.pdf.

[3] Yahoo!. https://www.yahoo.com.

[4] Neumeyer, Leonardo, et al. S4: Distributed stream computing platform. 2010 IEEE International Conference on Data Mining Workshops. IEEE, 2010.

[5] Apache S4. http://incubator.apache.org/s4.

[6] Apache Storm. https://storm.apache.org.

[7] Chen, Guoqiang Jerry, et al. Realtime data processing at Facebook. Proceedings of the 2016 International Conference on Management of Data. ACM, 2016.

[8] Apache Kafka. http://kafka.apache.org.

[9] Qian, Zhengping, et al. Timestream: Reliable stream computation in the cloud. Proceedings of the 8th ACM European Conference on Computer Systems. ACM, 2013.

[10] Storm,Trident,Spark Streaming,Samza 和 Flink 主流流处理框架比较. http://mt.sohu.com/20161216/n476058124.shtml.

[11] Apache Spark. http://spark.apache.org.

[12] Zaharia, Matei, et al. Resilient distributed datasets: A fault-tolerant abstraction for in-memory cluster computing. Proceedings of the 9th USENIX conference on Networked Systems Design and Implementation. USENIX Association, 2012.

[13] Spark Programming Guide. http://spark.apache.org/docs/latest/programming-guide.html#resilient-distributed-datasets-rdds.

[14] Apache Mesos. http://mesos.apache.org.

[15] Apache Hadoop YARN. http://hadoop.apache.org/docs/r2.7.2/hadoop-yarn/hadoop-yarn-site/YARN.html.

[16] Apache Samza. http://samza.apache.org/.

[17] LinkedIn. https://www.linkedin.com.

习题

1. 流数据处理有哪两种基本模式？从系统吞吐率和时间延迟性看，这两种模式各有什么特点？

2. Spark 的 micro-batch 模型 RDD(Resilient Distributed Dataset)以 2s 为单位截取数

据流构成一个个数据包。如果以小于 2s 或大于 2s 为单位截取数据流构成 RDD,各有什么利弊?

3. 什么是 Spark 计算逻辑模型(抽象模型)Topology?什么是 Spark 计算物理模型(计算架构)?计算逻辑模型是如何映射到实际计算架构上的?

4. 根据 5.3 节的 Acker 工作机制,说明为什么 Acker 收到一条 Ack 消息使 ack-val = 0 时,就意味着该条 Tuple 的处理结束?

5. 图 15-30 的 Acker 算例如果扩展为 1 个 Spout + 4 个 Bolts 情形,ack_val 的初始值仍然为 0。列出计算步骤验证:在步骤三结束时,ack_val = 0。

第16章

内存计算模式

大数据的处理主要包括以下三种类型。

(1) 超大规模数据的批处理：通常时间延迟在数分钟到数十小时之间。

(2) 静态数据的交互式查询：通常时间延迟在数秒到数分钟之间。

(3) 数据流的实时动态处理：通常时间延迟在毫秒到数秒之间。

第一类的典型是 MapReduce 提供的对超大规模数据的复杂问题的分析计算，其特点是数据量巨大、计算模型简单、运行在廉价商业集群上，但计算时延长。第二类有基于 Hadoop 的开源、低延迟、高并发(MPP)查询引擎 Impala[1]，它将传统数据库的 SQL 查询界面和多用户特性与 Hadoop 可扩展性结合起来，提供了针对大规模数据的交互式查询服务。第三类的代表是 Twitter Storm[2]、Spark Streaming[3]、Yahoo 的 S4[4]，其特点是基于有向图(DAG)结构提供动态数据流的实时处理。

MapReduce 这种围绕磁盘存储构建的分布式并行处理模型由于如下原因一直在计算速度方面表现不理想，很难用于在线商务智能分析这类大数据应用。

(1) MapReduce 的中间数据带来大量的磁盘 I/O 操作，读写数据速度慢，造成性能瓶颈；

(2) 对大容量的中间数据未采用数据压缩技术，无法存留在内存空间；

(3) 对各类数据不加区分，一概采用 Map/Reduce 循环迭代计算步骤，导致某些延迟敏感的数据得不到优先服务。

工业界和学术界都试图通过 MapReduce 之外的计算模型和计算架构来提供低时延的分布式计算处理系统，3.2 节描述的大数据计算光谱中与离线批处理模型相差异的内存计算模型，即是针对上述问题提出的解决方案。

MapReduce 的性能瓶颈主要是由于磁盘读写迟滞造成的。表 16-1 给出了 CPU 访问内存和磁盘的时间量级，可以看出，内存访问时间(100ns)与磁盘访问时间(5 000 000ns)相差 5 万倍，而顺序读取 1MB 数据所花时间，磁盘是内存的 120 倍。鉴于内存与磁盘之间访问速度的巨大差异，很多的研究工作致力于把计算数据一次装载入内存，或是通过各种内存技术提高频繁使用数据的内存驻存率、减少磁盘读写操作，即我们所说的内存计算模型。

表 16-1 内存与磁盘的访问时间比较

操 作	时 间	操 作	时 间
主内存访问	100ns	磁盘寻道	5 000 000ns
内存顺序读取 1MB 数据	250 000ns	磁盘顺序读取 1MB 数据	30 000 000ns

内存计算(In-memory Computing)[5-8]指采用了各种内存技术在计算过程中让 CPU 从主内存读写数据，而不是从磁盘读写数据的计算模型。这里的内存技术包括列存储格式、数据分区与压缩、增量写入、无汇总表等方法。目前，内存计算主要是从存储架构(分布式缓存、内存数据库、内存云体系)和计算模型(基于主内存的并行处理、算法下放到数据层)两个方面提出解决方案，如图 16-1 所示。

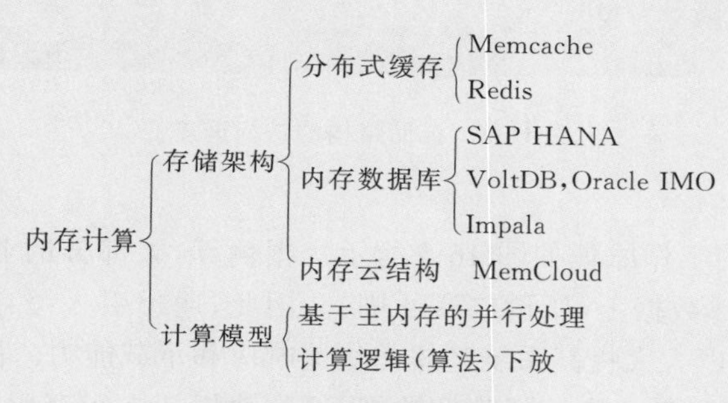

图 16-1 内存计算架构

下面先对几种主要的内存计算体系进行介绍，然后以开源的 **Memcache** 和 **Spark** 作为典型例子介绍内存计算架构和实现技术。

16.1 分布式缓存体系

1. 分布式缓存架构

缓存(**Cache**)指将高访问率数据存储在访问速度相对较高的存储介质(如 **CPU** 的缓存或机器主内存)供系统快速访问，减少数据访问时间。图 **16-2** 给出了计算机存储结构中 **CPU**、多级缓存(**Cache**)、主内存(**Memory**)、闪存(**Flash Drive**)以及硬盘(**Hard Drive**)各级组件的访问速度金字塔(越处于金字塔底部，访问速度越慢)。可以看出缓存的访问速度与硬盘甚至闪存相比都是差异巨大的，这就引发了人们想更多地利用缓存来提高数据访问速度的愿望。

分布式缓存系统(**Distributed Cache System**)包含如下两层含义。

(**1**) 由多台服务器组成一个缓存服务器集群，以多节点集群方式提供缓存服务，即物理架构上是分布式；

(**2**) 缓存数据(可看作一个大数据表)被分布式存储在多台缓存服务器上，即逻辑架构

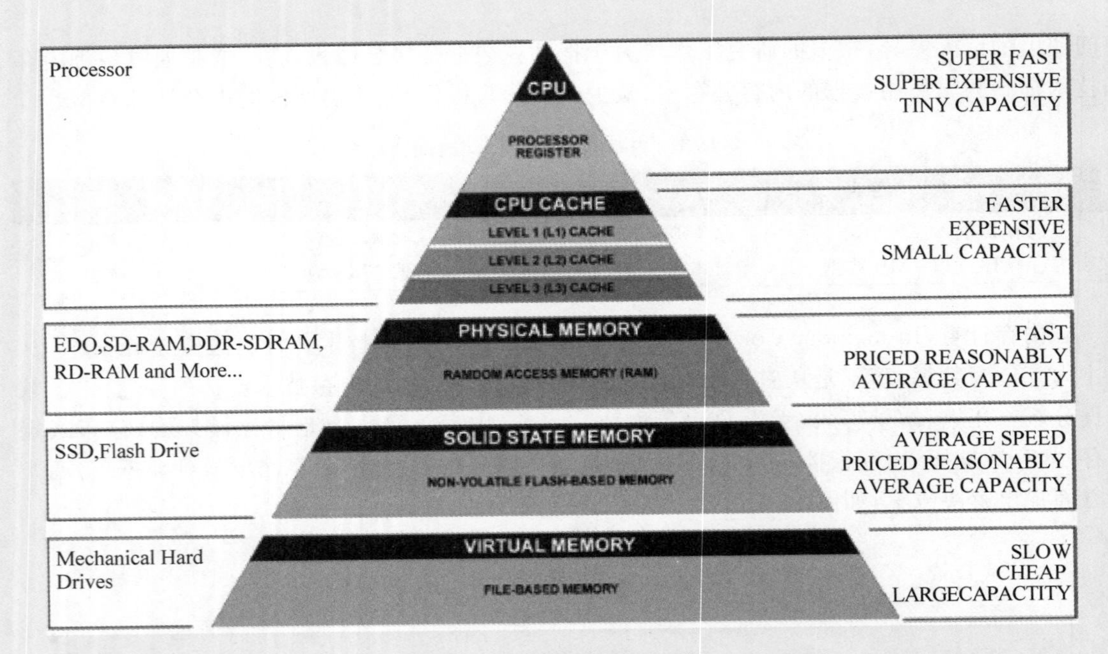

图 16-2 存储结构的访问速度

上也是分布式的。

分布式缓存系统的工作原理如图 **16-3** 所示。据测算，大部分的业务场景下，**80%**的访问量都集中在 **20%**的热数据上（所谓二八原则）。因此，通过引入缓存服务器，将高频访问的数据放入内存中，可以大大提高系统整体的快速响应和承载能力。图 **16-3** 中的蓝色步骤为：当应用程序（浏览器）第一次访问某个数据，而该数据不在缓存服务器（**memcached**）上，则系统将该数据从数据库（**RDBS**）中读出，返回给应用程序，同时存入缓存服务器。绿色步骤为：当应用程序再次访问该数据，则直接从缓存服务器中读出，大大加快了访问速度。分布式缓存系统的典型应用场景如下。

（1）**Web** 页面缓存。用来缓存页面的内容片段，包括 **HTML**、**CSS**、图片、音频视频文件等，多应用于商业门户或社交网站。

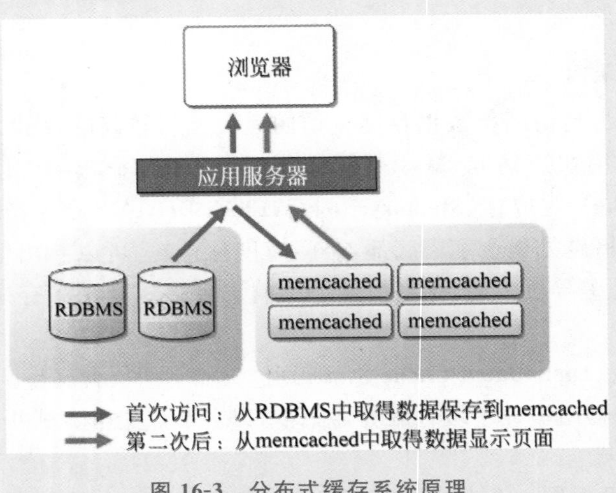

图 16-3 分布式缓存系统原理

（2）应用对象缓存。缓存系统作为 **ORM** 框架的二级缓存对应用访问提供服务，目的是减轻数据库负载压力，加快访问速度。

（3）状态变量缓存。包括 **Session** 会话及应用横向扩展时的状态数据等，这类数据一般是难以恢复的，要求高可用性，多应用于高可用集群应用。

（4）并行处理。有大量中间计算结果需要共享。

（5）事件处理。提供了针对事件流的连续查询实时处理。

（6）极限事务处理。为事务型应用提供高吞吐率、低延时的解决方案，支持高并发事务请求处理，多应用于铁路、金融服务和电信等领域。

需要注意的是，这里的缓存服务器（**Memcached**）不同于常规的文件服务器或数据库服务器把数据存储在磁盘上，而是存放在缓存服务器的内存中，显然，就算是 **20%** 的热数据（访问相关数据）也无法在一台机器的内存中全部放下，需要多台机器来分担。多个缓存服务器分布式共同存放一个数据表，就涉及数据同步的问题，目前的分布式缓存系统架构可分为数据同步和数据不同步两类。

数据同步缓存系统以 **JBoss Cache** 为代表[9]，如图 **16-4** 所示。**JBoss Cache** 的缓存服务器集群中所有节点均保存一份相同的缓存数据，当某个节点有缓存数据更新的时候，会通知集群中其他机器更新内存或清除缓存数据。**JBoss Cache** 通常将应用程序和 **JBoss Cache** 缓存部署在同一台服务器上，应用程序可从本地内存快速获取缓存数据，但是这种架构带来的问题是缓存数据数量受限于单一服务器的内存空间，而且当集群规模增大时，同步更新信息到集群所有节点的代价也昂贵。因此这种方案更多见于企业应用系统，而很少在大型商业网站使用。

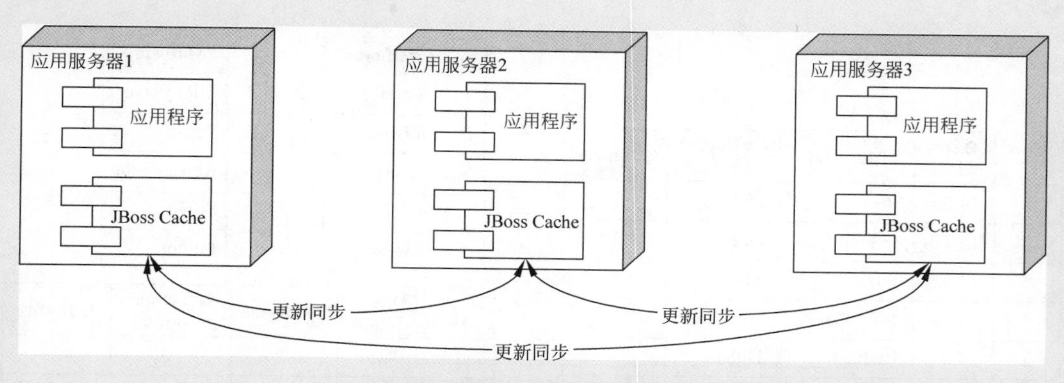

图 16-4　数据同步的 JBoss Cache 缓存系统

Memcache 则采用了数据不同步的架构，如图 **16-5** 所示。**Memcache** 采用一组专用缓存服务器，缓存与应用分离部署。在存放和访问缓存数据时，应用程序通过一致性 **Hash** 算法[10, 11]选择缓存节点，集群缓存服务器之间不通信，也不需要数据同步，因此集群规模可以很容易地实现扩容，具有良好的可伸缩性。

2. 内存技术

在系统实现方面，分布式缓存系统主要通过如下的内存关键技术来实现数据的快速访问。

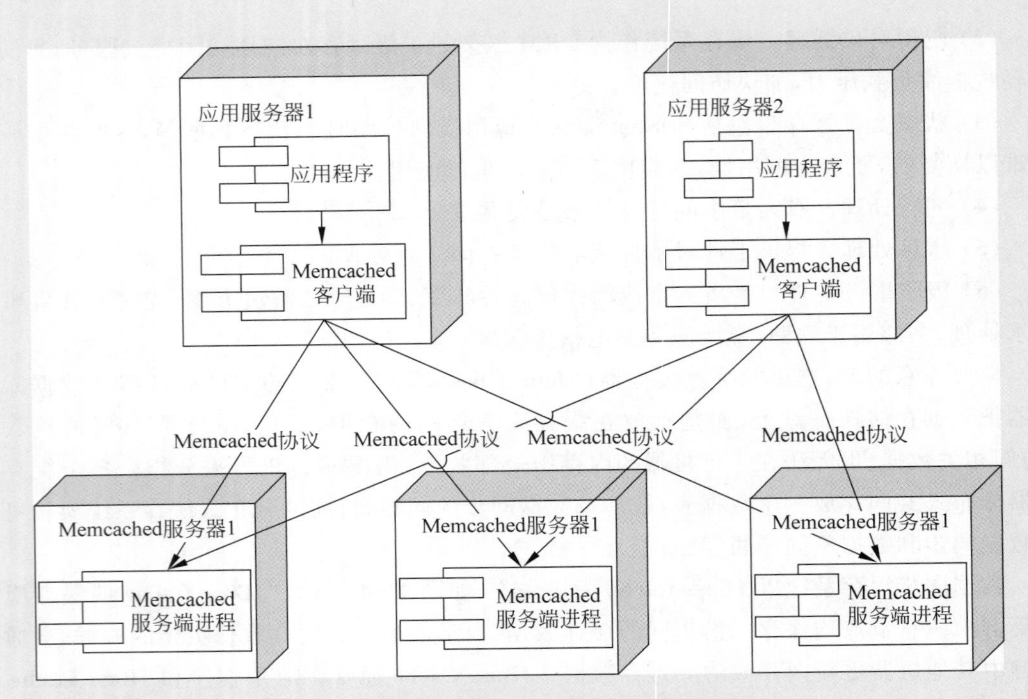

图 16-5 数据不同步的 Memcache 缓存系统

1）数据压缩存储

包括字典编码算法、高效压缩存储、数据操作等。下面以图 16-6 为例介绍字典编码基本原理。

Row ID	Date/ Time	Material	Customer Name	Quantity
1	14:05	Radio	Dubois	1
2	14:11	Laptop	Di Dio	2
3	14:32	Stove	Miller	1
4	14:38	MP3 Player	Newman	2
5	14:48	Radio	Dubois	3
6	14:55	Refrigerator	Miller	1
7	15:01	Stove	Chevrier	1

⋮

#	Customers
1	Chevrier
2	Di Dio
3	Dubois
4	Miller
5	Newman

#	Material
1	MP3 Player
2	Radio
3	Refrigerator
4	Stove
5	Laptop

Row ID	Date/ Time	Material	Customer Name	Quantity
1	845	2	3	1
2	851	5	2	2
3	872	4	4	1
4	878	1	5	2
5	888	2	3	3
6	895	3	4	1
7	901	4	1	1

⋮

图 16-6 字典编码压缩

对于图 16-6 左边的原始数据表(全局表),它的三个列“Date/Time”,“Material”,“Customer Name”均是字符串格式,十分耗费存储空间。因此我们构建了右上的两个检索表 Customers 和 Material,检索表的构建方法是抽出所有原始表的对应数据项,合并相同项,然后重新编号,注意检索表中编号是局部 ID,不同于全局表中的 RowID,但检索表包含原始表中所有的对应项。

有了 Customers 和 Material 这两个检索表,可以对原始数据表进行压缩,简单的做法就是把“Date/Time”一列从字符串换算成整数,将“Material”和“Customer Name”两列的值(字符串)用上面两个检索表对应的局部 ID 替换。比如,原始表的“Material”列的第一个数据项是“Radio”,在检索表 Material 中查到该字符串对应的局部 ID 为 2,于是我们将原始表数据项“Radio”换成 2,以此类推,就可以得到原始数据表经过数据字典压缩后的转换表(图 16-6 右下表)。将一个字符串转换为一个整数值存储,可以大大节约存储空间。

表 16-2 给出了一个含 80 亿条数据的原始表经过字典编码压缩后,其存储空间的对比。可以看出,对于长字符段(49 字节以上)的“名字”、“姓氏”、“城市”、“国家”等列,压缩比分别达到了 17、17、19、49,压缩效果很显著。

表 16-2 一个 80 亿条数据表压缩后的数据对比

列	列基数	条目大小/B	普通文本	字典编码压缩(字典+列)
名字	500 万 23 位	49	365.10GB≈373 840MB	234MB+21.42GB≈22 168MB
姓氏	800 万 23 位	50	372.5GB≈381 470MB	381MB + 21.42GB≈ 22 316MB
性别	2 1 位	1	7.45GB≈7 630MB	2B+0.93GB≈954MB
城市	100 万 20 位	49	365.08GB≈373 840MB	46.73MB+18.62GB≈19 120MB
国家	200 8 位	49	365.08GB≈373 840MB	6.09KB+7.45GB≈7 629MB
出生日期	40 000 16 位	2	14.90GB≈15 260MB	76.29KB+14.90GB≈15 259MB

2) 列存储结构

包含内存数据格式、内存索引等技术。仍然以图 16-6 的数据表为例,在经过压缩后,在内存空间内的存储方式(物理存储)有行存储和列存储两种方式,如图 16-7 所示。行存储是按照数据行(水平方向)读取数据,然后在内存中以行(Row)为单位顺序存储;列存储则是按照数据值域或列(垂直方向)读取数据,然后在内存中以列(Column)为单位顺序存储,当然必须记录每一列在内存空间中的起始位置。

现在看一下数据词典压缩和列存储结构结合在一起给我们提供的检索优势。假设需要查询一个名叫“Miller”的顾客购买商品“Refrigerator”的历史记录。对字典编码后的列存储数据表(图 16-6)的查询步骤如下。

(1) 查询 Customers 检索表(假设包含 100 万名顾客)找到“Miller”对应的 RowID 值(此处为 4),最坏情况下需搜索 100 万次。

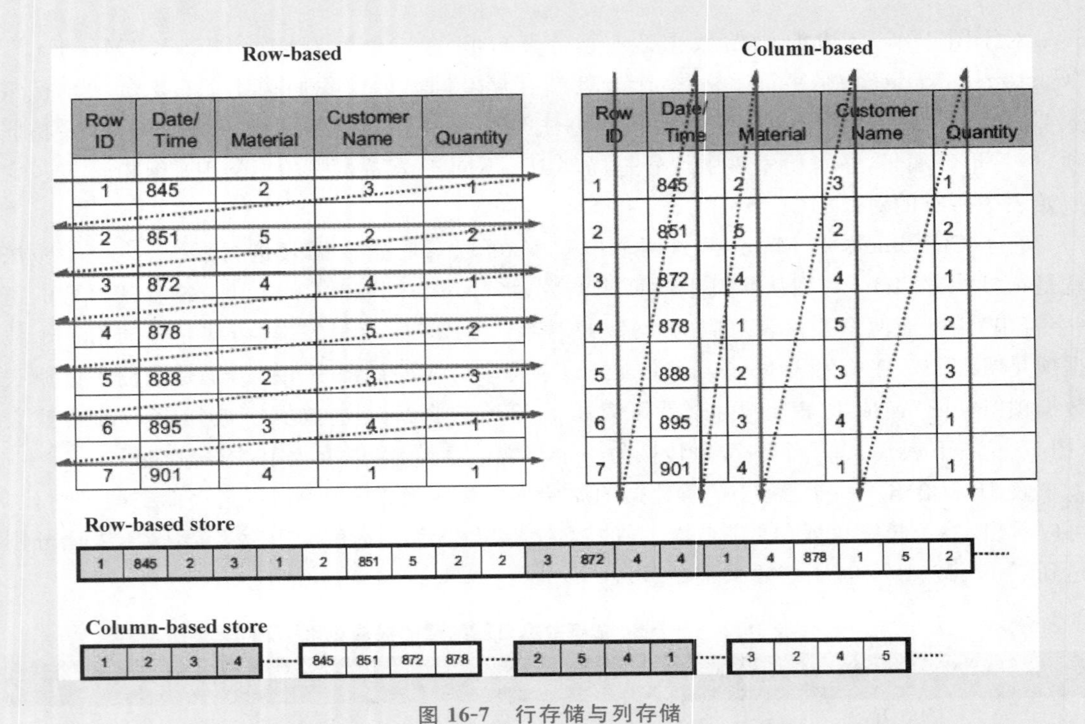

图 16-7　行存储与列存储

(2) 查询 Material 检索表(假设包含 200 万项商品)找到“Refrigerator”对应的局部 ID 值(此处为 3),最坏情况下需搜索 200 万次。

(3) 用查得的 Miller 对应的 RowID 值 4 去遍历内存中顺序存储的“Customer Name”一列的各个元素(已转换为局部 ID),若不等于 4 就设为 0,等于 4 就设为 1,遍历完需要 1000 万次操作,得到一个“0010010 ...”这样的二进制数组。

(4) 用查得的 Refrigerator 对应的局部 ID 值 3 去遍历内存中顺序存储的“Material”一列的各个元素(已转换为局部 ID),若不等于 3 就设为 0,等于 3 就设为 1,遍历完需要 1000 万次操作,得到一个“0000010 ...”二进制数组。

(5) 将步骤(3)和(4)得到的两个二进制数组进行 bit-wise AND 操作,得到的结果也是一个二进制数组“0000010 ...”,其中的非 0 位就是满足我们查询条件的数据项。此处我们发现非 0 位为第 6 位(图 16-8 的 Resultset),这就告诉我们原始数据表中 RowID=6 的数据项满足我们的查询条件。如果结果二进制数组有多项非零,这就意味着原始数据表中有多个数据项满足查询条件。

总结上述结果,字典编码+列存储数据表与传统的行存储数据表(图 16-6 左边的原始数据表)相比有如下优点。

(1) 行存储数据表在对比时需要把一条数据的全部值域(列)读入内存进行比较,而列存储数据表只需读入对应的值域(列),即部分数据。

(2) 字典编码压缩使得列存储数据表存储的是整数值(很容易用二进制数组表示),与行存储数据表的字符串操作相比,既压缩了物理存储空间,又大大提高了查询效率。

(3) 字典编码+列存储所提供的最后查询结果的 bitmap 操作(即对二进制数组进行 AND 操作),能够一次快速、高效地定位满足查询条件的多个记录项,无须像行存储数据表

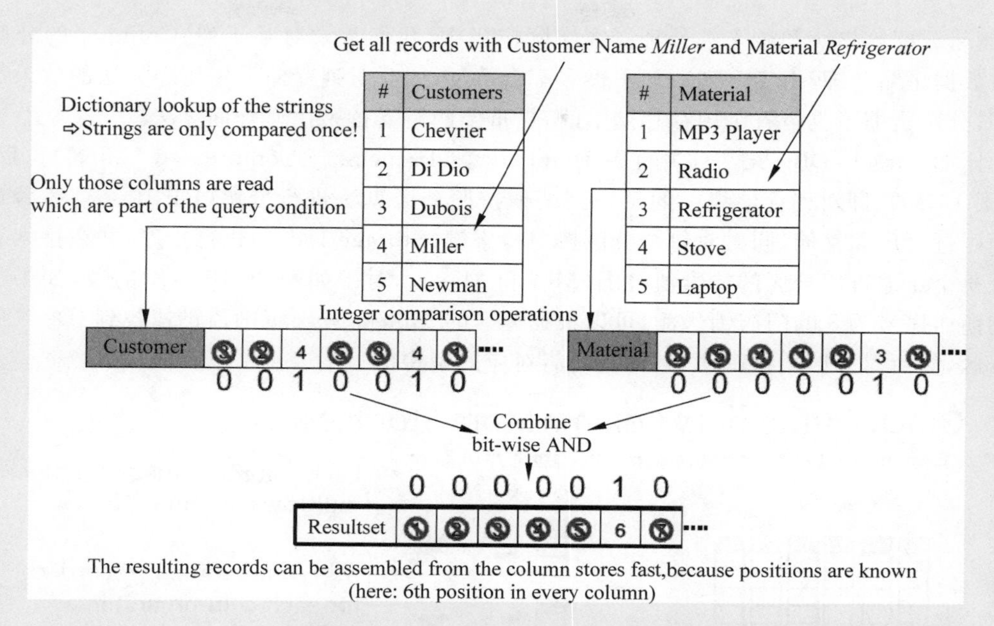

图 16-8 基于列存储的数据查询操作

那样进行循环比较查找，大大提高了查询效率。

(4) 上述列存储数据表查询的第(3)步与第(4)步之间(即对不同的列数据扫描)完全没有依赖关系，非常利于并行处理。

3) 分区

对数据表的划分及多节点并行处理。分布式缓存系统主要采用水平划分和垂直划分两种方式，如图 16-9 所示。图中 Col A 和 Col B 即是做了水平划分(按列)分配给核 1 和核 2 做并行处理；Col C 则是做了垂直划分(基于 RowKey)，按照设计的算法划分成不同的分

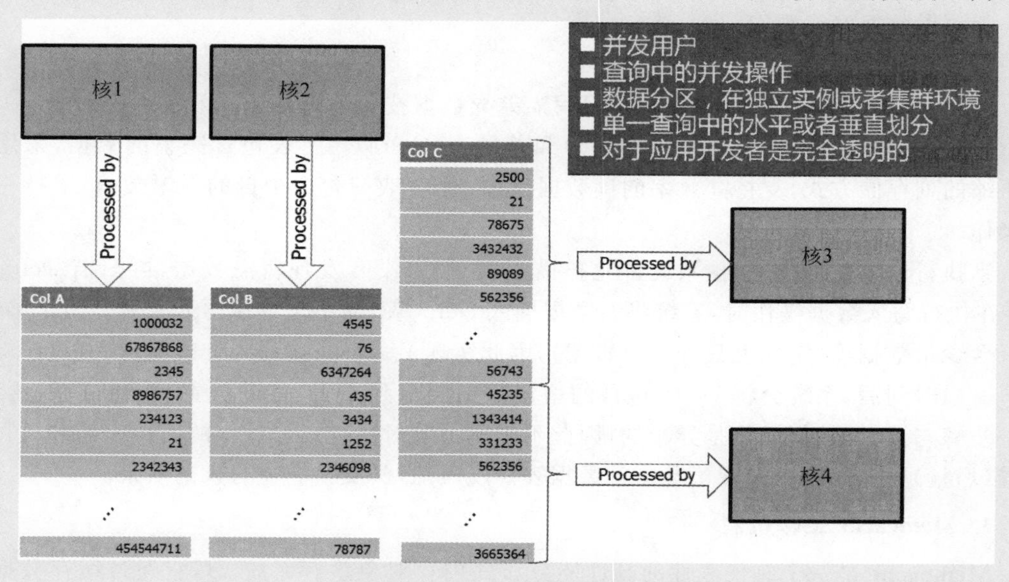

图 16-9 数据表的划分与并行处理

区，然后分配给核 3 和核 4 去处理。在实际应用中，我们常常对基于列（Column）的分区数据做数据压缩处理，由于一列数据中很多都会重复，因此对列存储采用压缩方法的效果都比较好，分区压缩不仅节省了内存存储空间，更重要的是支持了快速查询算法。

比如，Oracle DB 12c[12] 采用了一种分区压缩（In-memory Compressed Unit，IMCU）技术（图 16-10），即对列存储表中的每一列的值按照分区算法进行分块（Partition），然后对每个分区进行压缩存储，同时对每个分区按照检索键（Storage Index）进行排序，并在检索表中记录每个压缩排序分区的检索值范围（Min 和 Max）。对于如图 16-10 所示的表，如果需要查询商店序号为 8 的门店销售额，可以根据分区的 Min 和 Max 范围值迅速找到 ID=8 的所属分区，然后对分区数据解压，查得该门店对应的销售额。

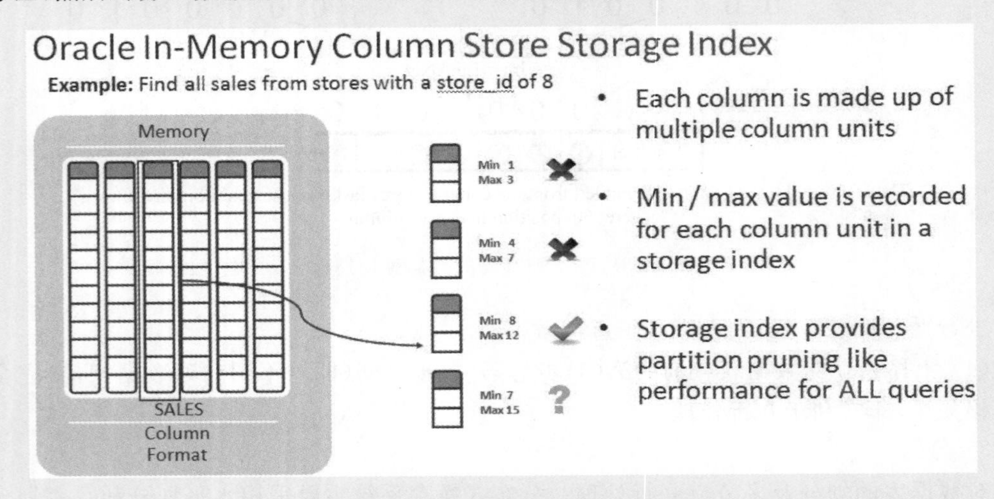

图 16-10 Oracle 的分区压缩（IMCU）技术

4）无汇总表

无须做数据融汇操作。

5）只插入差异数据

分布式缓存系统还常常采用一种只写入差异数据技术来提高访问效率。如图 16-11 所示，在内存中划分两个区域：主表（Main）和差异表（Delta）。主表包含完整的数据，采用高度压缩的列存储方式，支持高效率的读数据操作；差异表只包含少量的新增数据，支持写数据操作。

当执行读取数据操作时，系统首先扫描主表，如果没有发现所需数据，再扫描 Delta 区域；在执行写入数据操作时，系统将新数据插入 Delta 表，而不是直接写入主表。由于 Delta 表只含少量数据项（实际上只含增量数据），因此实现了一种高速写入方式。

一段时间后，系统会将 Delta 包含的增量数据同步到主表，并进行主表更新后的压缩。这一步骤与读、写数据操作是异步的，因此不影响系统对高速读写操作的支持。这种只写入差异（增量）数据的技术实现了既支持数据表高度压缩，又支持高速写入的效果。

3. Memcache 工作机制

Memcache 是一个有代表性的高性能分布式内存对象缓存系统[13]，它通过缓存数据和对象来减少读取数据库次数，从而提高数据库驱动网站的访问速度。Memcache 采用一组

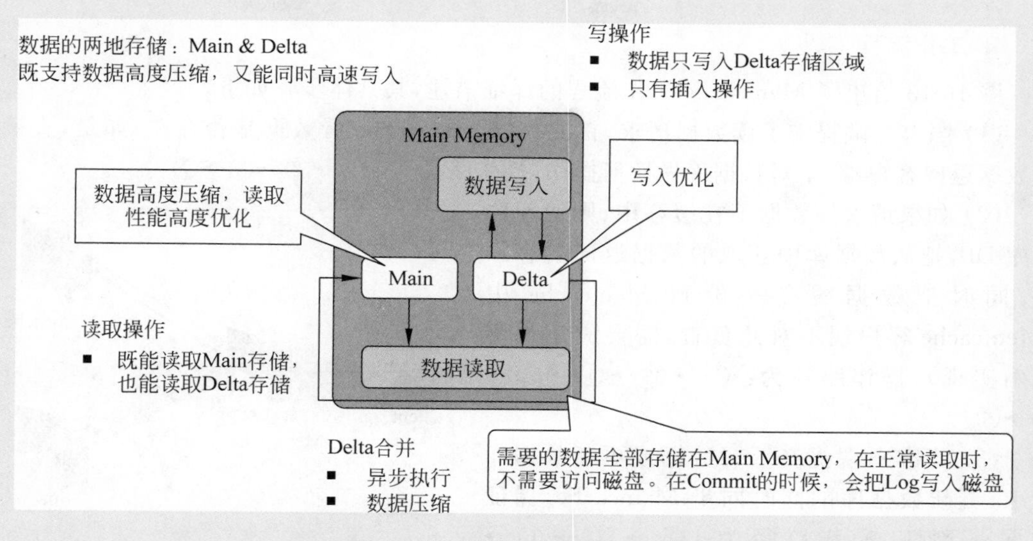

图 16-11 只写入差异数据机制

专用缓存服务器，缓存与应用分离部署。在存放和访问缓存数据时，应用程序通过一致性Hash算法选择缓存节点，集群缓存服务器之间不通信，也不需要数据同步。Memcache的计算架构见图16-12，其计算系统由应用服务器和缓存服务器集群组成，应用服务器上部署应用程序和Memcache客户端，缓存服务器上部署Memcache服务器程序。应用程序通过Memcache API向Memcache客户端提交访问任务，客户端通过通信模块与缓存服务器集群连接，并基于路由算法选择一个Memcache服务器节点执行访问任务。

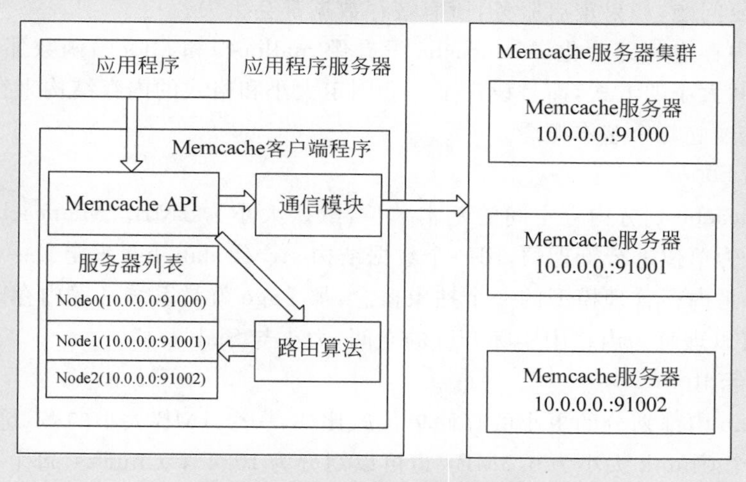

图 16-12 Memcache 计算架构

Memcache是分布式缓存系统的名称，Memcached是缓存服务器程序。

Memcache的分布式计算架构可以将在一台机器上的多个Memcached服务端程序或者分散部署在多个机器上的Memcached服务端程序组成一个虚拟的服务端Server，对于应用程序来说完全屏蔽和透明，提高了单机内存利用率，并且提供了优良的系统可扩展性。下面对Memcache机制包括工作流程、内存管理、路由算法、编程接口进行讨论。

4. 工作流程

图 16-13 给出了 Memcache 工作流程的详细描述，其具体步骤如下。

(1) 当客户端提交了读数据请求，首先扫描 Memcache 看数据是否存在，如是，直接读取数据返回客户端，不对数据库做任何操作，操作路径为：①→②→③→⑦。

(2) 如果请求的数据不在缓存中，则访问数据库 DB，把从数据库中获取的数据返回给客户端，同时把数据缓存一份到 Memcache 中(Memcache 客户端不对此负责，需要应用程序明确实现)，操作路径为：①→②→④→⑤→⑦→⑥。

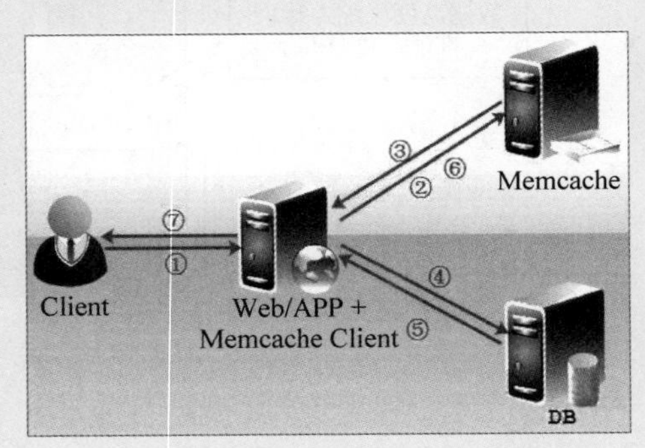

图 16-13 Memcache 工作流程

(3) 当客户端提交了写数据或更新数据库请求，更新数据库的同时同步 Memcache，保证数据一致性，操作路径为：①→④→⑥→③→⑦。

(4) Memcache 的内存空间满溢时，使用 LRU(Least Recently Used)算法及其他失效策略对缓存数据进行更换。

5. 内存管理

Memcache 采用了一种简便易行的内存管理方式，所有缓存数据都保存在内存中，高速读取数据，当内存空间满后，通过 LRU 算法自动删除不使用的缓存。但这套方法没有考虑数据的容灾恢复问题，如果重启服务，所有缓存数据都会丢失。

为了避免内存空间碎片化，Memcache 没有像 malloc()和 alloc()函数那样根据用户需要自由开辟空间大小的方式，而是设计了一套固定大小和格式的内存结构来存储用户数据。为此，下面首先建立几个基本概念。

1) Slab 与 Page

这是 Memcache 划分内存空间的基本单位，默认大小为 1MB。Memcache 把整个内存空间按照 Slab 为单位进行管理的，用一个数据结构 struct slab_list 来定义一个 Slab。

如果 Slab 是内存管理模型的一个抽象概念，那 Page 就是系统开辟内存时与 Slab 对应的物理单位，可以理解为内存中实际开辟的空间，大小与 Slab 一样。

2) Chunk 与 Item

在一个 Slab 内部划分的更小的存储单位。比如，一个 1MB 大小的 Slab 可以划分为两个 Chunks，每个 Chunk 大小为 0.5MB；也可以划分为 1024 个 Chunks，每个 Chunk 大小则为 1KB。Chunk 的大小可按照分割算法(在源代码文件 slabs.c 中)选择设定，Chunk Size 默认值为 48B。注意设置 Chunk 大小的值必须是 Byte 的整数倍，而且以增长因子(默认值 1.25)的倍数增长。如图 16-14 所示，第一个 Slab(Class 1)所选择的 Chunk Size 如果是 512B，则第二个 Slab(Class 2)选择的 Chunk Size 可以是 512×1.25=640B，以此类推。

如果说 Chunk 是管理内存空间的最小单位，Item 是要存入 Chunk 的数据项，比如 PHP 代码：$memcached-> set ("name","abc",30)；表示要把一个 Key 为 name，Value 为 abc 的键值对保存在内存中 30s，Memcached 会把这些数据打包成一个 Item，实际上 Item

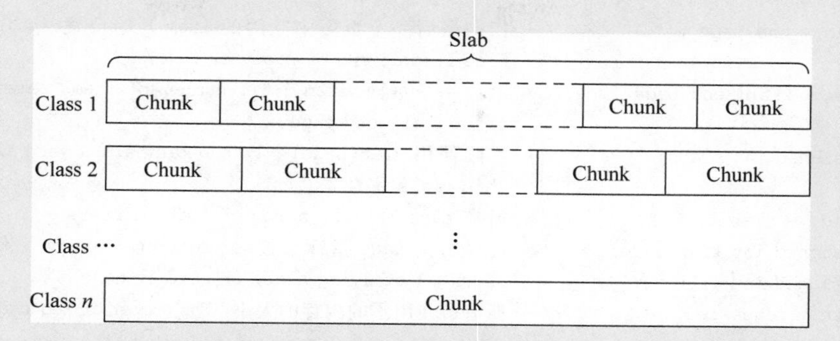

图 16-14　Slab 与 Chunk

是以下面的数据结构的形式存入 Chunk。一个 Chunk 存储一个 Item，然后 Memcache 的内存管理程序 Slab Allocator 会基于 Item 来管理运行中的内存空间。

```
typedef struct _stritem {
    struct _stritem * next;       //链表中下一个,这个链表有可能是 slots 链表,也有可能是 LRU 链
                                  //表,但一个 item 不可能同时在这两个链表中,所以复用一个指针
    struct _stritem * prev;       //链表中上一个
    struct _stritem * h_next;     //相同 hash 值中链表的下一个
    rel_time_t time;              //最近访问时间
    rel_time_t exptime;           //过期时间
    int nbytes;                   //value 的字节数
    unsigned short refcount;      //引用计数
    uint8_t nsuffix;              //后缀长度
    uint8_t it_flags;             //标记
    uint8_t slabs_clsid;          //item 所在的 slabclass 的 ID 值
    uint8_t nkey;                 //键长
    union {                       //数据存储的地方
        uint64_t cas;
        char end;
    } data[];
} item;
```

3）Slab Class

可以看出，Memcache 管理的一个内存空间内可以划分多个 Slabs，而这些 Slabs 又可以按照它们内部设置的 chunk 大小分为不同的组(比如一组 Slabs 的 Chunk Size 都是 512B，另一组 Slabs 的 Chunk Size 都是 640B 等)，这样的组就称为 Slab Class。

一组具有相同 Chunk Size 的 Slabs 用一个 slab_list 类型的数组来表征，这个 Slab 数组由 ** slab_list 指针指向。

Memcache 用如下的数据结构 slabclass_t 来管理内存中的所有 Slab Classes。

```
typedef struct {
    unsigned int size;            /* 每个 item 大小, sizes of items */
    unsigned int perslab;         /* 每个 page 中包含多少个 item */
    void ** slots;                /* 空闲的 item 指针, list of item ptrs */
    unsigned int sl_total;        /* 以分配空闲的 item 个数, size of previous array */
    unsigned int sl_curr;         /* 当前空闲的 item 位置(也就是实际空闲 item 个数),从后往前
                                     的,first free slot */
```

```
    void * end_page_ptr;         /* 指向最后一个页面中空闲的 item 开始位置, pointer to next
                                    free item at end of page, or 0 */
    unsigned int end_page_free;  /* 最后一个页面,item 个数, number of items remaining at end
                                    of last alloced page */
    unsigned int slabs;          /* 实际使用 slab(page)个数 how many slabs were allocated for
                                    this class */
    void ** slab_list;           /* 所有 page 的指针, array of slab pointers */
    unsigned int list_size;      /* 已经分配 page 指针个数,size of prev array */
    unsigned int killing;        /* index + 1 of dying slab, or zero if none */
    size_t requested;            /* 所有被使用了的内存的大小, The number of requested bytes */
} slabclass_t;
```

实际上,Memcache 是用一个数组 slabclass_t[ ]来管理内存中的 Slabs,如图 16-15 所示,slabclass_t [0]指向一个 Chunk Size=64B 的 Slab(包含多个 Chunks),slabclass_t [1]指向一个 Chunk Size=96B 的 Slab,slabclass_t [2]指向一个 Chunk Size=144B 的 Slab 等。

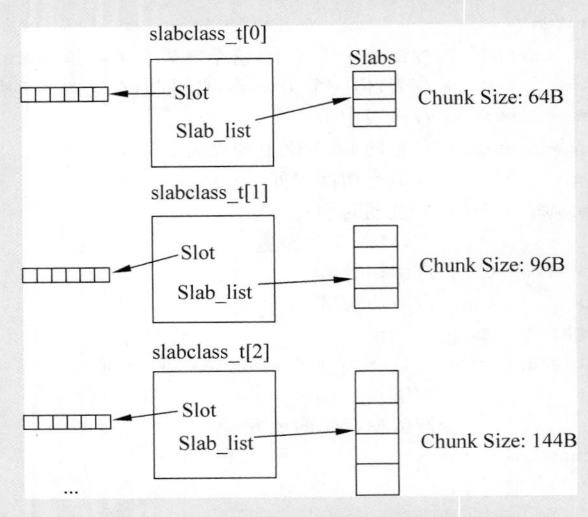

图 16-15　Slab 的 Chunk 链表和 Slot 队列

每个 Slab 内还包含一个 Item 类型的 Slot 队列。当一个 Chunk 被使用完释放后,这个 Chunk 并不归还给 Slab 的 Chunk 链表,而是放入该 Slab 的 Slot 队列。

当一个 Item 向 slabclass_t 请求内存时,Memcached 会先到与 Item 大小对应的 Slab 中查看 Slot 是否有空位,如果有,就从 Slot 中分配;如没有,则从 Slab 的 Chunk 链表中分配一个没使用的。如图 16-16 所示,蓝色 Chunk 表示已占用的,红色 Chunk 表示尚未使用的,系统用一个指针变量 end_page_ptr 总是指向下一个可用的 Chunk。当用户释放蓝色 Chunk 时,系统会将它放到 slabclass_t 的 Slot 里。

初始化时, Memcache 为每个 Slab Class 分配一个 Slab,当这个 Slab 内的 Chunks 使用完后, Memcache 就分配一个新的 Slab 给这个 Class,所以一个 Slab Class 可以拥有多个 Slabs,这些 Slab 就是通过 slab_list 数组来管理的。

4) 内存回收的 LRU 算法

内存空间总是有限的,当负载达到一定状况,所有的 Chunks 都被占用了,这时就需要设计一个算法来淘汰旧的 Item,腾出空间接纳新的 Item。Memcache 采用的是 LRU(Least

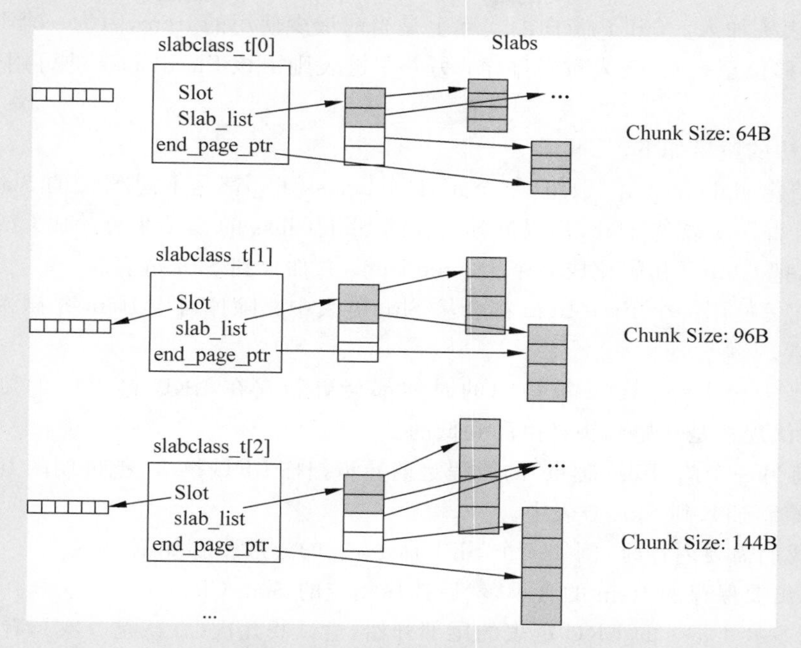

图 16-16　Slab 已使用和未使用的 Chunks

Recently Used)算法，即从当前 Item 中找出最少使用的那个淘汰。

图 16-17 表示的是一个内存空间内各个 Slab Class 的即时状态。每个 Slab 的红色 Chunks 表示已被占用空间，绿色 Chunk 表示尚未使用或已释放的空间。Memcache 使用两个链表来支持一个 Slab Class 的 LRU 算法，由于内存内有多个 Slab Class，因此 Memcache 需使用多组链表。

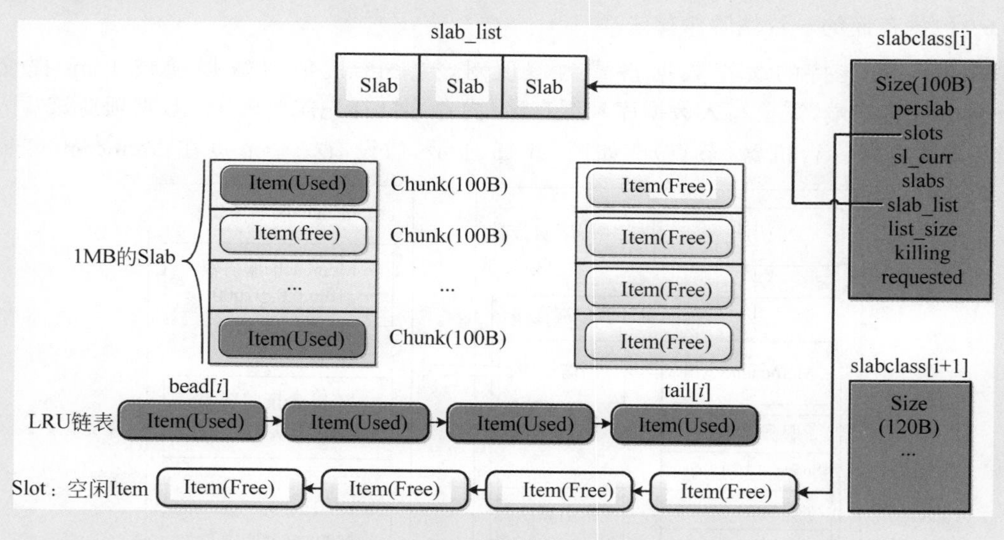

图 16-17　内存回收的 LRU 链表

如图 16-17 所示第 i 个 Slab Class 的 LRU 链表由 Chunks 组成，其头和尾分别由两个指针 head[i]和 tail[i]标志。head[i]指向的既是链表头，也是最新使用过的 Item，因为新的

Item 是从链表头加入。tail[i]指向的实际上是当前最少使用的 Item，因为一个 Item 被使用过一次，即要移位至表头，链表重新排序；另一个链表则由该 Slab Class 的可用 Chunks(绿色)组成。

LRU 算法的逻辑如下。

(1) 初始化 slabclass_t[]数组，每个元素 slabclass_t[i]都是不同 Size 的 Slab Class。

(2) 每开辟一个新的 Slab，都根据其所在的 Slab Class 的 Size 来分割成 Chunk，分割完 Chunk 之后，把 Chunk 初始化成一个个 Free Item，并加入到 Slot 链表。

(3) 我们每使用一个 Free Item 都会从 Slot 链表中删除掉对应 Item 并插入到 LRU 链表相应的位置。

(4) 每当一个 Used Item 被访问的时候都会更新它在 LRU 链表中的位置，以保证 LRU 链表淘汰规律是从尾到头是由高到低的。

(5) 会有另一个叫"Item 爬虫"的线程定期异步扫描 LRU 链表，把过期的 Item 淘汰掉，然后把空位重新插入到 Slot 链表中。

(6) 当我们需要内存时，例如一个 SET 命令，它的一般步骤如下。

① 计算出要保存的 Item 的大小，然后选择相应的 Slab Class；

② 从该 Slab Class 的 LRU 链表的尾部开始，尝试找几次(默认是 5 次)，看看有没有过期的 Item，如果有就利用这个过期的 Item 空间；

③ 如果没找到过期 Item，则尝试去 Slot 链表中拿空闲的 Free Item；

④ 如果 Slot 链表中没有空闲的 Free Item 了，则尝试申请内存，开辟一块新的 Slab，开辟成功后，Slot 链表就又有可用的 Free Item 了；

⑤ 如果开不了新的 Slab，说明内存都已用完，只能去淘汰现有的 used item，从 LRU 链表尾部找出最后一个 Item 淘汰，然后作为 Free Item 加入 Slot 链表，然后就可以使用了。

6. 数据存储的一致性哈希算法

Memcache 支持的缓存数据格式为键值对，当一个键值对数据项被 Item 提交给 Memcached 客户端，需要写入数据库和缓存区(内存)时，首先需要确定：数据项应该写入缓存服务器集群哪一台机器(节点)？如图 16-18 所示，假设有三个节点在 Memcached 集群

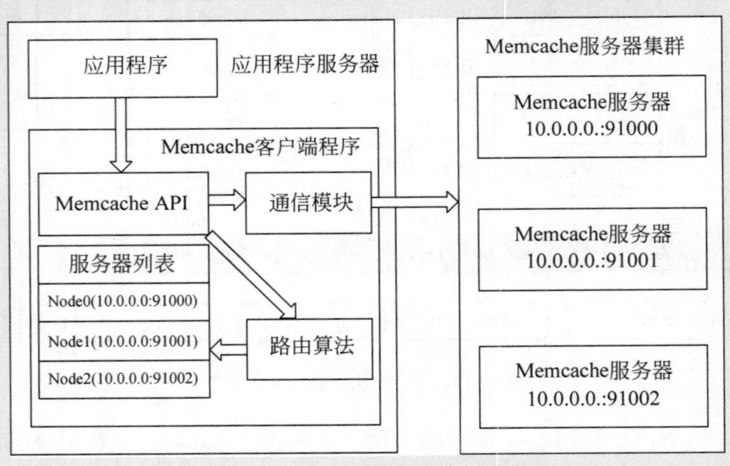

图 16-18 数据存储的路由算法

中，需要有一个数据存储分配的路由算法帮助我们把写入的数据均衡地分配到这三台机器上。

需要注意的是，Memcached 服务器节点之间并无通信，不共享任何信息，它们只被动地接受和执行来自于客户端的服务请求，因此 Memcache 的缓存分布模式不是由服务器端来控制，而是很大程度上由客户端的数据存储路由算法来实现。

把一个数据项(其键值可以是一个字符串)要映射到三个机器节点上(Node0，Node1，Node2)，首先可以采用最常见的余数 Hash 算法，即首先计算键值的 HashCode(计算一个字符串的哈希值有各种算法[14])，然后依据下面的格式计算选择的服务器 ID：

$$服务器\ ID = HashCode\ Mod\ 3$$

假设有一组 20 个 Items 的键值经 Hash 后得到的 HashCode 值为 0～19，则按照上述余数 Hash 路由算法得到的分配映射表如表 16-3 所示。

表 16-3　分配映射表

HashCode	0	1	2	3	4	5	6	7	8	9	10	11	12	13	14	15	16	17	18	19
选择的服务器 ID	0	1	2	0	1	2	0	1	2	0	1	2	0	1	2	0	1	2	0	1

可发现，Node0、Node1、Node2 分别分配了 7、7、6 个 Items，负载分配基本是均衡的。如果不考虑 Memcache 缓存服务器集群扩容的情况，余数 Hash 算法能够提供较好的分配结果。

但大型企业门户网站应用，常常需要随着业务量的上涨而增加缓存服务器数目，这就导致了原有的缓存映射关系大比例失效的问题。比如，我们把缓存服务器台数从 3 增加为 4，增加后的映射表如表 16-4 所示。

表 16-4　增加服务器后的映射表

HashCode	0	1	2	3	4	5	6	7	8	9	10	11	12	13	14	15	16	17	18	19
选择的服务器 ID	0	1	2	3	0	1	2	3	0	1	2	3	0	1	2	3	0	1	2	3

与前面三台缓存服务器映射表比较，可看出，20 条数据中只有 6 条数据(蓝颜色，占 30%)保留了原来的映射关系，如果继续增加服务器台数，这个保留比例会更加下降。这个结果说明，使用余数 Hash 路由算法在服务器扩容时会造成大量数据在缓存区无法正确命中(不仅是无法命中，大量无法命中的数据在被移除前还占据着内存)。网站业务中大部分的业务数据请求事实上是通过缓存获取的，只有少量读操作会访问数据库，因此数据库的负载能力是以有缓存为前提来设计的。当大部分缓存数据因服务器扩容而不能正确读取时，这些数据访问的压力就落在了数据库身上，这将大大超过数据库的负载能力，严重的可能会导致数据库宕机，这个结果显然是无法接受的。上述情况还会发生在部分服务器失效的情况，因此需要能支持服务器规模变化的更有效的路由算法。

目前 Memcache 采用了一致性哈希算法(Consistent Hash)。其原理为通过一个称作一致性 Hash 环的数据结构实现键值对 Key 到缓存服务器 ID 的 Hash 映射，这个一致性 Hash 环如图 16-19 所示，它跨越了长度区间$[0,\ 2^{32}-1]$。我们可以计算服务器节点 ID 的

HashCode(也落在[0, $2^{32}-1$]区间),然后把它定位在这个一致性 Hash 环上某一点(图中 Node0、Node1、Node2 落在不同的环上不同位置)。

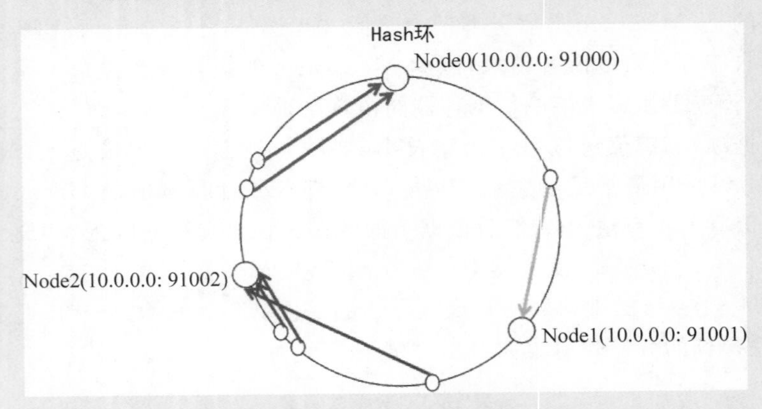

图 16-19 一致性 Hash 环

如果有一个数据项需要写入缓存区,首先对数据的 Key 值计算得到其 HashCode(其分布也为[0, $2^{32}-1$]),然后根据这个 HashCode 值在一致性 Hash 环上顺时针查找距离这个数据项最近的服务器节点,这即是该数据项分配去的服务器节点。图中的红色箭头表示有两个数据项映射到 Node0,蓝色箭头表示有三个数据项映射到 Node1 等。

如果 Memcached 服务器集群扩容,比如上例中增加了服务器节点 Node3,它在一致性 Hash 环上的位置比如说落在 Node1 与 Node2 之间的左下角位置(如图 16-20 所示),这就影响到了原来映射到 Node2 的一个数据项(绿色箭头),现在就改成映射到 Node3。这说明,一致性 Hash 算法在服务器扩容时一样会影响到部分映射关系,但与余数 Hash 算法相比,它有以下两个优势。

(1) 扩容时,一致性 Hash 算法只影响 Hash 环上新加入节点与顺时针方向它身后节点这个区间的数据项,也即是影响是局部的而非全局性的;

(2) 随着节点数增加,环上服务器节点排列越来越密,上述受影响区间会变得越来越小,原有映射关系保持正确性的概率越来越大,这就意味着服务器规模扩大反而使得一致性 Hash 算法的结果倾向稳定,这是算法的优势。

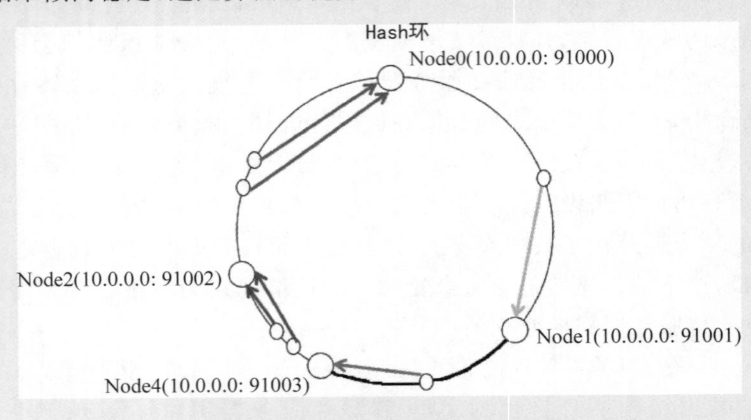

图 16-20 扩容后的一致性 Hash 环

另外一个应用较多的分布式缓存系统是 Redis[14]，一个在 BSD License 下开源的软件，它支持高速缓存和消息队列代理，也可用作数据库。另外，Redis 的数据结构丰富，支持字符串、哈希表、列表、集合、有序集合、位图等数据类型。在计算架构方面，Redis 采用主从(Master/Slave)模式，通过 Master(单节点)承担写数据和 Slave(多个节点)承担读数据来实现读写分离模式，提高了运行效率。但与 Memcache 缓存节点之间互不通信不同，Redis 的 Slave 节点在系统启动时需要连接 Master 节点同步数据。主从模式也使得不管是 Master 还是 Slave，每个节点都必须保存完整的数据备份，如果在数据量很大的情况下，集群的扩展性就会受限于单个节点的存储能力。

16.2　内存数据库

传统的数据库管理系统把所有数据都存储在磁盘上进行管理，所以称作磁盘数据库(Disk-Resident Database，DRDB)。磁盘数据库需要频繁地访问磁盘来进行数据的操作，当数据量很大、磁盘 I/O 操作频繁时，会导致性能瓶颈问题，称为磁盘延滞。除了分布式缓存系统技术之外，另外一个解决方案就是内存数据库(Main Memory Database，MMDB)，即重新设计数据存储结构，把查询处理、并发控制与恢复的算法都放入内存中完成，最大程度地减少对磁盘的访问。这类产品目前有 VoltDB[15]、SAP HANA[16]、Oracle 12c[12]等。

1. 内存数据库计算架构

一个完整的数据库应用系统计算架构见图 16-21，它包含应用层、高速缓存层、内存数据库层、磁盘数据库层(持久性存储)4 个层次。应用程序(Application)运行在应用服务器上，通过缓存系统客户端或数据库连接件与数据库服务器连接，获得数据服务；高速缓存层或内存数据库部署在缓存服务器(比如 Mechache)或数据库服务器上，但它们的事务性操作和数据读取计算均在内存中完成；磁盘数据库层包括持久化存储的关系型数据库或其他类型数据库，部署在数据库服务器硬盘上，提供永久性数据存储和管理服务。

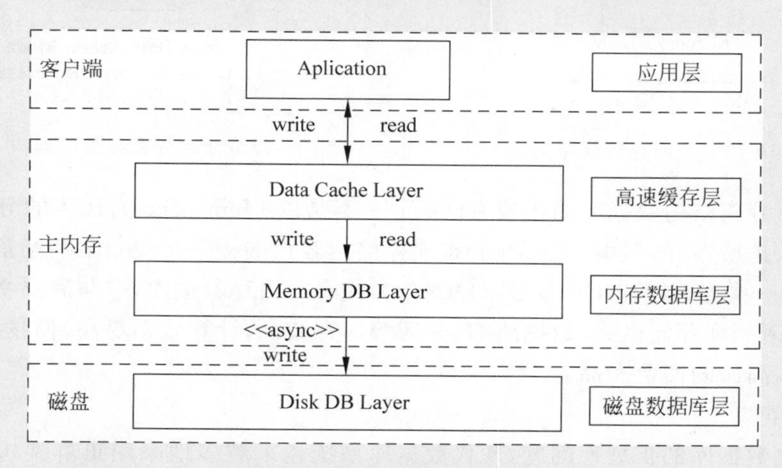

图 16-21　完整的数据库计算架构

内存数据库与磁盘数据库的主要差异就在于前者读取处理数据是在主内存中，而后者读取的是在磁盘上。

1）全内存架构

为了提高数据访问速度，一种理想的模式是把全部数据存储在内存中，所有的数据计算和事务性操作均在内存中完成，如图16-22所示。但这种结构立即会带来如下问题。

(1) 机器主内存空间有限，难以一次性装载全部的数据库数据；

(2) 内存并非持久化存储介质，一旦断电或系统重启，内存中的数据就会丢失；

(3) 系统扩展性差，如果加入新的机器，无法立即对新机器的内存空间进行寻址，需要修改程序代码。

由于上述原因，实际应用中很难使用全内存数据库。后面将介绍的RAMCloud系统[17~19]是这方面的一个探索。

2）读写分离架构

为了克服全内存数据库无法提供及时的持久性存储的缺点，我们在系统中增加了磁盘存储，但为了提高数据访问速度，又在内存中另外实现了一套存储结构或内存数据库，如图16-23所示。通过这种两层结构的读/写分离模式(读数据由内存数据库承担，内存中找不到才去访问磁盘数据库；写数据则是写入磁盘数据库，不影响内存数据库访问速度；内存数据库定期与磁盘数据库同步，从磁盘数据库导入新写入数据或是把内存计算结果持久化到磁盘上)，达到既能保证高速访问速度，又能持久化存储数据的目的。

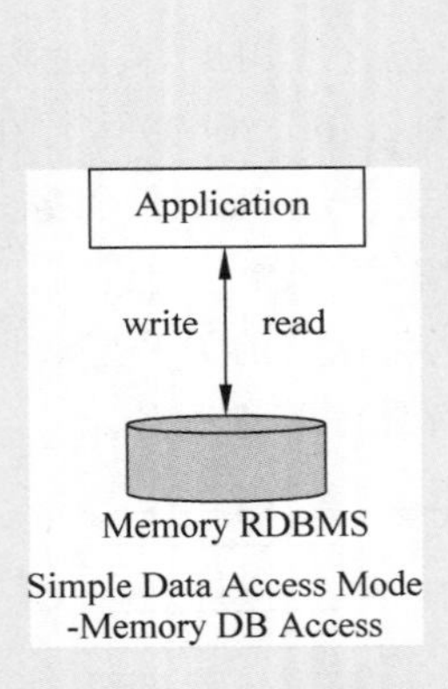

图16-22 全内存数据库架构

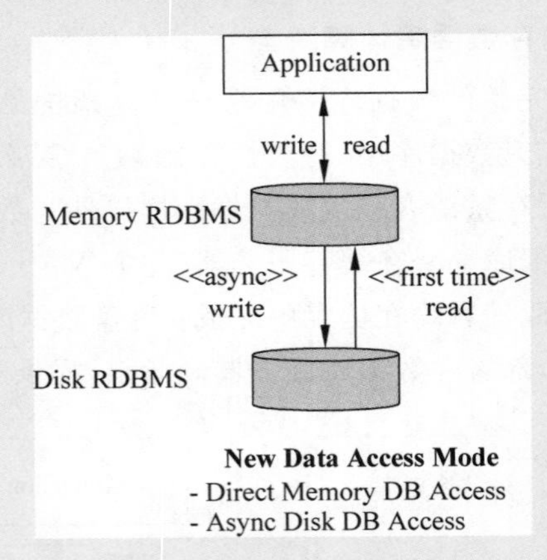

图16-23 读写分离数据库架构

这种读写分离结构数据库的代表有两类：一类是以Memcache为代表的分布式缓存系统，实现简单、扩展性好，但编程复杂(分布式存储由客户端程序实现)、某些场景下内存使用效率不高；另一类是以VoltDB、SAP HANA为代表的内存数据库，它与底层文件系统结合较好，使用了诸如列存储格式、数据压缩、分区等内存技术，计算效率更高，但技术复杂，目前更多的是成本高昂的商业产品。

3）集群架构

为了解决数据库的扩展性问题，现代数据库系统越来越多地采用集群架构，如图16-24所示。集群架构很好地解决了数据库的扩容问题，但集群中每台机器都是一个有独立CPU和独立内存的节点，这就需要部署在集群节点上的内存数据库解决如下问题。

（1）统一的内存地址空间以实现统一的数据存储格式；
（2）数据的分区及检索；
（3）多节点并行计算模型；
（4）节点间通信及计算同步(或异步)。

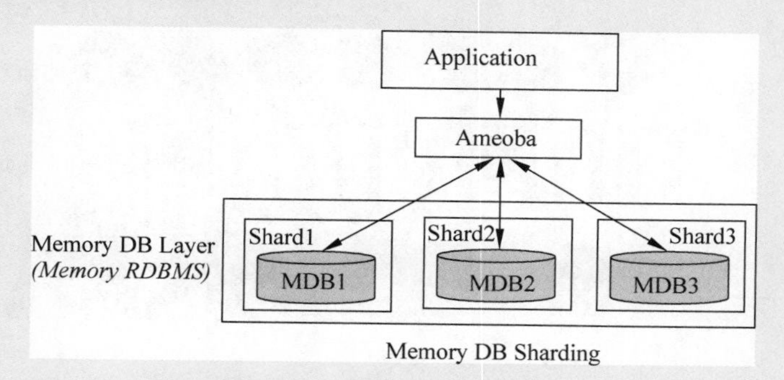

图 16-24 数据库集群架构

4）混合分区架构

即使采用可扩容的集群架构仍需解决内存数据持久化问题，因此在集群分区中采用混合模式(Hybrid Shard)，即每个分区由一个内存数据库节点和一个 MySQL 节点共同组成。原来一个 MySQL 节点承担的一个水平分区现在变成

$$\text{H-Shard} = \text{MMDB} + \text{MySQL}$$

这种混合分区数据库架构将形成水平方向的多分区、垂直方向的二级数据库(2-Level DB)，如图 16-25 所示。混合分区架构较好地解决了数据库扩容与持久化存储问题，分区计算模型能够支持超大规模数据的并行处理，内存数据库这一层也能保证高速访问。但系统结构和软件架构都趋于复杂，开发成本高。

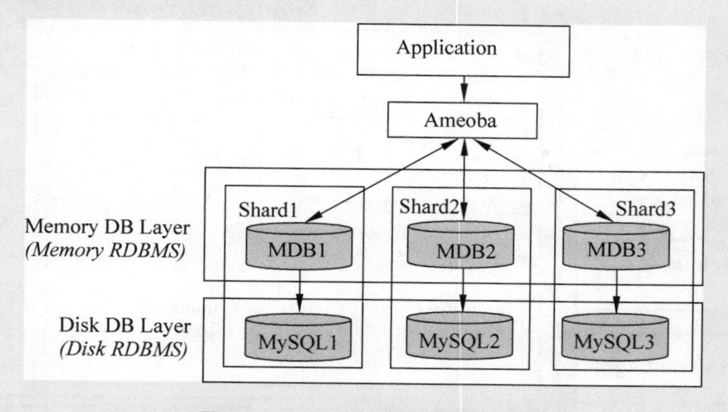

图 16-25 混合分区数据库架构

2. SAP HANA 内存计算系统

德国 SAP 公司的 HANA(High-performance Analytic Appliance)[16]是一个软硬件结合支持内存计算模式的高性能计算分析平台。HANA 的分层计算模式如图 16-26 所示，在最高层它采用了多 CPU 多节点高性能集群来支持并行计算模型，在中间层 HANA 使用了内存中的列存储数据库来整合 OLTP(Online Transaction Processing，联机事务处理)和

OLAP(Online Analytical Processing,联机分析处理),在内存计算中使用了列存储格式、数据分区与压缩、差异数据处理等技术,提供一种速度远远高于传统关系型数据库 RDBS 的数据服务。在最低层 HANA 仍然使用传统的磁盘数据库来提供永久化数据存储与管理功能。

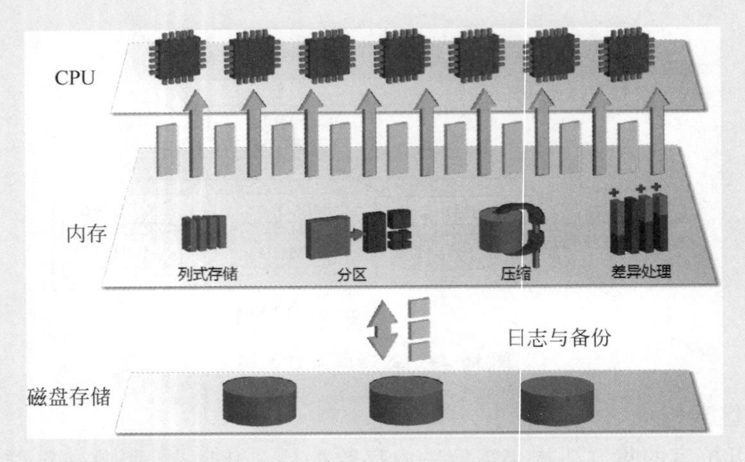

图 16-26 HANA 的分层计算模式

对应于上述分层计算模式,HANA 设计了如图 16-27 所示的计算架构。可以看出,图中 SAP HANA Database 子系统主要提供数据存储、预处理、计算分析、支持行存储(Row Store)和列存储(Column Store)两种结构、事务处理、数据访问、持久化存储等功能和服务。除了数据持久化存储(Persistent Storage)这一功能,其他功能和操作都在内存中完成。

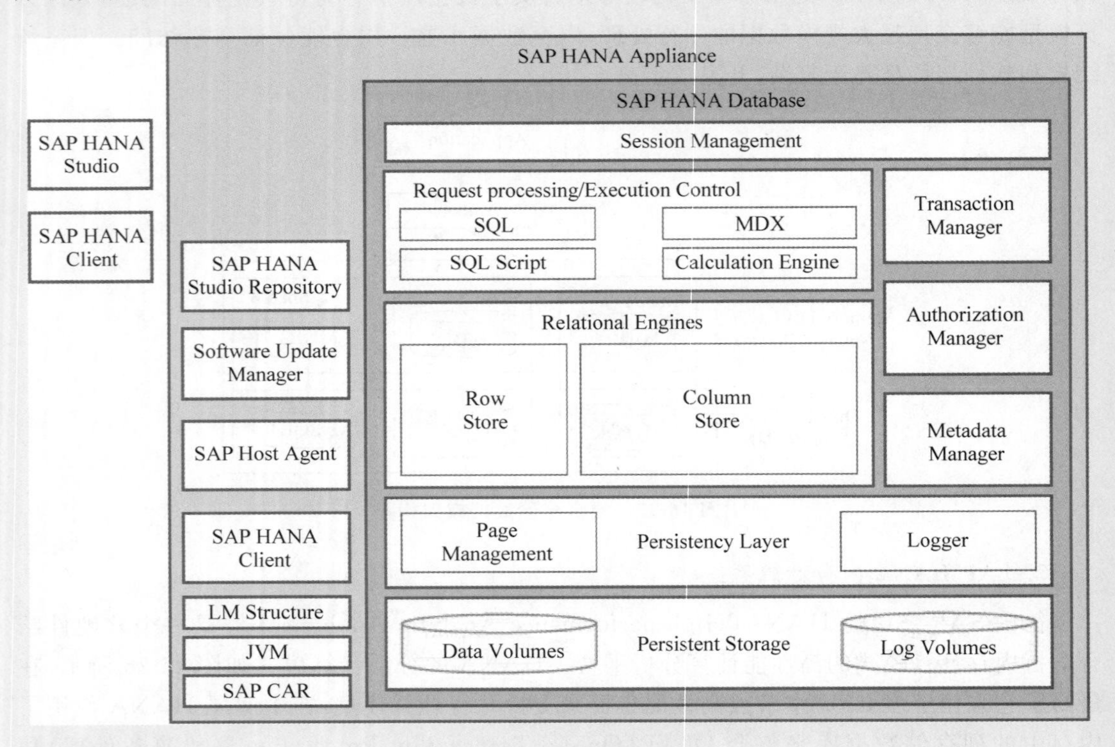

图 16-27 HANA 计算架构

上述 HANA 的内存计算模型如图 16-28 所示。查询语言(SQL、MDX 等)被转换成通用计算任务,再用一个有向图来表示成计算模型(Calculation Model),包含数据流的输入和输出的各种操作。图 16-29 即是根据一个 SQL 查询请求生成的计算模型,包含 join 操作和计算任务。计算模型可以基于客户端(例如 Excel 中提供的 MDX)的表达式灵活生成,可以看作是高度优化的、可重用的参数计算模式。

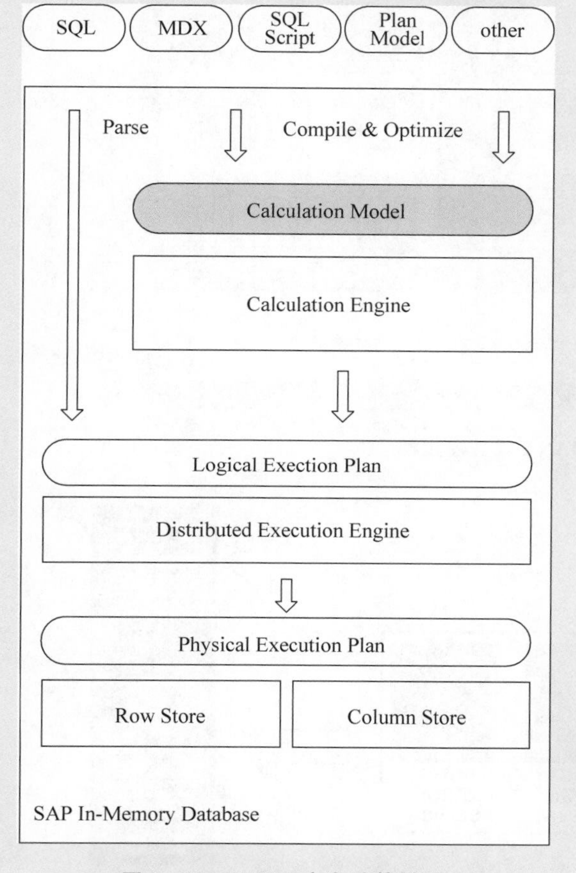

图 16-28　HANA 内存计算模型

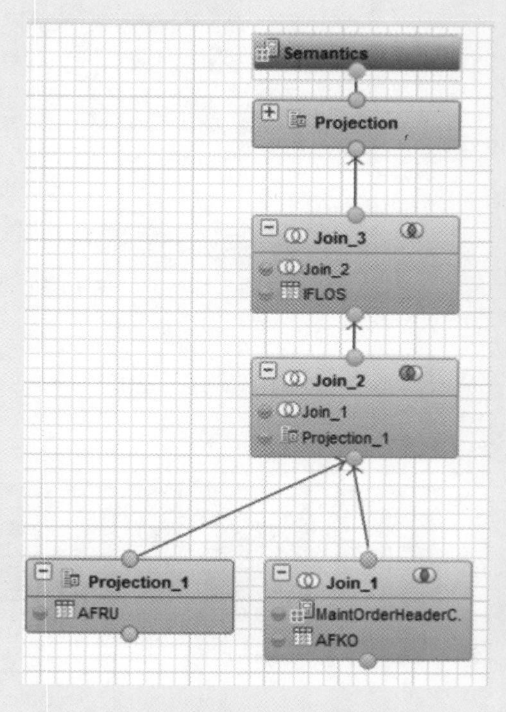

图 16-29　HANA 计算有向图

HANA 的计算引擎(Calculation Engine)是其核心,负责解析并处理对大规模数据的各类 CRUDQ 操作,对生成的计算模型赋予运行参数、装载计算数据并定义计算流程,它支持 SQL 和 MDX 语句和 SAP/non-SAP 数据格式。

HANA 通过服务器集群来提供系统高可用性及灾备功能。如图 16-30 所示,HANA 数据库部署在多个服务器节点上,其中包含备用节点(Standby)。当工作服务器(例如 Server'3)发生失效时,备用服务器会自动切换提供热灾备能力。不同节点间数据库同步和通信依赖于硬件技术。

图 16-31 表示一个组合了 5 台服务器节点(每个节点 4 组 CPU,512GB 内存),最后扩容到 16×10CPU,内存达到 2TB 的集群服务器。

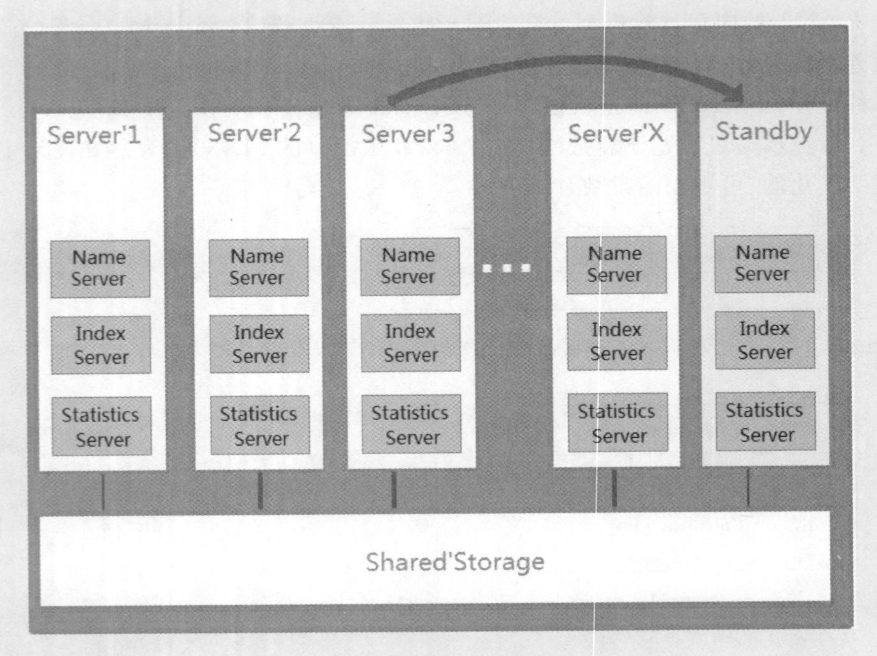

图 16-30 HANA 服务器集群

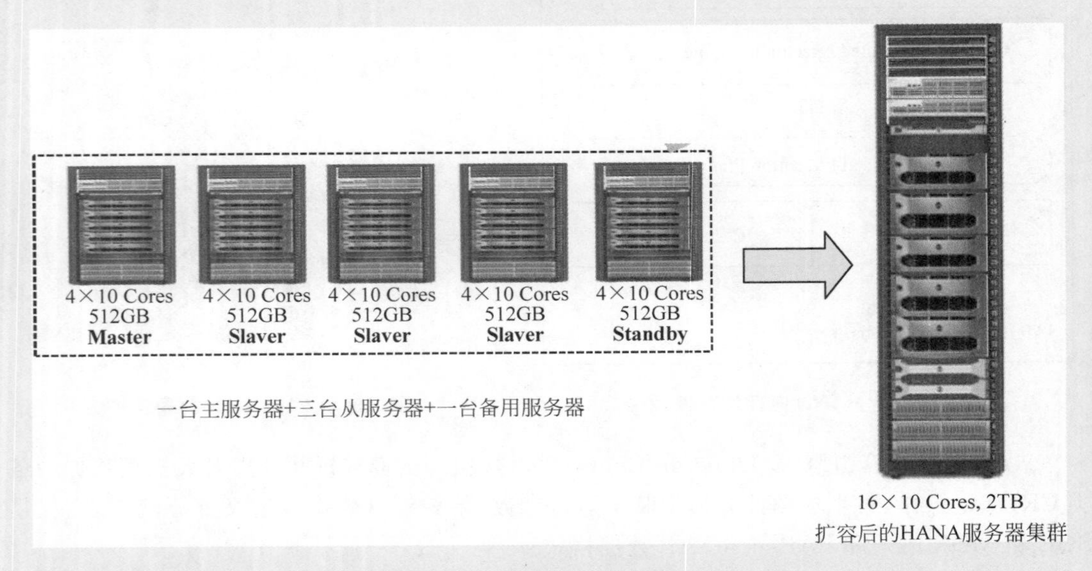

图 16-31 HANA 服务器扩容方案

16.3 内存云 MemCloud

计算机传统的存储介质包括内存(RAM)、缓存(Cache)、磁盘(Disk)三类,根据存储访问速度不同,传统计算中把计算数据存储在磁盘上,内存中装载计算程序,而缓存只是用于存放少量高频访问数据,改善系统响应特性。磁盘存储导致的性能瓶颈已被证实是大数据计算架构面临的主要问题，主内存比磁盘高100倍以上的读写速度使得研究开发人员越来越多地把注意力投向内存存储与计算模式，而近年来内存硬件(DRAM)成本日益下降的趋势也使得基于内存的解决方案成为一种可能的选项。

内存计算除了前面章节谈到的分布式缓存系统和内存数据库解决方案之外，美国斯坦福大学教授、美国工程院院士 Dr. John Ousterhout 提出的 RAMCloud[17~19] 内存云系统是一个大规模分布式内存计算系统，是一个技术理念超前的方案。在该设计方案中，RAMCloud 系统由上千个存储服务器节点组成，这些服务器由数据中心的高速网络(比如 Infiniband[20])连接构成一个内存云集群。RAMCloud 将上千台机器的 DRAM 构成一个统一寻址的巨大内存空间，将所有的计算数据和程序一次装载入内存，在内存完成全部计算。

1. 计算体系架构

每个 RAMCloud 节点的计算架构如图 16-32 所示，它包含 Master 和 Slave 两个模块。

(1) Master 模块管理节点主内存和存储在内的 RAMCloud Objects，并负责处理客户端程序的读写数据要求；

(2) Backup 模块负责管理节点本地磁盘和闪存，以及存储在磁盘上的其他节点数据文件的副本。

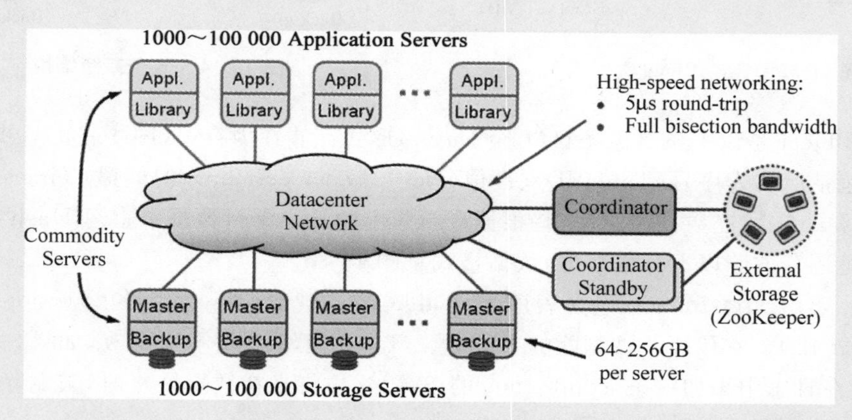

图 16-32 RAMCloud 系统架构

整个内存云集群由一个 Coordinator 节点(有一个备用节点)管理，负责系统配置、用户注册、计算任务分发等工作。

所有计算数据和程序均一次装载入内存，节点磁盘只是作为备份数据存储，当崩溃发生时用于失效恢复。

RAMCloud 实际上是采用了异构多存储介质设计的高性能分布式内存数据库系统。它针对异构存储介质的不同特性，采用了所谓的日志缓存(Buffered Log-grog)[18] 技术，将计算数据和程序放置在性能最好的内存中，达到最快计算效果；而将副本以及数据更新日志放置在成本较低的缓存或磁盘存储介质上，既降低了成本，又保证了性能。

2. 数据存储架构

RAMCloud 使用简单的键值对数据结构，数据被封装为 Object，每个 Object 都被长度不一的唯一的 Key 标记，是 RAMCloud 处理的基本数据单位(即围绕 Object 的操作都是原子化操作)。Object 的大小介于几十 B 到 1MB 之间，一般使用较小单位。多个 Objects 组成一个 Table，一个 Table 可以有多个副本存放在集群的不同节点上。图 16-33 描绘了 RAMCloud 的数据模型。

RAMCloud 在每个集群节点上的 Master 程序管理着存放在内存里的一组 Objects 和一个哈希表（图 16-34），表里面每一条 Entry 都对应着内存里存放的一个 Object。RAMCloud 采用了日志形式的结构（Log-structured Memory）来划分内存，即 Object（数据）是以日志队列形式存储在内存里，而且这个队列是 Append-only 类型，即新 Object 只能添加在队尾，而不是插入。一个节点 Master 只维护这样一个内存里的日志队列。

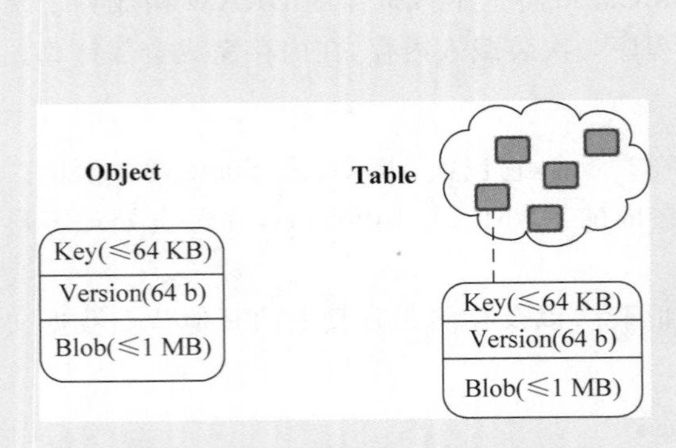

图 16-33 RAMCloud 数据模型

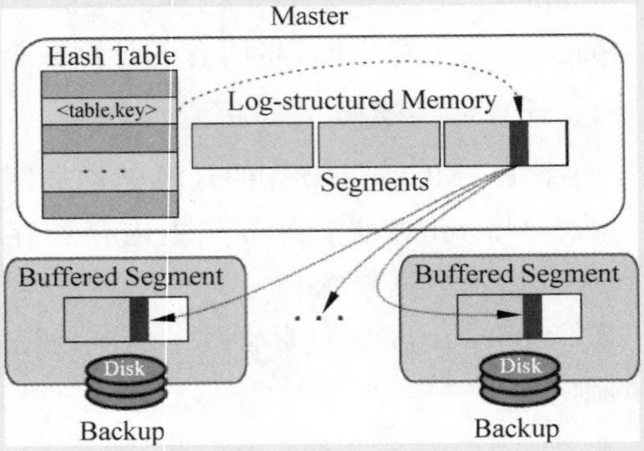

图 16-34 节点存储结构

每个 Object 是以一条日志条目（Log Entry）形式存储在内存里（图 16-35），Object 日志条目值域包括所属表序号（Table ID）、键值（Key）、版本（Version）、时间戳（Timestamp），以及数据区（Value）。在数据恢复时，将根据最新版本的日志条目数据来重建 Hash Table。

内存里还存放着以下日志数据，数据格式见图 16-35。

失效标志（Tombstone）：包含表序号（Table ID）、键值（Key）、版本（Version）、分区序号（Segment ID）。它代表了被删除的 Object。日志一旦写入就不可修改，如果一个 Object 被删除，就在日志中添加一条 Tombstone 的记录，这样将来在数据恢复时，被删除的 Object 就不会被重建。

分区头（Segment Header）：包含主程序号（Master ID）、分区序号（Segment ID）。

日志摘要（Log Digest）：包含日志中所有的 Segment ID。在数据恢复时，将根据最新

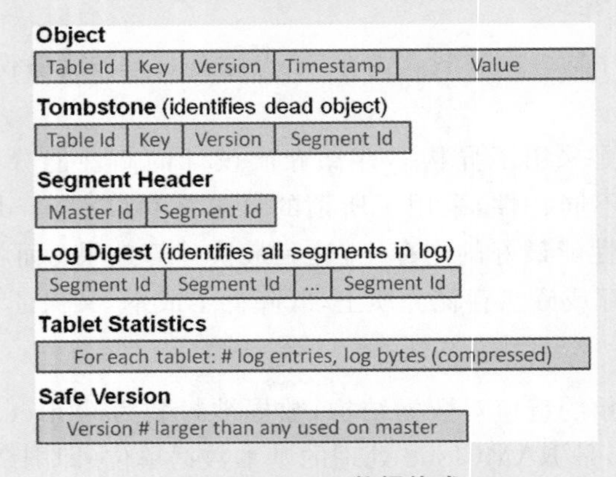

图 16-35 Log 数据格式

的日志摘要来加载所有的日志数据。每个节点的日志摘要使得节点恢复可以自我完成，而不需要有一个保留所有节点元数据的集群中心节点的存在。

但失效标志(Tombstone)也有一个何时被清除的问题。Tombstone 中包含一个它所代表的已删除的 Object 所属的分区号(Segment ID)，内存清除时(Cleaning)，清除程序会检查 Tombstone 所含的 Segment 是否还存在，若是否定，则证明该 Object 也已不存在，该条 Tombstone 就可以清除；如果 Segment 还在，Object 可能就还没彻底清除，就仍需保留这条 Tombstone。

表统计(Tablet Statistics)：包含每个 Tablet 的统计数据。

安全版本(Safe Version)：比日志中所有已使用的版本号都大的一个版本号。

Master 程序在内存中维护了一个哈希表来管理所有 Object 的日志条目，哈希表的每一条目(Entry)都对应着内存中一个存在的 Object，哈希表条目中包含指向该 Object 的指针，只要给了表序号(Table ID)和键值(Key)，Master 就可以快速定位内存中的 Object。

内存中的 Log 数据又被划分为大小为 64MB 的分区(Segment)，每个 Segment 又生成两三个副本，分散存储在集群中其他节点上，这是 RAMCloud 提供的数据备份和容错机制。注意，Segment 的副本并不是存放在其他节点的内存中，而是持久化存储在当地磁盘上，由 Backup 程序管理。这些备份 Segment 平时并不使用(磁盘 I/O 速度太慢)，只是用于灾备恢复。而且在数据恢复时读取磁盘上的备份日志数据也不是分条读取，而是一次读取 Log 全部数据。

3. 内存清除机制

内存空间在使用一段时间后，不可避免地有一些 Log 会失效，一些 Log 的空间没有使用完，即所谓的内存碎片化(Memory Fragmentation)，由于内存空间非常宝贵，RAMCloud 设计了一套内存清除(Cleaning)机制来有效地使用和管理内存。内存清除流程分为以下三步(图 16-36)。

(1) 找出空余有大量多余内存空间的分区(Segment)；

(2) 将多个 Segments 内包含的仍有效的 Log 迁移(Copy)到同一处，一个空白 Segment 填满了后再开启下一个；

(3) 将数据已迁移的 Segments 占用的内存释放。

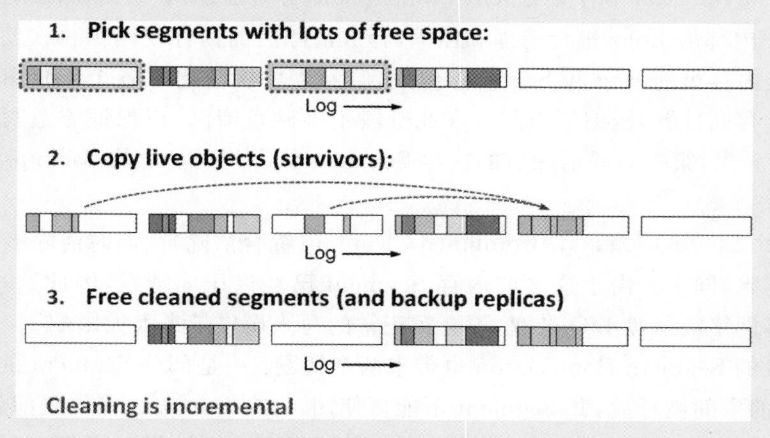

图 16-36　内存清除流程

内存清除操作不得不考虑到效率问题，当内存使用率低时(有较多空余内存空间)，进行内存清除工作有较高收益；内存使用率高时(空余内存空间已很小)，内存清除的收益就很低。表16-5给出了不同使用率下内存清除的效率。可以看出：对于内存使用率较低(50%)的情形，清除效率可达到100%，即每迁移1B数据就释放了1B的内存空间；而对于内存使用率高(90%)的情形，清除效率只有11%，即每迁移9B才释放了1B的空间；当使用率达到99%时，清除效率仅为1%，即每迁移100B才释放了1B的空间。这一数据告诉我们，Log数据在各个集群节点上分布的均衡状态将极大地影响到内存的清除效率。随着内存利用率的上升，清除回收的成本也越来越大。

表 16-5 内存清除效率

Segment 中仍有效的 Log 的百分比 U	50%	90%	99%
需要迁移的百分比 U	50%	90%	99%
释放的百分比 $(1-U)$	50%	10%	1%
清除效率 $=(1-U)/U$	100%	11%	1%

另外尚需注意到RAMCloud在Master内存和Backup磁盘上保留了两套Segment体系，因此，清除工作也需要对两套体系完成。早期的RAMCloud对内存和磁盘的清除工作是结合在一起进行的，但发现的一个问题是，当内存使用率高时(80%～90%)，与内存清除同时进行的磁盘清除占用了大量的网络带宽(这时磁盘使用率也高，迁移数据需要很大的开销)，影响了集群写入数据(Write Data)的效率(Throughput)。

但RAMCloud的设计目标是达到内存高使用率的同时，也要有较高的写数据效率(Write Throughput)。对比内存与磁盘的性能特点(表16-6)可看出，内存空间昂贵，但读写带宽足够；磁盘存储空间廉价富余，但带宽有限。因此，把性能特点相差悬殊的两种存储结构放在一个清除流程中难达到理想效果。

表 16-6 内存与磁盘性能对比

	Space	Bandwidth
Memory	expensive	**cheap**
Disk	**cheap**	expensive

为此，RAMCloud设计了一个如下的Two-level Cleaning机制(图16-37)。

(1) First-level Cleaning：Segment Compaction(分区压缩)。在此阶段清除线程只对内存内Segment内部的Logs进行清理和压缩，释放清除后的内存空间供再次使用。注意，此阶段并未改变内存里的Log和Segment组成，哈希表中仍映射了各个Log和Segment，只是改变了部分存储位置，压缩了空间。在此阶段不做磁盘清除，以保证磁盘写数据的带宽。从图16-37可看出，第一阶段清除后的内存Segment状态与磁盘上的Backup Segment状态不一致。

(2) Second-level Cleaning：Combined Cleaning(综合清除)。同时清除多个Segments，并进行磁盘清除、同步。由于这之前内存Segment已经过压缩清理，因此这一阶段的操作不会占用过多网络或磁盘I/O带宽，不会对正常的写入操作带来太大影响。

第一阶段的Segment Compaction也带来两个问题：一是部分Segment的Logs被迁移后，原来占用的空间被释放，此Segment不能再使用，可在Compact操作之前就连接使用这个Segment的工作线程该怎么办？RAMCloud采用的方法是，即使压缩了这个Segment，

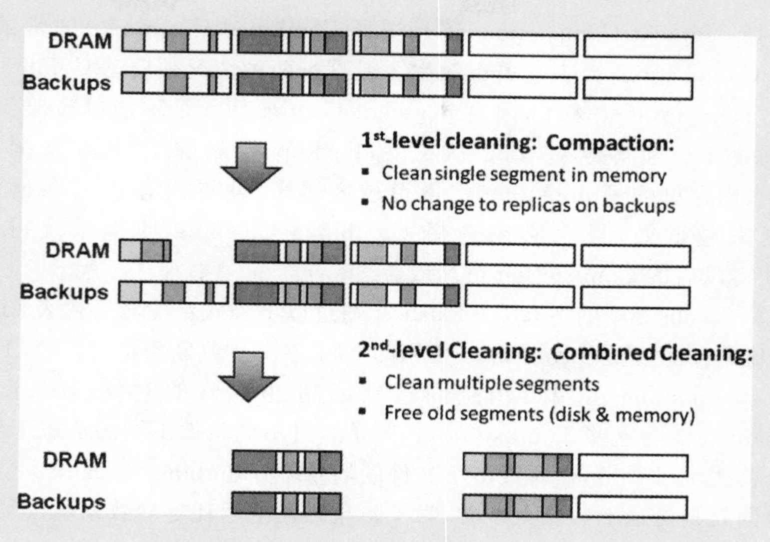

图 16-37 Two-level Cleaning

也并不马上释放它的空间，直到连接这个 Segment 的所有 RPC 关闭后（意味着所有相关线程连接结束），才释放这一空间。

第二个问题是 Segment 被压缩后实际使用的空间远小于原来分配的固定空间（64MB），如果让压缩后的 Segment 仍保有这个空间大小，势必造成大量的空间碎片和浪费。为此，RAMCloud 又提出了 Seglet 的概念，即 Segment 可进一步划分为 64KB（或者 128KB）大小的 Seglets，压缩后的 Segment 不再是固定长度 64MB，而是变化长度的不同数量的 Seglets。划分为 Seglet 后仍然有碎片问题，但一个 Segment 内部最多可产生 1/2 Seglet 的碎片，其比例下降为 32KB/64MB≈0.5%。

采用 Seglet 带来的另一问题是 Log 现在变得不连续了，因为 Log 有可能跨越多个 Seglets，RAMCloud 又使用了额外的机制来处理这种情况。

4. Cleaner 触发机制

Two-level Cleaning 方式引入了一个新的问题：什么时候该选择启动 Segment Compaction？什么时候选择 Combined Cleaning？这个选择将极大地影响系统性能，因为 Combined Cleaning 要占用系统宝贵的 Disk I/O 和 Network I/O 资源。执行这个选择的模块称为 Balancer，其工作机制如下。

早启动 Cleaner 的效果不会比晚启动好，因为晚启动 Cleaner，内存和磁盘中会积累更多的已删 Object、更多的碎片，可回收更多的空间资源。那么 Balancer 如何判断内存的剩余空间已不足需要启动 Cleaner 呢？Balancer 通过以下公式进行判断。

假设 L 代表仍在使用的 Object（Live Object）所占用的空间比率，F 代表尚未使用的 Seglet 占空间的比率，那么当 $F \leqslant \min(0.1, (1-L)/2)$ 时就要启动 Cleaner 开始工作了。换句话说，Cleaner 启动的条件是要么可用空间已低至 10%，要么能够用于安置 Seglet 的空间不到可用空间的一半。这个触发条件使得一方面尽量延后 Cleaner 启动使得清除回收工作更有效率，另一方面当预测到系统有可能会耗尽内存时，立即启动 Cleaner 以保证有更多的内存可以使用。

那么是选择 Segment Compaction,还是选择 Combined Cleaning?通常情况下会优先考虑 Segment Compaction,因为它更有效率。但是有两种情况须启动 Combined Cleaning:第一个情况是 Tombstone 太多了,因为 Segment Compaction 是不能单独把 Tombstone 标记的 Log 删除的,必须等这些 Log 从磁盘 Backup 中删除后才可以删除内存中的 Tombstone。当内存里的 Tombstone 积累得越来越多,使得内存占用率越来越高,导致 Compaction 越来越低效,最终必须选择 Combined Cleaning 使得系统可以删除那些 Tombstone,使得以后的 Compaction 更高效。

但如何计算 Tombstone 的多寡呢?Balancer 通过以下公式:假设 T 代表 Live Tombstone 所占用的空间比率,L 仍然是 Live Object 使用的空间比率,则判断条件为:$T/(1-L)\geqslant 40\%$。也即是说,当 Tombstone 占用可用空间达到或超过 40%的时候,Balancer 就会启动 Combined Cleaning 清除这些 Tombstone,40%是通过不同条件不同的负载下测试得出的经验值。从这个公式也可看出,在有很多小文件的场景下,Combined Cleaning 会频繁地使用。

第二个原因就是磁盘上数据太多时,为了防止磁盘空间耗尽导致系统恢复时重建,也会启动 Combined Cleaning。

5. 并行清除模式

Two-level Cleaning 机制虽然解决了内存和磁盘的清除工作影响磁盘写数据操作的问题,但增加一步 Segment Compaction 操作仍带来了性能的损失。为此,RAMCloud 使用了多线程的 Cleaner 来充分利用多核多节点集群实现并行处理模式。由于存储数据采用了 Log 结构,Cleaner 在进行数据迁移压缩时不用担心 Object 的数据被修改。另外,Hash Table 包含指向 Object 的指针,因此 Object 迁移后 Cleaner 只需更新 Hash Table 对应的指针,即可实现重新定位。这就使得 Cleaner 迁移 Object 和释放空间的操作十分简单。

工作线程(Service Thread)在处理读写数据请求时可能与执行迁移 Object 的 Cleaning Thread 发生冲突,此时需注意以下三点。

(1) Service Thread 和 Cleaning Thread 都是在 Log Head 添加数据;

(2) Service Thread 和 Cleaning Thread 可能在更新哈希表时发生互斥;

(3) Cleaning Thread 不能释放那些 Service Thread 仍在使用的 Segments。

上述问题的解决办法如下。

对于 Service Thread 处理写数据请求与 Cleaning Thread 迁移数据发生冲突的问题(两种都需要在 Log Head 处添加数据),RAMCloud 的解决方案是,每个 Cleaning Thread 自己开辟一个新的 Segment 用于迁移数据(多个 Cleaning Thread 开辟新 Segment 需要同步),而 service thread 仍然使用 Log Head 添加数据。当迁移数据完成后,Cleaning Thread 会把这些 Segment 放到下一个 Log Digest 中,即将这些 Segments 加入 Log,同时已被回收的 Segments 也会在 Log Digest 新版本中删除。将这些数据迁移到新的 Segment 而不是 Log Head 中还有一个好处:这些 Segments 可以备份到不同的磁盘中,可以提高 Master 的吞吐量。

上述 Service Thread 的迁移工作流程见图 16-38。

在哈希表处,Service Thread 与 Cleaning Thread 会发生同步问题。Service Thread 通过哈希表来读取或者删除某个 Object,而同时 Cleaning Thread 使用哈希表去确定某个 Object 是否 Alive,并通过哈希表条目包含的指针获得指向该 Object 的地址。如果该

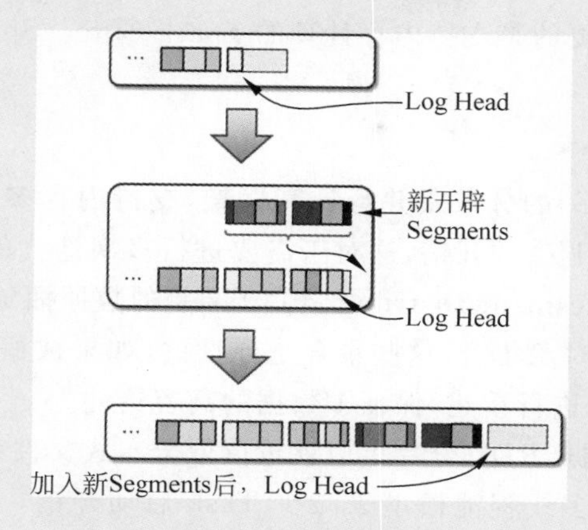

图 16-38 迁移工作流程

Object 是 Alive 的，Cleaning Thread 将用该 Object 迁移后的新地址来更新哈希表的相应条目。目前，对于 Service Thread 与 Cleaning Thread 的这个冲突，RAMCloud 是用哈希表分段(Bucket)的细粒度锁来解决，希望下一步提供成本更低的方案。

16.4 Spark 内存计算

Spark[21, 22]是美国加州大学伯克利分校 AMP Lab 在 2009 年提出的一个基于内存计算的开源大数据分布式并行计算框架。2013 年 6 月成为 Apache 孵化项目，2014 年 2 月成为 Apache 正式项目，如今已成为 Apache 开源软件组织最重要的三大分布式计算系统之一(Hadoop、Spark、Storm)。2014 年以来，Cloudera、MapR(Intel 等公司加入了 Spark 的开发。Spark 被看作是继 Hadoop/MapReduce 之后的新一代大数据计算平台，提供了比 Hadoop/MapReduce 更快、效率更高、支持更多计算模型的处理能力。

Spark 的生态系统见图 16-39。可以看出，Spark 在持久层利用了 Hadoop/HDFS 成熟的分布式存储系统，并使用 Mesos 或 YARN 作为集群资源调度器，在与 MapReduce 批处理模型兼容的同时，Spark 基于核心库(Spark Core)提供了自己的支持流计算(Spark Streaming)、图并行处理(GraphX)、机器学习(MLBase)、SQL 查询引擎(Shark SQL)等一

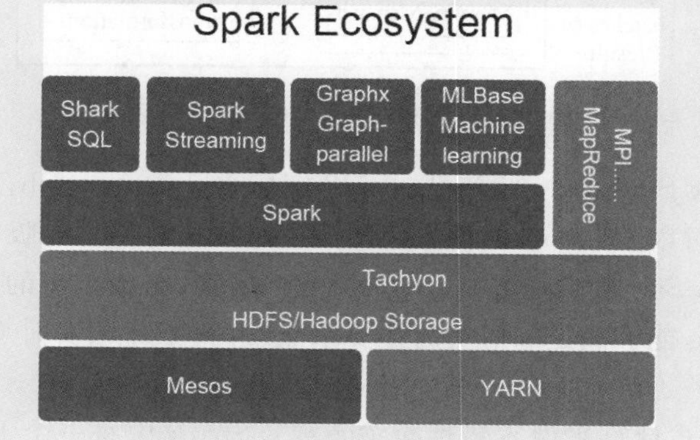

图 16-39 Spark 生态系统(Ecosystem)

系列计算工具。其中最重要的是支持内存计算的 Spark Core。Spark 生态系统中各个子系统或工具的作用如下。

1. 内存计算 Spark Core

提供有向无环图(DAG)的分布式并行计算框架,支持内存多次迭代计算和数据共享,大大减少了迭代计算之间 I/O 的开销,这对于需要进行多次迭代的数据计算性能有很大提升。Spark 引入了 RDD(Resilient Distributed Dataset)的数据抽象模型,它是一组分散存储在集群节点上的分片数据对象集合,这些集合是弹性的,如果数据集一部分丢失,则可以根据"血缘"(Lineage)对它们进行重建,保证了数据的高容错性。

移动计算而非移动数据,RDD 分片可以就近读取分布式文件系统中的数据块到各个节点内存中进行计算。使用多线程池模型来减少 Task 启动开销。采用容错的、高可伸缩性的 akka 作为通信框架。

2. 流计算 Spark Streaming

计算流程:Spark Streaming 是将流式计算分解成一系列短小的批处理作业,也就是把输入数据流按照 Batch Size(如 1s)分成一段一段的数据(Discretized Stream),每一段数据都转换成 Spark 中的 RDD(Resilient Distributed Dataset),然后将 Spark Streaming 中对 DStream 的 Transformation 操作变为针对 Spark 中对 RDD 的 Transformation 操作,将 RDD 经过操作变成中间结果保存在内存中,Spark 流计算引擎根据需求可以对中间的结果进行叠加或者存储到外部设备,图 16-40 显示了 Spark Streaming 计算流程。

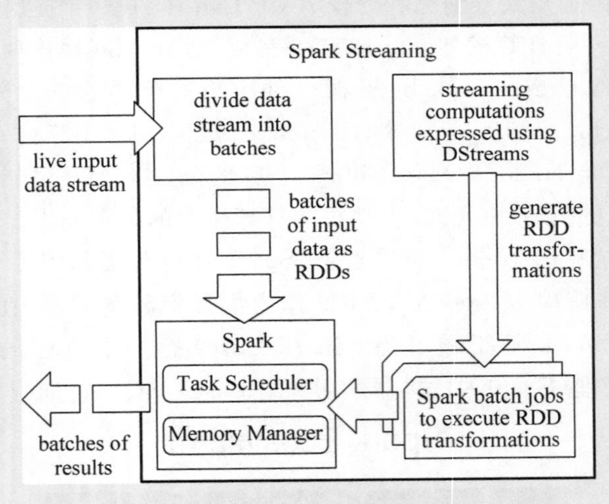

图 16-40 Spark Streaming 计算流程

实时处理:Spark Streaming 将流式计算分解成多个 Spark Job,对于每一段数据的处理都会经过 DAG 分解以及 Spark 的任务集的调度过程。对于目前版本的 Spark Streaming 而言,其最小的 Batch Size 的选取在 0.5～2s 之间(Storm 目前最小的延迟是 100ms 左右),所以 Spark Streaming 能够满足除对实时性要求非常高(如高频实时交易)之外的所有流式准实时计算场景。

容错性:对于流式计算来说容错性至关重要。Spark 中每一个 RDD 都是一个不可变的分布式可重算的数据集,其记录着确定性的操作继承关系,所以只要输入数据是可容错的，那么任意一个 RDD 的分区（Partition）出错或不可用，都是可以利用原始输入数据通过转换操作而重新算出的。

3. SQL 查询 Spark SQL

Spark SQL 的前身是 Shark，也即 Hive on Spark，本质上是通过 Hive 的 HQL 语句解析，把 HQL 翻译成 Spark 上的 RDD 操作，然后通过 Hive 的 Metadata 获取数据库里的表信息，实际 HDFS 上的数据和文件，会由 Shark 获取并放到 Spark 上运算。Shark 的最大特性就是快和与 Hive 的完全兼容，且可以在 Shell 模式下使用 rdd2sql()这样的 API，把 HQL 得到的结果集，继续在 Scala 环境下运算，支持自己编写简单的机器学习或简单分析处理函数，对 HQL 结果进一步分析计算。

在 2014 年 7 月的 Spark Summit 上，Databricks 宣布终止对 Shark 的开发，将重点放到 Spark SQL 上。Databricks 表示，Spark SQL 将涵盖 Shark 的所有特性，用户可以从 Shark 0.9 进行无缝升级。Spark SQL 允许开发人员直接处理 RDD，同时也可查询例如在 Apache Hive 上存在的外部数据。Spark SQL 的一个重要特点是其能够统一处理关系表和 RDD，使得开发人员可以轻松地使用 SQL 命令进行外部查询，同时进行更复杂的数据分析。

4. 图计算 GraphX

GraphX 是 Spark 用于图算法和图并行计算的 API，可看作是 GraphLab 和 Pregel 在 Spark 上的重写及优化。跟其他分布式图计算框架相比，GraphX 最大的贡献是，在 Spark 之上提供一站式数据解决方案，可以方便且高效地完成图计算的一整套流水作业。GraphX 的核心抽象是 Resilient Distributed Property Graph，一种点和边都带属性的有向多重图。它扩展了 Spark RDD 抽象模型，有 Table 和 Graph 两种视图，而只需要一份物理存储。两种视图都有自己独有的操作符，从而获得了灵活操作和执行效率。GraphX 的代码非常简洁，核心代码只有三千多行。GraphX 的计算架构如图 16-41 所示，其中大部分的实现都是围绕 Partition 的优化进行，这在某种程度上说明了点分割的存储和相应的计算优化是图计算框架的重点和难点。

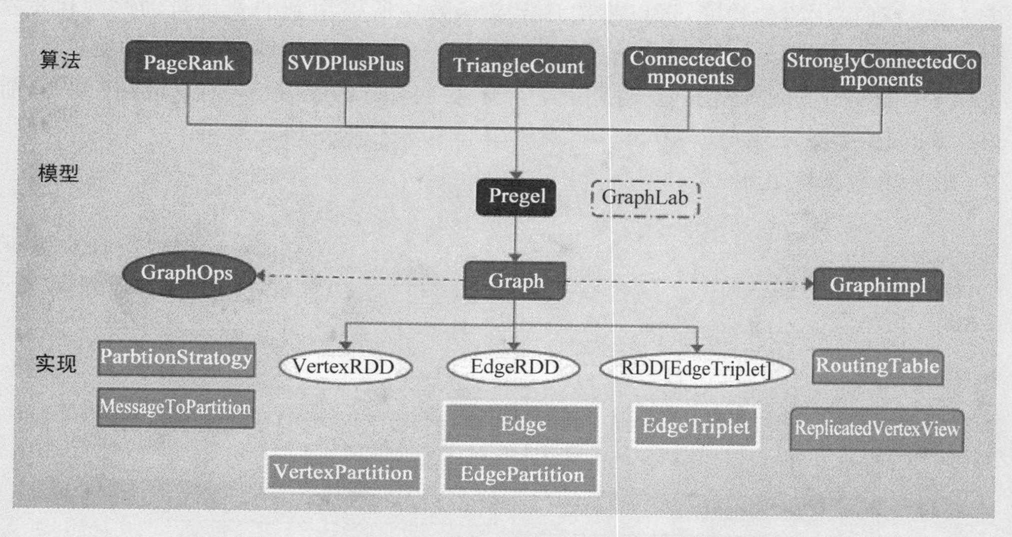

图 16-41 GraphX 计算架构

5. 机器学习 MLBase

MLBase 是 Spark 生态圈的支持机器学习的组件，让机器学习的门槛更低，让一些可能并不深入了解机器学习的用户也能方便地使用 MLBase。MLBase 分为 4 部分：MLlib、MLI、ML Optimizer 和 MLRuntime，其架构如图 16-42 所示。

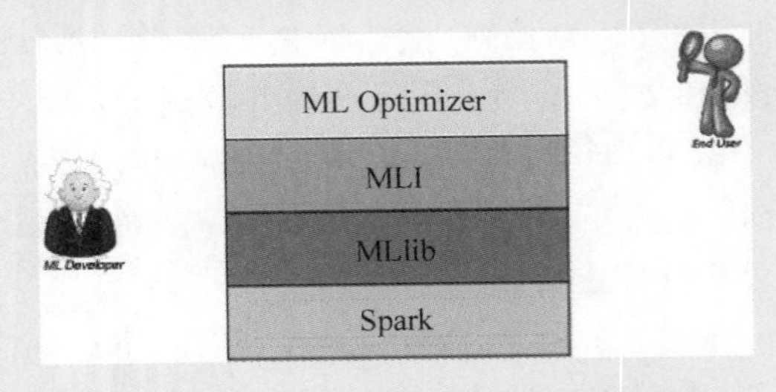

图 16-42 机器学习组件 MLBase 架构

(1) ML Optimizer 会选择它认为最适合的已经在内部实现好了的机器学习算法和相关参数，来处理用户输入的数据，并返回模型或别的帮助分析的结果；

(2) MLI 是一个进行特征抽取和高级 ML 编程抽象的算法实现的 API 或平台；

(3) MLlib 是 Spark 实现一些常见的机器学习算法和实用程序，包括分类、回归、聚类、协同过滤、降维以及底层优化，该算法可以进行可扩充；MLRuntime 基于 Spark 计算框架，将 Spark 的分布式计算应用到机器学习领域。

6. 数据表达 SparkR

SparkR 是 AMPLab 发布的一个 R 开发包，使得 R 摆脱单机运行的命运，可以作为 Spark 的 job 运行在集群上，极大地扩展了 R 的数据处理能力。SparkR 具有如下几个特性。

(1) 提供了 Spark 中弹性分布式数据集(RDD)的 API，用户可以在集群上通过 R Shell 交互地运行 Spark Job；

(2) 支持列序化闭包功能，可以将用户定义函数中所引用到的变量自动序列化发送到集群中其他的机器上；

(3) SparkR 还可以很容易地调用 R 开发包，只需要在集群上执行操作前用 includePackage 读取 R 开发包就可以了，当然集群上要先安装 R 开发包。

SparkR 的数据流见图 16-43。

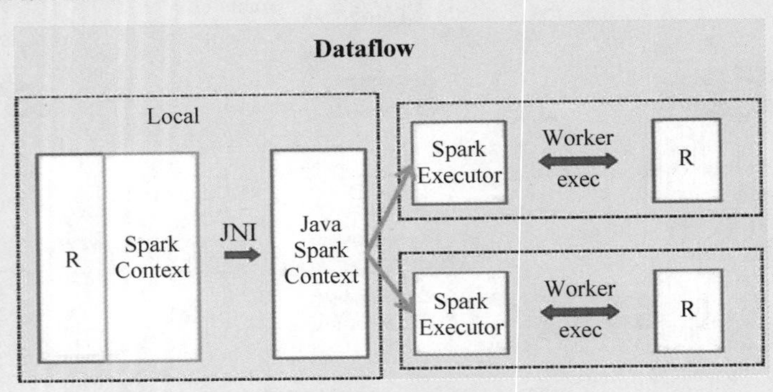

图 16-43 SparkR 的数据流

7. 分布式文件系统 Tachyon

Tachyon 是一个高容错的分布式文件系统，允许文件以内存的速度在集群框架中进行可靠的共享，就像 Spark 和 MapReduce 那样。Tachyon 工作集文件缓存在内存中，并且让不同的 Jobs/Queries 以及框架都能以内存的速度来访问缓存文件。因此，Tachyon 可以减少那些需要经常使用的数据集通过访问磁盘来获得的次数。Tachyon 兼容 Hadoop，现有的 Spark 和 MR 程序不需要任何修改即可在 Tachyou 上运行。Tachyon 的几个特性如下。

1）JAVA-like File API

Tachyon 提供类似 Java File 类的 API。

2）兼容性

Tachyon 实现了 HDFS 接口，所以 Spark 和 MapReduce 程序不需要任何修改即可运行。

3）可插拔的底层文件系统

Tachyon 是一个可插拔的底层文件系统，提供容错功能。Tachyon 将内存数据记录在底层文件系统。它有一个通用的接口，使得它可以很容易地被插入到不同的底层文件系统。目前支持 HDFS、S3、GlusterFS 和单节点的本地文件系统，以后将支持更多的文件系统。

下面重点介绍 Spark Core 的计算架构、数据模型，及工作机制。

1. 计算架构

Spark 是一个运行在集群架构上的高性能分布式计算平台，其系统架构仍采用了 Master/Slave 结构，即集群由一个主节点（Master）和多个从节点（Worker）组成，Master 作为整个集群的控制节点，负责整个集群的运行管理，Worker 作为计算节点接受主节点命令并报告本节点状态，Master 节点与 Worker 节点之间通过高速网络连接，如图 16-44 所示。

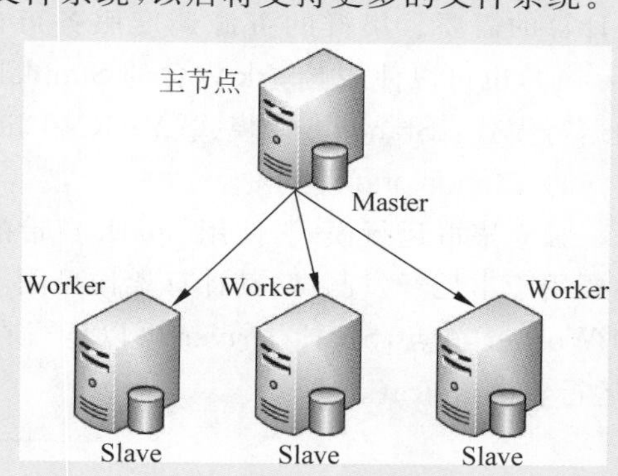

图 16-44 Spark 系统架构

部署在这些集群服务器节点（硬件）之上的是 Spark 分布式计算系统的各个功能组件（软件），包括：Client（客户端），Driver（应用主控程序），Mesos 或 YARN（集群资源管理器），Executor（运行在 Worker 上的执行程序），Task（并行处理线程）等，如图 16-45 所示。

系统软件（功能组件）到系统硬件（服务器）的部署对应关系（也即软件组件到服务器节点的映射关系）如下。

主节点（Master）：部署有 ClusterManager（Standalone 模式是 Master 程序，分布式模式是 YARN 的 ResourceManager）。

工作节点（Worker）：部署有 YARN 的 NodeManager、ApplicationMaster、Executor，以及由 Executor 启动的 Task 线程。

客户端节点（Client）：应用程序 Application。

Spark 应用主程序 Driver（包含 DAGScheduler、TaskScheduler、SparkEnv、RDD DAG

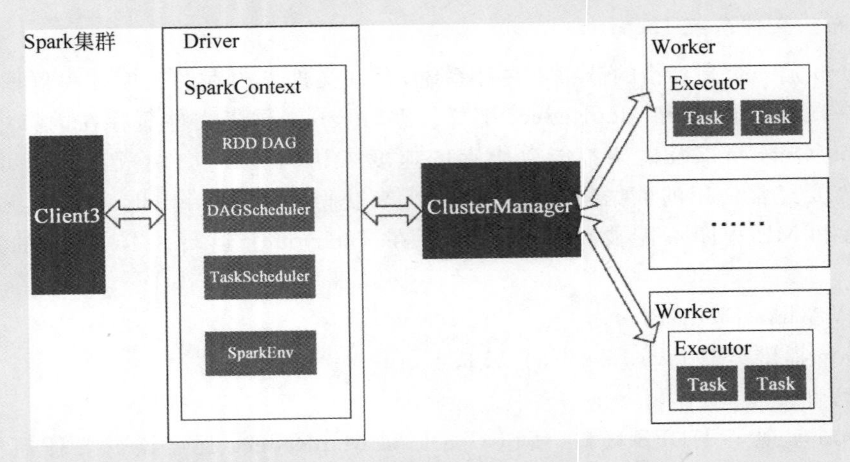

图 16-45　Spark 计算架构

等）的部署方式比较灵活，与下面的 Spark 运行模式有关。

2. 运行模式

Spark 的运行模式多样灵活，既有单机运行模式，也有分布式运行模式，取决于应用程序计算的需要。集群的资源调度服务可以使用外部的集群资源调度框架（如 YARN 或 Mesos），也可以使用 Spark 内含的 Standalone 模式调度功能。目前，Spark 集群有三种典型的运行模式：Standalone 模式、YARN-Client 模式和 YARN-Cluster 模式。

1）Standalone 模式

独立集群运行模式，使用 Spark 自带的 Master 程序提供集群资源调度服务，这种模式主要用于本地开发测试，其计算架构见图 16-46。该模式主要包括 Client 节点、Master 节点和 Worker 节点，Spark Driver 可以运行在 Master 节点上，也可以运行在本地 Client 节点（运行着 Application）。

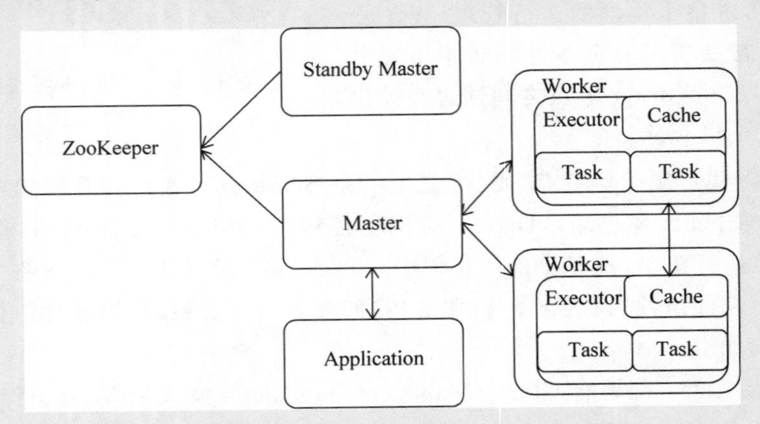

图 16-46　Spark 的 Standalone 运行模式

Standalone 模式下的执行步骤见图 16-47，具体如下。

(1) Client（通过 SparkContext）连接到 Master，向 Master 注册并申请资源（CPU 和内存空间）。

(2) Master 根据 SparkContext 的申请和 Worker 心跳周期内报告的信息决定在哪个 Worker 上分配资源，然后在该 Worker 上获取资源，然后启动该节点的 StandaloneExecutorBackend。

(3) StandaloneExecutorBackend 向 SparkContext 注册。

(4) SparkContext 将 Applicaiton 代码发送给 StandaloneExecutorBackend；SparkContext 解析 Applicaiton 代码，构建 DAG，并提交给 DAG Scheduler 分解成 Stage(当碰到 Action 操作时，就会催生 Job；每个 Job 中含有一个或多个 Stage，Stage 一般在获取外部数据和 Shuffle 之前产生)；然后以 Stage(或者称为 TaskSet)为单位提交给 Task Scheduler，Task Scheduler 负责将 Task 分配到相应的 Worker，最后提交给 StandaloneExecutorBackend 执行。

(5) StandaloneExecutorBackend 会建立 Executor 线程池，开始执行 Task，并向 SparkContext 报告直至 Task 完成。

(6) 所有 Task 完成后，SparkContext 向 Master 注销，释放资源。

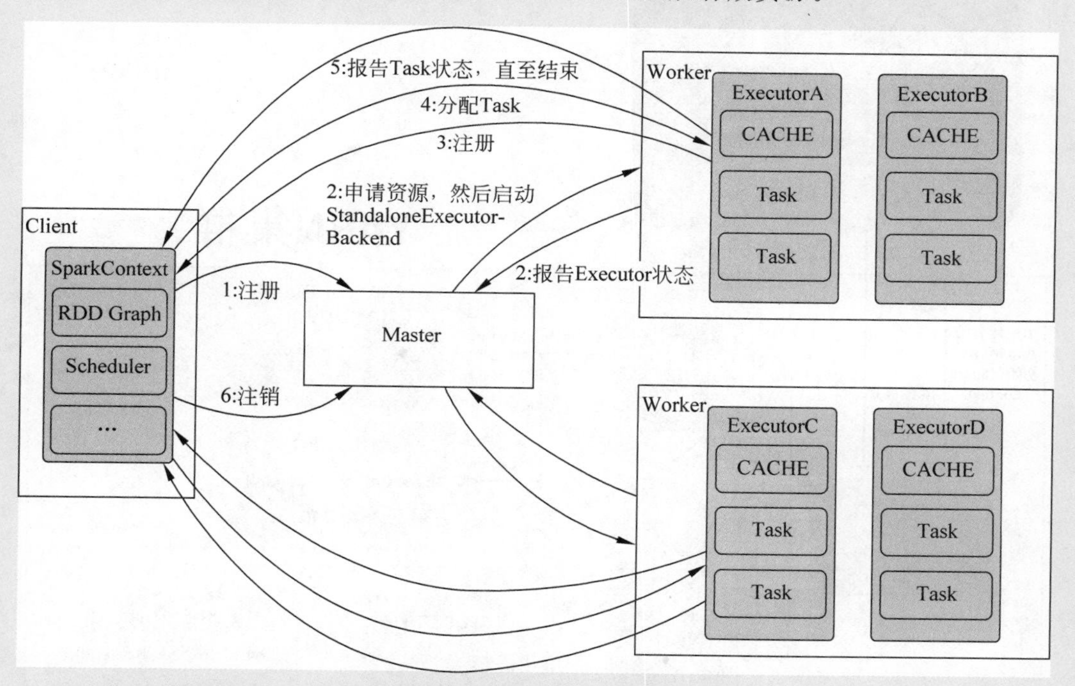

图 16-47 Slandalone 执行流程

2) YARN-Client 模式

此模式中 Driver 在客户端本地运行，使得应用程序和 Spark 客户端可以进行交互。可通过 webUI 查询 Driver 的状态，默认端口是 http://hadoop1:4040，而 YARN 状态则可通过 http://hadoop1:8088 端口访问。YARN-Client 模式下的执行步骤如下(图 16-48)。

(1) Spark Yarn Client 向 YARN 的 ResourceManager 申请启动 Application Master，同时在 SparkContent 初始化中创建 DAGScheduler 和 TASKScheduler，在 Yarn-Client 模式下会选择创建 YarnClientClusterScheduler 和 YarnClientSchedulerBackend。

(2) ResourceManager 收到请求后在集群中选择一个 NodeManager，并为该应用程序分配第一个 Container，要求在这个 Container 中启动应用程序的 ApplicationMaster。与下面要谈到的 YARN-Cluster 模式的区别是：该 ApplicationMaster 不运行 SparkContext，只与 SparkContext 联系进行资源调派。

（3）SparkContext 初始化完毕，与 ApplicationMaster 建立通信，向 ResourceManager 注册，根据任务信息向 ResourceManager 申请资源（Container）。

（4）一旦 ApplicationMaster 申请到 Container，便与对应的 NodeManager 通信，NodeManager 会启动 Executor 线程并在获得的 Container 中启动 CoarseGrainedExecutorBackend，CoarseGrainedExecutorBackend 启动后会向 SparkContext 注册并申请 Task。

（5）SparkContext 分配 Task 给 CoarseGrainedExecutorBackend 执行，CoarseGrainedExecutorBackend 运行 Task 并向 Driver 报告运行状态和进度，以便 Client 随时掌握各个任务的运行状态，在任务失败时重启任务。

（6）应用程序运行完成后，SparkContext 向 ResourceManager 申请注销并关闭。

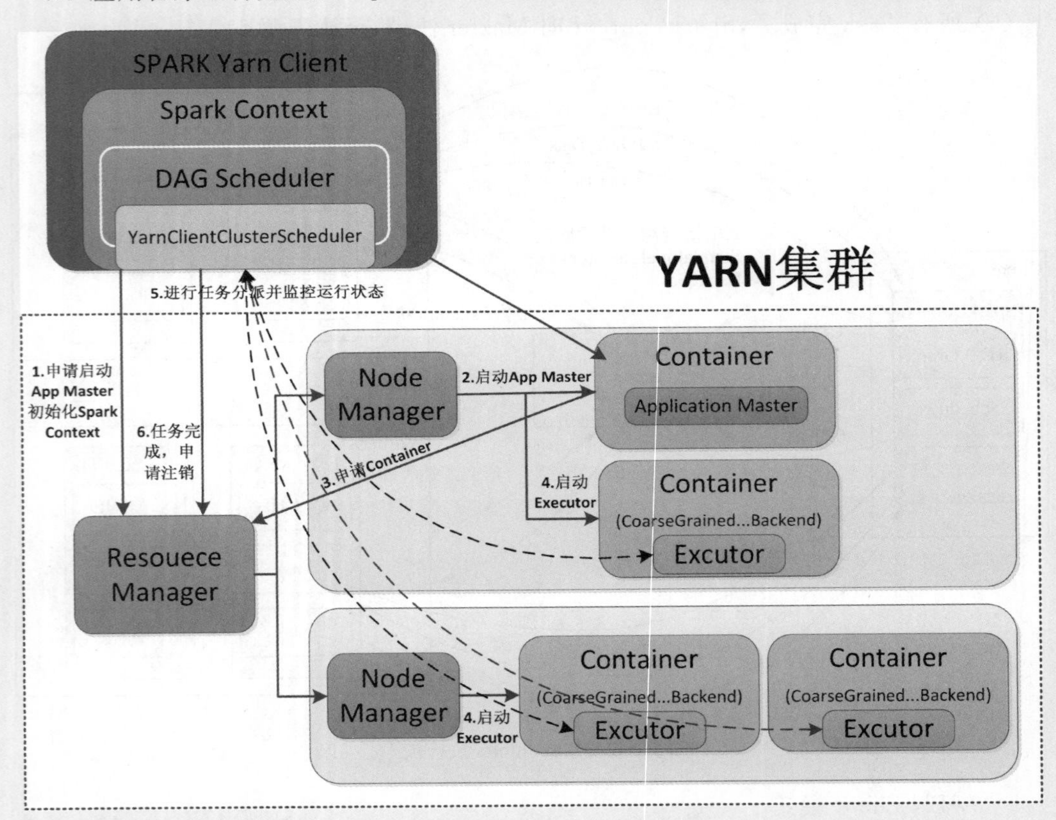

图 16-48　Spark 的 YARN-Client 运行模式

3）Spark-Cluster 模式

在此模式下当用户向 YARN 提交一个应用程序后，YARN 将分两个阶段运行该应用程序：第一个阶段把应用主控程序 Driver 作为一个 ApplicationMaster 在 YARN 集群中先启动；第二个阶段是由 ApplicationMaster 创建应用程序并为它向 ResourceManager 申请资源，并启动 Executor 来运行 Task，同时监控它的整个运行过程，直到运行完成。YARN-

Client 模式下的执行步骤如下(图 16-49)。

(1) Spark Yarn Client 向 YARN 提交应用程序,包括 ApplicationMaster 程序、启动 ApplicationMaster 的命令、需要在 Executor 中运行的程序等。

(2) ResourceManager 收到请求后,在集群中选择一个 NodeManager,为该应用程序分配第一个 Container,要求在此 Container 中启动 ApplicationMaster,并由 ApplicationMaster 进行 SparkContext 的初始化。

(3) ApplicationMaster 向 ResourceManager 注册(这样用户可以直接通过 ResourceManager 监控应用程序的运行状态),然后它将采用轮询的方式通过 RPC 协议为各个 Task 申请资源,并监控其运行状态直到结束。

(4) 一旦 ApplicationMaster 申请到资源(也就是 Container),便与对应的 NodeManager 通信,要求它在获得的 Container 中启动 CoarseGrainedExecutorBackend,后者启动后会向 ApplicationMaster 中的 SparkContext 注册并申请 Task。

(5) SparkContext 分配 Task 给 CoarseGrainedExecutorBackend 执行,CoarseGrainedExecutorBackend 运行 Task 并向 ApplicationMaster 报告运行状态和进度,以便 ApplicationMaster 掌握各任务的运行状态,从而可在任务失败时重启任务。

(6) 应用程序运行完成后,由 ApplicationMaster 向 ResourceManager 申请注销并关闭。

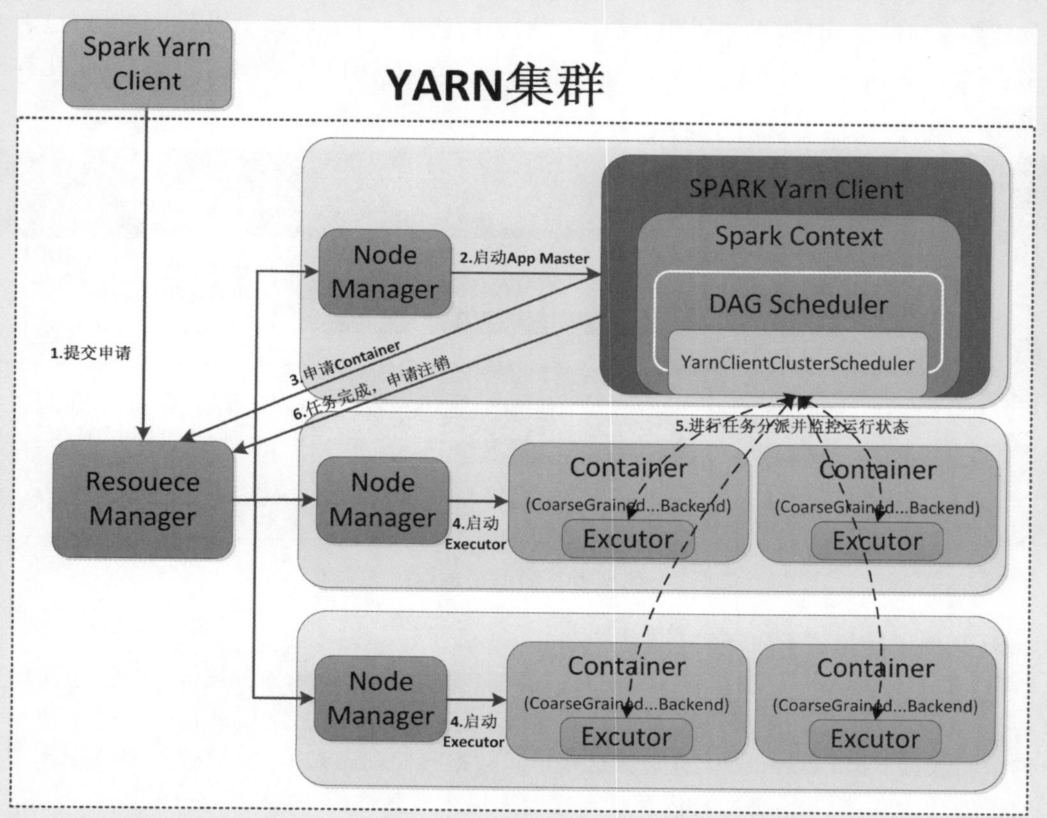

图 16-49　Spark 的 YARN-Cluster 运行模式

YARN-Client 和 YARN-Cluster 的主要区别在于应用主控程序 Driver(包含 SparkContex 即 DAGScheduler,TaskScheduler,SparkEnv,RDD DAG 等)的创建和运行方式。在 YARN-Client 模式,Driver 是由 Spark Yarn Client 通过 ApplicationMaster 创建,并运行在客户端,任务分配和调度也由 Client 参与完成,因此整个运行过程不能离开 Client 的参与;在 YARN-Cluster 模式,Driver 作为 ApplicationMaster 运行在 YARN 集群的某一节点(Worker)上,一旦该 ApplicationMaster 创建和启动,即由它负责申请资源及任务调度,此时不再有 Client 的参与,因此 YARN-Cluster 模式不适合执行交互类型的作业。

在 YARN 中每个应用程序都有一个 ApplicationMaster 进程,它负责和 ResourceManager 打交道并请求资源,获取资源之后通知 NodeManager 为其启动 Container。从 ApplicationMaster 进程的角度看,YARN-Client 和 YARN-Cluster 的区别在于 YARN-Client 的 ApplicationMaster 只负责为应用程序申请资源,角色较简单;而在 YARN-Cluster 模式下,Application Master 除了向 ResourceManager 申请资源,尚需执行创建 SparkContex、进行任务调度、监督作业运行状况等多项职责。

3. RDD 数据模型

Spark 的 RDD(Resilient Distributed Datasets)定义为弹性分布式数据集,即一组不可改变、可并行计算、分区的(Partitioned)数据集的集合。RDD 既是一个数据模型,也是一个内存抽象模型。在逻辑结构上,RDD 可以理解为一个数组,数组的元素即是分区 Partition;在物理数据存储上,RDD 的每一个 Partition 对应的就是一个数据块 Block,Block 可以有多个副本,分别存储在不同节点的内存中,如图 16-50 所示。当内存不够时还可以持久化存储到磁盘上。

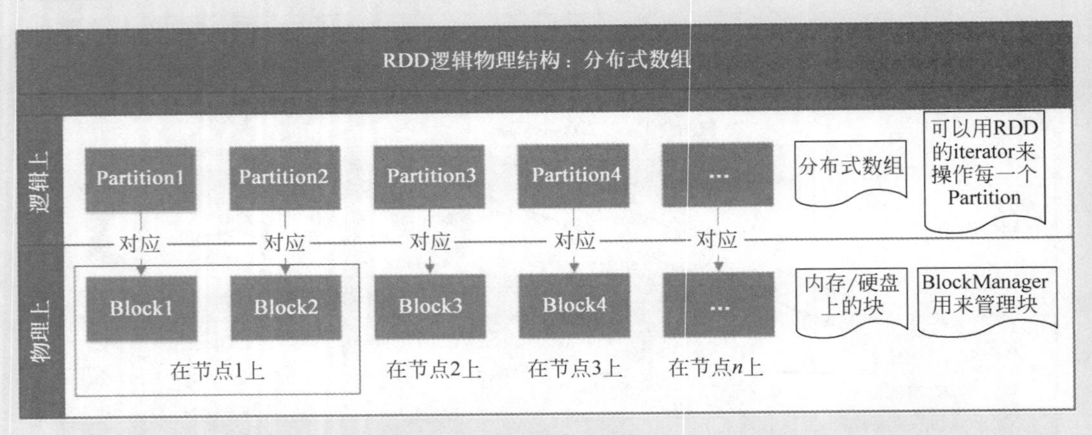

图 16-50 RDD 数据模型

RDD 的设计是基于如下两个考虑[21]。

(1) 机器学习和图计算包含大量迭代式算法,比如 PageRank、K-means 聚类、逻辑回归(Logistic Regression)、单源最短路径算法 SSSP 等,这些算法在迭代过程中产生并使用大量的中间数据。MapReduce 模型是将这些中间数据存储到磁盘上,大量磁盘 I/O 操作严重影响了处理速度,因此需要一种内存计算模型来提高计算性能。

(2) 在交互式数据挖掘计算时,用户程序常常对一个数据子集进行多次查询。

MapReduce 这类基于数据流的计算模型并不明确支持缓存，因此需要将数据输出到磁盘，然后在每次查询时重新加载，这带来很大的开销。如果能将查询结果进行缓存，将大大提高查询效率。

RDD 具有如下特点。

(1) Immutable：任何操作都不会改变 RDD 本身，只会创造新的 RDD，但记录 RDD 的转换过程，以支持无共享数据读写同步及可重算性。

(2) Partitioned：RDD 是分布存储在集群节点上的、分区的(Partitioned)数据集，以分区(Partition)作为最小存储和处理单位，可通过分区方法(如采用 Hash 分区)来优化存储结构。

(3) in parallel：一个 Task 对应一个 partition，Task 之间相互独立并行计算。

(4) fault-tolerant：基于 Lineage 的高容错性，对于丢失的部分 Partitions 只需根据其 Lineage 就可重新计算出来，而不需做 CheckPoint 操作。

(5) Persistence：必须是可序列化的，可通过控制存储级别(内存、磁盘等)来进行重用，当内存空间不足时可把 RDD 存储于磁盘上。

RDD 可以通过函数 StorageLevel(bool useDisk，bool useMemory，bool deserialized，int replication)的参数值组合来定义其存储级别及副本数目，如下面的代码所示。

```
val NONE = new StorageLevel(false, false, false)
val DISK_ONLY = new StorageLevel(true, false, false)
val DISK_ONLY_2 = new StorageLevel(true, false, false, 2)
val MEMORY_ONLY = new StorageLevel(false, true, true)
val MEMORY_ONLY_2 = new StorageLevel(false, true, true, 2)
val MEMORY_ONLY_SER = new StorageLevel(false, true, false)
val MEMORY_ONLY_SER_2 = new StorageLevel(false, true, false, 2)
val MEMORY_AND_DISK = new StorageLevel(true, true, true)
val MEMORY_AND_DISK_2 = new StorageLevel(true, true, true, 2)
val MEMORY_AND_DISK_SER = new StorageLevel(true, true, false)
val MEMORY_AND_DISK_SER_2 = new StorageLevel(true, true, false, 2)
```

Spark 提供了 RDD 的如下创建方式。

(1) 从 Hadoop 的文件系统 HDFS(或与 Hadoop 兼容的其他存储系统如 Hive、Cassandra、HBase)输入创建。

```
//从 HDFS 文件创建
var rdd = sc.textFile("hdfs:///tmp/lxw1234/1.txt")
rdd: org.apache.spark.rdd.RDD[String] = MapPartitionsRDD[26] at textFile at :21
//从本地文件创建
var rdd = sc.textFile("file:///etc/hadoop/conf/core - site.xml")
rdd: org.apache.spark.rdd.RDD[String] = MapPartitionsRDD[28] at textFile at :21
```

(2) 从父 RDD 转换得到新 RDD。

```
//RDD A 从 HDFS 文件创建
val rdd_A = sc.textFile(hdfs://...)
//对 RDD A 进行 flatMap 转换产生 RDD B
val rdd_B = rdd_A.flatMap((line => line.split("\\s+"))).map(word => (word, 1))
```

(3) 通过 parallelize()或 makeRDD()将单机数据创建为分布式 RDD。

```
//使用 parallelize()创建 RDD
var rdd = sc.parallelize(1 to 10)
rdd: org.apache.spark.rdd.RDD[Int] = ParallelCollectionRDD[2] at parallelize at :21
//使用 makeRDD()创建 RDD
var collect = Seq((1 to 10, Seq("slave007.lxw1234.com","slave002.lxw1234.com")),
(11 to 15,Seq("slave013.lxw1234.com","slave015.lxw1234.com")))
collect: Seq[(scala.collection.immutable.Range.Inclusive, Seq[String])] = List((Range(1,
2, 3, 4, 5, 6, 7, 8, 9, 10),
List(slave007. lxw1234. com, slave002. lxw1234. com)), (Range (11, 12, 13, 14, 15), List
(slave013.lxw1234.com, slave015.lxw1234.com)))
var rdd = sc.makeRDD(collect)
rdd: org.apache.spark.rdd.RDD
```

(4) 基于 DB(MySQL)、NoSQL(HBase)、S3(SC3)、数据流创建。

```
import org.apache.hadoop.hbase.{HBaseConfiguration, HTableDescriptor, TableName}
import org.apache.hadoop.hbase.{HBaseConfiguration, HTableDescriptor, TableName}
import org.apache.hadoop.hbase.mapreduce.TableInputFormat
import org.apache.hadoop.hbase.mapreduce.TableInputFormat
import org.apache.hadoop.hbase.client.HBaseAdmin
import org.apache.hadoop.hbase.client.HBaseAdmin
//从 HBase 表格输入创建 RDD
val conf = HBaseConfiguration.create()
conf.set(TableInputFormat.INPUT_TABLE,"lxw1234")
var hbaseRDD = sc. newAPIHadoopRDD ( conf, classOf [ org. apache. hadoop. hbase. mapreduce.
TableInputFormat],classOf[org.apache.hadoop.hbase.io.ImmutableBytesWritable],classOf[org.
apache.hadoop.hbase.client.Result])
```

作为一个抽象类,RDD 具有如下的属性和内部接口(表 16-7)。

(1) 一组 RDD 分区列表(Partition,即数据集的原子组成部分)。

(2) 对父 RDD 的一组依赖关系,这些依赖描述了 RDD 的 Lineage。

(3) 一个分区计算函数,即在父 RDD 上执行何种计算。

(4) 描述分区数据存放的位置。

(5) 对 Key-Value RDD 的分区方法,即采用何种分区模式(Hash 或 Range)。

表 16-7 **RDD 内部接口**

内部接口	含义
partitions()	返回一组 Partition 对象
preferredLocations(p)	根据存放位置,返回分区 p 访问更快的节点
dependencies()	返回一组依赖关系
iterator(p, parentIters)	按照父分区的迭代器,逐个计算分区 p 的元素
partitioner()	返回分区元数据信息,如是否 Hash/Range 分区

对于 Spark 内建的几种类型 RDD(HadoopRDD、FilteredRDD、JoinedRDD)而言,上述内部接口的具体含义见表 16-8。

表 16-8 几种 RDD 的内部接口含义

内部接口	HadoopRDD	FilteredRDD	JoinedRDD
partitions()	Partitions 对应的 HDFS Blocks 组成的集合	与父 RDD 相同	每个 Reduce 任务对应的一个 Partition
preferredLocations()	HDFS Block 位置	无(或询问父 RDD)	无
Dependencies()	无	与父 RDD 一对一关系	对每个父 RDD 进行 Shuffle
iterator()	读取 Partition 对应的 Block 数据	过滤操作	连接 Shuffled 数据
partitioner()	无	无	HashPartitioner

4. 转换和操作算子

算子是 RDD 中定义的外部函数，可以对 RDD 中的数据进行转换和操作。RDD 算子有转换(Transformation)和操作(Action)两种。其中，转换又分为数值型(Value) Transformation 和键值对型(Key-Value) Transformation 两种。

Transformation 的功能是按照一定的准则将一个 RDD 转换生成另一个新 RDD，即返回值还是一个 RDD。但 Transformation 属于延迟转换，即对一个 RDD 执行 Transformation 动作时并不是立即进行转换，而是记住其执行逻辑，等到有 Action 操作的时候才真正启动转换过程完成计算。Transformation 算子有 map、filter、join、cogroup 等多种类型，见表 16-9。

表 16-9 基本算子列表

Transformations	map(f:T⇒U)	:	RDD[T]⇒RDD[U]
	filter(f:T⇒Bool)	:	RDD[T]⇒RDD[T]
	flatMap(f:T⇒Seq[U])	:	RDD[T]⇒RDD[U]
	sample(fraction:Float)	:	RDD[T]⇒RDD[T](Deterministic sampling)
	groupByKey()	:	RDD[(K,V)]⇒RDD[(K,Seq[V])]
	reduceByKey(f:(V,V)⇒V)	:	RDD[(K,V)]⇒RDD[(K,V)]
	union()	:	(RDD[T],RDD[T])⇒RDD[T]
	join()	:	(RDD[(K,V)],RDD[(K,W)])⇒RDD[(K,(V,W))]
	cogroup()	:	(RDD[(K,V)],RDD[(K,W)])⇒RDD[(K,(Seq[V],Seq[W]))]
	crossProduct()	:	(RDD[T]RDD[U])⇒RDD[(T,U)]
	mapValues(f:V⇒W)	:	RDD[(K,V)]⇒RDD[(K,W)](Preserves partitioning)
	sort(c:Comparator[K])	:	RDD[(K,V)]⇒RDD[(K,V)]
	partitionBy(p:Partitioner[K])	:	RDD[(K,V)]⇒RDD[(K,V)]
Actions	count()	:	RDD[T]⇒Long
	collect()	:	RDD[T]⇒Seq[T]
	reduce(f:(T,T)⇒T)	:	RDD[T]⇒T
	lookup(k:K)	:	RDD[(K, V)]⇒Seq[V](On hash/range partitioned RDDs)
	save(path:String)	:	Outputs RDD to a storage system,e.g., HDFS

Action 操作则在完成对 RDD 的计算后返回结果或把 RDD 写到存储系统中，它也是触发 Spark 计算流程的动因，Action 的返回值不是一个 RDD。Action 算子有 count、collect、 reduce、lookup 和 save 等操作，见表 16-9。

下面根据输入与输出 RDD 的对应关系或数据格式，对各类算子进行一个归纳。

（1）value 型 Transformation：从输入到输出可分为一对一（包括 Cache）、多对一、多对多、输出分区为输入分区子集等类型。

① 一对一

map：简单的一对一映射，集合不变。

flatMap：一对一映射，并将最后映射结果整合。

mappartitions：对分区内元素进行迭代操作，例如过滤等，然后分区不变。

glom：将分区内容转换成数据。

② 多对一

union：相同数据类型 RDD 进行合并，并不去重。

cartesian：对 RDD 内的所有元素进行笛卡儿积操作。

③ 多对多

groupBy：将元素通过函数生成相应的 Key，然后转化为 Key-Value 格式。

④ 输出分区为输入分区子集

filter：对 RDD 进行过滤操作，结果分区不调整。

distinct：对 RDD 进行去重操作。

subtract：RDD 间进行减操作，去除相同数据元素。

sample/takeSample：对 RDD 进行采样操作。

⑤ cache

cache：将 RDD 数据原样存入内存。

persist：对 RDD 数据进行缓存操作。

（2）Key-Value 型 Transformation：大致可分为一对一、聚集、连接三类操作类型。

① 一对一

mapValues：针对数值对中的 Value 进行上面提到的 map 操作。

② 聚集

combineByKey，reduceByKey，partitionBy，cogroup。

③ 连接

join，leftOutJoin，rightOutJoin。

（3）Action：通过 SparkContext 提交作业操作，触发 RDD DAG 的执行。有如下类型。

① foreach

对 RDD 中每个元素进行操作，但是不返回 RDD 或者 Array，只返回 Unit。

② 存入 HDFS 文件系统

saveAsTextFile，saveAsObjectFile

③ Scala 数据格式

collect，collectAsMap，reduceByKeyLocally，lookup，count，top，reduce，fold，aggregate

下面是一段展示对 RDD 进行创建、转换（Transform）、操作（Action）的代码，从中可看出 Transform 和 Action 两种算子的使用方法。图 16-51 则是这段代码的执行过程示意图。

```
//创建 SparkContext
val sc = new SparkContext(master, "Example", System.getenv("SPARK_HOME"), Seq(System.getenv
("SPARK_TEST_JAR")))
//RDD A 从 HDFS 文件创建
val rdd_A = sc.textFile(hdfs://...)
//对 A 进行 flatMap 转换产生 B
val rdd_B = rdd_A.flatMap((line => line.split("\\s+"))).map(word => (word, 1))
//RDD C 从 HDFS 文件创建
val rdd_C = sc.textFile(hdfs://...)
//对 C 进行 Map 转换产生 D
val rdd_D = rdd_C.map(line => (line.substring(10), 1))
//对 D 进行 reduceByKey 操作产生 E
val rdd_E = rdd_D.reduceByKey((a, b) => a + b)
//对 E 进行 join 操作产生 F
val rdd_F = rdd_B.jion(rdd_E)
//通过 saveAsSequenceFile 操作将 RDD F 写入存储系统
rdd_F.saveAsSequenceFile(hdfs://...)
```

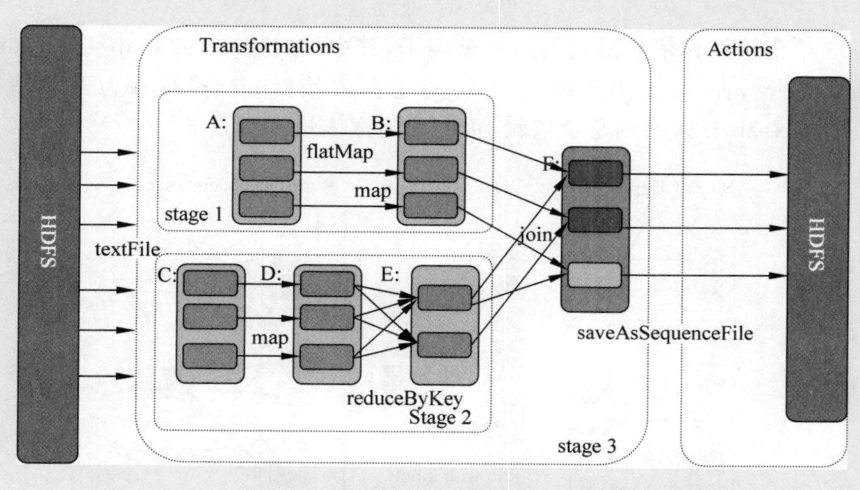

图 16-51　两种 RDD 算子执行流程

5. Dependency(依赖)与 Lineage(血缘)

1) 依赖关系

对 RDD 的转换操作都是粗粒度的,一个旧 RDD 的转换操作会产生一个新的 RDD,新旧 RDD 之间(又称父子 RDD)会形成一个前后依赖关系,即所谓的 Dependency。Spark 中存在两种依赖关系:窄依赖(Narrow Dependencies)和宽依赖(Wide Dependencies)。

窄依赖:父 RDD 的每一个分区最多被子 RDD 的一个分区所用,表现为父 RDD 的一个分区对应于子 RDD 的一个分区或父 RDD 的多个分区对应于子 RDD 的一个分区,即转换前后父子 RDD 的分区对应关系是一对一或多对一映射,如图 16-52(a)所示。

宽依赖:子 RDD 的一个分区依赖于父 RDD 的所有分区或多个分区,父 RDD 的一个分区会被子 RDD 的多个分区使用,即转换前后父子 RDD 的分区对应是多对多映射,如图 16-52(b)所示。

窄依赖的节点(RDD)关系如流水线一般,由于前后 RDD 的分区是一对一关系,所以当某个节点失败后只需重新计算父节点的分区即可；而宽依赖是多对一映射，因此一个子RDD失效需要重新计算父RDD的多个分区，代价是非常昂贵的。另外，窄依赖允许在一个集群节点上以流水线方式计算所有父分区，比如逐个分区地执行map，然后进行filter操作；而宽依赖则需要首先计算好父分区的所有数据，然后在节点之间进行Shuffle，这与MapReduce的中间步骤类似。

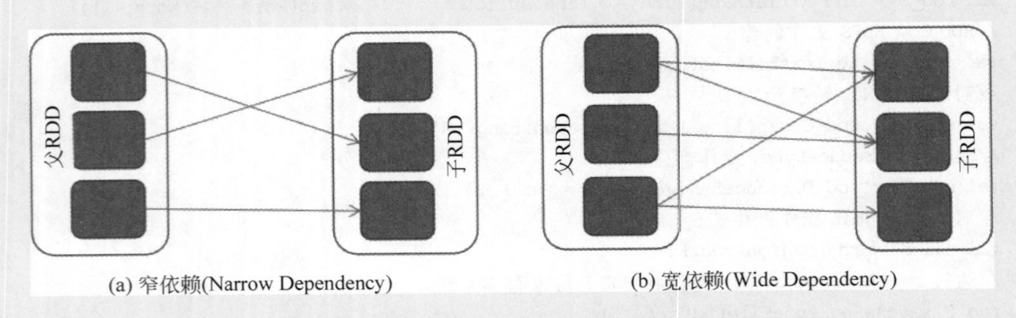

图 16-52 RDD的两种依赖关系

图16-53给出了两种依赖形式的另一个例子，其中，转换算子的map、filter、union等操作产生的是窄依赖，而groupByKey产生的则是宽依赖。join转换分为两种情况：父子RDD采用相同Hash分区的则是窄依赖，否则即是宽依赖。

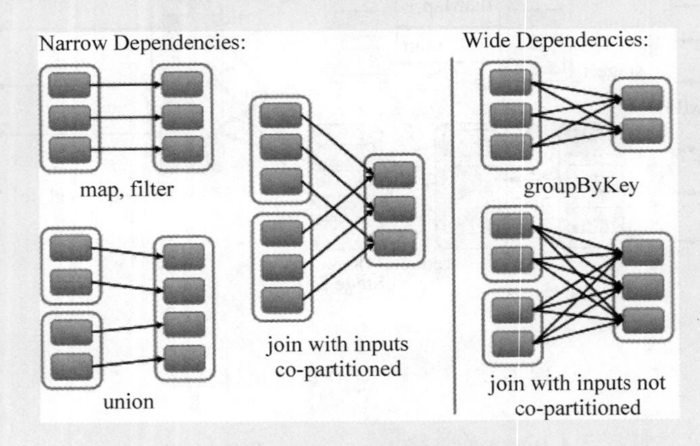

图 16-53 依赖关系示例

2）血缘

如前所述，RDD的转换(Trandformation)采用惰性调用机制，每个RDD记录父RDD转换的方法，但并不立即实施转换，直到一个操作(Action)触发了这一系列转换。这种多个转换步骤调用构成了一个链表(如图16-54所示)，称为血缘(Lineage)。

通过这种血缘关系连接的RDD操作可以管道化(Pipeline)，管道化的操作可以直接在单节点完成，避免多次转换操作之间数据同步的等待。基于血缘的管道化串联操作可以保持每个步骤计算的相对简单性，不用担心有过多的中间数据，这样也保证了计算逻辑的单一性。另

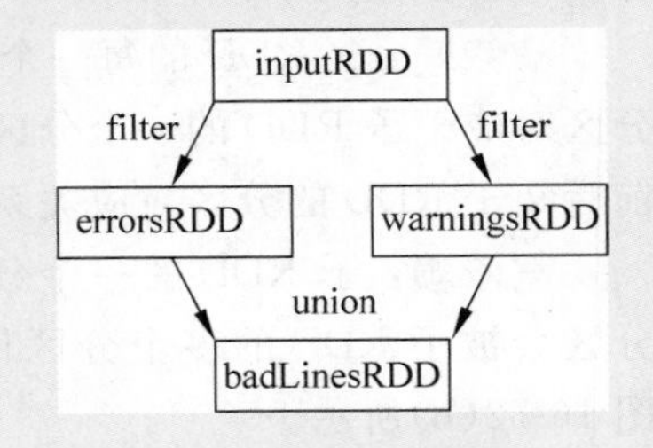

图 16-54 RDD的血缘(Lineage)

外,RDD 的血缘关系图也就是计算模型的有向无环图(DAG),它记录了 RDD 的更新过程。当某一 RDD 的部分分区数据丢失时,它可以通过 Lineage 获取足够的上游 RDDs 信息来重新计算和恢复丢失的分区。

6. Spark 调度机制

Spark 的调度机制包括 Job/Stage/Task 划分、双层多级模型及调度算法。

1) 双层多级调度模型

Spark 的计算模型包括 Application(应用程序)、Job(作业)、Stage(阶段)、Task(任务)4 个等级。一个 Application 由多个 Jobs 组成;而一个 Job 又分为多个 Stages,不同的 Stage 之间需要进行 Shuffle(混编);每个 Stage 由一组执行相关任务但互相间没有 Shuffle 依赖的 Tasks 组成(组合成 TaskSet)。

在 Application 内部 Action 算子触发的一系列变换(Transformation)操作(也即一个 DAG 的提交)组成一个 Job。一个 Application 可以包含多个 Jobs,Spark 可对 Jobs 进行并行计算。

Spark 在一个 Job 的 DAG 基础上通过分析各个 RDD 分区之间的依赖关系来决定如何划分 Stage,具体的 Stage 划分方法如下。

(1) 在 DAG 中进行反向解析,遇到宽依赖就断开。

(2) 遇到窄依赖就把当前的 RDD 加入到 Stage 中。

(3) 将窄依赖尽量划分在同一个 Stage 中,可以实现流水线计算。

Stage 的划分方法可以归纳为:将宽依赖的两边归入不同的 Stage,将窄依赖归入一个 Stage 中。以图 16-55 为例,RDDs A、B、C、D、E 及其算子构成了一个 DAG。我们从图的右边开始向左边划分,B 和 G 之间是窄依赖,因此归入一个 Stage;F 和 G 是宽依赖,因此分属不同的 Stages;A 和 B 是宽依赖,分属不同的 Stages(即 A 不能纳入 B,G 所在的 Stage);D

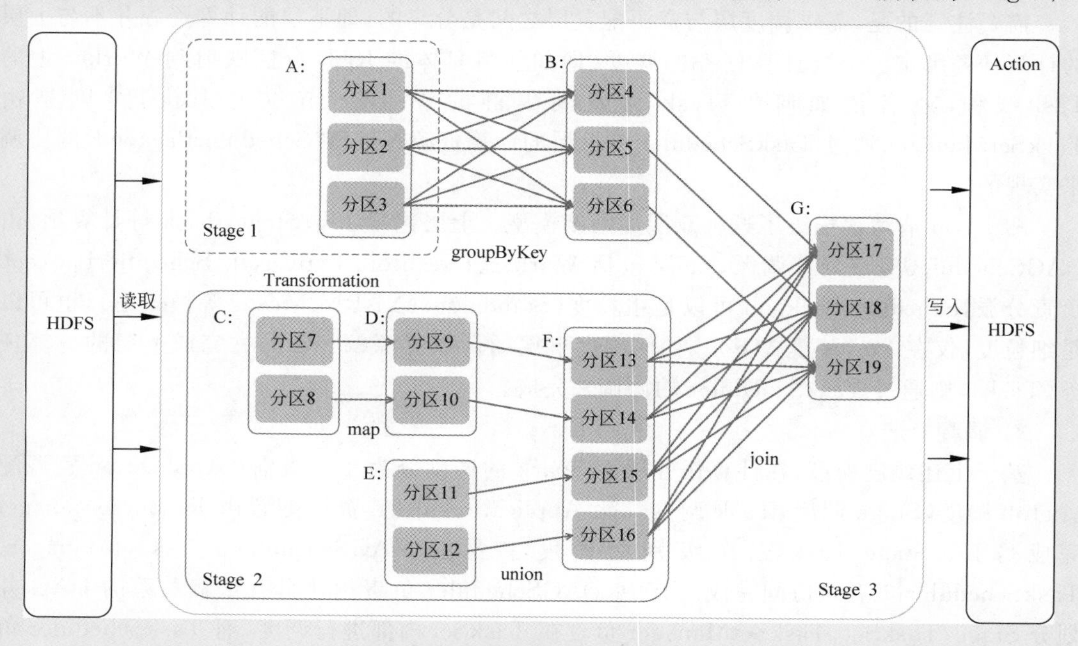

图 16-55 Stage 的划分[22]

与F、C与D、E与F均为窄依赖，可归入一个Stage。综合上述，划分结果为：RDD A单独成为Stage 1，RDDs C、D、E、F构成Stage 2，RDDs B、G组成Stage 3。

Stage的类型有两种：ShuffleMapStage和ResultStage。

(1) ShuffleMapStage：不是最终的Stage，在它之后还有其他Stage，它的输出需要Shuffle，并作为后续Stage的输入；这种Stage是以Shuffle为输出边界，其输入可以是从外部获取数据，也可以是前一个ShuffleMapStage的输出。

(2) ResultStage：最终的Stage，没有输出，而是直接产生结果或存储。这种Stage是直接输出结果，其输入可以是从外部获取数据或是另一个ShuffleMapStage的输出。在一个Job里必定有该类型Stage。

图16-55例子中，Stage 1和Stage 2均为ShuffleMapStage，Stage 3则是该Job的ResultStage。

每个Stage中包含分属不同RDD的多个分区(Partition)，由于每个分区将来都要对应到Worker节点上运行的Task线程，因此每个Stage中包含的分区对应的Tasks组成了一个TaskSet。图16-54表示了Job→Stage→Taskset→TaskThread的过程，即DAGScheduler基于DAG将Job划分为多个Stage，每个Stage包含一个TaskSet，由Spark层面的TaskSetManager来管理，并与TaskScheduler协调，将各个Task分发到各个Worker节点上去作为线程运行。

Spark采用了双层多级的调度模型，即整个调度架构分为计算需求调度(Application/Job/Stage/Task)和计算资源配置(Worker/Executor/TaskThread)两个层面，在需求调度层面又分为Job调度(由DAGScheduler承担)和Task调度(由TaskScheduler承担)，在计算资源配置层面则需决定每个Worker上启动多少Executor进程，分配多少资源，每个Executor内运行多少个Task线程等。

需要注意的是，需求调度层与资源配置层之间是分离的，即下层的计算资源并不与上层的计算任务绑定。上层计算任务的调度(即如何将具体的RDD分区映射到Worker上的Task线程，或者说如何将Task分发到集群的Worker节点上去执行)则是由TaskSetManager通过TaskScheduler与下层的计算资源管理器(SchedulerBackend)的协调来实现的。

图16-56清楚地描绘了这种双层面调度模型。上层包括Job、Stage、Task等计算项，由DAGScheduler完成划分调派；下层包括Worker、Executor、Thread，由SchedulerBackend负责分派，SchedulerBackend可以是粗粒度(Standalone、YARN、Mesos等模式下)，也可以是细粒度(仅在Mesos模式下)。如何调度下层的计算资源(Thread)去完成上层的计算任务(Task)，则通过TaskScheduler的协调来完成。

2) 调度算法

基于上述调度模型，在计算任务层面Spark的调度分为4个级别：Application资源配置、Job调度，Stage调度，Task调度。除Application外(其资源配置由ResourceManager完成)，Job/Stage/Task三个级别的调度主要由DAGScheduler、TaskSetManager、TaskScheduler三者来协同完成。其中，DAGScheduler负责构建具有依赖关系的DAG并划分Stage/TaskSet，TaskSetManager负责在TaskSet内部进行调度，而TaskScheduler负责将可用的计算资源提供给TaskSetManager作为调度任务的依据，并最终将Task分发到

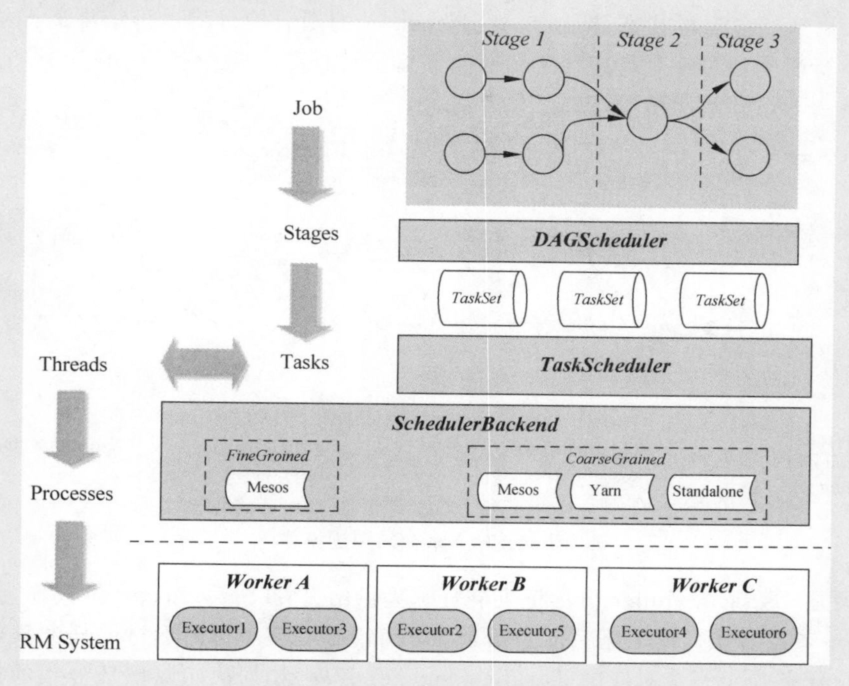

图 16-56　Spark 的双层多级调度模型

集群节点上去执行。

（1）Application 配置

Standalone 模式下，默认使用 FIFO，每个 Application 会独占集群所有可用资源。可以通过以下几个参数调整集群相关的资源。

spark. cores. max：设置 Application 可以向集群申请的 CPU Core 数目。

spark. deploy. defaultCores：默认的 CPU Core 数量。

spark. executor. memory：限制每个 Executor 可用的内存。

在 Mesos 模式下，可以使用 spark. mesos. coarse＝true 设置为静态粗粒度调度。如果使用 mesos://URL 且不配置 spark. mesos. coarse＝true，则设置为动态共享模式，每个 Application 有独立固定的内存分配，空闲时其他机器可以使用其资源。

在 Yarn 模式下，提交作业时可以通过--num-executors 控制分配多少个 Executor 给 Application，然后通过设置--executor-memory 和--executor-cores 来控制 Executor 使用的内存和 CPU Core 数目。

（2）作业调度

在 Application 内部，调度流程如图 16-57 所示，RDD 处理流程构成一个 DAG，然后由 DAGScheduler 按照 Shuffle Dependency 将 DAG 划分成多个 Stage，每个 Stage 包含的分区组成一个 TaskSet，DAGScheduler 通过 TaskScheduler 接口提交 TaskSet，这个 TaskSet 最终会触发 TaskScheduler 构建一个 TaskSetManager 的实例来管理这个 TaskSet 的生命周期，对于 DAGScheduler 来说提交 Stage 的工作到此就完成了。

在 TaskSet 被提交后，由 TaskSetManager 来负责任务集内部的任务调度，如根据 TaskScheduler 所提供的单个 Resource 资源（host，executor 和 locality 的要求）返回一个合适的 Task、更新任务运行状态、调用 DAGScheduler 的函数接口将运行结果通知给它、当某个任务的运行时间超过一个特定比例值时重新调度该任务以避免整个 Stage 执行时间被拖延等。

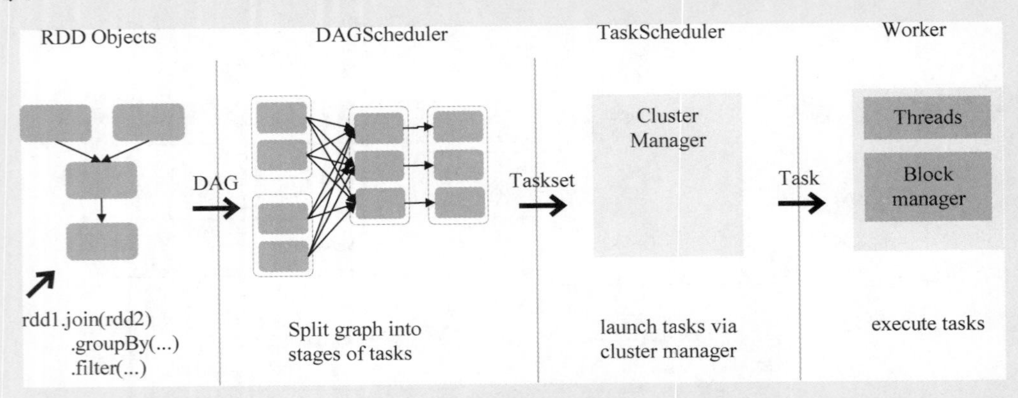

图 16-57 Spark 的调度流程

如前所述，TaskScheduler 负责将集群资源提供给 TaskSetManager 供其作为分派任务到 Executor 节点上执行的依据。但是每个 Job 可能存在多个同时运行的任务集(没有依赖关系)，每个任务集由一个对应的 TaskSetManager 管理，如何决定这些任务集的执行次序，则需要一个调度池对象(POOL Object)来决定，Pool 所管理的对象是下一级的 Pool 或者 TaskSetManager 对象。Pool 有两种调度策略可选择：FIFO 和 Fair，使用哪种调度策略可由参数 spark. scheduler. mode 来设置，目前可选的参数有 FAIR 和 FIFO，默认是 FIFO。

1) FIFO 调度策略

先进先出策略，Pool 直接管理 TaskSetManager。每个 Job 都有 JobID，每个 TaskSetManager 都带有了其对应的 Stage 的 StageID，Pool 最终根据 JobID 小优先、StageID 大优先的原则来调度 TaskSetManager，如图 16-58 所示。需注意，在此模式下 Pool 实际上是 Root Pool。

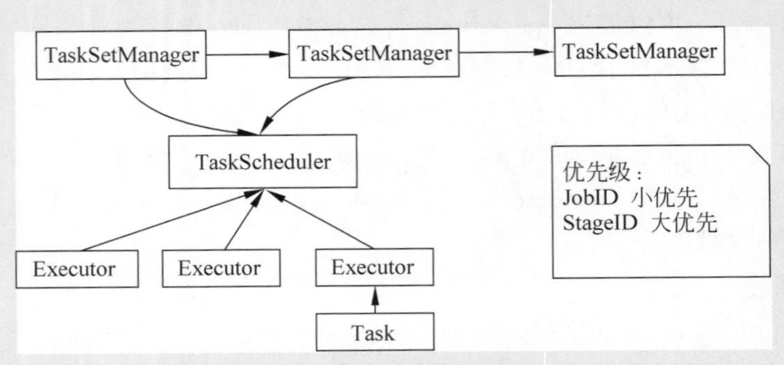

图 16-58 FIFO 调度策略

2) Fair 调度策略

公平调度策略，目前采用的是两级结构，即 Root Pool 管理一组子调度池(Pool)，子调度池进一步管理属于该调度池的 TaskSetManager，如图 16-59 所示。在 Pool 之间，TaskScheduler 采用轮询(Round Robin)方式分配资源。用户可以按照 Job 创建子调度池，即一个子调度池内存放的是属于该 Job 的任务。在默认情况下，这些 Job 之间公平共享资源，而在子调度池内则采用 FIFO 策略调度 TaskSetManager。用户也可以对 Pool 设置不同的权重，这样那些优先级别高的 Job 可以放入权重高的 Pool 中得到优先调度。

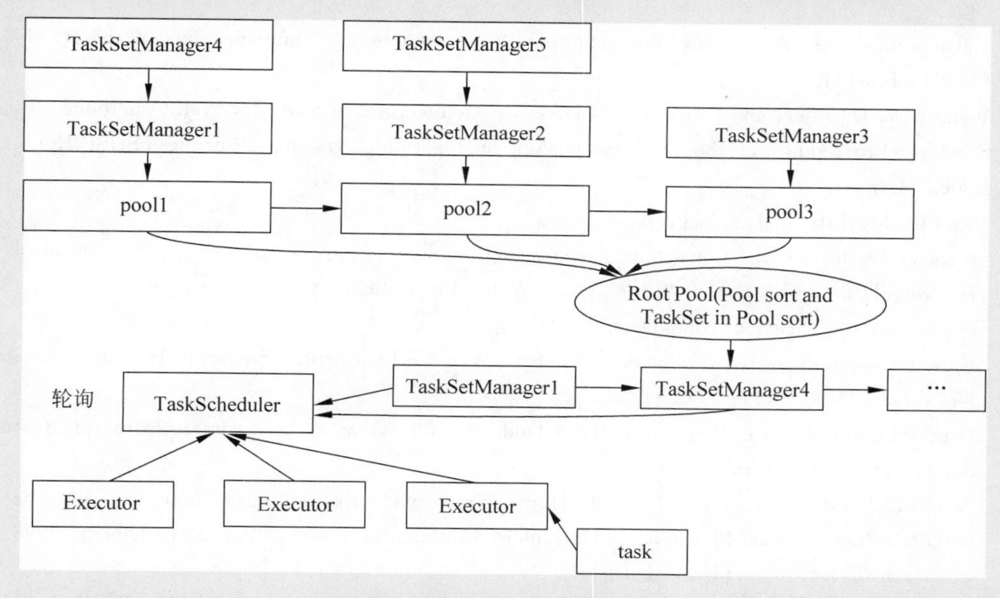

图 16-59 Fair 调度策略

Spark 也容许用户自己定义一个调度池(见下面的 myPool)，以后所有 sc 的任务都放入 myPool 中调度。

```
//sc 是一个 SparkContext 型变量
sc.setLocalProperty("spark.scheduler.pool", "myPool")
```

用户还可以通过配置文件来修改调度池的如下三个属性。

(1) schedulingMode：该属性可以设为 FIFO 或 FAIR，定义了调度策略。

(2) weight：定义了调度池的优先级别。默认情况下，所有调度池的权重均为 1。如果将某个调度池的权重设为 2，那么，它获得的资源将是其他调度池的二倍。

(3) minShare：除了设定调度池的总权重外，每个调度池还可以设置共享资源的最小数量(比如 CPU 核数)。这样，在分发额外的资源之前 Fair Scheduler 调度器会尝试去满足所有调度池所需的共享资源的最小数量。默认情况下，每个调度池的 minShare 属性值为 0。

参考文献

[1] Apache Impala. http://impala.apache.org/.

[2] Apache Storm. https://storm.apache.org/.

[3] Apache Spark Streaming. http://spark.apache.org/streaming/.

[4] Neumeyer, Leonardo, et al. S4: Distributed stream computing platform. 2010 IEEE International Conference on Data Mining Workshops. IEEE, 2010.

[5] Garcia-Molina，Hector，and Kenneth Salem. Main memory database systems：An overview. IEEE Transactions on knowledge and data engineering 4. 6(1992)：509-516.

[6] Gray，Jim. The revolution in database architecture. Keynote at the SIGMOD 2004 Conference，June，2004.

[7] Valiant，Leslie G. A bridging model for parallel computation. Communications of the ACM 33. 8 (1990)：103-111.

[8] Welsh，M，D Culler，and E Brewer. SEDA：An Architecture for Scalable，Well-Conditioned Internet Services. Proceedings of the 18th Symposium on Operating Systems Principles (SOSP-18)，Lake Louise，Canada. 2001.

[9] JBoss Cache. http://jbosscache.jboss.org/.

[10] Karger，David，et al. Consistent hashing and random trees：Distributed caching protocols for relieving hot spots on the World Wide Web. Proceedings of the twenty-ninth annual ACM symposium on Theory of computing. ACM，1997.

[11] Karger D，Sherman A，Berkheimer A，et al. Web Caching with Consistent Hashing. Computer Networks. 1999,31(11)：1203-1213.

[12] Oracle Database 12c：Plug Into the Cloud. http://www.oracle.com/us/corporate/features/database-12c/index.html.

[13] Bellare，Mihir，Ran Canetti，and Hugo Krawczyk. Keying hash functions for message authentication. Annual International Cryptology Conference. Springer Berlin Heidelberg，1996.

[14] Memcached. http://memcached.org/.

[15] Stonebraker，Michael，and Ariel Weisberg. The VoltDB Main Memory DBMS. IEEE Data Eng. Bull. 36. 2(2013)：21-27.

[16] Färber，Franz，et al. The SAP HANA Database--An Architecture Overview. IEEE Data Eng. Bull. 35. 1(2012)：28-33.

[17] Ousterhout，John，et al. The case for RAMCloud. Communications of the ACM 54. 7(2011)：121-130.

[18] Ousterhout，John，et al. The ramcloud storage system. ACM Transactions on Computer Systems (TOCS) 33. 3(2015)：7.

[19] Github. RAMCloud. https://github.com/PlatformLab/RAMCloud.

[20] InfiniBand Trade Association. InfiniBand Architecture Specification：Release 1. 0. InfiniBand Trade Association，2000.

[21] Zaharia，Matei，et al. Resilient distributed datasets：A fault-tolerant abstraction for in-memory cluster computing. Proceedings of the 9th USENIX conference on Networked Systems Design and Implementation. USENIX Association，2012.

[22] Apache Spark Job Scheduling. http://spark.apache.org/docs/latest/job-scheduling.html.

习题

1. 分布式缓存系统的工作原理是什么？根据图 16-3 说明分布式缓存系统是如何大大提高系统访问速度的。

2. 分布式缓存系统有同步缓存(图 16-4)和异步缓存(图 16-5)两种模式，试介绍它们各自的优缺点。

3. 什么是一致性哈希算法(Consistent Hashing Algorithm)？试举例说明一致性哈希

算法是如何解决扩容问题的。

4. 与图 16-23 的读写分离数据库架构比较，图 16-24 的数据库集群架构解决了什么问题？图 16-25 的混合分区架构又解决了什么问题？

5. RAMCloud 在 Master 节点内存中和 Backup 节点磁盘上存储有两套 Segment 体系。在进行内存清除提高内存使用率时，为何对 Master 内存和 Backup 磁盘要采用两种不同的清除机制（Two-level Cleaning）？试解释说明这种不同的机制。

6. 图 16-56 描绘了 Spark 的双层调度模型，即 Spark 的调度包括需求层（Application/Job/Stage/Task）和资源层（Worker/Executor/TaskThread）两层。试根据图 16-56 说明 Spark 调度算法是如何调度分配下层的计算资源满足上层的计算需求的。

第 17 章

基于医疗数据的临床决策分析应用

并存疾病的概念首先由 Feinstein 提出，是指同一病人存在两种或两种以上的疾病[1]。由于多种疾病之间存在着用药等治疗方案上的相互影响，并存疾病的治疗往往非常复杂。并存疾病在老年人中普遍存在，全球 65 岁以上人群中大约 50%的人同时患有两种或两种以上的疾病，这部分人群每年消耗的医疗资源占总资源的 90%以上[2]。研究并存疾病的临床意义主要有以下两点：①并存疾病会引起单一疾病的标准诊断不完全适用，因为单一疾病诊断标准的制定不会考虑到并存疾病之间的相互影响；②并存疾病会引起治疗方案的改变，需要制定一套对多种疾病联合治疗的方案，而不是单独治疗每一种疾病[3]。

医生手动地搜索并诊断某一种疾病的所有并存疾病需要花费大量的时间，而诊断之后制定多疾病的联合治疗方案同样需要大量的时间[3]。同时，医生用这种手动搜索的方法后，在接下来诊断和制定治疗方案时出现失误的可能性也较高。在全世界范围内，大约 10%的病人会受到医疗诊断或治疗方案失误的影响[4]。为了减少医生搜索疾病的工作量，以降低诊断和治疗并存疾病的失误率，人们提出了借助计算机和网络技术的疾病诊断和治疗方案决策辅助系统，这种决策辅助系统可以自动地搜索相关疾病信息，并提出一系列的诊断和治疗方案供医生参考和选择。

现有的诊断与治疗决策辅助系统绝大多数仅针对一种疾病，由于缺少对多种并存疾病之间相互影响的考虑，无法满足并存疾病中涉及的多种疾病联合诊断和治疗的要求。因此在针对某一种疾病的决策辅助系统的基础上，并存疾病的诊断与治疗决策系统应运而生，但现有的并存疾病诊断和治疗算法还比较少，尤其是针对并存疾病病人在多种上下文场景中的动态决策系统更少。理论不成熟，系统性能也不能满足实际需求，因此需要研究新型的并存疾病诊断和治疗决策辅助系统，而且可以将此系统同其他计算机和通信技术结合，进一步扩展到未来的区域性医疗健康监护网络中。

17.1　国内外研究现状及发展动态分析

由于疾病诊断和治疗的决策辅助系统在电子医疗监控网络中所占据的重要位置，从电子医疗诞生日起就受到了诸多研究机构的重视，如美国、英国、加拿大、法国、日本等的研究机构均提出了相关的诊断和治疗决策算法，而国内的清华大学、北京邮电大学、电子科技大学等诸多高校也均开展了相关的工作，并取得了诸多创新性成果。所涉及的疾病数量分类、疾病诊断和治疗决策辅助系统主要分为单疾病决策辅助系统和并存疾病决策辅助系统。

作为并存疾病决策辅助系统的基础，单疾病决策辅助系统的决策算法主要包括聚类分析、人工神经网络和决策树三大类。

聚类分析以对象之间的相似性为基础，通过数学分析的手段，确保在一个类别中的对象比不在同一类别中的对象之间具有更多的相似性。Wagner 等将 k-最近邻(k-Nearest Neighbor，kNN)这一聚类方法用于诊断前列腺癌的决策辅助系统中，利用空间中的每一个维度代表前列腺癌 CT 图像中的一个特征，从而多维空间中的一个点就代表了一个病人的 CT 图像样本，通过对多维空间中的点进行聚类来判断此病人是否患有前列腺癌[5]。

人工神经网络算法是通过模仿人脑的思考过程而提出的，然而神经网络的结构并不像人脑的结构那样复杂。通常来说，人工神经网络是由若干层相互连接的神经元组成，前一层神经元的输出作为后一层神经元的输入。具体说来，人工神经网络又可以分为自组织特征映射和支持向量机等。Baxt 等人提出了采用自组织特征映射算法诊断心肌梗死的决策辅助系统，通过迭代地调整神经网络中神经元的层数以及各层神经元之间的参数，建立了诊断心肌梗死的决策辅助系统[6]。Bishop 等人、Haykin 等人和 Kohonen 等人又分别提出了更高效的自组织特征映射算法，有效地降低了神经网络各层之间参数的调整时间，并将这些算法应用到范围更广的疾病诊断当中[7~9]。Shi 等人采用支持向量机算法最优化各组血样质谱数据间的组间距离，从而最小化不同血样质谱样本的错误分类概率，并将这种方法应用到诊断白血病当中[10]。

决策树算法是通过进行一系列的问答来做出决策的，决策树的输入是病人的案例样本，而输出则是对该病人的状况做出的决策。决策树仿照树的层次结构，由一系列节点组成(包括一个树根，一系列树枝和树叶组成)，树的每一个节点代表决策过程中需要回答的一个问题。各种决策树算法中节点的连接顺序往往不同，一种算法对应一个节点重要性的判断准则。Quinlan 等人提出了由节点信息熵的大小来衡量节点重要性的决策树算法，并将这一算法应用于诊断和和治疗高血压当中[11]。Babic 等人提出了采用基于模糊控制的决策树算法，并应用于心脏病的诊断当中[12]。Sprogar 等人提出了基于人工神经网络的决策树算法，并将其应用于心脑血管疾病的诊断当中[13]。北京邮电大学康桂霞教授提出了基于多种上下文环境的决策树算法，并将其应用于高血压的诊断和治疗中，决策时考虑到不同病人的特点，从而对不同病人做出个性化的诊断和治疗[14]。

Boyd 等人讨论了直接将多个单疾病诊断和治疗的决策辅助系统用于并存疾病的可能

性，每一个决策辅助系统对应并存疾病中的一种疾病，结论是直接采用多个单疾病决策辅助系统来诊断并存疾病会引起不良的后果[15]。这是因为单疾病诊断和治疗的决策辅助系统是基于此疾病的诊断标准实现的，而某种疾病的诊断标准在制定时并没有考虑到其他并存疾病对该疾病诊断的影响。因此，有必要提出同时考虑多种并存疾病之间相互影响的决策辅助系统，但这方面的研究还处于萌芽阶段。Riano 等人提出了同时诊断肿瘤和心脏病的决策辅助系统，然而这种系统需要医生引导计算机完成诊断，而不能由计算机自动完成诊断[16]。Michalowski 等人提出了如何合并两种单疾病诊断标准的方法，但这种方法要求诊断标准中不能存在对某一条件多次判断的情况，如持续增加病人的用药量直到病人的某一生理指标恢复正常[17]。此外，上述并存疾病的诊断与治疗决策辅助系统都只能对病人在某种临床情景中进行诊断和治疗。然而，在不同的病人临床情景中，诊断标准往往发生改变，如某些疾病病人在睡觉和行走时应采用不同的诊断标准。因而，有必要对多种临床情景中的并存疾病诊断和治疗的决策系统进行研究。

为了解决上述关键问题，可尝试突破现有的诊断和治疗决策辅助系统，采用约束性逻辑程序语言代表每一种疾病的诊断标准，然后合并逻辑程序以建立逻辑问题模型，而此逻辑问题的解就对应并存疾病的诊断和治疗决策方案。此外，可尝试通过临床情景感知技术，制定适用于多种临床情景的诊断和治疗决策辅助系统。

17.2 技术路线和方案

以约束性逻辑编程语言为主线，通过引入临床情景感知技术，实现适用于多种临床感知情景的并存疾病诊断和治疗的决策辅助系统。通过对多种环境传感器的联合感知技术研究可以实现并存疾病病人的环境情景感知，通过对多种行为传感器的联合感知技术的研究可以实现并存疾病病人的行为情景感知，通过对多种生理参数传感器的联合感知技术的研究可以实现并存疾病病人的生理参数感知，通过这三个关键技术的研究可以有效实现并存疾病病人的临床情景感知。通过对约束性逻辑编程语言的研究可以有效地实现检测不同疾病诊断和治疗标准之间的矛盾部分，通过逻辑变量替代方法的研究可以有效地实现消除不同疾病诊断和治疗标准之间的矛盾部分，通过这两个关键技术的研究可以有效实现并存疾病的诊断和治疗决策辅助系统。其具体的技术路线如图 17-1 所示。

并存疾病诊断和治疗的决策辅助系统主要由三部分组成：①并存疾病诊断和治疗的决策模块；②单疾病诊断和治疗方案的数据库模块；③临床情景感知模块。系统框图如图 17-2 所示。

并存疾病诊断和治疗的决策模块首先向数据库模块发送请求，搜集并存疾病中所有相关疾病的诊断标准。数据库模块将响应请求，向决策模块以流程图的形式发送相关疾病的诊断和治疗标准。同时，决策模块向临床情景感知模块发送请求，搜集所有的临床情景参数，包括生理参数、环境参数和行为参数。基于相关疾病的诊断和治疗流程图以及临床情景参数，决策模块将对所有诊断和治疗标准对应的流程图进行合并。如果在合并过程中发现不同流程图之间不存在矛盾，将输出合并之后的流程图作为并存疾病的诊断和治疗决策方案。如果在合并过程中发现不同流程图之间存在矛盾，则再次向数据库模块和临床情景感知模块发送请求，

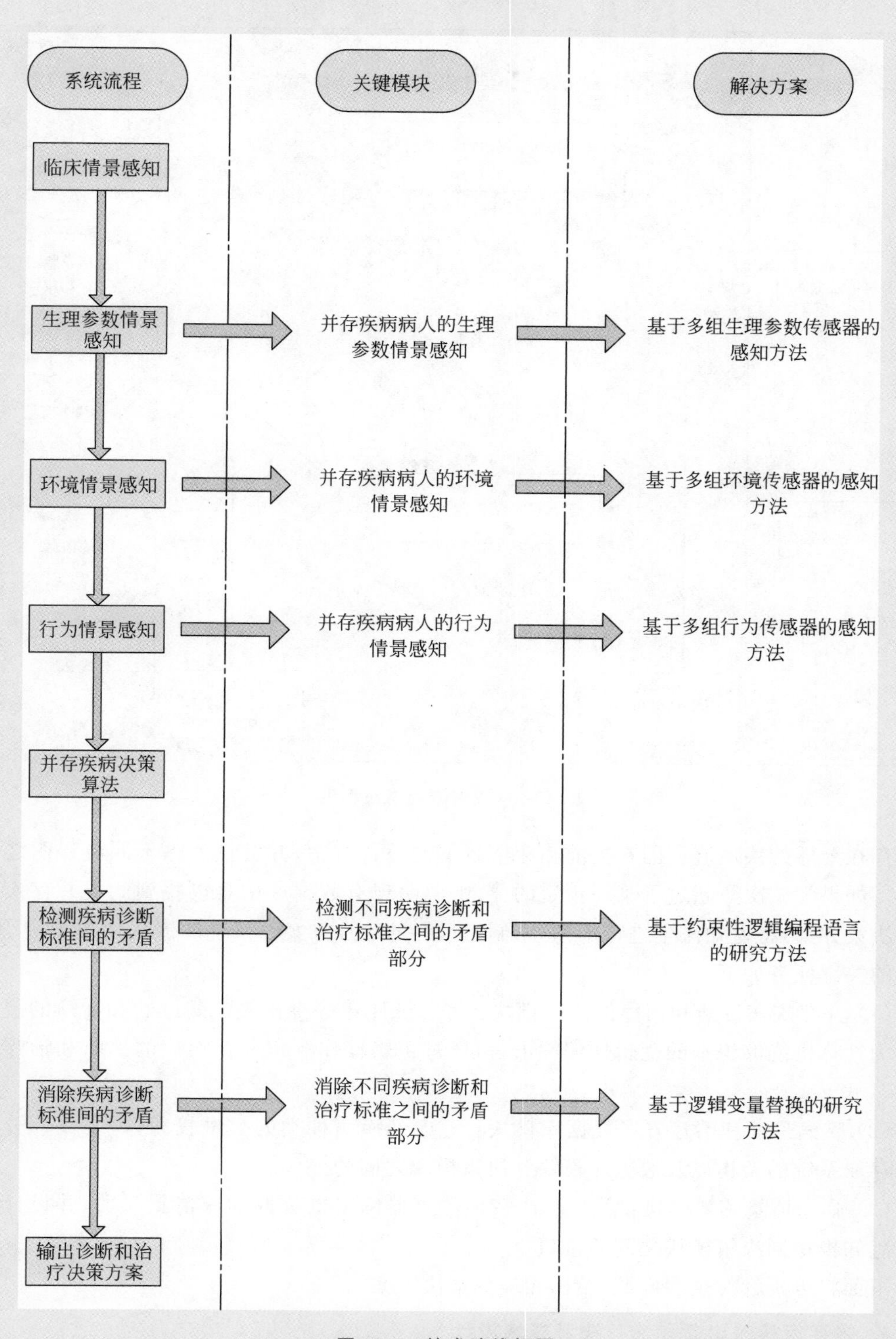
系统流程
关键模块
解决方案
临床情景感知
生理参数情景感知
并存疾病病人的生理参数情景感知
基于多组生理参数传感器的感知方法
环境情景感知
并存疾病病人的环境情景感知
基于多组环境传感器的感知方法
行为情景感知
并存疾病病人的行为情景感知
基于多组行为传感器的感知方法
并存疾病决策算法
检测疾病诊断标准间的矛盾
检测不同疾病诊断和治疗标准之间的矛盾部分
基于约束性逻辑编程语言的研究方法
消除疾病诊断标准间的矛盾
消除不同疾病诊断和治疗标准之间的矛盾部分
基于逻辑变量替换的研究方法
输出诊断和治疗决策方案

图 17-1　技术路线框图

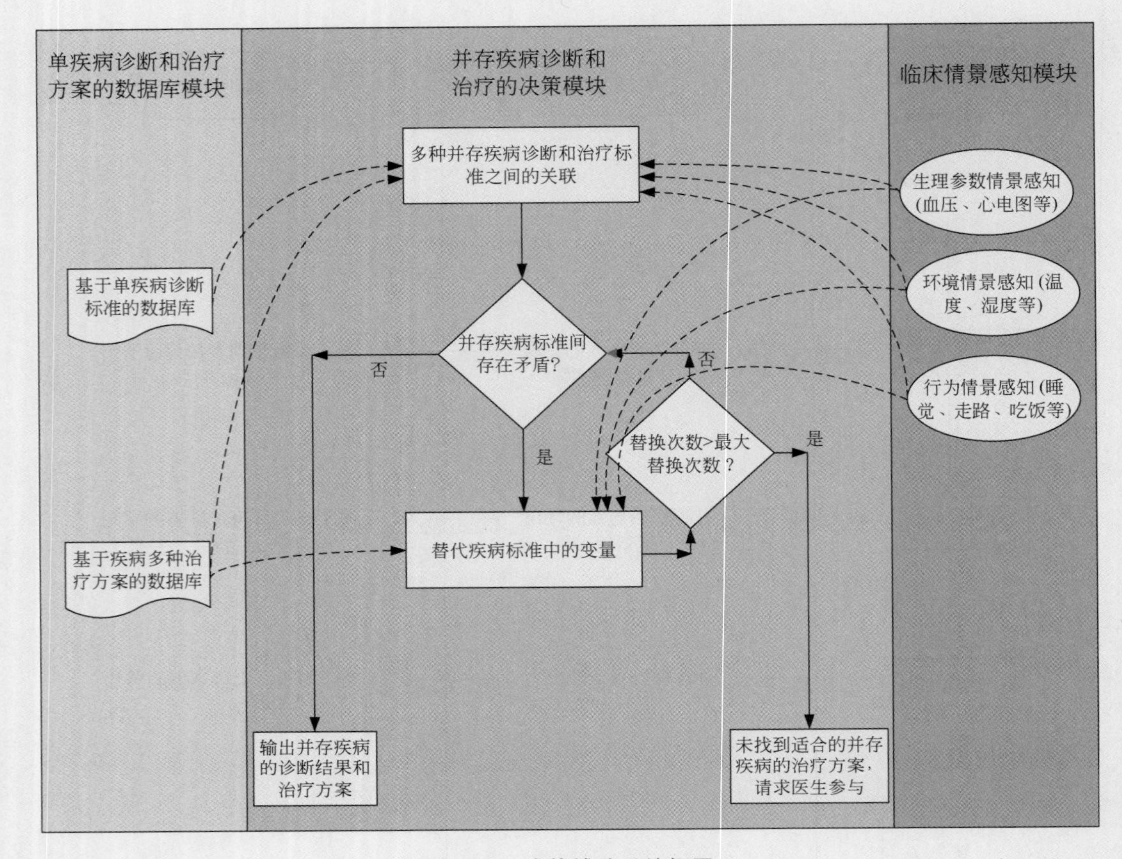

图 17-2　决策辅助系统框图

搜集存在矛盾的疾病流程图在当前临床情景下的替代方案,并尝试消除不同流程图之间的矛盾。如果尝试次数超过了某一预定的值,则说明现有数据库中难以找到此类并存疾病的治疗决策方案,将通知医生进行干预,来制定最终的治疗方案。系统的流程如图 17-3 所示,具体的关键任务如下。

(1) 并存疾病诊断和治疗的决策模块:需要设计算法将相关疾病诊断和治疗的流程图转换为计算机能够识别的逻辑性编程语言,通过逻辑操作制定并存疾病的诊断和治疗决策方案。

(2) 疾病诊断和治疗方案数据库模块:考虑到疾病种类的数量较大,需要设计分布式数据存取系统的架构以及数据库模块和决策模块之间的接口。

(3) 临床情景感知模块:需要设计多种传感器网络以获取临床情景参数,并设计临床情景感知模块同决策模块之间的接口。

下面将分别针对这些问题,给出相应的解决方案。

1. 并存疾病的诊断和治疗决策模块设计

并存疾病诊断和治疗的决策模块设计首先需要将相关疾病诊断和治疗的流程图转化成计算机能够识别的逻辑语言,本项目采用逻辑性编程语言来表示疾病的诊断和治疗流程图,

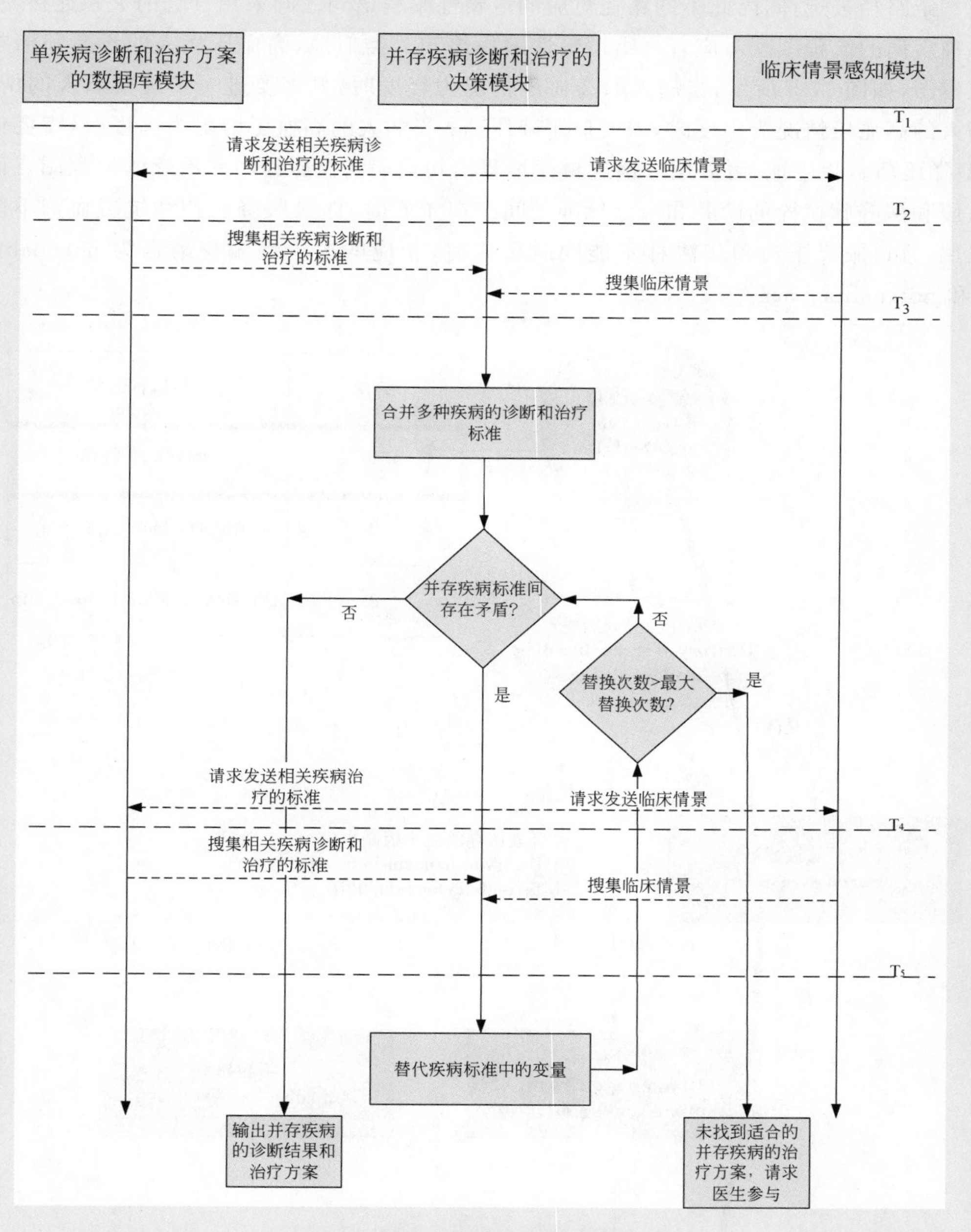

图 17-3　决策辅助系统流程图

前期工作中对疾病流程图到逻辑性编程语言的转换进行了较为充分的研究，下面以深静脉血栓和高血压的诊断和治疗标准的流程图为例说明。如图 17-4 所示，深静脉血栓的诊断和治疗标准流程图由一系列路径组成，每条路径对应着病人不同的状况。例如，当病人有严重出血史时，通常采用下腔静脉过滤器的方法治疗，否则采用抗血剂或者华法林处理，取决于病人是否患有肝素诱导的血小板减少症。每条路径都可以转换成一条逻辑性编程语句，当逻辑性编程语句为“真”时就表示对应的路径根据病人的状况被选择了。由于一个流程图中只有一条路径被选择，因此不同路径对应的逻辑性编程语句之间采用“或”的关系连接，从而每一种疾病的流程图就对应着一组逻辑性编程语句。类似地，高血压病人的诊断和治疗标准流程图，如图 17-5 所示，当病人的高血压情况为轻度时，只需要进一步观察病人的情况；当病人的高血压情况为中度时，需要口服降压药；当病人的高血压情况为高度时，需要使用 IV 型降压药。相应地，可以用一组逻辑性编程语句代表高血压诊断和治疗的流程图。而当高血压和深静脉血栓的诊断和治疗标准之间存在矛盾时，即口服降压药和抗凝血剂不能同时服用，且口服降压药和华法林不能同时服用时，相应的逻辑性编程语言为 not(oahta ∧ wa) 和 not(oahta ∧ aca)。

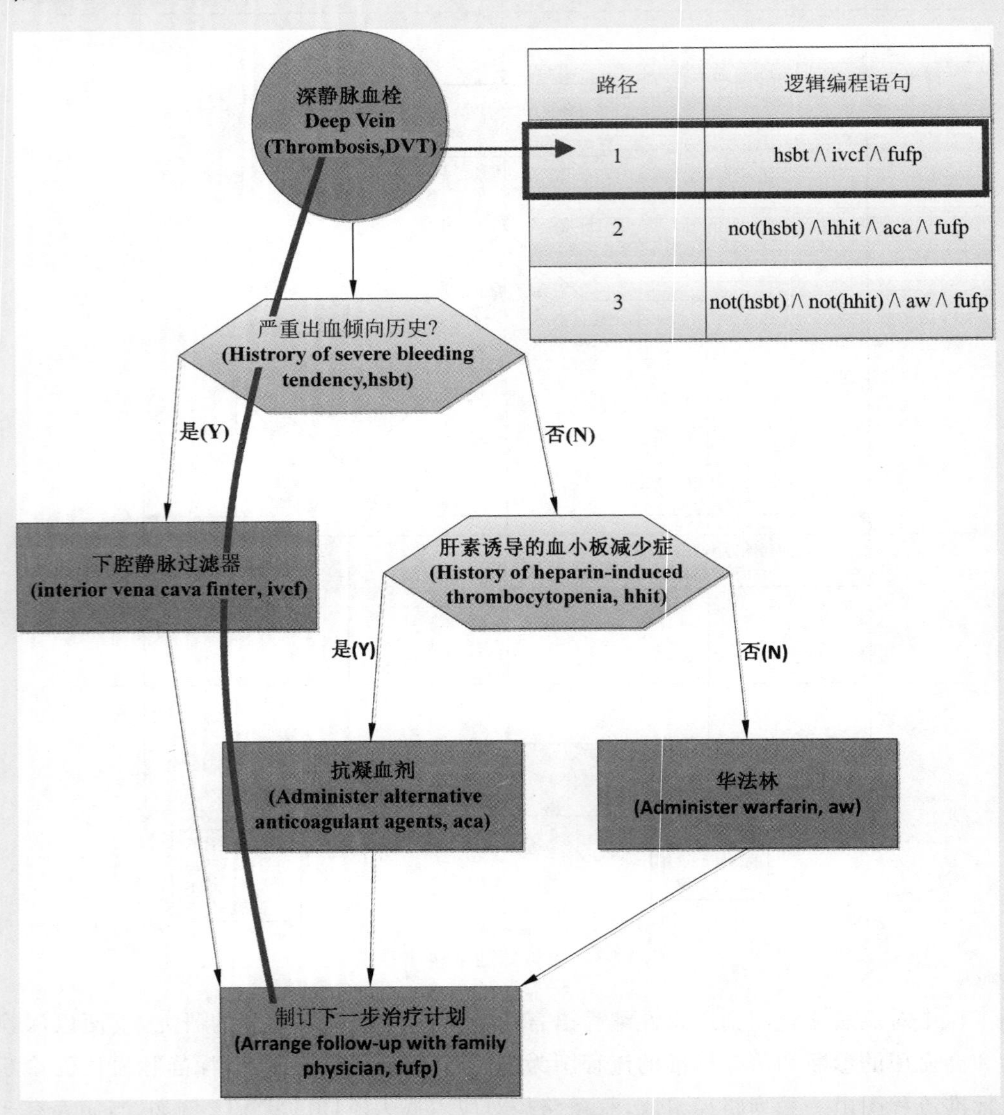

图 17-4 深静脉血栓诊断和治疗流程图

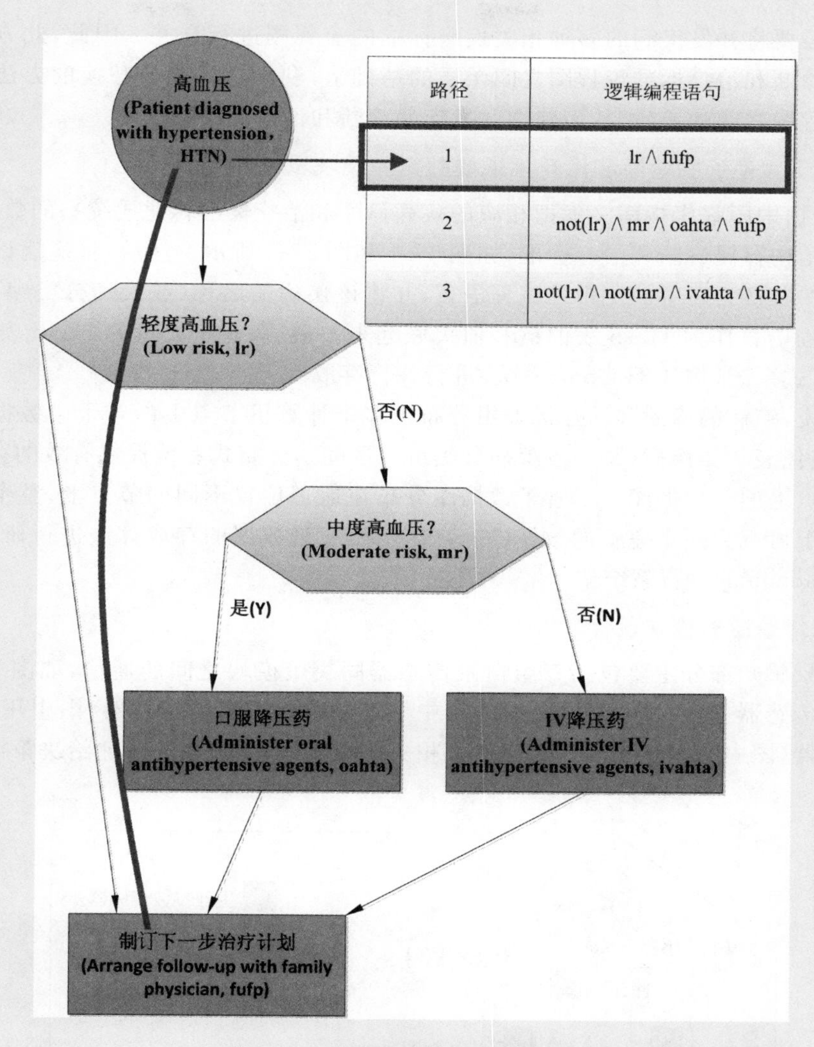

图 17-5　高血压诊断和治疗流程图

因此，两种疾病的诊断和治疗标准的合并就等价于如表 17-1 所示的逻辑性编程语言模型。

表 17-1　两种疾病的诊断和治疗标准

	逻辑性编程语言
深静脉血栓	(hsbt ∧ ivcf ∧ fufp) ∨ (not(hsbt) ∧ hhit ∧ aca ∧ fufp) ∨ (not(hsbt) ∧ not(hhit) ∧ aw ∧ fufp)
高血压	(lr ∧ fufp) ∨ (not(lr) ∧ mr ∧ oahta ∧ fufp) ∨ (not(lr) ∧ not(mr) ∧ ivahta ∧ fufp)
矛盾	not(oahta ∧ wa) not(oahta ∧ aca)

此模型可以在 Zinc 平台上运行，此模型如果有解，则这组解作为并存疾病的治疗诊断和治疗决策方案输出，否则说明不同的疾病诊断和治疗标准的流程图之间存在矛盾。通过检测每一项矛盾对应的逻辑性编程语句，即 not(oahta ∧ wa)和 not(oahta ∧ aca)，可以确定哪一项矛盾发生了，从而检测到不同疾病流程图之间的矛盾。

此方案需要将并发疾病的多种相关疾病标准的流程图进行合并。因此，此方案将在检测并发疾病诊断和治疗标准流程图之间矛盾的基础上，利用逻辑变量替换的方法消除不同疾病标准流程图之间的矛盾，从而建立并发疾病诊断和治疗的决策系统。

2. 适用于大量疾病诊断和治疗标准的数据库模块设计

首先，根据中国临床指南文库把相应的疾病诊断和治疗标准转化成统一的数据形式，采用流程图的结构存储诊断和治疗标准，如图 17-4 和图 17-5 所示。然后，将疾病诊断和治疗标准的流程图转换为对应的逻辑性编程语言，并将该疾病的名称（或疾病分类编码）和对应的逻辑性编程语言作为 Hash 表的键和值关联起来。最后，对于大量的 Hash 表中的键-值对，采用分布式系统（例如 Hadoop 系统）进行并行存取。

具体来说，疾病的诊断和治疗标准由分布于多个计算机节点上的若干个数据库系统组成，每个节点代表一类疾病（某一段疾病分类编码区间），分布式系统提供有效的存取手段来操纵这些节点上的子数据库。尽管子数据库分布在地理位置不同的节点上，整个分布式数据库在使用上可视为一个完整的数据库。它适用于海量数据的存取算法进行研究，尤其是设计基于 Hadoop 的并行系统架构。

3. 临床情景感知模块设计

临床情景感知部分主要包括三组情景传感器同决策模块之间的通信，如图 17-6 所示。这三组情景传感器包括生理参数传感器（图中用红色表示），环境传感器（图中用黄色表示）和行为传感器（图中用绿色表示），它们收集相关的数据后，通过网关传递给决策模块作为决策参考。

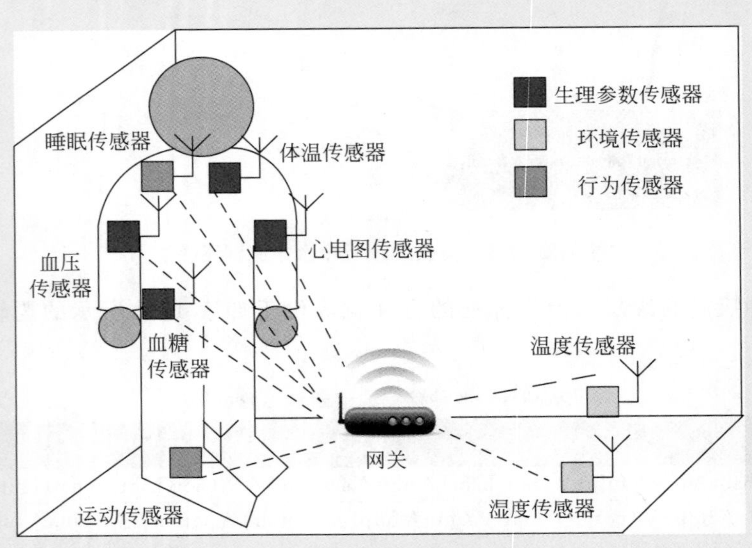

图 17-6　传感器网络协作感知临床情景

传感器网络中的关键问题包括资源分配问题和生理参数传感器的误差分析。通过跨层设计提高医疗传感器网络的使用寿命，同时满足传感器数据传输的性能要求。通过传感器网络的资源分配算法，进一步提升网络的使用寿命。通过信号处理手段，降低生理参数传感器收集到的数据中的噪声，从而提高决策模块的信号噪声比，进而提高决策的准确度。

参考文献

[1] Wittchen Hu. Critical issues in the evaluation of comorbidity of psychiatric Disorders. The British journal of psychiatry，1996，168(30)：9-16.

[2] Anderson G，Horvath J，Knickman J，et al. Chronic conditions：making the case for ongoing care，partnership for solutions. Baltimore(MD)：Johns Hopkins University，2002.

[3] 陶林.并存疾病的理论与实践.中华精神科杂志，1999，1.

[4] Becher C，Chassin M. Improving quality，minimizing error：making it happen，Health Affairs，2001，72.

[5] Wagner M，D Naik，et al. Computational protein biomarker prediction：a case study for prostate cancer. BMC Bioinformatics，2004，5(1)：26.

[6] Baxt W G. A neural-network trained to identify the presence of myocardial-infarction bases some decisions on clinical associations that di_er from accepted clinical teaching. Med. Dec. Making，1994，14(3)：217-222.

[7] Bishop CM. Neural networks for pattern recognition. Oxford University Press，1995：187-189.

[8] S Haykin. Neural networks：A Comprehensive Foundation. Prentice Hall，1999.

[9] T Kohonen. Self-Organizing Maps. Springer-Verlag，1997.

[10] H Shi，M K Markey. A machine learning perspective on the development of clinical deicsion support systems utilizing mass spectra of blood samples. J. Biomed. Inf，2006，39(2)：227-248.

[11] Quinlan J R. Programs for Machine Learning. Morgan Kaufmann，1993.

[12] Babic S H，Kokol P，Stiglic M M. Fuzzy decision trees in the support of breastfeeding. Proceedings of the 13th IEEE Symposium on Computer-Based Medical Systems，2000：7-11.

[13] Sprogar M，Kokol P，Hleb S，et al. Vector decision trees. Intelligent Data Analysis，2000，4(3)：305-321.

[14] Guixia Kang，Yu Yang，Yue Ouyang，Ping Zhang. Pilot Tone Design for Inter-Cell Interference Mitigation in OFDM Systems. VTC Spring，2007：1946-1950.

[15] Boyd C，Darer J，Boult C，et al. Clinical practice guide-lines and quality of care for older patients with multiple comorbid diseases：implications for pay for performance. JAMA，2005：294，716-724.

[16] D Riano，F Real，J A Lopez-Vallverdu，et al. An ontology-based personalization of health-care knowledge to support clinical decisions for chronically ill patients. J Biomed Inform，2012，45：429-446.

[17] Michalowski M，Hing M M，Wilk S，et al. A constraint logic programming approach to identifying inconsistencies in clinical practice guidelines for patients with comorbidity. Arti_cial Intelligence in Medicine，2011：296-301.

习题

1. 并发疾病的临床意义对设计决策辅助系统有什么帮助？
2. 并存疾病诊断和治疗的决策辅助系统由哪些部分组成？
3. 请简述并存疾病诊断和治疗辅助决策系统的技术实施路线。
4. 采集生理数据时，传感器网络设计时的关键技术有哪些？
5. 典型的可穿戴式生理数据传感器有哪些？

第 18 章

基于医保数据的预测分析应用

除了互联网公司，医疗行业是最先结合大数据分析的传统行业之一，医疗行业发展早期就遇到了处理海量数据的挑战[1]。近年来，很多国家都在积极地推进医疗信息化的发展，这使得很多医疗机构都投入大量人力和物力来推进行业的大数据分析。因此，医疗行业将和金融、电信等行业一起首先迈入大数据时代[2]。麦肯锡在其 2014 年报告《医疗行业的大数据革命》中指出，排除体制障碍，大数据分析可以帮助美国的医疗服务业一年创造 3000 亿美元的附加价值[3]。本章基于慢病门诊费用结构、门诊治疗情况，及患者人群特征等因素进行分析，试图探索这些因素对住院费用结构的影响，从而开发一套能够衡量住院费用合理性的预测系统。具体来说，预测模型的过程分为三个阶段：数据准备阶段，模型变量筛选阶段，模型构建阶段。

18.1　数据准备阶段

目前数据来源主要包括三部分：门特、住院，以及关于医保/医院的静态属性。门特部分的表包括门特结算表（主表）、门特结算明细、门特诊断表；住院部分的表包括住院结算表（主表）、住院结算明细表、住院诊断表、住院登记表；关于医保/医院静态属型的表包括医疗机构注册表（医院分级）、医保项目表、参保项目表。数据准备阶段将所有与费用有关的数据表，按照建模需求进行整合，成为一张基础表，作为下一阶段建模的基础。

18.2　模型变量选择和转换

通过文献综述和数据质量分析，与业务部门沟通后，初步筛选出 32 个可能相关的自变量（原本筛选出 43 个变量，但 11 个变量的值为空），而因变量是日均住院费用，如表 18-1 所示。

表 18-1　初筛模型变量

字段名	字段含义
X_1:GENDER_CODE	性别
X_2:PSN_AGE	参保人年龄
X_3:PSN_ACC_AMT	门特个人账户支付金额
X_4:FUND_AMT	门特统筹基金支付金额
X_5:CIVIL_AMT	门特公务员补助支付金额
X_6:CASH_AMT	门特现金支付金额
X_7:CHECK_CNT	门特结算单总数量
X_8:ITEM_CNT_TOTAL	门特医疗项目总数
X_9:AMT_TOTAL	门特费用总金额
X_{10}:SELF_PAY_AMT_TOTAL	门特自付金额
X_{11}:OUT_LIMIT_AMT_TOTAL	门特超出上限费用
X_{12}:AMT_1_TOTAL	门特西药(含中成药)金额
X_{13}:AMT_2_TOTAL	门特中草药金额
X_{14}:AMT_3_TOTAL	门特治疗费(含特殊治疗)金额
X_{15}:AMT_4_TOTAL	门特检查费金额
X_{16}:AMT_5_TOTAL	其他门特金额
X_{17}:PSN_ACC_AMT_I	住院个人账户支付金额
X_{18}:FUND_AMT_I	住院统筹基金支付金额
X_{19}:CIVIL_AMT_I	住院公务员补助支付金额
X_{20}:CASH_AMT_I	住院现金支付金额
X_{21}:CHECK_CNT_I	住院结算单总数量
X_{22}:FUND_RANGE_AMT_I	住院统筹基金金额上限
X_{23}:ITEM_CNT_TOTAL_I	住院医疗项目总数
X_{24}:SELF_PAY_AMT_TOTAL_I	住院自付金额
X_{25}:OUT_LIMIT_AMT_TOTAL_I	住院超出上限费用
X_{26}:AMT_1_TOTAL_I	住院西药(含中成药)金额
X_{27}:AMT_2_TOTAL_I	住院中草药金额
X_{28}:AMT_3_TOTAL_I	住院治疗费(含特殊治疗)金额
X_{29}:AMT_4_TOTAL_I	住院检查费金额
X_{30}:AMT_5_TOTAL_I	住院其他费用金额
X_{31}:VISIT_TYPE_PRES_CODE	门特来访方式
X_{32}:VISIT_TYPE_INBED_CODE	住院来访方式
Y:Y_FLAG	日均住院费用金额(二分类)

18.2.1　模型变量的选择

具体来说，参保人静态属性包括性别、年龄(X_1、X_2)，其他静态属性在目前费用系统中为空，暂不能使用。参保人动态属性分为门特和住院等两部分。门特的费用结构(药品、治疗、检查费用等)和报销结构情况(X_3～X_{16})，及门特来访方式(X_{31})的相关变量，直接或间接地反映了参保人在门特的治疗和给药情况以及患者病情。同理，住院的费用结构(药品、治疗、检查费用等)和报销结构情况($X_{17} \sim X_{30}$)，以及住院方式(X_{32})的相关变量，则直接或间接地反映了参保人在住院时的治疗和给药情况，及患者病情。当然，如在之后模型深入优化过程中，能引入更多参保人静态属性及更加直接的衡量患者病情及治疗情况的变量，模型效果会更加理想。

18.2.2 模型变量的转换

为了保证模型的稳定性，需要去除连续变量样本非均匀分布的影响。通过对连续型变量进行重新分档，确保每一档中变量的样本数量比较接近，这是为了提升模型预测值的区分度以及预测能力。表 18-2 介绍了自变量分档的业界普遍标准：每一个变量的分组数量在 2～8 组之间；各个自变量的组内 IV 值均在 0.03 以上，以衡量变量的整体区分度；各个自变量的组内 IV 值差距在 0.1 以上，以衡量组间区分度；各个自变量与因变量的相关性在 0.1 以上。其中，IV 值的计算公式如下：

变量第 i 个取值的 IV_i =(变量第 i 个取值中高住院费用的个数－变量第 i 个取值中低住院费用的个数)×ln((变量第 i 个取值中高住院费用的个数/高住院费用总数)/(变量第 i 个取值中低住院费用的个数/低住院费用总数))

变量总的 IV $= \sum$ 变量第 i 个取值的 IV_i

表 18-2 连续型自变量的分档标准

标　准	参考标准值
分组数	2～8 组
自变量最小 IV 值(衡量变量整体区分度)	0.03
分档组间 IV 值差(衡量组间区分度)	0.1
与 Y 的相关性	0.1

基于表 18-2 的连续型自变量的分档标准，进行多次调整后，展示了各个自变量的分档规则(分类型自变量还保留原始变量的分档规则)，详见表 18-3。表 18-3 给出了自变量的分档规则，其中包含变量分类的数量以及分类的临界点。分类的临界点包括以 0 和非 0 进行分类，也包括以不同的百分位数进行分类。

表 18-3 各个自变量的分档规则

字段名	分档规则
X_1:GENDER_CODE	采用 2 分类变量(沿用该分类变量的分档方式)
X_2:PSN_AGE	采用 8 分类变量，percentile[12.5, 25, 37.5, 50, 62.5, 75, 87.5]
X_3:PSN_ACC_AMT	采用 6 分类变量，0 以及 percentile[20,40,60,80]
X_4:FUND_AMT	采用 6 分类变量，0 以及 percentile[20,40,60,80]
X_5:CIVIL_AMT	采用 6 分类变量，0 以及 percentile[20,40,60,80]
X_6:CASH_AMT	采用 6 分类变量，0 以及 percentile[20,40,60,80]
X_7:CHECK_CNT	采用 4 分类变量，percentile[25, 50, 75]

续表

字段名	分档规则
X_8:ITEM_CNT_TOTAL	采用8分类变量,percentile[12.5, 25, 37.5, 50, 62.5, 75, 87.5]
X_9:AMT_TOTAL	采用8分类变量,percentile[12.5, 25, 37.5, 50, 62.5, 75, 87.5]
X_{10}:SELF_PAY_AMT_TOTAL	采用8分类变量,percentile[12.5, 25, 37.5, 50, 62.5, 75, 87.5]
X_{11}:OUT_LIMIT_AMT_TOTAL	采用6分类变量,0以及percentile[20,40,60,80]
X_{12}:AMT_1_TOTAL	采用8分类变量,percentile[12.5, 25, 37.5, 50, 62.5, 75, 87.5]
X_{13}:AMT_2_TOTAL	采用6分类变量,0以及percentile[20,40,60,80]
X_{14}:AMT_3_TOTAL	采用6分类变量,0以及percentile[20,40,60,80]
X_{15}:AMT_4_TOTAL	采用2分类变量,0以及非0
X_{16}:AMT_5_TOTAL	采用2分类变量,0以及非0
X_{17}:PSN_ACC_AMT_I	采用2分类变量,0以及非0
X_{18}:FUND_AMT_I	采用3分类变量,0以及percentile[50]
X_{19}:CIVIL_AMT_I	采用2分类变量,0以及非0
X_{20}:CASH_AMT_I	采用3分类变量,0以及percentile[50]
X_{21}:CHECK_CNT_I	采用3分类变量,percentile[33.3,66.6]
X_{22}:FUND_RANGE_AMT_I	采用3分类变量,percentile[33.3,66.6]
X_{23}:ITEM_CNT_TOTAL_I	采用8分类变量,percentile[12.5, 25, 37.5, 50, 62.5, 75, 87.5]
X_{24}:SELF_PAY_AMT_TOTAL_I	采用3分类变量,percentile[33.3,66.6]
X_{25}:OUT_LIMIT_AMT_TOTAL_I	采用8分类变量,percentile[12.5, 25, 37.5, 50, 62.5, 75, 87.5]
X_{26}:AMT_1_TOTAL_I	采用3分类变量,percentile[33.3,66.6]
X_{27}:AMT_2_TOTAL_I	采用6分类变量,0以及percentile[20, 40, 60, 80]
X_{28}:AMT_3_TOTAL_I	采用3分类变量,percentile[33.3,66.6]
X_{29}:AMT_4_TOTAL_I	采用3分类变量,percentile[33.3,66.6]
X_{30}:AMT_5_TOTAL_I	采用3分类变量,percentile[33.3,66.6]
X_{31}:VISIT_TYPE_PRES_CODE	采用2分类变量(沿用该分类变量的分档方式)
X_{32}:VISIT_TYPE_INBED_CODE	采用3分类变量(沿用该分类变量的分档方式)
Y:Y_FLAG	采用2分类变量,percentile[50]

以 $X2$:PSN_AGE 为例,我们采用8分类对变量进行分类。分类的临界点分别为12.5百分位数、25百分位数、37.5百分位数、50百分位数、62.5百分位数、75百分位数、87.5百分位数。以 $X3$:PSN_ACC_AMT 为例,我们采用6分类对变量进行分类。先将变量分为0和非0两大类样本,再将非0样本按照临界点20百分位数、40百分位数、60百分位数、80百分位数进行5分类,从而总共包括6分类。以 $X15$:AMT_4_TOTAL 为例,我们采用0和非0对变量进行分类。

18.2.3　筛选模型变量

基于变量分类规则,我们对IV值进行比较。再根据IV值的筛选标准,筛选出最终进入模型的17个自变量,如表18-4所示。表18-4展示了进入模型的IV值较高的自变量,其中最后两个变量——性别和年龄,虽然指标低,但考虑到这是仅存的与个人静态属性相关的变量,故最终仍考虑其进入模型。

表 18-4 进入最终模型的 17 个自变量 IV 值(降序)

字段名	字段含义	IV
X_{24}:SELF_PAY_AMT_TOTAL_I	住院自付金额	174.47%
X_{22}:FUND_RANGE_AMT_I	住院统筹基金金额上限	130.72%
X_{29}:AMT_4_TOTAL_I	住院检查费金额	73.47%
X_{20}:CASH_AMT_I	住院现金支付金额	67.79%
X_{30}:AMT_5_TOTAL_I	住院其他费用金额	60.87%
X_{28}:AMT_3_TOTAL_I	住院治疗费(含特殊治疗)金额	56.93%
X_{26}:AMT_1_TOTAL_I	住院西药(含中成药)金额	53.33%
X_{25}:OUT_LIMIT_AMT_TOTAL_I	住院超出上限费用	36.07%
X_{21}:CHECK_CNT_I	住院结算单总数量	16.77%
X_{17}:PSN_ACC_AMT_I	住院个人账户支付金额	12.40%
X_{32}:VISIT_TYPE_INBED_CODE	住院来访方式	5.36%
X_4:FUND_AMT	门特统筹基金支付金额	5.20%
X_{10}:SELF_PAY_AMT_TOTAL	门特自付金额	4.30%
X_9:AMT_TOTAL	门特费用总金额	3.89%
X_{12}:AMT_1_TOTAL	门特西药(含中成药)金额	3.34%
X_2:PSN_AGE	参保人年龄	0.56%
X_1:GENDER_CODE	性别	0.39%

18.3 建模过程

基于表 18-4 中选取的 17 个变量,我们首先对上述变量进行证据权重(WOE)转换,从而将转换后的变量带入模型[4]。

WOE 转换的目的是将所有的变量刻度归一化,从而降低由于变量单位刻度不同而导致的对结果的影响。WOE 的计算公式为:

变量第 i 个取值的 $WOE_i = \ln$((变量第 i 个取值中高住院费用的个数/高住院费用总数)/(变量第 i 个取值中低住院费用的个数/低住院费用总数))

我们以患者性别这一变量为例,阐述 WOE 的转换过程如表 18-5 所示。从表 18-5 中可以发现,患者性别这一变量的取值(男和女),经过 WOE 转换后,分别用 0.0667 和 −0.0577 这两个数值代替。

表 18-5 患者性别的 WOE 转换过程

变量	高住院费用	低住院费用	WOE 值
X_1:患者性别			
男	5599	5239	0.0667
女	6079	6442	−0.0577
总计	11 678	11 681	—

我们将 17 个变量分别进行 WOE 转换之后,代入到模型当中。我们选取的模型算法包括决策树(C4.5)、Logistic 回归、AdaBoost 分类器。其中,决策树(C4.5)、Logistic 回归都是基本的分类器,而 AdaBoost 分类器是基于基本分类器的一种复合分类器。

决策树(Decision Tree)是直观运用概率分析的一种图解法。由于这种决策分支画成图形很像一棵树的枝干,故称决策树。决策树代表一类算法,C4.5是其中比较典型的一种算法。C4.5算法采用熵来选择属性,以构成决策分支;并采用后剪枝以抑制不必要的决策分支的生长。

Logistic回归是一种广义线性回归,因此与多重线性回归分析有很多相同之处。它们的模型形式基本上相同,都具有 $wx+b$ 的形式,其中,w 和 b 是待求参数。Logistic回归则通过Logistic函数(记为 L)将 $wx+b$ 对应一个隐状态 p,$p=L(wx+b)$,然后根据 p 与 $1-p$ 的大小决定因变量的值。

AdaBoost是一种迭代算法,其核心思想是针对同一个训练集训练不同的分类器(弱分类器),然后把这些弱分类器集合起来,构成一个更强的最终分类器(强分类器)。其算法本身是通过改变数据分布来实现的,它根据每次训练集之中每个样本的分类是否正确,以及上次的总体分类的准确率,来确定每个样本的权值。将修改过权值的新数据集送给下层分类器进行训练,最后将每次训练得到的分类器融合起来,作为最后的决策分类器。使用AdaBoost分类器可以排除一些不必要的训练数据特征,并放在关键的训练数据上面。

18.4 模型效果

基于决策树(C4.5)、Logistic回归、AdaBoost分类器,我们随机选取全部数据的70%作为训练数据,对分类器进行训练。此外,我们使用其余的30%数据作为测试数据,评估分类器的预测准确度。当测试数据的实际结果和模型预测结果一致时,我们认为该分类器预测准确,否则该分类器预测错误。预测的准确度定义为准确预测的次数占预测总次数的比例,结果如表18-6所示。

表18-6 各种分类器的预测准确度(全部数据,共23 359条数据)

分类器名称	预测准确度
决策树	90.15%
Logistic回归	77.57%
AdaBoost分类器	90.18%

从住院费用的预测结果可以看出,AdaBoost分类器和决策树的预测能力较强,都超过了90%,而Logistic回归的预测能力稍差,在75%~77%左右。这主要是因为Logistic回归要求自变量之间的共线性较小,即自变量之间是独立的。然而,我们的自变量之间存在着一定的共线性,故Logistic模型的效果不佳。AdaBoost分类器和决策树则并没有对自变量之间的共线性或独立条件有明确的要求,当自变量之间存在较强的共线性时,模型预测效果也较好。

对于参保人患有肿瘤疾病的数据,我们单独进行建模,其主要原因是:①参保人中患有肿瘤的比例在所有疾病中最高;②肿瘤疾病基本没有并发症,因此可以单独对肿瘤患者的数据进行建模。在选取肿瘤病人的数据时,主要观察门特疾病类型和住院疾病类型这两个变量,并将两个变量中至少一个的取值含有"肿瘤"或"癌"关键字的数据单独取出,共计1844条数据。模型预测结果如表18-7所示,AdaBoost分类器和决策树的预测能力仍然较强，都超过了92%，而Logistic回归的预测能力仍然较差，在80%左右。

表18-7　各种分类器的预测准确度(肿瘤疾病数据，共1844条数据)

分类器名称	预测准确度
决策树	92.65%
Logistic回归	80.00%
AdaBoost分类器	93.47%

参考文献

[1] 李国杰，程学旗.大数据研究：未来科技及经济社会发展的重大战略领域：大数据的研究现状与科学思考.中国科学院院刊，2012,06.
[2] 孟小峰，慈祥.大数据管理：概念、技术与挑战.计算机研究与发展，2013,01.
[3] 王元卓，靳小龙，程学旗.网络大数据：现状与展望.计算机学报，2013,06.
[4] http://documentation.statsoft.com/STATISTICAHelp.aspx?path=WeightofEvidence/WeightofEvidenceWoEIntroductoryOverview

习题

1. 在模型准备阶段，描述连续型自变量的分档规则。

2. 简述统计指标IV在模型中的应用原理；简述IV的公式及在建模过程中的应用过程。

3. 简述统计指标WOE在模型中的应用原理。

4. 简述决策树(C4.5)的算法原理。

5. 简述Logistic回归的算法原理。

第 19 章

互联网电商数据的分析应用

2015 年 3 月，在政府工作报告中首次提出“互联网＋”行动计划，这意味着无处不在的互联网相关算法、数据、知识，及技术必然成为产业升级的底层支撑和有力保障。各行各业对于互联网相关技术呈现高度关注，并随时保持跃跃欲试的姿态。但通过对互联网数据产业的观察发现，数据分析在互联网行业的应用成熟案例仍寥寥无几，能在行业中分享出来的经典案例更是屈指可数。

互联网数据分析属于应用性极强的领域。要想在此领域有所建树，必须具备计算机专业技能、数学专业能力、对商业的敏锐嗅觉等复合能力，这绝非易事。领英最新发布了《2016 年中国互联网最热职位人才报告》，该报告基于互联网平台上约 50 万的中国互联网行业人才的相关数据，分析当前互联网行业需求最火热的“6 大职位”。该报告显示，数据分析人才的供给指数最低，仅为 0.05，属于高度稀缺。领英中国大数据团队负责人叶晓敏表示，“数据分析人才稀缺主要有三个原因：第一，近几年互联网在垂直细分领域，如互联网金融、线上到线下的整合等，竞争愈加激烈，呈现出精益化运营的发展趋势，这需要大量的数据分析人才来应对；第二，随着硬件成本降低，分布式计算技术的发展，大数据相关的理论和技术也在发生着重大突破，而掌握最新大数据技术的人才还不多；第三，在人才培养方面，尽管数学、统计、计算机专业的优秀毕业生储备量很大，但实际上，数据分析工作首先需要了解企业业务特点和需求，缺乏经验的应届生往往还不具备这样的能力[1]。”所以，以上提及的种种原因形成了中国互联网分析领域的现状，但从另一个角度看，这样的现状也是这个时代的机遇，而机遇能带来无限的可能性。

本章从行业实践的角度，对三个互联网行业的分析案例娓娓道来，以飨读者；试图通过这样的展示，在一定程度上为我们未来深入的探讨、交流分析相关的案例做铺垫。这三个分析案例包括电商流程管理分析、用户消费行为分析，以及送货速度相关性分析。电商流程分析案例利用后台数据库沉淀的数据，对电商流程进行梳理，从而提高客户体验满意度。用户消费行为分析的案例利用数据仓库中的历史数据，追踪和对比分析升级服务项目对客户消费模式的影响。而第三个案例分析的主旨是分析送货速度与订单转化率的相关性。

19.1 电商流程管理分析

电商或线上商城每小时能产生数以万计的数据，并沉淀在后台的数据库中。企业的管理者可以通过这些日积月累的增量数据进行及时甚至实时的分析，从而辅助企业流程管理，抑或是促进高层策略的制定和执行。以下案例以某电商企业为例，基于该企业呼叫中心沉淀的关于客户需求的数据，将客户需求与现有的流程进行对比，找出客户需求断点，进而改善现有流程，以期待提高客户购物体验。

19.1.1 行业背景与业务问题

在阐述案例之前，先介绍一些基本的行业和业务概念：一次来电率(FCR)、电商流程，以及客户需求的4级菜单。一次来电率(FCR)，即呼叫中心的客服人员能在一次来电中解决客户关于某一订单的需求问题，并且该客户在接下来一段特定时间不会再次来电。这个指标是全世界呼叫中心通用的重要指标之一，每个呼叫中心都给出了具体的计算方法，大同小异，可相互借鉴参考。对于大众来说，电商流程的概念应该不会像在十年前那样陌生，因为现今几乎每一个人都能感受并经历线上购物的体验。具体来说，电商流程包括售前咨询、商品浏览、下订单、订单管理/修改、商品出库、商品送达、退换货管理、退件/退款管理、售后咨询、促销活动等等。最后一个重要概念4级菜单，是针对呼叫中心应运而生的概念。在呼叫中心，所有的客户需求都能体现在4级菜单中。比如一级菜单一般是一些客户需求大类，包括退换货问题、订单确认、物流问题、发货问题、送达问题等。

此案例以退换货问题作为主题，对一次性来电率进行分析。为了深入地理解影响一次性来电率的因素，笔者从后台数据库挖掘出当年某月二次来电的关于退换货问题的数据，基于这些数据，分析客户同一个订单二次来电的原因。通过这样的案例，我们期待看到如下两点作用：挖掘探索关于退换货问题的二次来电的客户实际需求；以及客户需求和现阶段的业务流程的差距，从而对流程进行改善，旨在提高客户购物体验。

19.1.2 分析方法与过程

电商系统沉淀数据的方式一般分为两类。当客户在电商网站上有了购物行为后，就从潜在客户变成价值客户。它们的购物行为会转化成交易信息，包括购买时间、购买商品类型、购买数量、支付金额、网页停留时间等信息沉淀在后台数据库中，所以运用这些客户购物行为或交易数据可以分析单个客户或客户群的价值，甚至可以促进精准营销[2]。第二种数据沉淀方式是由呼叫中心产生的。对于一个大型的呼叫中心，每周都有将近几十万的客户来电咨询关于购物流程的需求问题。在客户来电过程中，客服人员会基于一个订单，将客户需求通过4级菜单的形式，分门别类地传入到后台数据库中。比如客户来电咨询退换货问题，在其详述问题的过程中，客服首先找到一级菜单中的退换货问题大类，再寻找具体相匹配的问题明细的二级菜单，包括申请退换货、退换货政策咨询、检测报告问题等。数据分析团队能通过4级菜单的数据，挖掘探索出客户的实际需求与现阶段的购物流程的差距，而由此试图解决客户在购物体验中所遇到的断点和痛点。数据团队还能结合以上提及的两种沉淀下来的数据，进行交叉分析。比如某商品开展促销活动过程中或之后的一段时间中，呼叫中心接收到客户的需求反馈，该商品的二次来电率特别高。基于这样的现场问题，数据团队可通过数据库中关于该商品的属性、页面信息或购买客户在网站留下的购物轨迹等信息，推测出问题所在。当然也可以与现场的业务经理做进一步的沟通，以确认问题的所在。

1. 数据处理

首先结合业务问题，将问题转化为数据的语言，并将所要涉及的变量理清出来。比如本案例中，涉及的变量大致包括客户基于同一订单的不同来电时间、相关订单信息、相关商品属性、4 级菜单信息、客户属性等。接着回到后台数据库，找到在线数据字典，找寻相关表和字段，并挖掘出有价值的原始数据。针对这些数据，进行初步的描述性统计，审查数据的质量问题，如果数据质量差，先做数据清洗。比如某个变量有大量缺失值，一般处理缺失值的办法有如下三种：直接删除；取非空记录的平均值代替缺失值；先将整个样本聚类，从而让缺失值所对应的记录归入到某一类，然后通过同一类的其他记录的平均值代替缺失值。这三种方法中，第一种方法可能会引起样本量变小或信息丢失的情况，而第三种方法相对复杂，但比较合理。对缺失值处理的详述，请参见第 4 章。除了缺失值的处理，在建模的一些案例中，还可能会涉及变量的离散化。在做完相应的数据清洗和规整后，会基于规整后的原始数据，根据业务场景进一步地进行转换。比如本案例中重点考察的是多次来电的规律，那么需要基于同一订单，根据来电时间，将每次来电剥离，并打上标签。总之，本案例更多是用的描述性分析的方法，并未涉及建模过程，所以主要涉及的是将业务问题转化成数据语言并挖掘数据、处理数据缺失值的情况，以及根据业务问题进一步对数据标签化。

2. 数据分析过程:主要影响因素

通过分析过去一年的历史数据，发现影响一次性来电率的因素包括表 19-1 所述的 20 种问题。表 19-1 展示了一次性来电率与主要影响因素或客户需求问题的相关性。具体来看，一次性来电率主要与送达问题、退换货问题，以及订单确认问题最为相关。在接下来的文章中，将以退换货问题为例，分析客户真实的需求。

表 19-1 客户需求类型与一次性来电率的相关性

客户需求问题	相 关 系 数	统计显著性
账户维护	0.020	0.885
投诉	0.216	0.116
假货/次品	0.059	0.672
礼品卡账户问题	0.163	0.240
退换货问题	**0.560***	**0.050**
第三方卖家	0.235	0.088
订单确认	**0.602*****	0.000
订单修改	0.259	0.059
付款问题	0.181	0.190
售前咨询	0.391**	0.003
促销	0.102	0.461
退款	−0.025	0.856

续表

客户需求问题	相关系数	统计显著性
来电中断或转接	0.075	0.590
WMS:库房拖延	0.418**	0.002
WMS:邮递员拖延	**0.542*** **	0.000
WMS:物流拖延	0.281*	0.040
WMS:送达时间	**0.800*** **	0.000

* ：$p<0.05$； ** ：$p<0.01$； *** ：$p<0.001$

3. 数据分析过程：二次来电规律

从后台数据库数据看，客户总计两次来电的订单占所有订单总数的53.51%，所以本案例将重点集中在总计有两次来电的订单上。并且我们也发现，在最重要的4个客户需求中(促销、退换货问题、第三方卖家，以及退款问题)，退换货问题占第一次来电总体的64.50%，因此再将分析聚焦在退换货问题上。图19-1展示了关于退换货问题的客户来电规律，其中主要梳理了第一次来电是退换货问题，而第二次来电是其他问题的相关订单的客户需求，占该类二次来电问题的59.89%。通过对客户来电需求的分析，可以总结出现阶段关于退换货流程的断点。本案例并没有针对两次来电均是退换货问题的情况，导致这样情况的主因是客服人员对退换货问题不够熟悉，或是相关政策过于复杂，难以在一次来电中解释清楚。这样的问题并不能反映流程的问题，因此本案例并没涉及。

(1) 从图19-1来看，32.82%关于退换货问题的二次来电是关于退款问题。在这些二次来电中，85.32%的二次来电要求将退款从站内礼品卡账户转入个人银行账户。在此，插入相关背景介绍，某些电商网站是不能将退款直接转入客户银行账户或者支付宝账户中，而是首先转入站内账户中。但根据中国消费者的习惯，客户大多数都会要求将退款转入个人银行卡账户中。同时，我们也发现14.77%的来电是咨询退款流程，比如信用卡、电汇，以及支付宝退款流程。以上提及两种二次来电的情况均发生在一次来电之后四五天左右。透过数据，再反思当下的退件、退款流程，我们会发现从数据中得出的结果是可控的，甚至是可以预估的。内部业务流程规定邮递员在客户提出退货的4天之内必须上门取件，再将取件归还到仓库中。结合数据，我们会发现一个规律：客户偏好在邮递员取件后(即4天后)二次来电，咨询下一阶段的退款流程。如果从业务流程改进的角度思考，在邮递员取件入库后(即4天左右)，系统应该给相应的客户一些关于下阶段退款流程的提示。比如在个人账户中，阐明退款流程，或者以短信的方式告知客户相应下阶段的流程，从而引导客户自助完成下阶段的退款流程，避免二次来电。

(2) 13.45%的二次来电属于转接电话或者电话中断的情况。从常识角度思考，如此大量的二次来电被归于转接电话或者电话中断的情况是蹊跷的。从真实的数据上看，我们发现的实际情况是，当客服接到快递员电话来询问相关商品的退换货政策的时候，客户人员会将这些电话归于转接电话或电话中断。在这部分二次来电中，78.68%的二次来电是快递员来电询问退换货政策，而只有21.32%的二次来电是真实的转接电话或者系统问题引起的电话中断。从数据角度思考，如果我们能解决此处提及的快递员基于退换货问题订单的二次来电，关于退换货问题的一次性来电率将提高3.56%。从业务角度思考，我们应该事先

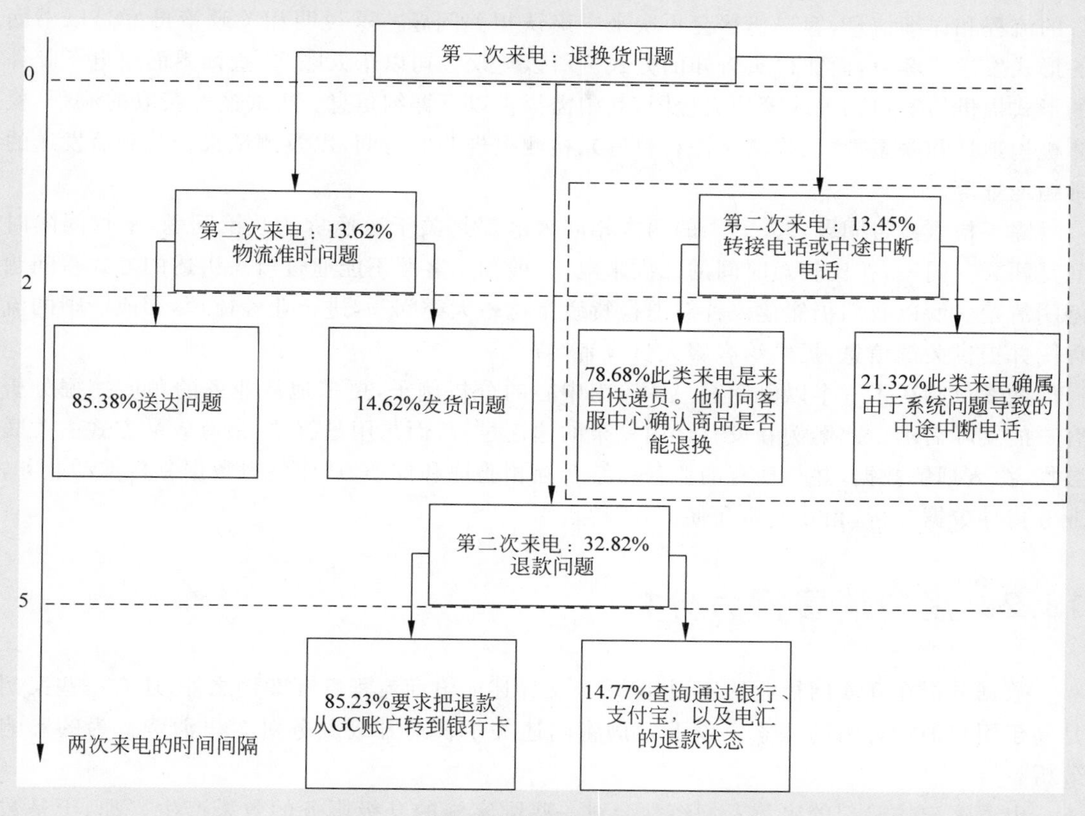

图 19-1　关于退换货问题的两次来电流程

实施一些预防措施，有可能就能有效地避免二次来电。

(3) 为了更好地解决快递员问题，我们针对相关案例进行了抽样分析。我们发现，快递员二次来电主要咨询以下 4 个问题：关于手机退换货的官方检测报告、发票问题、包装残缺、错货的名称与退件单上的商品名称不符。我们建议的措施是，针对快递员事先进行相关政策的强化培训或者在快递员拿到的退货单的备注栏或后台查询界面的提示栏中加入相关商品的退换货政策，通过这样的预防措施减少相关的二次来电。

(4) 13.62％的二次来电是关于发货时间或者送达时间问题。此类的二次来电的平均时间间隔是两天。我们发现，85.38％的此类二次来电是来咨询送达时间，14.62％是来咨询从仓库发货的时间。当时该电商公司的一个主要问题是在客户的个人账户中查询不到物流的详细信息，这样的问题自然会导致客户的多次来电咨询送达时间。并且我们发现，客户对等待时间的平均容忍程度是两天，也就是说，在商品审批完成发货两天之内，客户希望得到送达时间的相关信息。在之后一年中，该电商已针对此问题做出相应改进，实际指标也相应改善。

上文针对第一次来电是退换货来电问题而第二次来电是其他问题的订单进行了分析，接下来将探索两次来电都是退换货问题的情况。我们发现，13.84％的二次来电都是关于测试报告问题，并且平均间隔是一天。测试报告是某些电子产品在退换货过程中要求必须提供的。从抽查具体样本中我们发现，这类二次来电是客户不清楚测试报告获取的机构地址以及测试报告如何发给理赔公司。即使客户在第一次来电中已告知客户获取和发送测试报告的流程和详细信息，客户仍然会再次来电确认相关问题。这说明相关政策最好是以书面的形式发送给客户，而非口头告知的方式。所以建议公司以个人账户、查询界面或电子邮件的形式提供给客户相关政策的流程图，其中需提供以下详细信息：测试报告获取的流程（检测机构地址和联系方式、检测所需材料等）、检测报告获取时间，以及测试报告收到后发送的邮箱地址等。

除了检测报告问题，25.99%的两次相同来电都是关于退换货的政策问题，平均间隔时间是两天。同理，在比较短时间的二次来电，一般预示客服不能通过口头讲述的方式将问题阐明清楚。所以我们仍然建议针对退换货政策这一大类问题，进行业务梳理，形成清晰的流程图并提供关键信息，提供给客服人员或者客户。

此案例阐述了一个以电商客户体验为中心的分析例子，更多地从业务的角度挖掘分析客户的实际需求。此案例并没有运用复杂的建模过程，而是用最直接、最有效的方式去关联数据、深入理解数据，并与现有的业务相结合互相验证和推动，从而使得数据分析推动业务，业务指导数据分析，相互影响和促进，相得益彰。

19.2 用户消费行为分析

数据分析在互联网行业的应用，除了上文详述的电商流程管理案例之外，还有一些案例是基于用户消费行为的探索。以下案例将阐述关于快递升级服务对客户消费行为的影响分析。

电商客户体验部的决策者们经常会对一些刚实施的升级服务的效果产生兴趣，于是数据团队就会在第一时间接到这样的业务问题，从而进行专门的案例分析。例如，需要针对某几个月实施的快递升级服务效果做出评估。也就是说，管理者想了解提供给客户的升级服务是否在接下来的一段时间内提升客户的消费水平。按照常理，我们的期望是当商家为客户提供更优质的服务后，客户自然会“感恩戴德”，在接下来一段时间中自然会加大消费，以回报商家的“美意”。基于以上业务问题和假设，数据团队展开分析工作。

19.2.1 业务问题

数据团队的第一要务应该是与业务部门对接，界定清楚业务概念，并将这些业务概念转化成数据语言，进而通过这些数据语言在后台数据库中抓取相应的数据。基于上文提及的业务场景，首先需要清晰地界定分析人群，从业务问题来看，分析人群应该是预定某种商品的客户；从业务和分析简化的角度，数据团队还去掉了两类客户群体：国外的预订客户，以及某些客户的订单混杂着不同的商品或是订单需要寄往多个地址。进行这样的微调主要出于简化分析的目的，同时让我们的分析目标更清晰，当然这样的微调一定是建立于有足够的分析样本量的前提之上。最终分析样本量确定为 617 966 个客户，其中 89%的客户获得快递升级服务，而其余 11%的客户并未获得快递升级服务。第二个需要界定清楚的定义是两段时间：预订期和观察期。某种商品的预订期一般会是比较长的一段时间，有可能是半年；而观察期一般起始于商品发货后的几个月。而对于这两段时间的界定，主要还是与业务部门进行最终确认。界定完以上两个定义后，数据团队会确定分析思路。两种分析思路，第一种单纯地从观察期的角度去分析，对比分析获得快递升级服务的客户与未获得升级服务的客户在观察期的消费水平；第二种考虑预订期的因素，即结合预订期的原有的消费情况，对比分析获得快递升级服务的客户与未获得升级服务的客户在观察期的消费水平。第二种分析旨在去除客户的固有消费模式的影响因素，即确保预订期的消费模式不会对观察期两类客户群体的消费模式形成干扰。

19.2.2　分析方法与过程

分析起始于深入了解原始数据，即基于原始数据进行描述性分析。仅从观察期的数据看，表 19-2 展示了对比的初步结果。总的来说，54%的预订商品客户在观察期进行了消费。具体来说，没有获得升级服务的客户中有 60%在观察期进行了消费，而获得升级服务的客户中只有 53%在观察期进行了消费。这个简单数据的对比，在一定程度上说明在不考虑预订期的固有消费情况下，获得升级服务的客户在观察期比未获得服务的客户消费得还少。

表 19-2　获得升级服务客户与未获得升级服务客户在观察期的消费情况对比

	样本量	百分比	观察期的消费情况
所有观察客户	617 966	100%	54%
升级服务	550 165	89%	53%
未升级服务	67 801	11%	60%

在简单的描述性分析之后，通过建模的方式，在考虑预订期期间两个客户群体消费模式的前提下，对比分析两个客户群体在观察期的消费模式。具体来说，通过 OLS 回归分析，建立如下两个模型。在使用 OLS 回归建模之前，我们应该对该模型的假设进行检验，比如因变量是否呈现正态分布，自变量是否相互无共线性等。在这些假设验证通过后，我们进行建模过程。第一个模型是在没有考虑预订期的两个客户群体消费模式的前提下，仅考察观察期两个客户群体的购物差异。而第二个模型在考虑预订期的两个客户群体消费模式的前提下，考察观察期两个客户群体的购物差异，并考察了预订期的购物模式对观察期的购物模式的影响。

模型 1：$y = a + b_1x_1$

y 表示观察期的购买量；

$x_1 = 0$ 表示获得快递升级服务；1 表示未获得快递升级服务；

a 表示如果 $x_1 = 0$（获得升级服务）的情况下观察期的购买量；

b_1 表示获得升级服务和未获得升级服务的客户在观察期的购买量的差异。

模型 2：$y = a + b_1x_1 + b_2x_2$

y 表示观察期的购买量；

$x_1 = 0$ 表示获得快递升级服务；1 表示未获得快递升级服务；

x_2 表示预订期的购买量；

a 表示如果 $x_1 = 0$（获得升级服务）以及 $x_2 = 0$（预订期没有任何消费）的情况下，客户在观察期的购买量；

b_1 表示在考虑预订期的消费水平的情况下，考察获得升级服务和未获得升级服务的客户在观察期的购买量的差异；

b_2 表示在考虑升级或未升级的两种情况下，考察客户在预订期的购买量每单元的增加对客户在观察期的购买量变化的影响。

模型结果表明，单从第一个模型来看，获得快递升级服务的客户比未获得快递升级服务的客户在观察期的消费少。这一结论与建模之前做的描述性分析的结论是一致的。接着再用第二个模型深入地去找寻导致这种差异的因素，会发现两个客户群体在观察期的消费模式与之前他们在预订期的固有模式相关。也就是说，获得快递升级服务的客户在观察期比未获得快递升级服务的客户消费得少，其中一个影响因素是这些客户原本在预订期就消费得少。从另一个角度说，在我们的样本中，那些未获得快递升级服务的客户原本就是“好”客户。表 19-3 的数据显示，在观察期两个客户群体的购买模式存在差异，并且这种差异的80％是由预订期两个客户群体的购物模式的差异导致的。

表 19-3 观察期和预订期两个客户群体的购物模式差异对比

所有预订商品的客户	两个群体观察期购买力差异	先前消费习惯对两个群体观察期购买力差异的影响	去除先前消费习惯后的差异比
客户数(样本量)	617 966	617 966	
订单角度	0.69	0.11	84％
单位订单角度	1.72	0.24	86％
产品线角度	0.21	0.11	46％
电子类商品	1.55	0.19	88％

以上阐述了一个用户消费行为相关的案例，这个案例从对原始数据的描述性分析开始，从这些描述性分析的初始结果，我们能发掘最直白和有效的信息，但这些信息还设有说服力，也不够详尽。所以在第二阶段通过回归分析建模的过程，展示对数据深层次的理解——验证了在描述性分析过程中得到的结论，并进一步挖掘出影响客户消费模式的因素。

19.3 送货速度相关性分析

在电商运营过程中，针对网站上实时沉淀下来的数据进行时效性的分析，已经成为电商运营人员日常的必备功课。分析人员基本的工作职责，包括如何从单一指标分析转向多指标综合分析、从静态分析转向动态分析、从描述性分析转向深层建模分析，从而实时、动态地监控日常运营，把用户活动转化为电商的商业价值。

本案例分析的主旨是分析送货速度与订单转化率的相关性。本案例中，我们将针对在历史数据库中抽取过去三个月的相关数据进行分析。

19.3.1 业务问题

本案例涉及三个基本概念和指标。订单转化率是指基于某种商品的浏览量转化成最终付款订单的比例。与送货速度相关的指标包括一天内送达(SDD)以及次日送达(NDD)。而本案例旨在分析电商公司对送货速度的承诺与订单转化率和收入情况的相关性；也就是说，当电商公司承诺更高效的送货方式的时候，客户会不会更愿意下单付款。

本案例从4个方面进行剖析，其中包括送货速度对订单转化率的影响、送货速度对收入增长的影响、同日送达(SDD)服务的敏感性分析，以及次日送达(NDD)服务的敏感性分析。

19.3.2　分析方法与过程

1. 送货速度对订单转化率的影响

表19-4展示了从提供不同送货速度的城市以及送货速度两个维度来分析订单转化率。从过去三个月的中国地区整体的数据看，相比承诺两天或以上的送货速度而言，承诺同日到达或者次日到达的转化率是比较高的，分别是9.6%及9.4%；而承诺两天或以上送货时间的商品订单转化率在7.0%～8.4%之间波动。这些数据表明客户更愿意选择能在次日之内到达的商品。值得一提的是在没有提供次日到达(NDD)的城市，其承诺两天或以上的商品订单转化率比提供同日(SDD)或次日到达(NDD)的城市的相应的转化率要高。导致这种现象的可能原因是在这些没有提供NDD服务的城市，相比其他竞争对手，这家电商公司能提供更快和优质的送货服务，所以在这些城市的客户更愿意购买这家公司的商品。除此之外，在没有提供NDD服务的城市，送货时间大于7天时，其订单转化率相对比较高(8.1%)，这大概是因为预订商品导致这样的数据结果。由于大于7天送货时间商品的比较高的转化率从一定程度上提升了该项(>NDD城市)的整体转化率。

表19-4　送达速度与订单转化率整体分析

总　收　入		收入增加额(人民币：万)				收入增加百分比			
		ALL SDD	All≤NDD	All≤2DD	All≤3DD	ALL SDD	All≤NDD	All≤2DD	All≤3DD
总体	9286	11 979	10 549	2183	11	12.90%	11.40%	2.40%	0.01%

2. 送货速度对收入增长的影响

基于转化率，收入增长用于衡量客户由于SDD和NDD服务所带来的价值。从表19-5看，如果全面覆盖当日送达和次日送达服务，总体收入将分别提高12.9%及11.4%。如果更换成两天送达和三天送达服务，收入将分别下降到2.4%及0.01%，这表明同日和次日送达服务会潜在地增加收入的增长。

表19-5　10周内送达服务对收入增长影响

	SDD	NDD	2	3	4	5	6	7	>7	平均
SDD城市	9.60%	9.40%	7.50%	6.80%	6.30%	6.10%	6.10%	6.90%	9.70%	8.40%
NDD城市		9.20%	8.70%	8.20%	7.90%	7.30%	6.60%	6.80%	8.20%	8.30%
>NDD城市			9.20%	8.90%	8.90%	8.40%	7.70%	7.10%	**8.10%**	**8.50%**
中国整体	**9.60%**	**9.40%**	8.10%	7.60%	7.70%	7.60%	7.20%	7.00%	8.30%	8.40%

3. 同日送达服务的敏感性分析

目前，该公司的同日送达(SDD)服务已覆盖了全国26个城市，其中包括一线城市北京、上海、广州及深圳，这4个一线城市基本占据全国同日送达服务总量的71%。其中一个原因是这4个一线城市占据全国需求的32%，其次是大型仓库主要分布在这4个一线城市中。如果公司承诺100%全面覆盖同日送达服务，那么所有收入将增长12.9%；如表19-6所示，具备同日送达服务的城市的收入额将占收入总额的60.3%。这些数据表明，同日送达服务的全面升级覆盖将带来巨大的收入提升空间。

表19-6　10周内在各大城市同日送达服务(SDD)对收入增长影响

城市类型	总体收入	收入增长额	收入增长%	贡献率
SDD城市	**576 409**	**72 273.1**	**12.54%**	**60.33%**
一线城市	336 313	42 595.3	12.67%	35.56%
北京	168 091	27 011.3	16.07%	22.55%
深圳	34 506.2	5193.4	15.05%	4.34%
广州	52 707.9	6213.1	11.79%	5.19%
上海	81 007	4177.4	5.16%	3.49%
其他	240 096	29 677.8	12.36%	24.77%
NDD城市	211 995	31 003.7	14.62%	25.88%
＞NDD城市	140 190	16 515.7	11.78%	13.79%
总体	**928 594**	**119 793**	**12.90%**	**100.00%**

4. 次日送达服务的敏感性分析

除了26个具备同日送达(SDD)服务的城市以外，还有78个城市可以提供次日送达(NDD)服务，并且北上广深四大一线城市次日送达服务商品占总量的47%。如果公司向所有客户提供次日送达服务，总收入将提升12.4%；如表19-7所示，具备次日送达服务的城市的收入额将占收入总额的67.6%。这些数据表明次日送达服务的全面升级覆盖同样将给一线城市带来巨大的收入提升空间。

表19-7　10周内在各大城市次日送达服务(NDD)对收入增长影响

城市类型	总体收入	收入增长额	收入增长%	贡献率
SDD城市	**576 409**	**71 277.8**	**12.37%**	**67.57%**
一线城市	336 313	34 136.1	10.15%	32.36%
北京	168 091	17 525.9	10.43%	16.61%
深圳	34 506.2	4901.2	14.20%	4.65%
广州	52 707.9	6161.9	11.69%	5.84%
上海	81 007	5547.1	6.85%	5.26%
其他	240 096	37 141.8	15.47%	35.21%
NDD城市	211 995	20 805.5	9.81%	19.72%
＞NDD城市	140 190	13 410.2	9.57%	12.71%
总体	**928 593**	**105 494**	**11.36%**	**100.00%**

5. 小结

基于以上的分析，我们发现，中国消费者很重视同日和次日送达服务，所以在中国VIP服务应该着重于区分同日和次日送货服务，并加大对其的投资。其次，同日和次日送达服务应该扩大覆盖城市(特别是一线城市)，此举将对整体收入的增长起到积极作用。

19.4　总结

以上三个电商行业的案例，通过不同的业务问题和分析思路，展示了类似行业分析特征。电商行业的分析特征有三：首先，电商较其他行业，更重视数据分析的时效性，因此多采用时效性强的数据挖掘方法。一般不会用到基于大量历史数据的数学建模，更多地用层层推理的分析方式，直接从数据库中去抓取数据。其次，在分析电商数据时，特别强调对业务的深入理解，即与业务部门的对接与沟通特别重要。理想的分析模式一定是建立在对业务问题和业务流程的深入理解的基础上，将与业务紧密结合的分析思路转化为较为准确的数据，并将分析思路的推理过程展示出来，从而作为决策层制定改进行动的依据。最后，由于电商行业的分析需要与业务的紧密结合，因此更加需要分析人员深入到行业中亲身体验和实践。

参考文献

[1]　http://www. toutiao. com/i6247619689317401090/? tt _ from = copy&utm _ campaign = client _ share&app=news_article&utm_source=copy&iid=3522688322&utm_medium=toutiao_ios
[2]　张良均等. 数据挖掘实用案例分析. 北京：机械工业出版社，2014.

习题

1. 电商行业的数据分析有哪些特征？与其他行业的分析有哪些不同之处？

2. 简述业务分析与数学统计建模分析的异同。

3. 在电商呼叫中心的用户体验流程管理中，会用到的 KPI(关键绩效评估指标)FCR 的含义是什么？

第 20 章

金融和经济数据的分析应用

数据分析除了在互联网中的广泛应用，在金融和经济中的应用更加广泛。互联网领域的分析更偏重于时效性。在电商行业，数据分析人员需要实时地监测数据，一般这里提及的实时会以每日或者每小时计算。比如线上商城在某一时段开展促销活动后，分析人员就会每小时地观测交易数据，以防出现一些诸如页面显示错误或者错价之类的问题。然而，数据分析在金融和经济中的应用，更多地会从数学统计建模的角度去看数据。比如在银行中，分析人员会用 Logistic 回归模型去预测客户变坏的概率。因此，金融商业和经济中的数据分析更偏重的是根据一段比较长时间的历史数据进行分析决策或预测。

本章将分享关于金融和经济的三个分析案例，以飨读者；试图通过这样的展示，在一定程度上为将来深入的探讨、交流分析相关的案例做铺垫。这三个分析案例包括企业对科技推动的影响力分析、贷款风险评估分析，以及中小能源型企业信用评价分析。第一个案例主要分析了各种类型的企业组织对科技创新推动经济的影响程度。具体地说，根据基于 499 家公司/企业的调查问卷数据中显示，商业公司被认为是最重要的学习共享科技创新的主导者，大学是推动科技创新人才的聚集地，行业协会是最重要的促科技合作的推动者。第二个案例主要进行信贷风险的定量分析——通过客户的个人属性（比如年龄、城市、性别、学历等）、个人资产经济状况、之前在银行中的交易或者还款行为，以及个人征信信息等，对客户变坏的概率进行预测，从而有效地预防呆坏账的出现。最后一个案例的分析对象是中小能源型企业，其主旨是为这类企业的信用评价提供一种方法和范式。首先，建立信用评价体系可扩大这类企业融资的渠道。其次，建立该体系考虑了能源行业自身特点。最后，为投资人提供考察依据。

20.1 企业对创新经济活动推动的影响分析

在过去很长一段时间内，科技对经济社会发展的贡献率较低。但近年来，国家已站在战略的高度明确了实施创新驱动经济发展战略的重要性，并指出科技创新是提高综合国力的战略支撑，必须摆在国家发展全局的核心位置。因此，本案例基于企业对创新科技推动的影响力进行分析，旨在研究和探索各种创新型企业组织对科技创新的推动力度。

20.1.1 案例背景

为了深入了解各种类型的企业对科技创新的相对贡献程度，本案例从定量的角度，对公司、政府、高校、行业协会和研究机构的影响力展开了对比研究。这项研究有助于分析创新型企业组织与中介活动的相互关系，旨在深入洞察哪些科技创新中介活动能最大程度地推动科技创新，并指出哪些创新型企业组织参与到这些活动中。

本案例涉及两个重要概念，即科技创新中介活动及创新型企业组织。科技创新中介活动指创新型企业组织（中介）从事的促进科技创新的各种活动，其中包括提供、分享商业及科技信息给创业者或创业公司，为创业者牵线搭桥，将专业知识和经验转移到其他行业，以及促进行业垂直合作等。本案例涉及的创新型企业组织类型包括公司、政府、高校、行业协会及研究机构5种。

本案例使用加拿大政府的调查统计数据。通过这些数据能回答创新中介活动及其执行企业组织的相对重要性的问题。分析结果表明，公司、大学和行业协会都对科技创新的推动起到至关重要的作用，而政府机构只会迫使企业进行创新，并没有在科技创新推动方面起到关键作用。虽然大多数人都会认为，以盈利为目的的公司应该在科技创新推动方面的地位难以撼动，但从此次调查统计结果看，这些以盈利为目的的公司并不是在所有科技创新领域都起到至关重要的作用，其实际情况却是平分秋色。比如，大学在帮助企业了解技术时是最重要的角色，而行业协会在促进多方合作的创新中是最重要的角色。

20.1.2 分析方法与过程

1. 数据采集背景

数据来源于加拿大研究机构发起的大型科技创新调查项目。该项目始于一个小规模的先期试验性研究，研究人员采访了在北美、欧洲和亚洲等国家的75家公司技术人员，并就其中的73家公司进行了问卷调查。结果表明，大多数行业内企业以类似的方式进行创新，而另外一些行业内企业的创新则以非常不同的方式进行[1]。由此，研究人员决定展开关于科技创新调查的大型项目。

该调查项目由加拿大社会科学院在2008年提供资金，并与一些大型的研究机构及苏塞克斯大学的科学政策研究项目组合作进行[1]。该项目的总体目标是通过综合考虑一系列的创新战略、企业政策、R&D架构、创新管理方式，以及不同企业组织在创新过程中的作用，从而分析创新技术创造价值的路径。该调查问卷有11页，包括8个部分（423项问题）。完成问卷需用时约一小时。涉及的8个部分囊括创新行业背景、创造价值的能力、创新战略、组织创新的架构、创新的网络，公司/企业业绩，及其基本信息。

调查问卷主要针对从事研发活动的大公司/企业进行，主要调查对象包括这些大公司的研发总监及技术总监，问卷通过电话和电子邮件完成。由于调查问卷设计的复杂性，因此其回答率大概在25%。

最终样本量来源于940家企业的数据。这些样本企业皆来自于广泛的行业和国家。其中涉及电子设备、家电及零部件制造、交通运输设备制造业、采矿业、化工制造业、计算机及电子产品制造业、软件服务、工程服务、计算机系统设计和相关服务、管理和业务服务,以及科技咨询服务。样本企业大多来自加拿大、美国、英国、法国、瑞士、中国和韩国(还有一小部分来自奥地利、南美和非洲)。由此可见,从国家和行业的跨度来看,样本的选取还是较客观和科学的。

2. 数据准备:分析样本

基于调查问卷的结果,本案例衡量了创新中介活动及推动活动的企业组织的相对重要性。笔者从944家企业选出回答了关键问题的499家企业,并基于这些数据进行分析。从944家企业的调查数据中选出499企业的调查数据,这样的操作可能会造成采样的偏差问题,因此我们首先做了样本偏差测试,对比选取的样本企业的特征和全体样本的特征。接下来的部分将展示样本偏差测试所涉及的变量及最终结果。

3. 样本偏差测试分析

偏差测试涉及12个变量,其中包括关于投资、资源和盈利能力的5个变量、关于行业的3个变量,以及关于国家的4个变量。表20-1中列举了选取的12个变量。针对5个关于投资、资源和盈利能力的连续性变量,运用t检验和Mann-Whitney U检验。表20-1显示,我们所选取的样本确实存在偏差。选取的样本与去掉的样本相比,选取的样本企业研发与销售的比例相对比较低,对创新技术投入较少的人力和物力,但在过去三年具备较高的年销售增长额及平均净利润。也就是说,选取的样本企业更注重销售额和利润的增长,而相对忽略研发和创新活动。

除此之外,针对行业变量,运用卡方检验来检验三个行业的企业/公司比例的差异。结果显示(参见表20-1),在三个行业中的企业比例的差异没有统计显著性,这说明样本的偏差并不是由行业这个因素造成的。

最后,针对国家区域变量,运用卡方检验比较企业/公司的数量占比在4个国家间的差异。结果显示(参见表20-1),在选取的样本中,亚洲企业/公司的比例比较高,而北美洲企业/公司的比例比较低;在去掉的样本中,则是相反的情况。近年来,亚洲国家GDP的增速比北美国家快,并且亚洲国家比西方国家更重视盈利而忽视创新的长期价值。因此以上观察验证了在偏差测试第一部分的结论:在选取的样本中的企业/公司比去掉样本中的企业/公司更注重短期盈利和利润率的增长。

表20-1 偏差测试分析结果

变　量	样本量	检　验	结　果
研发、利润相关变量			
1. 研发在销售额中的占比	714	两个样本t检验	-2.69^{**}
2. 员工人数	714	两个样本t检验	1.51
3. 耗费在创新技术上的时间和财力	714	Mann-WhitneyU	2.04^{**}
4. 每年销售增长额	714	Mann-Whitney U	-2.30^{**}
5. 平均的纯利润	714	Mann-WhitneyU	-3.89^{**}

续表

变　量	样本量	检　验	结　果
行业相关变量			
6. 在以科学为基础的行业中的公司比例	186	卡方检验	0.00
7. 在大规模稳定行业中的公司比例	182	卡方检验	1.00
8. 在竞争激烈行业中的公司比例	375	卡方检验	0.73
国家区域相关变量			
9. 加拿大公司比例	302	卡方检验	126.01***
10. 美国公司比例	178	卡方检验	1.09
11. 中国公司比例	201	卡方检验	156.55***
12. 韩国公司比例	60	卡方检验	7.82**

** $p<.01$；*** $p<.001$

总之，通过以上的偏差分析发现，本案例中选取的样本的确与去掉的样本有偏差，也就是说，选取样本与总体有偏差。不得不承认，这点儿瑕疵会是本案例的不足之一。但由于这与数据采集过程相关，在后期的分析较难规避此类问题。

4. 建模方法的选择

本节将阐述数据统计分析方法的4种选择及最终选择方法的理由。可供考虑的选择包括相关性分析、线性回归模型、有序 Logistic 回归模型，以及通过修正因变量的有序回归模型。下文将详述方法选择的基本原理。

在数理统计中，相关性通常用 Pearson 相关性系数衡量，它是两个变量之间的线性关系的度量[2]。该相关系数的范围从－1到1。当系数为－1或1时意味着两个变量之间的关系是线性的，而系数为0时意味着这两个变量之间没有线性关系；系数为0和1之间的绝对值意味着有两个变量之间的非线性关系[3]。总之，相关性分析只能表明一个因变量和每个自变量之间的关系，这种方法难以同时衡量多个自变量和多个因变量的关系，并且还不能考虑到一些控制变量的影响。

受到相关性分析局限性的启发，可进一步考虑线性(OLS)回归分析[4]。OLS 回归是估计因变量与一个或多个自变量之间的关系的方法，其主要假设包括自变量之间不存在多重线性关系，以及因变量必须是正态分布[5]。通过统计软件计算方差膨胀因子(VIF)，该指标主要反映了自变量之间的多重共线性的严重程度。结果表明，所有模型的 VIF 小于5，所以模型中的自变量并不存在多重共线性问题。

接着需检验第二个假设——因变量是否是正态分布。图20-1展示了10个模型的因变量分布的直方图。结果表明，某些模型的因变量分布违反了正态分布的假设。因此，我们应该选择其他方法，而不是 OLS 回归模型。

在统计中，有序 Logistic(OL)回归被认为是由因变量二分法的 OLS 回归模型升华而来[6]。OL 回归对因变量的分布没有任何假设，并且连续型或离散型的因变量皆可接受。OL 回归的主要假设是比例优势假设[7]。我们使用卡方检验查看10个模型的因变量是否能通过比例优势假设检验。如表20-2所示，大多数模型的因变量(除了模型10以外)都违背了比例优势假设检验。因此，我们应针对因变量进行修正，从而 OL 模型能得以实施。

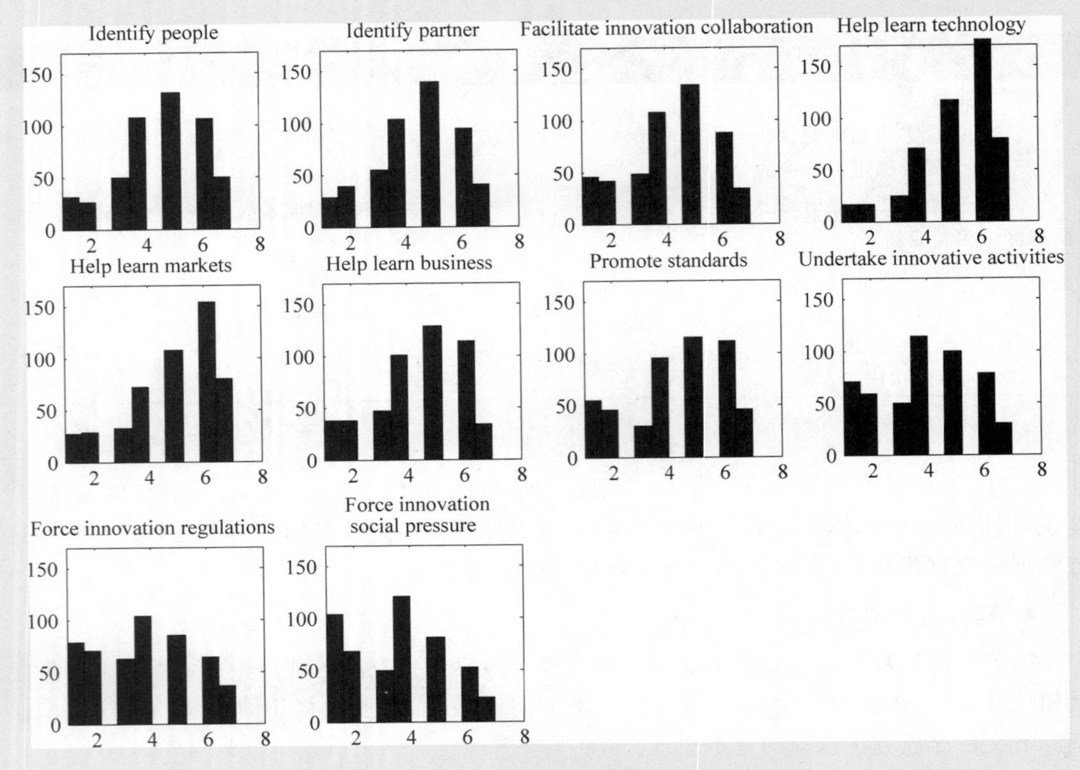

图 20-1 10 个模型的因变量分布的直方图

表 20-2 针对 10 个模型的卡方检验

科技创新中介活动的重要性	卡方值
模型 1:甄别人才	92.71***
模型 2:寻找合作伙伴	111.46***
模型 3:促进创新合作	156.01***
模型 4:帮助学习新技术	107.33***
模型 5:帮助了解市场	92.01***
模型 6:帮助了解商业	95.22***
模型 7:提出标准	87.47**
模型 8:从事创新研发活动	80.01**
模型 9:用政策促进科技创新	77.57**
模型 10:用社会压力倒逼科技创新	65.67

***: $p<0.001$; **: $p<0.01$; *: $p<0.05$

当 OL 回归的假设被违反的时候,最常用的方法就是对多分类的因变量(1～7 评分分类)进行重新分组,从而使得因变量能通过比例优势假设检验[8]。具体来说,针对因变量的取值进行重新分组或合并,在不断迭代以后,最终得到卡方检验的可接受的 p 值。比如,因变量有 n 个分类取值,其对应的分组组数应该是 2～n 组(当分组数位 2 时,OL 回归退化为二分 Logistic 回归)[9]。在本案例中,n 对应为 7(因为因变量采用 1～7 评分法而得到),所以分组或合并的组数应该为 2、3、4、5、6、7;假设分组或合并组数为 k(k=2,3,4,5,6,7),相对应的分组策略应该为$(N-1)!/((k-1)!(N-k)!)$。我们将通过的阈值定为 $p=0.05$,从而挑选出针对每个模型较佳的分组策略,如表 20-3 所示。

表 20-3 模型中因变量较佳的分组策略

因 变 量	分 组 策 略	卡 方	p 值
模型 1：甄别人才	1 2 3 4 |5 |6 |7	31.46	0.05
模型 2：寻找合作伙伴	1 2 3 |4 |5 |6 7	30.57	0.06
模型 3：促进创新合作	1 2 3 |4 |5 |6 7	27.64	0.19
模型 4：帮助学习新技术	1 2 3 |4 |5 |6 |7	40.50	0.06
模型 5：帮助了解市场	1 2 3 4 |5 |6 7	27.91	0.11
模型 6：帮助了解商业	1 2 3 4 |5 |6 7	50.80	0.05
模型 7：提出标准	1 2 3 4 |5 |6 7	50.80	0.05
模型 8：从事创新研发活动	1 2 3 |4 |5 |6 7	20.27	0.44
模型 9：用政策促进科技创新	1 2 |3 |4 |5 |6 7	60.50	0.05
模型 10：用社会压力倒逼科技创新	1 |2 |3 |4 |5 |6 |7	65.67	0.05

通过以上一系列的统计方法的对比及修正,最终得到满足假设条件的 10 个模型,并采用修正过的 OL 回归进行建模分析。

5. 建模结果

通过修正后的有序 Logistic 回归模型,我们能验证文献综述所得的假设是否成立。假设 1 表明公司在推进与业务相关的学习过程中起到至关重要的作用,特别是推进其他企业、公司学习新的市场和商业业务。从建模的结果来看(如表 20-4 所示),公司帮助其他企业了解新市场(模型 2：$\beta=0.85, p<0.001$)、提供业务咨询(模型 3：$\beta=0.70, p<0.001$),并识别和确定合作伙伴(模型 5：$\beta=0.99, p<0.001$)。这表明公司能促进商业及市场相关的学习,并帮助甄别合适的合作伙伴。因此建模结果支撑能部分支持假设 1 的论点。

假设 2 认为高校主要推动技术相关的学习和合作。具体来说,学校主要帮助公司了解新技术(模式 1：$\beta=0.72, p<0.001$)、甄别有识之士(模型 4：$\beta=1.00, p<0.001$),并承担企业的创新研发活动(模型 8：$\beta=0.93, p<0.001$)。因此建模结果支持假设 2 的论点。

假设 3 认为政府机构一般以强制的形式推动创新。具体来说,从模型 9 和模型 10 的结果来看,政府通过法规或社会压力迫使企业创新(模型 9：$\beta=1.44, p<0.001$)及(模型 10：$\beta=1.08, p<0.001$)。因此,建模结果支持假设 3 的论点。

除了假设检验以外,我们还基于行业和地区的分类数据进行了分析,汇总结果如下。当数据被分为制造业和服务业时,我们发现高校和行业协会的作用在制造业比服务业更为明显。这可能是由于制造业需要更高难度和强度的研究,及其产品更大的复杂性。

虽然研究院在促进科技创新的过程中并没有充当最重要的角色,但它们在帮助企业了解技术过程中起到重要的作用(模型 1)。此外,根据样本企业自身的特性,数据被分成三个产业集群,包括以科学为基础的产业、大规模稳定的产业,及竞争激烈的产业。我们发现研究院在大规模稳定的产业中比在其他两个产业中起到更重要的作用。这一发现表明,在大规模稳定且监管干预较高的产业集群中的研究院比其他产业集群的研究院更为重要。

表 20-4　建模结果

变　　量	模型 1 了解技术	模型 2 了解市场	模型 3 商业咨询	模型 4 甄别人才	模型 5 识别合作伙伴
公司	0.63**	0.85***	0.70***	0.68***	0.99***
	(14.59)	(24.70)	(19.08)	(17.20)	(36.74)
政府	0.13	0.32	0.16	0.35	0.55**
	(0.47)	(2.45)	(0.55)	(2.55)	(8.62)
大学	0.72***	0.43	0.29	1.00***	0.51*
	(19.35)	(1.60)	(3.00)	(36.00)	(4.26)
研究院	0.71***	0.74**	0.49*	0.48*	0.49*
	(11.70)	(8.28)	(5.48)	(4.34)	(6.48)
行业协会	0.32	0.81***	0.63***	0.63***	0.75***
	(3.96)	(23.12)	(14.55)	(14.01)	(21.87)
Ln(公司规模)	0.02	0.00	0.01	0.01	0.03
	(0.61)	(0.36)	(1.27)	(0.13)	(2.27)
销售增长额	0.08	0.13	0.15*	0.15*	0.17*
	(1.54)	(3.47)	(4.81)	(4.89)	(6.29)
研发投资	0.01	0.01	0.01	0.01	0.02**
	(2.53)	(0.86)	(3.47)	(2.24)	(10.15)
人力投资	−0.02	0.03	−0.04	−0.04	−0.05
	(0.10)	(0.22)	(0.49)	(0.50)	(0.74)
净利润	0.05	−0.03	0.09	0.00	0.08
	(0.52)	(0.18)	(1.85)	(0.00)	(1.43)
Chi-square	63.51***	76.57***	73.16***	93.22***	119.88***
Nagelkerke R^2	0.12	0.15	0.13	0.17	0.21
变　　量	**模型 6 促进合作**	**模型 7 倡导行业标准**	**模型 8 承担创新活动**	**模型 9 政策迫使创新**	**模型 10 社会压力倒逼创新**
公司	0.55**	0.55**	0.37*	0.48	0.85***
	(9.87)	(6.85)	(4.30)	(2.06)	(15.36)
政府	0.85***	0.78***	0.30	1.44***	1.08***
	(24.36)	(20.83)	(3.37)	(60.16)	(44.75)
大学	0.87***	0.38	0.93***	0.58	0.46
	(18.35)	(2.08)	(30.52)	(5.68)	(4.69)
研究院	0.26	0.36	0.61**	0.57	0.65*
	(1.34)	(2.06)	(8.10)	(2.54)	(5.62)
行业协会	1.01***	0.79***	0.62**	0.75**	0.81**
	(37.35)	(21.30)	(9.60)	(8.70)	(17.91)
Ln(公司规模)	0.07*	0.08*	0.03	0.10*	0.00
	(5.77)	(4.58)	(0.16)	(4.77)	(3.69)
销售增长额	0.09	0.13	0.10	0.12	0.14*
	(1.82)	(3.15)	(2.83)	(2.89)	(4.45)
研发投资	0.01**	0.00	0.00	−0.01*	0.00
	(6.89)	(0.07)	(0.68)	(4.05)	(0.22)
人力投资	−0.04	−0.06	−0.04	−0.13*	−0.17**
	(0.57)	(1.05)	(0.46)	(5.30)	(8.85)
净利润	0.03	−0.02	−0.01	−0.020	−0.07
	(0.15)	(0.07)	(0.03)	(0.09)	(1.26)
Chi-square	128.73***	74.32***	59.48***	124.80***	114.51***
Nagelkerke R^2	0.22	0.15	0.12	0.22	0.20

* $p<.05$；** $p<.01$；*** $p<.001$

当关注关于区域的分类数据时，我们发现北美洲的公司比亚洲的公司在科技创新的贡献方面更为重要。相关文献认为，中国社会过分强调个人的信任，而忽略制度信任[10]。因此，公司在西方国家比亚洲国家在科技创新领域更为重要。另一方面，行业协会在亚洲比北美更为重要。

关于控制变量有三个有趣的发现。首先，销售额高速增长的公司认为以下三方面最为重要——提供商业建议（模型3：$\beta=0.15, p<0.05$）、甄别人才（模型4：$\beta=0.15, p<0.05$），以及寻找合作伙伴（模型5：$\beta=0.17, p<0.05$）。其次，大公司则认为以下三方面最为重要——推动、促进合作（模型6：$\beta=0.01, p<0.01$）、提出并促进标准（模型7：$\beta=0.01, p<0.05$），以及政策法规的作用（模型9：$\beta=0.01, p<0.05$）。最后，R&D密集型公司认为以下三方面最为重要——识别合作伙伴（模型5：$\beta=0.02, p<0.01$）及促进合作（模型6：$\beta=0.01, p<0.01$），但它们对政策法规的作用并不重视（模型9：$\beta=-0.01, p<0.05$）。

以上案例展示了建模的整个流程——数据采集，样本分析，建模方法对比和确定，以及最后的建模结果展示和诠释。

20.2　信贷风险模型评估

信贷风险，主要针对银行放贷出去的款项，借款人到期不能偿还而形成逾期、呆滞或呆账，使银行蒙受损失的可能性。信贷风险管理是当前商业银行风险管理的核心。如何准确把握和有效防范信贷风险，确保金融安全，是一项庞大而复杂的系统工程和长期任务。近年来，商业银行在强化信贷风险管理、防范和化解信贷风险上做了大量的理论研究与实践探索，取得了显著的工作成效和丰富的实践经验，信贷资产质量明显提高。在信贷风险定量管理分析的实践中，会大量地使用数学统计建模的过程，进行风险的评估和预测。

具体来说，银行在审批客户贷款申请或信用卡管理的时候，需要通过客户的个人属性（比如年龄、城市、性别、学历、工作状态等）、个人资产情况、之前在银行中的交易或者还款行为，以及个人征信信息等，对客户变坏的概率进行预测，从而有效地预防呆坏账的出现。

1. 数据处理

首先结合业务背景，将业务转化为数据的语言，并将所要涉及的变量整理出来。比如本案例中，涉及的变量包括年龄、工作情况、教育背景、性别、之前信用还款行为，以及个人征信信息等。针对这些数据，进行初步的描述性统计，审查数据的质量问题。如果数据质量差，先做数据清洗。比如某个变量有大量缺失值，一般处理缺失值的办法有如下三种：直接删除；取非空记录的平均值代替缺失值；先将整个样本聚类，从而让缺失值所对应的记录归入到某一类，然后通过同一类的其他记录的平均值代替缺失值。这三种方法中，第一种方法可能会引起样本量变小或信息丢失的结果；而第三种方法相对复杂，但比较合理。除了缺失值的处理，在建模的一些案例中，还可能会遇到样本量的充足性问题。如果建模的样本量严重不足，将影响到预测结果的可信度。因此可以修改采集数据的流程，进而使得数据量达到一定标准。

2. 数据分析过程

在对原始数据进行了初步的质量治理及样本量确认后，需要对建模过程做进一步的基础准备，也就是对相关概念进行界定。相关概念包括观察期、表现期、逾期（逾期大于 30 天、逾期大于 60 天、逾期大于 90 天）、坏账（逾期大于 180 天）、观察期排除样本，及表现期排除样本等。

具体来说，针对同一批同一个月申请的贷款，观察期一般是申请的第一个月，这个月起到积累样本量的作用。在一个月后，会进入这批贷款的表现期，表现期一般是 12 个月或者 18 个月。然后需要进行逾期分析，以得到对坏账户的定义。从逾期分析图能看出，在建账以后的第几个月开始逾期的账户渐渐变少，于是可以将这个转折月，作为坏账户的表现期的长度。比如坏的定义可以是，在 12 个月表现期内逾期大于 60 天的账户。观察期排除样本的定义会根据不同的贷款组合而变化，但也会有相互的交集，比如在观察期期间重新申请、取消申请、怀疑欺诈等情况的样本都可能被纳入观察期排除样本的列表中。而表现期排除样本所涉及的样本相对少，比如可包括在 6 个月内关闭账户以及没有账户表现信息等情况的样本。

在把上述的概念界定清楚以后，进入正式建模。根据业务背景，首先选入大量的相关自变量，包括年龄、工作情况、教育背景、性别、个人资产经济状况、之前信用还款行为，以及个人征信信息等。接着在这些大量的自变量中进行筛选。为了保证模型的稳定性，需要去除连续变量样本非均匀分布的影响。通过对连续型变量进行重新分档，确保每一档中变量的样本数量比较接近，然后再基于分档后的变量计算 IV，从而达到初步筛选变量的目的。IV 代表信息价值或者信息量，它用来衡量自变量的预测能力，即自变量对因变量的解释程度。IV 值的计算公式如下：

变量第 i 个取值的 IV_i =（变量第 i 个取值中第一种分类的个数－变量第 i 个取值中第二种分类的个数）×ln((变量第 i 个取值中第一种分类的个数/第一种分类样本总数)/(变量第 i 个取值中第二种分类的个数/第二种分类样本总数))

$$\text{变量总的 IV} = \sum \text{变量第 } i \text{ 个取值的 } IV_i$$

初筛变量之后，对筛选出来的变量进行证据权重（WOE）转换。WOE 转换的目的是将所有的变量刻度归一化，从而降低由于变量单位刻度不同而导致的对结果的影响。WOE 的计算公式为：

变量第 i 个取值的 WOE_i = ln((变量第 i 个取值中第一种分类的个数/第一种分类样本总数)/(变量第 i 个取值中第二种分类的个数/第二种分类样本总数))

然后，再将这些自变量带入到 Logistic 回归模型中，进行进一步的迭代处理。迭代的依据主要取决于以下几个方面：自变量与因变量的相关性强度，指标 IV 是否大于 3%，是否存在共线性问题，以及模型总体的 Gini 指数等。在建立模型后，进一步做针对模型的验证：用余下的 20%的样本与建立模型使用的 80%的样本进行对比，使用 PSI 去衡量两个样本分布的一致性，从而确定模型的稳定性。

在开发完模型后，模型进入使用阶段，应当对模型进行三个维度的模型表现的监测，包括稳定性、区分度，以及校准度。其中，稳定性主要使用 PSI 统计指标或者两个样本的 K-S 检验进行衡量，主要看基准样本与现有样本的分布是否存在差异。PSI 的公式如下：

$$\sum_{i=1}^{n}(\% 现有样本 i - \% 基准样本 i) \times \ln\left(\frac{\% 现有样本 i}{\% 基准样本 i}\right) \tag{20-1}$$

其中，%现有样本 i 指现有验证数据中第 i 个组记录占总体记录的比例；而%基准样本 i 指基准数据中第 i 个组记录占总体记录的比例。

衡量 PSI 的阈值标准如下：[0,0.10)表示现有验证样本与基准样本没有显著的改变；[0.10,0.25)表示现有验证样本与基准样本有改变，需进一步调查分析；[0.25,∞)表示分布有显著改变。

基于两个样本的 KS 检验是一种非参数检验，主要目的是验证包含连续变量的两个样本分布是否一致。该检验基于针对随机变量的 Kolmogorov 分布：

$$K = \sup_{t \in [0,1]} |B(t)| \tag{20-2}$$

K 的累计分布函数如下：

$$\Pr(K \leqslant x) = 1\text{-}2\sum_{k=1}^{\infty}(-1)^{k-1}\mathrm{e}^{-2k^2x^2} = \frac{\sqrt{2\pi}}{x}\sum_{k=1}^{\infty}\mathrm{e}\frac{-(2k-1)^2\pi^2}{8x^2} \tag{20-3}$$

对于两个样本，KS 检验用 D_{stats} 衡量两个样本的经验分布函数的距离，公式如下：

$$D_{\text{Validation, Bechmark}} = \sup_x |F_{\text{Validation}}(x) - F_{\text{Bechmark}}(x)| \tag{20-4}$$

其中，D 为现有验证样本与基准样本分布的最大距离。KS 检验的原假设是两个分布并没有不一样。

模型表现的监测除了稳定性以外，还需要考虑区分度，其一般通过 Gini、IV 两个统计指标进行衡量，主要看是否能显著区分好和坏，或者区分拒绝和接受。

在信贷风险管理的应用中，Gini 系数主要衡量是否能显著区分好和坏，这个系数基于 Lorenz 曲线进行计算。如果将 Lorenz 曲线表示为 $L(x)$，那么 Gini 系数的公式如下：

$$G = 2\int_0^1 L(x)\mathrm{d}x - 1 \tag{20-5}$$

衡量 Gini 系数普遍的阈值标准如下：[0.50,1.00)表示模型对好和坏的区分能力很强；[0.40,0.50)表示模型对好和坏的区分能力可接受；[0.30,0.40)表示模型对好和坏的区分能力不强；[0.00,0.30)表示模型对好和坏的区分能力令人不满意。

IV 用于衡量两个分布的差距，从而能反映变量或模型的区分能力。其公式如下：

$$\text{IV}_m = \sum_{i-1}^{n}\left[\left(\frac{N_i}{N} - \frac{P_i}{P}\right) \times \left(\ln\left(\frac{N_i}{P}\right) - \ln\left(\frac{N}{P}\right)\right)\right] \tag{20-6}$$

其中，N 表示好账户记录的总数，N_i 表示第 i 组中好账户记录的个数，P 表示坏账户记录的总数，P_i 表示第 i 组中坏账户记录的个数。

衡量 IV 的阈值标准如下：[0.30,∞)表示模型对好和坏的区分能力很强；[0.10,0.30)表示模型对好和坏的区分能力可接受；[0.02,0.10)表示模型对好和坏的区分能力不强；[0.00,0.02)表示模型对好和坏的区分能力令人不满意。

最后，校准度最常用 MAPE 统计指标衡量，主要看模型的预测值与观测真实值的差距。在实际模型中，我们有 n 个模型的输出(输入)，MAPE 的公式如下：

$$\text{MAPE} = \frac{1}{n}\sum_{i=1}^{n}\left|\frac{预测值_i - 观测值_i}{预测值_i}\right| \tag{20-7}$$

衡量 MAPE 的阈值标准如下：[0.00,0.10)表示模型的预测能力很强；[0.10,0.20)表示模型的预测能力可接受；[0.20,0.30)表示模型的预测能力不强；[0.30,∞)表示模型的预测能力令人不满意。

20.3 中小能源型企业的信用评价分析

2008年,由于美国次贷危机的爆发,次级债的直接损失金额是上万亿美元,由次级债所形成的无限放大效应,导致更多的经济损失。因此这无疑是对美国经济乃至全世界经济的一场劫难,并且加速由金融市场向实体经济蔓延。由于全球经济增长速度放缓、能源和原材料等商品价格持续高升,在一定程度上影响企业的生存和发展壮大状态,特别是融资难问题,这一直制约着中小企业的发展。中小企业融资难源于三点原因:第一,信贷过程中产生的成本高。中小企业在贷款时,都是相对的小额信贷,不构成规模经济,导致信贷方在贷款时需要付出较高成本。第二,信息不对称[11]。由于传统思想以及信息不对称造成,使得信贷金融机构在对中小企业信用评价时产生认识上的扭曲,从而对该类企业产生怀疑。第三,中小企业经营风险较大。中小企业大部分处于发展期,在行业中处于不利的竞争地位,因此比较容易被挤出市场,甚至是破产清算[12]。因此银行更愿意把贷款投向大企业,做锦上添花而非雪中送炭的事情。为了缓解这个问题,不得不考虑问题的根源,中小企业自身的信用问题从一定程度上导致银行在审批贷款时出现很大的担忧。

20.3.1 案例背景

本案例的分析对象是中小能源型企业,案例主旨是为这类企业的信用评价提供一种方法和范式。首先,建立信用评价体系可扩大这类企业融资的渠道。企业通过建立信用评价系统,降低经营者和投资者的信息不对称,使得给予贷款的机构不会因为不了解这类企业实际经营管理情况而拒绝贷款。其次,建立该体系考虑了能源行业自身特点。现存的企业信用评价体系还停留在宏观层面,不够具体,缺少深入到能源行业的系统的信用评价工具。因此,本案例设计的中小能源型企业的信用评价体系更加深入和细致。第三,为投资人提供考察依据。在国家提倡中小企业自主创新的大环境下,除了银行贷款,企业常常依靠外部的投资人进行再生产融资。在这种情况下,这套信用评价体系,可作为投资人风险评价的一个很好的依据。最后,建立该体系可以提高企业的信用管理能力。根据中小能源型企业信用评价体系,企业可以审视自身在信用管理方面的问题,规避企业经营者的道德风险,从而有利于企业品牌的创立。综上所述,中小能源型企业需要一套切合实际的信用评价体系来促进融资,并适时提出以中小能源型企业的视角去建立信用评价系统。

20.3.2 分析方法与过程

1. 中小能源型企业信用评价体系的指标选择

本文将指标预选和专家调查相结合,并利用统计分析方法,最终确定出新的指标系统。这样既可以利用专家丰富的理论知识与实践经验,也可以避免传统的缺乏整体概括、定量评价结果不足等缺点。指标筛选的原理是运用离散系数用来测定总体各个单位间的差异程度的统计指数,又称变异指标[13]。其公式如下:

$$R_i = \frac{S_i}{E_i} \tag{20-8}$$

R_i越小，数据就越集中，即指标代表性越强。具体来说，R_i小于等于1/3，表示该指标是重要的，否则表示属于一般性以下指标，予以舍弃。通过以上步骤，从33个预选指标中筛选出以下25个指标，作为最终指标，如表20-5所示。

表20-5　筛选后的评价体系指标体系

领域层	指标层
企业管理能力	管理层素质
	员工综合素质
	管理水平
	经营战略
	竞争地位
	企业规模
	安全管理
技术水平	行业水平
	国家经济
	技术素质
	技术预测
	原材料供给
	市场占有情况
	环保投入
	资源依赖性
偿债能力	资产负债率
	速动比
	现金流动率
创利能力	销售利润率
	总资产报酬率
财务管理能力	总资产周转率
	应收账款周转率
成长创新能力	技术人员比重
	利润增长率
	净资产增长率

资料来源：石新武.资信评估的理论和方法.北京：经济管理出版社，2004.

2. 模糊层次分析法权重的确定

模糊层级分析法一般分为以下三个步骤[14,15]。

首先，建立指标体系的模型。整个指标模型分为两层——领域层和指标层。领域层是对指标大类的归类，指标层是领域层下的子指标。

其次，构造决策问题的模糊一致判断矩阵。根据指标两两比较重要程度的标准(见表20-6)，构造模糊互补判断矩阵。依据公式(20-9)转化矩阵，从而形成模糊一致判断矩阵。

$$r_{ij} = \frac{r_i - r_j}{n} + 0.5 \tag{20-9}$$

表 20-6 指标相对重要程度标准表

标 度	定 义	说 明
0.5	同等重要	两元素比较,同等重要
0.6	稍微重要	一个元素比另一个稍微重要
0.7	明显重要	一个元素比另一个明显重要
0.8	重要得多	一个元素比另外一个重要得多
0.9	极端重要	一个元素比另一个极端重要
0.1,0.2,0.3,0.4	反比较	和以上相反

最后,计算最终权重数。使用模糊一致的判断矩阵去推算各层次各因素的权重,利用公式(20-10)进行计算:

$$W_i = \frac{1}{n} - \frac{1}{2a} + \frac{1}{na}\sum r_k \left(n \text{ 为矩阵的 } R \text{ 的阶数: } a = \frac{n-1}{2} \right) \tag{20-10}$$

3. 指标权重的计算

在企业信用评价指标体系指标筛选的基础上,设计《中小国有企业信用评价指标重要性调查》,由专家打分填写。填表流程与指标筛选专家调查流程相同。收集调查结果,进行统计分析,结合模糊层级分析法原理,分为以下 4 步。

首先以某一专家评分结果为例,分别为一级指标和二级指标构造模糊互补判断矩阵。

第二步,根据公式(20-9),运用统计软件运算并转化矩阵,从而形成模糊一致判断矩阵。

最终,基于转化后的一致矩阵,结合公式(20-10),计算出某位专家给出的权重。

最后,根据不同专家的调查结果,重复以上步骤,确定最终综合权重(见表 20-7)。

表 20-7 中小能源型企业指标体系的权重分配

领域层	权重	指标层	权重	实际权重
企业管理能力	0.161	管理层素质	0.155	0.025
		员工综合素质	0.133	0.021
		管理水平	0.159	0.026
		经营战略	0.150	0.024
		竞争地位	0.146	0.024
		企业规模	0.125	0.020
		安全管理	0.143	0.023
技术水平	0.177	行业水平	0.122	0.022
		国家经济	0.128	0.023
		技术素质	0.124	0.022
		技术预测	0.124	0.022
		原材料供给	0.122	0.022
		市场占有情况	0.133	0.024
		环保投入	0.121	0.021
		资源依赖性	0.124	0.022
偿债能力	0.164	资产负债率	0.294	0.048
		速动比	0.300	0.049
		现金流动率	0.406	0.067

续表

领域层	权重	指标层	权重	实际权重
创利能力	0.160	销售利润率	0.517	0.083
		成本费用利润率	0.483	0.077
财务管理能力	0.168	总资产周转率	0.350	0.059
		应收账款周转率	0.306	0.051
成长创新能力	0.169	技术人员增长率	0.344	0.058
		利润增长率	0.289	0.049
		总资产增长率	0.372	0.063

20.3.3　分析结果

从大方向入手分析，由图 20-2 可见，指标体系的 6 大领域层中，技术水平、财务管理以及成长创新能力占较重的权重，其中，技术水平又占有最高的权重。相对而言，创利和企业管理能力占较小权重。以上结果表明，对于中小化工企业，在考察其审查贷款时，更多地应注重其技术创新能力，即使暂时的利润不高，但若这类企业掌握了核心技术和领先技术，且这些技术具备较好的市场前景，因此创利率大幅提高或将指日可待。

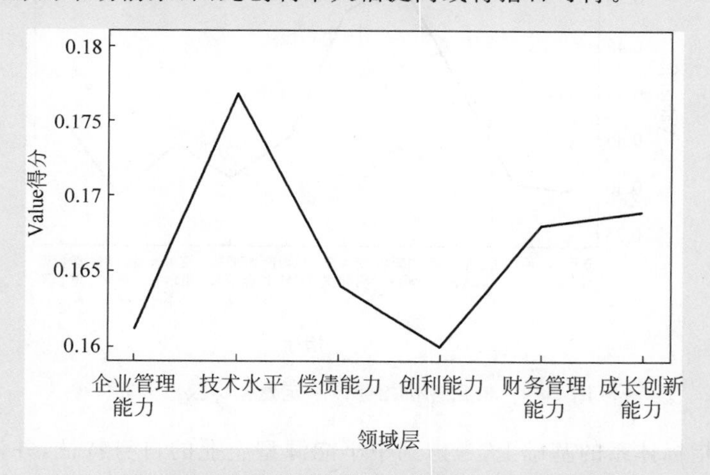

图 20-2　信用评价指标体系领域层权重分布

从单个定性指标分析，由图 20-3 可知，企业管理能力中管理层素质、管理水平、经营战略、竞争地位及安全管理占比重大；在技术水平领域层下，国家经济趋势、技术素质和预测、市场占有情况这些指标比重较大。这也与中小国有化工企业的性质有关，有市场潜力的核心技术始终是该类企业的关键点，同时国家经济和政策对国有企业的技术和经营的发展有很大影响。

从单个定量子指标看，由图 20-4 可见，现金流动率、销售利润率、成本费用利润率、总资产增长率在考察企业财务状况时，占很大的比重。而速动比、利润增长率以及应收账款周转率权重较小。

总之，本案例是基于综合考虑定量和定性指标建立的评价体系，因此选取模糊层次分析法。中小能源型企业信用评价体系的设计包括两个部分：指标选择和指标的度量。指标选

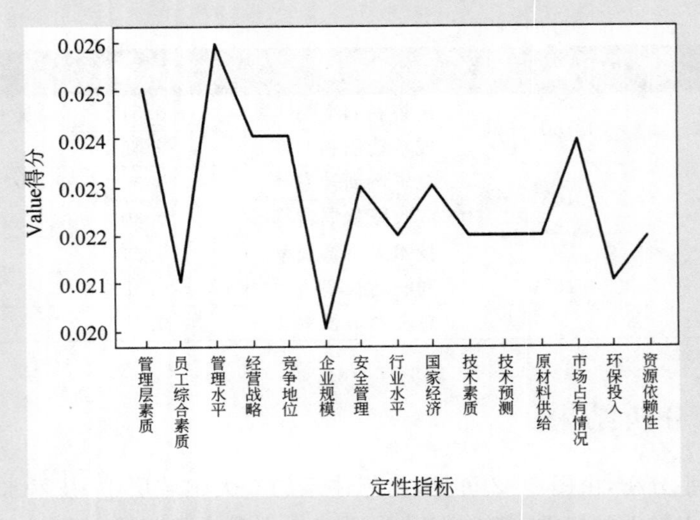

图 20-3 信用评价指标体系定性指标权重分布

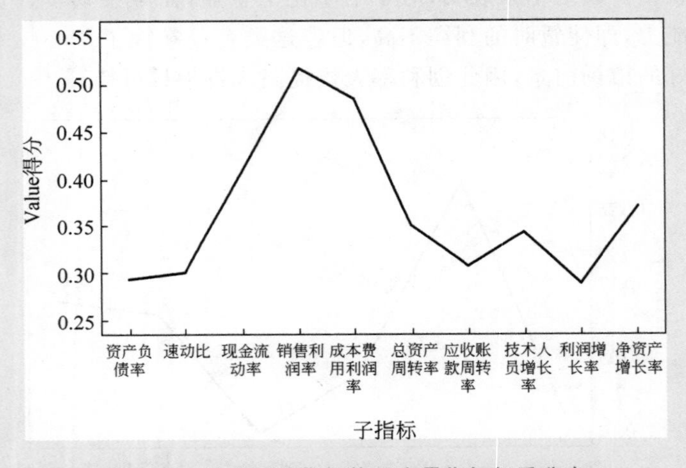

图 20-4 信用评价指标体系定量指标权重分布

择时，在已有的指标体系的基础上，考虑到中小能源型企业的自身特征，并做相应的问卷调查，初步筛选出指标。在度量阶段，先就定性及定量指标评价标准进行说明，再基于模糊层次分析法对指标赋权重，最终形成一套针对中小能源型企业的信用评价指标体系。

参考文献

[1] Miller R, Floricel S. Games of innovation: A new theoretical perspective. International Journal of Innovation Management, 2008,47(6): 25-37.

[2] Rodgers J L, Nicewander W A. Thirteen ways to look at the correlation coefficient. The American Statistician,1988,32(1): 59-66.

[3] Kendall M G, Stuart A. The advanced theory of statistics (Vol. 2). Griffin: Inference and Relationship,1973.

[4] Cohen J, Cohen P, West S G, Aiken L S. Applied multiple regression/correlation analysis for the

behavioral sciences: Hillsdale, NJ: Lawrence Erlbaum Associates, 2003.

[5] Draper N R, Smith H. Applied regression analysis. New York: Wiley Series in Probability and Statistics, 1998.

[6] Gooderham P N, Tobiassen A, Døving E, et al. Accountants as Sources of Business Advice for Small Firms. International Small Business Journal, 2003, 22(1): 5-20.

[7] Ruefli T W, Wiggins R R. Industry, corporate, and segment effects and business performance: a non-parametric approach. Strategic Management Journal, 2003, 23: 861-879.

[8] Strömberg U. Collapsing ordered outcome categories: A note of concern. American Journal of Epidemiology, 1996, 133(3): 321-323.

[9] Greenland S. Alternative models for ordinal logistic regression. Statistics in Medicine, 1993, 13: 1665-1677.

[10] Gu S, Lundvall B. China's innovation system, harmonious growth and endogenous innovation. Innovation Management Practice and Policy, 2006, 8: 1-2.

[11] Bester, S. Rationing in marketing with imperfect information. American Economics Reviews, 1985 (4): 33-35.

[12] 吴洁.信用评分技术在中小企业贷款中的应用.现代金融,2005,(8):5-6.

[13] 黄向阳,谢邦昌.统计学方法与应用.北京:中国人民大学出版社,2009.

[14] Kaufman A, Gupta M. Introduction to fuzzy arithmetic: theory and applications. NewYork: Van Norstrand Reinhold, 1985.

[15] 王阳.基于模糊层次分析法的风险投资后续管理风险评估研究.大连理工大学管理学报,2008,(5):56-76.

习题

1. 简述建立金融风控模型的流程。
2. 在建立完金融风控模型后,需要用哪些主要指标对模型效果进行评估?
3. 描述模糊层次分析法的实现过程。
4. 简述回归分析与相关性分析的区别。
5. 简述有序 Logistic 回归分析与线性回归分析的区别。

图书资源支持

感谢您一直以来对清华版图书的支持和爱护。为了配合本书的使用，本书提供配套的资源，有需求的读者请扫描下方的“书圈”微信公众号二维码，在图书专区下载，也可以拨打电话或发送电子邮件咨询。

如果您在使用本书的过程中遇到了什么问题，或者有相关图书出版计划，也请您发邮件告诉我们，以便我们更好地为您服务。

我们的联系方式：

地　　址：北京海淀区双清路学研大厦 A 座 707

邮　　编：100084

电　　话：010－62770175－4604

资源下载：http://www.tup.com.cn

电子邮件：weijj@tup.tsinghua.edu.cn

QQ：883604（请写明您的单位和姓名）

资源下载、样书申请

书圈

用微信扫一扫右边的二维码，即可关注清华大学出版社公众号“书圈”。